“十二五”普通高等教育本科国家级规划教材

环境工程原理

（第四版）

胡洪营　张旭　黄霞　王伟　席劲瑛　合编

高等教育出版社·北京

内容提要

本书是“十二五”普通高等教育本科国家级规划教材，是遵照教育部高等学校环境科学与工程类专业教学指导委员会制定的基本要求，为环境工程专业核心课程——“环境工程原理”编写的教材。

全书从理论上系统、深入地阐述了水处理工程、大气污染控制工程、固体废物处理与处置工程、物理性污染控制工程及生态修复工程等的共性基本原理、解决问题的思路和方法，是后续专业课程学习的理论基础。主要内容包括环境工程原理基础、分离过程原理和反应工程原理三大部分。环境工程原理基础部分主要讲述单位与量纲分析、质量与能量守恒定律、流体流动、传递过程等；分离过程原理部分主要讲述沉淀、过滤、吸收和吸附的基本原理；反应工程原理部分主要讲述化学和生物反应计量学、动力学、环境工程中常用的各类反应器及其解析理论等。

本书可作为高等学校环境科学与工程类专业、给水排水及其他相关专业的本科生教材，也可供相关专业的研究生学习参考。

清华大学985名优教材立项资助

图书在版编目(CIP)数据

环境工程原理/胡洪营等合编. --4版. --北京：高等教育出版社，2022.10(2023.3重印)

ISBN 978-7-04-058675-6

Ⅰ.①环… Ⅱ.①胡… Ⅲ.①环境工程学-高等学校-教材 Ⅳ.①X5

中国版本图书馆CIP数据核字(2022)第086772号

Huanjing Gongcheng Yuanli

策划编辑 陈正雄 张梅杰　责任编辑 张梅杰　封面设计 李树龙　版式设计 马 云
责任绘图 黄云燕　责任校对 胡美萍　责任印制 存 怡

出版发行 高等教育出版社
社　　址 北京市西城区德外大街4号
邮政编码 100120
印　　刷 北京市大天乐投资管理有限公司
开　　本 787mm×1092mm 1/16
印　　张 33.25
字　　数 800千字
购书热线 010-58581118
咨询电话 400-810-0598
网　　址 http://www.hep.edu.cn
　　　　 http://www.hep.com.cn
网上订购 http://www.hepmall.com.cn
　　　　 http://www.hepmall.com
　　　　 http://www.hepmall.cn
版　　次 2005年8月第1版
　　　　 2022年10月第4版
印　　次 2023年3月第2次印刷
定　　价 69.00元

本书如有缺页、倒页、脱页等质量问题，请到所购图书销售部门联系调换

物 料 号 58675-00

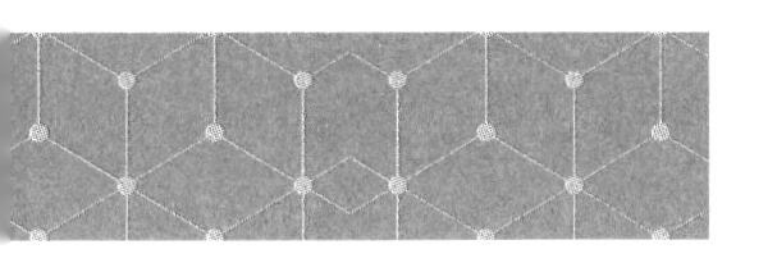

环境工程原理

（第四版）

胡洪营
张　旭
黄　霞
王　伟
席劲瑛

合编

1 计算机访问http://abook.hep.com.cn/1224359，或手机扫描二维码、下载并安装Abook应用。
2 注册并登录，进入“我的课程”。
3 输入封底数字课程账号（20位密码，刮开涂层可见），或通过Abook应用扫描封底数字课程账号二维码，完成课程绑定。
4 单击“进入课程”按钮，开始本数字课程的学习。

本数字课程与胡洪营等合编的《环境工程原理》（第四版）一体化设计，紧密配合。数字课程涵盖电子教案、试题和知识体系图，对关键知识点增设了可视化动图和延伸阅读材料，有助于学生把握教材中的重点、难点，提高学生自主分析问题和解决问题的能力。

课程绑定后一年为数字课程使用有效期。受硬件限制，部分内容无法在手机端显示，请按提示通过计算机访问学习。

如有使用问题，请发邮件至abook@hep.com.cn。

文丘里流量计

萃取塔

完全混合微生物反应器

知识体系图

http://abook.hep.com.cn/1224359

第四版前言

本书是在《环境工程原理》(第三版)的基础上修订、编写的。《环境工程原理》第一版于2005年8月出版,第二版和第三版分别于2011年6月和2015年8月出版,曾多次重印,被全国300多所学校选为教材,深受师生欢迎。

本次修订力求反映环境领域最新进展,进一步结合环境学科实际,修订点如下:

(1) 进一步梳理了环境工程学的内涵和学科体系,丰富了资源循环利用、生态系统修复等方面的内容,探讨了其在绿色循环型社会建设和生态文明建设中的重要作用。

(2) 对部分章节的内容进行了调整。如将第十一章中气固相反应器反应速率的定义调整到第十四章第一节;将气液相反应器反应速率的定义调整到第十四章第二节。

(3) 例题和习题进一步突出了环境工程领域的内容,以突出理论与实践的结合。

(4) 各章给出了主要术语的中英文对照,以提高同学们的英文文献阅读能力。

(5) 在各章思考题和习题中,补充了一定数量的思考题,以帮助同学们加深对所学知识点、难点和重点的理解。

(6) 补充了一定数量的网络资源,通过扫描相应的二维码,就可以直接浏览。

书中对一些拓展性的内容用*进行了标注。建议在满足环境工程等专业教学基本要求的前提下,根据所在院校的特点及先修和后修课程安排,确定重点内容。

本书仍由第三版编写人员修订、编写。张芳老师、黄南博士,以及清华大学"环境工程原理"课程助教博士生曹可凡、王运宏、白苑、毛宇、罗立炜、童心、王琦、徐雨晴和陈晓雯等审读了教材,为教材修订提出了宝贵建议,并做了大量的文字编辑等工作。

清华大学郝吉明院士审阅了书稿,提出将资源循环利用、生态系统治理、生态工程等相关内容纳入教材的宝贵建议,从而丰富了环境工程学的内涵和本教材的内容体系。高等教育出版社的陈正雄、张梅杰编辑为本书的出版付出了大量的心血。在此表示诚挚感谢。

在编写过程中参考了大量的资料,在文中难以一一注明,在此对相关作者表示感谢。由于编者的知识水平有限,不妥和错误之处在所难免,欢迎读者批评指正。

编　者
2021年9月于清华园

第三版前言

本书是在《环境工程原理》(第二版)的基础上修订的。《环境工程原理》第一版于2005年8月出版,第二版于2011年初出版,曾数次重印。

本次修订与第二版修订时的宗旨一样,力求反映环境污染控制领域取得的最新进展,围绕环境工程与设备的特点,结合基础理论在水处理工程、大气污染控制工程和固体废物处理与处置工程中的应用实例,进一步凸显了环境学科特色。本次修订的主要内容如下:

(1) 进一步梳理了"第一章　绪论"的内容,增加了污染治理的新原理和新技术。

(2) 将第二版中"第十四章　微生物反应器"分为两章,即"第十四章　微生物反应动力学基础"和"第十五章　微生物反应器",增加了生物膜反应器的相关内容。

(3) 增加了物料衡算、强化传质、沉降分离设备、固相催化反应器等在环境工程中的应用案例。

(4) 对部分章节的思考题和习题进行了补充和调整。

与《环境工程原理》(第二版)相同,本教材对一些理论性强或拓展性的选修内容进行了标注(用*表示)。建议使用者在满足教学指导委员会规定的教学基本要求的前提下,根据所在院校的特点及先修和后修课程安排,确定重点内容。

各章修订、编写人如下:胡洪营——第一章、第十一章、第十二章、第十三章、第十四章、第十五章和第十六章;张旭——第二章、第三章、第四章和第五章;黄霞——第六章、第七章、第八章和第十章;王伟——第九章;席劲瑛参与了第一章、第九章和第十五章的部分内容。清华大学"环境工程原理"课程助教博士生汤芳、庄林岚、许雪乔、黄南、罗希和王运宏等为教材的修订做了大量的文字编辑等工作。

本教材仍由清华大学教授郝吉明院士担任主审。山东理工大学马骁轩在清华大学环境学院访问交流期间,仔细审读了全书,提出了许多建设性意见。高等教育出版社的陈文编审和陈正雄副编审为本教材的出版付出了大量的心血。在此对他们表示诚挚的感谢。

教材在编写过程中参考了大量的文献和相关资料,文中难以一一注明,在此对这些著作的作者表示感谢。由于编者的知识水平有限,加之时间仓促,不妥和错误之处在所难免,欢迎读者批评指正。

编　者

2015年3月于清华园

第二版前言

普通高等教育“十五”国家级规划教材《环境工程原理》于 2005 年 8 月出版以后，开设“环境工程原理”课程和选用该教材的院校迅速增加，教材数次重印。该教材的出版对完善环境工程专业课程体系，不断总结、提炼环境工程学形成的成熟的、具有共性的污染防治技术原理，构筑环境工程专业基础理论平台做出了一定贡献。为了更好地满足“环境工程原理”课程教学需要，我们对该教材进行了修订。

在修订过程中，力求反映环境污染控制领域以及分离工程、化学反应工程、生物反应工程等相关领域取得的最新进展，紧紧围绕环境工程与设备的特点，结合基础理论在水处理工程、大气污染控制工程和固体废物处理与处置工程中的应用实例，进一步凸显了环境学科特色。主要修订内容如下：

(1) 在“第一章　绪论”中，对提高污染治理工程效率的整体思路和环境工程原理的基本方法进行了梳理，以培养学生系统、宏观分析问题的能力。

(2) 根据大气污染控制、固体废物处理与处置等专业课教学的需要，在第三章中，增加了“流体在非圆形管道内流动的阻力损失”“气体和泥浆流动的阻力损失计算”等内容。

(3) 将原书“第十一章　反应动力学的解析方法”中有关反应器解析的内容合并到“第十二章　均相化学反应器”，突出了反应器设计内容的系统性。

(4) 将原书“第十一章　反应动力学的解析方法”中有关动力学实验的内容调整到“第十五章　反应动力学的解析方法”。

(5) 各章增加了部分思考题和习题，书后增加了有关常用数据。

“环境工程原理”作为环境工程专业基础理论平台课程，涉及面宽、内容丰富。各院校的环境工程专业大多数是在原有的相关优势学科的基础上建设或分化而成的，其人才培养目标、教育模式和课程体系一般带有母体学科的色彩，各具特色，课程设置也具有一定的灵活性。因此，在教材中难以统一指定重点内容，本教材仅对一些理论性强或拓展性的选修内容进行了标注（用 * 表示）。建议在教学过程中，在满足教学指导委员会规定的教学基本要求的前提下，根据所在院校的特点以及先修和后修课程安排，确定重点内容。

本书的出版是与教育部高等学校环境科学与工程教学指导委员会各位委员以及兄弟院校“环境工程原理”课程授课教师同仁的鼓励和支持分不开的。为了促进课程建设，提高教学质量，教育部高等学校环境科学与工程教学指导委员会和高等教育出版社一起，多次举办了“环境工程原理”课程建设与教学研讨会，累计参加代表 350 余人次，与会代表就课程内容体系、教学经验和教学方法等进行了深入交流，对本教材的修订提供了许多建设性意见。

《环境工程原理》（第二版）各章修订、编写人员如下：胡洪营——第一章、第十一章、第十二章、第十三章、第十四章和第十五章；张旭——第二章、第三章、第四章和第五章；黄霞——第六章、第七章、第八章和第十章；王伟——第九章。清华大学“环境工程原理”课程助教博士生吴乾元、赵文涛、黄晶晶、黄璜、赵欣、莫颖慧等为教材的修订做了大量的文字编辑和例题、习题编写等工作。此外，清华大学环境科学与工程系2004级本科生戴宁、祁光霞和丁昶也参加了本书的文字编辑和例题、习题编写工作；2006级本科生吴清茹、陈丰、米子龙、郑琦、谢淘、刘峰林、李明威和钱晨等同学参加了文字校正和习题解答校正等工作。

本教材仍由清华大学教授郝吉明院士担任主审。北京林业大学环境科学与工程学院院长孙德智教授对本书的内容体系提出了宝贵建议。高等教育出版社陈文副编审和陈海柳编辑为本教材的出版付出了大量的心血。在此对他们表示诚挚的感谢。

在编写过程中参考了大量的教材、专著和相关资料，在文中难以一一注明，在此对这些著作的作者表示感谢。由于编者的知识水平有限，加之时间仓促，不妥和错误之处在所难免，欢迎读者批评指正。

本教材的配套教辅有习题集和电子教案，并计划出版实验教材。另外，基于国家级精品课程建设的成果，清华大学于2008年建设了“环境工程原理”课程网站，以实现教学资源的共享。该网站可以免费下载电子课件、讲课视频、课程总结、试题与解答、补充习题与思考题以及教学研究论文等资料。欢迎大家使用。

编　者

2011年1月于清华园

第一版前言

“环境工程原理”是高等院校环境工程专业的一门重要的专业基础课。该课程自2003年秋季学期在清华大学开设以来，受到了积极的关注，教育部“高等学校环境工程教学指导委员会”于2004年8月在四川大学召开的会议上，将“环境工程原理”列为高等学校环境工程专业的核心课程，并组织编写了“环境工程原理”教学基本要求。

本书是针对环境工程专业的特点，为高等院校环境工程专业编写的一本教材。该教材系统分析和归纳总结了水处理工程、大气污染控制工程、固体废物处理与处置工程、污染环境净化与生态修复工程等所涉及的技术原理，提炼出具有共性的基本原理、现象和过程，进行系统、深入的阐述，具有较强的理论性和系统性，体现了环境工程专业的特色。该教材从环境工程的实际需求出发，通过与环境工程实践紧密结合的例题，对基本原理进行深入浅出的阐述，注重分析问题和解决问题能力的培养，能满足不同学科背景的环境工程专业学生的需求。其内容适应80~100学时教学需要，各院校可根据各自的特点，依据教育部“高等学校环境工程教学指导委员会”提出的“环境工程原理”教学基本要求，确定适宜的学时和教学内容重点。该教材也适用于环境科学、给水排水工程等相关专业本科生，还可供研究生和环境领域的科技人员学习参考。

近年来，环境污染问题日趋复杂，并表现出明显的复合化特征、时间特征及地域特征。环境问题的这些特点决定了环境工程专业技术人才应具有较强的解决复杂问题的综合能力和系统、整体优化的观念，而扎实、系统和宽厚的理论基础是具备这些能力的基石。

经过长期的探索和实践，环境科研和工程技术人员开发出种类繁多的环境净化与污染控制技术，形成了体系庞大的环境净化与污染控制技术体系。但是，从技术原理上看，这些种类繁多的环境污染控制技术可以分为“隔离技术”“分离技术”和“转化技术”三大类。隔离技术是将污染物或污染介质隔离，从而切断污染物向周围环境的扩散途径，防止污染的进一步扩大；分离技术是利用污染物与污染介质或其他污染物在物理性质或化学性质上的差异使其与介质分离，从而达到污染物去除或回收利用的目的；转化技术是利用化学或生物反应，使污染物转化成无毒无害或易于分离的物质，从而使污染环境得到净化与处理。

将隔离、分离、转化等技术原理应用于具体的污染控制工程将涉及流体输送、物质传递、分离过程和反应工程等的基本原理，深入理解、掌握和正确利用这些原理对提高污染控制设施的效率有重要意义。

基于以上分析，本书主要内容包括环境工程原理基础、分离过程原理和反应工程原理三部分。环境工程原理基础部分主要讲述物料与能量衡算的基本理论和方法、流体流动以及热量和质量传递的基本理论；分离过程原理部分主要讲述沉淀、过滤、吸收、吸附、离子交换、萃取和膜分离的基本理论；反应工程原理部分主要讲述化学和微生物反应的计量学、动力学及其研究方法、环境工程中常用的各类化学和生物反应器及其解析理论等。

本书是在“环境工程原理”讲义的基础上编写的，该讲义已经在清华大学试用两年，在体系和内容上得到了逐步完善。主要编写人员有胡洪营(第一章、第十一章、第十二章、第十三章、第十四章和第十五章)、张旭(第二章、第三章、第四章和第五章)、黄霞(第六章、第七章、第八章和第十章)、王伟(第九章)。此外,王丽莎参加了第一章和第十一章至第十五章的图表设计、文字编辑和例题、习题的编写;陆松柳参加了第二章至第五章的例题和习题的编写;刘春参加了第八章的编写和第六章至第十章的例题和习题的编写;吴乾元参加了第十一章至第十五章的文字编辑和例题、习题的编写;郭斌参加了第一章至第五章的文字编辑和例题、习题的编辑;张薛参加了第六章、第七章、第八章和第十章的文字编辑。

本书由清华大学郝吉明教授担任主审。清华大学环境科学与工程系主任陈吉宁教授对"环境工程原理"课程的开设和教材的编写给予了大力支持。钱易院士、陈吉宁教授、施汉昌教授、张晓建教授、李广贺教授、左剑恶副教授等参加了教学大纲的前期讨论,并提出了宝贵的意见和建议。清华大学环境科学与工程系 2001 级和 2002 级本科生对本教材提出了许多建设性的意见和建议。在此对支持和关心本教材编写的老师、同学表示衷心的感谢。

教育部"高等学校环境工程专业教学指导分委员会"对本书的编写给予了大力的支持,并于 2004 年 11 月 7 日在北京组织召开了审稿会。审稿会由清华大学环境科学与工程系郝吉明教授主持,华东理工大学姚重华教授、北京工业大学金毓峑教授、西安交通大学陈杰瑢教授出席了会议,并提出了许多宝贵的意见。哈尔滨工业大学孙德智教授和北京航空航天大学朱天乐教授审阅了部分书稿。高等教育出版社陈文副编审和陈海柳编辑为本书的出版付出了大量心血。在此对他们表示诚挚的感谢。

本书编写过程中参考了大量的教材、专著和相关资料,在此对这些著作的作者表示感谢。

"环境工程原理"课程的开设和教材的编写是一个新的尝试,由于编者水平有限,不妥和错误之处在所难免,欢迎读者批评指正。

编　者

2005 年 2 月于清华园

目　录

第二篇　分离过程原理

第三篇　化学与生物反应工程原理

第一章　绪　　论

一、环境问题与环境学科的发展

“环境”是一个相对的概念，它是与某个中心事物相关的周围事物的总称。环境学科中涉及的环境，其中心事物从狭义上讲是人类，从广义上讲是地球上所有的生物。环境学科所研究的环境包括自然环境和人工环境两种。

自然环境是直接或间接影响到人类和生物的所有自然形成的物质、能量和自然现象的总体，是人类赖以生存、生活和生产所必需的自然条件及自然资源的总称，它包括阳光、空气、水、土壤、岩石、温度和气候等自然因素，也包括微生物、高等生物等。自然环境在人类出现之前就已存在，人类发展的历史是一个与自然环境相互影响和相互作用的历史。随着人类的出现，环境问题也伴随而生。狩猎、耕作、放牧、灌溉、森林砍伐等人类活动都在不同程度上对自然环境产生了影响，如灌溉导致的土地盐碱化、水土流失等，但这种影响的程度从人类出现到工业革命的漫长时期内并不十分突出。工业革命以后，人类的生产力获得了飞速发展，技术水平迅速提高，人口迅速增长，人类活动的强度和范围逐渐增强和扩展，人类与环境的矛盾以及由此带来的环境问题也日趋突出。

环境污染和生态破坏是目前人类面临的两大类生态环境问题，它们已经成为影响社会可持续发展、人类可持续生存的重大问题。

环境学科是随着环境问题的日趋突出而产生的一门新兴的综合性边缘学科。它经历了20世纪60年代的酝酿阶段，到20世纪70年代初期，从零星的环境保护的研究工作与实践逐渐发展成为一门独立的新兴学科。

环境学科是研究人与环境相互作用及其调控理论、技术、工程和管理方法的学科，具有问题导向性、综合交叉性和社会应用性三大基本特征。环境学科的主要任务是研究环境演化规律、揭示人类活动和自然生态系统的相互作用关系，探索人类与环境和谐共处的途径和方法；研究控制环境污染、保护生态环境与自然资源循环利用的基本理论、技术、工程、规划和管理方法。

由于环境问题的复杂性和综合性、人与环境相互作用的广泛性及环境污染防控目标和方法的多样性，环境学科与自然科学、技术科学、工程科学、人文社会科学等学科专业之间相互交叉、渗透和融合。随着经济社会和人类文明的发展，环境问题的内容、形式也不断变化，环境学科的内涵和分支学科不断丰富，外延不断拓展。环境工程学是环境学科的一个重要分支（图 1.1）。

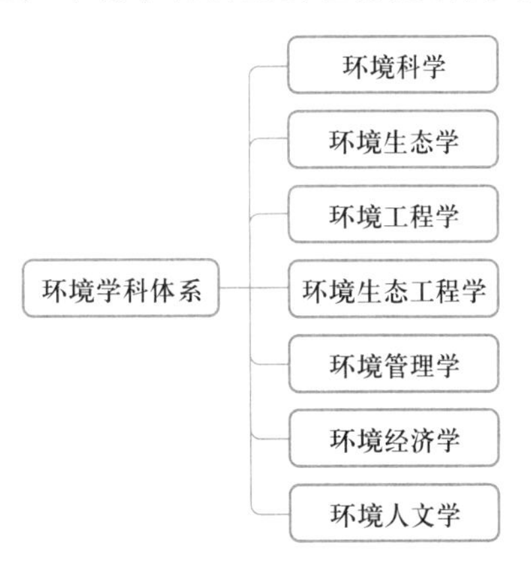

图 1.1　环境学科体系

二、环境工程学学科体系与本课程的任务

（一）环境工程学的发展及其学科体系

环境污染和生态破坏是人类面临的主要生态环境问题，它主要是由于人为因素造成的环境质量恶化，从而扰乱和破坏了生态系统、生物生存和人类生活条件的一种现象。狭义地讲，环境污染是指由有害物质引起的大气、水体、土壤和生物体的污染。

环境工程学作为环境学科的一个重要分支，主要任务是利用环境学科及工程学、管理学和社会学等的基本方法，研究生态环境治理理论、技术、措施和政策，以改善生态环境质量，保证人类的身体健康和生存及社会的可持续发展。

近年来，随着社会、经济的不断发展和环境伦理观的不断进步，生态环境治理无论在尺度上还是在模式、技术和工程目标，乃至学科使命定位上都发生了显著的变化。

在治理尺度上，从常规尺度向微观和宏观尺度发展，越来越关注微量污染物对自然生态系统、生物和人体健康的影响及区域和全球环境问题。

在治理模式上，从末端治理（end of pipe，主要指“三废”治理）向清洁生产、循环经济和低碳社会发展，更加强调污染源头控制（减量化）、资源循环利用（资源化）、环境风险管理、全过程环境管理和绿色低碳生活方式。特别是基于清洁生产理论和绿色技术的“零排放系统”在工业污染防治中受到高度关注，其中污/废水再生利用技术、固体废物资源化技术将发挥重要的作用。

在治理技术上，从传统技术向高新技术、信息技术发展，现代生物技术、材料技术和现代信息技术在环境污染防治领域的应用显著提升了生态环境治理工程的工艺水平、设备水平和运行管理水平。

在工程目标上，从点源治理向面源治理、环境净化和生态修复发展，同时越来越关注环境治理工程的环境协调性、景观性和生态相融性。生物/生态工程技术，如生物修复技术、植物修复和净化技术、人工湿地技术等受到重视。

在学科使命定位上，从环境污染防控逐步向环境治理、生态环境治理和绿色循环型社会建设发展。通过生态环境建设和资源循环利用，营建安全优美的生态环境，保障资源和能源供给，促进社会经济可持续发展和生态文明建设等，将逐步成为环境工程学新的重要使命（图 1.2）。

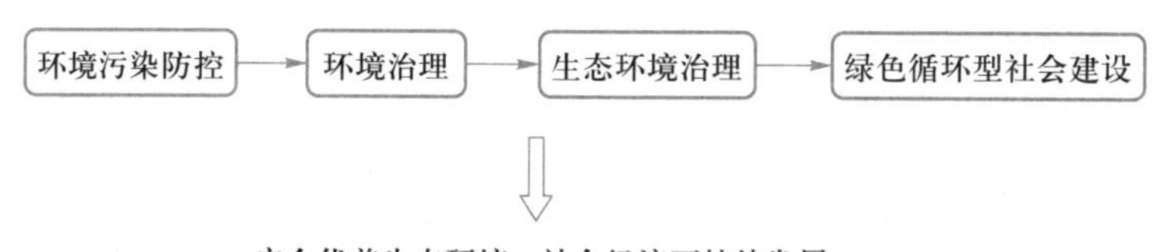

图 1.2 环境工程学的使命定位与发展方向

随着环境工程学学科使命的不断发展和生态环境治理实践的不断深入，环境工程学的内涵也不断丰富，其研究内容除环境污染防控、环境规划与管理、环境监测与评价等传统领域外，还包括资源循环利用、污染环境净化、生态系统修复、生态系统构建与保育、生态承载力与环境可持续性、环境系统工程、流域污染治理、区域污染治理等。环境污染防控在强化

水污染控制、大气污染控制、固体废物处理与处置和物理性污染控制等传统措施的同时,跨介质复合污染治理、清洁生产和全过程控制等措施越来越受到重视。

在我国环境污染防控不断取得显著成效和生态文明建设的大背景下,生态环境治理的目标将从污染物减排逐步向环境质量改善、受损生态系统修复和自然生态系统保育发展。环境工程在生态系统修复和保育方面将发挥越来越重要的作用。也就是说,环境工程学的研究对象将从生产过程、污染控制过程等人工系统向生态系统拓展,利用环境工程原理对受损生态系统进行修复、对自然生态系统进行科学调控,从而实现生态系统,特别是人为高度干扰生态系统(如城市水生态、人工湿地、农田土壤生态等)的健康、可持续发展。

环境工程学是在吸收土木工程、卫生工程、化学工程、机械工程等经典学科基础理论和技术方法的基础上,为了改善环境质量而逐步形成的一门新兴学科,它脱胎于上述经典学科,但无论是学科任务还是研究对象都与这些学科有显著的区别,其学科内涵已超出了这些学科。特别是近二十年来,环境工程学的发展非常迅速,反应工程、应用微生物学、生态学、生物工程、材料科学、计算机与信息工程以及社会学的各个学科都向其渗透,其学科理论体系日趋完善、学科分支日趋扩展,目前已经成为具有鲜明特色的、独立的学科体系。图 1.3 是环境工程学的学科体系。

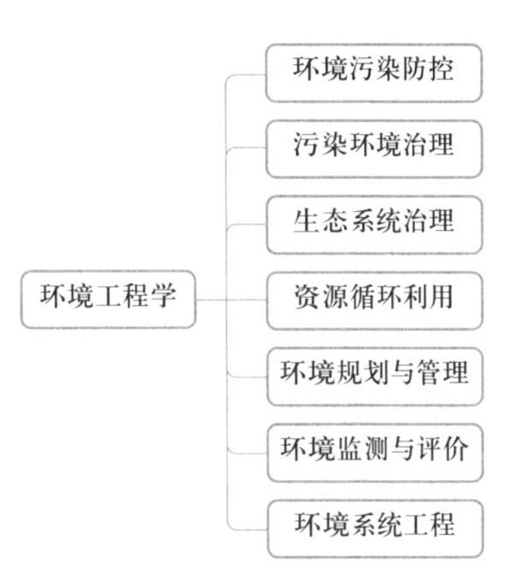

图 1.3 环境工程学的学科体系

(二)“环境工程原理”课程的基本任务和定位

“环境工程原理”课程的主要任务是系统、深入阐述生态环境治理工程,即环境污染防控、资源循环利用、污染环境净化、生态系统修复与构建及环境系统工程中涉及的具有共性的工程学基础、基本过程和基本现象及污染治理设备、工艺和工程的基本原理,为相关专业课程学习打下系统的、良好的理论基础。

该课程的主要目的是阐述提高生态环境治理工程效率的思路、手段和方法,为提高污染治理工程(例如环境污染控制工程、污染环境净化工程、资源循环利用工程和生态系统修复与构建等)的污染物去除效率,污染物资源和能源转化效率、能源利用效率、资源利用效率等提供理论支持,从理论上指导污染治理工程的技术选择、设备设计、设备优化及工艺设计、工艺优化和工艺运行等。

“环境工程原理”是环境工程专业的核心课,也是环境科学与工程、环境科学、环境生态工程、环保设备工程、资源环境科学、水质科学与技术等环境类专业、给排水科学与工程专业及其他相关专业的重要专业基础课。

三、环境污染防控技术体系

环境污染的种类繁多,形态多样,来源复杂(图 1.4)。从污染物的性质上可以分为化学污染、生物污染和物理污染等。从污染物的形态或其赋存介质的形态可以分为液态污染物、气态污染物、固态污染物和辐射污染。从污染产生源可以分为点源污染、面源污染和移动源污染。下面将简要介绍不同类型污染的治理技术体系。

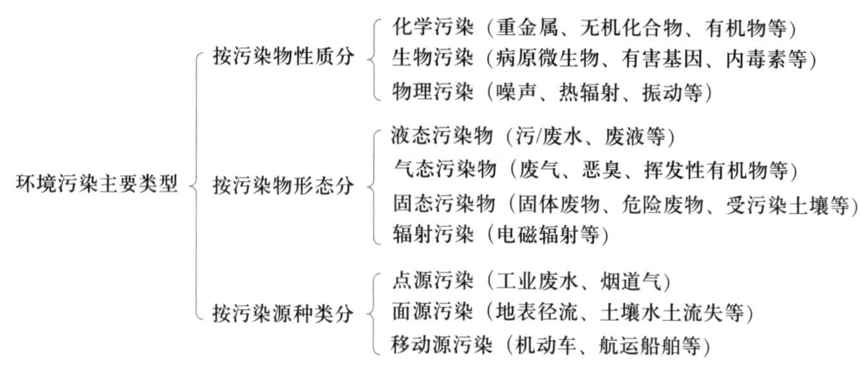

图 1.4 环境污染的主要类型

（一）水污染控制技术

1. 水中的主要污染物及其危害

水污染根据污染物的不同可分为物理性污染、化学性污染和生物性污染三大类。污水中的物理性和化学性污染物种类多、成分复杂而多变、物理化学性质多样、可处理性差异大。为了便于理解污水处理的对象与原理，污水中的污染物常按图 1.5 进行分类。

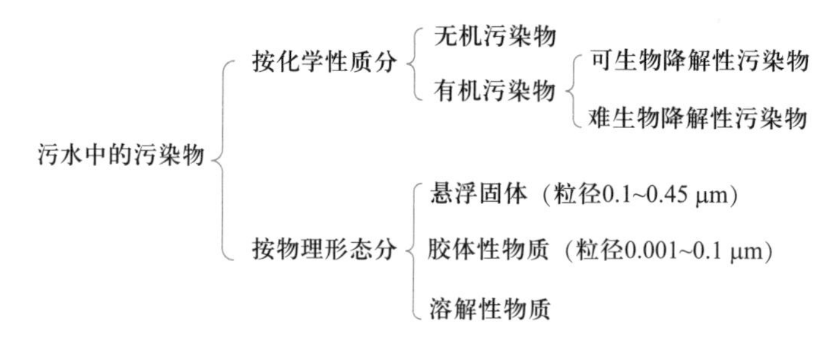

图 1.5 污水中的污染物分类

水中无机污染物包括氮、磷等植物性营养物质，非金属（如砷、氰等），金属与重金属（如汞、镉、铬）以及主要因无机物的存在而形成的酸碱度。氮、磷是导致湖泊、水库、海湾等封闭性水域富营养化的主要元素。许多重金属对人体和水生生物有直接的毒害作用。

污水中的可生物降解性有机污染物（多为天然化合物）排入水体以后，在微生物的作用下发生降解，从而消耗水中的溶解氧，引起水体缺氧和水生生物死亡，破坏水体功能。在厌氧条件下有机物被微生物降解产生 H_2S、NH_3、低级脂肪酸等有害或恶臭物质。另外，H_2S 会与铁等形成黑色沉淀，引起水体的"黑臭"现象。

难生物降解性有机污染物，如农药、卤代烃、芳香族化合物、多氯联苯等，一般具有毒性大、化学及生物学稳定性强、易于在生物体内富集等特点，排入环境以后长时间滞留，并通过食物链对人体健康造成危害。近年来，由持久性有机污染物（persistent organic pollutants，POPs）、内分泌干扰物（endocrine disrupting chemicals，EDCs）及药品和个人护理用品（pharmaceuticals and personal care products，PPCPs）等新兴污染物（亦称新污染物，emerging contaminants）引起的环境问题备受人们的关注。

2. 水处理技术

水处理,包括自来水净化处理、城市污水处理、工业废水处理、污染水体修复、地下水污染治理等,其基本目的是利用各种技术,将水中的污染物分离、回收或去除,或将其分解转化为高价值物质、无害物质等,使水得到净化。水处理的方法种类繁多,归纳起来可以分为物理处理法、化学处理法和生物处理法三大类。各种水处理方法的主要原理与对象分别见表1.1、表1.2和表1.3。

表1.1　水的物理处理法

处理方法	主要原理	主要对象
沉淀	重力沉降作用	相对密度大于1的颗粒
离心	离心沉降作用	相对密度大于1的颗粒
气浮	浮力作用	相对密度小于1的颗粒
过滤(砂滤等)	物理阻截作用	悬浮物
过滤(筛网过滤)	物理阻截作用	粗大颗粒、悬浮物
汽提法	污染物在不同相间的分配	有机污染物
吹脱法	污染物在不同相间的分配	有机污染物
萃取法	污染物在不同相间的分配	有机污染物
吸附法	界面吸附	可吸附性污染物
反渗透	渗透压	无机盐等
膜分离	物理截留作用等	较大分子污染物
电渗析法	离子迁移	无机盐
蒸发浓缩	水与污染物的蒸发性差异	非挥发性污染物

表1.2　水的化学处理法

处理方法	主要原理	主要对象
中和法	酸碱反应	酸性、碱性污染物
化学沉淀法	沉淀反应、固液分离	无机污染物
氧化法	氧化反应	还原性污染物、有害微生物(消毒)
还原法	还原反应	氧化性污染物
电解法	电解反应	氧化、还原性污染物
超临界分解法	热分解、氧化还原反应、自由基反应等	几乎所有的有机污染物
离子交换法	离子交换	离子性污染物
混凝法	电中和、吸附架桥作用	胶体性污染物、大分子污染物

表 1.3 水的生物处理法

	处理方法	主要原理	主要对象
好氧处理法	活性污泥法 生物膜法 流化床法	生物吸附、生物降解 生物吸附、生物降解 生物吸附、生物降解	可生物降解性有机污染物、还原性无机污染物(NH_4^+等)
生态技术	氧化塘 土地渗滤 湿地系统	生物吸附、生物降解 生物降解、土壤吸附 生物降解、土壤吸附、植物吸收	有机污染物、氮、磷、重金属
厌氧处理法	厌氧消化池 厌氧接触法 厌氧生物滤池 高效厌氧反应器(UASB 等)	生物吸附、生物降解	可生物降解性有机污染物、氧化态无机污染物(NO_3^-,SO_4^{2-})
厌氧-好氧联合工艺		生物吸附、生物降解、硝化-反硝化、生物摄取与排出	有机污染物、氮、磷

注:UASB——upflow anaerobic sludge blanket(升流式厌氧污泥床反应器)。

物理处理法是利用物理作用分离水中污染物的一类方法,在处理过程中不改变污染物的化学性质。

化学处理法是利用化学反应的作用处理水中污染物的一类方法,在处理过程中通过改变污染物在水中的存在形式,使之从水中去除或者是使污染物彻底氧化分解、转化为无害物质,从而达到水质净化和污水处理的目的。

生物处理法是利用生物,特别是微生物的作用使水中的污染物分解、转化为无害或有价值物质的一类方法。

值得注意的是,不同的技术原理在工程上有不同的适用范围,比如与好氧生物处理相比,厌氧生物处理更适用于高浓度废水的处理等。同一种技术原理,应用于不同的处理对象也会有不同的工程表现形式和操作方式及条件,如还原技术应用于工业废水处理和应用于地下水污染(有机氯化物污染、硝酸根污染等)治理,其操作条件和工程形式截然不同,因为污染物的浓度范围不同,处理对象的存在形式也截然不同。只有系统地掌握了相关的技术原理,才能科学、合理地进行技术选择。

(二)大气污染控制技术

1. 空气中的污染物及其危害

空气中污染物的种类繁多,根据其存在的状态,可分为颗粒/气溶胶状态污染物和气态污染物。各类污染物所包含的主要污染物如图 1.6 所示。另外,近年来,由致嗅物质引起的恶臭污染日益显现,在污染投诉案件中,恶臭污染所占比例明显上升,值得高度关注。空气中的主要污染物不但能引起各种疾病,危害人体健康,还能引起大气组分的变化,导致气候变化,从而影响树木(森林)、农作物等的生长。空气中的污染物还可导致水体或土壤酸化、水体富营养化。

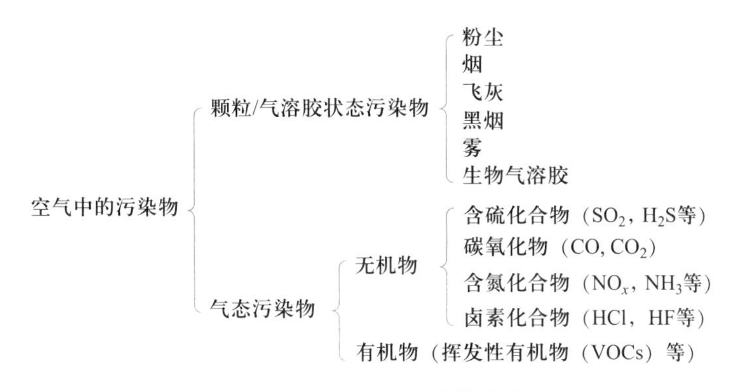

图 1.6　空气中的污染物分类

2. 大气污染控制技术

大气污染控制技术可分为分离法和转化法两大类。分离法是利用污染物与空气的物理性质的差异使污染物从空气或废气中分离的一类方法。转化法是利用化学或生物反应，使污染物转化为无害物质或易于分离的物质，从而使空气或废气得到净化与处理的一类方法。常见的大气污染控制技术列于表 1.4。

表 1.4　常见的大气污染控制技术

处理技术	主要原理	主要对象
机械除尘	重力沉降作用、离心沉降作用	颗粒/气溶胶状态污染物
过滤除尘	物理阻截作用	颗粒/气溶胶状态污染物
静电除尘	静电沉降作用	颗粒/气溶胶状态污染物
湿式除尘	惯性碰撞作用、洗涤作用	颗粒/气溶胶状态污染物
物理吸收法	物理吸收	气态污染物
化学吸收法	化学吸收	气态污染物
吸附法	界面吸附作用	气态污染物
催化氧化法	氧化还原反应	气态污染物
生物法	生物降解作用	可降解性有机污染物、还原态无机污染物
燃烧法	燃烧反应	有机污染物
等离子体氧化法	氧化还原作用	气态还原性污染物
紫外光照射(催化)法	氧化还原作用	气态还原性污染物
稀释法	扩散	所有污染物

（三）固体废物处理处置与资源化

1. 固体废物的种类及其危害

固体废物是指人类活动过程中产生的、且对所有者已经不再具有使用价值而被废弃的固态、半固态和置于容器中的物质。生产活动中产生的固体废物俗称“废渣(residue)”，我国制定的《中华人民共和国固体废物污染环境防治法》中将其定义为“工业固体废物”；在生活活动中产生的固体废物俗称“垃圾(trash)”，在《中华人民共和国固体废物污染环境防治法》中将其定义为“生活垃圾”。

固体废物对环境的危害包括以下几个方面：① 通过雨水的淋溶和地表径流的渗沥，污染土壤、地下水和地表水，从而危害人体健康；② 通过飞尘、微生物作用产生的恶臭，以及化学反应产生的有害气体等污染空气。③ 固体废物的存放和最终填埋处理占据大面积的土地等。

2. 固体废物处理处置技术

固体废物的处理处置往往与其中所含可利用物质的回收、综合利用联系在一起。表1.5列出了常用的固体废物处理处置技术。

表1.5 常用的固体废物处理处置技术

处理技术	主要原理	主要对象
压实	压强（挤压）作用	高孔隙率固体废物
破碎	冲击、剪切、挤压破碎	大型固体废物
分选	重力作用、磁力作用	所有固体废物
脱水/干燥	过滤作用、干燥	含水量高的固体废物
中和法	中和反应	酸性、碱性废渣
氧化还原法	氧化还原反应	氧化还原性废渣（如铬渣）
固化法	固化与隔离作用	有毒有害固体废物
堆肥	生物降解作用	有机垃圾
焚烧	燃烧反应	有机固体废物
填埋处理	隔离作用	无机等稳定性固体废物

（四）物理性污染控制技术

物理性污染主要包括噪声、电磁辐射、振动和热污染等，其主要控制技术包括隔离、屏蔽、吸收和消减技术等。

（五）生物污染控制

环境中的微生物包括致病性微生物和非致病性微生物。能够引起疾病的微生物称致病性微生物（即病原微生物），包括细菌、病毒和原生动物等。由病原微生物引起的污染是生物污染的主要类型。环境中的病原微生物一般并不是环境中原有的微生物，大部分是从外界环境污染而来，特别是人和其他温血动物的粪便污染。

消毒是控制病原微生物污染的主要技术，表1.6概括地列出了常用的消毒技术及其原理。另外，过滤（如砂滤、纳滤等）也具有一定的消毒作用，其主要原理是物理截留作用。

表1.6 常用的消毒技术及其原理

消毒技术	主要原理	应用对象
氯消毒	氧化反应	饮用水、污/废水
氯胺消毒	氧化反应	饮用水、污/废水
二氧化氯消毒	氧化反应	小规模饮用水、污/废水
紫外线消毒	物理损伤、自由基氧化	污/废水、空气
臭氧消毒	氧化反应	饮用水、污水、空气
电解消毒	氧化反应、电场作用	小规模污/废水

（六）面源与移动源污染防治技术

1. 面源污染与控制

面源污染（diffused pollution）也称非点源污染（non-point source pollution），是指污染物从非特定地点，在降水、融雪或排灌水的冲刷作用下，通过径流汇入地表水或渗入地下水，引发水污染的污染类型，可理解为分散的污染源造成的水体污染。降水或融雪的冲刷是面源污染物迁移的主要原因，因此面源污染具有“晴天积累，雨天排放”的显著特点。随着对点源污染的大力治理，面源污染在水体污染中所占比例将呈上升趋势，需要引起重视。值得注意的是，在非降水季节，大气中的污染物也会发生沉降（即“干沉降”），从而污染土壤、水体，影响土壤和水环境质量。大气污染物干沉降对湖泊水体的污染尤其需要关注。

根据发生区域，面源污染分为农业面源污染和城市面源污染。农业面源污染物的来源主要是农田养分和农药等污染物流失、山林水土流失等。在我国，分散化的畜禽养殖、农村生活污水、农业固体废物等也是农业面源污染的重要组成部分，但这些在发达国家一般并不是主要的农业面源污染物的来源。控制农业面源污染的工程型措施主要有人工湿地、植被过滤带和草地、河岸缓冲带、暴雨蓄积池和沉淀塘；非工程型措施则有施肥管理、农药等有害物质综合管理、生物废弃物的资源化利用等。

城市面源污染主要由地表径流冲刷城区地面和房顶累积的污染物引起，它随降雨而产生，污染排放具有间歇性。美国的暴雨最佳管理措施（best management practice）被认为是最为系统的城市面源污染控制技术、方法和工程与管理措施。工程性措施的目的是通过工程手段来控制和减少暴雨径流的排放量和污染物浓度，主要有植被过滤带、滞留/持留系统、人工湿地、渗透系统和过滤系统等。

2. 移动污染源与控制

移动污染源（mobile source pollution）是指因其本身动力而移动的污染源。主要分道路型移动污染源和非道路移动污染源两大类。前者主要是机动车，后者包括家用或商用割草机、娱乐或商用的游艇和轮船、使用内燃机的火车、喷气式和螺旋桨飞机等。移动源污染的控制措施主要是控制发生源。

四、资源循环利用技术体系

资源循环利用的最初目的是从源头减少污染物的排放，控制环境污染。随着绿色低碳发展理念的不断深入，特别是我国碳达峰、碳中和目标的提出，资源循环利用将成为构建绿色循环社会，支撑社会经济可持续发展不可或缺的重要环节。

（一）污水资源化利用技术

资源化利用是污水处理的发展趋势，也是国家积极鼓励和大力发展的重点领域。污水资源化利用包括再生水利用、资源回收利用和能源转化利用三个方面。值得指出的是，与雨水和海水相比，污水，特别是城镇污水“水量稳定、就地可取、水质可控”，可成为稳定可靠的城镇“第二水源”、工业“第一水源”。大量实践证明，污水资源化利用是解决我国水资源短缺和水环境污染的双赢途径，也是构建城镇水循环系统的核心环节，值得大力推广。

再生水是指污水经处理后，达到一定水质要求，满足某种使用功能，可以安全、有益使用的水。再生水可作为生态用水、工业用水、市政用水、农林牧渔业用水、补充水源水等，涉及的行业领域十分广泛。再生水利用既可提高城市水资源供给能力、缓解供需矛盾，又可减少水污染，保障水生态安全，具有显著的资源、生态环境、社会和经济效益。从技术原理层面看，再生水处理与前面所述的水处理基本相同，但在处理目标、处理工艺设计和运行等方面有其自身的特色。应根据再生水利用途径和水质要求，遴选适宜的水质净化技术和组合工艺。

资源回收是指从污水中回收磷、氮、无机盐、金属、有机化学品等有价值资源，在净化水质的同时，实现资源循环利用。资源回收常用的技术包括沉淀分离、吸附分离、过滤分离、电化学分离等化学和物理技术。

能源转化主要是指将污水中的有机污染物转化为可利用的能源，包括甲烷、氢气和电能等。有机污染物能源转化技术主要有厌氧生物消化产甲烷技术和产氢气技术等。利用微生物燃料电池将污水中有机物的化学能转化为电能的探索性研究曾备受关注。利用污水及其中的氮、磷等营养元素培养微藻，生产微藻生物柴油被认为是一种有潜力的石油替代技术，开展了大量基础性研究。

（二）废物资源化利用技术

废物的资源化途径可分为物质的再生利用和能源转化。根据资源化对象的性质及其存在形式和含量，需采取不同的资源化技术，表 1.7 中列举了几种废物资源化技术及其原理。

表 1.7 废物资源化技术及其原理

资源化技术	主要原理	应用对象
焚烧	燃烧反应	有机固体废物的能源化
堆肥	生物降解作用	城市垃圾还田
离子交换	离子交换	工业废水、废液中金属的回收；废酸的再生利用
溶剂萃取	萃取	工业废水、废液中金属的回收；废酸的再生利用
电解	电化学反应	工业废水、废液中金属的回收；废酸的再生利用
沉淀	沉淀	工业废水、废液中金属的回收
蒸发浓缩	挥发	废酸的再生利用
沼气发酵	生物降解作用	高浓度有机废水/废液利用

废气资源化利用也是重要的发展领域。根据废气中污染物组分的不同，可以采取吸附、吸收、冷凝和膜分离等方法，分离回收废气中的高价值化学物质。利用煤炭燃烧烟道气中的二氧化碳培养微藻，既可以固定二氧化碳，控制二氧化碳排放，又可以生产微藻生物柴油、蛋白质等高价值物质，一举两得，备受关注。

五、污染环境净化技术体系

（一）污染水体净化技术

污染水体净化是指通过工程技术措施改善受污染河流、湖泊、水库、城市河道、景观水体等自然水体或人工水体的水质。污染水体净化不仅包括水质提升，还包括水质保持等。

污染水体净化的前提是控源截污，主要措施包括截污纳管、面源控制和直排污水前处理等,从源头上削减外源污染物的直接排放。

从技术途径看,污染水体净化技术可分为内源控制技术、水质净化技术和补水活水技术三大类(表 1.8)。其中,水质净化技术分为原位处理和异位处理两种,异位处理技术参见本节前述的环境污染防控技术体系。

表 1.8　常用的污染水体净化技术

净化技术(措施)	主要原理	主要对象
内源控制技术		
清淤疏浚	物理分离	底质中的污染物
底质改造	化学转化、生物转化	底质中的污染物
水质净化技术		
曝气充氧	微生物反应强化	可好氧生物降解污染物
微生物强化净化	生物吸附、生物降解	可生物降解有机污染物、氮、磷
人工湿地	生物降解、土壤吸附、植物吸收	有机污染物、氮、磷、重金属
水生植物塘	土壤吸附、植物吸收	有机污染物、氮、磷、重金属
生态浮岛	生物吸附、生物降解	可生物降解有机污染物、氮、磷
补水活水技术		
水源补给技术	水动力条件控制	所有污染物
水动力保持	水力作用、复氧、微生物反应强化	可好氧生物降解污染物

需要注意的是,污染水体净化是复杂的系统工程,往往需要综合集成和组合应用多种技术。

(二)污染土壤净化技术

1. 土壤污染物及其危害

土壤中的污染物主要有重金属、挥发性有机物和原油等。土壤的重金属污染主要是由于人为活动或自然作用释放出的重金属经过物理、化学或生物的过程,在土壤中逐渐积累而造成的。土壤的有机污染主要是由化学品的泄漏、非法投放、原油泄漏等造成的。与水污染和大气污染不同,土壤污染通常是局部性污染,但是在一些情况下通过地下水的扩散,亦会造成区域性污染。土壤污染的危害主要有以下几个方面:① 通过雨水淋溶作用,可能导致地下水和周围地表水体的污染;② 污染土壤通过土壤颗粒物等形式能直接或间接地被人或动物所吸入;③ 通过植物吸收而进入食物链,对食物链上的生物产生毒害作用等。

2. 污染土壤净化技术

由于土壤的化学成分及物理结构复杂,污染土壤的净化比废水与废气处理困难得多。污染土壤的净化技术可分为物理法、化学法和生物法。表 1.9 列出了几种代表性的污染土壤净化技术。

表 1.9 几种代表性的污染土壤净化技术

处理技术	主要原理	主要对象
客土法	稀释作用	所有污染物
隔离法	物理隔离(防止扩散)	所有污染物
清洗法(萃取法)	溶解作用	溶解性污染物
吹脱法(通气法)	挥发作用	挥发性有机物
热处理法	热分解作用、挥发作用	有机污染物
电化学法	电场作用(移动)	离子或极性污染物
焚烧法	燃烧反应	有机污染物
微生物净化法	生物降解作用	可降解性有机污染物
植物净化法	植物转化、植物挥发、植物吸收/固定	重金属、有机污染物

(三) 污染空气净化技术

污染空气净化主要是室内,包括车间、医院空间内空气的净化,其技术原理与前面所述的大气污染控制技术相似,但净化设备的设计和运行要求不同。常见的室内空气污染净化技术如表 1.10 所示。

表 1.10 常见的室内空气污染净化技术

处理技术	主要原理	主要对象
通风	稀释、扩散	所有污染物
机械过滤	物理截留作用	颗粒/气溶胶状态污染物
静电除尘	静电沉降作用	颗粒/气溶胶状态污染物
负离子法	凝结、吸附作用	颗粒/气溶胶状态污染物
吸附法	界面吸附作用	气态污染物
等离子法	化学分解作用	气态污染物
化学氧化法	氧化还原作用	气态污染物、微生物
紫外光照射(催化)法	物理辐射、氧化还原作用	气态污染物、微生物
生物过滤法	吸附、生物降解作用	气态污染物
植物净化法	吸附、吸收作用	气态污染物

六、生态系统修复与构建技术体系

(一) 水生态系统修复与构建技术

水生态系统修复是指在充分发挥生态系统自修复功能的基础上,采取工程和非工程措施,促使水生态系统恢复到较为自然的状态,改善其生态完整性和可持续性的行为。生态系统修复的重点是恢复生态系统合理的结构、高效的功能和协调的关系,重建受损生态系统的功能及相关的物理、化学和生物特性,其本质是恢复系统的必要功能并使系统达到自我维持的状态。

水质净化是水生态系统修复的前提条件。水生态系统修复技术主要包括岸带修复技术、底泥修复技术、水华藻类控制技术、生物操纵技术等(表1.11)。

表1.11　水生态系统修复技术示例

技术	主要原理	特点
生态护岸技术	改善生境	利用植物或植物与工程措施相结合的护岸形式
河岸/湖滨带修复技术	丰富植物群落	形成景观多样、结构稳定的植物群落
底泥修复技术	改善生境	疏浚或改善底泥,恢复底泥正常生态功能
水华藻类控制技术	生长抑制	利用物理、化学或生物原理抑制水华藻类生长
生物操纵技术	群落调控	调整水生生物群落结构,促进水生态系统的稳定

(二)湿地生态系统修复与构建技术

湿地生态系统修复即采用适当的生物、生态及工程技术,对退化或消失的湿地进行修复,逐步恢复湿地生态系统的结构和功能。根据湿地的构成和生态系统特征,湿地生态系统修复与构建技术可划分为四大类:湿地基底修复技术、湿地水体修复技术、湿地生物恢复与构建技术、湿地生态系统结构与功能恢复技术。

按修复的目的,湿地生态系统的修复可分为湿地水文条件修复和湿地水环境质量改善等。可通过清水补给、生态水位调控等技术修复水文条件,保证湿地生态系统基本生态需水量,解决因水量补给不足导致的湿地面积萎缩、生态功能衰退等问题。可通过控源截污、水体水质净化、水华控制等技术改善湿地水环境,解决外源性污染输入导致的水体富营养化等问题,其相关技术参见本节前述的污染水体净化技术。

湿地基底修复技术即通过相关措施,维护湿地基底的稳定性,并对湿地的地形、地貌进行改造,解决湿地因人为活动侵占导致的湿地水系结构破坏、水体淤塞萎缩、持续性内源污染等问题。主要包括基底改造技术、清淤疏浚技术、水土流失保持技术等,其中基底改造技术和清淤疏浚技术参见本节前述的污染水体净化技术。

湿地生物恢复与构建技术包括物种选育和培植技术、物种引入和保护技术、种群调控(生物操纵)技术、群落结构优化配置技术、群落演替控制技术等(表1.12)。可通过增加湿地中物种组成和生物多样性,实现生物群落的恢复,提高湿地生态系统的生产力和自我维持能力。

湿地生态系统结构与功能恢复技术主要是通过控制和排除湿地干扰因子,实现湿地生态系统结构与功能的优化配置、构建及调控。

表1.12　湿地生物恢复与构建技术示例

技术	主要原理	特点
湿地物种选育和培植技术	生物调控	确定适合的生物物种
湿地物种引入和保护技术	生物调控	平衡湿地内的生物种、生物量
种群调控(生物操纵)技术	生物调控	控制生物种群结构、规模和强度
群落结构优化配置技术	生态演替(群落调控)	构建食物链,形成稳定生物群落
群落演替控制技术	生态演替(群落调控)	保证生物群落稳定

（三）土壤生态系统修复与构建技术

土壤生态系统修复是指重建退化场地的结构和功能，以使其形成自主、稳定的生态系统。土壤生态系统修复不仅仅是用植物覆盖裸露的土地，它至少还包括以下三个方面：① 土壤养分的积累和生物地球化学循环，包括养分的保持和流失、土壤化学反应、有机物合成和降解等；② 生物多样性的恢复，包括生物类型和功能是否达到退化前或附近自然场地水平；③ 植被演替的方向和生态系统自我维持能力的形成。

土壤生态修复的内容包括：① 通过建立先锋植被和促进其发展，恢复退化土地生态系统的自然演替；② 监测和维护修复的土地，从而引导退化的生态系统在结构和功能上自主地恢复。另外，如果将这些修复的场地用于农业或畜牧业，应对其进行评估和监测，以确保有毒物质不会通过食物链转移和积累。常见的土壤生态系统修复与构建技术见表 1.13。

表 1.13 常见的土壤生态系统修复与构建技术

技术	主要原理	特点
表面土层覆盖法	改善土壤环境条件	覆土含有种子与丰富微生物群落
深耕法	翻动土壤改善孔隙率	促进植物呼吸
隔离法	物理隔离作用	避免有毒元素向上迁移到表土
土壤添加剂法	添加剂的调控作用	改良土壤，为“先锋物种”创造条件
植物修复法	污染物净化、水土涵养	合适的植被选择非常重要
微生物修复法	固氮作用、降解作用	改善土壤功能；促进植物生长
动物修复法	蚯蚓等的肥力保持作用	调控土壤物理-化学-生物学特性
联合修复法	生物作用、物理作用、化学作用等	效果往往优于单一修复方法

七、生态环境治理技术原理

随着人类活动范围的扩展、强度的增加与形式的多样化，生产制造和使用的化学物质的种类也日趋增加。在日常生活和工业生产中经常使用的化学物质多达 6 万~8 万种，而且还在继续增加，这使得环境污染物的种类越来越多，再加上污染物的物理和化学性质千差万别，化学物质产生源及在环境中的迁移转化规律异常复杂，由化学物质引起的环境污染问题也越来越复杂。此外，不同的地区及同一地区不同的时间阶段其环境条件、社会条件和经济条件也各不相同，人与环境间的具体矛盾也随时间、空间的变化而变化，因此环境污染问题具有强烈的综合性和时间及地域特征。环境污染控制不能生搬硬套现有的技术和经验，应根据不同的目的、对象及社会经济条件，选择最优的方案，采取综合及适宜的管理与技术措施。

根据环境污染问题的以上特点和环境质量改善的不同需求，科研和工程技术人员经过长期的探索和实践，已经开发出种类繁多的生态环境治理技术。同时这些技术在不同的地区和历史时期又有不同的表现形式，形成了庞大的技术体系（见表 1.1 至表 1.13）。但是，从技术原理上看，这些种类繁多的生态环境治理技术可以分为稀释、隔离、分离和转化四大类（图 1.7）。

稀释是降低污染物浓度的一种方法，以减轻污染物对生物和人体的短期毒害作用。隔离是将污染物或者污染介质隔离，从而切断污染物向周围环境的扩散，防止污染进一步扩大。分

生态环境治理技术原理
- 稀释（毒性减轻）
- 隔离（扩散控制、固化、稳定化）
- 分离（不同介质间的迁移）
- 转化（化学、生物反应）

图 1.7　生态环境治理技术原理的分类

离是利用污染物与污染介质或其他污染物在物理性质或化学性质上的差异，使其与介质分离，从而达到污染物回收利用或去除的目的。以上三种技术原理均不改变污染物的分子结构和性质。转化是利用化学或生物反应，使污染物转化为无害物质或易于分离的物质，从而使污染介质得到净化。

值得一提的是，生态环境治理系统是一个复杂系统，对同一类污染物的转化与去除也往往是多种机理共同作用的结果。如在污水活性污泥处理（好氧生物处理）系统中，有机物在曝气池中的去除机理包括吸附（重金属、难降解有机污染物等吸附在微生物细胞）、生物转化（生物降解）、吹脱（挥发性有机物的挥发）等多种机理。污水深度处理生物活性炭工艺同时存在活性炭吸附和生物转化等机理。

在以上四大类技术原理中，分离和转化原理应用最为普遍，隔离技术主要应用于危险废物的处理处置，以及环境污染事件的应急处理。稀释主要用于环境污染事件的应急处理，目的是消除高浓度污染物的急性或短期毒害作用。在大气污染控制中常通过提高烟囱的高度，利用大气扩散的自然稀释作用降低污染物的浓度。个别企业为了追求短期经济效益，有时通过稀释的办法，降低废水浓度，以达到废水排放标准，这种行为并不能降低污染物排放量，属于违法行为。

本书以论述分离和转化原理为主，仅对隔离技术原理做一些概括介绍，不涉及“稀释”相关的内容。

八、提高生态环境治理工程效率的基本思路和技术路线

生态环境治理工程的主要目的和核心任务是利用前述的隔离、分离和（或）转化技术原理，通过工程手段（利用各类装置）实现污染物从污染介质的高效、快速去除，以实现介质净化和污染物资源化利用等目的。“高效去除”不仅是指污染物的去除率高，也包括处理药剂等的资源利用率高和能源效率高。“快速去除”是指单位时间、单位体积装置的污染物去除量大，即去除速率快。去除速率越快，达到同样的去除效率需要的处理时间就越短，设备规模就越小，占地面积和工程投资也越少。

图 1.8 为生态环境治理工程中实现高效、快速去除污染物的基本思路和技术路线。

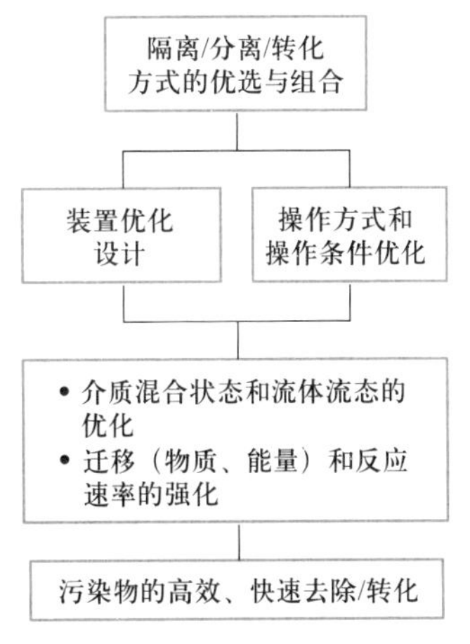

图 1.8　生态环境治理工程中实现高效、快速去除污染物的基本思路和技术路线

针对一个具体的生态环境治理工程，比如某一工业废水中氨氮的去除工程，首先应该根据处理规模、处理对象

污染物的浓度和处理特性、共存污染物的种类和浓度及处理目标确定采取哪一类技术原理及技术原理组合(即确定处理工艺)。例如需要确定是利用汽提的方式把氨从废水中吹脱,还是利用沸石将氨吸收,还是利用生物硝化反硝化原理把氨转化为氮气而去除等。经济因素,即设备投资和运行费用也是确定使用哪种技术原理的关键影响因素,并且往往是决定性因素。确定合理的技术原理及其组合是实现高效、快速去除污染物的基础。

值得注意的是,在多数情况下,一种技术原理难以达到预定的处理目标,往往需要集成各种技术,形成组合处理工艺。图 1.9 为典型的污水再生处理工艺。该工艺涉及好氧生物处理、重力沉淀、混凝沉淀、过滤、化学氧化(氯消毒)等多种技术。对再生水水质要求高的工艺,在砂滤之后有时还需要增设臭氧氧化、纳滤、反渗透等处理单元。

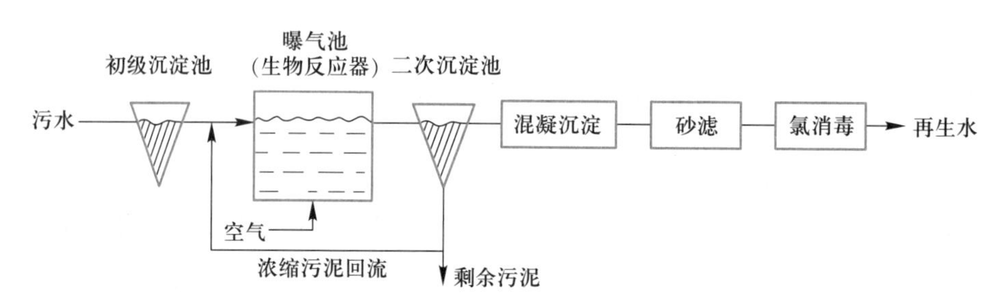

图 1.9 典型的污水再生处理工艺

将以上优选的技术原理应用于具体的生态环境治理工程,需借助适宜的"装置"才能实现污染物的去除。装置是实现治理工程的载体,也是影响污染物去除效率和速率的重要因素之一。装置类型的确定和优化设计要考虑操作方式、装置的大小和形状及内部结构等。针对所确定的装置,对操作方式和操作条件进行优化是必不可少的重要工作。装置优化设计及操作方式和操作条件优化的目的是改善装置内介质的混合状态和流体的流动状态,从而促进传质、传热,提高反应速率。

九、"环境工程原理"课程的主要内容

将隔离、分离、转化等技术原理应用于生态环境治理实际工程时,会涉及流体力学、物质传递、分离过程及反应过程等基本过程和现象,深入理解、掌握和正确利用这些基本现象是提高工程项目效率的基础。同时,污染控制装置的基本类型和基本操作原理,是一个环境工程专业及相关专业技术人才必备的专业基础知识。

"环境工程原理"的主要研究对象是生态环境治理工程的基本理论、技术原理,以及工程设计计算的基本理论和方法,其主要内容应包括以下几个方面:

(1) 环境工程原理基础:重点阐述环境工程学的基本概念和基本理论,主要内容包括物料与能量衡算及流体流动、热量传递和质量传递过程基本理论等。

(2) 分离过程与隔离原理:主要阐述沉淀、过滤、吸收、吸附、离子交换和膜分离等基本理论。

(3) 化学与生物反应工程原理:主要阐述化学与生物反应动力学、各类化学与生物反应器的解析及基本设计理论等。

与化工、生物工程(发酵工程)等生产系统相比,生态环境治理系统无论在目的、输入物

料（在环境系统中为待处理的污水、废气等）的特性方面，还是在系统优化目标等方面都有其自身特点（表 1.14），其技术需求与理论体系和生产系统有明显的区别。

表 1.14 生态环境治理系统与生产系统的区别

项目	化工/生物工程等生产系统	生态环境治理系统
研究对象	人工设备、生产工艺	人工系统、自然生态系统、人工生态系统
工程目的	产品生产	污染物去除、转化
输入物料		
物料种类	生产原料	污/废水、废气、固体废物等
组分种类	组分单一，且多为已知	多种组分共存，且组分未知
组分浓度	浓度高、纯度高	浓度低、不同组分浓度差别大
系统规模	规模小且稳定	规模大且变化范围大
系统开放性	多为相对封闭系统	多为开放系统
系统优化目标	以最少物料的投入，生产更多的产品为优化目标	以尽可能提高污染物处理量（投入物料最大化）和最大限度地减少二次污染即副产物产生（产出少）为优化目标

“环境工程原理”课程充分吸收和借鉴了流体力学、传递过程原理、化工原理、反应工程原理、生物工程等课程（学科）的比较成熟的理论，但它是建立在生态环境治理工程基础上的一门独立的课程，有其明确的目标和课程任务，其研究对象、理论体系和工程目标等与上述学科有明显的区别。

十、“环境工程原理”的基本方法

“物理量”及其“变化速率”的定量表达与计算是“环境工程原理”的基本手段，它贯穿本课程的始终。关注的物理量主要有污/废水、废气、固体废物等污染物介质的量、污染物的浓度及去除率、装置的大小和药剂使用量等，而变化速率主要指物理量的迁移和去除速率，如有机污染物在界面之间的传质速率，化学分解速率和降解速率等。

“质量与能量衡算”“微观过程解析”和“变化速率的数学表达”是环境工程原理分析问题的基本方法。图 1.10 概括地表示了“环境工程原理”分析问题的思路和基本方法。

质量衡算是利用质量守恒定律，对某一环境系统内各种物质的输入、输出、积累和不同物质间的转化关系进行质量平衡关系分析和定量计算的一种方法。而能量衡算则是利用能量守恒定律，对某一环境系统内的能量输入、输出和转化平衡关系进行分析和定量计算的一种方法。物料与能量衡算也常在确定装置设计方程（操作方程）中使用。

微观过程解析是指对某一宏观现象（过程），如吸附、吸收等分离过程和固相催化反应等转化过程进行剖析，揭示宏观现象（机理）的产生机制和微观步骤（微观过程）。一个宏观现象（过程）是一系列微观过程的串联，宏观过程的速率往往由某个关键的微观过程的速率所决定。该过程称为“控制步骤”或“控速过程”。通过微观分析，抓住了控制步骤，对有的放矢地采取科学、合理的手段提高污染物的去除效率有重要的意义。宏观现象（过程）表面

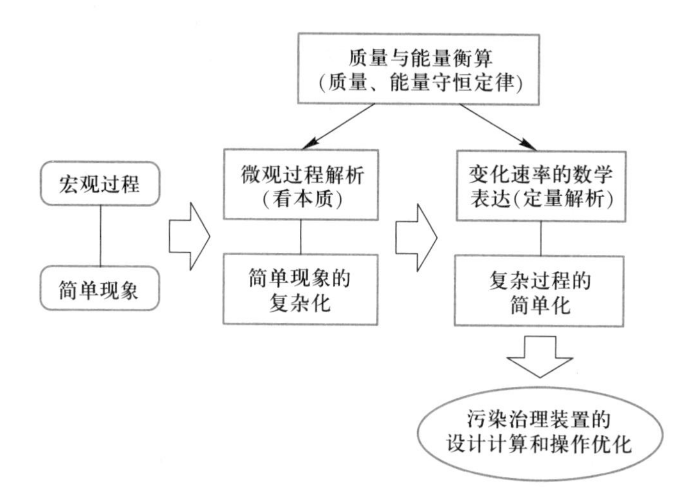

图 1.10 “环境工程原理”分析问题的思路和基本方法

上看是一个“简单现象”,但它却包含了诸多复杂的环节。从这种意义上讲,微观过程解析可以形象地形容为“简单现象的复杂化”,同时它也是对物理量变化速率进行数学表达的必要环节。

变化速率的数学表达的目的是实现宏观过程的定量计算,它是工程设计计算的基础。客观分析和掌握各个微观过程往往是建立数学表达的前提,但通常需要对微观过程进行科学、合理的简化,才能得到具体的数学表达式,同时大幅度简化计算过程,提高设计计算效率。从这个意义上讲,数学表达的过程可以形象地形容为“复杂过程的简单化”。但这种简单化是基于微观过程分析的科学、合理、有目的的简单化。

术语中英文对照

· 清洁生产 cleaner production
· 循环经济 circular economy
· 环境规划 environmental planning
· 环境监测 environmental monitoring
· 环境质量评价 environmental quality assessment
· 环境修复 environmental remediation
· 水污染控制 water pollution control
· 大气污染控制 air pollution control
· 土壤污染控制 soil pollution control
· 固体废物资源化 resource recovery of solid waste
· 再生水 reclaimed water
· 点源污染 point source pollution
· 面源污染 diffused pollution/non-point source pollution
· 移动源污染 mobile source pollution
· 无机污染物 inorganic pollutants
· 有机污染物 organic pollutants
· 病原微生物 pathogenic microorganisms/pathogen
· 挥发性有机物 volatile organic compounds(VOCs)
· 重金属 heavy metals
· 持久性污染物 persistent organic pollutants(POPs)
· 内分泌干扰物 endocrine disrupting chemicals(EDCs)
· 药品和个人护理用品 pharmaceuticals and personal care products(PPCPs)
· 新污染物/新兴污染物 emerging contaminants
· 最佳管理措施 best management practice

思考题与习题

1.1 简述环境学科的发展历史及其学科体系。

1.2 简述环境工程学的主要任务及其学科体系。

1.3 去除水中的悬浮物有哪些可能的方法,它们的技术原理是什么?

1.4 去除空气中的挥发性有机物(VOCs)有哪些可能的技术,它们的技术原理是什么?

1.5 简述土壤污染可能带来的危害及其作用途径。

1.6 生态环境治理技术原理可以分为哪几类?它们的主要作用原理是什么?

1.7 “环境工程原理”课程的任务是什么?

1.8 系统阐述“环境工程原理”的基本方法。

1.9 利用典型的例子,阐述提高某一污水处理工程效率的基本思路和技术路线。

第一篇

环境工程原理基础

流体流动和热量、质量传递现象普遍存在于自然界和工程领域。在生态环境治理工程领域,无论是水处理、废气处理和固体废物处理处置,还是给水排水管道工程,都涉及流体流动和热量传递及质量传递现象。例如,在流体输送、流体中颗粒物的沉降分离、污染物的过滤净化等过程中均存在流体流动;在加热、冷却、干燥、蒸发、蒸馏等过程及管道、设备保温中涉及热量传递;在吸收、吸附、吹脱、萃取、膜分离及化学反应和生物反应等过程中存在质量传递;很多过程中还同时存在着热量和质量传递。因此,系统掌握流体流动和热量与质量传递过程的基础理论,对优化污染物的分离和转化过程、提高生态环境治理工程的效率具有重要意义。

本篇主要讲述质量衡算、能量衡算等环境工程中分析问题的基本方法,以及流体流动和热量、质量传递的基础理论。

第二章　质量衡算与能量衡算

第一节　常用物理量

一、计量单位

计量单位是度量物理量的标准。任何物理量的大小都要由数值和计量单位两部分表示出来，即

$$物理量=数值\times计量单位$$

由于历史的原因，用以度量物理量的单位有各种不同的单位制，如英制和米制。1960年第11届国际计量大会通过了国际单位制，其国际简称为SI。它具有科学、合理、精确、实用、简明等优点，因此在很多国家被推广使用，国际性科技组织也都宣布采用国际单位制。

国际单位制规定了7个基本单位，见表2.1.1。根据2018年11月16日第26届国际计量大会决议，自2019年5月20日起，国际单位制的7个基本单位采用定义常数进行定义，7个定义常数见表2.1.2。

表2.1.1　国际单位制的基本单位

量的名称	单位名称	单位符号
长度	米	m
质量	千克	kg
时间	秒	s
电流	安[培]	A
热力学温度	开[尔文]	K
物质的量	摩[尔]	mol
发光强度	坎[德拉]	cd

注：方括号内的字在不引起混淆、误解的情况下，可以省略。

表2.1.2　国际单位制的定义常数

符号	名称	数值
Δv_{Cs}	铯-133原子在基态下的两个超精细能级之间跃迁所对应的辐射频率	9 192 631 770 Hz
c	光速	299 792 458 m·s^{-1}
h	普朗克常数	6.626 070 15×10^{-34} J·s

续表

符号	名称	数值
e	基本电荷	$1.602\ 176\ 634\times10^{-19}$ C
k	玻尔兹曼常数	$1.380\ 649\times10^{-23}$ J·K^{-1}
N_A	阿伏伽德罗常数	$6.022\ 140\ 76\times10^{23}$ mol^{-1}
K_{cd}	频率为 540×10^{12} Hz 的单色辐射的发光效率	683 lm·W^{-1}

根据基本单位,可以导出很多其他物理量的单位。国际单位制规定,任何一个物理量的导出单位都是按照定义式由基本单位相乘或相除求得的,并且其导出单位的定义式中的比例系数永远取 1。以力的导出单位为例,按牛顿运动定律写出力的定义式,即

$$F=kma=km\frac{\mathrm{d}u}{\mathrm{d}t}=km\frac{\mathrm{d}^2s}{\mathrm{d}t^2}$$

式中:F——力;

m——质量;

a——加速度;

u——速度;

t——时间;

s——距离;

k——比例系数。

按照国际单位制规定,取 $k=1$,则力的导出单位为 $kg\cdot m/s^2$。

当采用其他单位制时,将各物理量的单位代入定义式中,得到的 k 不等于 1。例如,上例中,若距离的单位为 cm,则 $k=0.01$。

若导出单位均用基本单位表示,会使很多单位的使用极其不方便,因此国际单位制规定了若干具有专门名称的导出单位,如表 2.1.3 所示。上例中,力的导出单位用 SI 的基本单位表示为 $kg\cdot m/s^2$,国际单位制规定该导出单位的专门名称为牛顿(N)。规定专门名称不仅方便物理量的表示,而且更便于导出其他的导出单位。

表 2.1.3　国际单位制中具有专门名称的导出单位

量的名称	单位名称	单位符号	其他表示示例
频率	赫[兹]	Hz	s^{-1}
力,重力	牛[顿]	N	$kg\cdot m/s^2$
压力,压强;应力	帕[斯卡]	Pa	N/m^2
能量;功;热	焦[耳]	J	N·m
功率;辐射通量	瓦[特]	W	J/s
电荷量	库[仑]	C	A·s
电位,电压,电动势	伏[特]	V	W/A
电容	法[拉]	F	C/V
电阻	欧[姆]	Ω	V/A
电导	西[门子]	S	A/V

续表

量的名称	单位名称	单位符号	其他表示示例
磁通量	韦[伯]	Wb	V·s
磁通量密度,磁感应强度	特[斯拉]	T	Wb/m^2
电感	亨[利]	H	Wb/A
摄氏温度	摄氏度	℃	K
光通量	流[明]	lm	cd·sr
光照度	勒[克斯]	lx	lm/m^2
放射性活度	贝可[勒尔]	Bq	s^{-1}
吸收剂量	戈[瑞]	Gy	J/kg
剂量当量	希[沃特]	Sv	J/kg
催化活性	卡[塔尔]	kat	mol/s
平面角	弧度	rad	1
立体角	球面度	sr	1

工程中常遇到很小或很大的数,常常表示为 10 的倍数或分数。国际单位制规定了 16 个用于构成十进倍数和分数单位的词头,见表 2.1.4。

表 2.1.4 用于构成十进倍数和分数单位的词头

量的名称	单位名称	单位符号
10 的 18 次方	艾[可萨]	E
10 的 15 次方	拍[它]	P
10 的 12 次方	太[拉]	T
10 的 9 次方	吉[咖]	G
10 的 6 次方	兆	M
10 的 3 次方	千	k
10 的 2 次方	百	h
10 的 1 次方	十	da
10 的 1 次方	分	d
10 的-2 次方	厘	c
10 的-3 次方	毫	m
10 的-6 次方	微	μ
10 的-9 次方	纳[诺]	n
10 的-12 次方	皮[可]	p
10 的-15 次方	飞[母托]	f
10 的-18 次方	阿[托]	a

二、物理量的单位换算

目前国际单位制已被世界各国广泛采用。但由于长期使用习惯,或在参考以前出版的某些书籍、期刊和手册时,仍会遇到以其他单位制表示的物理量,因此必须正确掌握不同单位制中对应单位之间的换算。

同一物理量用不同单位制的单位度量时，其数值比称为换算因数。例如，1 m长的管用英尺度量时为 3.280 8 ft，因此英尺相对于米的换算因数为 3.280 8。工程中常用单位在各种单位制间的换算因数见附录 1。

【例题 2.1.1】 已知 1 atm = 1.033 kgf/cm^2，试将其换算为 Pa(N/m^2)。kgf(kilogram-force)，是 1 kg 质量的物体在 9.806 65 m/s^2 的重力场下所受的重力。

解：按照题意，将 kgf/cm^2 中力的单位 kgf 换算为 N，cm^2 换算为 m^2。查附录 1，可知 N 相对于 kgf 的换算因数为 9.806 65，因此

$$1\ \text{kgf} = 9.806\,65\ \text{N}$$

又

$$1\ \text{cm} = 0.01\ \text{m}$$

因此

$$1.033\ \text{kgf/cm}^2 = 1.033 \times 9.806\,65\ \text{N}/(0.01\ \text{m})^2 = 1.013 \times 10^5\ \text{N/m}^2$$

【例题 2.1.2】 设备壁面因强制对流和辐射作用向周围环境中散失的热量可表示为

$$a = 5.3 + 0.036u$$

式中：a——对流-辐射联合传热系数，kcal/(m^2·h·℃)；

u——设备周围空气流动速度，cm/s。

若将 a 的单位改为 W/(m^2·K)，u 的单位改为 m/s，试将上式加以变换。

解：根据附录 1，1 kcal = 4 186.8 W·s，1 h = 3 600 s；1 ℃表示温差为 1 ℃，由于 $T/\text{K} = 273.15 + t/℃$，因此以 K 为温度单位时，温差为 1 K。因此

$$1\ \text{kcal}/(\text{m}^2\cdot\text{h}\cdot℃) = (4\,186.8/3\,600)\ \text{W}/(\text{m}^2\cdot\text{K}) = 1.163\ \text{W}/(\text{m}^2\cdot\text{K})$$

又

$$1\ \text{cm/s} = 0.01\ \text{m/s}$$

令 a'表示以 W/(m^2·K) 为单位的传热系数，u'为以 m/s 为单位的速度，则

$$a = \frac{a'}{1.163}$$

$$u = \frac{u'}{0.01} = 100u'$$

将上面两式代入原式中，得

$$\frac{a'}{1.163} = 5.3 + 0.036 \times (100u')$$

整理上式，并略去符号上标，得

$$a = 6.16 + 4.19\ u$$

a 的单位为 W/(m^2·K)。

三、量纲和无量纲准数

（一）量纲

物体的几何特征可以用它的尺度来描述。例如，长方体的大小可以用长度、宽度和高度表示，管道的粗细与长短可用直径和长度表示，等等。如前所述，采用计量单位和数值可以

完整地对物体的大小进行描述。当采用不同的单位时,计量结果的数值不同,但不影响物体的真实尺度。例如,1 ft 与 0.304 8 m 表示同一长度。

上面提到的尺度都具有相同的性质,即可用长度测量的性质,无论其数值大小,采用什么单位,其性质不变。这种用来描述物体或系统物理状态的可测量属性称为量纲。长方体的长度、宽度、高度及管道的直径和长度等,都可用长度来表示,因此都具有长度量纲。同样,其他可测量的物理量也都具有某种量纲。

量纲与单位不同,其区别在于,量纲是可测量的属性,而单位是测量的标准,用这些标准和确定的数值可以定量地描述量纲。

量纲的表示法是在表示物理量的文字或符号外加方括号,例如[长度]或[L]表示长度的量纲,而不是指具有确定数值的某一长度。利用量纲所建立起来的关系是定性的,而不是定量的。

依照选定的量纲体系,所有的可测量物理量可以分为两类:基本量和导出量。基本量是那些可以按一定规范建立计量尺度的量;导出量是其量纲可以用基本量量纲的组合形式表示的量。研究环境工程的基本原理时,在 SI 中将质量、长度、时间的量纲作为基本量纲,分别以 M、L 和 T 表示,简称为 MLT 量纲体系。其他物理量的量纲均可以 M、L 和 T 的组合形式表示,如速度、力、密度和黏度的量纲分别为 LT^{-1}、MLT^{-2}、ML^{-3}和 $ML^{-1}T^{-1}$。

(二)无量纲准数

在研究工程问题时,由于实际情况的复杂性,通常无法通过理论推导得到其规律。因此经常通过实验,寻找各影响因素之间的关系,通过数学方法建立经验公式。在这一过程中,经常利用无量纲准数,采用量纲分析法得到描述过程的经验关系式。

无量纲准数是由各种变量和参数组合而成的没有单位的群数。无量纲准数实际上量纲为 1,其数值大小与所选单位制无关,但组合群数的各个量必须采用同一单位制。

无量纲准数通常具有一定的物理意义。例如,常见的无量纲准数雷诺数 Re(Reynolds number),其物理意义为惯性力与黏性力之比,用于判断流体的流动状态。其定义式为

$$Re=\frac{\rho u L}{\mu} \tag{2.1.1}$$

式中:ρ——密度,kg/m^3;

u——流速,m/s;

L——特征尺寸,m;

μ——黏度,kg/(m·s)或 Pa·s。

以基本量纲 L、T 和 M 表示式(2.1.1)中等号右边各物理量的量纲,即

$$\dim \rho = ML^{-3}$$

$$\dim u = LT^{-1}$$

$$\dim L = L$$

$$\dim \mu = ML^{-1}T^{-1}$$

将以上各物理量的量纲代入式(2.1.1)中,得

$$\dim Re=\frac{ML^{-3}LT^{-1}L}{ML^{-1}T^{-1}}=M^0L^0T^0$$

即 Re 为无量纲准数。

四、常用物理量及其表示方法

在环境工程中，无论是分离过程，还是反应过程，往往需要描述物质含量及过程的速率，因此常用到浓度、流量、流速、通量等物理量。

（一）浓度

浓度有多种表示方法。在含有组分 A 的混合物中，A 的浓度可以用单位体积混合物中含有组分 A 的质量或物质的量表示，也可以用组分 A 的量与混合物总量或混合物中惰性组分量的比值表示。针对混合物的不同状态（气态、液态）、不同组分 A 含量（高浓度、低浓度）及不同的过程，采用某种浓度表示方法，可以使分析解决问题的过程更为简便。

1. 质量浓度与物质的量浓度

（1）质量浓度：单位体积混合物中某组分 A 的质量称为该组分的质量浓度，以符号 ρ_A 表示，常用单位有 mg/L、μg/L、$\mu g/m^3$、mg/m^3 或 kg/m^3 等。水中物质的浓度常常用质量浓度表示。气态组分的浓度有时也用质量浓度表示。组分 A 的质量浓度定义式为

$$\rho_A=\frac{m_A}{V} \tag{2.1.2}$$

式中：ρ_A——组分 A 的质量浓度，kg/m^3；

m_A——混合物中组分 A 的质量，kg；

V——混合物的体积，m^3。

若混合物由 N 个组分组成，则混合物的总质量浓度为

$$\rho=\sum_{i=1}^{N}\rho_i \tag{2.1.3}$$

质量浓度和密度均可用符号 ρ 表示，但两者有本质的区别。质量浓度是混合物中某物质含量的多少，密度则是物质的质量与其体积之比，是物质本身的属性。

（2）物质的量浓度：单位体积混合物中某组分的物质的量称为该组分的物质的量浓度，以符号 c 表示，常用单位为 $kmol/m^3$，mol/m^3，mol/L 等。组分 A 的物质的量浓度定义式为

$$c_A=\frac{n_A}{V} \tag{2.1.4}$$

式中：c_A——组分 A 的物质的量浓度，$kmol/m^3$；

n_A——混合物中组分 A 的物质的量，kmol。

若混合物由 N 个组分组成，则混合物的总浓度 c 为

$$c=\sum_{i=1}^{N}c_i$$

组分 A 的质量浓度与物质的量浓度的关系为

$$c_{A}=\frac{\rho_{A}}{M_{A}} \tag{2.1.5}$$

式中：M_A——组分 A 的摩尔质量，kg/kmol。

2. 质量分数与摩尔分数

(1) 质量分数和体积分数：混合物中某组分的质量与混合物总质量之比称为该组分的质量分数，以符号 x_m 表示。组分 A 的质量分数定义式为

$$x_{mA}=\frac{m_{A}}{m} \tag{2.1.6}$$

式中：x_{mA}——组分 A 的质量分数；

m——混合物的总质量，kg。

若混合物由 N 个组分组成，则有

$$\sum_{i=1}^{N} x_{mi}=1$$

当混合物为气液两相体系时，常以 x_m 表示液相中某组分的质量分数，y_m 表示气相中某组分的质量分数。

液体中的组分浓度除采用质量浓度表示外，也常用质量分数表示。当组分浓度很低、质量分数的值较小时，可以采用 10^{-6}(质量分数)或 μg/g 表示；也可以采用 10^{-9}(质量分数)或 μg/kg 表示。

在水处理中，常见污水中的污染物浓度一般较低，常用的质量浓度单位为 mg/L、μg/L，也常常采用 ppm、ppb 等非法定计量单位。根据定义，ppm 为 10^{-6}(质量分数)，ppb 为 10^{-9}(质量分数)。1 L 污水的质量可以近似认为等于 1 000 g，因此在实际应用中，常常通过式(2.1.7)和式(2.1.8)将质量浓度和质量分数加以换算，即

$$1\ \text{mg/L 组分 A 的质量分数}=1\ \text{mg}/1\ 000\ \text{g}=1\times10^{-6}(\text{质量分数})=1\ \text{ppm} \tag{2.1.7}$$

$$1\ \mu\text{g/L 组分 A 的质量分数}=1\ \mu\text{g}/1\ 000\ \text{g}=1\times10^{-9}(\text{质量分数})=1\ \text{ppb} \tag{2.1.8}$$

即在污染物浓度不高的污水中，用 1 mg/L 质量浓度与 10^{-6}质量分数即 1 ppm 表示的污染物含量相等。

当污染物的浓度过高，导致污水的密度发生变化时，式(2.1.7)和式(2.1.8)应加以修正。若混合物的密度为 ρ(g/L)，则

$$1\ \text{mg/L 组分 A 的质量分数}=1\times10^{-3}/\rho$$

$$1\ \mu\text{g/L 组分 A 的质量分数}=1\times10^{-6}/\rho$$

在大气污染控制工程中，经常用体积分数来表示污染物的浓度。若气体混合物中有百万分之一的体积为污染物时，如 1 m^3 气体混合物中含有 1 mL 污染物，则此气态污染物浓度为 10^{-6}(体积分数)。同理，1 μL/m^3 气态污染物浓度为 10^{-9}(体积分数)。

在混合气体中，组分 A 的体积分数与质量浓度 ρ_A(kg/m^3)之间的关系与混合物的压力、

温度及组分 A 的相对分子质量有关。若混合物可看成理想气体,则符合理想气体状态方程,即

$$pV_A = n_A RT \tag{2.1.9}$$

式中:p——混合气体的绝对压力,Pa;

V_A——组分 A 的体积,m^3;

n_A——组分 A 的物质的量,mol;

R——理想气体常数,8.314 J/(mol·K);

T——混合气体的热力学温度,K。

根据质量浓度的定义,有

$$\rho_A = \frac{m_A}{V} = \frac{n_A M_A}{V} \times 10^{-3} \tag{2.1.10}$$

式中:ρ_A——质量浓度,kg/m^3;

M_A——组分 A 的摩尔质量,g/mol。

故

$$V = \frac{n_A M_A}{\rho_A} \times 10^{-3} \tag{2.1.11}$$

由理想气体状态方程,得

$$V_A = \frac{n_A RT}{p} \tag{2.1.12}$$

由以上两式得体积分数与质量浓度的关系为

$$\frac{V_A}{V} = \frac{RT \times 10^3}{pM_A} \rho_A \tag{2.1.13}$$

1 mol 任何理想气体在相同的压力和温度下都具有同样的体积,因此用体积分数表示气体中污染物的浓度在实际应用中非常方便。例如,空气中含有污染物的浓度为 10^{-6}(体积分数),则表示每 10^6 体积空气中有 1 体积的污染物,这等价于每 10^6 mol 空气中有 1 mol 污染物质。又因为 1 mol 的任何物质含有相同数量的分子,10^{-6}(体积分数)也就相当于每 10^6 个空气分子中有 1 个污染物分子。该单位的最大优点是与体系所处的温度、压力无关。

(2) 摩尔分数:混合物中某组分的物质的量与混合物总物质的量之比称为该组分的摩尔分数,以符号 x 表示。组分 A 的摩尔分数定义式为

$$x_A = \frac{n_A}{n} \tag{2.1.14}$$

式中:x_A——组分 A 的摩尔分数;

n——混合物总物质的量,mol。

若混合物由 N 个组分组成,则有

$$\sum_{i=1}^{N} x_i = 1$$

当混合物为气液两相体系时，常以 x 表示液相中某组分的摩尔分数，y 表示气相中某组分的摩尔分数。

组分 A 的质量分数与摩尔分数的关系为

$$x_{\mathrm{A}} = \frac{\dfrac{x_{m\mathrm{A}}}{M_{\mathrm{A}}}}{\sum\limits_{i=1}^{N} \dfrac{x_{mi}}{M_i}} \tag{2.1.15a}$$

或

$$x_{m\mathrm{A}} = \frac{x_{\mathrm{A}} M_{\mathrm{A}}}{\sum\limits_{i=1}^{N} (x_i M_i)} \tag{2.1.15b}$$

3. 质量比与摩尔比

前已述及，质量分数（或摩尔分数）是混合物中某组分的质量（或物质的量）与混合物总质量（或总物质的量）的比值。但在某些过程中，混合物的总质量（或总物质的量）是变化的。例如，用水吸收空气中氨的过程，氨作为溶质可溶解于水中，而空气则不溶于水，此时称空气为惰性组分。随着吸收过程的进行，混合气体及混合液体的总质量（或总物质的量）是变化的，而混合气体及混合液体中惰性组分的质量（或物质的量）不变。此时，若用质量分数（或摩尔分数）表示气液相组成，计算很不方便。为此，引入以惰性组分为基准的质量比（或摩尔比）来表示气液相的组成。

混合物中某组分的质量与惰性组分质量的比值称为该组分的质量比，以符号 X_m 表示。若混合物中除组分 A 外，其余为惰性组分，则组分 A 的质量比定义式为

$$X_{m\mathrm{A}} = \frac{m_{\mathrm{A}}}{m - m_{\mathrm{A}}} \tag{2.1.16}$$

式中：$X_{m\mathrm{A}}$——组分 A 的质量比，量纲为 1；

$m-m_{\mathrm{A}}$——混合物中惰性组分的质量，kg。

质量比与质量分数的关系为

$$X_{m\mathrm{A}} = \frac{x_{m\mathrm{A}}}{1 - x_{m\mathrm{A}}} \tag{2.1.17}$$

混合物中某组分的物质的量与惰性组分物质的量的比值称为该组分的摩尔比，以符号 X 表示。若混合物中除组分 A 外，其余为惰性组分，则组分 A 的摩尔比定义式为

$$X_{\mathrm{A}} = \frac{n_{\mathrm{A}}}{n - n_{\mathrm{A}}} \tag{2.1.18}$$

式中：X_{A}——组分 A 的摩尔比，量纲为 1；

$n-n_A$——混合物中惰性组分的物质的量,mol。

摩尔比与摩尔分数的关系为

$$X_A=\frac{x_A}{1-x_A} \tag{2.1.19}$$

当混合物为气液两相体系时,常以 X 表示液相中某组分的摩尔比,Y 表示气相中某组分的摩尔比。对于气态混合物,常采用分压表示浓度,此时组分 A 的摩尔比可以按下式计算,即

$$Y_A=\frac{p_A}{p-p_A} \tag{2.1.20}$$

式中:p——气体混合物的总压力,Pa;

p_A——组分 A 的分压,Pa。

以上讨论了混合物中组分浓度的表示方法,实际应用中可根据计算方便的原则选用。

【例题 2.1.3】 在 1.013×10^5 Pa、25 ℃条件下,某室内空气中 CO 的体积分数为 9.0×10^{-6}。试计算空气中 CO 的质量浓度。

解:一氧化碳(CO)分子的摩尔质量为 28 g/mol。根据式(2.1.13),得 CO 的质量浓度为

$$\rho_{CO}=9.0\times10^{-6}\times\frac{28\times1.013\times10^5}{8.314\times298\times10^3}\ \text{kg/m}^3=10.3\ \text{mg/m}^3$$

(二)流量

环境工程中研究的对象多为流体,如给水、污水、大气、废气等,普遍涉及流体的流动。

单位时间内流过流动截面的流体体积称为体积流量,以 q_V 表示,单位为 m^3/s。若某一流体在时间 t 内流过截面 A 的体积为 V,则

$$q_V=\frac{V}{t} \tag{2.1.21}$$

当流体为气体时,由于气体的体积流量随温度和压力的变化而变化,因此工程中采用质量流量较为方便。单位时间内流过流动截面的流体质量称为质量流量,以 q_m 表示,单位为 kg/s。若流体密度为 ρ,则

$$q_m=\frac{V\rho}{t} \tag{2.1.22}$$

体积流量与质量流量的关系为

$$q_m=q_V\rho \tag{2.1.23}$$

(三)流速

单位时间内流体在流动方向上发生的位移称为流速,以 $\boldsymbol{u}$ 表示,单位为 m/s。速度是矢量,在直角坐标系中 x、y、z 三个轴方向上的投影分别为 u_x、u_y、u_z。若流体流动与空间的三个方向有关,称为三维流动;与两个方向有关,称为二维流动;仅与一个方向有关,则称为一维流动。流体在直管内的流动可看成与管轴平行的一维流动。

在流动截面上各点的流速称为点流速。对于实际流体,由于流体具有黏性,一般情况下

各点流速不相等,其在同一截面上的点流速的变化规律称为速度分布。工程上为了计算方便,通常采用截面上各点流速的平均值,称为主体平均流速 u_m,简称为平均流速。

平均流速按体积流量相等的原则定义,即单位时间内以平均速度流过截面的流体体积与实际具有速度分布时流过同一截面的流体体积相等,其定义式为

$$u_m = \frac{\iint_A u\mathrm{d}A}{A} = \frac{q_V}{A} \tag{2.1.24}$$

式中:A——流过截面的面积,m^2。

环境工程中经常使用圆形管道输送液体或气体。若以 d 表示管道的内径,则式(2.1.24)变为

$$u_m = \frac{q_V}{\frac{\pi}{4}d^2}$$

于是

$$d = \sqrt{\frac{4q_V}{\pi u_m}} \tag{2.1.25}$$

对于指定的流量,选择流速后就可以确定输送管路的直径。在管路设计中,选择适宜的流速是非常重要的,因为流速影响流动阻力和管径,进而影响系统的操作费用和建设投资。一般情况下,液体的流速取 0.5~3.0 m/s,气体的流速则为 10~30 m/s。

(四) 通量

单位时间内通过单位面积的物理量称为该物理量的通量。通量是表示传递速率的重要物理量。例如,单位时间内通过单位面积的热量,称为热量通量,单位为 $J/(m^2 \cdot s)$;单位时间内通过单位面积的某组分的质量,称为该组分的质量通量,单位为 $kg/(m^2 \cdot s)$;同理,可以将单位时间内通过单位面积的动量,称为动量通量,单位为 N/m^2。

第二节 质量衡算

质量衡算是环境工程中分析问题的基本方法,其依据是质量守恒定律。对于任何环境系统,都可以运用质量衡算方法,从理论上计算物料在这个系统中的输入、输出和积累量。因此,质量衡算提供了一个强有力的工具,可以定量表示污染物质在环境中的迁移。

一、衡算的基本概念

(一) 衡算系统

用衡算方法分析各种与物质传递和转化有关的过程时,首先应确定一个用于分析的特定区域,即衡算的空间范围,称为衡算系统。包围此区域的界面称为边界,边界以外的范围为系统周围的环境。划定系统的边界后,就可以分析物质通过边界的质量转移及其在系统内的积累。

衡算的区域可以是宏观上较大的范围,如一个反应池、一个车间,或者一个湖泊、一

段河流、一座城市上方的空气，甚至可以是整个地球。衡算也可以取微元尺度范围，如环境工程设备或管道中一个微元体，在直角坐标系中为正六面微元体 $dxdydz$，见图 2.2.1(a)；当设备或管道横截面上的各种参数分布均匀时，也可以取一个微元段 dz 所对应的体积作为衡算范围，见图 2.2.1(b)。衡算系统的大小和几何形状应按照便于研究问题的原则选取。

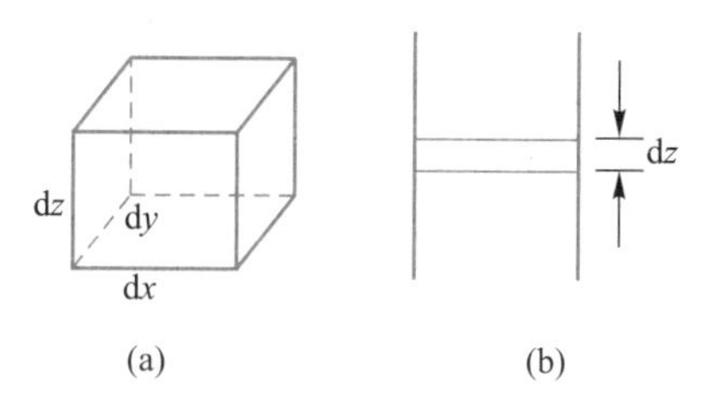

图 2.2.1 衡算微元体

(a) 微元体；(b) 微元段

（二）总衡算与微分衡算

对宏观范围进行的衡算，称为总衡算；而对微元范围进行的衡算，称为微分衡算。当研究一个过程的总体规律而不涉及内部的详细情况时，可运用总衡算，由宏观尺度系统的外部（进、出口及环境）各有关物理量的变化来考察系统内部物理量的总体平均变化。该方法可以解决环境工程中的物料平衡、能量转换与消耗、设备受力，以及管道内的平均流速、阻力损失等许多有实际意义的问题，但不能得知系统内部各点的变化规律。

当需要探求系统内部的质量和能量变化规律，了解过程的机理时，则需要采用微分衡算，从研究微元体各物理量随时间和空间的变化关系着手，建立过程变化的微分方程，然后在特定的边界和初始条件下求解，从而获得系统中每一点的相关物理量随时间和空间的变化规律。

（三）稳态系统与非稳态系统

对于任何一个系统，根据其任意位置上物理量是否随时间变化，可以将其分为稳态系统和非稳态系统。

当系统中流速、压力、密度等物理量只是位置的函数，而不随时间变化，称为稳态系统；当上述物理量不仅随位置变化，而且随时间变化时，则称为非稳态系统。

稳态过程的数学特征是 $\frac{\partial}{\partial t}=0$，即物理量只是空间坐标的函数，与时间 t 无关。在工程实际中，多数情况下常采用连续稳态操作，只有间歇操作系统或连续操作系统的开始与结束阶段为非稳态过程。

二、总质量衡算

总质量衡算通常被称为物料衡算，可以反映过程中各种物料之间的关系。质量守恒定律表明，当发生化学反应时，物质（元素）既没有产生，也没有消失。因此，可以利用质量的平衡关系来跟踪物质（如污染物质）从一个地方转移到另一个地方或转化为其他物质的情况。

进行质量衡算时，首先需要划定衡算的系统，其次要确定衡算的对象与衡算的基准。质量衡算的对象可以是物料的全部组分，也可以是物料中的关键组分。进行质量衡算时，应根据过程的具体情况，以便于分析和计算为原则，选择对系统有意义的时间间隔作为衡算的基准，可以是单位时间，如 1 min、1 h 等，也可以是其他基准，如间歇操作中，可取处理一批物料作为基准。

（一）以物料的全部组分为衡算对象

对于划定的衡算系统，当以物料的全部组分为衡算对象时，一定时间 t 内输入系统的物料质量与输出系统的物料质量之差等于系统内部物料质量的积累，即

$$m_1-m_2=\Delta m \tag{2.2.1}$$

式中：m_1——t 时间内输入系统的物料质量，kg；

m_2——t 时间内输出系统的物料质量，kg；

Δm——t 时间内系统中积累的物料质量，kg。

上面所说的一定时间 t 为衡算的基准。

对于稳态过程，系统中各处的所有参数均不随时间变化，内部无物料积累，即$\Delta m=0$，故

$$m_1=m_2 \tag{2.2.2}$$

在很多环境问题中，时间是表达过程快慢或问题严重程度的重要参数。在此情况下，质量衡算关系可以表示为

单位时间输入物料质量-单位时间输出物料质量=单位时间积累物料质量

或写成

$$q_{m1}-q_{m2}=\frac{\mathrm{d}m}{\mathrm{d}t} \tag{2.2.3}$$

式中：q_{m1}——单位时间输入系统的物料质量，即输入系统的质量流量，也称为输入速率，kg/s；

q_{m2}——单位时间输出系统的物料质量，即输出系统的质量流量，也称为输出速率，kg/s；

m——任意时刻系统内物料的质量，kg；

$\frac{\mathrm{d}m}{\mathrm{d}t}$——单位时间系统内积累的物料质量，也称为物料的积累速率，kg/s。

（二）以某种元素或某种物质为衡算对象

根据分析问题的具体情况和要求，物料衡算也可以取某种元素或某种物质作为衡算对象。某种物质进入衡算系统后，通常有三种去向，如图 2.2.2 所示：① 一部分物质没有发生变化而直接输出系统；② 一部分物质在系统内积累；③ 一部分物质转化为其他物质（如 CO 被氧化成 CO_2，有机物被生物降解）。因此，可以对衡算物质写出质量平衡关系式，即

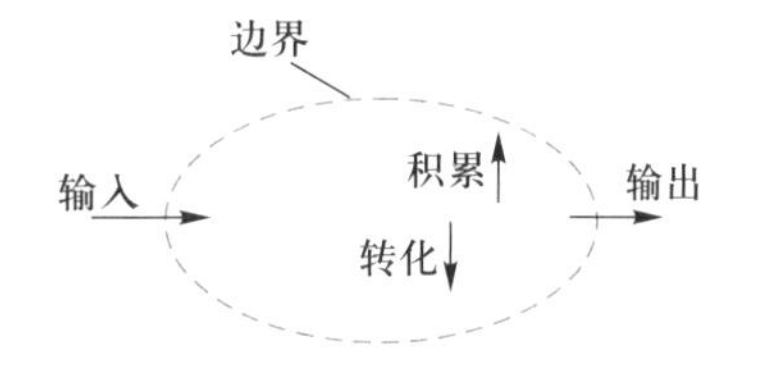

图 2.2.2　质量衡算系统图

输入速率-输出速率+转化速率=积累速率

即

$$q_{m1}-q_{m2}+q_{mr}=\frac{\mathrm{d}m}{\mathrm{d}t} \tag{2.2.4}$$

式中：q_{mr}——单位时间系统内某组分因生物和化学反应或放射性衰变而转化的质量，即转化的质量流量，称为转化速率或反应速率。当该组分为生成物时，q_{mr}为正值，其质量增加；当该组分为反应物时，q_{mr}为负值，其质量减少。

进行质量衡算时，为了分析问题方便，可以绘制质量衡算系统图，即画出系统的概念图或过程的流程图，明确衡算系统的边界，将所有输入项、输出项和积累项在图中标出，然后写出质量衡算方程式，以求解未知的输入、输出或积累项；或借助于质量衡算方程，确定是否所有的组分都已考虑进去。此外，应用质量衡算方程计算时，注意应将计量单位统一。

式(2.2.4)给出了质量衡算的一般方程。对于某些特定的衡算系统，可将该方程简化。

1. 稳态非反应系统

在稳态非反应系统中，内部物质浓度恒定，不随时间变化，即式(2.2.4)中的积累速率为0。同时，系统内衡算物质的组分不发生变化，即不发生化学反应、微生物降解或放射性衰变，其反应速率为0。因此，该系统的质量衡算是最简单的情况。此时，式(2.2.4)简化为

$$q_{m1}=q_{m2} \tag{2.2.5}$$

即物质的输入速率等于输出速率。

环境工程中经常遇到如图2.2.3所示的稳态非反应系统，该系统可能是一个湖泊、一段河流，或者城市上方的一团空气，可以有多个输入项和输出项。在图2.2.3所示的系统中，若输入1的体积流量为q_{V1}，其中污染物的质量浓度为ρ_1；输入2的体积流量为q_{V2}，污染物的质量浓度为ρ_2；输出混合物的体积流量为q_{Vm}，污染物的质量浓度为ρ_m。当污染物不发生任何反应且系统处于稳定状态时，污染物的输入速率为

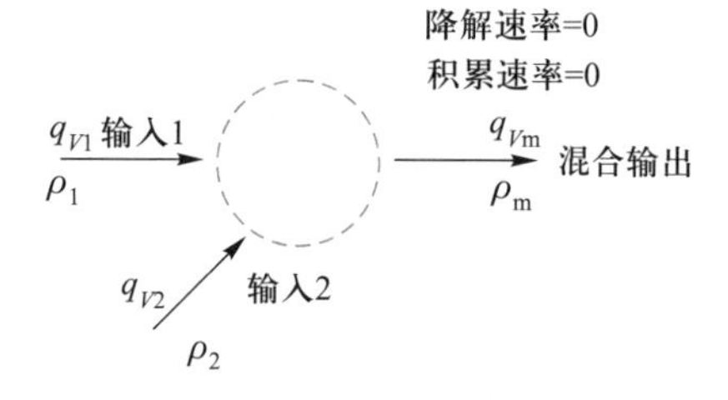

图2.2.3 稳态非反应系统

$$q_{m1}=\rho_1 q_{V1}+\rho_2 q_{V2}$$

污染物的输出速率为

$$q_{m2}=\rho_m q_{Vm}$$

式中：

$$q_{Vm}=q_{V1}+q_{V2}$$

将上述关系代入式(2.2.5)，得

$$(\rho_1 q_{V1}+\rho_2 q_{V2})-\rho_m q_{Vm}=0$$

$$\rho_m=\frac{\rho_1 q_{V1}+\rho_2 q_{V2}}{q_{V1}+q_{V2}} \tag{2.2.6}$$

即输出浓度为输入浓度对输入体积流量的加权平均值。

【例题2.2.1】 一条河流的上游流量为10.0 m^3/s，水中氯化物的浓度为20.0 mg/L；有一条支流汇入，流量为5.0 m^3/s，氯化物浓度为40.0 mg/L。视氯化物为不可降解物质，系统处于稳定状态，试计算汇合点下游河水中氯化物浓度。假设在该点两股水流完全混合。

解：首先划定衡算系统，如图2.2.4所示。

根据式(2.2.6)，有

$$\rho_m=\frac{\rho_1 q_{V1}+\rho_2 q_{V2}}{q_{V1}+q_{V2}}$$

题中 ρ 的单位是 mg/L，q_V 的单位是 m^3/s。因为相同的单位在计算式中可以消去，所以在这样的问题中，为计算简便，可以不用对 ρ 和 q_V 的单位进行换算，即

$$\rho_m=\frac{20.0\times10.0+40.0\times5.0}{10.0+5.0}\ mg/L=26.7\ mg/L$$

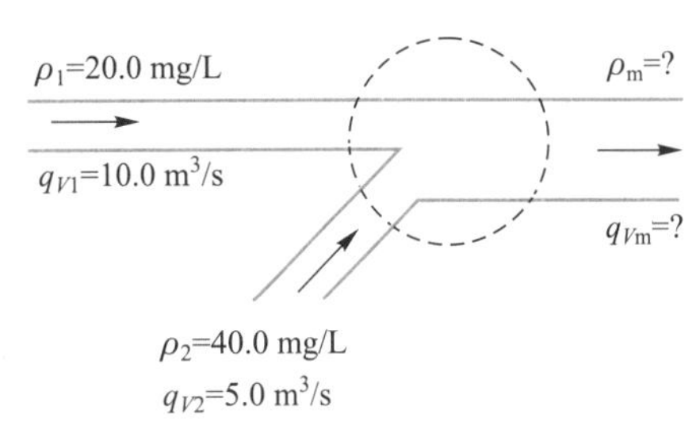

图 2.2.4　例题 2.2.1 附图

【例题 2.2.2】　某污水处理工艺中包括沉淀池和浓缩池，沉淀池用于分离水中的悬浮物，上清液排放，沉淀的污泥进入浓缩池。浓缩池用于将沉淀池排入的污泥进一步浓缩，上清液返回到沉淀池中。沉淀池进水流量为 5 000 m^3/d，悬浮物浓度为 200 mg/L，出水中悬浮物浓度为 20 mg/L。沉淀池排出的污泥的含水率为 99.8%，进入浓缩池停留一定时间后，排出的污泥含水率为 96%，上清液中悬浮物含量为 100 mg/L。假设系统处于稳定状态，过程中没有生物作用。求整个系统的污泥产量和排水量，以及浓缩池上清液回流量。污水和污泥的密度均为 1 000 kg/m^3。

解：设整个系统的污泥产量为 q_{V1}，排水量为 q_{V2}，浓缩池上清液流量为 q_{V3}，进入浓缩池的污泥流量为 q_{V4}。根据题意画出工艺的物料平衡图（图 2.2.5）。

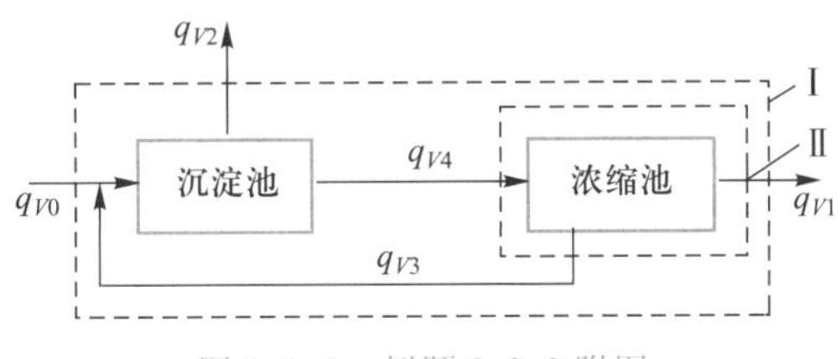

图 2.2.5　例题 2.2.2 附图

（1）求整个系统的污泥产量和排水量：以包含沉淀池和浓缩池的整个系统为衡算系统，取1 d 为衡算基准，悬浮物为衡算对象，因系统稳定运行，输入系统的悬浮物量等于输出的量。

输入速率为

$$q_{m1}=\rho_0 q_{V0}$$

输出速率为

$$q_{m2}=\rho_1 q_{V1}+\rho_2 q_{V2}$$

污泥含水率为污泥中水和污泥总量的质量比，因浓缩池排出污泥的含水率为 96%，所以悬浮物的质量浓度为

$$\rho_1=[(100-96)/(100/1\ 000)]\ g/L=40\ g/L=40\ 000\ mg/L$$

悬浮物的衡算方程为

$$\rho_0 q_{V0}=\rho_1 q_{V1}+\rho_2 q_{V2}$$

又

$$q_{V0}=q_{V1}+q_{V2}$$

联立以上两式，代入已知条件，解得

$$q_{V1}=22.5\ m^3/d$$

$$q_{V2}=4\ 977.5\ \mathrm{m^3/d}$$

(2) 求浓缩池上清液量:取浓缩池为衡算系统,1 d 为衡算基准,悬浮物为衡算对象。进入浓缩池的污泥中悬浮物浓度为

$$\rho_4=[(100-99.8)/(100/1\ 000)]\ \mathrm{g/L}=2\ \mathrm{g/L}=2\ 000\ \mathrm{mg/L}$$

输入速率为

$$q_{m1}=\rho_4 q_{V4}$$

输出速率为

$$q_{m2}=\rho_1 q_{V1}+\rho_3 q_{V3}$$

故
$$\rho_4 q_{V4}=\rho_1 q_{V1}+\rho_3 q_{V3}$$

又
$$q_{V4}=q_{V1}+q_{V3}$$

联立以上两式,代入已知条件,解得

$$q_{V3}=450\ \mathrm{m^3/d}$$

$$q_{V4}=472.5\ \mathrm{m^3/d}$$

可见,污泥含水率从99.8%降低到96%,污泥体积由472.5 $\mathrm{m^3/d}$ 减少为22.5 $\mathrm{m^3/d}$,相差20倍,浓缩池具有显著的污泥减量化作用。

2. 稳态反应系统

在工程中,经常遇到某系统内虽然发生反应,但在一定的输入条件下维持足够长时间后,各物理量不再随时间变化。此时可假定系统处于稳定状态,即系统内衡算物质的积累速率为0。故有

$$q_{m1}-q_{m2}+q_{mr}=0 \tag{2.2.7}$$

环境工程中,很多污染物具有较大的化学、生物反应速率,因此必须将它们视为可降解物质。污染物的生物降解经常被视为一级反应,即污染物的降解速率与其浓度成正比。假设体积 V 中可降解物质的浓度分布均匀,则

$$q_{mr}=-k\rho V \tag{2.2.8}$$

式中:k——反应速率常数,$\mathrm{s^{-1}}$;

ρ——污染物浓度,$\mathrm{kg/m^3}$;

V——系统的体积,$\mathrm{m^3}$;

负号表示污染物浓度随时间减少。

将式(2.2.8)代入式(2.2.7),可得稳态条件下含有反应过程的系统的质量衡算方程为

$$q_{m1}-q_{m2}-k\rho V=0 \tag{2.2.9}$$

在污染控制工程中,对于污染物进入湖泊、大气中的情况,通常可以假定其为完全混合系统,因此式(2.2.9)常常用来分析常见的水体环境问题和空气或大气质量问题。

【例题 2.2.3】　一个湖泊的容积为 $10.0\times10^6\ m^3$。有一流量为 $5.0\ m^3/s$、污染物浓度为 10.0 mg/L 的受污染支流流入该湖泊，如图 2.2.6 所示。同时，还有一股污水排入湖泊，流量为 $0.5\ m^3/s$，污染物浓度为 100.0 mg/L。污染物的降解速率常数为 $0.20\ d^{-1}$。假设污染物质在湖泊中完全混合，且湖水不因蒸发等原因增加或者减少。求稳态情况下流出水中污染物的浓度。

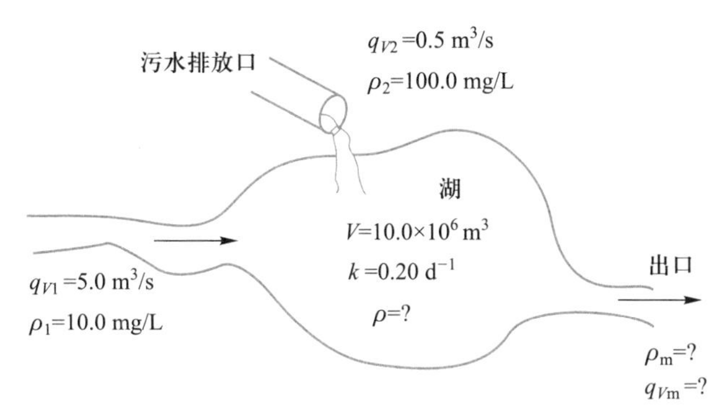

图 2.2.6　例题 2.2.3 附图

解：假设完全混合意味着流出水中的污染物浓度等于湖泊中的污染物浓度，即

$$\rho=\rho_m$$

根据已知条件，输入速率为

$$\begin{aligned}q_{m1}&=\rho_1q_{V1}+\rho_2q_{V2}\\&=(5.0\times10.0+0.5\times100.0)\times10^3\ mg/s\\&=1.0\times10^5\ mg/s\end{aligned}$$

输出速率为

$$\begin{aligned}q_{m2}&=\rho_m q_{Vm}=(q_{V1}+q_{V2})\rho\\&=[(5.0+0.5)\times10^3\ L/s]\rho=(5.5\times10^3\ L/s)\rho\end{aligned}$$

降解速率为

$$k\rho V=\left(\frac{0.20\times10.0\times10^6\times10^3}{24\times3\,600}\ L/s\right)\rho=(23.1\times10^3\ L/s)\rho$$

写出污染物的衡算方程，即

$$1.0\times10^5\ mg/s-(5.5\times10^3\ L/s+23.1\times10^3\ L/s)\rho=0$$

$$\rho=\frac{1\times10^5}{28.6\times10^3}\ mg/L=3.5\ mg/L$$

【例题 2.2.4】　一个大小为 $500\ m^3$ 的会议室内有 50 个吸烟者，每人每小时吸两支香烟，如图 2.2.7 所示。每支香烟散发 1.4 mg 的甲醛。甲醛转化为二氧化碳的反应速率常数为 $k=0.40\ h^{-1}$。新鲜空气进入会议室的流量为 $1\,000\ m^3/h$，同时室内的原有空气以相同的流量流出。假设室内空气混合完全，试估计在 25 ℃、1.013×10^5 Pa 的条件下，甲醛的稳态浓度，并与造成眼刺激的起始浓度 0.05×10^{-6}（体积分数）相比较。

解：设室内甲醛浓度为 ρ。假定流入会议室的新鲜空气中不含有甲醛，故输入速率为甲醛在办公室内的生成速率，即输入速率为

$$q_{m1}=50\times2\times1.4\ mg/h=140\ mg/h$$

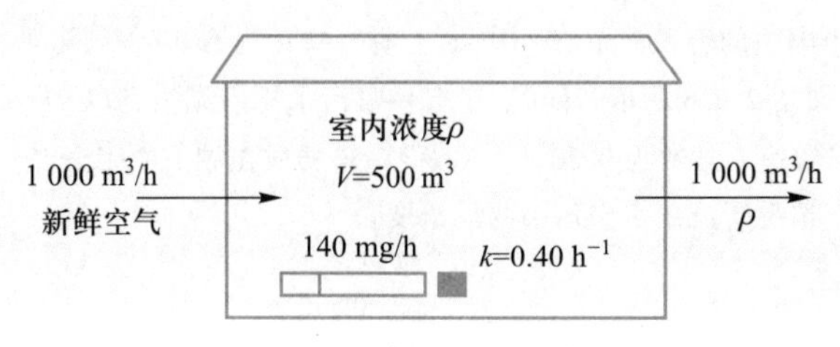

图 2.2.7 例题 2.2.4 附图

假设完全混合,所以室内甲醛浓度与流出空气中的甲醛浓度相等,即输出速率为

$$q_{m2}=(1\,000\ \mathrm{m^3/h})\rho$$

降解速率为

$$k\rho V=(0.40\times500\ \mathrm{m^3/h})\rho=(200\ \mathrm{m^3/h})\rho$$

因为

$$q_{m1}-q_{m2}-k\rho V=0$$

即

$$140\ \mathrm{mg/h}-(1\,000\ \mathrm{m^3/h})\rho-(200\ \mathrm{m^3/h})\rho=0$$

所以

$$\rho=\frac{140}{1\,200}\ \mathrm{mg/m^3}=0.117\ \mathrm{mg/m^3}$$

甲醛的相对分子质量为 30,在 1.013×10^5 Pa、25 ℃下,甲醛的体积分数为

$$\frac{RT\times10^3}{M_\mathrm{A}p}\rho_\mathrm{A}=\frac{8.314\times298\times10^3}{30\times1.013\times10^5}\times0.117\times10^{-6}=0.095\times10^{-6}\ (\text{体积分数})$$

办公室内甲醛含量接近引起眼刺激的起始浓度的两倍。

3. 非稳态系统

在非稳态系统中,物质的质量和浓度随时间变化,因此需要采用微分衡算式,通过在初始状态和最终状态之间积分求得未知量。

【例题 2.2.5】 某圆筒形储罐直径为 0.8 m,罐内盛有2 m深的水,在无水源补充的情况下,打开底部阀门放水,见图 2.2.8。已知水的密度为1 000 kg/m³,水流出的质量流量 q_{m2} 与水深 z 的关系为

$$q_{m2}=0.274\sqrt{z}$$

求经过多长时间后,水位下降至 1 m?

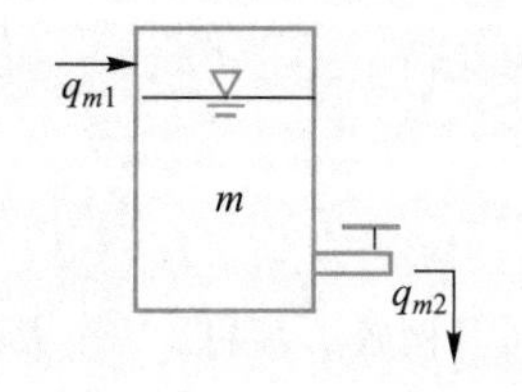

图 2.2.8 例题 2.2.5 附图

解:根据质量衡算方程,有

$$q_{m1}-q_{m2}=\frac{\mathrm{d}m}{\mathrm{d}t}$$

因为无水源补充,所以 $q_{m1}=0$。

$$q_{m2}=0.274\sqrt{z}$$

储罐的横截面积为

$$A=\frac{\pi}{4}d^2=\frac{\pi}{4}0.8^2\ \mathrm{m^2}=0.502\ \mathrm{m^2}$$

储罐中的瞬时质量

$$m = Az\rho = 0.502\times 1\ 000\times z = 502z$$

故

$$\frac{\mathrm{d}m}{\mathrm{d}t} = 502\frac{\mathrm{d}z}{\mathrm{d}t}$$

将已知数据代入衡算式，得

$$-0.274\sqrt{z} = 502\frac{\mathrm{d}z}{\mathrm{d}t}$$

上式分离变量，并在 $t_1=0, z_1=2$ m 和 $t_2=t, z_2=1$ m 间积分，即

$$\int_0^t \frac{0.274}{502}\mathrm{d}t = -\int_2^1 \frac{\mathrm{d}z}{\sqrt{z}}$$

解得 $t=1\ 518$ s。

【应用实例 1】

沸石潜流湿地系统中氮迁移转化的物料衡算

在沸石潜流湿地系统中，氮以有机氮、氨态氮、硝态氮和氮气等形态并存，同时这些形态的氮又分布于沸石相、植物相、生物相和水相等，并且氮在不同形态和不同相之间相互转化和迁移（图 2.2.9）。从物料平衡的角度分析氮在人工沸石湿地系统中的迁移转化，掌握氮在各部分的分配状况和各形态的转化情况，有利于提高该技术去除氮的效果。基于一项中试研究，对系统中氮日平均转化量进行平衡计算（图 2.2.10），结果表明反硝化、沸石吸附、植物吸收同化作用对氮去除的贡献率分别为 51.9%、28.6% 和 19.1%。

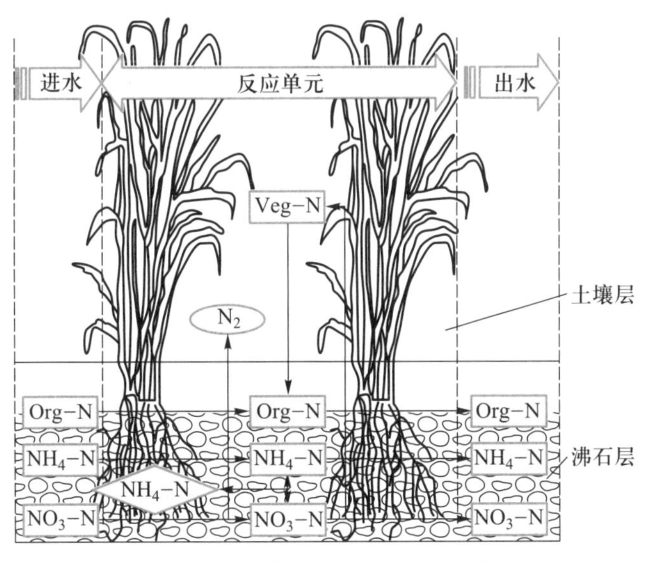

图 2.2.9 沸石潜流湿地系统中氮迁移转化

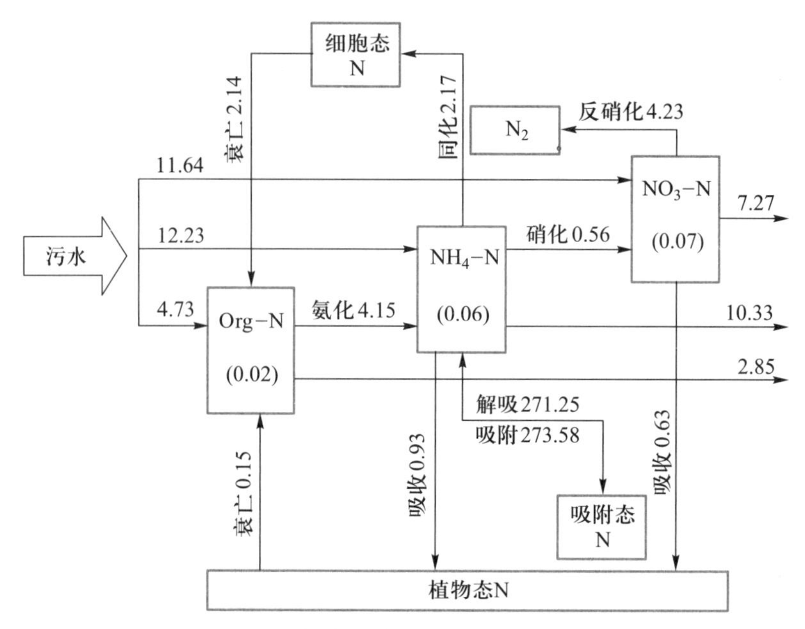

图 2.2.10 某沸石潜流湿地系统中氮平衡图

图中数据单位：g(N)/d

第三节 能量衡算

依据质量守恒定律写出的质量衡算方程是理解和分析物质流的基础。同样，依据能量守恒定律可以写出能量衡算方程，用于分析能量流。能量衡算是分析环境中涉及能量转移与转化问题的非常重要和基本的方法。

环境工程中有很多涉及系统能量变化的过程，如污水和污泥加热、设备冷却、烟气热量回收、设备管道保温，以及流体输送过程中能量相互转化、机械对流体做功、流体因克服流动阻力消耗机械能转化为热，等等。通过能量衡算，可以确定加热系统需要的供热量、冷却系统需要的冷却水量、系统与环境交换的热量与其内部温度变化的关系，以及流体输送机械的功率、管路的直径、流体的流量等，也可以对河流或湖泊水体、区域大气乃至全球范围内的能量变化进行分析。

一、能量衡算方程

与质量衡算相同，进行能量衡算时，首先需要确定衡算的范围，即衡算系统。衡算系统可以是任何系统，如水池、设备或管道、流体加热或冷却系统、受到热污染的河流等；当研究全球温度平衡的问题时，系统就是整个地球。能量输入、输出系统的方式包括两种：① 物料携带能量进出系统；②系统与外界交换能量，包括热和功。当能量和物质都能够穿越系统的边界时，该系统称为开放系统；只有能量可以穿越边界而物质不能穿越边界的系统称为封闭系统。

根据热力学第一定律，封闭系统经过某一过程时，其内部能量的变化量（积累）等于该

系统从环境吸收的热量与它对外所做的功之差，即

$$\Delta E = Q - W \tag{2.3.1}$$

式中：E——系统内物料所具有的各种能量之和，即总能量，kJ；

Q——系统内物料从外界吸收的热量，kJ；

W——系统内物料对外界所做的功，kJ；

ΔE——系统内部总能量的积累，kJ。

式（2.3.1）也适用于稳流开放系统，此时系统内部的能量包括系统产生的可以观察到的、宏观形式的能量，如动能、位能，以及涉及系统原子、分子结构的微观形式的能量，即内能。此外，流动着的物料内部任何位置上都具有一定的静压力，物料进入系统需要对抗压力做功，这部分能量作为静压能输入系统。因此，物料的总能量 E 可以描述为它的内能 $E_{内}$、动能 $E_{动}$、位能 $E_{位}$ 和静压能 $E_{静压}$ 的总和，即

$$E = E_{内} + E_{动} + E_{位} + E_{静压} \tag{2.3.2}$$

系统内部能量的积累等于输入系统的物料携带的总能量与输出系统的物料携带的总能量之差加上系统与外界交换的能量（吸热减去做功）。因此，对于任一衡算系统，能量衡算方程可以表述为

$$\Delta E = E_0 - E_e + Q - W \tag{2.3.3}$$

式中：E_0——输入系统的物料携带的总能量，kJ；

E_e——输出系统的物料携带的总能量，kJ。

式（2.3.3）中，系统对外界所做的功指非体积功。实际应用中，可以对单位质量的物料进行能量衡算，也可以取单位时间进行能量分析。

在很多实际过程中，没有涉及系统和环境之间的做功过程，而主要涉及物料温度变化与热量交换，系统内部能量的变化仅表现为系统的温度或物态发生变化。例如，发电厂用水冷却设备的过程中，冷却水吸收热量，温度升高。因此，运用能量衡算可以分析能量的转化，以及系统与环境的热量交换对环境的影响等问题，这是环境科学与工程研究的重要内容。此时能量衡算简化为热量衡算，本章主要讨论热量衡算。而在流体输送一类的问题中，涉及机械能的转化和机械做功，其能量衡算将在“流体流动”一章中阐述。

二、热量衡算方程

在上述主要涉及物料温度或物态变化的过程中，能量可以用焓表示。因此，单位时间系统内部总能量的积累可以表示为

$$E_q = \sum H_i - \sum H_e + \Delta E'$$

式中：$\sum H_i$——单位时间输入系统的物料的焓值总和，即物料带入的能量总和，kJ/s；

$\sum H_e$——单位时间输出系统的物料的焓值总和，即物料带出的能量总和，kJ/s；

E_q——单位时间系统内部能量的积累，kJ/s；

$\Delta E'$——单位时间系统与外界交换的能量，kJ/s。

在此类过程中，系统不对外做功，即 $W=0$，则能量衡算方程可表示为

$$\sum H_e - \sum H_i + E_q = q \tag{2.3.4}$$

式中：q——单位时间环境输入系统的热量，即系统的吸热量（为正值），kJ/s。

式（2.3.4）也称为热量衡算方程。

物质的焓定义为

$$H = e + pv \tag{2.3.5}$$

式中：H——单位质量物料的焓，kJ/kg；

e——单位质量物料的内能，kJ/kg；

p——物料所处的压力，kPa；

v——单位质量物料的体积，m^3/kg。

焓值反映物料所含热量，是温度与物态的函数，因此进行衡算时除选取时间基准外，还需要选取温度与物态基准，通常以 273 K 物质的液态为基准。物态基准除了指物料的不同物态（液态、固态或气态）外，对于有化学反应发生的系统，还必须考虑组分的变化，因为反应的热效应，反应物与生成物在同温度下的焓值不同。

对于不同的系统，热量衡算方程（2.3.4）可以进一步简化。

三、封闭系统的热量衡算

对于封闭系统，由于与周围环境没有物质交换，所以式（2.3.4）左侧第一项和第二项均为 0，此时热量衡算方程简化为

$$E_q = q \tag{2.3.6}$$

上式反映出系统从外界吸收的热量等于系统内部物料能量的积累，而内部能量的积累表现为物料温度的升高或物态的变化。

由于封闭系统没有物料输入和输出，所以热量衡算通常以物料总质量或单位质量物料所具有的能量表示，而较少采用单位时间的能量。对于全部物料，式（2.3.6）可以表示为

$$E_Q = Q \tag{2.3.7}$$

式中：E_Q——系统内物料能量的积累，kJ；

Q——系统从外界吸收的热量，kJ。

（一）无相变条件下的热量衡算

在物料无相变的情况下，物料所具有的热量的变化与温度的变化关系可以用比热容表示。比热容为单位质量物质的温度升高 1 K 所需要的热量，单位为 kJ/(kg·K)。液体或固体的比热容随温度的变化很小，可视为常数。对于气体，其吸收热量时温度升高，体积膨胀，对环境做功，这意味着如果升高同样温度，体积膨胀的气体所吸收的热量要比体积保持不变的气体所吸收的热量多。因此，比热容分为比定容热容（c_V）和比定压热容（c_p），气体的比定压热容大于比定容热容。在气体加热或冷却后体积保持不变的情况下，采用比定容热容；对于压力不发生改变的系统，采用比定压热容。对于不可压缩物质，如常温常压下的固体和液体，其比定容热容和比定压热容一致。

采用焓表示能量可以避免压力和体积变化带来的复杂性。当过程中不存在体积变化

时,系统内物料所积累的能量全部用于增加内能,即

$$E_Q = m\Delta e$$

式中:m——系统内物料的质量,kg;

Δe——单位质量物料内能的变化,kJ/kg。

此时物料内能和温度变化的关系可以表示为

$$\Delta e = c_V \Delta T \tag{2.3.8}$$

式中:ΔT——物料温度的变化值,K。

在恒压过程中,系统内物料所积累的能量全部用于焓的增加,即

$$E_Q = m\Delta H$$

式中:ΔH——单位质量物料焓的变化,kJ/kg。

此时物质焓的变化也存在着与式(2.3.8)类似的等式,即

$$\Delta H = c_p \Delta T \tag{2.3.9}$$

对于大多数环境系统,如固体或液体被加热,有 $c_p = c_V$。因此,对于固体或液体,当物料无相变时,假设随着温度的变化,比定压热容为恒量,或取平均温度下的比定压热容时,则系统中能量的变化可表示为

$$E_Q = mc_p \Delta T \tag{2.3.10}$$

由式(2.3.7),此时热量衡算方程可表示为

$$Q = mc_p \Delta T$$

一些气体或液体的比定压热容见附录 2 和附录 3。

(二)有相变条件下的热量衡算

当物质发生相变时,吸收或放出热量而不引起温度的变化。此时系统能量的变化表示为

$$E_Q = mL \tag{2.3.11}$$

式中:L——物质的潜热,即溶解热或汽化热,kJ/kg。

热量衡算方程表示为

$$Q = mL$$

一些物质的汽化热见附录 2 和附录 3。

【例题 2.3.1】 热水器发热元件的功率是 1.5 kW,将 20 L 水从 15 ℃ 加热到65 ℃,试计算需要多少时间。假设所有电能都转化为水的热能,忽略水箱自身温度升高所消耗的能量和水箱向环境的散热量。

解:以热水器中的水所占的体积为衡算系统。该系统为封闭系统。系统从发热元件吸收热量,发热元件的功率表示能量的输入速率。假设加热过程中水箱没有热量损失。因此,水吸收的总能量等于能量的输入速率和时间的乘积。设发热元件的工作时间为 Δt,则输入的热量为

$$Q=1.5\ \text{kW}\times\Delta t=1.5\Delta t\ \text{kW}$$

水温从 15 ℃升到 65 ℃时，水的能量也发生相应的变化。水的密度为 1 kg/L，可得

$$E_Q=mc_p\Delta T=20\times1\times4.18\times(65-15)\ \text{kJ}$$
$$=4\ 180\ \text{kJ}$$

发热元件输入的能量等于 20 L 水能量的变化，进行单位换算后，可得

$$1.5\Delta t\times3\ 600\ \text{h}^{-1}=4\ 180$$

$$\Delta t=0.77\ \text{h}$$

【例题 2.3.2】 据估计，全球每年的降水如果均匀分布在 $5.10\times10^{14}\ \text{m}^2$ 的地球表面，则平均降水量为 1 m。求每年使这些水汽化所需要的能量，并与 1987 年世界的能源消耗（3.3×10^{17} kJ）及地球表面对太阳能的平均吸收率（168 W/m²）进行比较。全球水体的平均表层温度接近 15 ℃。

解：选用 15 ℃作为计算温度。水在 15 ℃下的汽化热为 2 457.7 kJ/kg，水的密度为 $10^3\ \text{kg/m}^3$。则所有降水汽化需要的总能量为

$$Q=1\times5.10\times10^{14}\times10^3\times2\ 457.7\ \text{kJ}=1.25\times10^{21}\ \text{kJ}$$

这是人类社会所消耗能量的近 4 000 倍。在全球范围内，推动全球水循环的平均能量为

$$\frac{1.25\times10^{24}}{365\times24\times3\ 600\times5.10\times10^{14}}\ \text{W/m}^2=78\ \text{W/m}^2$$

该数值约为地球表面对太阳能的平均吸收率的一半。

四、开放系统的热量衡算

在许多环境问题中，物质和能量都能穿越系统边界，即系统为开放系统。例如在换热器中，用热水或蒸汽作为热媒，输出热量使物料（如污泥、水等）加热；或用水作冷却剂从欲冷却的设备中吸收热量。发电厂通常使用当地的河水作为冷却水，吸收了热量的水再返回河流，导致河水温度升高。因此对开放系统进行衡算时，在系统总能量的变化中，需要考虑物料因携带能量进入和离开系统而导致的能量变化，即式（2.3.4）的 $\sum H_i$ 和 $\sum H_e$ 项。

对于稳态过程，系统内无热量积累，$E_q=0$，则式（2.3.4）简化为

$$\sum H_e-\sum H_i=q \tag{2.3.12}$$

【例题 2.3.3】 在一列管式换热器中用 373 K 的饱和水蒸气加热某液体，液体流量为 1 000 kg/h。液体的温度从 298 K 升高到 353 K，液体的平均比热容为 3.56 kJ/(kg·K)。饱和水蒸气冷凝放热后以 373 K 的饱和水排出。换热器向四周的散热速率为 10 000 kJ/h。试求稳定操作下加热所需的蒸汽量。

解：根据题意画出过程的示意图（图 2.3.1）。

取整个换热器为衡算系统，时间基准为 1 h，温度物态基准为 273 K 液体。

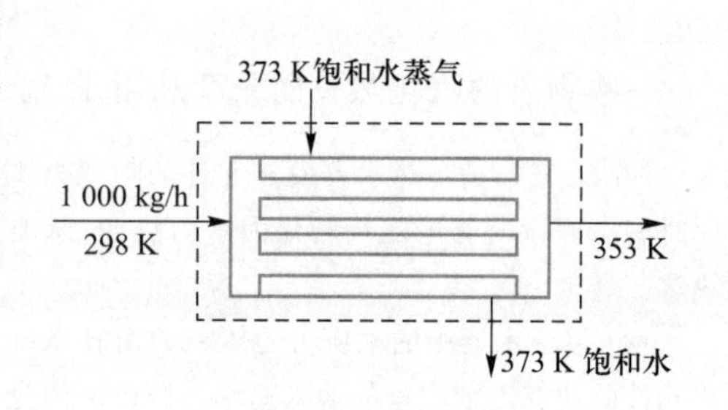

图 2.3.1 例题 2.3.3 附图

设饱和水蒸气用量为 G，查得 373 K 的饱和水蒸气的焓为 2 677 kJ/kg，饱和水的焓为 418.68 kJ/kg。输入系统的物料的焓值包括饱和水蒸气的焓和 298 K 液体的焓，即

$$\sum H_i = 1\,000 \times 3.56 \times (298-273)\ \text{kJ/h} + 2\,677\ \text{kJ/kg}G$$

而输出系统的物料的焓值包括 373 K 饱和水的焓和 353 K 液体的焓，即

$$\sum H_e = 1\,000 \times 3.56 \times (353-273)\ \text{kJ/h} + 418.68\ \text{kJ/kg}G$$

因系统向环境散失热量，故

$$q = -10\,000\ \text{kJ/h}$$

$$[1\,000 \times 3.56 \times (353-273)\ \text{kJ/h} + 418.68\ \text{kJ/kg}G] - [1\,000 \times 3.56 \times (298-273) + 2\,677G] = -10\,000$$

解得 $G = 91.1$ kg/h。

【例题 2.3.4】　一污水池内有 50 m^3 高浓度有机污水，温度为 15 ℃，为加速厌氧消化反应过程，需将其加热到 35 ℃。采用外循环法加热(图 2.3.2)，使污水以 5 m^3/h 的流量通过换热器，换热器用水蒸气加热，其出口温度恒定为 100 ℃。假设罐内污水混合均匀，污水的密度为 1 000 kg/m^3，不考虑池的散热，问污水加热到所需温度需要多少时间？

解：池中污水温度随时间变化，为非稳态过程。

已知 $V = 50\ m^3$，$q_V = 5\ m^3/h$，$T_1 = 15$ ℃，$T_2 = 35$ ℃，$T_3 = 100$ ℃。由于池中污水混合均匀，因此任意时刻从池中排出的污水温度与池中相同。设其为 T。

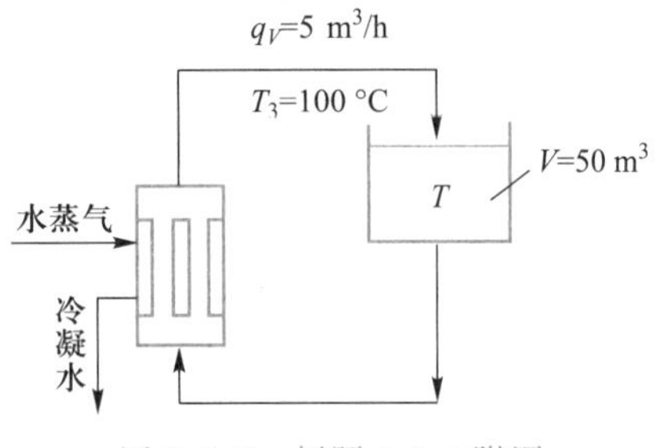

图 2.3.2　例题 2.3.4 附图

以污水池为衡算系统，以 0 ℃ 的污水为温度物态基准，衡算的时间基准为 1 h。

输入系统的焓

$$\sum H_i = q_V \rho c_p T_3$$

从系统输出的焓

$$\sum H_e = q_V \rho c_p T$$

系统内积累的焓

$$E_q = V\rho c_p \frac{dT}{dt}$$

式中：c_p——污水的平均比定压热容。

列出热量衡算方程，得

$$q_V \rho c_p T_3 - q_V \rho c_p T = V\rho c_p \frac{dT}{dt}$$

分离变量，得

$$dt = \frac{V}{q_V}\frac{dT}{T_3 - T}$$

边界条件：$t_1 = 0$ 时，$T_1 = 15$ ℃；$t_2 = t$ 时，$T_2 = 35$ ℃。

将上式在 t_1、t_2 之间积分，得

$$t=\int_0^t \mathrm{d}t=\frac{50}{5}\int_{15}^{35}\frac{\mathrm{d}T}{100-T}=10\ \ln\frac{100-15}{100-35}=2.68\ \mathrm{h}$$

对于例(2.3.4)所求解的开放系统换热问题，可以采用温差计算系统内的热量变化率，从而简化计算过程。若只有一种物料在流经系统时输入或输出热量，则单位时间因物料进入系统而输入的热量为

$$\sum H_{\mathrm{i}}=q_m H_1 \tag{2.3.13}$$

单位时间因物料离开系统所输出的热量为

$$\sum H_{\mathrm{e}}=q_m H_2 \tag{2.3.14}$$

式中：q_m——通过系统的物料的质量流量，kg/h 或 kg/s；

H_1——单位质量物料进入系统时的焓，kJ/kg；

H_2——单位质量物料离开系统时的焓，kJ/kg。

则单位时间系统的能量变化率为

$$\sum H_{\mathrm{e}}-\sum H_{\mathrm{i}}=q_m(H_2-H_1) \tag{2.3.15}$$

稳态情况下，对于液体和固体：

(1) 当物料无相变时，若比定压热容不随温度变化，或取物料平均温度下的比定压热容时，式(2.3.15)可以表示为

$$\sum H_{\mathrm{e}}-\sum H_{\mathrm{i}}=q_m(H_2-H_1)=q_m c_p \Delta T \tag{2.3.16}$$

例如，用水对热电厂的设备进行冷却，q_m 表示冷却水的质量流量，ΔT 表示冷却水在流经热电厂的冷却设备后温度的升高。

(2) 物料有相变时，如热流体为饱和蒸汽，放出热量后变为冷凝液。当冷凝液以饱和温度离开系统时，式(2.3.15)可写成

$$\sum H_{\mathrm{e}}-\sum H_{\mathrm{i}}=q_m(H_2-H_1)=q_m r \tag{2.3.17}$$

式中：r——饱和蒸汽的冷凝潜热，kJ/kg。

应该注意的是，当物料经过系统放出潜热时，r 应取负值。

当物料离开系统时的温度低于饱和温度时，式(2.3.15)应表示为

$$\sum H_{\mathrm{e}}-\sum H_{\mathrm{i}}=q_m(H_2-H_1)=q_m r+q_m c_p \Delta T \tag{2.3.18}$$

此时 ΔT 也应为负值。

【例题 2.3.5】 燃煤发电厂输出电能 1 000 MW，煤化学能的 1/3 转化为电能，其余 2/3 以废热的形式释放到环境中，其中有 15% 的废热从烟囱中排出，其余 85% 的余热随冷却水进入附近河流中，如图 2.3.3 所示。河流上游的流量为 100 $\mathrm{m^3/s}$，水温为 20 ℃。试计算：

(1) 如果冷却水的温度只升高了 10 ℃，则冷却水的流量为多少？

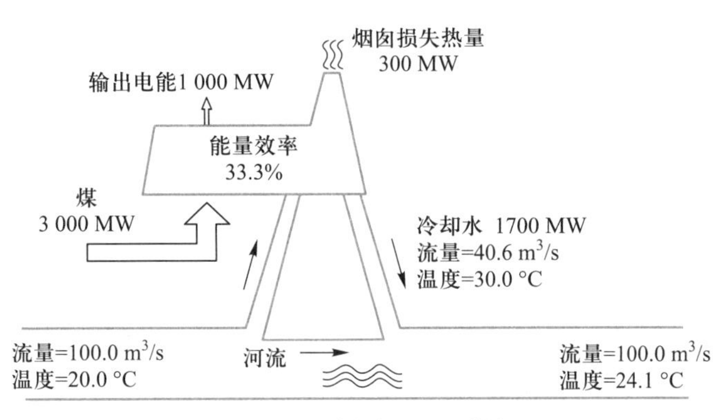

图 2.3.3　例题 2.3.5 附图

（2）这些冷却水进入河流后，河流的温度将变化多少？

解：发电厂输出的 1 000 MW 电能只占煤化学能的 1/3，则发电厂的总能量输入率为

$$总能量输入率=\frac{电能输出率}{能量效率}=\frac{1\ 000}{1/3}\ \text{MW}=3\ 000\ \text{MW}$$

总的能量损失为

$$(3\ 000-1\ 000)\ \text{MW}=2\ 000\ \text{MW}$$

其中

$$废气携带的热量=0.15\times2\ 000\ \text{MW}=300\ \text{MW}$$

$$冷却水携带的热量=0.85\times2\ 000\ \text{MW}=1\ 700\ \text{MW}$$

（1）以冷却水为衡算对象，设冷却水的质量流量为 q_m。根据式（2.3.16），冷却水热量的变化率为 $q_m c_p \Delta T$，即

$$1\ 700\times10^6\ \text{J/s}=q_m\times4\ 184\times10.0\ \text{J/kg}$$

$$q_m=\frac{1\ 700\times10^6}{4\ 184\times10.0}\ \text{kg/s}=40.6\times10^3\ \text{kg/s}$$

由于水的密度为 1 000 kg/m^3，因此水的体积流量为 40.6 m^3/s。

（2）为了确定在 100 m^3/s 的流量下，接受 1 700 MW 能量后河流的温度，以河流水为衡算对象，仍采用式（2.3.16），得

$$\Delta T=\frac{1\ 700\times10^6}{100\times10^3\times4\ 184}\ ℃=4.1\ ℃$$

河流温度升高了 4.1 ℃，变为 24.1 ℃。

可见，热电厂只有一小部分煤的化学能转化为需要的能量——电能，而大部分则以废热的形式排放到了环境中，由此会对局部或地区性的水体和空气环境产生影响。

第四节 生态系统的能量流与物质流

生态系统是由彼此相互作用、相互依存的生物体及其所在的物理环境组成的复合体，通常由生产者、消费者、分解者和非生物环境等四种基本成分构成。生态系统可分为天然生态系统和人工生态系统，湖泊和河流通常是天然生态系统，活性污泥污水处理生物反应器和人工湿地是典型的人工生态系统。生态系统，特别是人工生态系统和人为强干扰天然生态系统，如城市景观湖泊、农业用地等，是环境工程学的重要研究对象。生态系统的能量流、物质流、信息流、污染防控与修复是环境工程学的重要研究内容。

一、生态系统的基本功能与特征

（一）生态系统的基本功能

一个结构完整、功能健全的生态系统具有生物生产、能量传递、物质传递和信息传递等基本功能。

（1）生物生产：植物利用太阳能，通过光合作用合成有机物，称为初级生产。消费者利用初级生产产物进行代谢，合成生物体，进行次级生产。

（2）能量传递：太阳能是生态系统的重要输入能源，初级生产者利用光合作用将太阳能转化为化学能（有机物），该能量通过食物网，在生物体之间进行传递、转化和耗散，从而形成能量流，以保证生态系统功能的实现。对于活性污泥污水处理生物反应器，流入污水中的有机物是主要输入能源。

（3）物质传递：物质是生物体维持生命活动的营养元素，也是储存化学能的载体。在生态系统中，维持生命活动的各种营养物质通过食物网在生物体之间进行传递和转化，从而构成生态系统的物质流动、转化和循环，以维持生态系统的平衡和稳定。

（4）信息传递：生态系统中的生物体之间存在着信息传递，这些信息包括生物代谢产生的化学信息物质，也包括光、声音和颜色等物理信息。植物、动物和微生物分泌的化学信息物质，在维持生物群落稳定和生态系统协调运行中发挥着重要的作用。

（二）生态系统的基本特征

生态系统的基本特征主要表现在以下几个方面：

（1）开放自持：与外界进行能量和物质传递、交换，同时能量和物质在系统内部进行流动、循环，可以自行维持系统的运行，具有自持性。

（2）动态变化：生态系统中的生物体具有生长、发育、代谢和衰亡等生物学特性，因此生态系统本身是动态变化的。

（3）生态平衡：在一定时间和相对稳定的条件下，生态系统的结构和功能处于相互适应和协调的动态平衡之中，处于相对稳定状态。

（4）自我调节：生态系统受到外来干扰时，可以依靠自身的调节功能再次返回到稳定、协调状态。自我调节是维持生态平衡的重要机制，但其具有限度。当外来干扰，比如自然灾害、人为破坏和化学污染超出其自我调节限度时，就会带来不可逆的生态破坏。

（5）区域特征：不同的区域，其环境条件不尽相同。生物体与环境之间的相互作用及其对环境的长期适应，会导致生态系统的结构和功能具有一定的区域特征。

二、生态系统的能量流动

能量在生态系统中的流动也遵循能量守恒定律。光能和化学能（有机物）是生态系统的主要能量输入形式。能量在生态系统中的传递、流动具有以下基本特点：

（1）单向流动：生态系统中的能量流动是单一方向进行的，是一次性流经生态系统，是不可逆的。例如，太阳能通过光合作用被植物转化为化学能，再不能以光能的形式返回。自养生物体（植物）被异养生物，如微生物和动物利用后，能量被传递和储存到异养生物体内，不能再回到自养生物体。也就是说，生态系统的维系需要持续、稳定的能量输入。

（2）逐级递减：能量在生物体之间流动时，不能被全部利用，总会有一部分以热能的形式散失到环境中，不能再被生物利用。不同营养级生物之间的能量平均转化效率约为10%，这就是生态学中所谓的“十分之一定律”，但不同生态系统差别很大，一般在4%～30%。一般认为，从植物到动物的能量转化效率约为10%，从植食动物到肉食动物的能量转化效率约为15%。

生态系统或生态系统中某一生物体中的能量传递、转化和平衡示意图见图2.4.1。

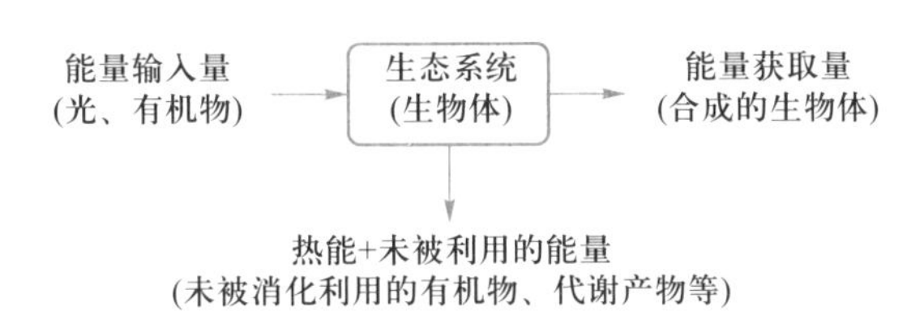

图2.4.1 生态系统的能量传递、转化和平衡示意图

生态系统能量流动的特点和基本规律，对设计、建设和运行人工生态系统具有重要的指导意义。例如，对于污水处理人工湿地系统，需要注意选用可以为反硝化细菌提供充分有机物能量（碳源）的植物，以维持反硝化的持续进行。

三、生态系统的物质循环

（一）物质循环评价指标

在生态系统中，各种物质在不断地转化、流动，形成精巧的物质循环系统。几个与物质循环相关的基本概念和指标如下：

库（pool）和库量：在某一时刻，某物质在生物或非生物环境中滞留（储存）的场所和数量。如在一个湖泊生态系统中，磷在底泥中的滞留和含量是一个库和库量，在水中的滞留和含量是另一个库和库量，浮游植物和其体内的含量又是一个库和库量。物质在生态系统中的流动，实质上是在不同库之间的转移。

流动速度（flow rate）：单位时间、单位面积（或体积）内物质的移动量，也可称为通量。

周转率（turnover rate）：某物质流出或流入某一个库的流通率与库量之比。

周转时间（turnover time）：某物质在某一个库的库量与其流速之比。周转时间是周转率的倒数，表示移动该库中所有该物质所需要的时间。

（二）物质循环的基本过程

广义上看，物质循环可在生物个体、生态系统和生物圈三个不同层次上进行。

1. 生物个体层次的物质循环

指生物个体吸收、分解和同化营养物质，合成自身细胞，经过代谢活动又把物质排出体外的过程。分解者把物质分解归还于环境的过程也属于生物个体层次的循环过程。生物个体层次物质循环的特点是流通率大，周期短。

2. 生态系统层次的物质循环

指生物维持正常的生命活动需要的各种营养物质在生态系统的四个基本成分，即生产者、消费者、分解者和非生物环境之间进行的循环。生产者将无机物转化为有机物，消费者利用生产者生产的有机物进行生物生产，分解者则把有机物分解为生产者可以重复利用的简单无机物，从而在生态系统内形成物质循环。

在以上过程中，水、空气等非生物环境发挥着重要的介质作用。通常情况下，物质溶解于水才能被生产者吸收，一些气态物质和水分也可以借助空气由气孔等进入生物体。

3. 生物圈层次的物质循环

指物质在生态系统之间的交换及在大气圈、水圈和土壤圈之间的交换，亦称生物地球化学循环，是各种元素的全球性循环。该层次的循环具有范围大、周期长和影响面广等特点，与全球环境问题具有密切的关系。

根据物质参与循环的形态，生物地球化学循环可以分为液相循环（水循环）、气相循环和固相循环三种形式。

（1）液相循环：主要指水循环（water cycle），即在太阳能的驱动下，水从一种形态转变成另一种形态，在气流和海流的推动下在生物圈内进行的循环。水循环是生态系统中物质运动的介质和载体。生态系统中的物质循环都是在水循环的推动下进行的。

（2）气相循环：又称气体型循环（gascous cycle），即循环物质为气态的循环，例如碳、氧和氮等的循环。气相循环具有明显的全球性，其循环速率快，物质来源丰富。

（3）固相循环：又称沉积型循环（sedimentary cycle），参与循环的物质很大一部分会通过沉积作用进入地壳暂时或长期离开循环，例如磷、钾循环。固相循环的速率很慢。

碳、氮、磷、硫、氧和氢等组成生物体的基本元素是守恒的，它们可以在生物圈内进行无限循环。维持这些元素的生物地球化学循环的正常、协调运行，是保障生态环境安全的重要课题。

术语中英文对照

- 国际单位制 international system of units
- 量纲 dimension
- 无量纲准数 dimensionless number
- 浓度 concentration
- 质量浓度 mass concentration
- 物质的量浓度 molar concentration
- 质量分数 mass fraction
- 摩尔分数 mole fraction
- 体积分数 volume fraction
- 质量比 mass ratio
- 摩尔比 molar ratio
- 流速 flow rate
- 通量 flux
- 质量衡算 mass balance
- 质量守恒定律 law of conservation of mass
- 稳态系统 steady-state system
- 非稳态系统 non-steady state system
- 能量衡算 energy balance
- 能量守恒定律 law of conservation of energy
- 焓 enthalpy

· 内能 internal energy
· 热量衡算 heat balance
· 封闭系统 closed system
· 开放系统 open system

2.1 思考题

(1) 进行质量衡算的三个要素是什么?

(2) 稳态系统和非稳态系统各有什么特征?

(3) 质量衡算的基本关系是什么? 以全部组分为对象进行质量衡算时,衡算方程具有什么特征?

(4) 物质的总能量由哪几部分组成? 系统内部能量的变化与环境的关系如何?

(5) 什么是封闭系统和开放系统? 对于不对外做功的封闭系统,其内部能量的变化如何表现? 对于不对外做功的开放系统,系统能量变化率可如何表示?

(6) 生态系统的四种基本成分是什么? 它们各有什么样的生态功能?

(7) 生态系统有哪些基本功能和基本特征? 基本功能和基本特征之间有什么样的关系? 这些对人工生态系统构建和生态系统修复有什么样的指导意义?

(8) 生态系统的能量流动和物质循环具有什么特点? 两者之间存在什么样的关系? 这些对生态系统保护和修复有什么样的指导意义?

2.2 某室内空气中 O_3 的浓度是 0.08×10^{-6}(体积分数),求:

(1) 在 1.013×10^5 Pa、25 ℃下,用 μg/m³ 表示该浓度;

(2) 在大气压力为 0.83×10^5 Pa 和 15 ℃下,O_3 的物质的量浓度为多少?

2.3 假设在 25 ℃和 1.013×10^5 Pa 的条件下,SO_2 的平均测量浓度为400 μg/m³,若允许值为 0.14×10^{-6},问是否符合要求?

2.4 试将下列物理量换算为 SI 的单位:

质量:1.5 kgf·s²/m = kg

密度:13.6 g/cm³ = kg/m³

压强:35 kgf/cm² = Pa

4.7 atm = Pa

670 mmHg = Pa

功率:10 马力 = kW

比热容:2 Btu/(lb·℉) = J/(kg·K)

3 kcal/(kg·℃) = J/(kg·K)

流量:2.5 L/s = m³/h

表面张力:70 dyn/cm = N/m

5 kgf/m = N/m

2.5 密度有时可以表示成温度的线性函数,如

$$\rho=\rho_0+At$$

式中:ρ——温度为 t 时的密度,lb/ft³;

ρ_0——温度为 t_0 时的密度,lb/ft³;

t——温度,℉。

如果此方程在量纲上是一致的,在国际单位制中 A 的单位必须是什么?

2.6 一加热炉用空气(含 O_2 0.21,N_2 0.79)燃烧天然气(不含 O_2 与 N_2)。分析燃烧所得烟道气,其组

成的摩尔分数为 CO_2 0.07，H_2O 0.14，O_2 0.056，N_2 0.734。求每通入 100 m^3、30 ℃的空气能产生多少体积烟道气？烟道气温度为 300 ℃，炉内为常压。

2.7 某一段河流上游流量为 36 000 m^3/d，河水中污染物的浓度为 3.0 mg/L。有一支流流量为 10 000 m^3/d，其中污染物浓度为 30 mg/L。假设完全混合，不发生污染物挥发及化学、生物反应等过程。求：

（1）下游的污染物浓度；

（2）每天有多少千克污染物质通过下游某一监测点。

2.8 某一湖泊的容积为 10×10^6 m^3，上游有一未被污染的河流流入该湖泊，流量为50 m^3/s。一工厂以 5 m^3/s 的流量向湖泊排放污水，其中含有可降解污染物，浓度为 100 mg/L。污染物降解反应速率常数为 0.25 d^{-1}。假设污染物在湖中充分混合，忽略蒸发、渗漏和降雨等因素，求稳态时湖中污染物的浓度。

2.9 某河流的流量为 3.0 m^3/s，有一条流量为 0.05 m^3/s 的小溪汇入该河流。为研究河水与小溪水的混合状况，在溪水中加入示踪剂。假设仪器检测示踪剂的浓度下限为 1.0 mg/L。为了使河水和溪水完全混合后的示踪剂可以被检出，溪水中示踪剂的最低浓度是多少？需加入示踪剂的质量流量是多少？假设原河水和小溪中不含示踪剂。

2.10 假设某一城市上方的空气为一长宽均为 100 km、高为 1.0 km 的空箱模型。干净的空气以 4 m/s 的流速从一边流入。假设某种空气污染物以 10.0 kg/s 的总排放速率进入空箱，其降解反应速率常数为 0.20 h^{-1}。假设完全混合。

（1）求稳态情况下的污染物浓度；

（2）假设风速突然降低为 1 m/s，估计 2 h 以后污染物的浓度。

2.11 某水池内有 1 m^3 含总氮 20 mg/L 的污水，现用地表水进行置换，地表水进入水池的流量为 10 m^3/min，总氮含量为 2 mg/L，同时从水池中排出相同的水量。假设水池内混合良好，生物降解过程可以忽略，求水池中总氮含量变为 5 mg/L 时，需要多少时间？

2.12 有一装满水的储槽，直径 1 m、高 3 m。现由槽底部的小孔向外排水，小孔的直径为 4 cm，测得水流过小孔时的流速 u_0 与槽内水面高度 z 的关系为

$$u_0=0.62(2gz)^{0.5}$$

试求放出 1 m^3 水所需的时间。

2.13 给水处理中，需要将固体硫酸铝配成一定浓度的溶液作为混凝剂。在一配料用的搅拌槽中，水和固体硫酸铝分别以 150 kg/h 和 30 kg/h 的流量加入搅拌槽中，制成溶液后，以 120 kg/h 的流量流出容器。由于搅拌充分，槽内浓度各处均匀。开始时槽内预先已盛有100 kg纯水。试计算 1 h 后由槽中流出的溶液浓度。

2.14 有一个 4×3 m^2 的太阳能取暖器，太阳光的强度为 3 000 kJ/(m^2·h)，有 50%的太阳能被吸收用来加热流过取暖器的水流，水的流量为 0.8 L/min，求流过取暖器的水升高的温度。

2.15 有一个总功率为 1 000 MW 的核反应堆，其中 2/3 的能量被冷却水带走，不考虑其他能量损失。冷却水来自于当地的一条河流，河水的流量为100 m^3/s，水温为 20 ℃。

（1）如果水温只允许上升 10 ℃，冷却水需要多大的流量？

（2）如果加热后的水返回河中，河水的温度会上升多少摄氏度？

本章主要符号说明

拉丁字母

c_p——比定压热容，kJ/(kg·℃)；

c_V——比定容热容，kJ/(kg·℃)；

c——物质的量浓度，mol/m^3；

d——管径，m；

e——单位质量物料的内能,kJ/kg;
E——物料所具有的总能量,kJ/kg;
H——单位质量物质的焓,kJ/kg;
k——反应速率常数,s^{-1};
L——特征尺寸,m;
——单位质量物质的潜热,kJ/kg;
m——质量,kg;
M——摩尔质量,kg/kmol;
n——物质的量,mol;
p——压力,Pa;
q_V——体积流量,m^3/s
q_m——质量流量,kg/s;
Q——物料从外界吸收的热量,kJ/kg;
r——饱和蒸汽的冷凝潜热,kJ/kg;
R——摩尔气体常数,8.314 J/(mol·K);
Re——雷诺数,量纲为1;
t——时间,s;
T——热力学温度,K;
u——流速,m/s;
V——体积,m^3;
v——单位质量物料的体积,m^3/kg;
W——物料对外界所做的功,kJ/kg;
x——摩尔分数,量纲为1;
x_m——质量分数,量纲为1;
X——摩尔比,量纲为1;
X_m——质量比,量纲为1;
x,y,z——空间坐标,m。

希腊字母

μ——黏度,Pa·s;
ρ——密度,kg/m^3;
——质量浓度,kg/m^3。

下标

q——积累;
r——转化;
i——输入系统;
e——输出系统。

知识体系图

第三章　流体流动

环境工程的大多数过程是在流体流动的状态下进行的，如利用管道输送流体、分离气体和液体中的颗粒物、在连续运行的过滤器及物化和生化反应器中去除污染物等。此外，在涉及传热和传质的过程中，为了强化传递效率，通常也使流体处于流动状态。因此，流体流动是环境工程原理中非常重要的内容。

对于流体流动系统，工程中往往需要设计或校核流体的流量、设备或管道尺寸、输送机械的功率等。采用总衡算或微分衡算的方法可以描述系统质量和能量的转换过程。而流动中的阻力分析则以牛顿黏性定律和边界层理论为基础。

本章将分别介绍管道内流动系统的衡算方程、流体流动的内摩擦力、边界层理论、流体流动阻力及管路计算和流体测量。

第一节　管流系统的衡算方程

环境工程中常采用管道输送净水、污水、污泥及各种气体等。管流系统的质量衡算和能量衡算方程是解决管路计算、流体输送机械选择及流量测定等实际问题的重要和基本的方法。

一、管流系统的质量衡算方程

管流系统的流动可以看成沿管轴方向的一维流动。对于管流系统，可以取一有限长度段，以该管段内壁面的流体边界及两端截面所包围的区域作为衡算系统，其体积为 V，两端的截面面积分别为 A_1、A_2，进出截面流体的流动方向与截面垂直，如图 3.1.1 所示。

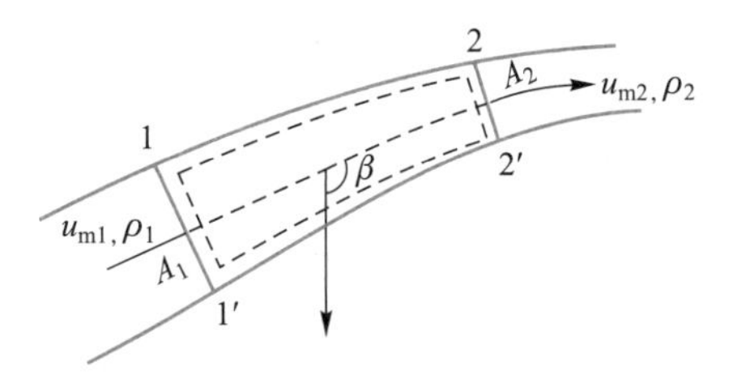

图 3.1.1　管流的质量衡算系统

根据质量守恒定律，单位时间流入截面 A_1 和流出截面 A_2 的质量之差，应等于单位时间内该系统体积内所含物质的变化量。若截面 A_1 和 A_2 上流体的密度分布均匀，分别以 ρ_1 和 ρ_2 表示，且流速取各截面的平均流速，大小分别以 u_{m1} 和 u_{m2} 表示，则由质量衡算方程

$$q_{m1}-q_{m2}=\frac{\mathrm{d}m}{\mathrm{d}t}$$

得

$$\rho_1 u_{m1} A_1-\rho_2 u_{m2} A_2=\frac{\mathrm{d}m}{\mathrm{d}t} \tag{3.1.1}$$

对于稳态过程，$\frac{dm}{dt}=0$，因此

$$\rho_1 u_{m1} A_1 = \rho_2 u_{m2} A_2 \tag{3.1.2}$$

对于不可压缩流体，ρ 为常数，则

$$u_{m1} A_1 = u_{m2} A_2 \tag{3.1.3}$$

式(3.1.3)称为不可压缩流体管内流动的连续性方程。式(3.1.3)表明不可压缩流体作稳态流动时，平均流速 u_m 仅随管截面面积而变化，截面面积增大，流速减小；截面面积减小，流速增大；截面面积不变，则流速不变。

对于圆形管道，式(3.1.3)可以写成

$$u_{m1}\frac{\pi}{4}d_1^2 = u_{m2}\frac{\pi}{4}d_2^2$$

即

$$\frac{u_{m2}}{u_{m1}} = \left(\frac{d_1}{d_2}\right)^2 \tag{3.1.4}$$

式(3.1.4)表明，不可压缩流体在体积流量一定时，圆管内流体的流动速率与管道直径的平方成反比。因此，流体在均匀直管内作稳态流动时，平均流速恒定不变。式(3.1.4)可以用于布水系统的设计计算。

【例题 3.1.1】　直径为 800 mm 的流化床反应器，底部装有布水板，板上开有 640 个直径为 10 mm 的小孔。反应器内水的流速为 0.5 m/s，求水通过布水板小孔的流速。

解：设反应器和小孔中的平均流速分别为 u_1 和 u_2，截面面积分别为 A_1 和 A_2，根据不可压缩流体的连续性方程，有

$$u_1 A_1 = u_2 A_2$$

$$u_2 = u_1 \frac{A_1}{A_2} = 0.5\times\frac{\frac{\pi\times0.8^2}{4}}{\frac{\pi\times0.01^2\times640}{4}}\ \text{m/s} = 5\ \text{m/s}$$

二、管流系统的能量衡算方程

（一）总能量衡算方程

在流体流动系统中，存在多种能量形式的转换。图 3.1.2 所示为环境工程中常见的系统，如建筑给水排水工程的热水供应系统、污水处理厂污泥处理中的进料预热系统等，包括泵、换热器和管道。将截面 1—1′至截面 2—2′之间的区域作为衡算系统，流体由截面 1—1′流入系统，经过管路与设备，由截面 2—2′流出。该系统为开放系统。流体本身具有一定的能量，因此在此过程中，流体携带能量输入和输出系统；同时泵对系统内流体做功，流体通过换热器与环境发生热量交换。稳态流动下，系统内部没有能量积累，则能量衡算方程为

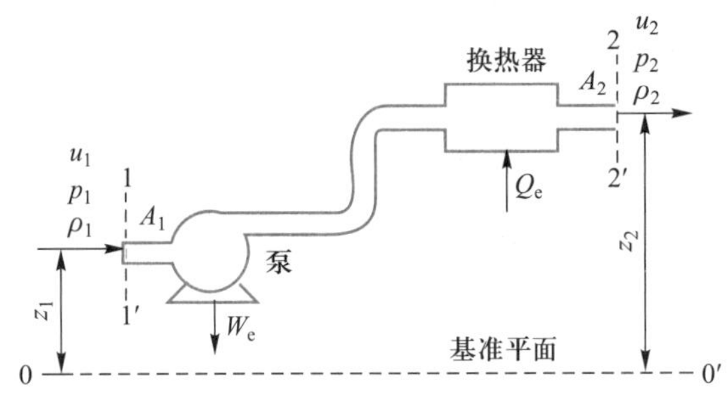

图 3.1.2 流体流动系统的总能量衡算图

$$\text{输出系统的物料的总能量} - \text{输入系统的物料的总能量} = \text{从环境吸收的热量} - \text{对环境所做的功} \tag{3.1.5}$$

为了写出流动系统的能量衡算式,对流体携带的能量及系统与环境交换的能量进行分析。

1. 流体携带的能量

流体流动过程中所携带的能量包括流体内能、动能、位能及静压能。

(1) 内能:内能是物质内部所具有能量的总和,来自分子与原子的运动及彼此的相互作用。因此,内能是温度的函数。单位质量流体的内能以 e 表示,其单位为 kJ/kg。

(2) 动能:流体以一定速度流动时,便具有一定的动能,其大小等于流体从静止加速到速率为 u 时外界对其所做的功。如果流体质量为 m,全部质点以同一速率 u 运动,则流体的动能为$\frac{1}{2}mu^2$,单位质量流体的动能为 $\frac{1}{2}u^2$,其单位为 kJ/kg。

(3) 位能:流体质点受重力场的作用,在不同的位置具有不同的位能。因此流体质点位能的大小取决于它相对于基准平面的高度。设基准平面为图3.1.2 中所示的 0—0′平面,若流体与基准平面的距离为 z(基准平面以上 z 值为正,以下 z 值为负),则位能等于将流体举高到距离 z 处所需要的功。因此质量为 m 的流体具有的位能为 mgz,单位质量流体所具有的位能为 gz,其单位为 kJ/kg。

(4) 静压能:流动着的流体内部任何位置上都具有一定的静压力。流体进入系统需要对抗静压力做功,这部分功便成为流体的静压能输入系统。若质量为 m、体积为 V 的流体进入某静压力为 p、面积为 A 的截面,则输入系统的功为

$$(pA)\frac{V}{A}=pV$$

这种功是在流体流动时产生的,故静压能也称为流动功。

单位质量流体的静压能(kJ/kg)以下式表示

$$\frac{pV}{m}=pv$$

式中:v——单位质量流体的体积,称流体的比体积或质量体积,m^3/kg。

因此,单位质量流体的总能量为

$$E=e+\frac{1}{2}u^2+gz+pv \tag{3.1.6}$$

2. 与环境交换的能量

衡算系统中，泵等流体输送机械向流体做功，把外界能量输入系统；或流体通过水力机械向外界做功，输出能量。单位质量流体对输送机械所做的功以 W_e 表示，为正值；若 W_e 为负值，则表示输送机械对系统内流体做功。W_e 的单位为 kJ/kg。

流体可以通过热交换器吸收或放出热量。设单位质量流体在通过系统的过程中与环境交换的热量为 Q_e，并定义吸热时为正值，放热时为负值。Q_e 的单位为 kJ/kg。

3. 总能量衡算方程

根据式(3.1.5)，对于图 3.1.2 所示的衡算系统，以单位质量(1 kg)流体为衡算基准，可以列出总能量衡算方程式，即

$$\Delta\left(e+\frac{1}{2}u^2+gz+pv\right)=Q_e-W_e \tag{3.1.7}$$

式(3.1.7)为单位质量流体稳态流动过程的总能量衡算方程。该式也可以写成

$$\left(e_2+\frac{1}{2}u_2^2+gz_2+p_2v_2\right)-\left(e_1+\frac{1}{2}u_1^2+gz_1+p_1v_1\right)=Q_e-W_e \tag{3.1.8}$$

或

$$e_1+\frac{1}{2}u_1^2+gz_1+p_1v_1+Q_e=e_2+\frac{1}{2}u_2^2+gz_2+p_2v_2+W_e \tag{3.1.9}$$

在上述推导过程中，均没有考虑截面上各点物理量的分布，即认为各物理量在整个截面上各点的值相等。实际应用时，对于密度、压力、距离基准平面的高度等物理量，可以采用截面上以面积为权重的平均值。需要注意的是，对于实际流体，截面上各点的速率不相同，靠近壁面处速率最小，管中心处速率最大，因此在应用总能量衡算方程时，应以截面上的平均动能代替方程中的动能项，而不能以平均速率代替方程中的速率。若截面流速平均值为 u_m，截面动能平均值为 $\left(\frac{1}{2}u^2\right)_m$，即满足

$$u_m=\frac{1}{A}\iint_A u\mathrm{d}A$$

$$\left(\frac{1}{2}u^2\right)_m=\frac{1}{A}\iint_A \frac{1}{2}u^2\mathrm{d}A$$

显然，$\left(\frac{1}{2}u^2\right)_m\neq\frac{1}{2}u_m^2$。由于工程上常采用平均速率，为了应用方便，引入动能校正系数 α，使 $\left(\frac{1}{2}u^2\right)_m=\frac{1}{2}\alpha u_m^2$。动能校正系数 α 的值与速率分布有关，可利用速率分布曲线求得。经证明，圆管层流时，$\alpha=2$，湍流时，$\alpha=1.05$。工程上的流体流动多数为湍流，因此 α 值通常近似取 1。

引入动能校正系数 α 后，式(3.1.7)应写成

$$\Delta\left(e+\frac{1}{2}\alpha u_{\mathrm{m}}^{2}+gz+pv\right)=Q_{\mathrm{e}}-W_{\mathrm{e}} \tag{3.1.10}$$

也可以写成

$$\Delta e+\frac{1}{2}\Delta(\alpha u_{\mathrm{m}}^{2})+g\Delta z+\Delta(pv)=Q_{\mathrm{e}}-W_{\mathrm{e}} \tag{3.1.11}$$

【例题 3.1.2】 常温下的水稳态流过一绝热的水平直管道，实验测得水通过管道时产生的压降为 $p_1-p_2=40\ \mathrm{kPa}$，其中 p_1 与 p_2 分别为进、出口处的压力。求由于压降引起的水温升高值。

解：依题意，$W_{\mathrm{e}}=0$，$Q_{\mathrm{e}}=0$，$\frac{\Delta u^2}{2}=0$，$g\Delta z=0$，由式(3.1.11)可知

$$\Delta e+\Delta(pv)=0$$

对于不可压缩流体，有

$$\Delta e\approx c_V\Delta T\approx c_p\Delta T,\ \Delta(pv)=\frac{\Delta p}{\rho}$$

于是

$$c_p\Delta T+\frac{\Delta p}{\rho}=0$$

$$\Delta T=-\frac{\Delta p}{\rho c_p}=\frac{p_1-p_2}{\rho c_p}=\frac{40\times1\ 000}{1\ 000\times4\ 183}\ \mathrm{K}=0.009\ 6\ \mathrm{K}$$

（二）机械能衡算方程

在前面讨论的能量衡算方程中，如式(3.1.11)所示，涉及的能量可以分为两类：

(1) 机械能：包括动能、位能及静压能。机械能在流体流动过程中可以相互转变，也可以转变为内能和热。

(2) 内能和热：内能和热不能直接转变为机械能而用于流体的输送。

由于流体具有黏性，所以在流动过程中存在阻力，导致机械能消耗。消耗的这部分机械能不能转换为其他形式的机械能，而是转换为内能，使流体的温度略有升高。因此，从流体输送的角度，这部分机械能“损失”了。

因此，可以通过适当的变换，将总能量衡算方程中的热和内能项消去，以机械能和机械能损失表示。这样的能量衡算方程称为机械能衡算方程，该方程适用于流体输送系统的计算，解决实际问题更为方便。

在方程推导过程中假设流动为稳态过程。根据热力学第一定律，有

$$\Delta e=Q'_{\mathrm{e}}-\int_{v_1}^{v_2}p\mathrm{d}v \tag{3.1.12}$$

式中：$\int_{v_1}^{v_2}p\mathrm{d}v$——单位质量流体从截面 1—1′流到截面 2—2′时因体积膨胀而做的机械功；

Q'_{e}——单位质量流体从截面 1—1′流到截面 2—2′所获得的热量。

Q'_{e} 由两部分组成，一部分是流体由环境直接获得的热量，如图 3.1.2 中通过换热器获得的热量 Q_{e}，另一部分则是流体在管内由 1—1′截面流至 2—2′截面时克服流动阻力做功，即因消耗机械能而转化成的热。这部分能量损失是流体流动时因克服流动阻力而损

失的能量,称为阻力损失。

设单位质量流体的阻力损失为$\sum h_f$,其单位为 kJ/kg,则

$$Q'_e = Q_e + \sum h_f \tag{3.1.13}$$

将式(3.1.12)和式(3.1.13)代入式(3.1.11),得

$$\frac{1}{2}\Delta(\alpha u_m^2) + g\Delta z + \Delta(pv) - \int_{v_1}^{v_2} p\mathrm{d}v = -W_e - \sum h_f \tag{3.1.14}$$

由于

$$\Delta(pv) = \int_{v_1}^{v_2} p\mathrm{d}v + \int_{p_1}^{p_2} v\mathrm{d}p$$

将上式代入式(3.1.14),整理得

$$\frac{1}{2}\Delta(\alpha u_m^2) + g\Delta z + \int_{p_1}^{p_2} v\mathrm{d}p = -W_e - \sum h_f \tag{3.1.15}$$

式(3.1.15)即为稳态流动过程中单位质量流体的机械能衡算方程,对于不可压缩流体和可压缩流体均适用。

对于不可压缩流体,比体积 v 或密度 ρ 为常数,$\int_{p_1}^{p_2} v\mathrm{d}p = \frac{\Delta p}{\rho}$,式(3.1.15)可简化为

$$\frac{1}{2}\Delta(\alpha u_m^2) + g\Delta z + \frac{\Delta p}{\rho} = -W_e - \sum h_f \tag{3.1.16}$$

在流体输送过程中,流体的流态几乎都为湍流,因此可令 $\alpha = 1$,则式(3.1.16)变为

$$\frac{1}{2}\Delta u_m^2 + g\Delta z + \frac{\Delta p}{\rho} = -W_e - \sum h_f \tag{3.1.17}$$

或

$$\frac{1}{2}u_{m1}^2 + gz_1 + \frac{p_1}{\rho} - W_e = \frac{1}{2}u_{m2}^2 + gz_2 + \frac{p_2}{\rho} + \sum h_f \tag{3.1.18}$$

式(3.1.17)和式(3.1.18)的适用条件是连续、均质、不可压缩、处于稳态流动的流体。对于可压缩流体,当所取系统两截面之间的绝对压力变化小于原来压力的 20%时,方程仍可使用,此时流体密度应采用两截面之间流体的平均密度。

对于理想流体的流动,由于不存在因黏性引起的摩擦阻力,故$\sum h_f = 0$;若无外功加入,$W_e = 0$,则

$$\frac{1}{2}\Delta u_m^2 + g\Delta z + \frac{\Delta p}{\rho} = 0 \tag{3.1.19}$$

或

$$\frac{1}{2}u_{m1}^2 + gz_1 + \frac{p_1}{\rho} = \frac{1}{2}u_{m2}^2 + gz_2 + \frac{p_2}{\rho} \tag{3.1.20}$$

式(3.1.19)即为著名的伯努利(Bernoulli)方程,式中各项依次表示单位质量流体具有的动能、位能和静压能之差。式(3.1.17)也称为拓展的伯努利方程。

式(3.1.19)表明,理想流体在管路中作稳态流动而又无外功加入时,在任一截面上单位质量流体所具有的总机械能相等,即

$$\frac{1}{2}u_{\mathrm{m}}^{2}+gz+\frac{p}{\rho}=常数$$

也就是说,各种机械能之间可以相互转化,但总量不变。

当体系无外功,且处于静止状态时,$u_{\mathrm{m}}=0$。无流动则无阻力,即 $\sum h_{\mathrm{f}}=0$。因此式(3.1.17)变为

$$g\Delta z+\frac{\Delta p}{\rho}=0 \tag{3.1.21}$$

式(3.1.21)即为流体静力学基本方程式。该方程表明,在重力场中静止的均质、连续液体中,水平面必然是等压面,即 $z_1=z_2$ 时,$p_1=p_2$。应用静力学方程可以解决压力、压差的测量,以及液位测量、液封高度计算等问题。

式(3.1.17)表明,对于非理想流体,由于流动过程中存在能量损失,如果无外功加入,系统的总机械能沿流动方向将逐渐减小。因此,可以以此判断流体的流动方向。另外,出口截面与进口截面的机械能总量之差为$(-W_{\mathrm{e}}-\sum h_{\mathrm{f}})$,$W_{\mathrm{e}}$ 是单位质量流体对泵或其他输送机械所做的有效功,它是选择输送机械的重要依据。若泵或其他输送机械的功率用 N_{e} 表示,则

$$N_{\mathrm{e}}=W_{\mathrm{e}}q_m=W_{\mathrm{e}}q_V\rho$$

式(3.1.18)是以 1 kg 流体为基准得到的关系式,式中各项的单位为 kJ/kg。能量衡算也可以采用不同的基准。例如,当以 1 m^3 流体为基准时,得

$$\frac{1}{2}\rho u_{\mathrm{m1}}^{2}+\rho gz_1+p_1-W_{\mathrm{e}}\rho=\frac{1}{2}\rho u_{\mathrm{m2}}^{2}+\rho gz_2+p_2+\rho\sum h_{\mathrm{f}} \tag{3.1.22}$$

式中各项单位为 Pa。

当以 1 N 流体为基准时,得

$$\frac{u_{\mathrm{m1}}^{2}}{2g}+z_1+\frac{p_1}{\rho g}-\frac{W_{\mathrm{e}}}{g}=\frac{u_{\mathrm{m2}}^{2}}{2g}+z_2+\frac{p_2}{\rho g}+\frac{\sum h_{\mathrm{f}}}{g} \tag{3.1.23}$$

式中各项单位为 m。$\frac{u_{\mathrm{m}}^{2}}{2g}$、$z$ 和$\frac{p}{\rho g}$分别称为动压头、位压头和静压头。

当功和水头损失的单位为 m 时,通常用符号 H 表示,因此,令

$$\frac{\sum h_{\mathrm{f}}}{g}=H_{\mathrm{f}},\frac{W_{\mathrm{e}}}{g}=H_{\mathrm{e}}$$

则式(3.1.23)写为

$$\frac{u_{\mathrm{m1}}^{2}}{2g}+z_1+\frac{p_1}{\rho g}-H_{\mathrm{e}}=\frac{u_{\mathrm{m2}}^{2}}{2g}+z_2+\frac{p_2}{\rho g}+H_{\mathrm{f}} \tag{3.1.24}$$

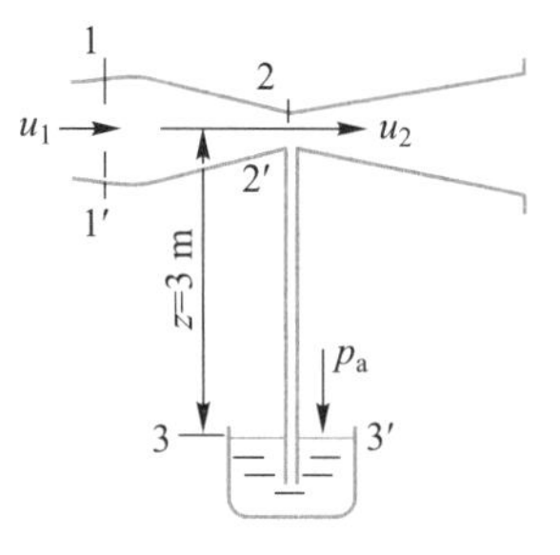

图 3.1.3　例题 3.1.3 附图

【例题 3.1.3】 采用水射器(文丘里管)将管道下方水槽中的药剂加入管道中,如图 3.1.3。已知截面 1—1′处内径为 50 mm,压力为 0.02 MPa(表压),截面 2—2′内径为 15 mm。当管中水的流量为 7 m³/h 时,可否将药剂加入管道中?(忽略流动中的损失)

解:先假设没有药剂被吸入管道,此时在截面 1—1′和截面 2—2′之间列伯努利方程:

$$\frac{u_{m1}^2}{2}+\frac{p_1}{\rho}=\frac{u_{m2}^2}{2}+\frac{p_2}{\rho}$$

其中

$$u_{m1}=\frac{q_V}{\frac{\pi}{4}d_1^2}=\frac{7/3\ 600}{0.785\times0.05^2}\ \text{m/s}=0.99\ \text{m/s}$$

$$u_{m2}=u_{m1}\left(\frac{d_1}{d_2}\right)^2=0.99\times\left(\frac{0.05}{0.015}\right)^2\ \text{m/s}=11.0\ \text{m/s}$$

压力以绝对压力表示,则

$$p_1=(1.013\ 3\times10^5+0.02\times10^6)\ \text{Pa}=1.213\ 3\times10^5\ \text{Pa}$$

可以解出

$$p_2=p_1-\frac{\rho}{2}(u_{m2}^2-u_{m1}^2)=6.13\times10^4\ \text{Pa}$$

取水槽液面 3—3′为位能基准面,假设支管内流体处于静止状态,则 2—2′和 3—3′截面的总能量分别为

$$E_2=\frac{p_2}{\rho}+z_2g=90.7\ \text{J/kg}$$

$$E_3=\frac{p_a}{\rho}=101.3\ \text{J/kg}$$

因为 $E_3>E_2$,所以药剂将自水槽流向管道。

第二节　流体流动的内摩擦力

流体流动时需要克服阻力,消耗机械能,其根本原因是实际流体具有黏性。当流体沿固体壁面流动时,在壁面附近形成速度分布,使得流体内部存在内摩擦力;内摩擦力做功而不断消耗流体的机械能,消耗的这部分机械能转化为热能,从而导致流体能量的损失。因此,研究流体流动的内摩擦力是求解流动阻力损失的基础之一。

流动的流体可以呈现不同的状态,表现出不同的特征。流动状态对于流动过程中能量的变化产生较大的影响,因此研究流体流动时需要对流动状态加以区分。

一、流体的流动状态

流体流动存在两种运动状态:层流和湍流。以管道中的水流为例,当流体流速较小时,

处于管内不同径向位置的流体微团各自以确定的速率沿轴向分层运动，层间流体互不掺混，不存在径向流速，这种流动形态称为层流或滞流。稳态流动下，流量不随时间变化，管内各点的速率也不随时间变化。当流体流速增大到某个值之后，各层流体相互掺混，应用激光测速仪可以检测到，此时流体流经空间固定点的速率随时间不规则地变化，流体微团以较高的频率发生各个方向的脉动，这种流动形态称为湍流或紊流。脉动是湍流流动最基本的特征。

流体的流动状况不仅与流体的速率 u 有关，而且与流体的密度 ρ、黏度 μ 和流道的几何尺寸（如圆形管道的管径 d）有关。雷诺（Reynolds）将这些因素组成一个量纲为 1 的数，用以判别流体的流动状态，称为雷诺数 Re，即

$$Re=\frac{\rho uL}{\mu} \tag{3.2.1}$$

式中：u——特征速率，m/s；

L——特征尺度，对于圆管，常采用管内径 d，m。

雷诺数综合反映了流体的物理属性、流场的几何特征和流动速率对流体运动特征的影响。流动状态转变时的雷诺数称为临界雷诺数，小于临界雷诺数时，流动为层流。

对于不同的流场，特征速率及特征几何尺寸有不同的定义，雷诺数的临界值也不同。表 3.2.1为雷诺数的特征速率与特征尺度。

表 3.2.1 雷诺数的特征速率与特征尺度

流动状态	沿平壁流动 u_0 → ; x	管内流动 u_m ; d	绕球体或柱体流动 u_0 ; d
特征速率	来流速率 u_0	截面平均速率 u_m	远处速率 u_0
特征尺度	离前缘距离 x	管道内径 d	球体或柱体直径 d
临界值	5×10^5	2 000	3×10^5

对于圆管内的流动，当 $Re\leqslant2\ 000$ 时，流动总是层流，称为层流区；当 $Re\geqslant4\ 000$时，一般出现湍流，称为湍流区；当 $2\ 000<Re<4\ 000$ 时，有时出现层流，有时出现湍流，与外界条件有关，称为过渡区。过渡区的流体实际上处于不稳定状态，它是否出现湍流状态往往取决于外界条件的干扰。

二、流体流动的内摩擦力

容器中被搅动的水最终会停止运动。在空气中摆动的物体，如果不持续对其施加外力，则物体最终也会停止摆动。生活中类似的现象还有很多。

库仑曾做过这样的实验，即在圆板中心扎以细金属丝，吊在流体中，将圆板旋转一个角度，使金属丝扭转，然后放开，此时圆板以中心为轴往返旋转摆动，随着时间的推移，摆动不

断衰减，最终停止。

上述现象表现出：① 实际流体具有黏性；② 流动的流体内部存在相互作用力。流体内部相邻两流体层间的相互作用力，通常称为剪切力，也称为内摩擦力、黏性力。单位面积上所受到的剪切力称为剪应力。图 3.2.1 表示的是黏性流体的内摩擦实验。

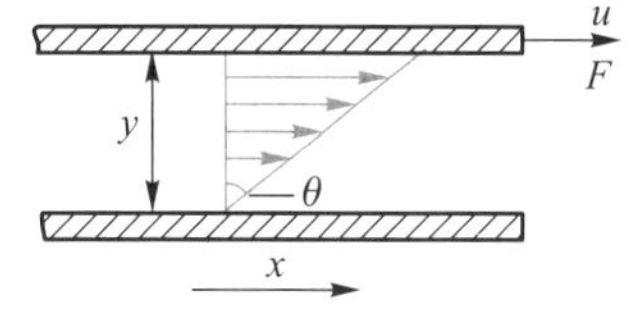

图 3.2.1　黏性流体的内摩擦实验

两块面积为 A、板间距为 y 的平行平板间充满流体，该体系的初始状态为静止状态。当时间 $t=0$ 时，上板以匀速 u 沿 x 方向运动。由于流体对于固体壁面的"黏附性"，紧贴上板表面的流体与上板表面之间不发生相对位移，这一特征称为无滑移特征，因此紧贴上板的流体层和板一起以相同的速率 u 运动。由于黏性的作用，该层流体将带动与之相邻的下层流体一起运动；但是，由于下板速率为零，因此该层流体还受到其下层相邻流体的曳制作用。其结果，板间各层流体作平行于平板的运动，但各层流体的速率沿垂直于板面的方向逐层减小，直至下板壁面处为零。随着时间的推移，最终建立了稳态速率分布。

内摩擦力的产生与流体层之间的分子动量传递有关。相邻两层流体由于速度不同，它们在 x 方向上的动量也不同。由于分子的热运动，速率较快的流体分子有一些进入速率较慢的流体层，这些快速运动的分子在 x 方向具有较大的动量，当它们与速率较慢的流体层的分子相碰撞时，便把动量传递给速率较慢的流体层，推动该层流体流动；同时，速率较慢的流体层中也有等量的分子进入速率较快的流体层，将阻碍流体运动。于是，流体层之间分子的交换使动量从高速层向低速层传递，其结果产生了阻碍流体相对运动的剪切力，产生了"内摩擦"，使流体呈现出对流动的抵抗，表现出流体的"黏性"。

可见，在各层流体之间存在着相互作用，这种作用一直到达固体的壁面，出现了壁面处的摩擦力，成为壁面抑制流体流动的力，也就是流体流动的阻力。

（一）牛顿黏性定律

实验证明，对于大多数流体，剪应力可以用牛顿黏性定律描述。

在图 3.2.1 中，欲维持上板的运动，必须有一个恒定的力 F 作用于其上。如果流体呈层流运动，则这个力可以用下式表示，即

$$\frac{F}{A}=\mu\frac{u}{y} \tag{3.2.2}$$

由式（3.2.2）可知，作用于单位面积上的力正比于在距离 y 内流体速率的减少值。

对于一般情况，如果相邻两层流体的间距为 $\mathrm{d}y$，速度在 x 方向上的分量大小分别为 u_x 和 $u_x+\mathrm{d}u_x$，则式（3.2.2）可写成微分形式，即

$$\tau=-\mu\frac{\mathrm{d}u_x}{\mathrm{d}y} \tag{3.2.3}$$

式中：τ——剪应力，$\mathrm{N/m^2}$；

μ——动力黏性系数，或称动力黏度，简称黏度，Pa·s；

$\frac{\mathrm{d}u_x}{\mathrm{d}y}$——垂直于流动方向的速度梯度，或称剪切变形速率，$\mathrm{s^{-1}}$。

负号表示剪应力的方向与速度梯度的方向相反。

式(3.2.3)即为牛顿黏性定律的数学表达式。该定律指出,相邻流体层之间的剪应力 τ 与该处垂直于流动方向的速度梯度$\frac{du_x}{dy}$成正比。该定律适用于由分子运动引起的剪应力的计算,即流体呈层流运动的情况。

$\frac{du_x}{dy}$反映出流体流动时的角变形速率。在流场中取一立方体微元 $abcd$,如图 3.2.2 所示。当 $t=0$ 时,微元体相邻两边的夹角为 90°。流速沿 y 方向变化,由于黏性作用,使平行于 x 方向的两相对平面发生相对运动,经过 dt 时间后,微元体变形为 $a'b'c'd'$,夹角改变了 $d\theta$,下层流体移动的距离为 $u_x dt$,上层流体移动的距离为$\left(u_x+\frac{du_x}{dy}dy\right)dt$,上层流体比下层流体多移动的距离为$\frac{du_x}{dy}dydt$,则

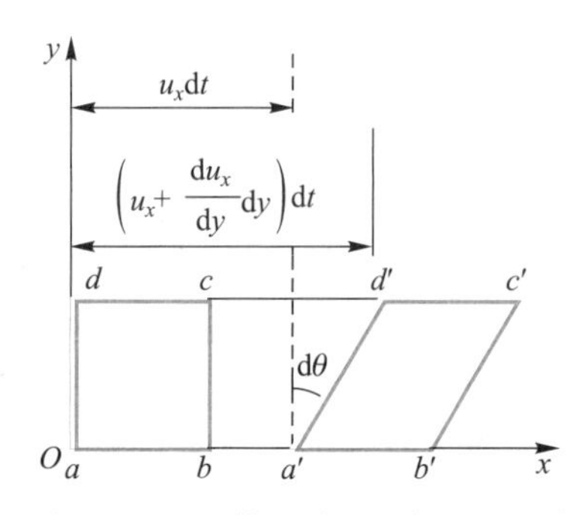

图 3.2.2 流体流动时的角变形速率

$$\left(\frac{du_x}{dy}dydt\right)\Big/dy=\tan d\theta$$

由于 $d\theta$ 很小,$d\theta\approx\tan d\theta$,所以角变形速率$\frac{d\theta}{dt}$为

$$\frac{d\theta}{dt}=\frac{\left(\frac{du_x}{dy}dydt\right)\Big/dy}{dt}=\frac{du_x}{dy}$$

因此,牛顿黏性定律又揭示了剪应力与角变形速率成正比的规律。

黏度 μ 除以流体的密度 ρ 所得的量为运动黏度,即

$$\nu=\frac{\mu}{\rho} \tag{3.2.4}$$

式中:ν——流体的运动黏度,也称为动量扩散系数,m^2/s;

ρ——流体的密度,kg/m^3。

于是,牛顿黏性定律可以改写为以下形式:

$$\tau=-\nu\frac{d(\rho u_x)}{dy} \tag{3.2.5}$$

式中:ρu_x——单位体积流体的动量,称为动量浓度,$[kg\cdot(m/s)]/m^3$;

$\frac{d(\rho u_x)}{dy}$——单位体积流体的动量在 y 方向上的梯度,称为动量浓度梯度,$[kg\cdot(m/s)]/(m^3\cdot m)$。

单位时间、通过单位面积传递的特征量称为该特征量的通量。因此，τ 又可以理解为 x 方向上的动量在 y 方向上的通量。式(3.2.5)的物理意义为

x 方向上的动量在 y 方向上的通量=-(动量扩散系数)×(y 方向上的动量浓度梯度)

即将动量传递的推动力以动量浓度梯度的形式表示。

(二) 动力黏性系数

式(3.2.3)给出了动力黏性系数的定义，即

$$\mu=-\frac{\tau}{\dfrac{\mathrm{d}u_x}{\mathrm{d}y}} \tag{3.2.6}$$

动力黏性系数表征单位法向速度梯度下，由于流体黏性所引起的剪应力的大小。

可见，黏度是影响剪应力的重要因素。黏度是流体的物理性质，与流体的种类和系统的温度、压力有关。内聚力(即分子间的相互吸引力)是影响黏度的主要因素，不同物质的黏度差别较大。在相同的温度下，所有液体的黏度均比组成与之相同的气体的黏度大。气体的黏度随压力的升高而增加，低密度气体和液体的黏度随压力变化较小，一般可以忽略。温度对黏度的影响较大，对于液体，当温度升高时，分子间距离增大，吸引力减小，因而使速度梯度所产生的剪应力减小，即黏度减小；对于气体，由于气体分子间距离大，内聚力很小，所以黏度主要是由气体分子运动动量交换所引起的，温度升高，分子运动加快，动量交换频繁，所以黏度增加。

流体黏度的数值可由实验测定，常用的黏度计有毛细管式、落球式、转筒式、锥板式等。一些流体的黏度可以从物性数据手册中查到。水的黏度为$10^{-4}\sim10^{-3}$ Pa·s，空气的黏度约为10^{-5} Pa·s。

(三) 流体类别

根据流体黏性的差别，可将流体分为两大类，即理想流体和实际流体。理想流体是无黏性和完全不可压缩的一种假想流体，即 $\mu=0$；实际流体是有黏性、可压缩的流体，$\mu\neq0$。实际流体又可以分为牛顿型流体和非牛顿型流体。凡是遵循牛顿黏性定律的流体称为牛顿型流体，所有气体和大多数低相对分子质量的液体均属于此类流体，如水、污水、汽油、煤油、甲苯、乙醇等。某些泥浆、聚合物溶液等高黏度的液体不遵循牛顿黏性定律，称为非牛顿型流体。非牛顿型流体又可分为假塑性流体、胀塑性流体和黏塑性流体。

流体的黏性定律可采用统一的经验方程表示，即

$$\tau=\tau_0+\mu\left(\frac{\mathrm{d}u}{\mathrm{d}y}\right)^n \tag{3.2.7}$$

对于不同的流体，方程具有不同的 τ_0 和 n 值。表 3.2.2 为常见类型流体及其参数。常见类型流体剪应力与剪切变形速率之间的关系曲线见图 3.2.3。

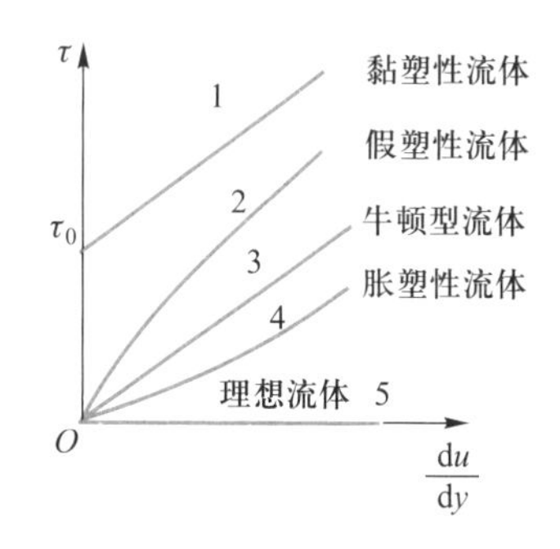

图 3.2.3　常见类型流体的剪应力与剪切变形速率之间的关系曲线

表 3.2.2 流体分类

流体类别			定义	$\tau=\tau_0+\mu\left(\dfrac{du}{dy}\right)^n$	实例
理想流体			无黏性和完全不可压缩的一种假想流体	$\mu=0$、$\tau_0=0$	
实际流体	牛顿型流体		有黏性、可压缩的流体 $\mu\neq0$	满足牛顿黏性定律 $\tau_0=0$，$\mu\neq0,n=1$	水、空气、汽油、煤油、甲苯、乙醇等
	非牛顿型流体	黏塑性流体		$\tau_0\neq0,n=1$ $\mu=$常数	牙膏、泥浆、血浆等
		假塑性流体		$\tau_0=0,\mu\neq0$、$n<1$	橡胶、油漆、尼龙等
		胀塑性流体		$\tau_0=0,\mu\neq0$、$n>1$	生面团、浓淀粉糊等

在环境工程中常见到的非牛顿型黏性流体有泥浆、中等含固量的悬浮液等，属于黏塑性流体，其主要特征是：只有当作用的剪应力超过临界值以后，流体才开始运动，否则将保持静止。这一临界值称为屈服应力。这类流体的流动规律常用宾汉（Bingham）模型描述，即流体发生运动后，剪应力与速度梯度呈线性关系，其数学表达式为

$$\tau=\tau_0+\mu_0\frac{du_x}{dy} \tag{3.2.8}$$

式中：τ_0——屈服应力，N/m^2；

μ_0——塑性黏度，Pa·s。

τ_0 和 μ_0 在一定温度和压力下均为常数。

符合宾汉模型的流体又称为宾汉流体。根据宾汉流体的上述特点，降低含固量或改变颗粒表面的物理化学性质，可减小屈服应力，改善流动性，这些措施在工程中具有一定的实用价值。

【例题 3.2.1】 如图 3.2.4 所示，上下两个平板间为互不掺混的两种液体，厚度分别为 h_1 和 h_2，黏度分别为 μ_1 和 μ_2。上平板以速率 u_0 水平匀速运动，下平板静止，一定时间后达到稳定状态。试绘制平板间液体的流速分布图与剪应力分布图。设平板间的液体流动为层流，且流速按直线分布。

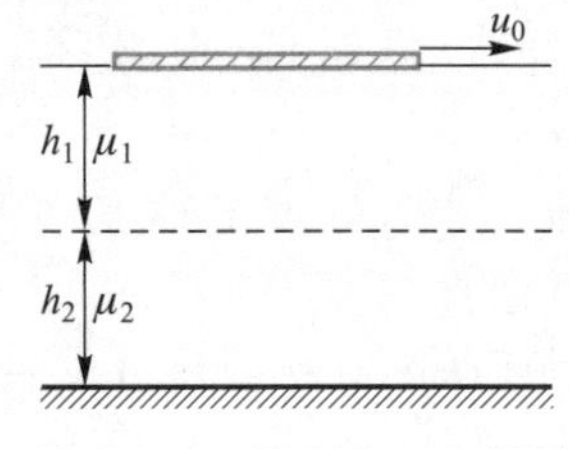

图 3.2.4 例题 3.2.1 附图

解：设两种液体分界面上的流速为 u，平板间的液体流动为层流，流速按直线分布，则剪应力分布可以写成

上层：
$$\tau_1=\mu_1\frac{u_0-u}{h_1} \tag{1}$$

下层：
$$\tau_2=\mu_2\frac{u-0}{h_2} \tag{2}$$

在液层分界面上：
$$\tau=\tau_1=\tau_2 \tag{3}$$
将式(1)、式(2)代入式(3)，整理得
$$u=\frac{\mu_1 h_2 u_0}{\mu_2 h_1+\mu_1 h_2}$$
以静止平板所在平面为基准，任意层面的纵坐标为 y，则 y 层液体的速率分布为

上层：
$$u_1=u+\frac{u_0-u}{h_1}(y-h_2)$$

下层：
$$u_2=\frac{u}{h_2}y$$

各层剪应力分布和速率分布如图 3.2.5 所示。

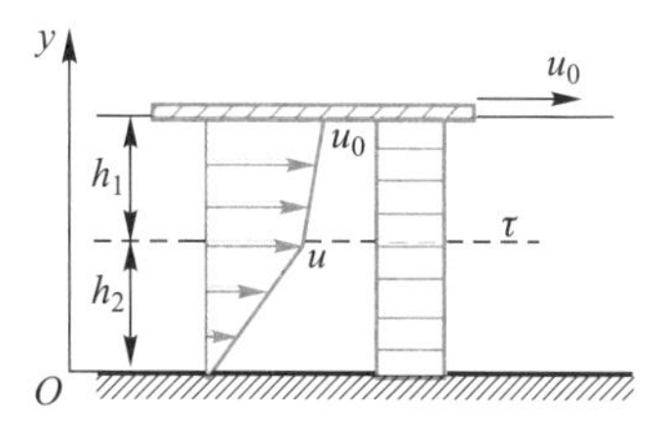

图 3.2.5　例题 3.2.1 题解附图

(四) 流动状态对剪应力的影响

流动状态对于流体内部剪应力的影响较大。层流流动的基本特征是流体分层流动，各层之间相互影响和作用较小，剪应力产生的原因主要是分子热运动导致动量传递，其大小服从牛顿黏性定律，与流体的黏度和速度梯度成正比。

在湍流流动中存在流体质点的随机脉动，流动的剪应力除了由分子运动引起外，还由质点脉动引起。由于质点脉动对流体之间的相互影响远大于分子运动，因此剪应力将大大增加。尽管质点脉动与分子运动之间有很大的区别，早期半经验湍流理论的创立者还是仿照牛顿黏性定律，建立了质点脉动引起的剪应力的表达式，即
$$\tau_\varepsilon=-\varepsilon_\mu\frac{\mathrm{d}\bar{u}}{\mathrm{d}y} \tag{3.2.9}$$
式中：τ_ε——质点脉动引起的剪应力，N/m^2；

ε_μ——质点脉动引起的动力黏性系数，称为涡流黏度，Pa·s；

$\frac{\mathrm{d}\bar{u}}{\mathrm{d}y}$——以平均速率表示的垂直于流动方向的速度梯度，$s^{-1}$。

因此湍流流动流体总的剪应力 τ_t 为
$$\tau_t=-(\mu+\varepsilon_\mu)\frac{\mathrm{d}\bar{u}}{\mathrm{d}y}=-\mu_{eff}\frac{\mathrm{d}\bar{u}}{\mathrm{d}y} \tag{3.2.10}$$
式中：μ_{eff}——有效动力黏度，Pa · s。

在充分发展的湍流中，涡流黏度往往比流体的动力黏度大得多，因而有 $\mu_{eff}\approx\varepsilon_\mu$，故可用式(3.2.9)代替式(3.2.10)。

涡流黏度不是流体的物理性质，其大小受流体宏观运动的影响。由于影响因素较多，确定涡流黏度是非常困难的。因此，虽然从表象出发建立了湍流流动的剪应力公式，但没有根本解决湍流计算的问题。湍流流动的阻力至今仍不能完全依靠理论分析，主要还是通过实验研究的方法解决。

第三节 边界层理论

实际流体的流动具有两个基本特征：一是在固体壁面上，流体与固体壁面的相对速度为零，即流动的无滑移（黏附）条件；二是当流体发生相对运动时，流体层之间存在剪切力（内摩擦力）。

环境工程中最主要的流体是水和空气。当流体流过壁面时，会在壁面附近形成速度分布，从而形成内摩擦力。因此不能用理想流体来描述壁面附近区域中的流动现象，尤其不能用来计算流体流动时的阻力。

边界层理论揭示了壁面附近区域流体流动的特征，对于计算流动阻力及研究传热和传质过程都具有非常重要的意义。

一、边界层理论的概念

1904 年，普朗特（Prandtl）提出了“边界层”概念，认为即使对于空气、水这样黏性很低的流体，黏性也不能忽略，但其影响仅限于固体壁面附近的薄层，即边界层，离开壁面较远的区域，则可视为理想流体。

普朗特边界层理论的要点可以概括为：① 当实际流体沿固体壁面流动时，紧贴壁面处存在非常薄的一层区域，在此区域内，流体的流速很小，但流速沿壁面法向的变化非常迅速，即速度梯度很大，依牛顿黏性定律可知，在 Re 较大的情况下，即使对于 μ 很小的流体，其黏性力仍然可以达到很高的数值，因此它所起的作用与惯性力同等重要。这一区域称为边界层或流动边界层，也称为速度边界层。在边界层内不能全部忽略黏性力。② 边界层外的整个流动区域称为外部流动区域。在该区域内，壁面法向速度梯度很小，因此黏性力很小，在大 Re 情况下，黏性力比惯性力小得多，因此可将黏性力全部忽略，将流体的流动近似看成理想流体的流动。

根据边界层理论，在大 Re 的情况下，可将整个流场分为外部理想流体运动区域和边界层内的黏性流体运动区域两部分。外流区的流体可作为理想流体处理，服从理想流体运动规律，在边界层内则是黏性流体的流动。

二、边界层的形成过程

（一）绕平板流动的边界层

1. 绕平板流动的边界层的形成

图 3.3.1 所示为平板上的边界层。流体沿 x 轴方向以均匀来流速率 u_0 向平板壁面流动，当其到达平板前缘时，紧靠壁面的流体因黏性作用而停留在壁面上，速率为零。这一层流体通过“内摩擦”作用，使相邻的流体层受阻而减速，该层流体进而影响相邻的流体层，使之减速。随着流体的向前流动，在垂直于壁面的法线方向上，流体逐层受到影响而相继减速，流速由壁面处的零逐层变化，最终达到来流速率 u_0。这样，在固体平板上方流动的流体可以分为两个区域，一是壁面附近速率变化较大的区域，即边界层，流动阻力主要集中在这一区域；二是远离壁面、速率变化较小的区域，即外部流动区域，流动阻力可以忽略不计。

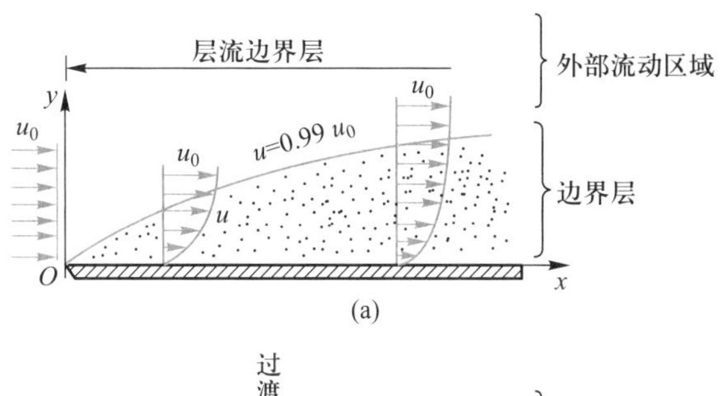

(a)

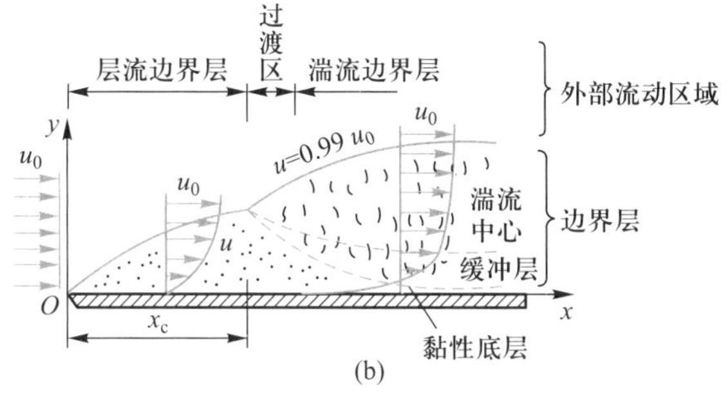

(b)

边界层的形成过程

图 3.3.1　平板上的边界层

(a) 层流;(b) 湍流

边界层与外部流动区域之间有着密切的关系,它们之间没有明显的分界面。流体的速率由平板壁面为零急剧增加到外部流体速率,这一过程是一个连续变化的过程。通常将流体速率达到来流速率 99%时的流体层厚度定义为边界层厚度,以 δ 表示。

边界层的厚度从平板前缘开始不断变化。在平板前缘处,$x=0$,$\delta=0$。随着流体向下游流动,即距平板前缘的距离 x 增大,沿壁面法向将有更多的流体被阻滞,致使边界层厚度逐渐增厚,形成如图 3.3.1 所示的边界层区域。

2. 边界层内的流动状态

在平板的前缘处,边界层厚度较小,速度梯度大,抑制扰动的黏性力也大,流体的流动为层流,此区域称为层流边界层。随着流动边界层的发展,边界层内流体的流态可能是层流,也可能是湍流。图 3.3.1(a)所示的边界层内流体的流态始终为层流,称为层流边界层。当局部雷诺数超过某个数值时,边界层内的流动变得不稳定。在这种情况下,边界层内的扰动将增长,进而发生流态的转变。如图 3.3.1(b)所示,经过一个距离 x_c 后,由于边界层厚度的增加,促使层外流体加速,惯性上升,而受壁面制约的黏性力却在下降,致使扰动迅速发展,边界层内的流动由层流转变为湍流,此后区域的边界层称为湍流边界层。

在层流区发展到湍流区之间有一个过渡区,湍流时而在此处出现,时而在彼处出现,是不稳定的。

在湍流边界层内,紧靠壁面的一层较薄的流体层其流动仍为层流,称为层流底层或黏性底层;而远离壁面的流体为湍流流动,称为湍流中心;层流底层和湍流中心之间为缓冲层。

边界层流动中,由层流转变为湍流的判据仍是雷诺数。对于流体沿平板的流动,雷诺数中的特征长度是离平板前缘的距离,特征速率为来流速率。流动状态转变时的临界雷诺数为

$$Re_{x_c}=\frac{\rho x_c u_0}{\mu}$$

式中：x_c——流动状态转变的点距离前缘的距离，称为临界距离，它与壁面粗糙度、平板前缘的形状、流体性质和流速有关，壁面越粗糙，前缘越钝，x_c 越短。

对于平板，临界雷诺数的范围为 $3\times10^5 \sim 2\times10^6$。当 x_c 较小时，临界雷诺数取范围内的小值；通常情况下，临界雷诺数取5×10^5。

当雷诺数超过临界雷诺数时，层流向湍流的转变首先发生于近尾缘处，然后逐渐向上游移动，同时伴随着平板总摩擦力的增大。在湍流边界层中，壁面上的摩擦力与同样外流速率下的层流边界层相比要大得多，因为湍流边界层内流体质点的横向脉动使外层中快速运动的质点到达壁面附近，因而动量交换比分子扩散时强烈得多。

3. 边界层厚度

流体在平板上方流动时，其边界层厚度可以用下面的公式计算。

对于层流边界层，有

$$\delta = 4.641\frac{x}{Re_x^{0.5}} \tag{3.3.1}$$

式中：Re_x——以距平板前缘距离 x 为特征长度的雷诺数，称为当地雷诺数。

对于湍流边界层，有

$$\delta = 0.376\frac{x}{Re_x^{0.2}} \tag{3.3.2}$$

可见，边界层的厚度 δ 是 Re_x 的函数。对于确定的流道，如果流体的物性（ρ,μ 等）为定值，则边界层厚度仅与流速有关，流速越大，边界层厚度越小。

通常，边界层的厚度 δ 约在 10^{-3} m 的量级，由此容易理解边界层内的黏性力很大。由于在很小的 δ 距离内，流速由壁面处的零增大至接近来流速率，即具有很大的速率梯度，因此，尽管边界层厚度很小，却具有很大的剪应力，集中了绝大部分的流动阻力。同样，在传热和传质过程中，流动边界层内特别是层流底层内，集中了绝大部分的传热和传质阻力。因此，边界层理论对于研究流动阻力、传热速率和传质速率有着非常重要的意义。

由此可知，减小边界层的厚度可以减小热量传递和质量传递过程的阻力，因此工程实际中往往采取措施降低边界层的厚度，从而强化传热和传质，如适当增大流体的运动速率，使其呈湍流状态；在流道内壁做矩形槽，或在列管式换热器的列管外放置翅片，以此破坏边界层的形成，减少传热和传质阻力。

（二）圆直管内流动的边界层

圆直管内边界层的形成和发展与平板上的边界层相似，但由于流动全部被固体边界所约束，因此不同于沿平板的流动。

1. 圆直管内边界层的形成

图 3.3.2 为圆管进口附近的边界层。如图 3.3.2 所示，均匀来流从一端流入管道，管道入口处圆滑过渡，因此在管道入口处整个截面上流体速率分布是均匀的。当流体进入管道后，由于黏性作用，在管壁面上的流体质点速率为零，近壁处很薄的一层流体内速度梯度很大，即形成边界层。流体沿管道前进，沿程的边界层厚度不断增加。由于通过每个截面的流量是不变的，所以中心区域速率逐渐增大。此时流动由两部分组成，一部分是核心区，是未

受流体黏性影响的速率均匀分布区;另一部分是核心区至管壁的环状边界层区域。经历一段长度后,不断加厚的环状边界层在管中心交汇。此后,管截面上的速率分布随流动距离的增加不再变化,这时的流动称为充分发展的流动,在此之前则称为进口段流动。

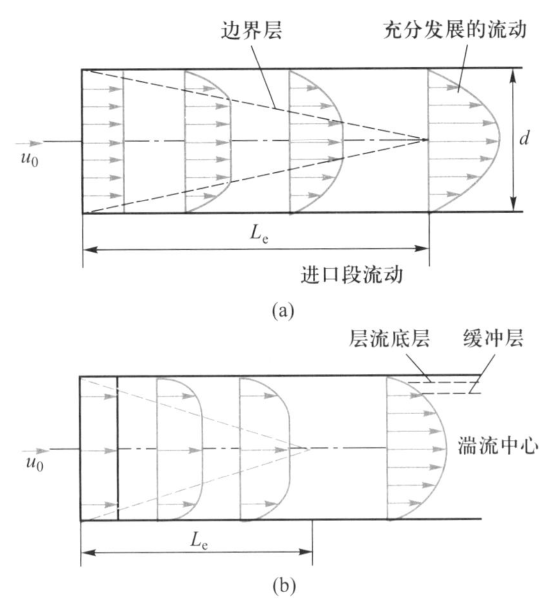

图 3.3.2 圆管进口附近的边界层

(a) 层流;(b) 湍流

管内边界层的形成和发展有两种情形:

当 u_0 较小时,进口段形成的边界层交汇时,边界层的流态是层流,则以后的充分发展段保持层流流动,速率分布曲线呈抛物线形,如图 3.3.2(a)所示。

当 u_0 较大,交汇时边界层流动若已经发展为湍流,则其下游的流动也为湍流。如图 3.3.2(b)所示,速率分布不是抛物线形状,充分发展段的速率分布曲线要平坦得多。与平板上的湍流边界层类似,在管内的湍流边界层和充分发展的湍流流动中,径向上也存在着三层流体,即靠近壁面的薄层流体为层流底层,其外为缓冲层,再外是湍流中心。

2. 边界层厚度

平板上边界层的厚度随距离 x 而变化。对于圆管,若边界层已经汇合于管中心,则边界层的厚度等于管的半径,并且不再改变。

湍流时圆管内层流底层的厚度 δ_b 可用经验公式估算。当平均速率 u_m 与最大速率 u_{max} 的关系满足 $u_m=0.82u_{max}$ 时(参见式(3.4.16)),可采用下式计算

$$\delta_b=61.5\frac{d}{Re^{0.875}} \tag{3.3.3}$$

由于管内流动充分发展后,流动形态不再随流动距离 x 变化,故对于充分发展的管内流动,判别流动形态的雷诺数定义为

$$Re=\frac{\rho d u_0}{\mu}$$

式中：d——管内径，m；

u_0——主体流速或平均流速，m/s。

如前所述，当 $Re \leqslant 2\ 000$ 时，管内流动为层流状态。

3. 进口段长度

从管道进口至边界层增长到整个断面的截面之间的距离称为进口段长度，用 l_e 来表示。量纲为 1 的进口段长度 $\frac{l_e}{d}$ 是雷诺数的函数。

对于层流，由理论分析可得

$$\frac{l_e}{d}=0.057\ 5\ Re \tag{3.3.4}$$

对于湍流流动，目前尚无适当的计算公式，一些实验研究表明，管内湍流边界层的进口段长度大致为 50 倍管内径。

在进口段，流体流动特性不同于充分发展的管流。研究表明，进口段附近的阻力损失最大，其后沿流动方向平缓减少，并趋于流动充分发展后的不变值。因此工程实践中，对于短管，求解进口段的流动阻力是非常重要的。同时，进口段对于传热和传质的影响也较大，在传热和传质设备中也往往需要加以区分，有时甚至可以在工程中利用进口段层流底层较薄的特征，采用短管来强化传递过程。

三、边界层分离

当黏性流体流过曲面物体时，在物体壁面附近也形成边界层。但在某些情况下，如物体表面曲率较大时，则往往会出现边界层与固体壁面相脱离的现象。此时，壁面附近的流体将发生倒流并产生漩涡，导致流体能量大量损失，这种现象称为边界层分离。边界层分离是流体流动时产生能量损失的又一重要原因。

对于沿平板的流动，边界层以外流速分布均匀，沿流动方向无速率变化，压力保持不变，而边界层内，压力在垂直于流动方向上的变化可以忽略不计，因此流体沿平板流动时，边界层内压力保持不变。

但当流体流过曲面物体时，边界层外流体的速率和压力均沿流动方向发生变化，边界层内的流动会受到很大影响。例如，黏性流体以大 Re 绕过曲面 $ABCDE$，C 点为曲面的顶点，所形成的边界层及其内部的压力变化，如图 3.3.3 所示。

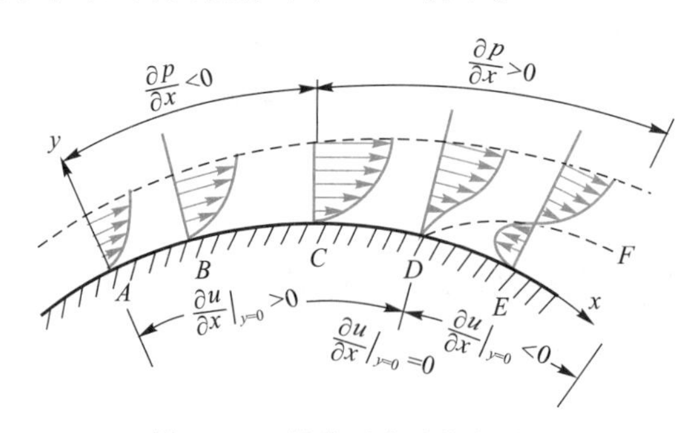

图 3.3.3 沿曲面流动的边界层

由于流体的黏性作用,沿曲面的法线方向上将形成边界层,且沿流动方向逐渐加厚。在流体由 A 点接近 C 点的过程中,由于曲面对外流的压缩,外流区过流断面逐渐缩小,使流体加速、减压,即$\frac{\mathrm{d}u}{\mathrm{d}x}>0$,$\frac{\mathrm{d}p}{\mathrm{d}x}<0$,故边界层内的流体也处于加速减压状态,该区域称为顺压区。在顺压区内,流体的惯性力与压差共同克服流体的黏性力,使得流体能顺利地沿曲壁向前流动。到达 C 点时,外流区的流体速率变为最大,而压力减为最小。

过 C 点后,过流断面逐渐增大,流体主体和边界层中流体处于减速增压过程,即$\frac{\mathrm{d}u}{\mathrm{d}x}<0$,$\frac{\mathrm{d}p}{\mathrm{d}x}>0$,该区域为逆压区,流体的惯性力不仅要克服黏性力,还要克服由逆压梯度所产生的逆压强。在黏性力和逆压梯度的双重作用下,边界层内流体质点的流速逐渐减小,同时,在同一个 x 截面上,靠近壁面的流体质点流速最小,因此,首先是靠近壁面的流体质点在某个位置上,即 D 点,其动能消耗殆尽而停滞下来,该点流体的法向速度梯度为零,但压力较上游大。由于流体是不可压缩的,后续的流体质点因 D 点处的压力较大而不能靠近壁面,被迫脱离壁面和原来的流向,向外扩散并向下游流去,即发生边界层分离。流体质点开始离开壁面的 D 点,称为分离点。与临近壁面的流体相比,离壁面稍远的流体质点具有较大的动能,故可以通过较长的途径降至速率为零,如图 3.3.3 中所示的 F 点,则 D 和 F 连线与边界层上缘之间就形成脱离了物体壁面的边界层。

在 D 点下游,壁面与 D 和 F 连线之间出现流体的空白区,在逆压梯度的作用下流体发生倒流,在此区域内流体形成大尺度的不规则漩涡,不断地向下游延伸形成尾流,一般尾流会在物体下游延伸一段距离。在漩涡中,流体质点强烈地碰撞与混合,造成流体机械能消耗并转化为热能。因此,边界层分离导致流体能量损失。

存在黏性作用和逆压梯度是边界层分离的两个必要条件,流体沿平板壁面上的流动因为没有逆压梯度,所以不会发生边界层分离;理想流体绕过圆柱体的流动,由于流体没有黏性作用,也不会发生边界层分离。但是,两种条件都存在时,却不一定发生边界层分离。边界层分离与否取决于流动的特征以及物体表面的曲率等,由流体惯性力、黏性力和压差三者之间的关系来决定。

层流边界层和湍流边界层都会发生分离,但是在相同的逆压梯度下,层流边界层比湍流边界层更容易发生分离,这是由于层流边界层中近壁处速率随 y 的增长缓慢,逆压梯度更容易阻滞靠近壁面的低速流体质点。因此,流动的 Re 值影响分离点的位置,湍流边界层中的分离点较层流边界层的分离点延后产生。

边界层分离后,分离点下游流体形成尾流,流动的有效边界不再是物体表面,而变为包括分离区在内的未知形状。尾流区越大,由此产生的阻力损失越大。湍流边界层中的分离点较层流边界层的分离点靠后,边界层的尾流较小,故边界层分离而导致的阻力损失也较小。

第四节　流体流动的阻力损失

应用能量衡算方程进行流动系统管路计算时,需要确定流动过程中的阻力损失。因此,求解流体流动过程中的速度分布和阻力损失是能量衡算方程的基础。

环境工程中经常涉及流体在管道内的流动过程，以及颗粒在流体中或流体在颗粒中的流动，如悬浮物的沉降分离，因此这两种情况下流动阻力的计算非常重要。本节只介绍流体在圆管内流动的阻力，后者将在“沉降”一章中介绍。

一、阻力损失的影响因素

（一）阻力损失产生的原因

流动阻力指流体在运动过程中，边界物质施加于流体且与流体流动方向相反的一种作用力。阻力损失起因于黏性流体的内摩擦造成的摩擦阻力和物体前后压差引起的压差阻力。由于压差阻力主要取决于物体的形状，所以又称形体阻力。因此，黏性流体绕过固体表面的阻力应该是摩擦阻力和形体阻力之和。流体流动阻力损失的大小取决于流体的物性、流动状态和流体流道的几何尺寸与形状等。

边界层理论是分析阻力机理、进行阻力计算的基础。在边界层中，流体与物体的接触表面上存在剪切力，导致流动的摩擦阻力。边界层内的流动状态及边界层的厚度是影响摩擦阻力的主要原因。而当流体流过表面是曲面的物体时，物体表面的压强分布沿程发生变化，形成形体阻力。

对于一般的绕流物体，流体在物体后部发生边界层分离，并形成尾流，尾流中充满不规则运动着的漩涡，漩涡的强烈运动将不断消耗流体的机械能，导致尾流区中的压强较低，从而形成较大的形体阻力，形体阻力的大小取决于尾流区域的大小。

对于流线型物体，虽然没有边界层的分离，但是由于物体前部流速为零，因此压强达到最大值。而在物体的尾部流速不为零，压强不能达到最大值，故流线型物体虽然没有边界层的分离，但尾部的压强仍然降低，物体前后仍存在压差，同样产生形体阻力。

（二）阻力损失的影响因素

摩擦阻力是作用在物体表面切向力的合力在来流方向的分量，形体阻力则是作用在物体表面法向力的合力在来流方向的分量。两种阻力的相对大小及总流动阻力的大小取决于流体的流动特征和物体的表面特征，包括流动的雷诺数、物体的形状和表面粗糙度等。

1. 雷诺数

雷诺数决定边界层的流动状态。在不同的边界层流动状态下，两种阻力所起作用的大小不同。湍流下，摩擦阻力较层流时大。但与层流时相比，由于边界层的分离点后移，尾流区较小，因而形体阻力将减小。层流时摩擦阻力虽小，但因尾流区较湍流时大，形体阻力较大。

2. 物体的形状

当流体以较高的雷诺数绕过如同球体一类的钝体（称为非良绕体）流动时，发生边界层分离，尾流区较大，如图 3.4.1(a)所示，此时形体阻力往往是主要的；而对于良绕体，如曲率变化缓慢的物体则相反，如图 3.4.1(b)所示。

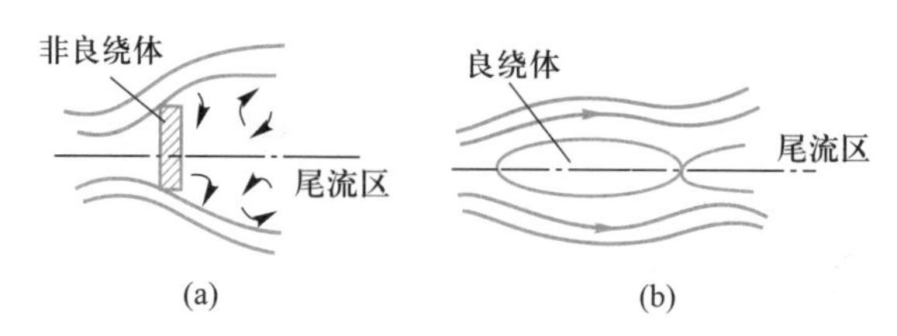

图 3.4.1 流体流过良绕体与非良绕体的情况

3. 物体表面的粗糙度

粗糙表面摩擦阻力大。但是,当表面粗糙促使边界层湍流化以后,造成边界层分离点后移,形体阻力会大幅度下降,此时总阻力反而可能降低。

流体流过直管和管件时都存在阻力损失,流经直管时的阻力称为沿程阻力损失,流经管件(如弯头、三通、阀门等)时的阻力称为局部阻力损失。沿程阻力损失主要由摩擦力造成,局部阻力则包括摩擦阻力和形体阻力。

二、圆直管内流动的沿程阻力损失

(一) 圆直管内流动的阻力损失通式

图 3.4.2 表示不可压缩黏性流体在水平圆直管内作稳态流动,没有外功加入,流速为 u_m,管道内径为 d,截面 1—1′和 2—2′距离为 l,两截面的静压力分别为 p_1 和 p_2。

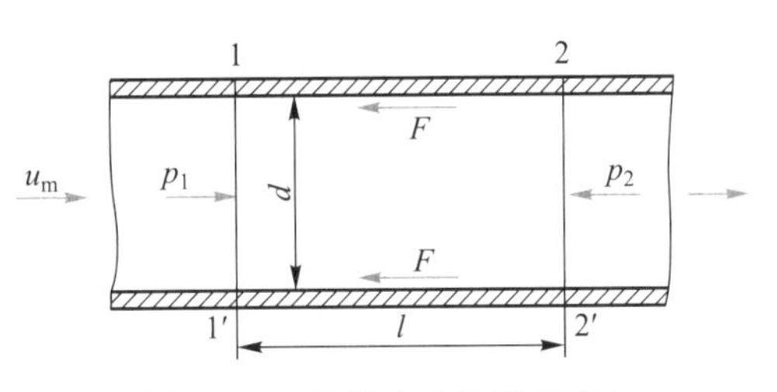

图 3.4.2　流体在水平圆直管内稳态流动状况图

由于流体处于稳态流动状态,所以截面 1—1′和截面 2—2′之间的流体柱所受的作用力应处于平衡状态。在此流体柱上作用着两个方向相反的力,一个是推动流体柱向前运动的静压力 $(p_1-p_2)\dfrac{\pi d^2}{4}$,此力与流动方向相同;另一个是流体的内摩擦力 $\tau_s\pi dl$,其中 τ_s 为壁面剪应力,内摩擦力阻止流体向前流动,其方向与流动方向相反。这两个力在数值上相等,即

$$(p_1-p_2)\frac{\pi d^2}{4}=\tau_s\pi dl$$

或

$$p_1-p_2=\frac{4l}{d}\tau_s \tag{3.4.1}$$

根据机械能衡算方程,在截面 1—1′和截面 2—2′之间,有

$$p_1-p_2=\Delta p_f=\rho\sum h_f$$

式中:Δp_f——由于流动阻力引起的压降。

可见,直管中的压降是流动阻力的体现。于是,式(3.4.1)可以写成

$$\Delta p_f=\frac{4l}{d}\tau_s=\frac{8\tau_s}{\rho u_m^2}\,\frac{l}{d}\,\frac{\rho u_m^2}{2}$$

令

$$\lambda=\frac{8\tau_s}{\rho u_m^2}$$

则

$$\Delta p_f=\lambda\,\frac{l}{d}\,\frac{\rho u_m^2}{2} \tag{3.4.2}$$

式中:λ——摩擦系数,摩擦系数 λ 是流体的物性和流动状态的函数,量纲为 1。

式(3.4.2)为计算圆形直管阻力损失的通式,称为范宁(Fanning)公式,适用于不可压缩流体的稳态流动,既可用于层流,也可用于湍流。

大量的实验及理论表明,对于管内流动,流体产生的摩擦力 F_s 与流体的动能因子 $\rho u_m^2/2$ 及流体与壁面的接触面积 A 成正比,即

$$F_s=f\frac{\rho u_m^2}{2}A$$

或

$$\tau_s=f\frac{\rho u_m^2}{2}$$

式中:f——比例系数,称为范宁摩擦因子,其定义式为

$$f=\frac{2\tau_s}{\rho u_m^2} \tag{3.4.3}$$

因此,$\lambda=4f$。

(二)圆管内层流流动的速率分布和阻力损失

1. 层流流动的速率分布

层流流动时,流体层之间的剪应力服从牛顿黏性定律,速率分布可以由流体受力分析导出。

流体在半径为 r_0 的圆管管内作稳态流动,如图3.4.3所示。在其中取一流体微元,半径为 r,长度为 dl。流体微元受到的与流动方向平行的作用力有两种:① 作用在流体微元两端截面上的压力 p_1 和 p_2;② 作用于流体微元四周的剪切力 F。当流体稳态运动时,各力之和等于零。

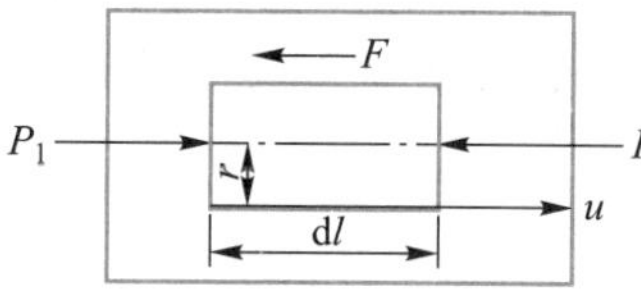

图3.4.3 稳态流动时流体微元上压力与剪切力的平衡

若截面上压强为 p,则作用在流体微元左端截面上的压力为

$$p_1=p\pi r^2$$

作用在流体微元右端截面上的压力为

$$p_2=-\left(p+\frac{\mathrm{d}p}{\mathrm{d}l}\mathrm{d}l\right)\pi r^2$$

作用于流体微元四周的剪切力

$$F=-\tau(2\pi r\mathrm{d}l)$$

于是,有

$$p\pi r^2-\left(p+\frac{\mathrm{d}p}{\mathrm{d}l}\mathrm{d}l\right)\pi r^2-\tau(2\pi r\mathrm{d}l)=0$$

$$-\frac{\mathrm{d}p}{\mathrm{d}l}r-2\tau=0 \tag{3.4.4}$$

对于牛顿流体，有

$$\tau = -\mu \frac{du}{dr} \tag{3.4.5}$$

将式(3.4.5)代入式(3.4.4)，整理得

$$\frac{dp}{dl} r dr = 2\mu du$$

考虑边界条件：$r=r_0$ 时，$u=0$。对上式积分，得

$$u = -\frac{1}{4\mu} \frac{dp}{dl} (r_0^2 - r^2) \tag{3.4.6}$$

在管中心处，$r=0$，流体流速最大，即

$$u_{max} = u|_{r=0} = -\frac{1}{4\mu} \frac{dp}{dl} r_0^2 \tag{3.4.7}$$

将式(3.4.6)与式(3.4.7)联立，得

$$u = u_{max}\left[1-\left(\frac{r}{r_0}\right)^2\right] \tag{3.4.8}$$

式(3.4.8)表明，层流流动时圆管内速率分布曲线呈抛物线形。

根据速率分布式可以求得截面平均流速。在管内取一环形微元体，其半径为 r，厚度为 dr，如图 3.4.4 所示。通过此环隙的流体以速率 u 向前运动，则体积流量为

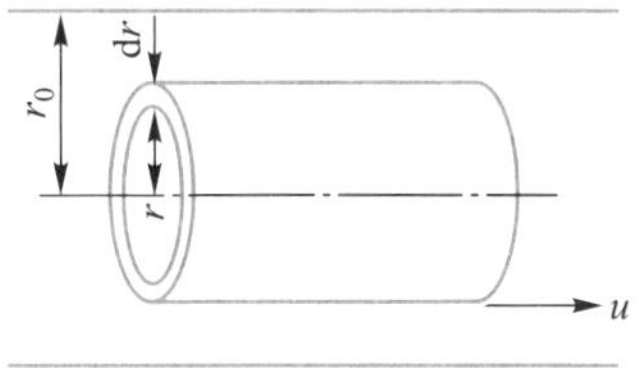

$$dq_V = 2\pi r u dr$$

图 3.4.4　层流流动时的环形微元体

通过圆管截面的体积流量为

$$q_V = \int_0^{r_0} 2\pi r u dr = 2\pi \int_0^{r_0} \left[-\frac{1}{4\mu} \frac{dp}{dl} (r_0^2 - r^2)\right] r dr = -\frac{\pi r_0^4}{8\mu} \frac{dp}{dl} \tag{3.4.9}$$

式(3.4.9)称为哈根-泊肃叶(Hagen-Poiseuille)方程，是计算圆管层流流动的基本方程。

根据平均流速的定义，得

$$u_m = \frac{q_V}{A} = -\frac{\frac{\pi r_0^4}{8\mu} \frac{dp}{dl}}{\pi r_0^2} = -\frac{1}{8\mu} \frac{dp}{dl} r_0^2 \tag{3.4.10}$$

将式(3.4.7)代入式(3.4.9)，得

$$q_V = \frac{\pi r_0^2}{2} u_{max}$$

比较式(3.4.7)和式(3.4.10),得

$$u_{m}=\frac{u_{max}}{2}$$

可见,圆管层流流动的平均速率为最大速率的一半。

2. 层流流动的阻力损失

流体在圆管中作稳态层流流动时,范宁摩擦因子 f 和摩擦系数 λ 可由速率分布式得出。由式(3.4.10)可知

$$\mathrm{d}p=-\frac{8\mu u_{m}}{r_{0}^{2}}\mathrm{d}l$$

将上式在图 3.4.2 中 1—1′截面和 2—2′截面之间进行积分,两截面上的压强分别为 p_1 和 p_2。若稳态流动下平均速率 u_m 不变,则

$$p_{1}-p_{2}=\frac{8\mu u_{m}l}{r_{0}^{2}}$$

对于水平直管无外力输入条件下不可压缩流体的稳态流动,有

$$p_{1}-p_{2}=\Delta p_{f}$$

所以

$$\Delta p_{f}=\frac{8\mu u_{m}l}{r_{0}^{2}}=\frac{32\mu u_{m}l}{d^{2}} \tag{3.4.11}$$

式中:d——管道内径,m。

由范宁公式

$$\Delta p_{f}=\lambda\ \frac{l}{d}\ \frac{\rho u_{m}^{2}}{2}$$

可得

$$\lambda=\frac{64\mu}{d\rho u_{m}}=\frac{64}{Re} \tag{3.4.12}$$

式中:

$$Re=\frac{\rho u_{m}d}{\mu}$$

$$f=\frac{\lambda}{4}=\frac{16}{Re} \tag{3.4.13}$$

由式(3.4.11)、式(3.4.12)和式(3.4.13)可以得出,流体在圆形直管内作层流流动时,其阻力损失与流体速率的一次方成正比,摩擦系数和范宁摩擦因子与雷诺数成反比。

(三) 圆管内湍流流动的速率分布和阻力损失

1. 湍流流动的速率分布

湍流流动时,由于质点的脉动,流动状况要复杂得多,决定流体内摩擦力大小的主要因素不是流体的黏性,而是质点的脉动。由于运动的复杂性,圆管内湍流的速率分布一般通过

实验研究,采用经验分布近似表示,常用的一种为

$$u=u_{\max}\left(1-\frac{r}{r_0}\right)^{\frac{1}{n}} \tag{3.4.14}$$

式中:n 与 Re 有关,$4\times10^4<Re<1.1\times10^5$ 时,$n=6$;$1.1\times10^5<Re<3.2\times10^6$ 时,$n=7$;$Re>3.2\times10^6$ 时,$n=10$。

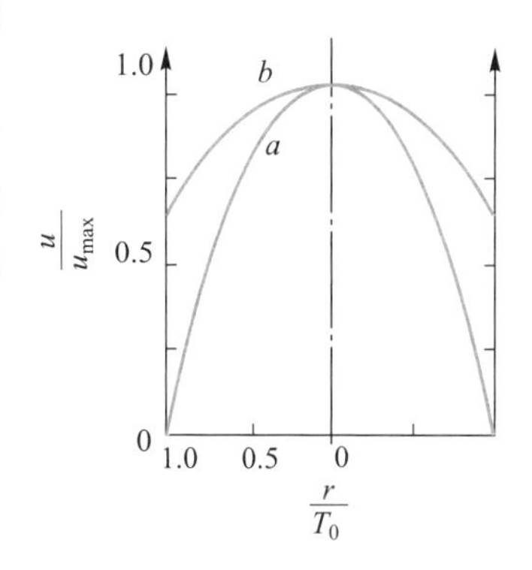

图 3.4.5　圆管速率分布曲线

图 3.4.5 中 a、b 分别为圆管内层流和湍流的速率分布曲线。在湍流流动中,由于流体质点的强烈掺混,截面上靠近管中心部分各点的速率彼此拉平,速率分布较为均匀,其速率分布曲线不再是抛物线形。

利用速率分布,可以计算出通过圆管截面的体积流量为

$$q_V=\int_0^{r_0}2\pi ru\mathrm{d}r=2\pi u_{\max}\int_0^{r_0}r\left(1-\frac{r}{r_0}\right)^{\frac{1}{n}}\mathrm{d}r=\frac{2n^2}{(n+1)(2n+1)}\pi r_0^2u_{\max}$$

平均流速为

$$u_{\mathrm{m}}=\frac{q_V}{A}=\frac{\frac{2n^2}{(n+1)(2n+1)}\pi r_0^2u_{\max}}{\pi r_0^2}=\frac{2n^2}{(n+1)(2n+1)}u_{\max} \tag{3.4.15}$$

在流体输送中通常遇到的 Re 范围内,n 约为 7,此时

$$u_{\mathrm{m}}=0.82u_{\max}$$

$$u=u_{\max}\left(1-\frac{r}{r_0}\right)^{1/7} \tag{3.4.16}$$

式(3.4.16)称为 1/7 次方定律。

2. 湍流流动的阻力损失

湍流流动的阻力经验式可以通过量纲分析法确定,即

$$\frac{\Delta p_{\mathrm{f}}}{\rho u^2}=K\left(\frac{L}{d}\right)^b\left(\frac{du\rho}{\mu}\right)^{-f}\left(\frac{\varepsilon}{d}\right)^h \tag{3.4.17}$$

式中:ε——管壁的绝对粗糙度,指管壁凸出部分的平均高度(图 3.4.6),m;

$\frac{\varepsilon}{d}$——管道相对粗糙度,量纲为 1。

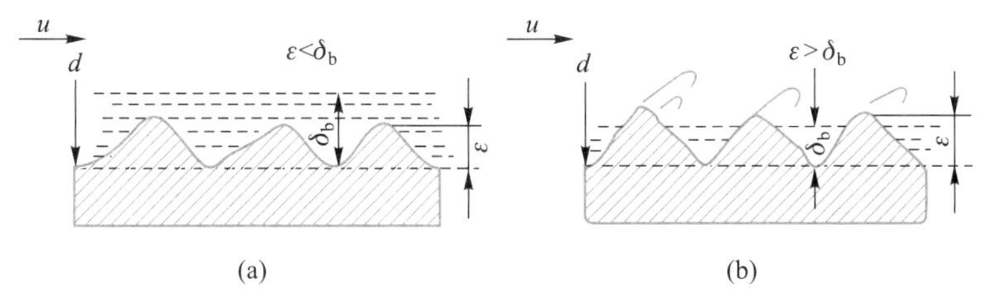

图 3.4.6　流体流过管壁面的情况

实验证明，对于均匀直管，流体流动的阻力损失与管长成正比，因此可取式中指数 $b=1$，则式(3.4.17)变为

$$\frac{\Delta p_{\mathrm{f}}}{\rho u^2}=K\left(\frac{L}{d}\right)\left(\frac{du\rho}{\mu}\right)^{-f}\left(\frac{\varepsilon}{d}\right)^{h} \tag{3.4.18}$$

对照范宁公式

$$\Delta p_{\mathrm{f}}=\lambda\ \frac{l}{d}\ \frac{\rho u_{\mathrm{m}}^2}{2}$$

可以得出

$$\lambda=\varphi\left(Re,\frac{\varepsilon}{d}\right) \tag{3.4.19}$$

即管内湍流流动的摩擦系数与流动的雷诺数和 ε/d 有关。图 3.4.7 为通过实验获得的摩擦系数与 Re 和 ε/d 的关系。当 $Re\leqslant 2\ 000$ 时，管内流动为层流，摩擦系数与雷诺数成反比，图中 λ 为直线，随 Re 的增大而减小，与 ε/d 无关；当 $Re>2\ 000$ 时，Re 对摩擦系数 λ 的影响可分为以下三个区域：

(1) 过渡区：当 $2\ 000<Re<4\ 000$ 时，管内流动随外界条件的影响出现不同的流态，摩擦系数也因之出现波动。为了保险起见，工程计算中一般按湍流处理。

(2) 湍流区：当 $Re\geqslant 4\ 000$ 时，流体进入湍流区，λ 随 Re 的增大而减小，当 Re 增大到一定值以后，λ 随 Re 的变化趋于平缓。不同的 ε/d 值对应不同的曲线。对于光滑管，可采用根据实验获得的经验关联式计算 λ 值，如

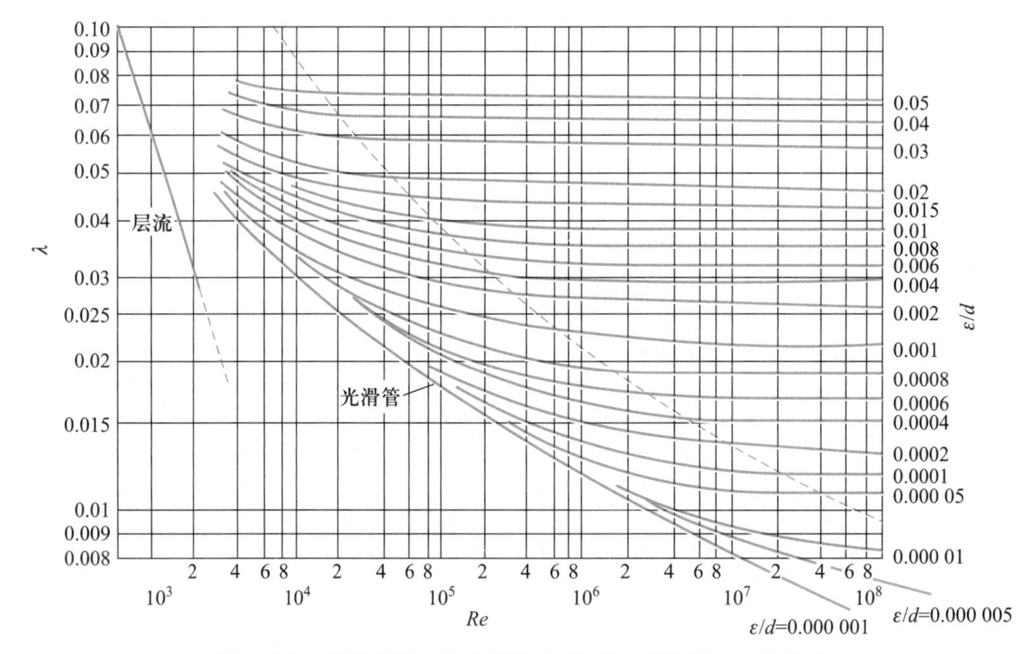

图 3.4.7 摩擦系数 λ 与雷诺数 Re 及相对粗糙度 ε/d 的关系

布拉休斯(Blasius)公式：

$$\lambda = 0.316\,4Re^{-0.25} \quad (5\,000<Re\leqslant 10\,000) \tag{3.4.20}$$

卡门(Karman)公式：

$$\frac{1}{\sqrt{\lambda}} = 2.035\lg(Re\sqrt{\lambda}) - 0.91 \quad (Re<3.4\times10^{6}) \tag{3.4.21}$$

(3) 完全湍流区：当 Re 足够大时，摩擦系数基本上不随 Re 变化，λ 近似为常数，也可以用下述公式计算，即

$$\lambda = \left(1.74+2\lg\frac{d}{2\varepsilon}\right)^{-2} \tag{3.4.22}$$

此时，若 l/d 一定，则阻力损失与速率的平方成正比，因此该区又称为阻力平方区。

可见，不同的流动状态下，管壁粗糙度对摩擦系数的影响是不同的。层流流动时，摩擦系数与粗糙度无关。湍流时，管壁的粗糙度对摩擦系数产生影响，其影响大小与相对粗糙度和雷诺数有关。这主要取决于粗糙峰高度 ε 和层流底层厚度 δ_b 的相对大小，可分为以下几种情况：

(1) $\varepsilon<\delta_b$：即粗糙峰埋于层流底层，如图 3.4.6(a)所示。由于层流底层流体的流动速度很低，流体缓慢绕过粗糙峰，流动阻力与在光滑管内流动时几乎没有区别，摩擦阻力系数不受管壁粗糙度的影响，管内层流流动即属于这种情况。

(2) $\varepsilon\approx\delta_b$：此时流动将受管壁凸凹不平的影响，$\lambda$ 同时随 Re 及 ε/d 变化，该区即为上述的湍流区，也称为粗糙区。湍流流动时压降随速率的变化比层流时急剧，流体黏性影响比层流时小。

(3) $\varepsilon>\delta_b$：当 Re 很大时，层流底层很薄，粗糙峰露出层流底层，如图 3.4.6(b)所示。由于层外流体以较高速度绕过粗糙峰，产生了边界层分离，造成更大的阻力，λ 不再随 Re 变化，仅与 ε/d 有关，此时流动阻力导致的压降正比于平均流速的平方，即阻力平方区。粗糙度越大的管道达到阻力平方区的 Re 越小。

表 3.4.1 中列出了某些工业管道的绝对粗糙度。

表 3.4.1　某些工业管道的绝对粗糙度

材料	管道类别	ε/mm
金属管	无缝黄铜管、铜管及铝管	0.01～0.05
	新的无缝钢管或镀锌铁管	0.1～0.2
	新的铸铁管	0.3
	具有轻度腐蚀的无缝钢管	0.2～0.3
	具有显著腐蚀的无缝钢管	0.5 以上
	旧的铸铁管	0.85 以上
非金属管	干净玻璃管	0.001 5～0.01
	橡胶软管	0.01～0.03
	陶土排水管	0.45～6.0
	平整的水泥管	0.33
	石棉水泥管	0.03～0.8

【例题 3.4.1】 流体在半径为 R 的圆直管中流动。试计算层流和湍流情况下流体的动能,并与用平均速率表示的动能进行比较。

解:在管内取一环形微元体,如图 3.4.4 所示,其半径为 r,厚度为 $\mathrm{d}r$,通过此环隙的流体速率为 u。单位时间内通过此环隙的流体质量为 $\mathrm{d}m=2\pi\rho ur\mathrm{d}r$,单位质量流体的动能为 $E_{动}$。则单位时间内通过环隙的动能为

$$\mathrm{d}(mE_{动})=(2\pi\rho ur\mathrm{d}r)\left(\frac{u^2}{2}\right)=\pi\rho u^3r\mathrm{d}r \tag{1}$$

(1) 层流时:

$$u=u_{\max}\left[1-\left(\frac{r}{R}\right)^2\right]$$

代入式(1),得

$$\mathrm{d}(mE_{动})=\pi\rho u_{\max}^3r\left[1-\left(\frac{r}{R}\right)^2\right]^3\mathrm{d}r \tag{2}$$

因为

$$u_{\mathrm{m}}=\frac{u_{\max}}{2}$$

所以式(2)变为

$$\mathrm{d}(mE_{动})=8\pi\rho u_{\mathrm{m}}^3r\left[1-\left(\frac{r}{R}\right)^2\right]^3\mathrm{d}r \tag{3}$$

将式(3)积分,得单位时间通过圆管整个截面的动能,即

$$mE_{动}=\int_0^R 8\pi\rho u_{\mathrm{m}}^3r\left[1-\left(\frac{r}{R}\right)^2\right]^3\mathrm{d}r=\pi\rho R^2u_{\mathrm{m}}^3$$

$$m=\int_0^R 2\pi\rho ur\mathrm{d}r=\int_0^R 4\pi\rho u_{\mathrm{m}}r\left[1-\left(\frac{r}{R}\right)^2\right]\mathrm{d}r=\pi\rho R^2u_{\mathrm{m}}$$

则通过圆管整个截面的单位质量流体的动能为

$$E_{动}=\frac{\pi\rho R^2u_{\mathrm{m}}^3}{\pi\rho R^2u_{\mathrm{m}}}=u_{\mathrm{m}}^2$$

(2) 湍流时:

$$u=u_{\max}\left(1-\frac{r}{R}\right)^{\frac{1}{n}}$$

$$\mathrm{d}(mE_{动})=\pi\rho u_{\max}^3r\left(1-\frac{r}{R}\right)^{\frac{3}{n}}\mathrm{d}r \tag{4}$$

将式(4)积分,得单位时间通过圆管整个截面的动能,即

$$mE_{动}=\int_0^R \pi\rho u_{\max}^3r\left(1-\frac{r}{R}\right)^{\frac{3}{n}}\mathrm{d}r=\frac{n^2}{(n+3)(2n+3)}\pi\rho R^2u_{\max}^3$$

将 $u_m=\dfrac{2n^2}{(n+1)(2n+1)}u_{max}$ 代入上式，得

$$mE_{动}=\frac{(n+1)^3(2n+1)^3}{8n^4(n+3)(2n+3)}\pi\rho R^2u_m^3$$

则通过圆管整个截面的单位质量流体的动能为

$$E_{动}=\frac{mE_{动}}{\pi\rho R^2u_m}=\frac{(n+1)^3(2n+1)^3}{8n^4(n+3)(2n+3)}u_m^2$$

当 $n=7$ 时，$E_{动}=0.53u_m^2$。

用平均速率计算的动能为

$$E'_{动}=\frac{u_m^2}{2}$$

可见，层流时，用平均速率表示的动能仅为实际动能的一半，而湍流时两者接近。因此，在工程中经常遇到的湍流流动情况下，可以按平均速率近似计算动能。

【例题 3.4.2】 水以 $0.57\ m^3/min$ 的流量通过一长为 305 m 的水平钢管，用于克服摩擦阻力的水头为 6.1 m，试计算所需管径。已知水的密度为1 000 kg/m^3，黏度为 1.55×10^{-3} Pa·s，钢管的绝对粗糙度为 4.6×10^{-5} m。

解：水在钢管内的流速为

$$u=\frac{4q_V}{\pi d^2}=\frac{4\times0.57/60}{3.14\times d^2}\ m^3/s=\frac{0.012\ 1}{d^2}m^3/s$$

由于管径未知，无法计算 Re，因此不能确定 λ。采用试差法，假设 $d=0.089$ m，则

$$Re=\frac{du\rho}{\mu}=\frac{0.089\times0.012\ 1\times1\ 000}{0.089^2\times1.55\times10^{-3}}=87\ 713$$

相对粗糙度为

$$\frac{\varepsilon}{d}=\frac{4.6\times10^{-5}}{0.089}=0.000\ 52$$

查图 3.4.7，得 $\lambda=0.02$，代入 $H_f=\lambda\dfrac{l}{d}\dfrac{u^2}{2g}$，即

$$6.1\ m=0.02\times\frac{305}{d}\times\frac{0.012\ 1^2}{2\times9.81\times d^4}\ m^6$$

解出 $d=0.094\ 3$ m，与假设值不一致。进行第二次试算，设 $d=0.094\ 3$ m，则

$$Re=\frac{du\rho}{\mu}=\frac{0.094\ 3\times0.012\ 1\times1\ 000}{0.094\ 3^2\times1.55\times10^{-3}}=82\ 783$$

$$\frac{\varepsilon}{d}=\frac{4.6\times10^{-5}}{0.094\ 3}=0.000\ 49$$

查图，得 $\lambda=0.022$，则

$$6.1\ m=0.022\times\frac{305}{d}\times\frac{0.012\ 1^2}{2\times9.81\times d^4}\ m^6$$

解出 $d=0.0961$ m,与假设值不一致,进行第三次试算,设 $d=0.0961$ m,则

$$Re=\frac{du\rho}{\mu}=\frac{0.0961\times0.0121\times1000}{0.0961^2\times1.55\times10^{-3}}=81\ 233$$

$$\frac{\varepsilon}{d}=\frac{4.6\times10^{-5}}{0.0961}=0.000\ 48$$

查图,得 $\lambda=0.022$,则

$$6.1\ \text{m}=0.022\times\frac{305}{d}\times\frac{0.0121^2}{2\times9.81\times d^4}\ \text{m}^6$$

解出 $d=0.0961$ m,与假设值一致,故计算管径应为 0.0961 m。考虑到实际管材的规格,取0.1 m。

(四)流体在非圆形管道内流动的阻力损失

实际工程中,流体的输送除采用圆管外,也常采用非圆形管道。如废气收集系统、通风系统等,常采用矩形截面的管道;冷热流体换热过程中,常采用套管换热器,其中一种流体在两个直径不同的同心套管的间隙流动。对于非圆形管道中流动阻力损失的计算,一般引入当量直径的概念。

对于直径为 d 的圆形管道,流体流经的管道截面面积为$\frac{\pi d^2}{4}$,流体湿润的周边长度为 πd,可以得出

$$d=\frac{4\times\text{流道截面面积}}{\text{湿润周边长度}}$$

利用类比方法,可以定义非圆形管道的当量直径 d_e,即

$$d_e=\frac{4\times\text{流道截面面积}}{\text{湿润周边长度}} \tag{3.4.23}$$

流体在非圆形直管内作湍流流动时,仍可采用范宁公式计算阻力损失,但计算式应以当量直径代替管径。一些研究结果表明,当量直径用于湍流流动下阻力损失的计算,结果比较可靠;用于矩形截面管道时,其截面的长宽比不能超过 3∶1;用于环形截面流道时,可靠性要差些。对于层流流动,用当量直径进行计算时,除管径由当量直径取代外,摩擦系数的计算式为

$$\lambda=\frac{C}{Re} \tag{3.4.24}$$

式中的 C 值根据管道截面形状确定,对于正方形和环形管道,C 值分别取 57 和 96;对于长方形管道,C 值还与长宽比有关,当长宽比为 2∶1 和 4∶1 时,C 值分别取 62 和 73。

(五)气体和泥浆流动的阻力损失

环境工程涉及大量以水为介质的过程,之前讨论的流体流动阻力损失计算是针对不可压缩流体的,所以适用于水和一般含固量不高的液体的输送。但是,在大气污染控制、固体废物处理与处置中,还涉及气体和高含固量泥浆的输送。气体为可压缩流体,泥浆为非牛顿型流体,在计算这类流体的管内流动时,首先需要解决阻力计算问题。

1. 气体的阻力损失

气体具有较大的可压缩性，当气体通过管路时压力或温度的变化较大时，其密度不能视为常数。对于可压缩流体在管路内的流动，应取管路中的微元段列出总能量衡算方程式，然后考虑流动方向上气体密度、体积流量、平均流速等的沿程变化。如图 3.4.8 所示的水平直管，在截面 1—1′和 2—2′之间取一微元段，其长度为 dl，设流体进入此段的速率为 u，则微元段内总能量衡算式可以写成

$$g\mathrm{d}z+\frac{\mathrm{d}(u^2)}{2}+\frac{\mathrm{d}p}{\rho}=\delta W_\mathrm{e}-\delta h_\mathrm{f} \tag{3.4.25}$$

对于水平直管，dz = 0，若无外部功加入，即 $\delta W_\mathrm{e}=0$，且 $\rho=\frac{1}{v}$，则有

$$\frac{\mathrm{d}(u^2)}{2}+v\mathrm{d}p=-\delta h_\mathrm{f} \tag{3.4.26}$$

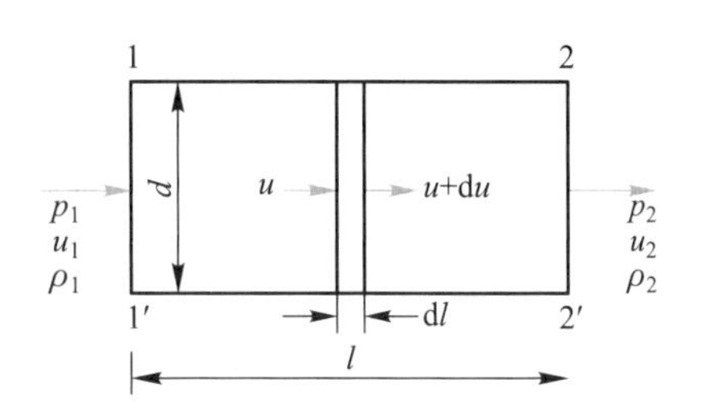

图 3.4.8　水平直管内可压缩流体的流动

在管道中的微元段内，可将流体视为不可压缩流体，根据式(3.4.2)的范宁公式，可写出微分形式的阻力损失公式，即

$$\delta h_\mathrm{f}=\lambda\frac{\mathrm{d}l}{d}\frac{u^2}{2}$$

这样，式(3.4.26)变为

$$\frac{\mathrm{d}(u^2)}{2}+v\mathrm{d}p=-\lambda\frac{\mathrm{d}l}{d}\frac{u^2}{2} \tag{3.4.27}$$

式中：平均速率 u 和比体积 v 均随管长 l 变化。

为了运算方便，利用管流连续性方程，对于稳态流动，任何流体均满足

$$\rho_1u_1A_1=\rho_2u_2A_2$$

对于截面相同的水平直管，其截面面积 A 为常数，则质量通量为常数，用 N 表示，即

$$N=\rho u=\frac{u}{v}=\text{常数}$$

由此可得

$$u=Nv$$

$$\mathrm{d}(u^2)=\mathrm{d}(N^2v^2)=2N^2v\mathrm{d}v$$

代入式(3.4.27)，整理得

$$N^2v\mathrm{d}v+v\mathrm{d}p=-\lambda\frac{\mathrm{d}l}{d}\frac{N^2v^2}{2} \tag{3.4.28}$$

在截面 1—1′和 2—2′之间对式(3.4.28)进行积分。式中直管摩擦系数 λ 为 Re 和$\frac{\varepsilon}{d}$的函数,Re 可以改写成

$$Re=\frac{du\rho}{\mu}=\frac{dN}{\mu}$$

当管径不变时,质量通量和管径均为常数,Re 只与气体的温度有关。因此,当流动过程为等温过程或温度变化不大时,可以认为 λ 沿管长不变,故可以得到

$$N^2\ln\frac{v_2}{v_1}+\int_{p_1}^{p_2}\frac{\mathrm{d}p}{v}+\lambda\ \frac{l}{d}\ \frac{N^2}{2}=0 \tag{3.4.29}$$

式中:$\int_{p_1}^{p_2}\frac{\mathrm{d}p}{v}$必须在已知流动过程中比体积 v 和压力 p 的关系时才能进行计算。

现假定气体为理想气体,分别在等温流动和非等温流动两种情况下,讨论阻力损失的计算。

(1) 理想气体的等温流动:理想气体作等温流动,应满足

$$p_1v_1=p_2v_2=\frac{RT}{M}=\text{常数}$$

故可以导出

$$\int_{p_1}^{p_2}\frac{\mathrm{d}p}{v}=\frac{M}{RT}\int_{p_1}^{p_2}p\mathrm{d}p=\frac{(p_2^2-p_1^2)M}{2RT}=\frac{p_2^2-p_1^2}{2p_1v_1}$$

将上式代入式(3.4.29),可得

$$N^2\ln\frac{v_2}{v_1}+\frac{p_2^2-p_1^2}{2p_1v_1}+\frac{\lambda lN^2}{2d}=0 \tag{3.4.30}$$

若 p_{m} 和 v_{m} 分别为气体在截面 1—1′和 2—2′之间的平均压力和平均比体积,则

$$p_{\mathrm{m}}=\frac{p_1+p_2}{2}$$

$$\rho_{\mathrm{m}}=\rho_1\frac{p_{\mathrm{m}}}{p_1}\ \frac{T_1}{T_{\mathrm{m}}},v_{\mathrm{m}}=\frac{1}{\rho_{\mathrm{m}}}$$

所以

$$p_1v_1=p_{\mathrm{m}}v_{\mathrm{m}}=\frac{p_1+p_2}{2}v_{\mathrm{m}}=\frac{p_2^2-p_1^2}{p_2-p_1}\ \frac{v_{\mathrm{m}}}{2}=\frac{RT}{M}$$

在等温流动中,式(3.4.29)可以写成

$$N^2\ln\frac{v_2}{v_1}+\frac{p_2-p_1}{v_{\mathrm{m}}}+\frac{\lambda lN^2}{2d}=0$$

或

$$\frac{p_1-p_2}{v_m}=N^2\left(\ln\frac{p_1}{p_2}+\frac{\lambda l}{2d}\right) \tag{3.4.31}$$

分析式(3.4.31)可知,气体等温流动下其压力变化反映在两个方面:右边第一项代表由于压力变化而引起的动能变化;第二项则代表内摩擦所引起的能量损耗。与不可压缩流体不同,即使在水平直管内流动,管流上两截面之间的压力变化也并非就是流体流动的阻力损失。

如果管内压降较小,则右边第一项动能变化可以忽略,此时式(3.4.31)变为

$$\frac{\Delta p_f}{\rho_m}=\lambda\frac{l}{2d}\left(\frac{N}{\rho_m}\right)^2$$

因

$$u_m=\frac{N}{\rho_m}$$

故

$$\Delta p_f=\lambda\frac{l}{d}\frac{\rho_m u_m^2}{2} \tag{3.4.32}$$

式(3.4.32)实际上是范宁公式的形式。这说明当动量变化可以忽略时,水平直管压降的计算仍可以采用范宁公式,式中的密度与速率应采用进、出口两截面之间密度和速率的平均值。当$(p_1-p_2)/p_1<10\%$时,采用式(3.4.32)计算不会引起大的偏差。

(2) 理想气体的非等温流动:气体在管内流动过程中因压力降低和体积膨胀,其温度会降低。一般情况下,由于动能的变化不大,往往可以将其视为等温过程。但是,当压力变化很大、流经的管道较短时,需要考虑过程的非等温条件。此时,可按照理想气体非等温过程的一般式 pv^k=常数,将式(3.4.29)中的$\int_{p_1}^{p_2}\frac{dp}{v}$项进行积分计算,得到

$$\frac{N^2}{k}\ln\frac{p_1}{p_2}+\frac{k}{k+1}\frac{p_1}{v_1}\left[\left(\frac{p_2}{p_1}\right)^{\frac{k+1}{k}}-1\right]+\lambda\frac{l}{2d}N^2=0 \tag{3.4.33}$$

式(3.4.33)具有一定的普遍性,当 $k=1$ 时,变为等温过程式(3.4.30);若 k 等于流体比定压热容与比定容热容之比 γ,则代表绝热过程中的情况。对介于等温过程和绝热过程之间的过程,k 值在 1 和 γ 之间。

事实上,任何实际情况都不可能是严格可逆的过程,故利用不同过程的比体积 v 和压力 p 的关系计算得出的$\int_{p_1}^{p_2}\frac{dp}{v}$都具有一定的近似性。

另外,从式(3.4.31)和式(3.4.33)可以看出,可压缩流体流道上两截面之间的静压能之差并不与压差成正比,因此计算时必须采用绝对压力,而不能使用表压。

【例题 3.4.3】 有一真空管路,管长为 40 m,管径为 150 mm,ε 为 0.3 mm。进口为 298 K 的空气。已知真空管路两端的压力分别为 1.5 kPa 和 0.13 kPa,试分别求以下两种情况下真空管路中的质量流量:

(1) 空气在管内作等温流动；

(2) 空气在管内作绝热流动。

解：(1) 对于等温流动

$$v_1=\frac{RT}{p_1M}=\frac{8.314\times298}{1\ 500\times29}\times10^3\ \mathrm{m^3/kg}=56.96\ \mathrm{m^3/kg}$$

$$\frac{\varepsilon}{d}=\frac{0.3}{150}=0.002$$

假设 $\lambda=0.03$，对于等温流动，忽略两端高度差，利用式(3.4.30)得

$$N^2\ln\frac{p_1}{p_2}+\frac{p_2^2-p_1^2}{2p_1v_1}+\lambda\frac{l}{2d}N^2=0$$

$$N^2\ln\frac{1.5}{0.13}+\frac{130^2-1\ 500^2}{2\times1\ 500\times56.96}+0.03\times\frac{40}{2\times0.15}N^2=0$$

求出 $N=1.424\ \mathrm{kg/(m^2\cdot s)}$。

查得 298 K 时空气黏度 $\mu=1.83\times10^{-5}\ \mathrm{Pa\cdot s}$，则

$$Re=\frac{dN}{\mu}=\frac{0.15\times1.424}{1.83\times10^{-5}}=1.17\times10^4$$

利用图 3.4.7，查出 $\lambda=0.033$，与初设值不同；故以 $\lambda=0.033$ 为初值再进行试算，可求出 $N=1.38\ \mathrm{kg/(m^2\cdot s)}$，此时

$$Re=\frac{0.15\times1.38}{1.83\times10^{-5}}=1.13\times10^4$$

查图 3.4.7，$\lambda=0.033$，试算正确。所以质量流量为

$$q_m=1.38\times\frac{\pi}{4}d^2=0.024\ 4\ \mathrm{kg/s}$$

(2) 绝热流动，用式(3.4.33)计算，设 $\lambda=0.033$，空气 $k=1.4$，则

$$\frac{N^2}{1.4}\ln\frac{1.5}{0.13}+\frac{1.4}{2.4}\times\frac{1\ 500}{56.96}\times\left[\left(\frac{130}{1\ 500}\right)^{\frac{2.4}{1.4}}-1\right]+0.033\times\frac{40}{2\times0.15}N^2=0$$

解得

$$N=1.569\ \mathrm{kg/(m^2\cdot s)}$$

$$Re=\frac{dN}{\mu}=\frac{0.15\times1.569}{1.83\times10^{-5}}=1.29\times10^4$$

可以查出 $\lambda=0.033$，上述计算正确，故

$$q_m=1.569\times\frac{\pi}{4}d^2=0.027\ 7\ \mathrm{kg/s}$$

2. 泥浆的阻力损失

在环境工程中常见的泥浆、中等含固量的悬浮液等属于非牛顿黏性流体中的黏塑性流体，其主要特征是：只有当作用的剪应力超过屈服应力以后，流体才开始运动；流体发

生运动后，剪应力与速度梯度呈线性关系。对于这种流动的描述，可采用宾汉模型，见式(3.2.8)。

根据流体受力平衡关系，曾推导出圆形直管阻力损失为

$$\Delta p_{\mathrm{f}}=\frac{4l}{d}\tau_{\mathrm{s}}$$

对于圆管内半径为 r 处，有

$$\tau=\frac{r}{2l}\Delta p_{\mathrm{f}} \tag{3.4.34}$$

该式可用于层流流动，也可用于湍流流动。

对于圆管内的层流流动，联立式(3.2.8)和式(3.4.34)，得

$$\tau_0+\mu_0\frac{\mathrm{d}u}{\mathrm{d}r}=\frac{\Delta p_{\mathrm{f}}r}{2l}$$

$$\frac{\mathrm{d}u}{\mathrm{d}r}=\frac{\Delta p_{\mathrm{f}}r}{2\mu_0 l}-\frac{\tau_0}{\mu_0} \tag{3.4.35}$$

设 $\tau=\tau_0$时，$r=r_0$，则

$$r_0=\frac{2l}{\Delta p_{\mathrm{f}}}\tau_0 \tag{3.4.36}$$

当 $r>r_0$时，将式(3.4.35)在壁面和 r 之间积分，边界条件为：$r=R,u=0;r=r,u=u$。得到半径为 r 处的流速为

$$u=\frac{\Delta p_{\mathrm{f}}}{2\mu_0 l}(R^2-r^2)-\frac{\tau_0}{\mu_0}(R-r) \tag{3.4.37}$$

当 $r=r_0$时，速率达到最大值 $u_{\max}$。当 r 连续减小时，速率不再发生变化，保持 $u_{\max}$值，即

$$u_{\max}=\frac{\Delta p_{\mathrm{f}}}{2\mu_0 l}(R^2-r_0^2)-\frac{\tau_0}{\mu_0}(R-r_0) \tag{3.4.38}$$

这样就形成了半径为 r_0的流动柱体，柱体内任意点的流体流速均相同，并等于 $u_{\max}$，在圆管中心形成刚性的运行状态，称为柱塞流动。宾汉流体在管内的速率分布如图 3.4.9 所示。

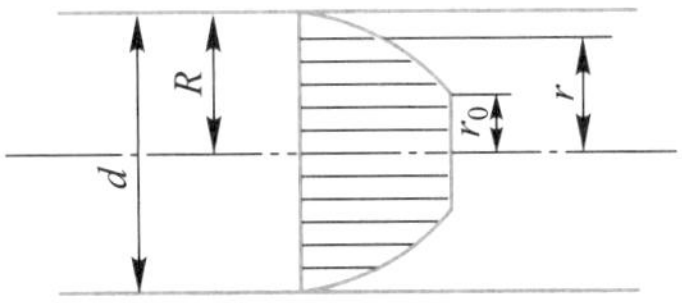

图 3.4.9　黏塑性流体速率分布

流体流量可分为两部分计算，即柱塞流动区和速度梯度区，计算式为

$$q_V=\pi r_0^2 u_{\max}+\int_{r_0}^{R}2\pi r u(r)\,\mathrm{d}r \tag{3.4.39}$$

将式(3.4.36)、式(3.4.37)和式(3.4.38)代入式(3.4.39)，得

$$q_V=\frac{\pi\Delta p_f R^4}{8\mu_0 l}\left[1-\frac{4}{3}\frac{r_0}{R}+\frac{1}{3}\left(\frac{r_0}{R}\right)^4\right] \tag{3.4.40}$$

由流量方程可求得平均速率

$$u_m=\frac{\Delta p_f R^2}{8\mu_0 l}\alpha \tag{3.4.41}$$

其中

$$\alpha=1-\frac{4}{3}\frac{r_0}{R}+\frac{1}{3}\left(\frac{r_0}{R}\right)^4$$
$$=1-\frac{4}{3}\frac{\tau_0}{\tau_s}+\frac{1}{3}\left(\frac{\tau_0}{\tau_s}\right)^4$$

式中：τ_s——壁面处的剪应力。

根据式(3.4.1)和式(3.4.3)，得

$$f=\frac{\tau_s}{\frac{1}{2}\rho u_m^2}=\frac{\frac{d\Delta p_f}{4l}}{\frac{1}{2}\rho u_m^2}$$

将式(3.4.41)代入上式，得

$$f=\frac{16}{Re}\frac{1}{\alpha} \tag{3.4.42}$$

式中：$Re=\frac{\rho u_m d}{\mu_0}$。

三、管道内的局部阻力损失

流体流经管路中的各类管件(如弯头、三通、阀门等)或管道突然缩小和扩大(如设备进出口)等局部地方时，流动方向和速度骤然变化，会产生阻力。因阻力是在局部地方产生的，故称为局部阻力。一般来说，在这些局部部位，湍动都比较剧烈，而管道急剧变化往往又使流体边界层分离，形成大量漩涡，因此导致机械能的消耗显著增大。

局部阻力损失的计算一般采用两种方法，即阻力系数法和当量长度法。

阻力系数法近似认为局部阻力损失服从速率平方定律，即

$$h_f=\zeta\frac{u_m^2}{2} \tag{3.4.43}$$

式中：ζ——局部阻力系数，量纲为1。

当量长度法近似认为局部阻力损失可以相当于某个长度直管的阻力损失，即

$$h_f=\lambda\frac{l_e}{d}\frac{u_m^2}{2} \tag{3.4.44}$$

式中：l_e——管件的当量长度，m。

如果忽略管件壁面处的摩擦阻力，认为局部阻力是边界层分离产生漩涡的结果，可以从动量守恒关系式得出典型情况下的局部阻力系数，如管道突然扩大、突然缩小等。

(一) 管道突然扩大

图 3.4.10 所示为管道突然扩大的情况，流体从小管流入大管，管道截面积分别为 A_1 和 A_2。在管道突然扩大的截面，流体离开壁面呈射流状进入大管中，经一段距离后才充满整个流道截面，在射流与壁面之间的空间则产生大量的漩涡。选择管道突然扩大处的截面 0—0′和流体已充满整个大管处的截面 2—2′之间的流体，根据牛顿第二定律，作用于该流体上的合力等于该流体的动量变化速率。

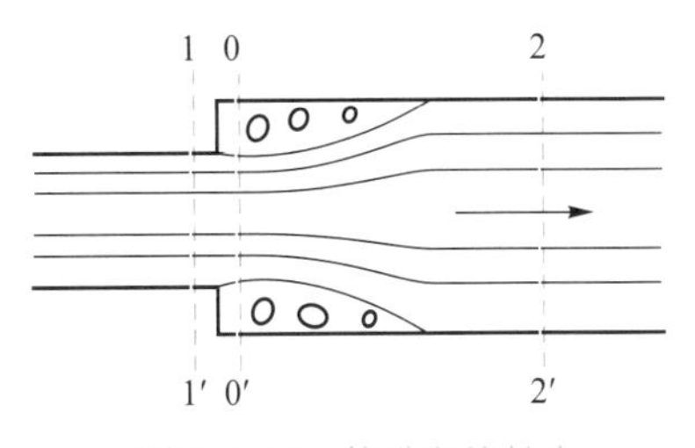

图 3.4.10　管道突然扩大

设作用于截面 0—0′上的压力等于小管截面 1—1′上的压力 p_1，作用于截面 2—2′上的压力等于大管内稳定流动的压力 p_2，忽略该段流体所受到的摩擦力，则作用于该段流体上的合力为

$$F=(p_1-p_2)A_2$$

若流体在小管内的平均速率为 u_{m1}，在大管内的平均速率为 u_{m2}，则由截面 1—1′输入的动量速率为 $(\rho u_{m1}A_1)u_{m1}$，由截面 2—2′输出的动量速率为 $(\rho u_{m2}A_2)u_{m2}$，所以

$$(p_1-p_2)A_2=\rho u_{m2}^2A_2-\rho u_{m1}^2A_1$$

对于连续性流体，有

$$\rho u_{m1}A_1=\rho u_{m2}A_2$$

故

$$(p_1-p_2)A_2=\rho u_{m2}A_2(u_{m2}-u_{m1})$$

即

$$\frac{p_1-p_2}{\rho}=u_{m2}(u_{m2}-u_{m1})$$

在截面 1—1′和截面 2—2′之间，机械能方程为

$$\frac{u_{m1}^2}{2}+\frac{p_1}{\rho}=\frac{u_{m2}^2}{2}+\frac{p_2}{\rho}+h_f$$

则

$$h_f=\frac{p_1-p_2}{\rho}+\frac{u_{m1}^2-u_{m2}^2}{2}=u_{m2}(u_{m2}-u_{m1})+\frac{u_{m1}^2-u_{m2}^2}{2}=\frac{1}{2}(u_{m1}-u_{m2})^2$$

即

$$h_f=\frac{u_{m1}^2}{2}\left(1-\frac{A_1}{A_2}\right)^2 \tag{3.4.45}$$

将式(3.4.45)与式(3.4.43)比较，得到管道突然扩大的阻力系数为

$$\zeta=\left(1-\frac{A_1}{A_2}\right)^2 \tag{3.4.46}$$

阻力系数与 A_1/A_2 的关系见表 3.4.2。

表 3.4.2 阻力系数与 A_1/A_2 的关系

A_1/A_2	0	0.1	0.2	0.3	0.4	0.5	0.6	0.7	0.8	0.9	1
ζ	1	0.81	0.64	0.49	0.36	0.25	0.16	0.09	0.04	0.01	0

在推导式(3.4.46)的过程中,有 3 点近似:① 忽略了摩擦阻力;② 以平均速率计算动能;③ 认为截面 0—0′和截面 1—1′压力相等。因此,实际的 ζ 值比计算值稍大一些。

使用式(3.4.45)计算突然扩大的局部阻力损失时,应采用小管的平均流速。

流体自管出口进入容器,可以看成 $A_1/A_2 \approx 0$,由表 3.4.2 可得

$$\zeta = 1$$

(二)管道突然缩小

流体由大管进入小管的情况如图 3.4.11 所示,大管、小管的截面面积分别为 A_1、A_2。由于流体的惯性,进入小管的流体将继续收缩至某个最小截面后又重新扩大,此时流体出现下游压力上升的情况,产生边界层的分离和漩涡。对于流道最小截面 0—0′和流体又充满全部小管的截面 2—2′,采用上述方法,可以得到

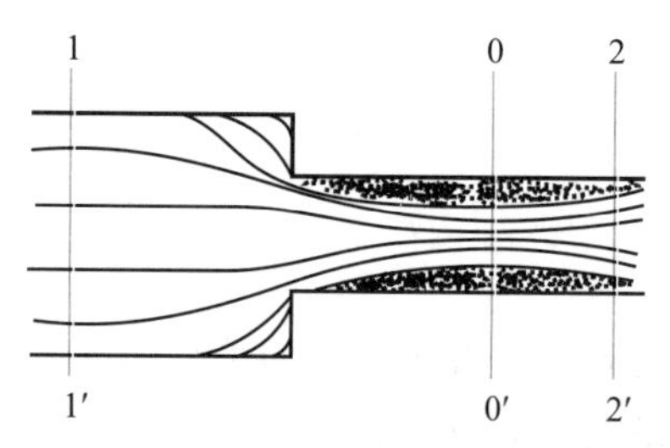

图 3.4.11 流体由大管进入小管的情况

$$h_f = \frac{u_{m2}^2}{2}\left(\frac{A_2}{A_0} - 1\right)^2$$

管道突然缩小的阻力系数为

$$\zeta = \left(\frac{A_2}{A_0} - 1\right)^2 \tag{3.4.47}$$

式中:A_2/A_0 取决于 A_2/A_1,ζ 与 A_2/A_1 的关系见表 3.4.3。

计算突然缩小的局部阻力损失时,应采用小管的平均流速。

表 3.4.3 管道突然缩小时的阻力系数

A_2/A_1	0	0.1	0.2	0.3	0.4	0.5	0.6	0.7	0.8	0.9	1
ζ	0.5	0.47	0.45	0.38	0.34	0.30	0.25	0.20	0.15	0.09	0

流体自容器进入管入口,可以看成 $A_2/A_1 \approx 0$,由表 3.4.3 可得

$$\zeta = 0.5$$

实际上,流体自容器流入管道的局部阻力与管口的形状有关,不同管口形状下的局部阻力系数如图 3.4.12 所示。

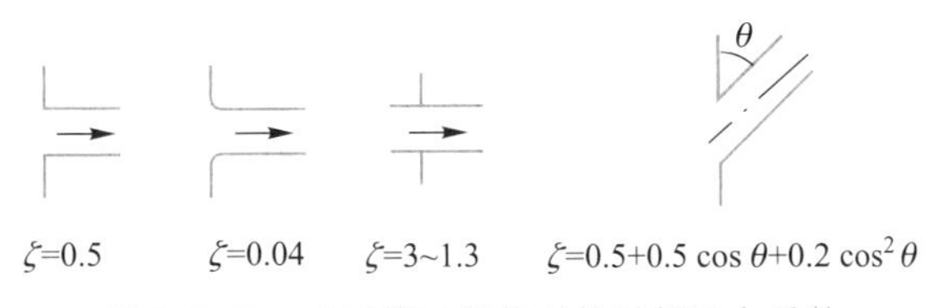

图 3.4.12　不同管口形状下的局部阻力系数

（三）管件和阀门的阻力系数及当量长度

常用管件和阀门的阻力系数及当量长度列于表 3.4.4 和表 3.4.5 中。

表 3.4.4　管件和阀门的局部阻力系数 ζ 值

<table>
<tr><th>管件和阀门名称</th><th colspan="9">ζ</th></tr>
<tr><td>90°方形弯头</td><td colspan="9">1.3</td></tr>
<tr><td>180°回弯头</td><td colspan="9">1.5</td></tr>
<tr><td>活管接</td><td colspan="9">0.04</td></tr>
<tr><td>角阀(90°)</td><td colspan="9">5</td></tr>
<tr><td>底阀</td><td colspan="9">1.5</td></tr>
<tr><td>滤水器(或滤水网)</td><td colspan="9">2</td></tr>
<tr><td>水表(盘形)</td><td colspan="9">7</td></tr>
<tr><td>标准弯头</td><td colspan="4">45°
0.35</td><td colspan="5">90°
0.75</td></tr>
<tr><td>止回阀</td><td colspan="4">旋启式
2</td><td colspan="5">球形
70</td></tr>
<tr><td>标准截止阀(球心阀)</td><td colspan="4">全开
6.4</td><td colspan="5">1/2 开
9.5</td></tr>
<tr><td>闸阀</td><td colspan="2">全开
0.17</td><td colspan="2">3/4 开
0.9</td><td colspan="2">1/2 开
4.5</td><td colspan="3">1/4 开
24</td></tr>
<tr><td>蝶阀</td><td>5°
0.24</td><td>10°
0.52</td><td>20°
1.54</td><td>30°
3.91</td><td>40°
10.8</td><td>45°
18.7</td><td>50°
30.6</td><td>60°
118</td><td>70°
751</td></tr>
<tr><td>旋塞阀</td><td colspan="2">5°
0.05</td><td colspan="2">10°
0.29</td><td colspan="2">20°
1.56</td><td colspan="2">40°
17.3</td><td>60°
206</td></tr>
<tr><td>标准三通管</td><td colspan="2">ζ=0.4</td><td colspan="2">ζ=1.5
当弯头用</td><td colspan="2">ζ=1.3
当弯头用</td><td colspan="3">ζ=1</td></tr>
</table>

表 3.4.5 各种管件、阀门及流量计等以管径计的当量长度

名称	$\frac{l_e}{d}$	名称	$\frac{l_e}{d}$
45°标准弯头	15	截止闸(标准式)(全开)	300
90°标准弯头	30~40	角阀(标准式)(全开)	145
90°方形弯头	60	闸阀(全开)	7
180°回弯头	50~75	闸阀(3/4 开)	40
三通管(标准)		闸阀(1/2 开)	200
		闸阀(1/4 开)	800
(流向：两侧流入，中间流出)	40	带有滤水器的底阀(全开)	420
		止回阀(旋启式)(全开)	135
流向		蝶阀(6″以上)(全开)	20
(流向：中间流入，两侧流出)	60	盘式流量计(水表)	400
		文丘里流量计	12
		转子流量计	200~300
(流向：两侧流入，向下流出)	90	由容器入管口	20

第五节 管路计算

环境工程中常常采用管路输送流体，无论是城市或小区供水管网，建筑物内的给水、采暖、空调系统，还是各种水、气和污泥处理系统，都需要解决管路的计算问题。管路计算问题可以概括为下面两大类：

(1) 给定需要输送流体的流量，以及输送系统的布置，通常有两种情况：① 当允许的压降为定值时，计算管路的管径；② 当没有限定压降时，计算管径和阻力损失，确定输送设备的轴功率。这类问题属于设计问题。

在第二种情况下，流速的选择非常重要，在给定流量的前提下，采用较大的速率，所需管径较小，可以节省管路的设备费；但是，由范宁公式可知，流速大，则流动阻力也大，动力消耗费即操作费用提高。反之，采用较低的流速，管径较大，设备费高，但阻力损失小，操作费用低。因此，设计计算时，应同时考虑这两个互相矛盾的经济因素，在总费用最少的条件下，选择适当的流速。同时，选择流速时还应考虑流体的性质，对于黏度较大的流体，应选择较低的流速；含有固体悬浮物的液体，为防止输送过程中固体颗粒沉积，堵塞管路，流速通常不能低于某个最低值；密度很小的气体，流速可以大些；真空管路所选择的流速应保证其压降小于允许值。流体在管道中常用的流速范围见表 3.5.1。

(2) 已知管路系统的布置、管径及允许压降，计算管道中流体的流速或流量：这类问题是对已有的管路系统进行核算，属于操作问题。

无论是设计问题，还是操作问题，都可以应用流体流动的连续性方程、机械能衡算方程和流体流动阻力损失计算式这三个基本关系式解决。对于可压缩流体的管路计算，还需要应用理想气体状态方程。

表 3.5.1 流体在管道中的常用流速范围

流体的类别及情况	流速范围/($m\cdot s^{-1}$)
自来水(3×10^5 Pa 左右)	1~1.5
水及低黏度液体(1×10^5~1×10^6 Pa)	1.5~3.0
高黏度液体	0.5~1.0
工业供水(8×10^5 Pa 以下)	1.5~3.0
锅炉供水(8×10^5 Pa 以下)	>3.0
饱和蒸气	20~40
过热蒸气	30~50
蛇管、螺旋管内的冷却水	<1.0
低压空气	12~15
高压空气	15~25
一般气体(常压)	10~20
鼓风机吸入管	10~15
鼓风机排出管	15~20
离心泵吸入管(水一类液体)	1.5~2.0
离心泵排出管(水一类液体)	2.5~3.0
往复泵吸入管(水一类液体)	0.75~1.0
往复泵排出管(水一类液体)	1.0~2.0
液体自流速度(冷凝水等)	0.5
真空操作下气体流速	<10

当管路的管径或流速为待定的量时,因为无法求取 Re,所以既无法进行流态判断,也不能确定摩擦系数。同时,由于 λ 与 Re 的关系是非线性的,因此计算时常常采用试算法。由于 λ 值变化范围不大,试算时可采用 λ 作为试差变量,其初始值可采用流动已进入阻力平方区时的 λ 值。

流体输送管路根据其连接情况,可分为简单管路和复杂管路。

一、简单管路的计算

简单管路是指没有分支的管路。在简单管路中,流体从进口到出口是在一条管路中流动的,期间没有流体的分流或汇入。整条管路可以是同一直径,也可以由几种不同直径的管段组成,如图 3.5.1 所示。不同管径管段连接而成的管路又称为串联管路。简单管路的主要特点是:

(1) 通过各管段的质量流量不变,对于不可压缩流体,有

$$q_{V1}=q_{V2}=\cdots=\text{常数} \tag{3.5.1}$$

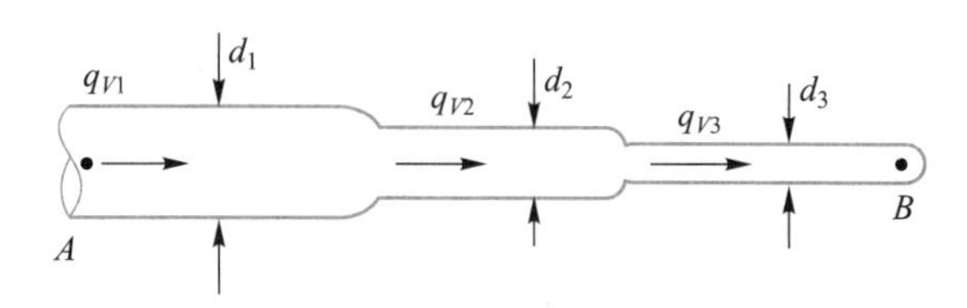

图 3.5.1 简单管路

(2) 整个管路的阻力损失等于各管段阻力损失之和,即

$$\sum h_{\mathrm{f}} = h_{\mathrm{f1}} + h_{\mathrm{f2}} + \cdots \tag{3.5.2}$$

【例题 3.5.1】 如图 3.5.2 所示,水从水箱中经弯管流出。已知管径 $d = 15\ \mathrm{cm}$,$l_1 = 30\ \mathrm{m}$,$l_2 = 60\ \mathrm{m}$,$H_2 = 15\ \mathrm{m}$。管道中沿程摩擦系数 $\lambda = 0.023$,弯头$\zeta = 0.9$,40°开度蝶阀的 $\zeta = 10.8$。问:

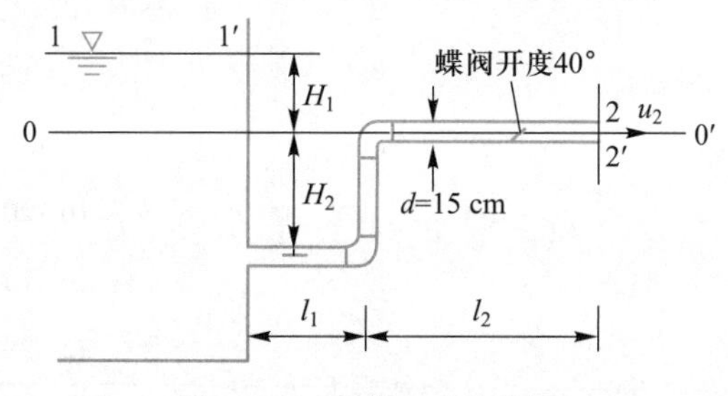

图 3.5.2 例题 3.5.1 附图

(1) 当 $H_1 = 10\ \mathrm{m}$ 时,通过弯管的流量为多少?

(2) 如流量为 60 L/s,箱中水头 H_1 应为多少?

解:(1) 取水箱水面为截面 1—1′,弯管出口内侧断面为截面 2—2′,基准面为 0—0′,如图所示。在截面 1—1′和截面 2—2′之间列机械能衡算方程,有

$$\frac{u_1^2}{2} + gz_1 + \frac{p_1}{\rho} = \frac{u_2^2}{2} + gz_2 + \frac{p_2}{\rho} + \sum h_{\mathrm{f}}$$

截面 1—1′和截面 2—2′压力均为大气压,以表压表示,则 $p_1 = p_2 = 0$;水箱流速 u_1 取 0;$z_1 = H_1$,$z_2 = 0$,则方程变为

$$H_1 = \frac{u_2^2}{2g} + \frac{1}{g}\sum h_{\mathrm{f}}$$

$$\begin{aligned}\frac{1}{g}\sum h_{\mathrm{f}} &= \left(\sum \lambda\,\frac{l}{d} + \sum \xi\right)\frac{u_2^2}{2g} = \left[\frac{\lambda}{d}(l_1 + H_2 + l_2) + \xi_{\text{进口}} + 2\xi_{\text{弯头}} + \xi_{\text{阀}}\right]\frac{u_2^2}{2g}\\ &= \left[\frac{0.023}{0.15}(30+15+60) + 0.5 + 2\times 0.9 + 10.8\right]\frac{u_2^2}{2g}\\ &= 29.2\times\frac{u_2^2}{2g}\end{aligned}$$

则

$$10\ \mathrm{m} = \frac{u_2^2}{2g} + 29.2\times\frac{u_2^2}{2g}$$

计算得 $u_2=2.55\ \text{m/s}$。

流量为

$$q_V=\frac{\pi d^2 u_2}{4}=\frac{3.14\times0.15^2\times2.55}{4}\ \text{m}^3/\text{s}=0.045\ \text{m}^3/\text{s}$$

（2）已知 q_V，则

$$u_2=\frac{4q_V}{\pi d^2}=\frac{4\times60/1\ 000}{3.14\times0.15^2}\ \text{m/s}=3.40\ \text{m/s}$$

所以
$$H_1=\frac{u_2^2}{2g}+\frac{1}{g}\sum h_f=\frac{u_2^2}{2g}+29.2\frac{u_2^2}{2g}=30.2\times\frac{3.40^2}{2\times9.81}\ \text{m}=17.8\ \text{m}$$

二、复杂管路的计算

复杂管路指有分支的管路，流体可以从一处输送至几处，或由几处汇合于一处，前者为分流情况，后者为汇流情况。复杂管路可分为分支管路和并联管路。在复杂管路中，各支管的流动彼此影响，相互制约，因此情况比较复杂。

（一）分支管路

分支管路是指流体由一条总管分流至几条支管，或由几条支管汇合于一条总管。通常工程中遇到的管路长度较大，交叉点处的局部阻力损失占管路总损失的比例很小，因此可以忽略交叉点处的能量变化。

图 3.5.3 所示为分支管路。分支管路具有以下特点：

（1）对于不可压缩流体，总管的流量等于各支管流量之和，即

$$q_V=q_{V1}+q_{V2}=q_{V1}+q_{V3}+q_{V4} \qquad (3.5.3)$$

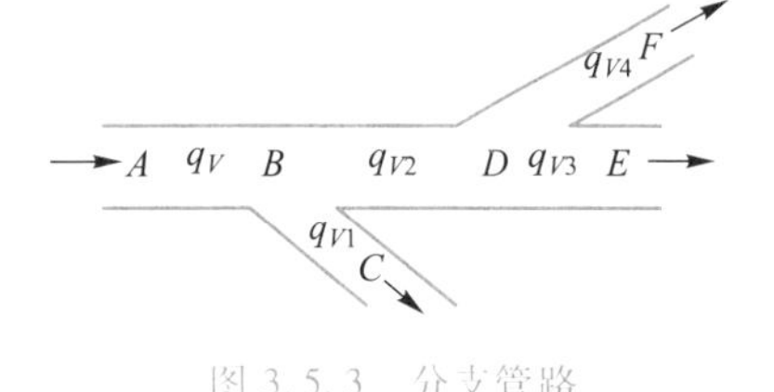

图 3.5.3　分支管路

（2）由于存在分流，所以主管内各段的流量不同，阻力损失需分段加以计算，即

$$h_{fAE}=h_{fAB}+h_{fBD}+h_{fDE} \qquad (3.5.4)$$

（3）流体在分支点处无论以后向何处分流，其总机械能为一定值，即

$$E_B=E_C+h_{fBC}=E_D+h_{fBD} \qquad (3.5.5)$$

$$E_D=E_F+h_{fDF}=E_E+h_{fDE} \qquad (3.5.6)$$

对于分支管路，单位流体的总机械能衡算方程仍然适用。因此可以利用机械能衡算方程分析工程实际运行操作中开、关阀门或增加支路时，因阻力变化而引起的各管路流量和压力的变化，从而确定管内流量和流向。现对分流和汇流的情况分别加以分析。

1. 分流情况

图 3.5.4 为分流管路示意图，流体由一个水箱经过总管和两根支管流向两个水箱，支管上分别设有阀门 K_1 和 K_2，工作状态为全开。当阀门 K_1 关小时，其所在管道阻力增大，导致 AO 段流量减小，OB 段流量减小，而 OC 段流量增大。此外，阀门 K_1 上下游的压力也发生变化，即 M 点压力变大，N 点压力变小，R 点压力变大。

由以上分析结果可知：任何局部部位的阻力变化都将影响到整个流动系统；若某处局部阻力变大，则其上、下游流量均减小，上游压力变大、下游压力变小。

反之，若阀门开大，则其上、下游流量变大，上游压力变小，下游压力变大。

可以证明，以上规律同样适用于简单管路、汇合管路和并联管路系统，即此规律具有普遍性。

但是，对于某些管路，如城市煤气、供水管路系统，总管的阻力可以忽略不计。此时分支点处的总机械能不变。这样，支管阻力的变化只会影响该支管的流量变化，其他支管及总管的流量不随之发生变化。

2. 汇流情况

图3.5.5所示为汇流管路，当下游阀门关小时，由于阻力增加，流量 q_{V3} 降低，O 点静压力上升，各支管流量 q_{V1}、q_{V2} 也下降。由于截面1—1′的位头大于截面2—2′，在阀门继续关小，O 点静压力上升到某一值时，可能使 $q_{V2}=0$；若继续关小，则流体将反向流入低位槽中。

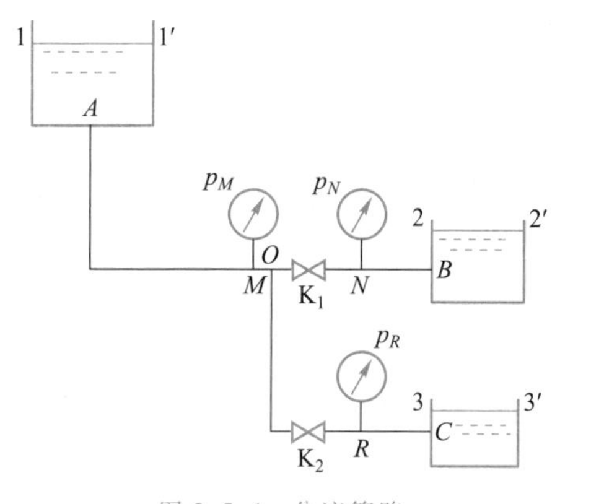

图3.5.4 分流管路

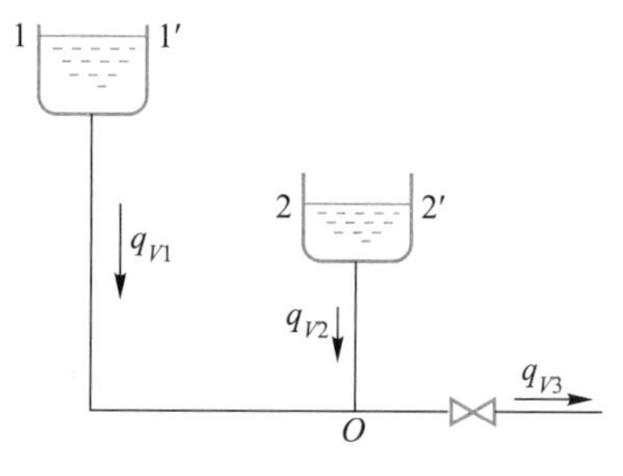

图3.5.5 汇流管路

（二）并联管路

并联管路是在管的两点之间连接多条支管，多条支管起点和终点相同，如图3.5.6所示。

对于不可压缩流体，若忽略交叉点处的局部阻力损失，应有

（1）总流量等于各支管流量之和，即

$$q_V=q_{V1}+q_{V2}+q_{V3} \tag{3.5.7}$$

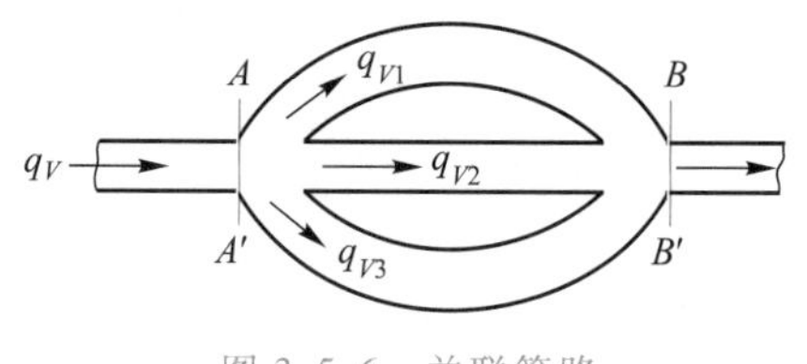

图3.5.6 并联管路

（2）各支管中的阻力损失相等，即

$$h_{f1}=h_{f2}=h_{f3} \tag{3.5.8}$$

（3）通过各支管的流量依据阻力损失相同的原则进行分配，即各管的流速大小应满足

$$\lambda_1\frac{l_1}{d_1}\frac{u_1^2}{2}=\lambda_2\frac{l_2}{d_2}\frac{u_2^2}{2}=\lambda_3\frac{l_3}{d_3}\frac{u_3^2}{2} \tag{3.5.9}$$

若各支管的 l/d 和 λ 值不同，则流速不同。各支管中的流量根据支管对流体的阻力自

行分配,流动阻力大的支管,流体的流量就小。经推导,有

$$q_{V1} : q_{V2} : q_{V3} = \sqrt{\frac{d_1^5}{\lambda_1 l_1}} : \sqrt{\frac{d_2^5}{\lambda_2 l_2}} : \sqrt{\frac{d_3^5}{\lambda_3 l_3}} \tag{3.5.10}$$

【例题 3.5.2】 某一储罐中储有温度为 40 ℃、密度为 710 kg/m³ 的液体,液面维持不变。用泵将液体分别送至设备 A 及设备 B 中,有关部位的高度和压力如图 3.5.7 所示。送往设备 A 的最大流量为 10 800 kg/h,送往设备 B 的最大流量为 6 400 kg/h。已知:1 与 2 间总管段长 $l_{12}=8$ m,管内径为 100 mm;通向设备 A 的支管长 $l_{23}=50$ m,管内径为 70 mm;通向设备 B 的支管长 $l_{24}=40$ m,管内径为 70 mm。以上管长均包括局部损失的当量长度在内,且阀门均处在全开状态。流体流动的摩擦系数 λ 均取 0.038。求泵的有效功率 N。

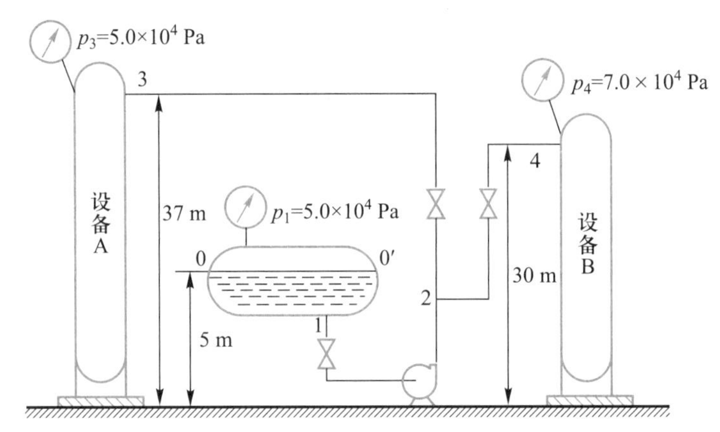

图 3.5.7 例题 3.5.2 附图

解:题中所给管路为分支管路,将液体送至两个设备所需要的外加功率不一定相等,应按最大者选取。因管路较长,为简化计算,忽略动能项。

根据已知条件,计算总管 1—2、支管 2—3 和 2—4 的流速,即

$$u_{12}=\frac{4(q_{m23}+q_{m24})}{\rho\pi d_{12}^2}=\frac{4\times(10\ 800+6\ 400)}{\pi\times0.1^2\times3\ 600\times710}\ \text{m/s}=0.86\ \text{m/s}$$

$$u_{23}=\frac{4q_{m23}}{\rho\pi d_{23}^2}=\frac{4\times10\ 800}{\pi\times0.07^2\times3\ 600\times710}\ \text{m/s}=1.1\ \text{m/s}$$

$$u_{24}=\frac{4q_{m24}}{\rho\pi d_{24}^2}=\frac{4\times6\ 400}{\pi\times0.07^2\times3\ 600\times710}\ \text{m/s}=0.65\ \text{m/s}$$

取地面作为基准面,储罐液面为截面 0—0′,2,3 和 4 点所在截面分别为截面 2—2′、截面 3—3′和截面 4—4′。在截面 0—0′和截面 3—3′之间列机械能衡算方程,即

$$gz_1+\frac{p_1}{\rho}+W_e=gz_3+\frac{p_3}{\rho}+\lambda\frac{l_{12}}{d_{12}}\frac{u_{12}^2}{2}+\lambda\frac{l_{23}}{d_{23}}\frac{u_{23}^2}{2} \tag{1}$$

将已知条件代入式(1),得

$$W_e=\left(9.81\times37+\frac{5\times10^4}{710}+0.038\times\frac{8}{0.1}\times\frac{0.86^2}{2}+0.038\times\frac{50}{0.07}\times\frac{1.1^2}{2}-9.81\times5-\frac{5\times10^4}{710}\right)\text{ J/kg}$$

解得 $W_e=331.5$ J/kg。

在截面 0—0′和截面 4—4′之间列机械能衡算方程,即

$$gz_1+\frac{p_1}{\rho}+W'_e=gz_4+\frac{p_4}{\rho}+\lambda\frac{l_{12}}{d_{12}}\frac{u_{12}^2}{2}+\lambda\frac{l_{24}}{d_{24}}\frac{u_{24}^2}{2} \tag{2}$$

将已知条件代入式(2),得

$$W'_e=\left(9.81\times30+\frac{7\times10^4}{710}+0.038\times\frac{8}{0.1}\times\frac{0.86^2}{2}+0.038\times\frac{40}{0.07}\times\frac{0.65^2}{2}-9.81\times5-\frac{5\times10^4}{710}\right)\text{ J/kg}$$

解得 $W'_e=279.1$ J/kg。

为了同时满足向设备 A 和 B 供应液体的要求,取 W_e 和 W'_e 中较大者,即 $W_e=331.5$ J/kg,则泵的有效功率为

$$N_e=W_eq_m=[(331.5/3\ 600)\times(10\ 800+6\ 400)]\text{ W}=1\ 584\text{ W}$$

【例题 3.5.3】 有一如图 3.5.6 所示的并联管路,已知总管内水的流量为2 m^3/s,各支管的长度(l_1,l_2,l_3)及管径(d_1,d_2,d_3)分别为 1 200 m,1 500 m,800 m和 0.6 m,0.5 m,0.8 m。求各支管中水的流量。已知:水的密度为1 000 kg/m^3,黏度为 1.0×10^{-3} Pa·s,管道绝对粗糙度取 0.2 mm。

解:对于并联管路,有

$$q_{V1}:q_{V2}:q_{V3}=\sqrt{\frac{d_1^5}{\lambda_1l_1}}:\sqrt{\frac{d_2^5}{\lambda_2l_2}}:\sqrt{\frac{d_3^5}{\lambda_3l_3}}$$

先假设 3 根支管中的 λ 值相同,则

$$q_{V1}:q_{V2}:q_{V3}=\sqrt{\frac{0.6^5}{1\ 200}}:\sqrt{\frac{0.5^5}{1\ 500}}:\sqrt{\frac{0.8^5}{800}}=1:0.567:2.514$$

又 $q_V=2$ m^3/s,因此可以分别求出各支管的流量和流速,即

$$q_{V1}=0.49\ m^3/s,\quad u_1=1.73\ m/s$$

$$q_{V2}=0.28\ m^3/s,\quad u_2=1.42\ m/s$$

$$q_{V3}=1.23\ m^3/s,\quad u_3=2.45\ m/s$$

根据流速计算 Re,验算 λ 值:

$$Re_1 = 1.04\times10^6$$

$$Re_2 = 0.71\times10^6$$

$$Re_3 = 1.96\times10^6$$

又 $\varepsilon/d_1 = 0.000\ 33$,$\varepsilon/d_2 = 0.000\ 4$,$\varepsilon/d_3 = 0.000\ 25$,查图得 $\lambda_1 = 0.016$,$\lambda_2 = 0.016$,$\lambda_3 = 0.015\ 5$,可以认为近似相等,假设成立,计算结果基本正确。

第六节 流体测量

在环境领域,无论是科学研究还是工程运行,都经常需要测定流体的流速或流量。流体流速和流量的测量统称为流体测量。实际应用的测量方法和仪器种类很多,例如孔板流量计、质量流量计、涡街流量计、电磁流量计、超声波流量计、齿轮流量计、面积式流量计、蹼轮式流量计、开放式流量计等。

本节只介绍以伯努利方程为基础的几种测量装置。这些测量装置分为两大类:一类是变压头流量计,如测速管、孔板流量计、文丘里流量计等,它们的工作原理是将流体动压头的变化以静压头变化的形式表现出来,通过测定压差而得到流量;其特点是流道的截面面积保持不变,而压力随流量的变化而变化,因此这类流量计也称为压差式流量计。另一类为变截面流量计,其特点是压力差几乎保持不变,流量变化时流道的截面面积发生变化,这类流量计最为常见的是转子流量计。压差式流量计是应用面最广、应用量最多的流量测量仪表,占所有流量计的 60%~70%。

一、测速管

测速管又称毕托管(Pitot tube),其构造如图 3.6.1 所示。它由两根同心套管组成,内管前端管口敞开,开口正对着流体流动方向,两管环隙前端封闭,而在离端点一定距离处的壁面四周开若干个小孔,流体在小孔旁流过,内管与环隙分别与压差计的两端相连。

对于某水平管路,流体以流速 u 流至测速管前端。由于测速管内充满液体,在其前端测点 2 处形成驻点,流体的动能全部转变为静压能。这样,内管传递出的压力 p_2 为管道内流体的静压力 p 加上与该点速率相应的动能$\left(\dfrac{\rho u^2}{2}\right)$,即

$$p_2 = p + \frac{\rho u^2}{2}$$

或

$$p_2 - p = \frac{\rho u^2}{2} \tag{3.6.1}$$

式中:ρ——流体的密度,kg/m³。

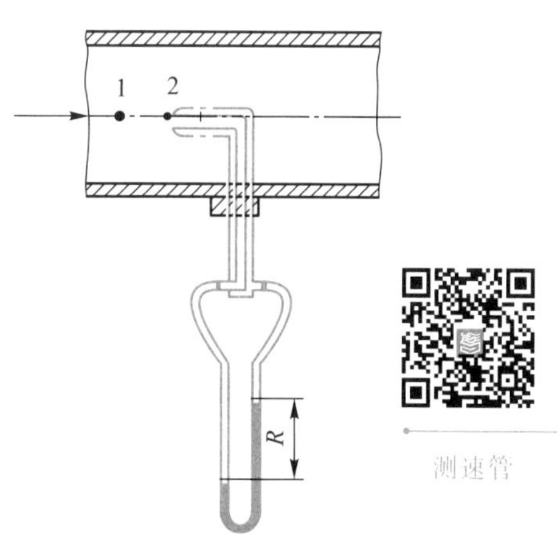

图 3.6.1 测速管

测速管

而当流体平行流过外管侧壁上的小孔时，其速度仍为测点 1 处的流速，故侧壁小孔外的流体通过小孔传递至套管环隙间的压力只是管道内流体的压力 p。

因此，压差计的指示数 R 为内管传递出的压力 p_2 和管道内流体的压力 p 之差，由式(3.6.1)可知，该差值代表了测点 2 处的动能。

若压差计中液体的密度为 ρ_0，则

$$p_2-p=Rg(\rho_0-\rho) \tag{3.6.2}$$

将式(3.6.2)代入式(3.6.1)，整理得

$$u=\sqrt{\frac{2gR(\rho_0-\rho)}{\rho}} \tag{3.6.3}$$

测速管的测量准确度与制造精度有关。一般情况下，式(3.6.3)右端应乘以一个校正系数 C，即

$$u=C\sqrt{\frac{2gR(\rho_0-\rho)}{\rho}} \tag{3.6.4}$$

通常情况下，$C=0.98\sim1.00$。为了提高测量的准确度，C 值应在仪表标定时确定。

式(3.6.4)中的 u 是测点 2 处的速率。可见，用测速管测出的流速是管道截面上某一点的速率，即点速率。因此，利用测速管可以测定管道截面上的速率分布，然后根据速率分布规律按截面面积积分，可得流体的体积流量，并进一步计算管道的平均速率。

对于在内径为 d 的圆管内流动的流体，可以只测出管中心点的速率 u_{max}，然后根据 u_{max} 与平均速率 u_m 的关系将 u_m 求出。此关系随 Re 变化，当流态为层流时，平均速率为最大速率的一半；当流态为湍流时，平均速率与管中心最大速率的比值随雷诺数变化的关系如图 3.6.2 所示。图中 Re 和 Re_{max} 分别表示以平均速率和管中心最大速率计算的雷诺数。在流体输送中通常遇到的 Re 范围内，平均速率大约等于管中心最大速率的 0.82 倍。

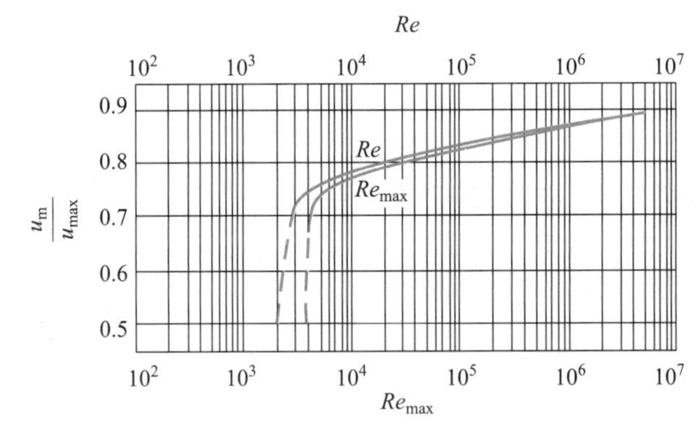

图 3.6.2 平均速率与管中心速率的比随 Re 变化的关系

为了减少测量误差，测速管前端通常做成半球形。测定时应注意使测速管的管口正对着管道中流体的流动方向。测速管应放置于流体均匀流段，测量点的上下游最好均有 50 倍直径长的直管段，至少应有 8~12 倍直径长的直管段。测速管安装在管路中，装置头部和垂直引出部分都会对流体流动产生影响，从而造成测量误差，因此，测速管的外径应不大于管

道直径的 1/50。

测速管的优点是结构简单，使用方便，流体的能量损失小，因此较多地用于测量气体的流速，特别适用于测量大直径管路中的气体流速。当流体中含有固体杂质时，易堵塞测压孔。测速管的压差读数一般较小，需要放大才能提高读数的精确程度。

【例题 3.6.1】 用毕托管测定在圆管中流动的空气的体积流量，管内径为 600 mm，管中空气的温度为 65.5 ℃。当毕托管置于管道中心时，其压差计中的水柱读数为 10.7 mm，测点的压力为 205 mm 水柱（表压）。已知毕托管的校正系数 $C=0.98$，空气在常压下、65.5 ℃时的密度为 1.043 kg/m³，黏度为 2.03×10^{-5} Pa·s，水的密度为 1 000 kg/m³。试计算：

（1）管中心空气的最大速率和管中平均速率；

（2）空气的体积流量。

解：空气为可压缩气体，因此需要求出与管内测点压力对应的空气的密度。管中流动空气在测点的绝对压力 p 为

$$p=(1.013\times10^5+0.205\times1\ 000\times9.81)\ \text{Pa}=1.033\times10^5\ \text{Pa}$$

则测点的密度为

$$\rho=1.043\times\frac{1.033\times10^5}{1.013\times10^5}\ \text{kg/m}^3=1.064\ \text{kg/m}^3$$

（1）管中空气的最大速率为

$$u_{\max}=C\sqrt{\frac{2gR(\rho_0-\rho)}{\rho}}=0.98\sqrt{\frac{2\times9.81\times0.010\ 7\times(1\ 000-1.064)}{1.064}}\ \text{m/s}$$
$$=13.76\ \text{m/s}$$

$$Re_{\max}=\frac{du_{\max}\rho}{\mu}=\frac{0.6\times13.76\times1.064}{2.03\times10^{-5}}=4.327\times10^5$$

查图 3.6.2，得 $u_m/u_{\max}=0.85$，故平均速率为

$$u_m=0.85\times13.76\ \text{m/s}=11.7\ \text{m/s}$$

（2）空气的体积流量为

$$q_V=\frac{\pi d^2u_m}{4}=3.308\ \text{m}^3/\text{s}$$

二、孔板流量计

孔板流量计是在管道内与流动方向垂直的方向上插入一块中央开圆孔的板，孔的中心位于管道的中心线上，孔口经过精密加工，从前向后扩大，侧边与管轴线成 45°角，如图 3.6.3 所示。孔板流量计以通过孔板时产生的压力差作为测量依据。

对于某水平管道，流体由管道的截面 1—1′以 u_1 流过孔口，因流道缩小使流体的速率增大，压力降低。由于惯性的作用，流体通过孔口后实际流道将继续缩小，直至截面 2—2′。该截面距离孔板的距离为管道直径的 1/3～2/3，称为“缩脉”，此处流速最大。孔板前后动能的变化必然引起流体压力的变化。

孔板流量计

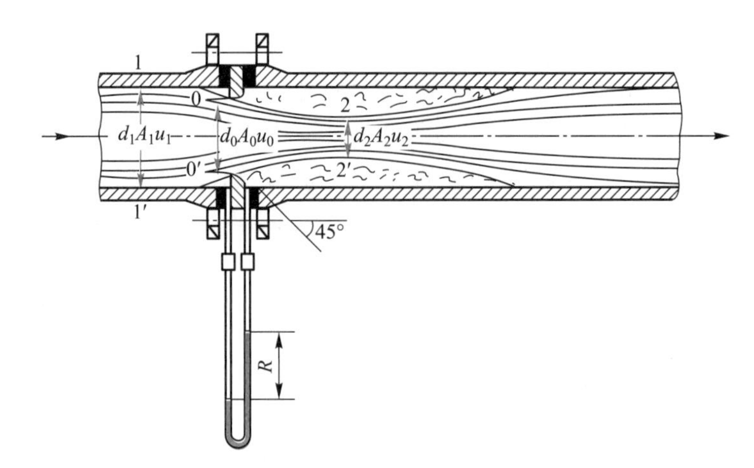

图 3.6.3 孔板流量计

若不考虑流体通过孔板的局部阻力损失，列出截面 1—1′和 2—2′之间伯努利方程，有

$$\frac{p_1}{\rho}+\frac{u_1^2}{2}=\frac{p_2}{\rho}+\frac{u_2^2}{2}$$

整理，得

$$\sqrt{u_2^2-u_1^2}=\sqrt{\frac{2(p_1-p_2)}{\rho}} \tag{3.6.5}$$

令流体流经孔口的速率为 u_0，根据不可压缩流体的连续性方程，可知

$$A_1u_1=A_0u_0=A_2u_2 \tag{3.6.6}$$

式中：A_1、A_0、A_2——分别为管道、孔口和缩脉的截面面积。

将式(3.6.6)代入式(3.6.5)，得

$$u_0=\frac{1}{A_0\sqrt{\frac{1}{A_2^2}-\frac{1}{A_1^2}}}\sqrt{\frac{2(p_1-p_2)}{\rho}} \tag{3.6.7}$$

因为截面 2—2′的面积 A_2 通常难以确定，因此将上式中 A_2 用孔口截面积 A_0 代替，同时考虑流体在截面 1—1′、2—2′间的机械能损失，将式(3.6.7)右边乘以一校正系数 C_1，得

$$u_0=\frac{C_1}{\sqrt{1-(A_0/A_1)^2}}\sqrt{\frac{2(p_1-p_2)}{\rho}} \tag{3.6.8}$$

孔板流量计除孔板外，还需要压差计。压差计的安装有角接法和径接法两种。角接法是将上、下游两个测压口接在孔板流量计前后的两块法兰上；径接法的上游测压口距孔板 1 倍直径距离，下游测压口距孔板 1/2 倍直径距离。无论是角接法还是径接法，所测的压差都不可能正好反映(p_1-p_2)的真实值。因此，仍需对式(3.6.8)进行修正。

上、下游测压口的压力差用压差计的指示数表示为 $Rg(\rho_0-\rho)$，因此式(3.6.8)变为

$$u_0=\frac{C_1C_2}{\sqrt{1-(A_0/A_1)^2}}\sqrt{\frac{2Rg(\rho_0-\rho)}{\rho}}$$

令

$$C_0=\frac{C_1C_2}{\sqrt{1-(A_0/A_1)^2}}$$

则管道中的流量为

$$q_V=u_0A_0=C_0A_0\sqrt{\frac{2Rg(\rho_0-\rho)}{\rho}} \tag{3.6.9}$$

式中：C_0——流量系数，其值由实验确定。

C_0 与流体的 Re、测压口的位置及 A_0/A_1 有关。图 3.6.4 为角接法孔板流量计的流量系数曲线，图中 Re 的特征尺寸为管道内径，特征速度为流体在管道中的平均流速；$m=A_0/A_1$。可见，对于给定的 m 值，当 Re 超过某个值后，C_0 趋于定值。孔板流量计所测定的流动范围一般应取在 C_0 为定值的区域。对于设计合适的孔板流量计，C_0 多为 0.6~0.7。

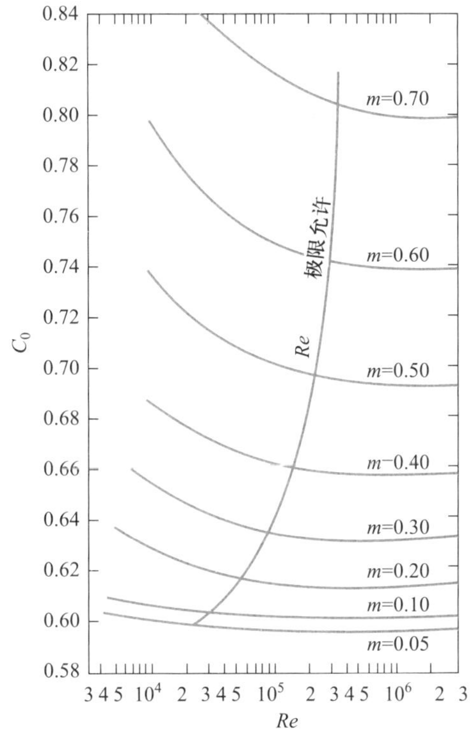

图 3.6.4　角接法孔板流量计的流量系数曲线

孔板流量计结构简单，安装方便，但流体通过孔板流量计时阻力损失较大。孔板流量计的阻力损失可以写成

$$h_f=\zeta\frac{u_0^2}{2}=\zeta C_0^2\frac{Rg(\rho_0-\rho)}{\rho} \tag{3.6.10}$$

可见,阻力损失与压差计读数成正比,即在相同的流速下,孔板的孔口越小,孔口速度越大,压差计读数越大,阻力损失也就越大。因此,应选择适宜的 A_0/A_1 值。

【例题 3.6.2】 某液体流过内径为 75 mm 的管道。为测定其流量,拟在管路上安装一标准孔板流量计,以 U 形管水银压差计测量孔板前后的压力差。液体的最大流量为 36 m³/h,并希望在最大流量下压差计度数不超过 600 mm。试求孔板孔径。已知:液体的密度为 1 600 kg/m³,黏度为 1.5×10^{-3} Pa·s。

解:假设流动的雷诺数大于某一值,C_0 为常数,并设 $C_0=0.65$。水银的密度为 13 600 kg/m³。由式(3.6.9)可得

$$A_0=\frac{q_V}{C_0\sqrt{\dfrac{2Rg(\rho_0-\rho)}{\rho}}}=\frac{36}{0.65\times3\ 600\times\sqrt{\dfrac{2\times9.81\times0.6\times(13\ 600-1\ 600)}{1\ 600}}}\ \mathrm{m}^2$$
$$=0.001\ 64\ \mathrm{m}^2$$

相应的孔板孔径为

$$d_0=\sqrt{\frac{4A_0}{\pi}}=\sqrt{\frac{4\times0.001\ 64}{3.14}}\ \mathrm{m}=0.045\ 7\ \mathrm{m}$$

$$m=\frac{A_0}{A_1}=\left(\frac{d_0}{d_1}\right)^2=\left(\frac{0.045\ 7}{0.075}\right)^2=0.37$$

校核雷诺数:

$$u_1=\frac{q_V}{A_1}=\frac{36}{3\ 600\times0.075^2\times\dfrac{\pi}{4}}\ \mathrm{m/s}=2.26\ \mathrm{m/s}$$

$$Re=\frac{d_1u_1\rho}{\mu}=\frac{0.075\times2.26\times1\ 600}{1.5\times10^{-3}}=1.81\times10^5$$

由图可知,当 $m=0.37$,$Re=1.81\times10^5$ 时,C_0 确为常数,且 $C_0=0.65$,与假设相符,因此孔板直径为 45.7 mm。

三、文丘里流量计

孔板流量计的主要缺点是阻力损失很大。为了克服这一缺点,可采用一渐缩渐扩管代替孔板。当流体流过渐缩渐扩管时,可以避免出现边界层分离及漩涡,从而大大降低机械能损失。这种流量计称为文丘里流量计,如图 3.6.5 所示。

文丘里流量计

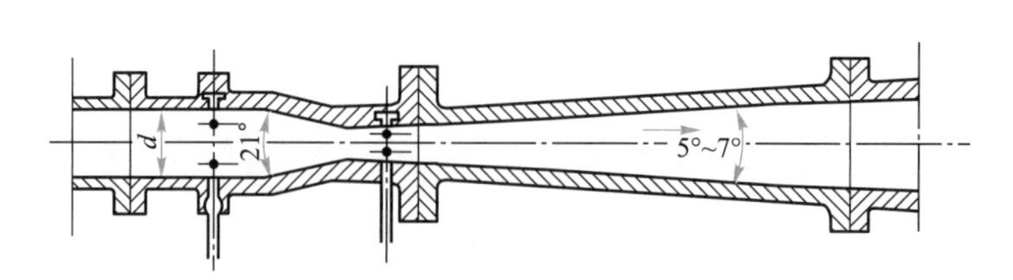

图 3.6.5 文丘里流量计

文丘里流量计的收缩段锥角通常取 15°～25°。因为机械能损失主要发生在突然扩大段，因此扩大段锥角小一些，使流速变化平缓，通常取 5°～7°。

利用文丘里流量计测定管道流量仍可采用式(3.6.9)，A_0 为喉管截面面积，流量系数采用文丘里流量计的流量系数 C_V，即

$$q_V = C_V A_0 \sqrt{\frac{2Rg(\rho_0-\rho)}{\rho}} \tag{3.6.11}$$

C_V 一般为 0.98～0.99。

文丘里流量计阻力损失小，尤其适用于低压气体输送中流量的测量；但加工复杂，造价高，且安装时流量计本身在管道中占据较长的位置。

四、转子流量计

转子流量计由一个微锥形的玻璃管和管内放置的转子组成，锥形玻璃管的截面自下而上逐渐扩大，其结构如图 3.6.6 所示。转子的直径略小于锥管底部直径，转子与管内壁之间形成一个环隙通道。转子可由金属或其他材料制成，其密度大于所测流体的密度。

当流量计中没有流体通过时，转子位于流量计的底部，处于静止状态。当被测流体自下而上通过流量计时，由于环隙处的流体速度较大，静压力减小，故在转子的上、下截面间形成一个压差，使转子上浮。转子上浮后，环隙面积逐渐增大，使环隙中流体的流速减小，转子两端的压差也随之降低。当转子上升到一定高度时，转子两端的压差造成的升力等于转子所受的重力和浮力之差时，转子将稳定在这个高度上。当流体的流量改变时，平衡被打破，转子到达新的位置，建立新的平衡。可见，转子所处的平衡位置与流体流量的大小有直接的关系。这就是转子流量计的工作原理。

转子流量计的流量计算式可以由转子的受力平衡导出。图 3.6.7 为转子受力分析图。假设在一定的流量下，转子处于平衡位置，截面 2—2′和截面 1—1′的净压力分别为 p_2 和 p_1，转子的体积为 V_f，最大截面积为 A_f，密度为 ρ_f，流体密度为 ρ。若忽略转子旋转的剪应力，列出力的平衡方程式，即

$$(p_1-p_2)A_f=(\rho_f-\rho)V_f g$$

或

$$(p_1-p_2)=\frac{V_f}{A_f}(\rho_f-\rho)g$$

可见，对于特定的转子流量计和待测流体，上式右侧各项均为定值，即压差 (p_1-p_2) 与流量大小无关。流量的大小仅取决于转子与玻璃管之间的环隙面积。因此流体流经环隙流道的流量与压差的关系可以仿照流体通过孔板流量计小孔的情况表示，即

$$q_V = C_R A_R \sqrt{\frac{2(p_1-p_2)}{\rho}} = C_R A_R \sqrt{\frac{2gV_f(\rho_f-\rho)}{\rho A_f}} \tag{3.6.12}$$

式中：C_R——转子流量计的流量系数；

A_R——玻璃管与转子之间的环隙面积。

转子流量计

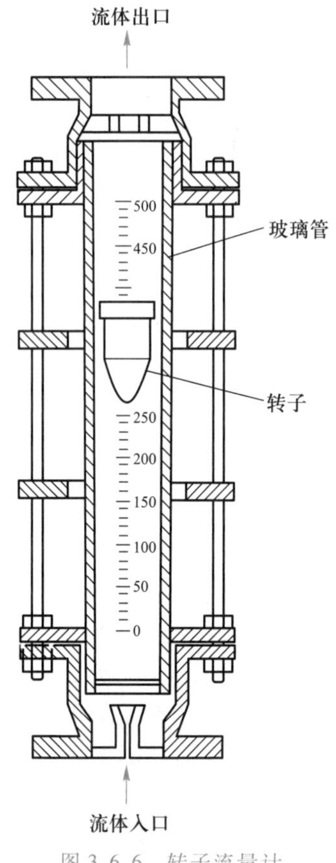

图 3.6.6 转子流量计

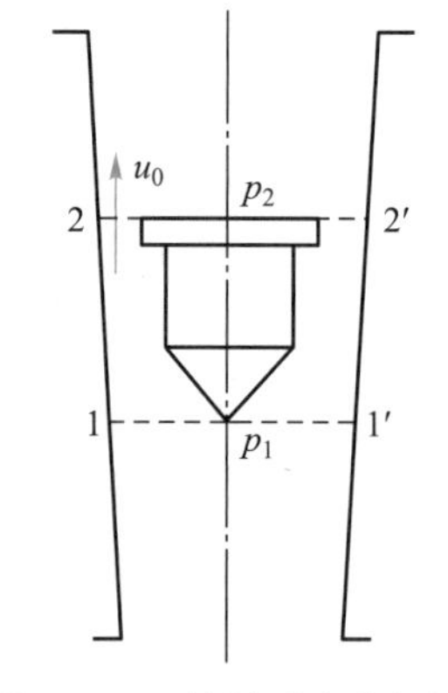

图 3.6.7 转子受力分析图

转子流量计的流量系数 C_R 与 Re 及转子的形状有关。对于转子形状一定的流量计，C_R 与 Re 的关系需由实验确定。图 3.6.8 为三种不同形状转子构成的流量计的 C_R 与 Re 的关系。

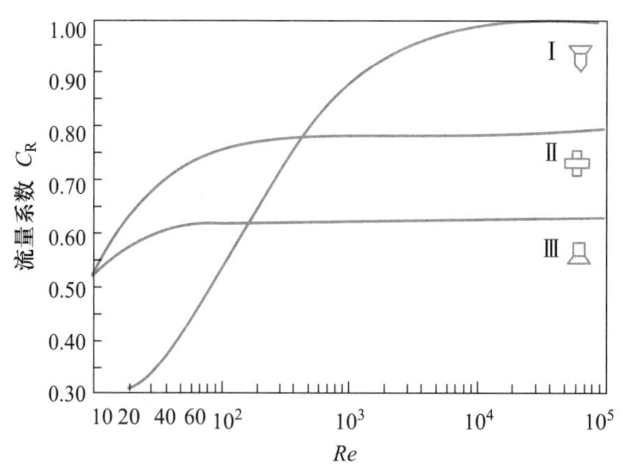

图 3.6.8 三种不同形状转子构成的流量计的 C_R 与 Re 的关系

转子流量计在出厂时根据 20 ℃的水或 20 ℃、0.1 MPa 的空气进行实际标定，并将流量值刻在玻璃管上。使用时，流体的条件通常与标定的条件不符，此时需要进行换算。由于在同一刻度下，A_R 相等，由式(3.6.12)可得

$$\frac{q_V}{q_{V0}}=\sqrt{\frac{\rho_0(\rho_f-\rho)}{\rho(\rho_f-\rho_0)}} \tag{3.6.13}$$

式中：下标“0”表示标定流体。

转子流量计的优点是能量损失小，测量范围宽，但耐温、耐压性差。

安装转子流量计时应注意，转子流量计必须垂直安装，倾斜 1°将造成 0.8%的误差，且流体流动的方向必须由下向上。

术语中英文对照

· 不可压缩流体 incompressible fluid
· 稳态流动 steady-state flow
· 动能 kinetic energy
· 位能 potential energy
· 静压能 static pressure energy
· 内摩擦力 internal friction
· 层流 laminar flow
· 湍流 turbulent flow
· 黏性 viscosity
· 剪应力 shear stress
· 动力黏性系数 dynamic viscosity coefficient
· 剪切变形速率 shear deformation rate
· 运动黏度 kinematic viscosity
· 理想流体 ideal fluid
· 实际流体 real fluid
· 牛顿型流体 Newtonian fluid
· 非牛顿型流体 non-Newtonian fluid
· 黏塑性流体 viscoplastic fluid
· 假塑性流体 pseudoplastic fluid
· 胀塑性流体 dilatant fluid
· 边界层 boundary layer
· 边界层分离 boundary layer separation
· 湿润周边长度 wetted perimeter length

3.1 思考题

(1) 泥浆、中等含固量的悬浮液属于什么流体？其流动规律如何描述？怎样改善其流动性？

(2) 边界层厚度对传递过程有何影响？可采取哪些措施强化传递过程？

(3) 为什么网球表面粗糙？从运动阻力方面分析。

(4) 什么是进口段长度？层流、湍流进口段长度哪个长？为什么管道进口段附近的摩擦系数最大？

(5) 将一管路上的闸门关小，则管内流量、局部阻力、沿程阻力及总阻力将如何变化？

(6) 在一管路中，当孔板流量计的孔径和文丘里流量计的喉径相同时，相同流动条件下，比较两流量计流量系数的大小。

3.2 如附图所示，直径为 10 cm 的圆盘由轴带动在一平台上旋转，圆盘与平台间充有厚度 $\delta=1.5$ mm 的油膜。当圆盘以转速 $n=50$ r/min 旋转时，测得扭矩 $M=2.94\times10^{-4}$ N·m。设油膜内速度沿垂直方向为线性分布，试确定油的黏度。

3.3 常压、20 ℃的空气稳定流过平板壁面，在边界层厚度为 1.8 mm 处的雷诺数为 6.7×10^4。求空气的外流速度。

3.4 污水处理厂中，将污水从调节池提升至沉淀池。两池水面差最大为 10 m，管路摩擦损失为 4 J/kg，流量为 34 m^3/h。求提升水所需要的功率。设水的温度为 25 ℃。

3.5 如附图所示，有一水平通风管道，某处直径由 400 mm 减缩至 200 mm。为了粗略估计管道中的空气流量，在锥形接头两端各装一个 U 形管压差计，现测得粗管端的表压为100 mm水柱，细管端的表压为 40 mm 水柱，空气流过锥形管的能量损失可以忽略，管道中空气的密度为 1.2 kg/m^3，试求管道中的空气流量。

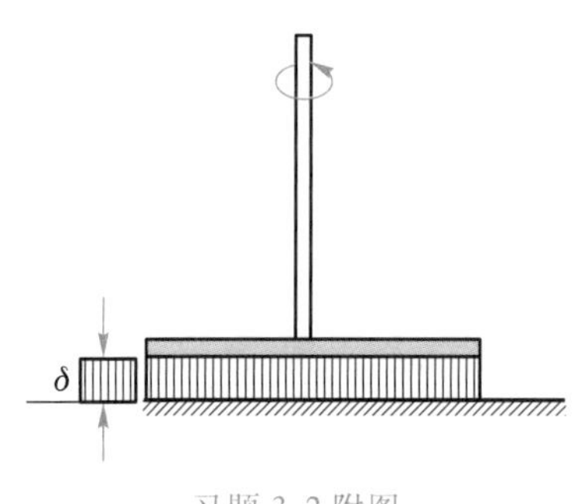

习题 3.2 附图

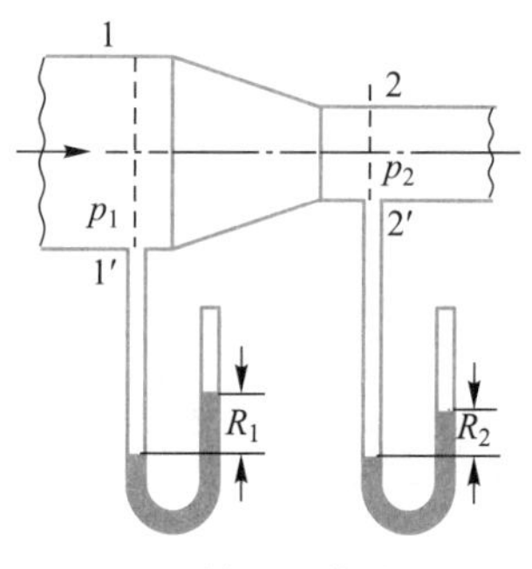

习题 3.5 附图

3.6 如附图所示，有一直径为 1 m 的高位水槽，其水面高于地面 8 m，水从内径为100 mm的管道中流出，管路出口高于地面 2 m，水流经系统的能量损失(不包括出口的能量损失)可按 $\sum h_f = 6.5u^2$ 计算，式中 u 为水在管内的流速，单位为 m/s。试计算：

(1) 若水槽中水位不变，试计算水的流量；

(2) 若高位水槽供水中断，随水的出流高位槽液面下降，试计算液面下降 1 m 所需的时间。

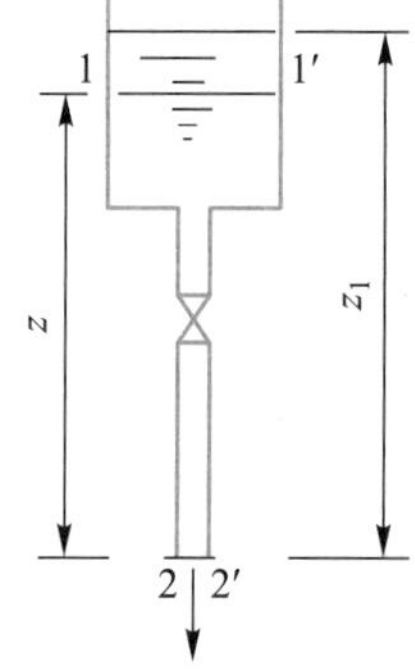

习题 3.6 附图

3.7 水在圆形直管中呈层流流动。若流量不变，说明在下列情况下，因流动阻力而产生的能量损失的变化情况：

(1) 管长增加一倍；

(2) 管径增加一倍。

3.8 水在 20 ℃下层流流过内径为 13 mm、长为 3 m 的管道。若流经该管段的压降为 21 N/m^2。求距管中心 5 mm 处的流速为多少？又当管中心速率为 0.1 m/s 时，压降为多少？

3.9 温度为 20 ℃的水，以 2 kg/h 的质量流量流过内径为 10 mm 的水平圆管，试求算流动充分发展以后：

(1) 流体在管截面中心处的流速和剪应力；

(2) 流体在壁面距中心一半距离处的流速和剪应力；

(3) 壁面处的剪应力。

3.10 一锅炉通过内径为 3.5 m 的烟囱排除烟气，排放量为 3.5×10^5 m^3/h，在烟气平均温度为 260 ℃时，其平均密度为 0.6 kg/m^3，平均黏度为 2.8×10^{-4} Pa·s。大气温度为 20 ℃，在烟囱高度范围内平均密度为 1.15 kg/m^3。为克服煤灰阻力，烟囱底部压力较地面大气压低 245 Pa。问此烟囱需要多高？假设粗糙度为 5 mm。

3.11 用泵将水从一蓄水池送至水塔中，如附图所示。水塔和大气相通，池和塔的水面高差为 60 m，并维持不变。水泵吸水口低于水池水面2.5 m，进塔的管道低于塔内水面 1.8 m。泵的进水管 DN150，

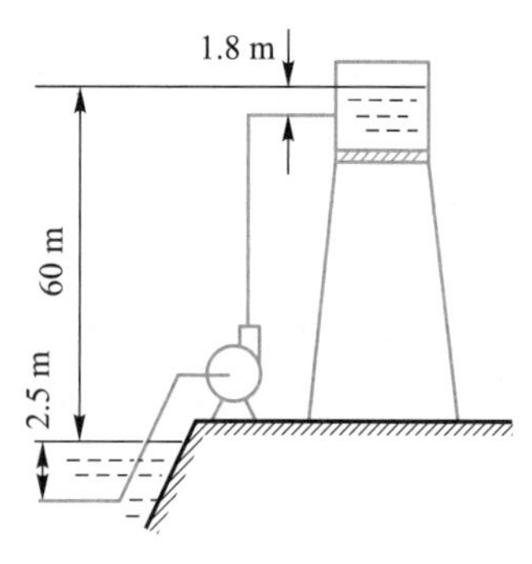

习题 3.11 附图

长 60 m,连有两个 90°弯头和一个吸滤底阀。泵出水管为两段管段串联,两段分别为 DN150、长 23 m 和 DN100、长 100 m,不同管径的管道经大小头相连,DN100 的管道上有三个 90°弯头和一个闸阀。泵和电机的总效率为 60%。要求水的流量为 140 m^3/h,如果当地电费为 0.46 元/(kW·h),则每天泵需要消耗多少电费?(水温为 25 ℃,管道视为光滑管)

3.12 如附图所示,某厂计划建一水塔,将 20 ℃水分别送至第一、第二车间的吸收塔中。第一车间的吸收塔为常压,第二车间的吸收塔内压力为 20 kPa(表压)。总管内径为 50 mm 钢管,管长为$(30+z_0)$ m,通向两吸收塔的支管内径均为 20 mm,管长分别为 28 m 和 15 m(以上各管长均已包括所有局部阻力当量长度在内)。喷嘴的阻力损失可以忽略。钢管的绝对粗糙度为 0.2 mm。现要求向第一车间的吸收塔供应 1 800 kg/h 的水,向第二车间的吸收塔供应 2 400 kg/h 的水,则水塔需距离地面至少多高?已知:20 ℃水的黏度为 1.0×10^{-3} Pa·s,摩擦系数可由下式计算:

$$\lambda=0.1\left(\frac{\varepsilon}{d}+\frac{58}{Re}\right)^{0.23}$$

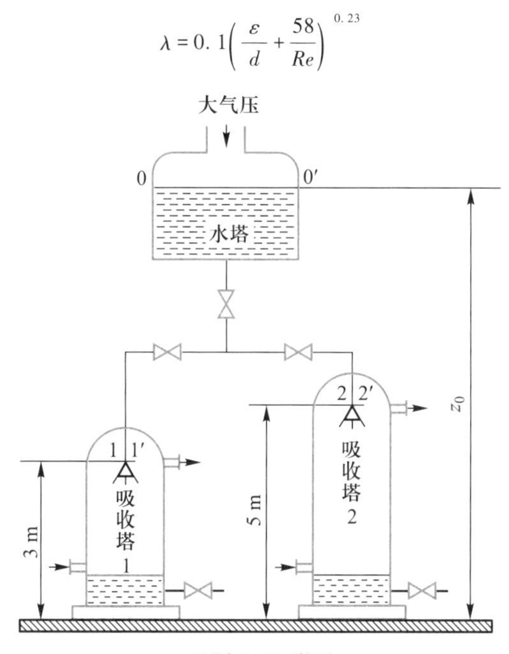

习题 3.12 附图

3.13 如附图所示,从城市给水管网中引一支管,并在端点 B 处分成两路分别向一楼和二楼供水(20 ℃)。已知管网压力为 0.8×10^5 Pa(表压),支管管径均为 32 mm,摩擦系数 λ 均为 0.03,阀门全开时的阻力系数为 6.4,管段 AB、BC、BD 的长度各为 20 m、8 m 和 13 m(包括除阀门和管出口损失以外的所有局部损失的当量长度),假设总管压力恒定。

(1) 当一楼阀门全开时,二楼是否有水?

(2) 如果要求二楼管出口流量为0.2 L/s,求增压水泵的扬程。

3.14 某管路中有一段并联管路,如附图所示。已知总管流量为 120 L/s。支管 A 的管径为 200 mm,长度为1 000 m;支管 B 分为两段,MO 段管径为300 mm,长度为 900 m,ON 段管径为 250 mm,长度为 300 m,各管路粗糙度均为 0.4 mm。试求各支管流量及 M、N 之间的阻力损失。

3.15 由水塔向车间供水,水塔水位不变。送水管径为 50 mm,管路总长为 l,水塔水面与送水管出口间的垂直距离为 H,流量为 q_V。因用水量增加 50%,需对管路进行改装。有如下不同建议:

(1) 将管路换为内径 75 mm 的管子;

(2) 在原管路上并联一长 $l/2$、内径为 50 mm 的管子,其一端接到原管线中点;

(3) 增加一根与原管子平行的长为 l、内径为 25 mm 的管;

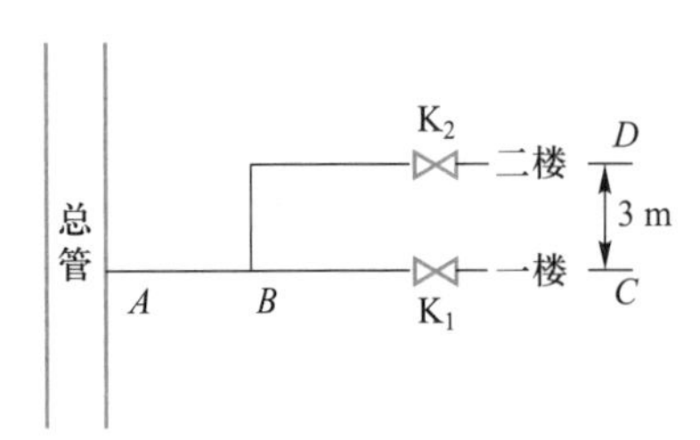

习题 3.13 附图

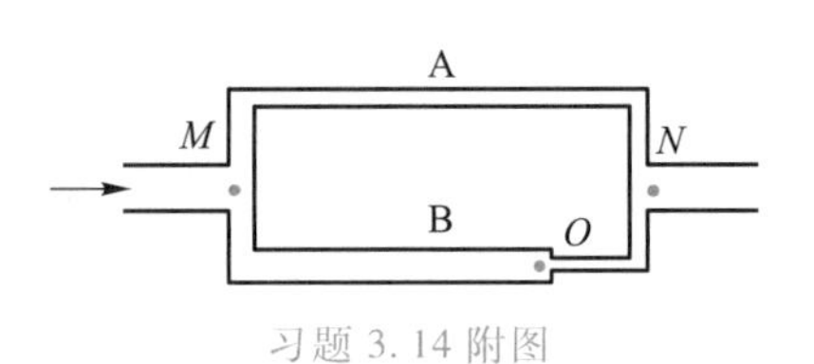

习题 3.14 附图

（4）增加一根与原管子平行的长为 l、内径为 50 mm 的管。

试对这些建议作出评价，是否可用？（假设在各种情况下摩擦系数变化不大，局部阻力可以忽略）

3.16 在内径为 0.3 m 的管中心装一毕托管，用来测量气体流量。毕托管的校正系数取 1.00。气体温度为 40 ℃，压力为 101.3 kPa，黏度为 2×10^{-5} Pa·s，气体的平均相对分子质量为 60。在同一管道截面测得毕托管的最大读数为 30 mm 水柱。此时管道中气体的流量为多少？

3.17 一转子流量计，其转子材料为铝。出厂时用 20 ℃，压力为 0.1 MPa 的空气标定，得转子高度为 100 mm 时，流量为 10 m^3/h。现将该流量计用于测量 50 ℃、压力为 0.15 MPa 的氯气，则在同一高度下流量为多少？

本章主要符号说明

拉丁字母

A——面积，m^2；

c_p——比定压热容，kJ/(kg·K)；

c_V——比定容热容，kJ/(kg·K)；

C——测压管的校正系数，量纲为 1；

C_0——孔板流量计的流量系数，量纲为 1；

C_V——文丘里流量计的流量系数，量纲为 1；

C_R——转子流量计的流量系数，量纲为 1；

d——管径，m；

e——单位质量流体的内能，kJ/kg；

E——单位质量流体所具有的总能量，kJ/kg；

f——范宁摩擦因子，量纲为 1；

F——流体的内摩擦力，N；

g——重力加速度，9.81 m/s^2；

h_f——单位质量流体的能量损失，kJ/kg；

H——单位质量物质的焓，kJ/kg；

l——距离，m；

l_e——当量长度，m；

L——特征尺寸，m；

m——质量，kg；

N_e——有效功率，W；

p——压力（压强），Pa；

P——总压力，N；

q_m——质量流量，kg/s；

q_V——体积流量，m^3/s；

Q_e——单位质量流体从外界吸收的热量，kJ/kg；

r——半径，m；

R——半径，m；毕托管压差计的指示数，m；

Re——雷诺数，量纲为 1；

t——时间，s；

T——热力学温度，K；

u——流速，m/s；

V——体积，m^3；

v——流体的比体积或质量体积，m^3/kg；

W_e——单位质量流体对输送机械所做的功，kJ/kg；

x,y,z——空间坐标，m；

y——距离，m。

希腊字母

α——动量校正系数，量纲为 1；

δ——边界层厚度，m；

δ_b——层流底层厚度，m；

ε——绝对粗糙度，m；

ε_{μ}——涡流黏度，Pa·s；

λ——摩擦系数，量纲为 1；

μ——黏度，Pa·s；

μ_0——塑性黏度，Pa·s；

ν——运动黏度，m^2/s；

θ——夹角，(°)；

ρ——密度，kg/m^3；

τ——剪应力，或称内摩擦力，N/m^2；

τ_0——屈服应力，N/m^2；

τ_{ε}——质点脉动引起的剪应力，N/m^2；

ζ——局部阻力系数，量纲为 1。

下标

eff——有效；

0——来流；

——标定流体；

c——临界；

m——平均；

max——最大。

知识体系图

第四章　热 量 传 递

如果加热铜杆的一侧,该处温度会升高,一定时间后,另一侧温度也随之上升,表明当物体中有温差存在时,热量将由高温处向低温处传递。热力学第二定律指出,凡是有温差存在的地方,就必然有热量传递。因此,在自然界和工程技术领域,传热是极普遍的现象。

环境工程中有很多涉及加热和冷却的过程。污泥的厌氧消化和高浓度有机废水的厌氧降解通常在中温(35 ℃)下进行,因此需要对废水或污泥进行加热;而在冷却操作中,则需要移出热量,如采用冷凝法去除废气中的有机蒸气。锅炉烟气中含有大量的余热,为了节约能源,在排放前先与需要加热的物料进行热交换,烟气释放出余热,用于冷物料的加热。同时,为了减少系统与环境的热量交换,如减少冷、热流体在输送或反应过程中的温度变化,减少热量或冷量的损失,节约能源,需要对管道或反应器进行保温。因此,环境工程中涉及的传热过程主要有两种:一是强化传热过程,如在各种热交换设备中的传热,通过采取措施提高热量的传递速率;二是削弱传热过程,如对设备和管道进行保温,以减少热量的损失,即减少热量的传递速率。

本章将介绍三种传热方式,以及冷、热流体的换热过程和环境工程中常用的换热设备。

第一节　热量传递的方式

热量传递主要有三种基本方式:热传导、热对流和热辐射。传热过程可以以其中一种方式进行,也可以同时以两种或三种方式进行。根据传热介质的特征,热量传递过程可以分为热传导、对流传热和辐射传热。

一、热传导

热传导是指物体各部分之间不发生相对位移的情况下,依靠物质的分子、原子和电子的振动、位移和相互碰撞而产生热量传递的方式,简称导热。例如,固体内部热量从温度较高的部分传递到温度较低的部分,就是以导热的方式进行的。

热传导在气态、液态和固态物质中都可以发生,但热量传递的机理不同。气体的热量传递是气体分子作不规则热运动时相互碰撞的结果。气体分子的动能与其温度有关,高温区的分子具有较大的动能,即速度较大,当它们运动到低温区时,便与低温区的分子发生碰撞,其结果是热量从高温区转移到低温区。

固体以两种方式传递热量:晶格振动和自由电子的迁移。在非导电的固体中,主要通过分子、原子在晶体结构平衡位置附近的振动传递能量;对于良好的导电体如金属,自由电子在晶格之间运动,类似气体分子的运动,将热量由高温区传向低温区。由于自由电子的数目多，所传递的热量多于晶格振动所传递的热量，因此良好的导电体一般都是良好的导热体。

液体的结构介于气体和固体之间，分子可作幅度不大的位移，热量传递既依靠分子的振动，又依靠分子间的相互碰撞。

二、热对流

热对流指由于流体的宏观运动，冷热流体相互掺混而发生热量传递的方式。这种热量传递方式仅发生在液体和气体中。由于流体中的分子同时进行着不规则的热运动，因此对流必然伴随着导热。

当流体流过某一固体壁面时，所发生的热量传递过程称为对流传热，这一过程在工程中广泛存在。在对流传热过程中，流体的流态不同，热量传递的方式也不同。当流体呈层流流动时，热量以导热方式传递，当流体的流态为湍流时，则主要以对流方式传递。

根据引起流体质点位移（流体流动）的原因，可将对流传热分为自然对流传热和强制对流传热。自然对流传热是指由于流体内部温度的不均匀分布形成密度差，在浮力的作用下流体发生对流时进行的传热过程。例如，暖气片表面附近空气受热向上流动、室内空气被加热的过程。强制对流传热是指由于水泵、风机或其他外力引起流体流动过程中发生的传热过程。流体进行强制对流传热的同时，往往伴随着自然对流传热。

根据流体与壁面传热过程中流体物态是否发生变化，可将对流传热分为无相变的对流传热和有相变的对流传热。无相变的对流传热指流体在传热过程中不发生相的变化；而有相变的对流传热指流体在传热过程中发生相的变化，如气体在传热过程中冷凝成液体，或液体在传热过程中沸腾而转变为气体。

三、热辐射

辐射是一种通过电磁波传递能量的过程。物体由于热的原因而放出辐射能的现象，称为热辐射。自然界中热力学温度在零度以上的各个物体都不停地向空间发出热辐射，同时又不断地吸收其他物体发出的热辐射。在这个过程中，物体先将热能变为辐射能，以电磁波的形式在空中传播，当遇到另一个物体时，又被其全部或部分吸收而变成热能，这种以辐射方式发生的热量传递过程，称为辐射传热。因此，辐射传热不仅是能量的传递，同时还伴随有能量形式的转化。

辐射传热不需任何介质作媒介，它可以在真空中传播，这是辐射传热与热传导和对流传热的不同之处。

第二节 热 传 导

在热传导过程中，物体各部分之间无宏观运动，热量以导热方式传递，因此热传导基本上可以看作是分子传递现象，其热量传递规律可以用傅里叶定律描述。利用该定律可以确定热传导的速率及系统内的温度分布。本节主要讨论环境工程中经常遇到的通过平壁及圆管壁的稳态热传导。

一、傅里叶定律

设两块平行的大平板，间距为 y，板间置有气态、液态或固态的静止导热介质，如图 4.2.1 所示。初始状态下，介质各处的温度为 T_0。当 $t=0$ 时，下板的温度突然略微升至 T_1，并始终保持不变。随着时间的推移，介质中的温度分布发生变化，最终得到一线性稳态温度分布。在达到稳态之后，需要一个恒定的热量流量 Q 通过，才能维持温度差$\Delta T=T_1-T_0$不变。对于足够小的 ΔT，存在下列关系

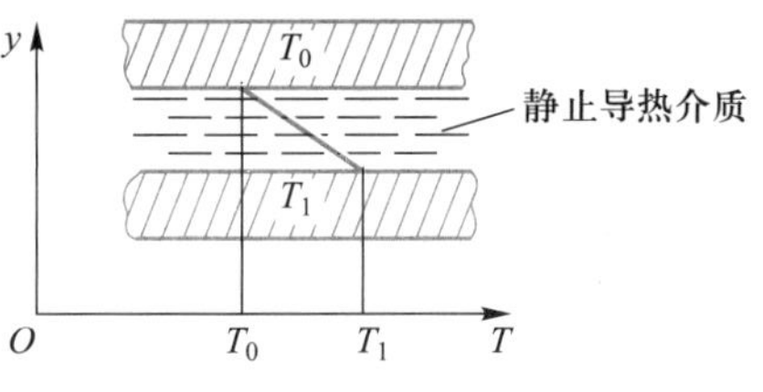

图 4.2.1 静止介质的热传导

$$\frac{Q}{A}=\lambda\ \frac{\Delta T}{y} \tag{4.2.1}$$

将式(4.2.1)改写为微分式，得

$$q=\frac{Q}{A}=-\lambda\ \frac{\mathrm{d}T}{\mathrm{d}y} \tag{4.2.2}$$

式中：Q——y 方向上的热量流量，也称为传热速率，W；

q——y 方向上的热量通量，即单位时间内通过单位面积传递的热量，又称为热流密度，$\mathrm{W/m^2}$；

λ——导热系数，$\mathrm{W/(m \cdot K)}$；

$\frac{\mathrm{d}T}{\mathrm{d}y}$——$y$ 方向上的温度梯度，K/m；

A——垂直于热流方向的面积，$\mathrm{m^2}$。

式(4.2.2)称为傅里叶定律。该定律表明热量通量与温度梯度成正比，负号表示热量通量方向与温度梯度的方向相反，即热量是沿着温度降低的方向传递的。式中$\frac{\mathrm{d}T}{\mathrm{d}y}$为热量传递的推动力。

傅里叶定律还可以改写为以下形式：

$$q=-\frac{\lambda}{\rho c_p}\ \frac{\rho c_p \mathrm{d}T}{\mathrm{d}y} \tag{4.2.3}$$

对于比定压热容 c_p 和密度 ρ 均为恒值的热量传递问题，设 $a=\frac{\lambda}{\rho c_p}$，则式(4.2.3)变为

$$q=-a\ \frac{\mathrm{d}(\rho c_p T)}{\mathrm{d}y} \tag{4.2.4}$$

式中：a——导温系数，或称热量扩散系数，$\mathrm{m^2/s}$；

$\rho c_p T$——热量浓度，$\mathrm{J/m^3}$；

$\frac{\mathrm{d}(\rho c_p T)}{\mathrm{d}y}$——热量浓度梯度，表示单位体积内流体所具有的热量在 y 方向的变化率，$\mathrm{J/(m^3 \cdot m)}$。

式(4.2.4)的物理意义为

由于温度梯度引起的 y 方向上的热量通量 = -(热量扩散系数)×(y 方向上的热量浓度梯度),即将热量传递的推动力以热量浓度梯度的形式表示。

导温系数是物质的物理性质,它反映了温度变化在物体中的传播能力。在导温系数的定义式中,ρc_p 是单位体积物质温度升高 1 K 时所需要的热量,代表物质的蓄热能力。因此,a 越大,则 λ 越大或 ρc_p 越小,说明物体的某部分一旦获得热量,该热量即能在整个物体中很快扩散。

二、导热系数

式(4.2.2)给出了导热系数的定义式,即

$$\lambda = -\frac{q}{\frac{\mathrm{d}T}{\mathrm{d}y}} \tag{4.2.5}$$

导热系数是导热物质在单位面积、单位温度梯度下的导热速率,表明物质导热性的强弱,即导热能力的大小。导热系数 λ 是物质的物理性质,与物质的种类、温度和压力有关。不同物质的 λ 差异较大。对于同一种物质,λ 值可能随不同的方向变化,工程上常取导热系数的平均值。若 λ 值与方向无关,则称此情况下的导热为各向同性导热。导热系数的数值通常由实验测得,常见物质的导热系数见附录 8~附录 10。

不同状态的物质,温度和压力对导热系数的影响不同。

气体的导热系数随温度升高而增大,如氢气的导热系数,1 000 ℃时为0.6 W/(m·K),0 ℃时为 0.17 W/(m·K)。由于氢气的分子最小,移动快,因此在气体中氢气的导热系数最高。气体的导热系数可应用理论方法计算,其近似地与热力学温度的平方根成正比,在真空下接近于零。一般情况下,压力对其影响不大,但在高压(高于 200 MPa)或低压(低于 2.7 kPa)下,需要考虑压力的影响,此时气体的导热系数随压力的升高而增大。气体的导热系数很小,不利于导热,但利于绝热、保温。工业上常用多孔材料作为保温材料,就是利用空隙中存在的气体使材料的导热系数减小。

对于液体,由于其分子间距较小,分子力场的影响较大,所以导热系数难以根据理论计算。除水和甘油外,液体的导热系数随温度升高而减小,通常以经验式 $\lambda = a + bT$ 表达,a、b 为经验常数,随不同液体而异。压力对其影响不大。在液体中,水的导热系数最大,20 ℃时为 0.6 W/(m·K)。因此,水是工程上最常用的导热介质。图 4.2.2 为几种常用液体的导热系数。

固体导热系数的影响因素较多。金属中自由电子的运动速度很快,因此金属的导热系数比一般的非金属大得多。当金属含有杂质时,导热系数将下降。纯金属的导热系数随温度升高而减小;合金则相反,随温度的升高而增大。

晶体的导热系数随温度升高而减小,非晶体则相反。非晶体的导热系数均低于晶体。

非金属中,石墨的导热系数最高,可达 100~200 W/(m·K),高于一般金属;同时,由于其具有耐腐蚀性能,因此石墨是制作耐腐蚀换热器的理想材料。

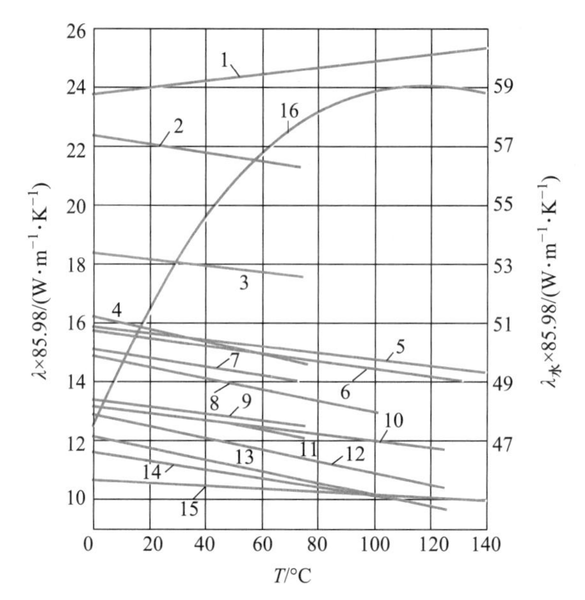

1—无水甘油;2—甲酸;3—甲醇;4—乙醇;5—蓖麻油;6—苯胺;
7—乙酸;8—丙酮;9—丁醇;10—硝基苯;11—异丙苯;12—苯;
13—甲苯;14—二甲苯;15—凡士林油;16—水(用右边的坐标)

图 4.2.2 几种常用液体的导热系数

多孔性固体的导热系数与孔隙率、孔隙微观尺寸及其中所含流体的性质有关。干燥的多孔性固体导热性很差,当 $\lambda \leqslant 0.08$ W/(m·K)(《设备及管道绝热技术通则》(GB/T 4272—2008)规定的保温材料导热系数界定值)时,可以用作保温材料。需要注意的是,保温材料受潮后,由于水比空气的导热系数大得多,其保温性能将大幅度下降。因此,露天保温管道必须注意防潮。

金属、非金属与液体、保温材料与气体导热系数的数量级依次为 $10 \sim 10^2$, $10^{-1} \sim 10^0$, $10^{-2} \sim 10^{-1}$,其数值范围:金属为 50~415 W/(m·K),合金为 12~120 W/(m·K),液体为 0.17~0.7 W/(m·K),保温材料为 0.03~0.08 W/(m·K),气体为 0.007~0.17 W/(m·K)。

三、通过平壁的稳定热传导

(一)单层平壁的热传导

无限大平壁是指长和宽的尺寸与厚度相比大得多的平壁。其壁边缘处的散热可以忽略,壁内温度只沿垂直于壁面的 x 方向变化,温度场为一维温度场。平壁厚度为 b,壁面两侧温度分别为 T_1 和 T_2, $T_1 > T_2$。

若 T_1 和 T_2 不随时间变化,则该平壁的热传导为一维稳态热传导(图 4.2.3),热传导速率为常数。根据傅里叶定律,有

$$Q = -\lambda A \frac{dT}{dx} \tag{4.2.6}$$

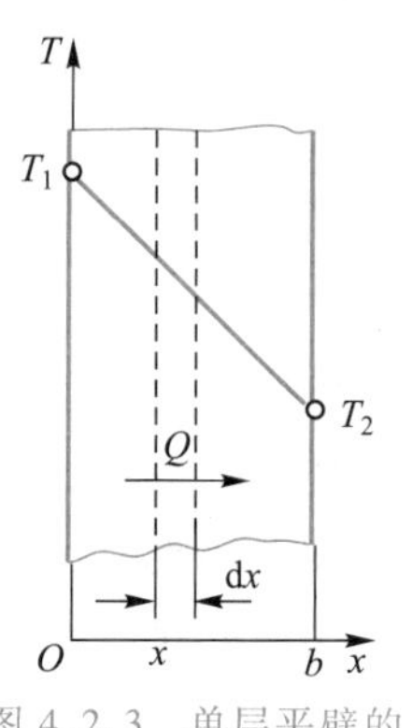

图 4.2.3 单层平壁的稳态热传导

式中:A——传热面积,m^2。

若材料的导热系数不随温度变化(或取平均导热系数),边界条件为

$$x=0\text{ 时},T=T_1$$

$$x=b\text{ 时},T=T_2$$

对式(4.2.6)积分,得

$$Q=\frac{\lambda}{b}A(T_1-T_2) \tag{4.2.7}$$

令
$$R=\frac{b}{\lambda A},\quad r=\frac{b}{\lambda}$$

则式(4.2.7)可以写为

$$Q=\frac{T_1-T_2}{R}=\frac{\Delta T}{R} \tag{4.2.8}$$

或

$$q=\frac{Q}{A}=\frac{\Delta T}{r} \tag{4.2.9}$$

式中:b——平壁厚度,m;

ΔT——平壁两侧表面的温度差,K;

R——导热热阻,按总传热面积计,也称为导热速率热阻,K/W;

r——面积导热热阻,按单位传热面积计,也称为导热通量热阻,$m^2\cdot K/W$。

式(4.2.7)和式(4.2.8)为单层平壁稳态热传导速率方程。该方程表明,传导距离越大,传热壁面面积和导热系数越小,则导热热阻越大,热传导速率越小。方程中,温差 ΔT 为传热的推动力。

【例题 4.2.1】　某平壁厚度 b 为 400 mm,内表面温度 $T_1=950$ ℃,外表面温度 $T_2=300$ ℃,导热系数 $\lambda=1.0+0.001T$,式中 λ 的单位为 W/(m·K),T 的单位为℃。若将导热系数分别按常量(取平均导热系数)和变量计算,试求导热热量通量和平壁内的温度分布。

解:(1) 导热系数按平壁的平均温度 T_m 取为常数

$$T_m=\frac{T_1+T_2}{2}=\frac{950+300}{2}\ ℃=625\ ℃$$

则导热系数平均值为

$$\lambda_m=(1.0+0.001\times625)\ \text{W/(m·K)}=1.625\ \text{W/(m·K)}$$

热量通量为

$$q=\lambda_m\frac{T_1-T_2}{b}=1.625\times\frac{950-300}{0.4}\ \text{W/m}^2=2\ 641\ \text{W/m}^2$$

以 x 表示沿壁厚方向上的距离,在 x 处等温面上的温度为 T,则

$$q=\lambda_m\frac{T_1-T}{x}$$

故
$$T=T_1-\frac{q}{\lambda_m}x=950-\frac{2\ 641}{1.625}x=950-1\ 625x$$

即温度分布为直线，见图 4.2.4 中的直线 a。

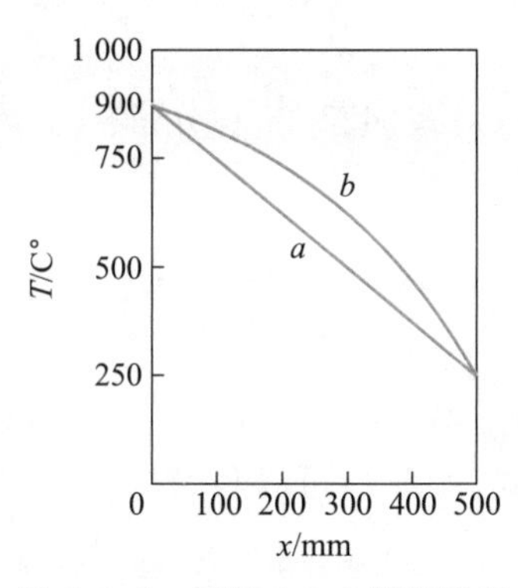

图 4.2.4　例题 4.2.1 题解附图

(2) 导热系数取为变量，则

$$q=-\lambda\frac{dT}{dx}=-(1.0+0.001T)\frac{dT}{dx}$$

分离变量并积分

$$\int_{T_1}^{T_2}(1.0+0.001T)\,dT=-\int_0^b q\,dx$$

对于平壁上的稳态一维热传导，热量通量不变。因此上式积分得

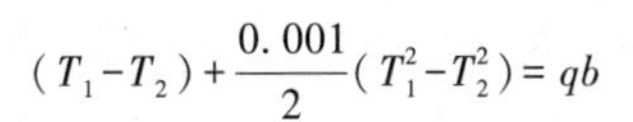

$$(T_1-T_2)+\frac{0.001}{2}(T_1^2-T_2^2)=qb$$

故

$$q=\frac{1}{b}\left[(T_1-T_2)+\frac{0.001}{2}(T_1^2-T_2^2)\right]$$
$$=\frac{1}{0.4}\left[(950-300)+\frac{0.001}{2}(950^2-300^2)\right]$$
$$=2\ 641\ \text{W/m}^2$$

在 x 处，有

$$(T_1-T)+\frac{0.001}{2}(T_1^2-T^2)=qx$$

即
$$(950-T)+\frac{0.001}{2}(950^2-T^2)=2\ 641x$$

经整理，得

$$\frac{0.001}{2}T^2+T-1\ 401+2\ 641x=0$$

此时温度分布为曲线，见图 4.2.4 中的曲线 b。

由例题 4.2.1 的计算结果可以看出，将导热系数按常量和变量计算时，所得的热量通量相同，而温度分布不同。因此在工程上计算热通量时，取平均温度下的导热系数并将它作为常数处理是可行的。

(二) 多层平壁的热传导

工程上常遇到由多层不同材料组成的平壁，如高炉墙壁由耐火砖、绝热砖、普通砖组成，这样的平壁称为多层平壁。图 4.2.5 为多层平壁的稳态热传导，壁面面积为 A，各层的壁厚分别为 b_1、b_2、b_3，导热系数分别为 λ_1、λ_2、λ_3。假设层与层之间接触良好，相接触的两表面温度相同，各表面的温度分别为 T_1、T_2、T_3、T_4，且 $T_1>T_2>T_3>T_4$，各层的温差分别为 ΔT_1、ΔT_2、ΔT_3。

由于在稳态热传导中，通过各层的热量流量相等，故有

$$Q=\lambda_1A\frac{(T_1-T_2)}{b_1}=\frac{\Delta T_1}{R_1}$$
$$=\lambda_2A\frac{(T_2-T_3)}{b_2}=\frac{\Delta T_2}{R_2}$$
$$=\lambda_3A\frac{(T_3-T_4)}{b_3}=\frac{\Delta T_3}{R_3}$$

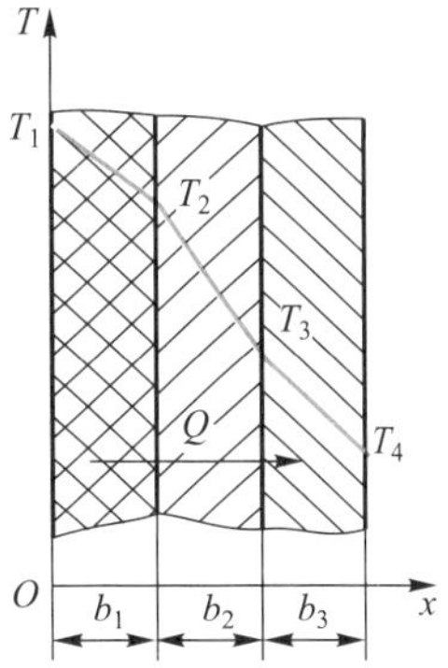

图 4.2.5 多层平壁的稳态热传导

式中：R_1、R_2、R_3——分别为各层的热阻。

由上式可知

$$\Delta T_1=QR_1,\ \Delta T_2=QR_2,\ \Delta T_3=QR_3$$

将上三式相加，并整理，得

$$Q=\frac{\Delta T_1+\Delta T_2+\Delta T_3}{R_1+R_2+R_3}=\frac{T_1-T_4}{\dfrac{b_1}{\lambda_1A}+\dfrac{b_2}{\lambda_2A}+\dfrac{b_3}{\lambda_3A}} \tag{4.2.10}$$

推广到 n 层平壁，有

$$Q=\frac{T_1-T_{n+1}}{\sum\limits_{i=1}^{n}R_i}=\frac{T_1-T_{n+1}}{\sum\limits_{i=1}^{n}\dfrac{b_i}{\lambda_iA}} \tag{4.2.11}$$

由此可得，多层平壁传热过程的推动力（总温差）等于各层推动力（各层温差）之和，总热阻等于各层热阻之和，该结论称为串联热阻叠加原则，其在传热过程的分析和计算中是非常重要的。

在上述分析中，假定层与层之间完全接触，两个接触面具有相同的温度。但实际上，由于物体表面都具有一定的粗糙度，使得接触面上只能是有限点的接触，在层与层之间有一层空气存在，如图 4.2.6 所示，从而形成了附加的热阻，称为接触热阻。由于空气的导热系数很小，因此两个接触面的温度将不再相等。若以 r_0 表示单位面积传热面的接触热阻，则通过两层平壁的热量通量为

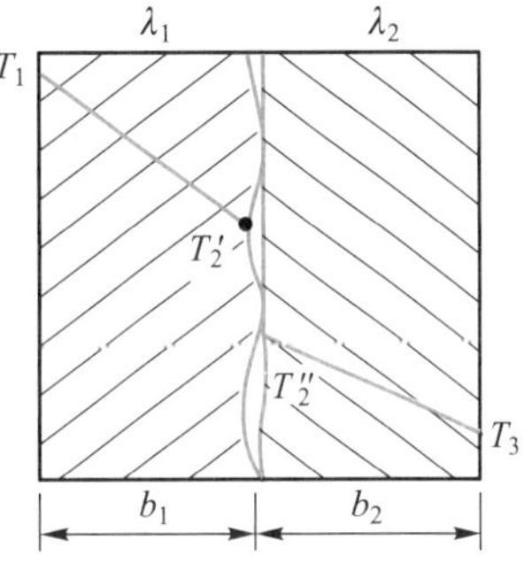

图 4.2.6 界面处的接触热阻

$$q=\frac{T_1-T_3}{\dfrac{b_1}{\lambda_1}+r_0+\dfrac{b_2}{\lambda_2}} \tag{4.2.12}$$

r_0 与接触面的材料、接触界面的粗糙度、接触面的压紧力和空隙中的气压等有关。

【例题 4.2.2】 某平壁炉的炉壁由三种材料组成，分别为耐火砖（$\lambda_1=1.4$ W/(m·K)，$b_1=225$ mm）、保温砖（$\lambda_2=0.15$ W/(m·K)，$b_2=115$ mm）和建筑砖（$\lambda_3=0.8$ W/(m·K)，$b_3=225$ mm）。测得炉内壁温度为 930 ℃，外壁温度为55 ℃，求单位面积炉壁的热损失及各层间界面上的温度。

解：设耐火砖和保温砖界面温度为 T_2，保温砖与建筑砖界面温度为 T_3。已知 $T_1=930$ ℃，$T_4=55$ ℃，则单位面积炉壁的热损失为

$$q=\frac{T_1-T_4}{\frac{b_1}{\lambda_1}+\frac{b_2}{\lambda_2}+\frac{b_3}{\lambda_3}}=\frac{930-55}{\frac{0.225}{1.4}+\frac{0.115}{0.15}+\frac{0.225}{0.8}}\ \mathrm{W/m^2}$$

$$=\frac{875}{0.161+0.767+0.281}\ \mathrm{W/m^2}=724\ \mathrm{W/m^2}$$

对于稳态导热，有

$$\Delta T_1=qr_1=724\times 0.161\ ℃=117\ ℃$$

$$T_2=T_1-\Delta T_1=(930-117)\ ℃=813\ ℃$$

$$\Delta T_2=qr_2=724\times 0.767\ ℃=555\ ℃$$

$$T_3=T_2-\Delta T_2=(813-555)\ ℃=258\ ℃$$

$$\Delta T_3=qr_3=724\times 0.281\ ℃=203\ ℃$$

可见，热阻越大，通过该层的温度差也越大。

四、通过圆管壁的稳态热传导

工程中常用管道输送热水、蒸汽等，其通过管壁的散热即属于圆管壁热传导问题。它与平壁热传导的不同之处在于圆管壁的传热面积随半径发生变化。

设圆管壁的内、外半径分别为 r_1 和 r_2，长度为 L，内外表面的温度分别维持恒定温度 T_1 和 T_2，且 $T_1>T_2$，如图 4.2.7 所示。如果圆管壁很长，沿轴向散热可忽略不计，温度仅沿半径方向变化。当采用圆柱坐标时，即为一维稳态热传导。

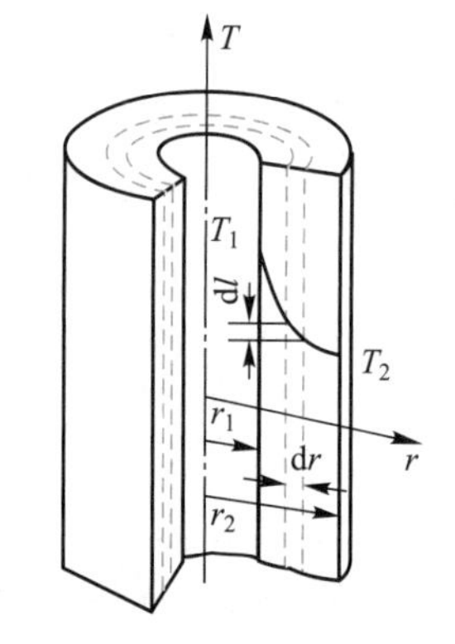

图 4.2.7　圆管壁的稳态热传导

对于半径为 r 的等温圆柱面，根据傅里叶定律，有

$$Q=-\lambda A\frac{\mathrm{d}T}{\mathrm{d}r}=-\lambda(2\pi rL)\frac{\mathrm{d}T}{\mathrm{d}r}$$

稳态导热时，径向的 Q 为常数，将上式分离变量，并在圆管内、外表面之间积分，即

$$Q\int_{r_1}^{r_2}\frac{\mathrm{d}r}{r}=-2\pi\lambda L\int_{T_1}^{T_2}\mathrm{d}T$$

上式经积分、整理后得

$$Q=2\pi\lambda L\frac{T_1-T_2}{\ln\frac{r_2}{r_1}}=\frac{T_1-T_2}{R}\tag{4.2.13}$$

式中：R——圆管壁的导热热阻，K/W。

$$R=\frac{\ln\frac{r_2}{r_1}}{2\pi\lambda L}$$

设圆管壁厚为 b, $b=r_2-r_1$,式(4.2.13)可以写成

$$Q=\frac{2\pi\lambda L(r_2-r_1)(T_1-T_2)}{(r_2-r_1)\ln\frac{r_2}{r_1}}=2\pi r_m L\lambda\frac{T_1-T_2}{b}=A_m\lambda\frac{T_1-T_2}{b}=\frac{T_1-T_2}{\frac{b}{\lambda A_m}} \tag{4.2.14}$$

式中:r_m——圆管壁的对数平均半径,m;

A_m——圆管壁的对数平均面积,m^2;

A_1,A_2——分别为圆管内外壁的表面积,m^2。

$$r_m=\frac{r_2-r_1}{\ln\frac{r_2}{r_1}} \tag{4.2.15}$$

$$A_m=2\pi r_m L=\frac{2\pi L(r_2-r_1)}{\ln\frac{2\pi L r_2}{2\pi L r_1}}=\frac{A_2-A_1}{\ln\frac{A_2}{A_1}} \tag{4.2.16}$$

式(4.2.13)和式(4.2.14)为单层圆管壁稳态热传导速率方程,与平壁热传导速率方程具有相类似的形式。

当 $r_2/r_1\leqslant 2$ 时,可以用算术平均值代替对数平均值,简化计算。

对于多层材料组成的圆筒壁,假设层与层之间接触良好,根据串联热阻叠加原则,有

$$Q=\frac{T_1-T_{n+1}}{\sum_{i=1}^{n}R_i}=\frac{T_1-T_{n+1}}{\sum_{i=1}^{n}\frac{b_i}{\lambda_i A_{mi}}} \tag{4.2.17}$$

由于各层圆管壁的内、外表面面积均不相等,所以在稳态传热时,虽然通过各层的传热速率相同,但通过各层的热量通量却各不相同。

以上讨论了利用傅里叶定律解决一维稳态热传导问题。对于比较复杂的导热问题,需采用导热微分方程及相应的定解条件求解。该部分内容请参见有关书籍。

【例题 4.2.3】 外径为 426 mm 的蒸汽管道外包装厚度为 426 mm 的保温材料,保温材料的导热系数为 0.615 W/(m·K)。若蒸汽管道外表面温度为177 ℃,保温层的外表面温度为 38 ℃,试求每米管长的热损失和保温层中的温度分布。

解:单位管长的热损失为

$$\frac{Q}{L}=2\pi\lambda\frac{T_1-T_2}{\ln\frac{r_2}{r_1}}=2\pi\times 0.615\times\frac{177-38}{\ln\frac{0.426/2+0.426}{0.426/2}}\ \text{W/m}=489\ \text{W/m}$$

设保温层内半径为 r 处的温度为 T，代入热传导速率方程，得

$$2\pi\times0.615\times\frac{177-T}{\ln\frac{r}{0.426/2}}=489$$

解得

$$T=-18.7-126.6\ln r$$

可见，保温层内的温度分布为曲线。

第三节 对流传热

对流传热指流体中质点发生相对位移时发生的热量传递过程。当流体沿壁面流动时，若流体温度和壁面温度不一致，就会发生对流传热。

对流传热与热传导的区别在于前者存在流体质点的相对位移，而质点的位移将使对流传热速率加快。例如，搅拌杯中的热水，可以加快热水的冷却；冬天，人站在风中比站在避风处感觉要冷得多；而在高温的夏季，打开电扇时人会感到凉快，并且电扇风速越大，感觉越凉快。流体流动可以促进传热过程，因此工程上常使流体处于流动状态，以强化传热。

对流传热在冷、热流体的热交换中最为常见。工程中常用的热交换设备是间壁式换热器，在此类换热器中，冷、热流体被固体壁面隔开，分别在固体壁面两侧流动，互不接触，热量先由热流体传给固体壁面，再从壁面的热侧传到冷侧，最后从壁面的冷侧传给冷流体。其中，热量从热流体传给壁面和从壁面传给冷流体的过程均为对流传热过程。

间壁式换热器形式多样，主要分为管式换热器、板式换热器及热管换热器等类型。在环境工程中广泛应用的是管式换热器，包括蛇管式换热器、套管式换热器和列管式换热器等，详见第四节。在这些换热器中，冷、热流体分别在管内和管外流动，与壁面进行对流传热。本节主要介绍与对流传热过程有关的内容。

一、对流传热的机理

当流体流过与其温度不同的固体壁面时，将发生热量传递过程，在壁面附近形成温度分布。不同的流动状态下，热量传递的机理不同。以下结合流体无相变强制流过平壁时的对流传热，初步分析对流传热过程的机理。

（一）流动边界层内的传热机理及温度分布

温度为 T_0 的冷流体沿温度为 T_w 的热壁面流动，由于两者之间存在温差，壁面将向流体传递热量。当流体流过壁面时，由于流体黏性的作用，在壁面附近形成流动边界层。正是流动边界层的流动情况，决定了流体与壁面间的对流传热机理。

在层流情况下，流体层与层之间无流体质点的宏观运动，在垂直于流动方向上，热量的传递通过导热进行，热量传递符合傅里叶定律。实际上，在传热过程中，因流体的流动增大了壁面处的温度梯度，使得壁面处的热量通量较静止时大，因此，与静止流体的热传导相比，层流流动使传热增强。因此，温度沿法向的变化比较均匀，温度分布近似为直线，如

图 4.3.1 中的曲线 a 所示。

在湍流边界层内，存在层流底层、缓冲层和湍流中心三个区域，流体处于不同的流动状态。流体的流动状态影响热量的传递及壁面附近的温度变化，壁面附近的温度分布曲线如图 4.3.1 中的曲线 b 所示。在靠近壁面的层流底层中，只有平行于壁面的流动，热量传递主要依靠导热进行（因壁面与流体间存在温差，所以也存在自然对流，但不是主要的传热方式），符合傅里叶定律，温度分布几乎为直线，且温度分布曲线的斜率较大；在湍流中心，与流动垂直方向上存在质点的强烈运动，热量传递主要依靠热对流，导热所起的作用很小，因此温度梯度较小；在缓冲层中，垂直于流动方向上的质点的运动较弱，对流与导热的作用大致处于同等地位，由于对流的作用，温度梯度较层流底层小。可见，因湍流流动中存在流体质点的随机脉动，促使流体在 y 方向上掺混，导致传热过程被大大强化。

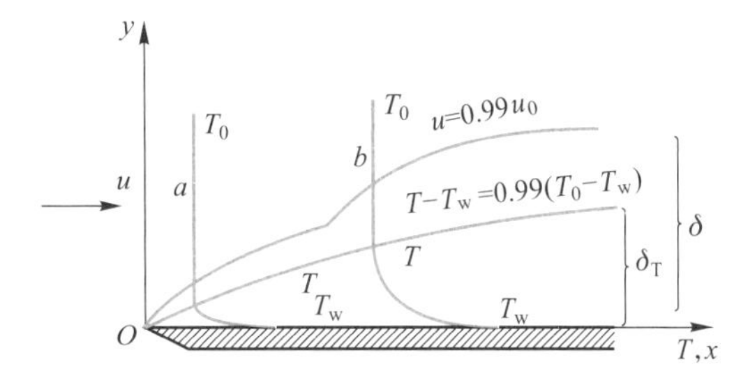

图 4.3.1 固体壁面附近的温度分布

湍流传热时，流体从主体到壁面的传热过程为稳态的串联传热过程。前已述及，在稳态传热情况下，传热的热阻为串联的各层热阻之和。因此，湍流传热的热阻集中在层流底层上。

流体呈层流流动时，沿壁面法向的热量传递主要依靠分子传热，即导热；湍流流动时，热阻主要集中在近壁的层流底层，而层流底层的厚度很薄，热阻比层流流动时小得多，因此湍流流动的传热速率远大于层流流动。

（二）传热边界层

与流动边界层类似，引入传热边界层的概念，将壁面附近因传热而使流体温度发生较大变化的区域（即温度梯度较大的区域）称为传热边界层，也称为热边界层或温度边界层。流体层温度从壁面处的 T_w 向 T_0 的变化具有渐近趋势，只有在法向距离无限大处温度才等于 T_0，因此，将 $T-T_w=0.99(T_0-T_w)$ 处作为传热边界层的界限，该界限到壁面的距离称为边界层的厚度。在边界层以外的区域温度变化很小，可认为不存在温度梯度。因此传热过程的阻力主要取决于传热边界层的厚度。

传热边界层的发展与流动边界层通常不是同步的，一般情况下，两者的厚度也不同，其厚度关系取决于普朗特数 Pr。

$$Pr=\frac{\nu}{a}=\frac{\mu c_p}{\lambda}$$

Pr 是由流体物性参数所组成的无量纲准数，表明分子动量传递能力和分子热量传递能力的比值。运动黏度 ν 是影响速度分布的重要物性，反映流体流动的特征；导温系数 a 是影响温度分布的重要物性，反映热量传递的特征。流体的黏度越大，表明该物体传递动量的能力越大，流速受影响的范围越广，即流动边界层增厚；导温系数 a 越大，热量传递越迅速，温度变化的范围越大，即传热边界层增厚。因此，两者组成的无量纲准数建立了速度场和温度场的相互关系，是研究对流传热过程的重要物性准数。对于油、水、气体、液态金属，Pr 的量

级分别为 $10^2 \sim 10^5$，$1 \sim 10$，$0.7 \sim 1$，$10^{-3} \sim 10^{-2}$。

流动边界层厚度（δ）与传热边界层厚度（δ_T）间的关系与 Pr 有关。当 $Pr=1$ 时，$\delta=\delta_T$。当 $Pr<1$，$\delta<\delta_T$，其传热边界层很厚，以致整个传热过程热阻分布较均匀，发生在层流底层的温度变化所占的比例很小。对于 $Pr>1$ 的高黏度流体，$\delta>\delta_T$，且近似有 $\delta/\delta_T=Pr^{\frac{1}{3}}$，这时传热边界层很薄，近壁区温度梯度很大，温度变化主要发生在层流底层区，即热阻主要在层流底层区。可见，了解不同流体的 Pr，对于分析流体与固体壁面间的传热特征是十分重要的。

二、对流传热速率

（一）牛顿冷却定律

虽然流体在不同情况下的传热机理不同，但对流传热速率可用牛顿冷却定律描述，即通过传热面的传热速率正比于固体壁面与周围流体的温度差和传热面积，其数学表达式为

$$dQ=\alpha dA\Delta T \tag{4.3.1}$$

式中：dA——与传热方向垂直的微元传热面积，m^2；

dQ——通过传热面 dA 的局部对流传热速率，W；

ΔT——流体与固体壁面 dA 之间的温差（在流体被冷却时，$\Delta T=T-T_w$；在流体被加热时，$\Delta T=T_w-T$），K；

T,T_w——分别为流体和与流体相接触的传热壁面的温度，K；

α——局部对流传热系数，或称为膜系数，$W/(m^2 \cdot K)$。

牛顿冷却定律采用微分形式，是因为在对流传热过程中，温度及受温度影响的对流传热系数是沿程变化的，因此对流传热系数为局部的参数。实际工程中，常采用平均值进行计算，因此牛顿冷却定律可写成

$$Q=\alpha A\Delta T \tag{4.3.2a}$$

对流传热速率也可以表示为传热推动力与对流传热热阻的关系，即

$$Q=\frac{\Delta T}{\frac{1}{\alpha A}} \tag{4.3.2b}$$

式中：$\frac{1}{\alpha A}$——对流传热热阻，K/W。

（二）对流传热系数

对流传热系数 α 不是物性参数，它与很多因素有关，其大小取决于流体物性、壁面情况、流动原因、流动状况、流体是否有相变等，通常由实验确定。一般来说，对同一流体，强制对流传热系数高于自然对流传热系数；有相变的对流传热系数高于无相变的对流传热系数。表 4.3.1 为各种传热方式下对流传热系数 α 的范围。

表 4.3.1 各种传热方式下对流传热系数 α 的范围

传热方式	$\alpha/(W\cdot m^{-2}\cdot K^{-1})$
空气自然对流	5~25
气体强制对流	20~100
水自然对流	200~1 000
水强制对流	1 000~15 000
水蒸气冷凝	5 000~15 000
有机蒸气冷凝	500~2 000
水沸腾	2 500~25 000

三、影响对流传热的因素

影响对流传热的因素很多。对流传热是在流体相对于壁面运动的情况下进行的,因此,影响流体流动的因素均影响传热。这些因素包括流体的物性特征、固体壁面的几何特征及流体的流动特征。

(1) 物性特征:流体的物性将影响传热。通常情况下,流体的密度 ρ 或比热容 c_p 越大,流体与壁面间的传热速率越大;导热系数 λ 越大,热量传递越迅速;流体的黏度 μ 越大,越不利于流动,因此会削弱流体与壁面的传热。

(2) 几何特征:这类因素包括固体壁面的形状、尺寸、方位、粗糙度、是否处于管道进口段,以及是弯管还是直管等。这些因素影响流体的流动状态或流体内部的速度分布,因而影响传热。

(3) 流动特征:流动特征包括流动起因(自然对流、强制对流),流动状态(层流、湍流),有无相变(液体沸腾、蒸汽冷凝)等。

强制对流下的流体速度较自然对流大,因此前者的传热速率也较后者大。流动状态为层流和湍流时,两者的传热机理不同,湍流传热速率远大于层流。

对于发生相变的传热过程,由于相变一侧的流体温度不发生变化,使传热过程始终保持较大的温度梯度。因此,传热速率要比无相变时大得多。

四、对流传热系数的经验式

由于影响传热系数的因素很多,所以除个别情况可由理论求解外,大多数实际工程的传热问题都采用经验方法解决。这里只给出环境工程中经常用到的管内强制对流、大空间自然对流和蒸气冷凝时的对流传热系数的经验式,其他经验公式的具体建立过程参见有关书籍。

(一) 对流传热微分方程式

流体与固体壁面之间的热量传递必然通过紧贴壁面速度为零的流体层,其传热方式为导热,因此传热规律遵循傅里叶定律。如果用 $\left(\frac{\partial T}{\partial y}\right)_{y=0}$ 表示近壁处的温度梯度,则

$$dQ = -\lambda dA\left(\frac{\partial T}{\partial y}\right)_{y=0}$$

与牛顿冷却定律联立求解，可得到对流传热系数的表达式，即

$$\alpha = -\frac{\lambda}{\Delta T}\left(\frac{\partial T}{\partial y}\right)_{y=0} \tag{4.3.3}$$

式(4.3.3)称为对流传热微分方程式，是从理论上计算对流传热系数的基础。可以看出，温度梯度越大，对流传热系数也越大。当层流边界层或层流底层的厚度减小时，温度梯度增大，α 也就增大。因此，通过改善流动状况使层流底层厚度减小，是工程上强化对流传热的主要途径之一。

对于一定的流体，当流体与壁面的温差一定时，对流传热系数只取决于紧靠壁面流体的温度梯度。如果已知近壁处流体的温度分布，即可求出 α。但是，由于对流传热是一个复杂的传热过程，影响因素很多，实际上很难得出流体中的温度分布式。因此，只有少数情况下能通过式(4.3.3)求得解析解。

目前，求解湍流传热的对流传热系数有两个途径：一是应用量纲分析方法并结合实验，建立相应的经验关联式；二是应用动量传递与热量传递的类似性，建立对流传热系数与范宁摩擦因子之间的定量关系，通过较易求得的范宁摩擦因子 f 来求取较难求得的对流传热系数 α。

（二）无量纲准数方程式

研究表明，对于一定类型的传热面，流体的传热系数 α 与下列因素有关：流速 u、换热面尺寸 L、流体的黏度 μ、导热系数 λ、密度 ρ、比定压热容 c_p 及升浮力 $\rho g\beta\Delta T$（β 为体积膨胀系数）。因此，可将传热系数表示为

$$\alpha = f(u, L, \mu, \lambda, \rho, c_p, \rho g\beta\Delta T)$$

采用量纲分析法，可以得到各物理量之间的关系，即

$$\frac{\alpha L}{\lambda} = k\left(\frac{Lu\rho}{\mu}\right)^a\left(\frac{\mu c_p}{\lambda}\right)^f\left(\frac{L^3\rho^2 g\beta\Delta T}{\mu^2}\right)^h \tag{4.3.4}$$

式(4.3.4)可以写成由4个无量纲准数表示的关系式，即

$$Nu = kRe^a Pr^f Gr^h \tag{4.3.5}$$

式中：Nu——努塞特数(Nusselt)，量纲为1，表示对流传热系数的特征数，$Nu = \frac{\alpha L}{\lambda}$；

Gr——格拉斯霍夫数(Grashof)，量纲为1，表示自然对流影响的特征数，$Gr = \frac{L^3\rho^2\beta g\Delta T}{\mu^2}$；

k, a, f, h——未知量，需通过实验确定。

要得到各种不同情况下的具体函数形式，需要通过实验，变更描写该过程的无量纲准数 Re, Pr 和 Gr，并将实验数据整理成无量纲准数的形式，分析它们之间的关系，确定函数式中的未知量 k, a, f 和 h，得到经验关联式。

由于准数关联式是通过实验数据整理得到的，因此在应用时必须注意，传热面的类型要

相同，同时无量纲准数 Re，Pr 和 Gr 应在实验数值范围内，原则上不能外推。因此，准数关联式通常给出 Re，Pr 和 Gr 数值的应用范围。

无量纲准数中包括流体的物性参数 μ，λ，ρ，c_p 及传热面特征尺寸 L，以及流速 u。物性参数与温度有关，由于在传热过程中，沿壁面切向和法向上的温度分布往往不均匀，在处理实验数据时需要取一个有代表性的温度，即定性温度，以确定物性参数的数值。定性温度原则上取有一定物理意义的某个平均值。

传热面特征尺寸 L 代表传热面的几何特征，即特征尺寸，通常取对流动与传热有主要影响的某一几何尺寸。因此，特征尺寸在不同换热类型的系统中往往不同。

流体的速率为特征速率，通常取有意义的速率，如管内流动时取流体的截面平均速率。

可见，无量纲准数与定性温度、特征尺寸和特征速率相对应，并因采用不同的定性温度、特征尺寸和特征速率而变化，从而使方程式改变。因此，使用准数方程式时，必须严格按照该方程的规定选取定性温度、特征尺寸和特征速率。

以下分别给出几种常见情况下对流传热系数的经验关联式。

（三）管内强制对流传热

1. 流体在圆形直管内呈强烈的湍流状态流动

工程上的传热过程大都在湍流条件下进行。对于低黏度（小于 2 倍常温水的黏度）的流体，通常采用下式计算对流传热系数：

$$Nu = 0.023Re^{0.8}Pr^{f} \tag{4.3.6a}$$

或

$$\alpha = 0.023\frac{\lambda}{d_{\mathrm{i}}}\left(\frac{d_{\mathrm{i}}u\rho}{\mu}\right)^{0.8}\left(\frac{\mu c_p}{\lambda}\right)^{f} \tag{4.3.6b}$$

当流体被加热时，$f=0.4$；流体被冷却时，$f=0.3$。这是因为温度对壁面附近层流底层内的流体黏度产生影响，引起该区域内的速率分布变化，从而使整个截面上的速率分布也发生变化。由于加热和冷却时，流体黏度的变化不同，其准数关联式也不同。

应用条件：

定性温度：流体进出口温度的算术平均值。

特征尺寸：管内径 d_{i}。

应用范围：$Re>10^4$，$0.7<Pr<120$；管内壁面光滑；管长与管径之比 $L/d_{\mathrm{i}}\geqslant 50$。

对于高黏度的液体，采用如下修正公式：

$$Nu = 0.027Re^{0.8}Pr^{0.33}\left(\frac{\mu}{\mu_{\mathrm{w}}}\right)^{0.14} \tag{4.3.7}$$

式中：μ_{w}——壁温下的液体黏度；

μ——定性温度下的液体黏度。

应用条件：

定性温度：除黏度 μ_{w} 的温度为壁温外，其余均为流体进、出口温度的算术平均值。

特征尺寸：管内径 d_{i}。

应用范围：$0.7<Pr<16\ 700$；管内壁面光滑；管长与管径之比 $L/d_{\mathrm{i}}\geqslant 50$。

由式（4.3.6）和式（4.3.7）可知，湍流情况下，对流传热系数与流速的 0.8 次方成正比，与管径的 0.2 次方成反比。因此,提高流速或采用小直径的管道,都可以强化传热,其中提高流速更为有效。

对于 $L/d_i<50$ 的短管,由于进口段流体的速度和温度在不断变化,因此对流传热系数变化较大。进口段的传热边界层较薄,局部对流传热系数较充分发展段的大,且沿主流方向逐渐降低。如果边界层中出现湍流,则因湍流的扰动与混合作用,局部对流传热系数又会有所提高,再逐渐降低,趋于充分发展段的定值。为了修正进口段的影响,引入大于 1 的短管修正系数 φ_1,即

$$\varphi_1=1+\left(\frac{d_i}{L}\right)^{0.7}$$

将式(4.3.6)和式(4.3.7)进行修正,得

$$Nu=0.023\left[1+\left(\frac{d_i}{L}\right)^{0.7}\right]Re^{0.8}Pr^{f} \tag{4.3.8}$$

$$Nu=0.027\left[1+\left(\frac{d_i}{L}\right)^{0.7}\right]Re^{0.8}Pr^{0.33}\left(\frac{\mu}{\mu_w}\right)^{0.14} \tag{4.3.9}$$

2. 流体在圆形直管内呈层流状态流动

圆形直管内层流流动情况下的传热比较复杂,主要体现在两个方面:

(1) 层流流动下进口段影响较大:当流体的 Pr 接近于 1、Re 接近 2 000 时,进口段的长度大约为管径的100 倍;当流体的 Pr 大于 1,则进口段的长度可能超过管径的几千倍或上万倍,使得整个管长均在进口段范围内,因此在计算传热系数时应考虑进口段的影响。

(2) 往往需要考虑附加的自然对流传热的影响。

在小管径且流体和壁面的温差不大的情况下,$Gr<25\ 000$,自然对流的影响可以忽略。此时可以采用以下关联式

$$Nu=1.86Re^{\frac{1}{3}}Pr^{\frac{1}{3}}\left(\frac{d_i}{L}\right)^{\frac{1}{3}}\left(\frac{\mu_w}{\mu}\right)^{0.14} \tag{4.3.10}$$

应用条件:

定性温度:除黏度 μ_w 的温度为壁温外,其余均为流体进、出口温度的算术平均值。

特征尺寸:管内径 d_i。

应用范围:$Re<2\ 300,0.6<Pr<6\ 700,Re\cdot Pr\cdot\frac{d_i}{L}>10$。

当 $Gr>25\ 000$ 时,层流的温度差引起的自然对流对传热的影响不能忽略,此时可按上式计算对流传热系数,再乘以修正系数 η:

$$\eta=0.8(1+0.015Gr^{\frac{1}{3}}) \tag{4.3.11}$$

3. 流体在圆形直管内呈过渡流状态流动

对于 $2\ 300\leqslant Re\leqslant 10^4$ 时的过渡区,其传热情况非常复杂,对流传热系数可先用湍流时的经验关联式计算,再乘以小于 1 的修正系数 ϕ

$$\phi=1-\frac{6\times10^{5}}{Re^{1.8}} \tag{4.3.12}$$

4. 流体在圆形弯管内流动

流体流经弯管时，受到离心力的作用，横截面上的流体形成二次环流，结果使流体产生螺旋式的复杂运动，导致扰动加剧，层流底层变薄，传热系数加大。这种情况下，传热系数可先用直管的经验关联式计算，再乘以大于 1 的修正系数 ψ

$$\psi=1+1.77\frac{d_{i}}{R} \tag{4.3.13}$$

式中：R——弯管轴的曲率半径，m。

【例题 4.3.1】 常压下水在内径为 30 mm 的管中流动，温度由 20 ℃升高到 60 ℃，平均流速为 1.5 m/s。试求：

（1）水与管壁之间的对流传热系数；

（2）若流速增大为 2.5 m/s，则结果如何？

解：定性温度为(20+60)/2=40 ℃，则常压和 40 ℃下水的物性参数为 $\lambda=63.38\times10^{-2}$ W/(m·K)，$\mu=65.60\times10^{-5}$ Pa·s，$\rho=992.2$ kg/m^3，$c_p=4.174$ kJ/(kg·K)。

（1）水的平均流速为 1.5 m/s 时，有

$$Re=\frac{d_{i}u\rho}{\mu}=\frac{0.03\times1.5\times992.2}{65.60\times10^{-5}}=6.81\times10^{4} \quad \text{（呈强烈的湍流状态）}$$

$$Pr=\frac{\mu c_{p}}{\lambda}=\frac{65.60\times10^{-5}\times4.174\times10^{3}}{63.38\times10^{-2}}=4.32>0.7$$

故

$$\alpha=0.023\frac{\lambda}{d_{i}}Re^{0.8}Pr^{0.4}=0.023\frac{63.38\times10^{-2}}{0.03}(6.81\times10^{4})^{0.8}4.32^{0.4}\ \text{W/(m}^2\cdot\text{K)}$$
$$=6\ 416\ \text{W/(m}^2\cdot\text{K)}$$

（2）水的平均流速为 2.5 m/s 时，Pr 不变，则

$$Re=\frac{0.03\times2.5\times992.2}{65.60\times10^{-5}}=1.13\times10^{5} \quad \text{（仍为强烈的湍流状态）}$$

$$\alpha=0.023\frac{63.38\times10^{-2}}{0.03}(1.13\times10^{5})^{0.8}4.32^{0.4}\ \text{W/(m}^2\cdot\text{K)}=9\ 621\ \text{W/(m}^2\cdot\text{K)}$$

随着流速的增加，对流传热系数增大。

（四）大空间自然对流传热

在固体壁面与静止流体之间，由于流体内部存在温差而造成密度差，使流体在升浮力作用下流动，即产生自然对流，此时进行的对流传热称为自然对流传热。大空间自然对流传热是指固体壁面周围的自然对流不受空间限制或干扰的自然对流传热。换热过程中常用的换热设备、中温或高温反应器、热水或蒸汽管道等的热表面向周围大气的对流散热等，多属于这种情况。

图 4.3.2 所示为竖壁上流体作自然对流时的传热特征。在紧贴壁面处，流体的温度等

于壁面温度。若壁面温度高于环境流体的主体温度，则在壁面法向上，流体温度逐渐降低，直到与周围环境流体温度相同。一般情况下，温度场只存在于靠近壁面的薄层内，其温度分布曲线如图 4.3.2(a)所示。由于流体流动是温度差造成的，因此，流体的速度分布依赖于温度分布。紧贴壁面处，流体速度为零，而在边界层外缘处，由于不存在温度差，速度也为零，在两者之间存在一个最大值，如图 4.3.2(b)所示。

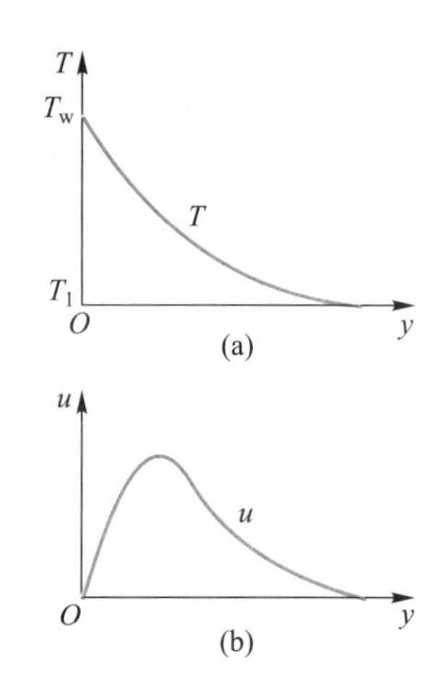

图 4.3.2 竖壁上流体作自然对流时的传热特征

经验表明，大空间自然对流传热系数与流体的性质、传热面积、传热面形状及传热面和流体间的温差有关，其中传热面形状只起次要的作用。传热系数可采用准数关联式计算，即

$$Nu=C(Gr\cdot Pr)^n \tag{4.3.14}$$

式中：常数 C 和指数 n 与传热表面的形状、位置及($Gr\cdot Pr$)的大小有关，见表 4.3.2。定性温度取壁面与流体平均温度的算术平均值，特征尺寸列于表中。

表 4.3.2 常见大空间自然对流时的 C 和 n 值

传热表面的形状和位置	$Gr\cdot Pr$	C	n	特征长度 L
竖直平板和圆柱	$10^4\sim10^9$	0.59	1/4	高度 L
	$10^9\sim10^{13}$	0.10	1/3	
水平圆柱	$10^4\sim10^9$	0.53	1/4	外径 d
	$10^9\sim10^{11}$	0.13	1/3	
水平板热面朝上或水平板冷面朝下	$2\times10^4\sim8\times10^6$	0.54	1/4	矩形取两边的平均值；圆盘取 0.9d
	$8\times10^6\sim10^{11}$	0.15	1/3	
水平板热面朝下或水平板冷面朝上	$10^5\sim10^{11}$	0.58	1/5	狭长条取短边

【例题 4.3.2】 水平放置的蒸气管道，外径为 100 mm。若管外壁温度为 100 ℃，大气温度为 20 ℃，试计算每米管道通过自然对流的散热量。

解：蒸气管道的散热属于大空间自然对流传热，其传热系数可用下式计算：

$$\alpha=C\frac{\lambda}{d_0}(Gr\cdot Pr)^n$$

定性温度为(100+20)/2=60 ℃，该温度下空气的物性数据为：$\lambda=0.02896$ W/(m·K)，$\mu=2.01\times10^{-5}$ Pa·s，$\rho=1.06$ kg/m^3，$Pr=0.696$，体积膨胀系数 $\beta=1/(273+60)=3.003\times10^{-3}$ K^{-1}，格拉斯霍夫数

$$Gr=\frac{d_0^3\rho^2\beta g\Delta T}{\mu^2}=\frac{0.1^3\times1.06^2\times3.003\times10^{-3}\times9.81\times(100-20)}{(2.01\times10^{-5})^2}=6.55\times10^6$$

$$Gr\times Pr=6.55\times10^6\times0.696=4.56\times10^6$$

查表，得 $C=0.53$，$n=1/4$，则

$$\alpha=0.53\times\frac{0.028\ 96}{0.1}\times(4.56\times10^{6})^{0.25}\ \mathrm{W/(m^2\cdot K)}=7.09\ \mathrm{W/(m^2\cdot K)}$$

$$\frac{Q}{L}=\alpha\pi d_0\Delta T=7.09\times3.14\times0.1\times(100-20)\ \mathrm{W/m}=178\ \mathrm{W/m}$$

（五）蒸气冷凝传热

环境工程中遇到的某些传热过程存在流体的相变过程，其中以冷凝传热居多。例如，利用饱和蒸气作为热媒加热冷水，蒸气在换热器中壁面的一侧放出潜热，在壁面上凝结成液体；在采用间接冷凝法去除废气中有机蒸气的过程中，有机蒸气在冷凝器的壁面上凝结成液体，从而实现废气的净化。

根据冷凝液对壁面的润湿情况，可将冷凝分为膜状冷凝和珠状冷凝。若冷凝液能够润湿壁面，则在壁面上形成一层液膜，壁面完全被冷凝液所覆盖，蒸气只能在液膜表面上冷凝，此种冷凝称为膜状冷凝；若冷凝液不能润湿表面，则由于表面张力的作用，在壁面上形成液滴，并逐渐长大，最后沿壁面落下，此种冷凝称为珠状冷凝。

在膜状冷凝过程中，固体壁面被液膜覆盖，蒸气冷凝放出的潜热必须通过液膜才能传给冷壁面。蒸气冷凝时有相的变化，一般热阻很小，因此膜状冷凝的热阻主要集中在冷凝液膜上；而珠状冷凝时，大部分壁面裸露在蒸气中，蒸气可以直接在壁面上冷凝，没有液膜引起的附加热阻，因此珠状冷凝的传热系数可比膜状冷凝高几倍到十几倍。为此，在工业冷凝器中常采用各种促进产生珠状冷凝的措施，以强化冷凝传热。尽管如此，要保持珠状冷凝是非常困难的，暴露在蒸气中的壁面经过一段时间后，大部分又变成可湿润的表面，成为膜状冷凝。因此，在进行设计计算时，通常总是将冷凝视为膜状冷凝。

在以水蒸气作为热媒的冷凝传热过程中，水蒸气可视为单一组分的蒸气，即纯蒸气。纯蒸气在壁面上冷凝的同时，不断有蒸气从气相主体迅速流至壁面，以补充空位。气相主体与壁面间的压差极小，因此纯饱和蒸气冷凝时，气相中没有温差，即气相中没有热阻，热阻几乎全部集中在液膜内。这是纯饱和蒸气冷凝的一个主要特点。

在膜状冷凝中，冷凝液在重力作用下沿壁面向下流动，同时由于蒸气在液膜表面冷凝，新的冷凝液不断加入，因此沿壁面从上至下将形成一个流量逐渐增加的液膜，相应地，膜的厚度也从上到下不断增大。故在竖壁或竖管上冷凝和在水平管外冷凝，其对流传热系数是有差别的。

1. 蒸气在竖壁或竖管上的膜状冷凝

图 4.3.3 所示为蒸气冷凝在垂直壁面上的液膜及其流动状态。蒸气冷凝所放出的潜热通过液膜传给壁面。在壁面的上部，由于流量小，流速低，液膜流动为层流。如果壁足够高，随着液膜的增厚，在壁的下部，液膜有可能发展为湍流。从层流变为湍流时的临界 Re 为 2 000。层流和湍流下的对流传热系数采用不同的经验公式进行计算。

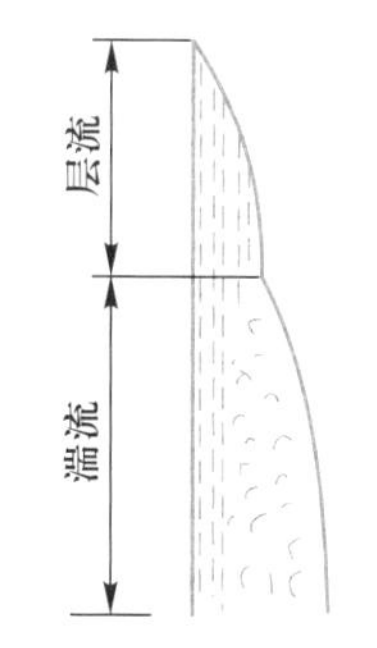

图 4.3.3 在垂直壁上的液膜及其流动状态

（1）液膜呈层流时（$Re<2\ 000$）的对流传热系数：当液膜流动呈层流状态时，热量主要以导热方式通过液膜。此时，可以在简化假

设的前提下，通过解析的方法推导对流传热系数的理论公式，然后通过实验检验对公式加以修正，得到对流传热系数的计算式，即

$$\alpha = 1.13\left(\frac{r\rho^2 g\lambda^3}{\mu L\Delta T}\right)^{1/4} \tag{4.3.15}$$

式中：r——蒸气的冷凝潜热，kJ/kg；

ΔT——液膜的温差，$\Delta T = T_s - T_w$，T_w 为竖壁面温度，T_s 为蒸气在操作压力下的饱和温度，K；

L——壁高，m；

ρ——液体的密度，kg/m^3。

除冷凝潜热 r 按饱和温度 T_s 确定外，其余物性数据均按液膜平均温度 $T_m = \frac{1}{2}(T_s + T_w)$ 确定。

用来判断冷凝传热液膜流态的 Re 按以下方法计算：设 S 为液膜的横截面积（m^2），q_m 为冷凝液的质量流量（kg/s），b 为润湿周边（m）（对于平壁，为壁的宽度；对于圆管，则为管外壁周长），则当量直径为

$$d_e = \frac{4S}{b}$$

雷诺数为

$$Re = \frac{d_e u\rho}{\mu} = \frac{\frac{4S}{b}\frac{q_m}{S}}{\mu} = \frac{4M}{\mu}$$

式中：M——单位时间单位润湿周边上流过的冷凝液量，称为冷凝负荷，kg/m·s，$M = \frac{q_m}{b}$。

（2）液膜呈湍流时（$Re > 2\ 000$）的对流传热系数：液膜呈湍流时的对流传热系数目前还完全是依靠实验测得，其关系式为

$$\alpha = 0.068\left(\frac{r\rho^2 g\lambda^3}{\mu L\Delta T}\right)^{1/3} \tag{4.3.16}$$

2. 在水平管外的冷凝

蒸气在水平管外冷凝时，由于管径通常都比较小，故液膜一般都处于层流状态。因此，可应用与竖壁上冷凝类似的方法，推得蒸气在水平管外冷凝时的对流传热系数关系式，即

$$\alpha = 0.725\left(\frac{r\rho^2 g\lambda^3}{\mu d_0\Delta T}\right)^{1/4} \tag{4.3.17}$$

式中：d_0——管外径。

工业上常用的列管式冷凝器都由水平管束组成。蒸气在水平管束上冷凝有以下特点：第一排管的冷凝情况与水平放置的单根圆管相同；其他各排管的冷凝情况要受到其上部各排管流下的冷凝液的影响。如果上排流下的冷凝液只是平稳地流至下一排，会使下一排液

膜变厚,使换热减弱。但实际上,冷凝液不是平稳下落的,它在下落时会产生一定的撞击和飞溅,从而使下一排管上的冷凝液受到附加的扰动,使换热增强。这种附加的扰动与冷凝负荷、冷凝液的物性及管的间距等因素有关。因此管束的影响相当复杂,目前还未能总结出普遍适用的规律。科恩(Kern)推荐用下式计算,即

$$\alpha=0.725\left(\frac{r\rho^{2}g\lambda^{3}}{\mu n^{2/3}d_{0}\Delta T}\right)^{1/4} \tag{4.3.18}$$

式中:n——水平管束在垂直列上的管数。

3. 影响冷凝传热的因素

前已述及,单一饱和蒸气冷凝时,热阻集中在冷凝液膜内,对一定的组分,液膜的厚度及其流动状况是影响冷凝传热的关键。因此,凡是影响液膜状况的因素都将影响冷凝传热。

(1) 流体的物性:冷凝液的密度越大,黏度越小,则液膜的厚度越小,冷凝传热系数 α 就越大。导热系数增加也有利于传热。冷凝潜热大,则在同样的热负荷下冷凝液减少,液膜变薄,α 增大。在所有的物质中,水蒸气的冷凝传热系数最大,通常情况下可达 10^4 W/(m^2·K)左右。

(2) 冷凝液膜两侧的温差:液膜的温差为 $\Delta T=T_s-T_w$。当液膜呈层流流动时,如果液膜两侧的温差加大,则蒸气冷凝速率增加,由此导致液膜增厚,使得冷凝传热系数下降。

(3) 蒸气流速和流向:当蒸气流速不大时,蒸气与液膜之间的摩擦力可以忽略。但当蒸气流速较大时,则会影响液膜的流动和传热。若蒸气和液膜的流动方向相同,这种力的作用将使液膜减薄,并促使液膜产生一定的波动,从而使冷凝传热系数增大。当蒸气和液膜流向相反时,摩擦力会阻碍液膜流动,使液膜增厚,传热减弱。但是,当这种力的作用超过重力时,液膜会被蒸气带动而脱离壁面,反而使 α 急剧增大。蒸气流速对 α 的影响和蒸气压力有关,随着压力增大,影响加剧。

(4) 不凝性气体:上面讨论的为纯蒸气的冷凝。在实际工程中,蒸气内常含有不凝性气体,如空气,所以当蒸气冷凝时,不凝性气体在液膜表面形成一层不凝性气体富集的气体膜。这样,可凝性蒸气抵达液膜表面进行冷凝之前,必须以扩散方式通过气膜。扩散过程的阻力引起蒸气分压及相应的饱和温度下降,使液膜表面的温度低于蒸气主体温度。这相当于附加一额外热阻,使蒸气冷凝的对流传热系数大为降低。

在静止的蒸气中,即使不凝性气体含量只有1%,也能使冷凝传热系数降低60%左右。因此,在冷凝器的设计和操作中,都必须设法不断排出不凝性气体,使其不致集聚。蒸气中不凝性气体影响的大小和蒸气流速有关,提高蒸气流速,可减弱不凝性气体的影响。

【例题 4.3.3】 101.325 kPa 的苯蒸气在垂直放置的管外冷凝,管外径 30 mm,管长 3 m。已知苯蒸气冷凝温度为 80 ℃,管外壁温度为 60 ℃。试求:

(1) 苯蒸气的冷凝传热系数;

(2) 若此管改为水平放置,其冷凝传热系数又为多少?

解:定性温度为[(80+60)/2] ℃ = 70 ℃,该温度下苯的物性数据为:$\lambda=0.131$ W/(m·K),$\mu=0.34\times10^{-3}$ Pa·s,$\rho=830$ kg/m^3。

苯在饱和温度 80 ℃时的冷凝潜热 $r=3.96\times10^5$ J/kg。

(1) 管垂直放置时,先假定为层流,则冷凝传热系数

$$\alpha_{垂直}=1.13\left(\frac{r\rho^2 g\lambda^3}{\mu L\Delta T}\right)^{1/4}=1.13\times\left[\frac{3.96\times10^5\times830^2\times9.81\times0.131^3}{0.34\times10^{-3}\times3\times(80-60)}\right]^{1/4}\ \mathrm{W/(m^2\cdot K)}$$
$$=832.7\ \mathrm{W/(m^2\cdot K)}$$

验算 Re:

$$Re=\frac{4M}{\mu}=\frac{4q_m}{\pi d_0\mu}=\frac{4Q}{\pi d_0 r\mu}$$

因为 $Q=\alpha A\Delta T$

所以 $Re=\dfrac{4\alpha\pi d_0 L\Delta T}{\pi d_0 r\mu}=\dfrac{4\alpha L\Delta T}{r\mu}=\dfrac{4\times832.7\times3\times(80-60)}{3.96\times10^5\times0.34\times10^{-3}}=1\ 484.3<2\ 000$

为层流,假定正确。

(2) 管水平放置时,则

$$\alpha_{水平}=0.725\left(\frac{r\rho^2 g\lambda^3}{\mu d_0\Delta T}\right)^{1/4}$$
$$\frac{\alpha_{水平}}{\alpha_{垂直}}=\frac{0.725}{1.13}\times\left(\frac{L}{d_0}\right)^{1/4}=\frac{0.725}{1.13}\times\left(\frac{3}{0.03}\right)^{1/4}=2.03$$
$$\alpha_{水平}=2.03\times\alpha_{垂直}=1\ 690.4\ \mathrm{W/(m^2\cdot K)}$$

可见,当液膜流动为层流时,垂直放置时的冷凝传热系数小于水平放置时的冷凝传热系数。

五、保温层的临界直径

当设备或管道与环境存在温差时,为了保持其内部物料的温度,常需在设备或管道外部包裹保温材料。一般情况下,热损失随保温层厚度的增加而减小。但对于小直径的管道,则可能出现相反的情况,即随保温层厚度的增加,热损失加大。这是由对流传热的影响造成的。

设保温层的内表面温度为 T_{c1},周围环境温度为 T_f。保温层的内、外径分别为 d_1 和 d_2,保温层外表面对环境的对流传热系数为 α。在稳态传热时,根据串联热阻叠加原则,传热的热阻为保温层的导热热阻和保温层与环境间对流传热热阻之和,管道的热损失可写成

$$Q=\frac{T_{c1}-T_f}{\dfrac{\ln(d_2/d_1)}{2\pi\lambda L}+\dfrac{1}{\pi d_2 L\alpha}}=\frac{T_{c1}-T_f}{R_1+R_2} \tag{4.3.19}$$

$$R_1=\frac{\ln(d_2/d_1)}{2\pi\lambda L}$$

$$R_2=\frac{1}{\pi d_2 L\alpha}$$

式中:R_1——保温层导热热阻,K/W;

R_2——保温层外表面对环境的对流传热热阻,K/W。

由式(4.3.19)可以看出,与平壁保温不同,当保温层厚度增加(即 d_2 增大)时,虽然导热热阻增加,但对流传热热阻由于表面积增加而下降。因此,热损失随 d_2 增大而变化的情况取决于两热阻之和的变化。将式(4.3.19)对 d_2 求导,并令其等于零,即

$$\frac{\mathrm{d}Q}{\mathrm{d}d_2}=-\frac{\pi L(T_{\mathrm{c1}}-T_{\mathrm{f}})\left(\frac{1}{2\lambda d_2}-\frac{1}{\alpha d_2^2}\right)}{\left[\frac{\ln(d_2/d_1)}{2\lambda}+\frac{1}{d_2\alpha}\right]^2}=0$$

由此得到热损失 Q 为最大值时的保温层直径

$$d_2=\frac{2\lambda}{\alpha}=d_{\mathrm{c}}$$

d_{c} 称为保温层的临界直径,$0.5(d_{\mathrm{c}}-d_1)$ 为保温层的临界厚度。如果保温层的外径小于临界直径,即 $d_2<d_{\mathrm{c}}$,则 $\frac{\mathrm{d}Q}{\mathrm{d}d_2}$ 为正值,即增加保温层的厚度反而使热损失增加。

【例题 4.3.4】 外径为 25 mm 的钢管,其外壁温度保持 350 ℃,为减少热损失,在管外包一层导热系数为 0.2 W/(m·K)的保温材料。已知保温层外壁对空气的对流传热系数近似为10 W/(m²·K),空气温度为 20 ℃。试求:

(1) 保温层厚度分别为 2 mm,5 mm 和 7 mm 时,每米管长的热损失及保温层外表面的温度;

(2) 保温层厚度为多少时热损失量最大?此时每米管长的热损失及保温层外表面的温度各为多少?

(3) 若要起到保温作用,保温层厚度至少为多少?假设保温层厚度对管外空气对流传热系数的影响可忽略。

解:(1) 根据式(4.3.19),每米管长的热损失为

$$\frac{Q}{L}=\frac{T_{\mathrm{c1}}-T_{\mathrm{f}}}{\frac{\ln(d_2/d_1)}{2\pi\lambda}+\frac{1}{\pi d_2\alpha}}=\frac{350-20}{\frac{\ln(d_2/0.025)}{2\pi\times0.2}+\frac{1}{\pi\times d_2\times10}}$$

设保温层外表面温度为 T_1。稳态传热时,各层传热速率相等,即

$$\frac{Q}{L}=\frac{T_{\mathrm{c1}}-T_{\mathrm{f}}}{\frac{\ln(d_2/d_1)}{2\pi\lambda}+\frac{1}{\pi d_2\alpha}}=\frac{T_1-T_{\mathrm{f}}}{\frac{1}{\pi d_2\alpha}}$$

故

$$T_1=T_{\mathrm{f}}+\frac{Q}{L}\cdot\frac{1}{\pi d_2\alpha}$$

当保温层厚度为 2 mm 时,$d_2=0.029$ m,则

$$\frac{Q}{L}=\frac{350-20}{\frac{\ln(0.029/0.025)}{2\pi\times0.2}+\frac{1}{\pi\times0.029\times10}}\ \mathrm{W/m}=271.3\ \mathrm{W/m}$$

$$T_1=\left(20+271.3\times\frac{1}{\pi\times0.029\times10}\right)\ ℃=318\ ℃$$

同理,当保温层厚度为 5 mm 时,$d_2=0.035$ m,有

$$\frac{Q}{L}=280.0\ \text{W/m}$$

$$T_1=275\ ℃$$

当保温层厚度为 7 mm 时,$d_2=0.039$ m,有

$$\frac{Q}{L}=281.6\ \text{W/m}$$

$$T_1=250\ ℃$$

可见,在保温层为 2~7 mm 时,随着厚度的增加,热损失量增加。

(2) 热损失达到最大值时,保温层直径为临界直径,即

$$d_2=d_c=\frac{2\lambda}{\alpha}=\frac{2\times0.2}{10}\ \text{m}=0.04\ \text{m}$$

保温层的临界厚度为

$$\frac{d_c-d_1}{2}=\frac{0.04-0.025}{2}\ \text{m}=0.0075\ \text{m}$$

此时,得

$$\frac{Q_{max}}{L}=281.9\ \text{W/m}$$

$$T_1=244\ ℃$$

(3) 为了起到保温作用,加保温层后应使热损失小于裸管时的热损失。因此保温层的外径应满足

$$\frac{Q}{L}=\frac{T_{c1}-T_f}{\dfrac{\ln(d_2/d_1)}{2\pi\lambda}+\dfrac{1}{\pi d_2\alpha}}=\frac{T_{c1}-T_f}{\dfrac{1}{\pi d_1\alpha}}$$

即

$$\frac{\ln(d_2/d_1)}{2\pi\lambda}+\frac{1}{\pi d_2\alpha}=\frac{1}{\pi d_1\alpha}$$

$$\frac{\ln(d_2/0.025)}{2\pi\times0.2}+\frac{1}{\pi\times d_2\times10}=\frac{1}{\pi\times0.025\times10}$$

解得 $d_2=0.07$ m,则保温层的厚度应大于

$$\frac{0.07-0.025}{2}\ \text{m}=0.0225\ \text{m}$$

可见,对于外径为 25 mm 的钢管,保温层厚度需大于 22.5 mm,才能起到保温作用。

第四节 换热器及间壁传热过程计算

在工程中,要实现热量交换,需要一定的设备,这种交换热量的设备统称为热交换器,也称为换热器。在环境工程中,冷水的加热、废水的预热、废气的冷却等,都需要应用换热器。本节将主要介绍工程中应用较多的间壁式换热器的形式,以及间壁传热过程的计算方法。

一、换热器的分类与间壁式换热器

换热器种类繁多,结构形式多样。工程上对换热器的分类有多种,其中按照换热器的用途可分为加热器、预热器、过热器、蒸发器、再沸器、冷却器和冷凝器等。加热器用于将流体加热到所需温度,被加热流体在加热过程中不发生相变,如热水供应系统的水加热器。预热器用于流体的预热,以提高工艺单元的效率。过热器用于加热饱和蒸汽,使其达到过热状态。蒸发器用于加热液体,使之蒸发汽化。再沸器为蒸馏过程的专用设备,用于加热已被冷凝的液体,使之再受热汽化。冷却器用于冷却流体,使之达到所需要的温度。冷凝器用于冷却凝结性饱和蒸汽,使之放出潜热而凝结液化。

按照冷、热流体热量交换的原理和方式,可将换热器分为间壁式、直接接触式和蓄热式三类,其中间壁式换热器在环境工程中应用最普遍,因此本节将作重点介绍。在间壁换热器中,冷热流体由壁面隔开而分别位于壁面的两侧。根据间壁式换热器换热面的形式,可将其分为管式换热器和板式换热器。

(一) 管式换热器

管式换热器主要有蛇管式换热器、套管式换热器和列管式换热器。

1. 蛇管式换热器

这种换热器是将金属管弯绕成各种与容器相适应的形状,多盘成蛇形,因此称为蛇管。常见的蛇管形状如图 4.4.1 所示。两种流体分别位于蛇管内外两侧,通过管壁进行热交换。蛇管换热器是管式换热器中结构最简单、操作最方便的一种换热设备。通常按换热方式的不同,将蛇管式换热器分为沉浸式和喷淋式两类。

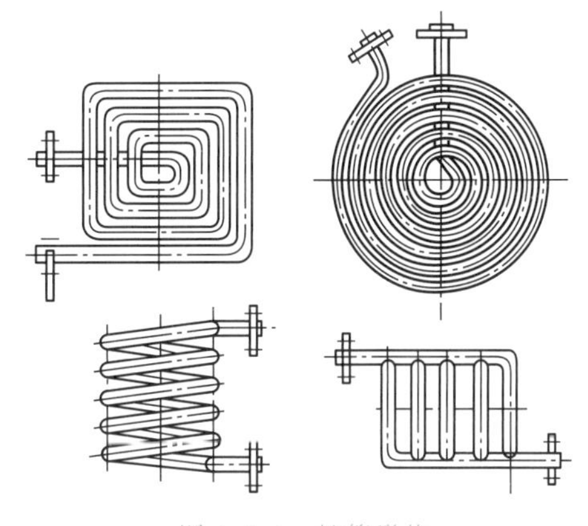
图 4.4.1　蛇管形状

(1) 沉浸式蛇管换热器。这种换热器将蛇管沉浸在容器内的液体中。沉浸式蛇管换热器结构简单,价格低廉,能承受高压,可用耐腐蚀材料制作。其缺点是容器内液体湍动程度低,管外对流传热系数小。为提高传热系数,可在容器中安装搅拌器,以提高传热效率。

(2) 喷淋式蛇管换热器。喷淋式蛇管换热器如图 4.4.2 所示,多用于冷却在管内流动的热流体。这种换热器是将蛇管排列在同一垂直面上,热流体自下部的管进入,由上面的管流出。冷水则由管上方的喷淋装置均匀地喷洒在上层蛇管上,并沿着管外表面淋沥而下,逐排流经下面的管外表面,最后进入下部水槽中。冷水在流过管表面时,与管内流体进行热交换。这种换热器的管外形成一层湍动程度较高的液膜,因此管外对流传热系数较大。另外,喷淋式蛇管换热器常置于室外空气流通处,冷却水在空气中汽化时也带走一部分热量,可提高冷却效果。因此,与沉浸式换热器相比,其传热效果要好得多。

2. 套管式换热器

套管式换热器(图 4.4.3)是由两种不同直径的直管套在一起制成的同心套管,其内管由 U 形肘管顺次连接，外管与外管相互连接。换热时一种流体在内管流动，另一种流体在环隙流动。每一段套管称为一程。

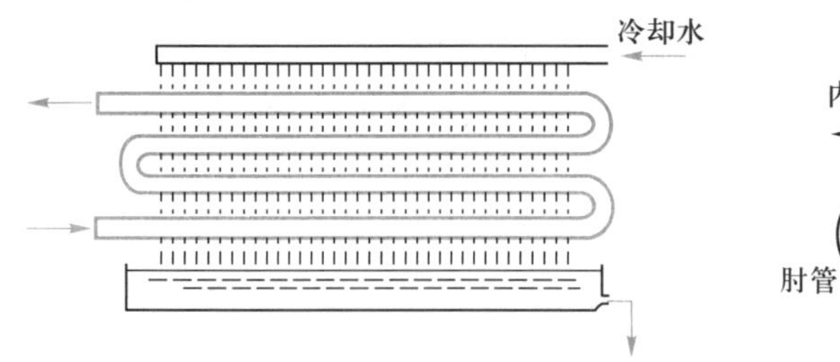

图 4.4.2 喷淋式蛇管换热器

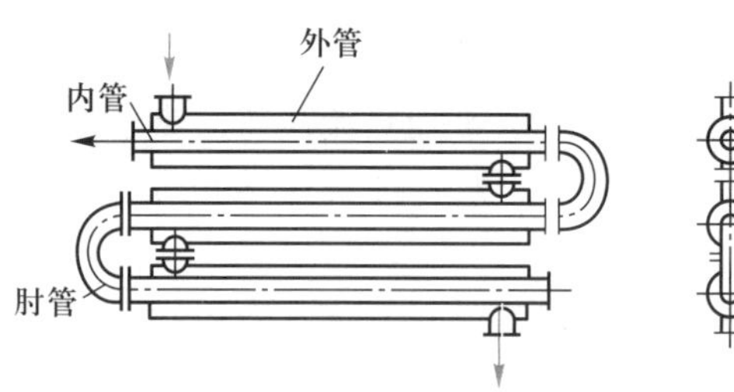

图 4.4.3 套管式换热器

套管式换热器

套管式换热器的优点是结构简单，耐高压，适当选择管的内外径，可使流速增大，且两种流体可以呈逆流流动，有利于传热。其缺点是单位传热面积的金属消耗量大，管接头多，易泄漏，检修不方便。该换热器适用于流量不大、所需传热面积不大而压力要求较高的情况。

3. 列管式换热器

列管式换热器在换热设备中占据主导地位，其优点是单位体积所具有的传热面积大，结构紧凑，坚固耐用，传热效果好，而且能用多种材料制造，因此适应性强，尤其在高温高压和大型装置中，多采用列管式换热器。

列管式换热器主要由壳体、管束、管板和封头等部分组成，如图 4.4.4 所示。壳体多呈圆柱形，内部装有平行管束，管束两端固定在管板上。一种流体在管内流动，另一种流体则在壳体内流动。壳体内往往按照一定数目设置与管束垂直的折流挡板，不仅可以防止短路、增加流体流速，而且可以迫使流体按照规定的路径多次错流经过管束，使湍动程度大大提高。常用的挡板有圆缺形和圆盘形两种，前者应用广泛，图 4.4.5 为两种挡板形式及壳内的折流情况。

列管式换热器

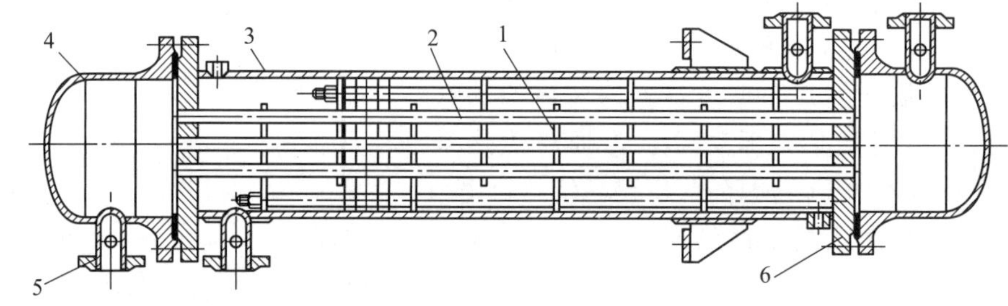

1—折流挡板；2—管束；3—壳体；4—封头；5—接管；6—管板

图 4.4.4 列管式换热器

流体在管内每通过一次称为一个管程，而每通过壳体一次称为一个壳程。图 4.4.4 所示为单壳程单管程换热器，通常称为 1-1 型换热器。为提高管内流体的流速，可在两端封头内设置隔板，将全部管子平均分为若干组。这样，流体可每次只通过部分管子而往返管束多次，称为多管程。同样，为提高管外流速，可在壳体内安装纵向挡板，使流体多次通过壳体空间，称为多壳程。图 4.4.6 为两壳程四管程（即 2-4 型）的列管式换热器示意图。

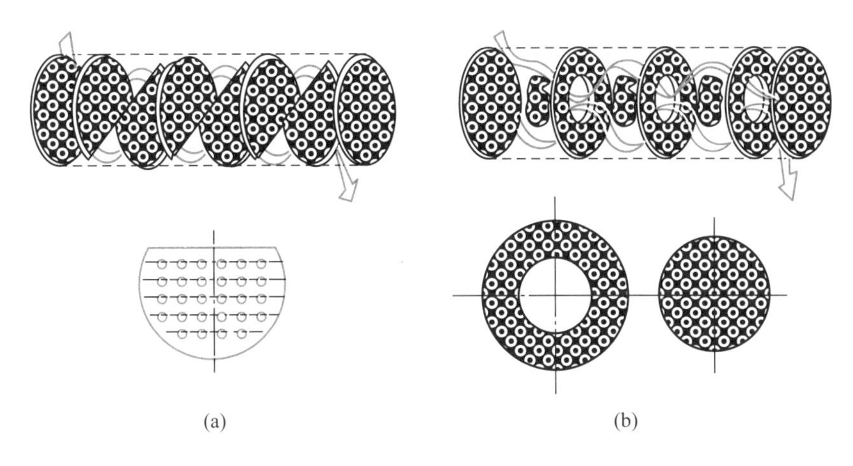

图 4.4.5　挡板形式及壳内的折流
(a) 圆缺形;(b) 圆盘形

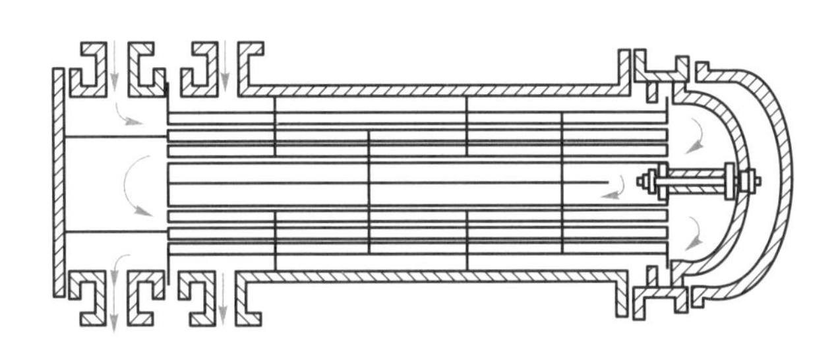

图 4.4.6　两壳程四管程的列管式换热器

列管式换热器在操作时,由于冷、热两流体温度不同,使壳体和管束的温度不同,其热膨胀程度也不同。如果两者温度差超过 50 ℃,就可能引起设备变形,甚至扭弯或破裂。因此,必须从结构上考虑热膨胀的影响,采用补偿方法,如一端管板不与壳体固定连接,或采用 U 形管,使管进出口安装在同一管板上,如图 4.4.7 所示,从而减小或消除热应力。

为了强化传热效果,可采取在传热面上增设翅片的措施,此时换热器称为翅片管式换热器,如图 4.4.7 所示。在传热面上加装翅片,不仅增大了传热面积,而且增强了流体的扰动程度,从而使传热过程强化。常用的翅片有纵向和横向两类,图 4.4.8 为常见的几种翅片形式。翅片与管表面的连接应紧密,否则连接处的接触热阻很大,影响传热效果。

当两种流体的对流传热系数相差较大时,在传热系数较小的一侧加装翅片,可以强化传热。例如,在气体的加热和冷却过程中,由于气体的对流传热系数很小,当与气体换热的另一流体是水蒸气或冷却水时,气体侧热阻将成为传热的控制因素,此时在气体侧加装翅片,可以起到强化换热器传热的作用。当然,加装翅片会使设备费提高,但当两种流体的对流传热系数之比超过 3∶1 时,采用翅片管式换热器在经济上是合理的。

采用空气作为冷却剂冷却热流体的翅片管式换热器,作为空气冷却器,被广泛用于工业中。用空冷代替水冷,可以节约水资源,具有较大的经济效益。

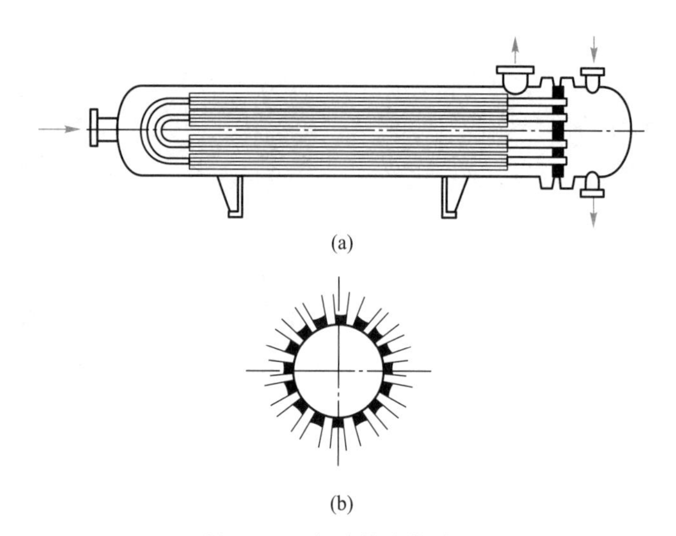

(a)

(b)

图 4.4.7 翅片管式换热器

(a) 翅片管式换热器;(b) 翅片管断面

(二) 板式换热器

1. 夹套式换热器

夹套式换热器是最简单的板式换热器,如图 4.4.9 所示,它是在容器外壁安装夹套制成,夹套与器壁之间形成的空间为加热介质或冷却介质的流体通道。这种换热器主要用于反应器的加热或冷却。在用蒸汽进行加热时,蒸汽由上部接管进入夹套,冷凝水由下部接管流出。作为冷却器时,冷却介质由夹套下部接管进入,由上部接管流出。

夹套式换热器结构简单,但其传热面受容器壁面的限制,且传热系数不高。为提高传热系数,可在容器内安装搅拌器。

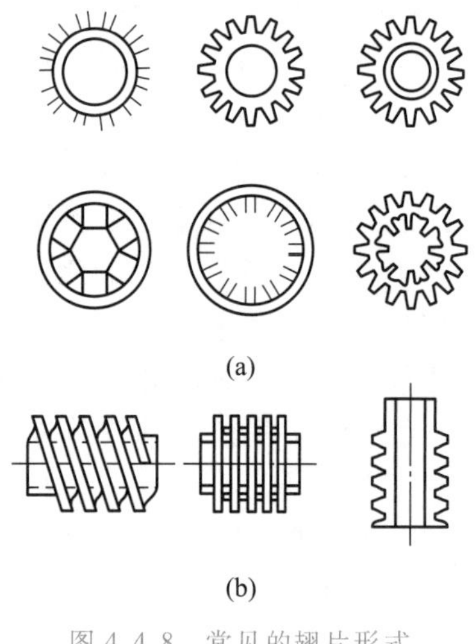

(a)

(b)

图 4.4.8 常见的翅片形式

(a) 纵向;(b) 横向

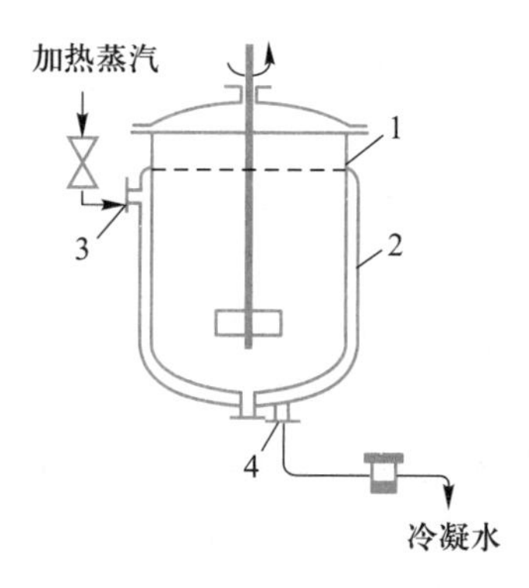

1—容器;2—夹套;

3—上部接管;4—下部接管

图 4.4.9 夹套式换热器

2. 平板式换热器

平板式换热器简称板式换热器,其外形如图 4.4.10(a)所示。它由一组长方形的薄金属板平行排列,夹紧组装于支架上构成。两相邻板片的边缘衬有垫片,压紧后板间形成密封的流体通道,且可用垫片的厚度调节通道的大小。每块板的四个角上各开一个圆孔,其中有两个圆孔和板面上的流道相通,另两个圆孔则不通。它们的位置在相邻板上是错开的,以分别形成两流体的通道。冷、热流体交替地在板片两侧流过,通过金属板片进行换热。流体流向如图 4.4.10(b)所示。板片是板式换热器的核心部件。为使流体均匀流过板面,增加传热面积,并促使流体湍动,常将板面冲压成凹凸的波纹状。

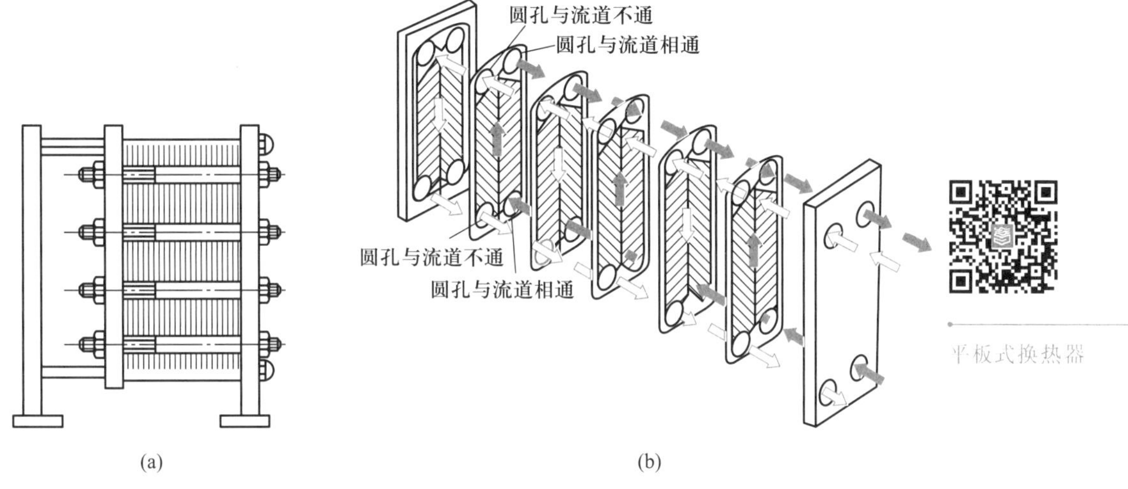

图 4.4.10　平板式换热器
(a) 外形简图;(b) 流体流向示意图

平板式换热器的优点是结构紧凑,单位体积设备所提供的换热面积大;组装灵活,可根据需要增减板数以调节传热面积;板面波纹使截面变化复杂,流体的扰动作用增强,具有较高的传热效率;拆装方便,有利于维修和清洗。其缺点是处理量小,操作压力和温度受密封垫片材料性能的限制而不宜过高。板式换热器适用于经常需要清洗、工作压力在 2.5 MPa 以下、温度在 -35~200 ℃范围内的情况。

二、间壁传热过程计算

如前所述,环境工程中应用较为广泛的是间壁换热器。在这类换热器中,冷、热流体通过间壁的热交换过程如图 4.4.11 所示。

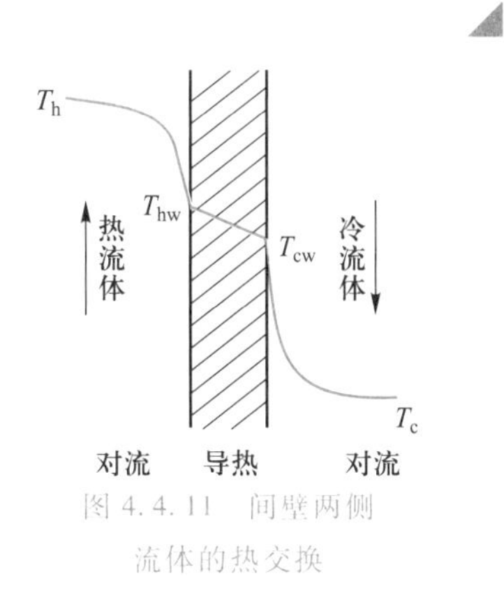

图 4.4.11　间壁两侧流体的热交换

热流体通过间壁传热给冷流体的过程分为三步:① 热量从热流体传给固体壁面;② 热量从间壁的热侧面传到冷侧面;③ 热量从固体壁面传给冷流体。

第②步通过固体壁面的传热为热传导过程,第①步和第③步为流体与固体壁面之间的传热,均为对流传热过程。

（一）总传热速率方程

令热侧流体温度为 T_h，壁温为 T_{hw}，面积为 A_1，对流传热系数为 α_1；冷侧流体温度为 T_c，壁温为 T_{cw}，面积为 A_2，对流传热系数为 α_2；间壁的长度与宽度远大于厚度 b，间壁导热系数为 λ，平均表面积为 A_m，热流仅沿厚度方向传递。

根据对流传热原理，热侧流体对壁面的对流传热速率为

$$Q_1=\alpha_1 A_1(T_h-T_{hw}) \tag{4.4.1}$$

冷侧流体对壁面的对流传热速率为

$$Q_2=\alpha_2 A_2(T_{cw}-T_c) \tag{4.4.2}$$

根据热传导原理，通过间壁的传热速率为

$$Q=\frac{\lambda}{b}A_m(T_{hw}-T_{cw}) \tag{4.4.3}$$

在稳态情况下，$Q_1=Q_2=Q$，联立求解式(4.4.1)、式(4.4.2)和式(4.4.3)，经整理，得

$$Q=\frac{T_h-T_c}{\dfrac{1}{\alpha_1 A_1}+\dfrac{b}{\lambda A_m}+\dfrac{1}{\alpha_2 A_2}} \tag{4.4.4}$$

传热过程总推动力为冷、热流体的温度差，即 $\Delta T=T_h-T_c$，传热总热阻为

$$R=\frac{1}{\alpha_1 A_1}+\frac{b}{\lambda A_m}+\frac{1}{\alpha_2 A_2}$$

即传热总热阻为各分热阻之和。

在工程上，为便于计算，定义总传热系数 K，其单位为 $W/(m^2 \cdot K)$，则式(4.4.4)可简化为

$$Q=KA\Delta T \tag{4.4.5}$$

式中：A——取定的面积，可为 A_1，A_2，A_m。

式(4.4.5)称为总传热速率方程，也称为传热基本方程。

（二）总传热系数

总传热系数 K 综合反映了间壁传热过程复合传热能力的大小。一般情况下，K 以外表面积为基准。当热侧为外侧时，K 满足下式

$$\frac{1}{KA_1}=\frac{1}{\alpha_1 A_1}+\frac{b}{\lambda A_m}+\frac{1}{\alpha_2 A_2}$$

因此

$$\frac{1}{K}=\frac{1}{\alpha_1}+\frac{bA_1}{\lambda A_m}+\frac{A_1}{\alpha_2 A_2} \tag{4.4.6}$$

对于平壁或薄管壁，$A_1 \approx A_2 \approx A_m$，则

$$\frac{1}{K}=\frac{1}{\alpha_1}+\frac{b}{\lambda}+\frac{1}{\alpha_2}$$

实际运行中的换热器，其传热表面常有污垢沉积，对传热产生附加热阻，该热阻称为污垢热阻。通常污垢热阻比间壁的导热热阻大得多，因此在设计中应考虑污垢热阻的影响。很多因素影响污垢的产生和厚度，包括物料的性质、传热壁面的材料、操作条件、设备结构、清洗周期等。由于污垢层的厚度及其导热系数难以准确估计，因此通常采用一些经验值，见附录11。

设管壁外侧为热流体，内侧为冷流体，外、内侧表面上单位传热面积的污垢热阻分别为 r_{S1} 和 r_{S2}，根据串联热阻叠加原则，式（4.4.6）可以表示为

$$\frac{1}{K}=\frac{1}{\alpha_1}+r_{S1}+\frac{bA_1}{\lambda A_m}+r_{S2}\frac{A_1}{A_2}+\frac{A_1}{\alpha_2 A_2} \tag{4.4.7}$$

式（4.4.7）表明，间壁两侧流体间传热总热阻等于两侧流体的对流传热热阻、污垢热阻及间壁导热热阻之和。

对于平壁或薄管壁，则有

$$\frac{1}{K}=\frac{1}{\alpha_1}+r_{S1}+\frac{b}{\lambda}+r_{S2}+\frac{1}{\alpha_2}$$

当间壁热阻$\left(\frac{b}{\lambda}\right)$和污垢热阻（$r_{S1}$，$r_{S2}$）可以忽略时，上式可简化为

$$\frac{1}{K}=\frac{1}{\alpha_1}+\frac{1}{\alpha_2}$$

若 $\alpha_2 \gg \alpha_1$，则$\frac{1}{K}\approx\frac{1}{\alpha_1}$，称为间壁外侧对流传热控制，此时欲提高 K 值，关键在于提高间壁外侧的对流传热系数；若 $\alpha_2 \ll \alpha_1$，则$\frac{1}{K}\approx\frac{1}{\alpha_2}$，称为间壁内侧对流传热控制，此时欲提高 K 值，关键在于提高间壁内侧的对流传热系数。同理，若污垢热阻很大，则称为污垢热阻控制，此时欲提高 K 值，必须设法减慢污垢形成速度，或及时清除污垢。

总传热系数 K 是表示换热设备性能的极为重要的参数，也是对换热设备进行传热计算的依据。为确定流体加热或冷却所需要的传热面积，必须知道传热系数的数值。因此，无论是研究换热设备的性能，还是设计换热设备，K 值都是需要掌握的最基本的参数。

总传热系数受流体物性、流场几何特性和流动特性等复杂因素影响，除在某些简单问题中可应用解析方法求得外，通常由实验测定。表4.4.1为常见的列管式换热器总传热系数 K 的经验值。

表 4.4.1 常见的列管式换热器总传热系数 K 的经验值

冷流体	热流体	总传热系数 $K/(W\cdot m^{-2}\cdot K^{-1})$
水	水	850~1 700
水	气体	17~280
水	有机溶剂	280~850
水	轻油	340~910
水	重油	60~280
有机溶剂	有机溶剂	115~340
水	水蒸气冷凝	1 420~4 250
气体	水蒸气冷凝	30~300
水	低沸点烃类冷凝	455~1 140
水沸腾	水蒸气冷凝	2 000~4 250
轻油沸腾	水蒸气冷凝	455~1 020

【例题 4.4.1】 一套管式空气冷却器，空气在管外横向流过，对流传热系数为 80 W/(m²·K)；冷却水在管内流过，对流传热系数为 5 000 W/(m²·K)。冷却管为 ϕ 25×2.5 mm 的钢管，其导热系数为 45 W/(m·K)。求：

(1) 该状态下的总传热系数；

(2) 若将管外对流传热系数提高 1 倍，其他条件不变，总传热系数如何变化？

(3) 若将管内对流传热系数提高 1 倍，其他条件不变，总传热系数如何变化？

解：(1) 以管外表面积为基准的总传热系数满足

$$\frac{1}{K}=\frac{1}{\alpha_1}+\frac{bA_1}{\lambda A_m}+\frac{A_1}{\alpha_2 A_2}$$

即

$$\frac{1}{K}=\frac{1}{\alpha_1}+\frac{bd_1}{\lambda d_m}+\frac{d_1}{\alpha_2 d_2}$$

$d_1=25$ mm，$d_2=20$ mm，所以

$$d_m=\frac{d_1-d_2}{\ln\dfrac{d_1}{d_2}}=\frac{25-20}{\ln\dfrac{25}{20}}\ \text{mm}=22.4\ \text{mm}$$

将已知条件代入公式，得

$$\begin{aligned}K&=\left(\frac{1}{80}+\frac{0.002\,5\times25}{45\times22.4}+\frac{25}{5\,000\times20}\right)^{-1}\ \text{W/(m}^2\cdot\text{K)}\\&=(0.012\,5+0.000\,062+0.000\,25)^{-1}\ \text{W/(m}^2\cdot\text{K)}\\&=78.1\ \text{W/(m}^2\cdot\text{K)}\end{aligned}$$

（2）若 α_1 提高 1 倍，则

$$K=\left(\frac{1}{2\times80}+\frac{0.0025\times25}{45\times22.4}+\frac{25}{5000\times20}\right)^{-1}\ \mathrm{W/(m^2\cdot K)}$$
$$=(0.00625+0.000062+0.00025)^{-1}\ \mathrm{W/(m^2\cdot K)}$$
$$=152.4\ \mathrm{W/(m^2\cdot K)}$$

（3）若 α_2 提高 1 倍，则

$$K=\left(\frac{1}{80}+\frac{0.0025\times25}{45\times22.4}+\frac{25}{2\times5000\times20}\right)^{-1}\ \mathrm{W/(m^2\cdot K)}$$
$$=(0.0125+0.000062+0.000125)^{-1}\ \mathrm{W/(m^2\cdot K)}$$
$$=78.8\ \mathrm{W/(m^2\cdot K)}$$

由以上例题可见，气侧热阻远大于水侧热阻。因此，增加气侧对流传热系数，所引起的总传热系数的提高远远大于增加水侧对流传热系数。

（三）传热推动力——平均温差

在间壁式换热器的传热计算中，冷、热流体的温度差是传热过程的推动力，它与换热器中两流体的温度变化情况及两流体的相互流动方向有关。根据两流体的温度变化情况，可将传热过程分为恒温传热和变温传热。

1. 恒温传热时的平均温差

换热器中，当间壁两侧的流体均存在相变时，两流体的温度可以分别保持不变，这种传热称为恒温传热。例如，蒸发器中饱和蒸气和沸腾液体间的传热即是恒温传热。此时，冷、热流体的温度均不随位置变化，两者间温度差处处相等，即

$$\Delta T=T_h-T_c$$

式中：T_h——热流体的温度，K；

T_c——冷流体的温度，K；

ΔT——冷、热流体的温差，K。

2. 变温传热时的平均温差

若换热器中间壁两侧流体的温度发生变化，如一侧流体没有相变或两侧流体均无相变，流体温度沿流动方向变化，则传热温差也沿程变化，这种传热称为变温传热。变温传热时，两流体的相互流向影响传热的平均温差。

根据冷、热流体间的相互流动方向，换热器内流体流动形式如图 4.4.12 所示。两者平行且同向的流动，称为并流；两者平行而反向的流动，称为逆流；垂直交叉的流动，称为错流；一种流体只沿一个方向流动，而另一种流体反复折流，称为折流；若两流体均折流，或既有折流，又有错流，则称为复杂折流或混合流。不同的流动形式对温度差的影响不同，故应分别讨论。

（1）逆流和并流时的传热温差：图 4.4.13 为套管式换热器逆流和并流时冷、热流体沿程温度变化曲线。热流体沿程放出热量而温度不断下降，冷流体沿程吸热而温度升高，冷、热流体间的温度差沿程不断变化。下面以逆流为例，推导计算平均温差的通式。

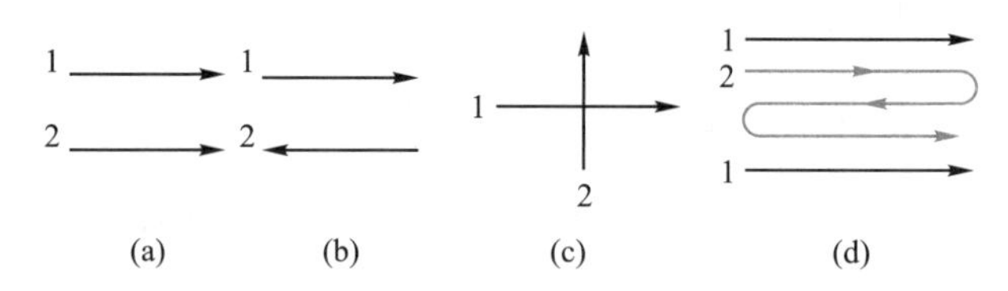

图 4.4.12 换热器内流体流动形式示意图

(a) 并流;(b) 逆流;(c) 错流;(d) 折流

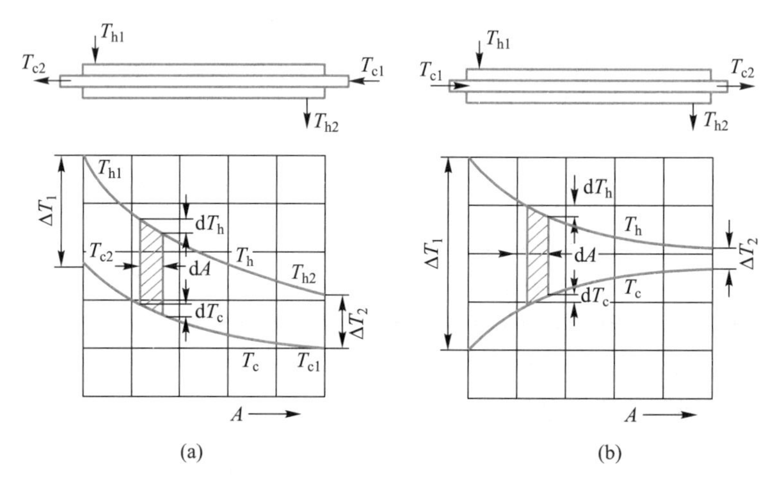

图 4.4.13 套管式换热器冷热流体沿程温度变化曲线

(a) 逆流;(b) 并流

设热流体进出口的温度分别为 T_{h1} 和 T_{h2},冷流体进出口的温度分别为 T_{c1} 和 T_{c2}。假定:① 换热器在稳态情况下操作,热、冷流体的质量流量 q_{mh} 和 q_{mc} 沿换热面为常数;② 流体的比定压热容 c_{ph} 和 c_{pc} 及传热系数沿换热面不变;③ 换热器无热损失;④ 换热面沿流动方向的导热量可以忽略不计。除了部分换热面发生相变的换热器外,上述假设适用于大多数间壁式换热器。

在换热器中取换热面面积为 dA 的微元,在微元中热流体的温度为 T_h,冷流体的温度为 T_c,两者之间的温差为 ΔT,即

$$\Delta T = T_h - T_c \tag{4.4.8}$$

通过微元面 dA 的传热量为

$$dQ = K(T_h - T_c)dA = K\Delta T dA \tag{4.4.9}$$

在微元面积 ΔA 中,热流体放出热量 dQ 后,温度下降了 dT_h,冷流体得到热量 dQ 后,温度上升了 dT_c。沿着热流体的流向,经 dA 后两流体温度均下降。分别对热流体和冷流体进行热量衡算,得

$$dQ = -q_{mh}c_{ph}dT_h \qquad dT_h = -\frac{dQ}{q_{mh}c_{ph}} \tag{4.4.10}$$

$$\mathrm{d}Q=-q_{mc}c_{pc}\mathrm{d}T_{c} \qquad \mathrm{d}T_{c}=-\frac{\mathrm{d}Q}{q_{mc}c_{pc}} \tag{4.4.11}$$

对(4.4.8)式微分，得

$$\mathrm{d}(\Delta T)=\mathrm{d}T_{h}-\mathrm{d}T_{c} \tag{4.4.12}$$

将式(4.4.10)和式(4.4.11)代入式(4.4.12)，得

$$\mathrm{d}(\Delta T)=\left(\frac{1}{q_{mc}c_{pc}}-\frac{1}{q_{mh}c_{ph}}\right)\mathrm{d}Q$$

或

$$\mathrm{d}Q=\frac{\mathrm{d}(\Delta T)}{\dfrac{1}{q_{mc}c_{pc}}-\dfrac{1}{q_{mh}c_{ph}}} \tag{4.4.13}$$

用 ΔT_1 和 ΔT_2 分别表示换热器两端两流体的温差，并对(4.4.13)式积分，得

$$Q=\frac{\Delta T_{2}-\Delta T_{1}}{\dfrac{1}{q_{mc}c_{pc}}-\dfrac{1}{q_{mh}c_{ph}}}$$

或写成

$$\frac{1}{q_{mc}c_{pc}}-\frac{1}{q_{mh}c_{ph}}=\frac{\Delta T_{2}-\Delta T_{1}}{Q} \tag{4.4.14}$$

联立式(4.4.9)和式(4.4.13)，得

$$K\Delta T\mathrm{d}A=\frac{\mathrm{d}(\Delta T)}{\dfrac{1}{q_{mc}c_{pc}}-\dfrac{1}{q_{mh}c_{ph}}}$$

或

$$\left(\frac{1}{q_{mc}c_{pc}}-\frac{1}{q_{mh}c_{ph}}\right)K\mathrm{d}A=\frac{\mathrm{d}(\Delta T)}{\Delta T}$$

对上式积分，并将式(4.4.14)代入，得

$$\frac{\Delta T_{2}-\Delta T_{1}}{Q}KA=\ln\frac{\Delta T_{2}}{\Delta T_{1}}$$

或

$$Q=KA\frac{\Delta T_{2}-\Delta T_{1}}{\ln\dfrac{\Delta T_{2}}{\Delta T_{1}}}=KA\Delta T_{m}$$

其中

$$\Delta T_{m}=\frac{\Delta T_{2}-\Delta T_{1}}{\ln\dfrac{\Delta T_{2}}{\Delta T_{1}}} \tag{4.4.15}$$

由此可见，在上述假定条件下，平均传热温差等于换热器两端处温差的对数平均值，称为对数平均温差。对于并流操作的换热器，同样可以导出与式(4.4.15)相同的结果。因此，式(4.4.15)是计算并流和逆流情况下平均温差的通式。为了计算方便，通常将换热器两端温差大的数值写成 ΔT_2，温差小的写成 ΔT_1。当 $\Delta T_2/\Delta T_1<2$ 时，对数平均值与算术平均值 $\frac{1}{2}(\Delta T_1+\Delta T_2)$ 的差小于 4%，此时在工程计算中可以用算术平均值代替对数平均值。

【例题 4.4.2】 在套管换热器中用冷水将 100 ℃的热水冷却到 60 ℃，冷水温度从 20 ℃升至 30 ℃。试求在这种温度条件下，逆流和并流时的平均温差。

解：逆流时，有

$$\Delta T_1=(60-20)\ ℃=40\ ℃,\ \Delta T_2=(100-30)\ ℃=70\ ℃$$

$$\Delta T_{m,逆}=\frac{\Delta T_2-\Delta T_1}{\ln\frac{\Delta T_2}{\Delta T_1}}=\frac{70-40}{\ln\frac{70}{40}}\ ℃=53.6\ ℃$$

由于 $\frac{\Delta T_2}{\Delta T_1}=\frac{70}{40}=1.75<2$，所以也可以采用算术平均值计算，即

$$\Delta T_{m,逆}=\frac{\Delta T_2+\Delta T_1}{2}=\frac{70+40}{2}\ ℃=55.0\ ℃$$

并流时，有

$$\Delta T_1=(60-30)\ ℃=30\ ℃,\ \Delta T_2=(100-20)\ ℃=80\ ℃$$

$$\Delta T_{m,并}=\frac{\Delta T_2-\Delta T_1}{\ln\frac{\Delta T_2}{\Delta T_1}}=\frac{80-30}{\ln\frac{80}{30}}\ ℃=51.0\ ℃$$

由例题计算结果可以看出，在冷、热流体的初、终温度相同的条件下，逆流的平均温差较并流的大。因此，在换热器的传热量 Q 及总传热系数 K 相同的条件下，采用逆流操作可以节省传热面积，减少设备费；或可以减少换热介质的流量，降低运行费。因此，在实际工程中多采用逆流操作。

(2) 错流和折流时的传热温差：为了强化传热，列管式换热器的管程或壳程常常为多程，流体经过两次或多次折流后再流出换热器，这使换热器内流体流动的形式偏离纯粹的逆流和并流，因而使平均温差的计算更为复杂。为便于计算，通常采用图算法，即先按逆流计算对数平均温差，再乘以温度修正系数。温度修正系数与流动形式有关，可利用算图查到。因此，平均温差为

$$\Delta T_m=\varphi_{\Delta T}\Delta T'_m \tag{4.4.16}$$

式中：$\Delta T'_m$——按逆流计算的对数平均温差，K；

$\varphi_{\Delta T}$——温度修正系数，量纲为 1。

温度修正系数 $\varphi_{\Delta T}$ 与换热器内流体温度变化有关，对于不同的流动方式，用冷、热流体的温度计算因数 P 和 R 表示这种变化：

$$P=\frac{T_{c2}-T_{c1}}{T_{h1}-T_{c1}}$$

$$R=\frac{T_{h1}-T_{h2}}{T_{c2}-T_{c1}}$$

则

$$\varphi_{\Delta T}=f(P,R)$$

$\varphi_{\Delta T}$值可根据换热器的形式,由图 4.4.14 查取。图中(a)、(b)、(c)、(d)的壳程分别为 1、2、3、4 程,每个壳程内的管程可以是 2、4、6 或 8 程。其他流动形式换热器的 $\varphi_{\Delta T}$值可查阅传热方面的书籍或手册。可见,$\varphi_{\Delta T}<1$,即错流和折流时的传热温差小于逆流时的温差。工程上采用折流和其他复杂流动的目的是提高传热系数,其代价是使平均温差减少。因此,在设计时最好使 $\varphi_{\Delta T}>0.9$;当 $\varphi_{\Delta T}<0.8$ 时,经济上不合理,应另选其他形式,如增加壳程数,或将多台换热器串联使用,以使传热过程接近逆流。

(四) 传热单元数法

传热单元数(NTU)法又称为传热效率-传热单元数(ε-NTU)法,是近年来发展起来的换热器计算方法,在换热器核算、热量回收利用和换热器系统最优化计算方面得到广泛应用。

虽然换热器的设计和校核都可以采用总传热速率方程,但是在换热器的校核中,通常是对给定尺寸和结构的换热器,确定流体的出口温度。由于出口温度未知,无法直接计算对数平均温差,因此需要反复试算,十分烦琐。而采用传热单元数(NTU)法,则可以方便地解决问题。

1. 换热器的传热效率

换热器的传热效率 ε 定义为

$$\varepsilon=\frac{Q}{Q_{max}}$$

式中:Q——实际传热量;

Q_{max}——最大可能传热量。

传热效率说明流体可用的热量被利用的程度。定义 ε 只作为计算传热的一种手段,该值并不表示换热器在经济上的优劣。

若换热器的热损失可以忽略,实际传热量等于冷流体吸收的热量或热流体放出的热量。当两流体均无相变时,有

$$Q=q_{mc}c_{pc}(T_{c2}-T_{c1})=q_{mh}c_{ph}(T_{h1}-T_{h2}) \tag{4.4.17}$$

无论在哪种换热器中,均有 $T_{h2}\geqslant T_{c1}$,$T_{c2}\leqslant T_{h1}$。因此,理论上换热器中可能达到的最大温差为冷、热流体进口的温差,即($T_{h1}-T_{c1}$)。此时流体在换热器中的传热量最大,称为最大可能传热量。由于在两流体中,热容量值较小的流体将具有较大的温度变化,因此当忽略热损失时,最大可能传热量可用下式表示,即

$$Q_{max}=(q_mc_p)_{min}(T_{h1}-T_{c1})$$

式中:$(q_mc_p)_{min}$——流体的热容流量,W/K,下标 min 表示两流体中热容流量较小者。

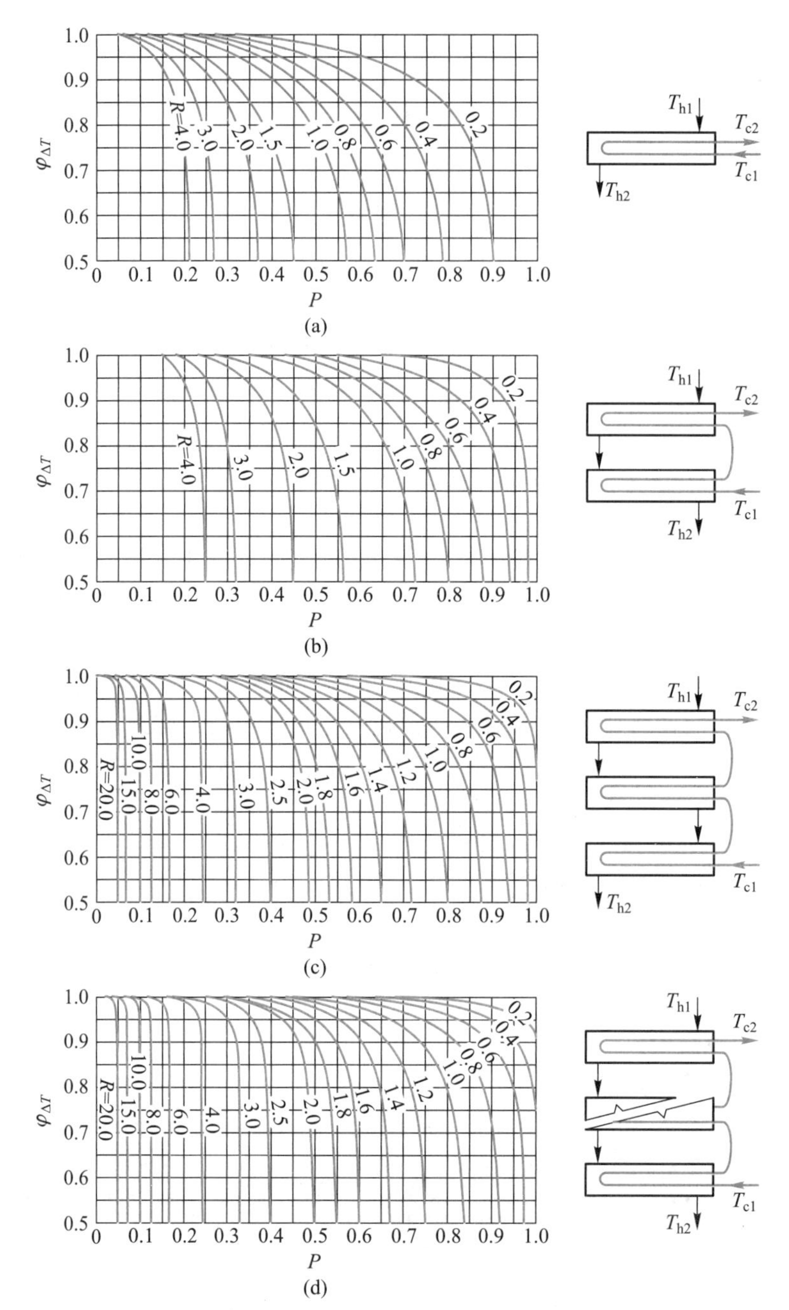

图 4.4.14 间壁传热过程对数平均温差修正系数 $\varphi_{\Delta T}$

(a) 单壳程;(b) 双壳程;(c) 三壳程;(d) 四壳程

若热流体的热容流量较小,则传热效率为

$$\varepsilon=\frac{q_{mh}c_{ph}(T_{h1}-T_{h2})}{q_{mh}c_{ph}(T_{h1}-T_{c1})}=\frac{T_{h1}-T_{h2}}{T_{h1}-T_{c1}}$$

若冷流体的热容流量较小,则传热效率为

$$\varepsilon=\frac{q_{mc}c_{pc}(T_{c2}-T_{c1})}{q_{mc}c_{pc}(T_{h1}-T_{c1})}=\frac{T_{c2}-T_{c1}}{T_{h1}-T_{c1}}$$

若已知传热效率,则可根据两流体的进口温度确定换热器的传热速率,即

$$Q=\varepsilon Q_{max}=\varepsilon(q_m c_p)_{min}(T_{h1}-T_{c1}) \tag{4.4.18}$$

求得 Q,即可根据热量衡算方程计算两流体的出口温度。为了确定换热器的传热效率,引入传热单元数的概念。

2. 传热单元数

由换热器的热量衡算及总传热速率方程,得

$$Q=-q_{mh}c_{ph}(T_{h_2}-T_{h1})=q_{mc}c_{pc}(T_{c1}-T_{c2})=KA\Delta T_m$$

对于冷流体,有

$$\frac{T_{c2}-T_{c1}}{\Delta T_m}=\frac{KA}{q_{mc}c_{pc}} \tag{4.4.19}$$

式中:ΔT_m——平均温差,即换热器两端温差的对数平均值。

令
$$NTU_c=\frac{T_{c2}-T_{c1}}{\Delta T_m}=\frac{KA}{q_{mc}c_{pc}} \tag{4.4.20}$$

NTU_c 称为以冷流体计的传热单元数。

同理,对于热流体,可得

$$NTU_h=\frac{T_{h1}-T_{h2}}{\Delta T_m}=\frac{KA}{q_{mh}c_{ph}} \tag{4.4.21}$$

NTU_h 称为以热流体计的传热单元数。

传热单元数是温度的无量纲函数,在数值上等于单位传热推动力引起流体温度变化的大小,表明换热器传热能力的强弱。传热推动力越大,所要求的温度变化越小,则所需要的传热单元数越少。

使用传热单元数方法进行传热计算时,应以热容流量小的流体为基准。因此,可以将式(4.4.20)或式(4.4.21)写成

$$NTU=\frac{KA}{(q_m c_p)_{min}} \tag{4.4.22}$$

若换热器中换热管的直径为 d,长度为 L,管数为 n,则式(4.4.22)可写为

$$NTU=\frac{K(n\pi dL)}{(q_m c_p)_{min}}$$

或
$$L=\frac{(q_m c_p)_{min}}{n\pi dK}(NTU)=H_{min}(NTU) \tag{4.4.23}$$

$$H_{\min}=\frac{(q_m c_p)_{\min}}{n\pi dK} \tag{4.4.24}$$

式中：$H_{\min}$——基于热容流量小的流体的传热单元长度，m。

因此，换热器的管长等于传热单元长度和传热单元数的乘积。传热单元长度是传热热阻的函数，总传热系数越大，传热单元长度越小，即传热所需的传热面积越小。

3. 传热效率和传热单元数的关系

传热效率和传热单元数的关系可以根据传热速率方程和热量衡算式导出。

对于单程并流换热器，经推导可得

$$\varepsilon=\frac{1-\exp[-\text{NTU}(1+c_{\text{R}})]}{1+c_{\text{R}}} \tag{4.4.25}$$

式中：NTU——热容流量小的流体的传热单元数；

c_{R}——两流体的热容流量比，即

$$c_{\text{R}}=\frac{(q_m c_p)_{\min}}{(q_m c_p)_{\max}}$$

对于单程逆流换热器，有

$$\varepsilon=\frac{1-\exp[-\text{NTU}(1-c_{\text{R}})]}{1-c_{\text{R}}\exp[-\text{NTU}(1-c_{\text{R}})]} \tag{4.4.26}$$

当任一流体发生相变时，即$(q_m c_p)_{\max}$趋于无穷大时，式(4.4.25)和式(4.4.26)可简化为

$$\varepsilon=1-\exp(-\text{NTU}) \tag{4.4.27}$$

当两种流体的热容流量相等时，$c_{\text{R}}=1$，式(4.4.25)和式(4.4.26)分别简化为

$$\varepsilon=\frac{1-\exp(-2\text{NTU})}{2} \tag{4.4.28}$$

$$\varepsilon=\frac{\text{NTU}}{1+\text{NTU}} \tag{4.4.29}$$

为便于计算，换热器的 ε-NTU 关系已经绘制成图，见图 4.4.15。对于其他比较复杂的流动形式，也可推导出 ε 与 NTU 和 c_{R} 的函数关系式，相关内容可参阅有关书籍。

4. 传热单元数法

采用传热单元数法进行换热器校核计算的具体步骤如下：① 根据换热器的操作工况，计算传热系数；② 计算传热单元数 NTU 和热容流量比 c_{R}；③ 根据换热器中流体流动的形式和 NTU，c_{R}，计算或利用算图查得相应的 ε；④ 根据冷、热流体进口温度等已知量，按式(4.4.18)计算传热速率 Q；⑤ 根据热量衡算计算冷、热流体的出口温度。

可见，用传热单元数法进行换热器的校核计算比较简便。由于传热系数 K 与流体的温度有关，在计算 K 值时，需先假设 T_{h2} 和 T_{c2}，待计算出流体的出口温度后，再加以校正。

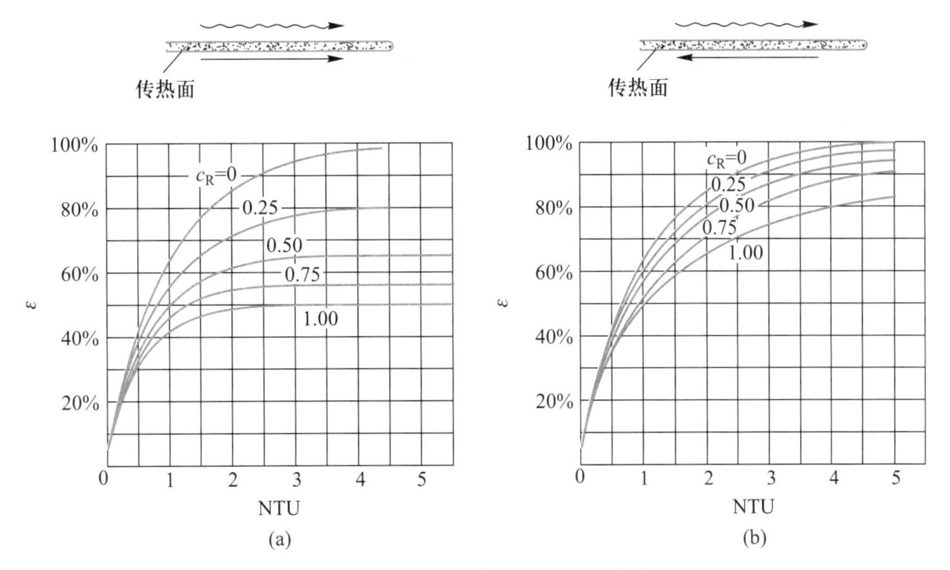

图 4.4.15　换热器的 ε-NTU 关系

（a）并流；（b）逆流

【例题 4.4.3】　工程中需要将油温从 100 ℃降低至 70 ℃，采用传热面积为 12 m^2 的套管式换热器，用 20 ℃的水作为冷却剂。油和水的质量流量分别为8 000 kg/h 和 2 000 kg/h，平均比热容分别为 1.9 kJ/(kg·K) 和 4.18 kJ/(kg·K)。试计算两流体呈逆流流动和并流流动时油和水的出口温度，采用哪种流动形式时可以满足要求？（假设换热器的传热系数在两种情况下均为300 W/(m^2·K)，热损失忽略不计。）

解：采用传热单元数法进行换热器校核计算，由已知条件，得

$$q_{mh}c_{ph}=\frac{8\ 000}{3\ 600}\times1\ 900\ \text{W/K}=4\ 222\ \text{W/K}$$

$$q_{mc}c_{pc}=\frac{2\ 000}{3\ 600}\times4\ 180\ \text{W/K}=2\ 322\ \text{W/K}$$

$$c_R=\frac{(q_mc_p)_{\min}}{(q_mc_p)_{\max}}=\frac{2\ 322}{4\ 222}=0.55$$

$$\text{NTU}=\frac{KA}{(q_mc_p)_{\min}}=\frac{300\times12}{2\ 322}=1.55$$

（1）逆流时：查图 4.4.15，得 $\varepsilon=0.69$，传热速率为

$$Q=\varepsilon(q_mc_p)_{\min}(T_{h1}-T_{c1})=0.69\times2\ 322\times(100-20)\ \text{W}=1.28\times10^5\ \text{W}$$

由热量衡算，得

$$Q=q_{mc}c_{pc}(T_{c2}-T_{c1})$$

$$T_{c2}=T_{c1}+\frac{Q}{q_{mc}c_{pc}}=\left(20+\frac{1.28\times10^5}{2\ 322}\right)\ ℃=75.1\ ℃$$

和

$$Q=q_{mh}c_{ph}(T_{h1}-T_{h2})$$

$$T_{h2}=T_{h1}-\frac{Q}{q_{mh}c_{ph}}=\left(100-\frac{1.28\times10^5}{4\ 222}\right)\ ℃=69.7\ ℃$$

（2）并流时：查图 4.4.15，得 $\varepsilon=0.59$，计算得

$$Q=0.59\times2\ 322\times(100-20)\ \mathrm{W}=1.10\times10^{5}\ \mathrm{W}$$

$$T_{c2}=T_{c1}+\frac{Q}{q_{mc}c_{pc}}=\left(20+\frac{1.10\times10^{5}}{2\ 322}\right)\ ℃=67.4\ ℃$$

$$T_{h2}=T_{h1}-\frac{Q}{q_{mh}c_{ph}}=\left(100-\frac{1.10\times10^{5}}{4\ 222}\right)\ ℃=73.9\ ℃$$

由计算结果可知，逆流时油出口温度低于所要求的温度，可以满足要求。

三、强化换热器传热过程的途径

强化换热器的传热过程，就是力求提高换热器单位时间、单位面积传递的热量，从而增加设备容量，减少占用空间，节省材料，减少投资，降低成本。因此，强化传热在实际应用中具有非常重要的意义。

由总传热速率方程 $Q=KA\Delta T_{m}$ 可以看出，提高总传热系数 K，增大传热面积 A 和平均温差 ΔT_{m} 均可以提高传热速率。因此，换热器传热过程的强化措施多从这三方面考虑。

1. 提高总传热系数

换热器中的传热过程是稳态的串联传热过程，其总热阻为各项分热阻之和，因此需要逐项分析各分热阻对降低总热阻的作用，设法减少对 K 值影响最大的热阻。

一般来说，在金属材料换热器中，金属壁较薄，其导热系数也大，不会成为主要热阻。污垢的导热系数很小，随着换热器使用时间的加长，污垢逐渐增多，往往成为阻碍传热的主要因素。因此工程上十分重视对换热介质进行预处理以减少结垢，同时设计中应考虑便于清理污垢。

对流传热热阻经常是传热过程的主要热阻。当换热器壁面两侧对流传热系数相差较大时，应设法强化对流传热系数小的一侧的换热。减小热阻的主要方法有：

（1）提高流体的速度：提高流速，可使流体的湍动程度增加，从而减小传热边界层内层流底层的厚度，提高对流传热系数，也就减小了对流传热的热阻。例如，在列管式换热器中，增加管程数和壳程的挡板数，可分别提高管程和壳程的流速，减小热阻。

（2）增强流体的扰动：增强流体的扰动，可使传热边界层内层流底层的厚度减小，从而减小对流传热热阻。例如，在管中加设扰动元件，采用异形管或异形换热面等。当在管内插入螺旋形翅片时，可引导流动形成旋流运动，既提高了流速，增加了行程，又由于离心力作用促进流体的径向对流而增强了传热。

（3）在流体中加固体颗粒：在流体中加入固体颗粒，一方面，由于固体颗粒的扰动作用和搅拌作用，使对流传热系数增加，对流传热热阻减小；另一方面，由于固体颗粒不断冲刷壁面，减少污垢的形成，使污垢热阻减少。

（4）在气流中喷入液滴：对于非凝结性气体，如空气，在气流中喷入液滴能强化传热，其原因是液雾改善了气相放热强度低的缺点，当气相中液雾被固体壁面捕集时，气相换热变成液膜换热，液膜壁面蒸发传热强度很高，因此使传热得到强化。

（5）采用短管换热器：理论和实验研究表明，在管内进行对流传热时，在流动的进口段，由于层流底层较薄，对流传热系数较高，利用这一特征，采用短管换热器，可强化对流传热。

(6) 防止结垢和及时清除污垢:为了防止结垢,可提高流体的流速,加强流体的扰动。为便于清除污垢,应采用可拆式的换热器结构,定期进行清理。

2. 增大传热面积

增大传热面积可以提高换热器的传热速率,但增大传热面积不能靠增大换热器的尺寸来实现,而是要从设备的结构入手,提高单位体积的传热面积。工程上往往通过改进传热面的结构来实现,如采用小直径管、异形表面、加装翅片等措施,这些方法不仅使传热面得到扩大,同时也使流体的流动和换热器的性能得到一定的改善。

减小管径可以使相同体积的换热器具有更大的传热面;同时,由于管径减小,使管内湍流的层流底层变薄,有利于传热的强化。

采用凹凸形、波纹形、螺旋形等异形表面,使流道的形状和大小发生变化,不仅能增加传热面积,还使流体在流道中的流动状态发生变化,增加扰动,减小边界层厚度,从而促进传热过程。

加装翅片可以扩大传热面积和促进流体的湍动,如前面讨论的翅片管式换热器。该措施通常用于传热面两侧传热系数小的场合,如气体的换热。

上述方法可提高单位体积的传热面积,使传热过程得到强化;但由于流道的变化,往往使流动阻力增加。因此,应综合比较,全面考虑。

3. 增大平均温差

平均温差的大小主要取决于两流体的温度条件。提高热侧流体的温度或降低冷侧流体的温度固然是增大传热推动力的措施,但通常受到生产工艺的限制。当采用饱和水蒸气作为加热介质时,提高蒸汽的压强可以提高蒸汽的温度,但是必须考虑技术可行性和经济合理性。

当冷、热流体的温度不能任意改变时,可采取改变两侧流体流向的方法,如采取逆流方式,或增加列管式换热器的壳程数,提高平均温差。工程中应用的间壁式换热器多采用冷、热流体相向运动的逆流方式。

第五节 辐射传热

热辐射是热量传递的三种基本方式之一,特别是高温时,辐射传热往往成为主要的传热过程。

一、辐射传热的基本概念

(一) 热辐射

物体由于热的原因以电磁波的形式向外发射能量的过程称为热辐射。由于热辐射通过电磁波传递,因此不需要媒介。热辐射的能力与温度有关,任何物体只要是热力学温度在零度以上,都能进行热辐射。随着温度的升高,热辐射的作用变得越加重要,高温时,热辐射将起决定作用;温度较低时,如果对流传热不是太弱,则热辐射的作用相对比较小,通常不予考虑。只有气体在自然对流传热或低速度的强制对流传热时,对流传热作用较弱,热辐射的作用才不容忽视。

理论上,物体热辐射的电磁波波长可以包括电磁波的整个波谱范围,即波长从零到无穷大。然而，在工业中所遇到的温度范围内，有实际意义的热辐射波长为 0.4~20 μm，其中 0.4~0.8 μm为可见光的波长范围，0.8~20 μm 为红外线的波长范围。红外线和可见光的辐射统称为热辐射，但只有在很高的温度下才能察觉到可见光的热效应，热辐射的大部分能量位于红外线波段。

（二）热辐射对物体的作用

热辐射的能量投射到物体表面上时，其总能量 Q 中的一部分 Q_A 被物体吸收，一部分 Q_R 被反射，其余部分 Q_D 穿过物体，如图 4.5.1 所示。根据能量守恒定律，有

$$Q_A+Q_R+Q_D=Q \tag{4.5.1a}$$

或

$$\frac{Q_A}{Q}+\frac{Q_R}{Q}+\frac{Q_D}{Q}=1 \tag{4.5.1b}$$

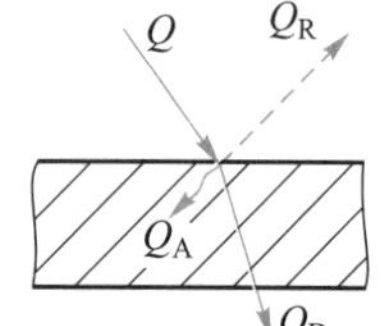

图 4.5.1 辐射能的吸收、反射和透过

设$\frac{Q_A}{Q}=A$，$\frac{Q_R}{Q}=R$，$\frac{Q_D}{Q}=D$，则上式变为

$$A+R+D=1 \tag{4.5.1c}$$

A，R，D 分别称为物体对投射辐射的吸收率、反射率和穿透率。

若 $A=1$，则表示落在物体表面上的辐射能全部被物体吸收，这种物体称为绝对黑体。黑体具有最大的吸收能力，也具有最大的辐射能力。

若 $R=1$，则表示落在物体表面上的辐射能全部被反射出去。此时，若入射角等于反射角，则物体称为镜体；若反射情况为漫反射，该物体称为绝对白体。

若 $D=1$，则表示落在物体表面上的辐射能将全部穿透过去，这类物体称为绝对透明体或透热体。

在自然界中，并没有绝对黑体、绝对白体和绝对透热体，这些都是理想物体。实际物体只能接近理想物体。例如，没有光泽的黑漆表面的吸收率为 0.96~0.98，接近黑体；磨光的铜表面的反射率为 0.97，接近镜体；单原子和对称的双原子气体可视为透热体。引入理想物体的概念，作为实际物体与之比较的标准，可以使辐射传热计算大大简化。

物体的吸收率、反射率和穿透率的大小取决于物体的性质、表面状况、温度和投射辐射的波长。

一般固体和液体都是不透热体，即 $D=0$，因此 $A+R=1$。由此可见，吸收能力大的物体其反射能力就小；反之，吸收能力小的物体其反射能力就大。

固体和液体对外界的辐射，以及它们对投射辐射的吸收和反射都是在物体表面上进行的，不涉及物体的内部，因此物体表面的状况对这些特性的影响是至关重要的。当辐射能投射到气体上时，情况与固体和液体不同，气体对辐射能几乎没有反射能力，可以认为 $R=0$，$A+D=1$。显然，吸收能力大的气体，其穿透能力就差。

黑体能够全部吸收投射在其上的各种波长的辐射能，而实际物体只能部分吸收投射在其上的辐射能，且对不同波长的辐射能吸收程度不同，因此，实际物体对投入辐射的吸收率不仅和物体本身的情况有关，而且还与辐射物体投入的辐射波长有关。

如果物体能以相同的吸收率吸收所有波长范围的辐射能，则物体对投入辐射的吸收率

与外界无关，这种物体称为灰体。灰体也是理想物体，但对于波长在 0.4～20 μm 范围内的热辐射，大多数工程材料可视为灰体。

（三）辐射传热

物体在向外发出辐射能的同时，也在不断地吸收周围其他物体发出的辐射能，并将吸收的辐射能转换为热能，这种物体之间相互发出辐射能和吸收辐射能的传热过程称为辐射传热。如果辐射传热是在两个温度不等的物体之间进行，则辐射传热的结果是热量由高温物体向低温物体传递。当物体与周围环境温度相等时，辐射传热量等于零，但辐射与吸收过程仍在不停地进行，系统处于动态热平衡状态。

二、物体的辐射能力

物体的辐射能力是指物体在一定温度下，单位表面积、单位时间内所发出的全部波长的总能量，用 E 表示，单位为 W/m^2。辐射能力表征物体发射辐射能的能力。

物体在一定温度下发射某种波长的能力称为物体的单色辐射能力，用 E_λ 表示，单位为 W/m^3。则辐射能力为

$$E=\int_0^\infty E_\lambda \mathrm{d}\lambda \tag{4.5.2}$$

（一）黑体的辐射能力

分别用 E_b 和 $E_{b\lambda}$ 表示黑体的辐射能力和单色辐射能力。根据式(4.5.2)，对于黑体，有

$$E_b=\int_0^\infty E_{b\lambda} \mathrm{d}\lambda \tag{4.5.3}$$

普朗克定律给出了黑体的单色辐射能力与温度和波长的关系，即

$$E_{b\lambda}=\frac{c_1\lambda^{-5}}{e^{\frac{c_2}{\lambda T}}-1} \tag{4.5.4}$$

式中：λ——波长，μm；

T——黑体的热力学温度，K；

c_1——常数，其值为 3.743×10^{-16} W·m²；

c_2——常数，其值为 $1.438\ 7\times10^{-2}$ m·K。

将式(4.5.4)所表达的普朗克定律绘制在图 4.5.2 上，得到辐射能力分布曲线。不同温度有不同的单色辐射能力分布曲线。任意两个波长之间的曲线段与横坐标围成的面积为该波长范围内黑体的辐射能力，曲线与横坐标之间的所有面积则为黑体的总辐射能力。高温物体的辐射能力相对较强。

在一定温度下，黑体辐射各种波长的能力不同，辐射能力随波长的变化存在最大值，对应的波长为 λ_m，并且最强辐射处的波长一般都是短波。同时，单色辐射能力的最大值随温度的升高而移向波长较短的一边。对应于最大单色辐射能力的波长 λ_m 与热力学温度 T 的乘积为常数，即

$$\lambda_m T=2.9\times10^{-3} \tag{4.5.5}$$

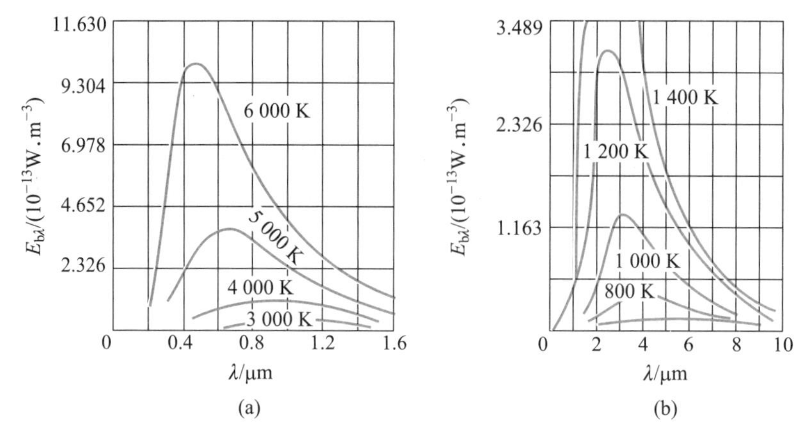

图 4.5.2 黑体单色辐射能力按波长的分布曲线

太阳辐射到地球大气层边缘的能量分布曲线近似于黑体辐射的光谱特征。在太阳光谱中,波长为 0.38~0.78 μm(可见光波长)的辐射能力占总辐射能力的 47%,即照射在地球大气层上的太阳光能量 47%为可见光。此外,紫外线的能量占总能量的 7%,红外线的能量占总能量的 46%。太阳到地球大气层边缘的总辐射能力大约为 1 370 W/m^2,其对地球表面的温度有着重大影响。

将式(4.5.4)代入式(4.5.3),积分并整理,得

$$E_b = \sigma_0 T^4 \tag{4.5.6}$$

式中:σ_0——黑体辐射常数,也称斯特藩-玻尔兹曼常数,其值为 5.67×10^{-8} $W/(m^2 \cdot K^4)$。

式(4.5.6)为斯特藩-玻尔兹曼定律,它说明黑体的辐射能力与其表面温度的四次方成正比,故又称为四次方定律。该定律表明,热辐射对温度非常敏感,低温时热辐射往往可以忽略,高温时则起主要作用。

工程上为计算方便,将式(4.5.6)写成如下形式:

$$E_b = C_0 \left(\frac{T}{100}\right)^4 \tag{4.5.7}$$

式中:C_0——黑体的辐射系数,其值为 5.67 $W/(m^2 \cdot K^4)$。

(二)灰体的辐射能力

实验证明,斯特藩-玻尔兹曼定律也可以应用到灰体,此时的数学表达式为

$$E = C \left(\frac{T}{100}\right)^4 \tag{4.5.8}$$

式中:C——灰体的辐射系数,单位为 $W/(m^2 \cdot K^4)$。

将灰体的辐射能力与同温度下黑体的辐射能力之比定义为物体的黑度,用 ε 表示,即

$$\varepsilon = \frac{E}{E_b} \tag{4.5.9}$$

由于黑体具有最大的辐射能力,因此 $0<\varepsilon<1$。由式(4.5.7)和式(4.5.9)可得

$$E=\varepsilon C_0\left(\frac{T}{100}\right)^4 \tag{4.5.10}$$

可见，只要知道物体的黑度，就可通过上式求得该物体的辐射能力。

物体表面的黑度是物体本身的特性，取决于物体的性质、温度及表面状况，包括粗糙度及氧化程度等，一般可通过实验确定。荒漠、旱地和绝大部分林地的黑度近似为 0.90，水、海滩、冰川则约为 0.95。人体无论是什么肤色，黑度均为 0.96 左右。常用工业材料的黑度见附录 12。

【例题 4.5.1】 若将地球看成是平均温度为 15 ℃、表面积为 $5.1\times10^{14}\ \mathrm{m}^2$ 的黑体，求单位时间地球热辐射的能量和最大单色辐射能力时的波长 λ_m，并将此波长与太阳辐射的最大单色辐射能力时的波长相比较（太阳表面温度为5 800 K）。

解：单位时间地球热辐射的能量为

$$E_bA=C_0\left(\frac{T}{100}\right)^4A$$

$$=5.67\times\left(\frac{273+15}{100}\right)^4\times5.1\times10^{14}\ \mathrm{W}=2.0\times10^{17}\ \mathrm{W}$$

地球最大单色辐射能力时的波长 λ_m 为

$$\lambda_m=\frac{2.9\times10^{-3}}{T}=\frac{2.9\times10^{-3}}{273+15}\ \mathrm{m}=1.0\times10^{-5}\ \mathrm{m}=10\ \mu\mathrm{m}$$

太阳最大单色辐射能力时的波长 λ_m 为

$$\lambda_m=\frac{2.9\times10^{-3}}{T}=\frac{2.9\times10^{-3}}{5\ 800}\ \mathrm{m}=5.0\times10^{-7}\ \mathrm{m}=0.5\ \mu\mathrm{m}$$

地球吸收太阳的辐射能量才能平衡如此巨大的辐射能量。但是，太阳辐射在地球上的波长要远短于地球向空间辐射的波长，这种波长的变化扮演了温室效应中至关重要的角色。二氧化碳及其他温室气体对于来自太阳的短波相对透明，但是它们往往吸收那些由地球辐射出去的长波。所以在大气中积累的温室气体，就像一床包裹在地球外表面的毯子，搅乱了地球的辐射平衡，导致地球温度升高。

（三）物体的辐射能力与吸收能力的关系

物体的辐射能力与吸收能力之间具有密切的关系。为了考察两个物体表面之间的辐射传热，假设有两个无限大的平行平壁，一个壁表面的辐射能可以全部落在另一个壁的表面上，如图 4.5.3 所示。其中壁 1 为灰体，壁 2 为黑体。

设壁面 1 的温度、辐射能力和吸收率分别为 T_1、E_1 和 A_1；壁面 2 的温度、辐射能力和吸收率分别为 T_2、E_b 和 A_b，其中 $A_b=1$。两壁面之间为透热体，系统对外界绝热。以单位表面积、单位时间为基准，分析两壁面之间的辐射传热情况。壁面 1 发出的辐射能力为 E_1，这部分能量投射到黑体壁面 2 上，被黑体壁面全部吸收。黑体壁面 2 发出的辐射能力为 E_b，这些能量投射到灰体壁面 1 上时，只有一部分被吸收，即 A_1E_b，其余部分 $(1-A_1)E_b$ 则被反射回去，并被壁面 2 全部吸收。对壁面 1，热量的收支差额为

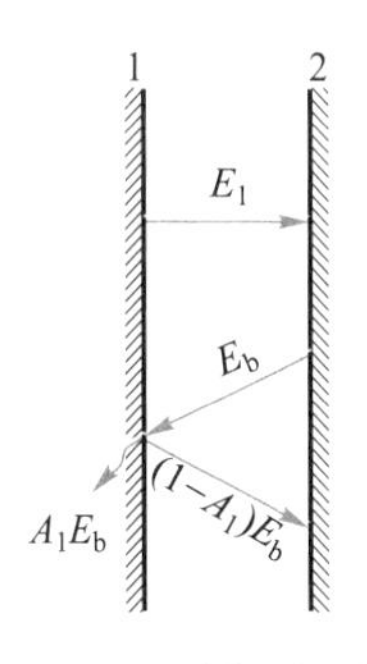

图 4.5.3　平行平壁间的辐射传热

$$q=E_1-A_1E_b$$

式中：q——两壁面间辐射传热的热量通量，W/m^2。

当两壁处于热平衡状态，即 $T_1=T_2$，$q=0$ 时，有

$$E_1=A_1E_b \tag{4.5.11a}$$

或

$$\frac{E_1}{A_1}=E_b \tag{4.5.11b}$$

以上关系式可以推广到任意灰体，即

$$\frac{E_1}{A_1}=\frac{E_2}{A_2}=\cdots=\frac{E}{A}=E_b=f(T_1) \tag{4.5.12}$$

式(4.5.12)为基尔霍夫(Kirchhoff)定律的数学表达式。该定律表明，任何物体的辐射能力和吸收率的比值恒等于同温度下黑体的辐射能力，并且只与温度有关。

由基尔霍夫定律可以看出，物体的吸收率越大，其辐射能力越大，即善于吸收的物体必善于辐射。实际物体的吸收率均小于1，故黑体的辐射能力最大，其他物体的辐射能力均小于黑体。

由式(4.5.12)可得出

$$A=\frac{E}{E_b}$$

与 $\varepsilon=\dfrac{E}{E_b}$ 相比较，可得

$$A=\varepsilon \tag{4.5.13}$$

这是基尔霍夫公式的另一种表达式，它可以表述为灰体的吸收率在数值上等于同温度下该物体的黑度。

三、物体间的辐射传热

工程中经常遇到两固体表面之间的辐射传热，因大多数材料可视为灰体，故在此讨论灰体之间的辐射传热。

在灰体的辐射传热过程中，存在着辐射能的多次被吸收和多次被反射；同时，由于物体的形状、大小和相互位置等的影响，一个物体表面发射的辐射能可能只有一部分落到另一个物体的表面上。因此，物体表面间的辐射传热非常复杂。

现以两个无限大灰体平行平壁间的辐射传热过程为例，推导两壁面之间的辐射传热计算式。假设平壁均为不透热体，两壁间的介质为透热体，由于平壁很大，故从一壁面发出的辐射能可以全部投射到另一壁面上（图 4.5.4）。两壁面的温度分别为 T_1 和 T_2，且 $T_1>T_2$。

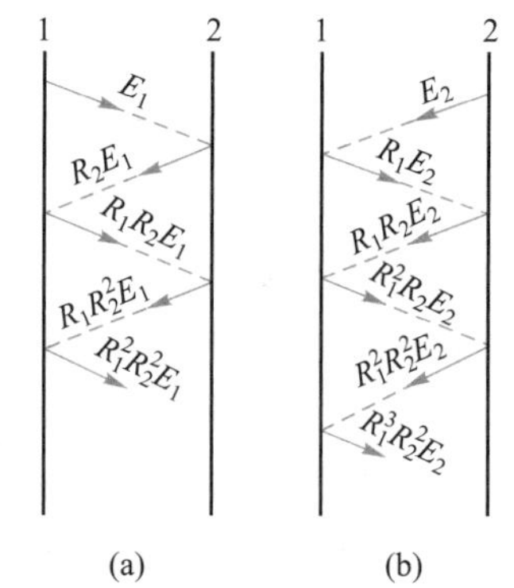

图 4.5.4 平行灰体平壁间的辐射过程

(a) 壁 1 发出的辐射能的辐射过程；(b) 壁 2 发出的辐射能的辐射过程

从壁面 1 发出的辐射能为 E_1，到达壁面 2 后被吸收了 E_1A_2，其余部分 E_1R_2 被反射回表面 1，这部分辐射能又被壁

面 1 吸收和反射，如此反复，直到 E_1 被完全吸收；与此同时，壁面 2 发射的辐射能也经历上述反复吸收与反射的过程。由于辐射能以光速传播，因此上述过程是在瞬间进行的。

将单位时间内离开某一表面单位面积的总辐射能定义为有效辐射，用 E_{eff} 表示。壁面 1 的有效辐射 E_{eff1} 应包括壁面 1 发出的辐射能和壁面 2 发出的辐射能中，全部离开壁面 1 的辐射能的总和，即

$$\begin{aligned}E_{eff1}&=(E_1+R_1R_2E_1+R_1^2R_2^2E_1+\cdots)+(R_1E_2+R_1^2R_2E_2+R_1^3R_2^2E_2+\cdots)\\&=E_1(1+R_1R_2+R_1^2R_2^2+\cdots)+R_1E_2(1+R_1R_2+R_1^2R_2^2+\cdots)\\&=(E_1+R_1E_2)(1+R_1R_2+R_1^2R_2^2+\cdots)\\&=(E_1+R_1E_2)\frac{1}{1-R_1R_2}\end{aligned}\tag{4.5.14}$$

同理，壁面 2 的有效辐射为

$$E_{eff2}=(E_2+R_2E_1)\frac{1}{1-R_1R_2}\tag{4.5.15}$$

因为两壁间的介质为透热体，所以一个壁面的有效辐射应全部投射到另一个壁面上，由于 $T_1>T_2$，故单位时间内两壁面单位面积的辐射传热量为

$$\begin{aligned}q_{1-2}&=E_{eff1}-E_{eff2}\\&=\frac{E_1+R_1E_2}{1-R_1R_2}-\frac{E_2+R_2E_1}{1-R_1R_2}\end{aligned}\tag{4.5.16}$$

将 $A=1-R$，$\varepsilon=A$ 及 $E_b=C_0\left(\frac{T}{100}\right)^4$ 代入上式，整理得

$$q_{1-2}=\frac{C_0}{\frac{1}{\varepsilon_1}+\frac{1}{\varepsilon_2}-1}\left[\left(\frac{T_1}{100}\right)^4-\left(\frac{T_2}{100}\right)^4\right]\tag{4.5.17}$$

令

$$C_{1-2}=\frac{C_0}{\frac{1}{\varepsilon_1}+\frac{1}{\varepsilon_2}-1}$$

C_{1-2} 称为物体 1 对物体 2 的总辐射系数，取决于壁面的性质和两个壁面的几何因素，则式(4.5.17)可写为

$$q_{1-2}=C_{1-2}\left[\left(\frac{T_1}{100}\right)^4-\left(\frac{T_2}{100}\right)^4\right]\tag{4.5.18}$$

若平壁壁面面积为 A，则辐射传热速率为

$$Q_{1-2}=C_{1-2}A\left[\left(\frac{T_1}{100}\right)^4-\left(\frac{T_2}{100}\right)^4\right]\tag{4.5.19}$$

对于任意形状的两个物体，设从物体 1 表面发射的辐射能落到物体 2 表面的比例为

φ_{1-2}，则有

$$Q_{1-2}=C_{1-2}\varphi_{1-2}A\left[\left(\frac{T_1}{100}\right)^4-\left(\frac{T_2}{100}\right)^4\right] \tag{4.5.20}$$

φ_{1-2}称为物体 1 对物体 2 辐射的角系数，它与物体的形状、大小及两物体的相互位置和距离有关。表 4.5.1 为几种典型情况下的 C_{1-2} 和 φ_{1-2} 值。

表 4.5.1 几种典型情况下的 C_{1-2} 和 φ_{1-2} 值

辐射情况	面积 A	角系数 φ_{1-2}	总辐射系数 C_{1-2}
极大的两平行面	A_1 或 A_2	1	$\dfrac{C_0}{\dfrac{1}{\varepsilon_1}+\dfrac{1}{\varepsilon_2}-1}$
面积有限的两相等的平行面	A_1	<1	$\varepsilon_1\varepsilon_2 C_0$
很大的物体 2 包住物体 1	A_1	1	$\varepsilon_1 C_0$
物体 2 恰好包住物体 1，$A_2=A_1$	A_1	1	$\dfrac{C_0}{\dfrac{1}{\varepsilon_1}+\dfrac{1}{\varepsilon_2}-1}$
在 3，4 两种情况之间	A_1	1	$\dfrac{C_0}{\dfrac{1}{\varepsilon_1}+\dfrac{A_1}{A_2}\left(\dfrac{1}{\varepsilon_2}-1\right)}$

【例题 4.5.2】 某车间内有一高 0.5 m、宽 1 m 的铸铁炉门，表面温度为 627 ℃，室温为27 ℃。试求：
(1) 因炉门辐射而散失的热量；
(2) 若在距炉门前 30 mm 处放置一块同等大小的铝板作为热屏，散热量可降低多少？
已知铸铁和铝板的黑度分别为 0.78 和 0.15。
解：以下标 1、2 和 3 分别表示铸铁炉门、车间四壁和铝板。
(1) 未放置热屏前，炉门被车间四壁包围，故 $\varphi_{1-2}=1$，$A=A_1$，$C_{1-2}=\varepsilon_1 C_0$，所以

$$\begin{aligned}Q_{1-2}&=\varepsilon_1 C_0 A_1\left[\left(\frac{T_1}{100}\right)^4-\left(\frac{T_2}{100}\right)^4\right]\\&=0.78\times5.67\times0.5\times1\times\left[\left(\frac{273+627}{100}\right)^4-\left(\frac{273+27}{100}\right)^4\right]\ \mathrm{W}\\&=14\ 329\ \mathrm{W}\end{aligned}$$

(2) 放置铝板后，因炉门与铝板之间距离很小，两者之间的辐射传热可视为两个无限大平行面间的相互辐射，且稳态情况下与铝板对车间四壁的辐射传热量相等。设铝板的温度为 T_3。因为 $\varphi_{1-3}=1$，$A=A_1=A_3$，$C_{1-3}=\dfrac{C_0}{\dfrac{1}{\varepsilon_1}+\dfrac{1}{\varepsilon_3}-1}$；$\varphi_{3-2}=1$，$A=A_3$，$C_{3-2}=\varepsilon_3 C_0$。所以

$$\frac{C_0 A_1}{\dfrac{1}{\varepsilon_1}+\dfrac{1}{\varepsilon_3}-1}\left[\left(\frac{T_1}{100}\right)^4-\left(\frac{T_3}{100}\right)^4\right]=\varepsilon_3 C_0 A_3\left[\left(\frac{T_3}{100}\right)^4-\left(\frac{T_2}{100}\right)^4\right]$$

即

$$\frac{1}{\frac{1}{\varepsilon_1}+\frac{1}{\varepsilon_3}-1}\left[\left(\frac{T_1}{100}\right)^4-\left(\frac{T_3}{100}\right)^4\right]=\varepsilon_3\left[\left(\frac{T_3}{100}\right)^4-\left(\frac{T_2}{100}\right)^4\right]$$

将 $\varepsilon_1=0.78$，$\varepsilon_3=0.15$，$T_1=(273+627)\ \text{K}=900\ \text{K}$，$T_2=(273+27)\ \text{K}=300\ \text{K}$ 代入，得 $T_3=755\ \text{K}$。

此时炉门的辐射散热量为

$$\begin{aligned}Q_{1-2}&=\varepsilon_3 C_0 A_3\left[\left(\frac{T_3}{100}\right)^4-\left(\frac{T_2}{100}\right)^4\right]\\&=0.15\times5.67\times0.5\times1\times\left[\left(\frac{755}{100}\right)^4-\left(\frac{273+27}{100}\right)^4\right]\ \text{W}\\&=1\ 347\ \text{W}\end{aligned}$$

散热量降低

$$\frac{14\ 329-1\ 347}{14\ 329}\times100\%=90.6\%$$

四、气体的热辐射

（一）气体辐射的特点

与固体和液体相比，气体辐射具有明显的特点，主要表现在：

（1）不同气体的辐射能力和吸收能力差别很大：一些气体，如 N_2、H_2、O_2 及具有非极性对称结构的其他气体，在低温时几乎不具有吸收和辐射能力，故可视为透热体；而 CO、CO_2、H_2O 及各种碳氢化合物的气体则具有相当大的辐射能力和吸收率。

（2）气体的辐射和吸收对波长具有选择性：如前所述，固体能够发射和吸收全部波长范围的辐射能，而气体发射和吸收辐射能仅局限在某一特定的窄波段范围内。通常将这种能够发射和吸收辐射能的波段称为光带。图 4.5.5 为 CO_2 和水蒸气主要光带示意图。在光带以外，气体既不辐射，也不吸收，呈现透热体的性质。由于气体辐射光谱的这种不连续性，决定了气体不能近似地作为灰体处理。

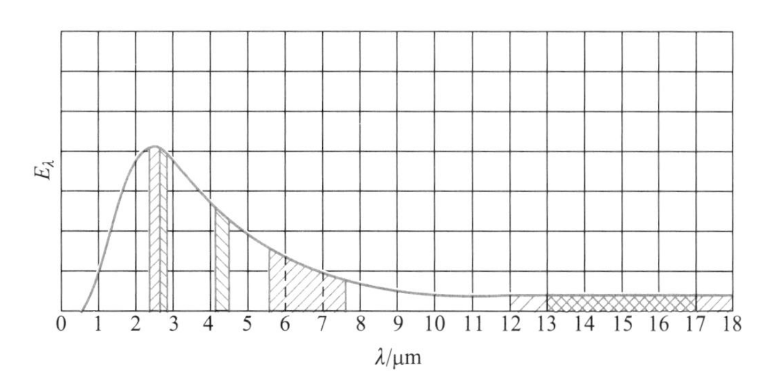

图 4.5.5　CO_2 和水蒸气主要光带示意图

CO_2；　H_2O

(3) 气体发射和吸收辐射能发生在整个气体体积内部:气体发射和吸收辐射能不像固体和液体那样,仅发生在物体表面,而是发生在整个气体体积内部。因此,热射线在穿过气体层时,其辐射能因被沿途的气体分子吸收而逐渐减少;而气体表面上的辐射应为到达表面的整个容积气体辐射的总和。即吸收和辐射与热射线所经历的路程有关。

上述特点使得气体辐射较固体间的辐射传热复杂得多。

(二) 气体的辐射能力 E 和黑度 ε

气体的辐射虽是一个容积过程,但其辐射能力同样定义为单位气体表面在单位时间内所辐射的总能量。气体的辐射能力实际上不遵从四次方定律,但为计算方便,仍按四次方定律处理,而把误差归到 ε_g 中进行修正,故气体的辐射能力为

$$E_g=\varepsilon_g C_0\left(\frac{T_g}{100}\right)^4 \tag{4.5.21}$$

式中:T_g——气体的温度,K;

ε_g——气体在温度 T_g 下的黑度。

气体的黑度可表示为如下函数关系,即

$$\varepsilon_g=f(T_g,p,L_e) \tag{4.5.22}$$

式中:p——气体的分压,Pa;

L_e——平均射线行程,即热射线在气体层中的平均行程,与气体层的形状和容积有关,m。

气体只能选择性地吸收某些波长的辐射能,因此气体的吸收率不仅与本身状况有关,而且与外来辐射有关。显然,气体的吸收率不等于黑度。

五、对流和辐射联合传热

当设备的外壁温度 T_w 高于周围大气温度 T_f 时,热量将由壁面散失到周围环境中。由于这种情况下壁面对气体的对流传热强度较小,因此无论壁面温度高低,热辐射的作用都不能被忽视。

对流和辐射联合传热时,设备的热损失应为对流传热和辐射传热之和,即

$$Q=\alpha_T A_w(T_w-T_f) \tag{4.5.23}$$

式中:α_T——对流-辐射联合传热系数,$W/(m^2\cdot K)$;

A_w——设备外壁的面积,m^2。

对于有保温层的设备、管道等,外壁对周围环境的联合传热系数可用下式近似估算:

1. 空气自然对流

平壁保温层外壁:

$$\alpha_T=9.8+0.07(T_w-T) \tag{4.5.24}$$

管道或圆筒壁保温层外壁:

$$\alpha_T=9.4+0.052(T_w-T) \tag{4.5.25}$$

以上两式适用于 $T_w<150$ ℃的情况。

2. 空气沿粗糙壁面强制对流

当空气流速 $u\leqslant5$ m/s 时：

$$\alpha_T=6.2+4.2u \tag{4.5.26}$$

当空气流速 $u>5$ m/s 时：

$$\alpha_T=7.8u^{0.78} \tag{4.5.27}$$

术语中英文对照

- 热量传递 heat transfer
- 热传导 heat conduction
- 热辐射 heat radiation
- 热对流 heat convection
- 传热速率 heat transfer rate
- 热流密度 heat flux density
- 导热系数 thermal conductivity coefficient
- 温度梯度 temperature gradient
- 导热热阻 heat conduction resistance
- 对流传热系数 convective heat transfer coefficient
- 冷凝传热 condensing heat transfer
- 换热器 heat exchanger
- 管式换热器 tubular heat exchanger
- 板式换热器 plate heat exchanger
- 平均温差 mean temperature difference
- 传热单元数 number of transfer units
- 传热效率 heat transfer efficiency
- 黑体 black body
- 灰体 gray body

4.1 思考题

（1）如果你赤脚走在地板上，在室内温度相同情况下，砖质地板比木地板感觉更冷，解释原因。

（2）为什么多孔材料具有保温性能？保温材料为什么需要防潮？

（3）若采用厚度相同、导热系数不同的两种材料为管道保温，试分析应如何布置效果最好。

（4）分析圆直管内湍流流动的对流传热系数与流量和管径的关系，若要提高对流传热系数，采取哪种措施最有效？

（5）在计算热传导非相变一侧流体吸收/放出的热量、换热器间壁两侧的流体主体换热及换热器的热量衡算时，所指的传热推动力（温差）各是什么？

（6）什么情况下保温层厚度增加反而会使热损失加大？保温层的临界直径由什么决定？

4.2 用平板法测定材料的导热系数，即在平板的一侧用电加热器加热，另一侧以冷水通过夹层将热量移走，同时板的两侧由热电偶测量其表面温度，电热器流经平板的热量为电热器消耗的功率。设某材料的加热面积为 0.02 m^2，厚度为 0.01 m，当电热器的电流和电压分别为 2.8 A 和 140 V 时，板两侧的温度分别为 300 ℃和 100 ℃；当电热器的电流和电压分别为 2.28 A 和 114 V 时，板两侧的温度分别为 200 ℃和 50 ℃。如果该材料的导热系数与温度的关系为线性关系，即 $\lambda=\lambda_0(1+aT)$（式中 T 的单位为 ℃），试确定导热系数与温度关系的表达式。

4.3 某平壁材料的导热系数 $\lambda=\lambda_0(1+aT)$（T 的单位为 ℃）。若已知通过平壁的热通量为 q（W/m^2），平壁内表面的温度为 T_1，壁厚为 b。试求平壁内的温度分布。

4.4 某燃烧炉的炉壁由 500 mm 厚的耐火砖、380 mm 厚的绝热砖及250 mm厚的普通砖砌成。其 λ 依次为 1.40 W/(m·K),0.10 W/(m·K)及 0.92 W/(m·K)。传热面积为 1 m^2。已知耐火砖内壁温度为 1 000 ℃,普通砖外壁温度为 50 ℃。

(1) 单位面积热通量及层与层之间温度;

(2) 若耐火砖与绝热砖之间有2 cm的空气层,其热传导系数为0.045 9 W/(m·K)。内外壁温度仍不变,此时单位面积热损失为多少?

4.5 某一 ϕ 60 mm×3 mm 的铝复合管,其导热系数为 45 W/(m·K),外包一层厚 30 mm 的石棉后,又包一层厚为 30 mm 的软木。石棉和软木的导热系数分别为 0.15 W/(m·K)和 0.04 W/(m·K)。试求:

(1) 如已知管内壁温度为-105 ℃,软木外侧温度为 5 ℃,则每米管长的冷损失量为多少?

(2) 若将两层保温材料互换,假设互换后石棉外侧温度仍为 5 ℃,则此时每米管长的冷损失量为多少?

4.6 某加热炉为一厚度为 10 mm、外径为 2 m 的钢制圆筒,内衬厚度为 250 mm 的耐火砖,外包一层厚度为 250 mm 的保温材料,耐火砖、钢板和保温材料的导热系数分别为0.38 W/(m·K),45 W/(m·K)和 0.10 W/(m·K)。钢板的允许工作温度为 400 ℃。已知外界大气温度为 35 ℃,大气一侧的对流传热系数为 10 W/(m^2·K);炉内热气体温度为 600 ℃,内侧对流传热系数为 100 W/(m^2·K)。试通过计算确定炉体设计是否合理;若不合理,提出改进措施并说明理由。

4.7 水以 1 m/s 的速度在长为 3 m 的 ϕ 25 mm×2.5 mm 管内,由 20 ℃加热到 40 ℃。试求水与管壁之间的对流传热系数。

4.8 用内径为 27 mm 的管子,将空气从 10 ℃加热到 100 ℃,空气流量为 250 kg/h,管外侧用 120 ℃的饱和水蒸气加热(未液化)。求所需要的管长。

4.9 某流体通过内径为 50 mm 的圆管时,雷诺数 *Re* 为 1×10^5,对流传热系数为 100 W/(m^2·K)。若改用周长与圆管相同、高与宽之比等于 1∶3的矩形扁管,流体的流速保持不变,则对流传热系数变为多少?

4.10 在换热器中用冷水冷却煤油。水在直径为 ϕ 19 mm×2 mm 的钢管内流动,水的对流传热系数为 3 490 W/(m^2·K),煤油的对流传热系数为 458 W/(m^2·K)。换热器使用一段时间后,管壁两侧均产生污垢,煤油侧和水侧的污垢热阻分别为 0.000 176 m^2·K/W 和0.000 26 m^2·K/W,管壁的导热系数为 45 W/(m·K)。试求:

(1) 基于管外表面积的总传热系数;

(2) 产生污垢后热阻增加的比例。

4.11 在套管换热器中用冷水将 100 ℃的热水冷却到 50 ℃,热水的质量流量为3 500 kg/h。冷却水在直径为 ϕ 180 mm×10 mm 的管内流动,温度从 20 ℃升至 30 ℃。已知基于管外表面的总传热系数为 2 320 W/(m^2·K)。若忽略热损失,且近似认为冷水和热水的比热相等,均为 4.18 kJ/(kg·K),试求:

(1) 冷却水的用量;

(2) 两流体分别为并流和逆流流动时所需要的管长,并加以比较。

4.12 列管式换热器由 19 根 ϕ 19 mm×2 mm、长为 1.2 m 的钢管组成,拟用冷水将质量流量为 350 kg/h 的饱和水蒸气冷凝为饱和液体,要求冷水的进、出口温度分别为 15 ℃和35 ℃。已知基于管外表面的总传热系数为 700 W/(m^2·K),试计算该换热器能否满足要求。

4.13 火星向外辐射能量的最大单色辐射波长为 13.2 μm。若将火星看作一个黑体,则火星的温度为多少?

4.14 若将外径 70 mm、长 3 m、外表温度为 227 ℃的钢管放置于:

(1) 很大的红砖屋内,砖墙壁温度为 27 ℃;

(2) 截面为 0.3 m×0.3 m 的砖槽内,砖壁温度为 27 ℃。

钢管和砖墙的黑度分别为 0.8 和 0.93。试求管的辐射热损失(假设管子两端辐射损失可忽略不计,铜管黑度为0.8)。

4.15 一个水加热器的表面温度为 80 ℃,表面积为 2 m^2,房间内表面温度为 20 ℃。将其看成一个黑体,试求因辐射而引起的能量损失。

本章主要符号说明

拉丁字母

a——导温系数，或称热量扩散系数，m^2/s；

A——传热面积，m^2；

——辐射吸收率，量纲为1；

b——平壁厚度，m；

c_p——比定压热容，$kJ/(kg \cdot K)$；

c_R——热容流量比，量纲为1；

C——灰体的辐射系数，$W/(m^2 \cdot K^4)$；

C_0——黑体的辐射系数，5.67 $W/(m^2 \cdot K^4)$；

d——管径，m；

D——辐射穿透率，量纲为1；

E——辐射能力，W/m^2；

E_λ——单色辐射能力，W/m^3；

f——范宁摩擦因子，量纲为1；

g——重力加速度，9.81 m/s^2；

Gr——格拉斯霍夫数，量纲为1；

H——传热单元长度，m；

K——总传热系数，$W/(m^2 \cdot K)$；

L——特征尺寸，m；

L_e——平均射线行程长度，m；

n——管数，个；

Nu——努塞特数，量纲为1；

NTU——传热单元数；

Pr——普朗特数，量纲为1；

q——热量通量，热流密度，W/m^2；

q_m　质量流量，kg/s；

Q——热量流量，传热速率，W；

r——单位传热面积的热阻，$m^2 \cdot K/W$；

——半径，m；

r_0——单位传热面积的接触热阻，$m^2 \cdot K/W$；

R——热阻，K/W；

——辐射反射率，量纲为1；

Re——雷诺数，量纲为1；

t——时间，s；

T——摄氏温度，℃；

——热力学温度，K；

u——流速，m/s；

x,y,z——空间坐标，m。

希腊字母

α——对流传热系数，或称膜系数，$W/(m^2 \cdot K)$；

β——体积膨胀系数，K^{-1}；

δ——边界层厚度，m；

ε——传热效率，量纲为1；

——黑度，量纲为1；

ϕ——修正系数，量纲为1；

——管外径，m；

φ——修正系数，量纲为1；

φ_l——短管修正系数，量纲为1；

$\varphi_{\Delta T}$——温度修正系数，量纲为1；

η——修正系数，量纲为1；

λ——导热系数，$W/(m \cdot K)$；

——波长，μm；

μ——黏度，Pa·s；

σ_0——黑体辐射常数，5.67×10^{-8} $W/(m^2 \cdot K^4)$；

ν——运动黏度，m^2/s；

ρ——密度，kg/m^3；

ψ——修正系数，量纲为1。

下标

b——黑体；

c——冷流体；

——临界；

eff——有效；

h——热流体；

w——壁面；

m——平均；

min——最小；

max——最大。

知识体系图

第五章　质量传递

在一个含有两种或两种以上组分的体系中，若某组分的浓度分布不均匀，就会发生该组分由浓度高的区域向浓度低的区域转移，即发生物质传递现象。这种现象称为质量传递过程，简称传质过程。

在环境工程中，经常利用传质过程去除水、气体和固体中的污染物，如常见的吸收、吸附、萃取、膜分离过程。此外，在化学反应和生物反应中，也常伴随着传质过程。例如，在好氧生物膜系统中，曝气过程包含氧气在空气和水之间的传质，在生物氧化过程中包含氧气、营养物及反应产物在生物膜内的传递。传质过程不仅影响反应的进行，有时甚至成为反应速率的控制因素，例如，酸碱中和反应的速率往往受到物质传递速度的影响。可见，环境工程中污染控制技术多以质量传递为基础，了解传质过程具有十分重要的意义。

引起质量传递的推动力主要是浓度差，其他还有温度差、压力差及电场或磁场的场强差等。由温度差引起的质量传递称为热扩散，由压力差引起的质量传递称为压力扩散，由电场或磁场的场强差引起的质量扩散称为强制扩散。一般情况下，后几种扩散效应都较小，可以忽略，只有在温度梯度或压力梯度很大及有电场或磁场存在时，才会产生明显的影响。本章仅讨论由浓度差引起的传质过程的基本规律。

第一节　环境工程中的传质过程

分析环境工程中常见的传质过程，可以抽象出工程中发生的传质过程，有利于理解质量传递的基本原理，以及单相介质中发生的传质过程。

1. 吸收与吹脱（汽提）

吸收是指根据气体混合物中各组分在同一溶剂中的溶解度不同，使气体与溶剂充分接触，其中易溶的组分溶于溶剂进入液相，而与非溶解的气体组分分离。吸收是分离气体混合物的重要方法之一，在废气治理中有广泛的应用。如废气中含有氨，通过与水接触，可使氨溶于水中，从而与废气分离；又如锅炉尾气中含有 SO_2，采用石灰/石灰石洗涤，使 SO_2 溶于洗涤液，并与洗涤液中的 $CaCO_3$ 和 CaO 反应，转化为 $CaSO_3 \cdot 2H_2O$，可使烟气得到净化，这是目前应用最为广泛的烟气脱硫方法。

化学工程中将被吸收的气体组分从吸收剂中脱出的过程称为解吸。在环境工程中，解吸过程常用于从水中去除挥发性的污染物，当利用空气作为解吸剂时，称为吹脱；利用蒸汽作为解吸剂时，称为汽提。如某一受石油烃污染的地下水，污染物中挥发性组分占 45%左右，可以采用向水中通入空气的方法，使挥发性有机物进入气相，从而与水分离。

2. 萃取

萃取是利用液体混合物中各组分在不同溶剂中溶解度的差异分离液体混合物的方法。

向液体混合物中加入另一种不相溶的液体溶剂，即萃取剂，使之形成液-液两相，混合液中的某一组分从混合液转移到萃取剂相。由于萃取剂中易溶组分与难溶组分的浓度比远大于它们在原混合物中的浓度比，该过程可使易溶组分从混合液中分离。例如，以萃取-反萃取工艺处理萘系染料活性艳红 K-2BP 生产废水，萃取剂采用 N235，使活性艳红 K-2BP 从水中分离出来，废水得到预处理，再经后续处理可达到排放标准；进入萃取剂中的活性艳红 K-2BP 通过反萃取可以回收利用，反萃取剂采用氢氧化钠水溶液，可以将浓缩液直接盐析回收活性艳红，萃取剂循环使用。该方法不仅能够减少环境污染，还使有用物质得到回收和利用。

3. 吸附

当某种固体与气体或液体混合物接触时，气体或液体中的某个或某些组分能以扩散的方式从气相或液相进入固相，称为吸附。根据气体或液体混合物中各组分在固体上被吸附的程度不同，可使某些组分得到分离。该方法常用于气体和液体中污染物的去除，例如，在水的深度处理中，常用活性炭吸附水中含有的微量有机污染物。

4. 离子交换

离子交换是依靠阴、阳离子交换树脂中的可交换离子与水中带同种电荷的阴、阳离子进行交换，从而使离子从水中除去。离子交换常用于制取软化水、纯水，以及从水中去除某种指定物质，如去除电镀废水中的重金属等。

5. 膜分离

膜分离是以天然或人工合成的高分子薄膜为分离介质，当膜的两侧存在某种推动力（如压力差、浓度差、电位差）时，混合物中的某个组分或某些组分可透过膜，从而与混合物中的其他组分分离。膜分离技术包括反渗透、电渗析、超滤、纳滤等，已经广泛应用于给水和污水处理领域，如高纯水的制备、膜生物反应器等。

第二节　质量传递的基本原理

一、传质机理

传质可以由分子的微观运动引起，也可以由流体质点的掺混引起。因此，传质的机理包括分子扩散和涡流扩散。

（一）分子扩散

将有色晶体物质（如蓝色的硫酸铜晶体）置于充满水的静置玻璃瓶底部，开始仅在瓶底呈现出蓝色，随后在瓶内缓慢扩展，一天后向上延伸几厘米。长时间放置，瓶内溶液颜色会趋于均匀。这一有色物质的运动过程是其分子随机运动的结果。

这种由分子的微观运动引起的物质扩散称为分子扩散。物质在静止流体及固体中的传递依靠分子扩散。分子扩散的速率很慢，对于气体约为 0.1 m/min，对于液体约为 5×10^{-4} m/min，固体中仅为 10^{-7} m/min。

（二）涡流扩散

由于分子扩散速率很慢，工程上为了加速传质，通常使流体介质处于运动状态。当流体处于湍流状态时，在垂直于主流方向上，除了分子扩散外，更重要的是由流体质点强烈掺混所导致的物质扩散，称为涡流扩散。

虽然在湍流流动中分子扩散与涡流扩散同时发挥作用，但宏观流体微团的传递规模和速率远远大于单个分子，因此涡流扩散占主要地位，即物质在湍流流体中的传递主要是依靠流体微团的不规则运动。研究结果表明，涡流扩散速率远大于分子扩散速率，并随湍动程度的增加而增大。

二、分子扩散速率

分子扩散的规律可用菲克定律描述。

（一）菲克定律

某一空间中充满组分 A 和 B 组成的混合物，无总体流动或处于静止状态。若组分 A 的物质的量浓度为 c_A，c_A 沿 z 方向分布不均匀，上部浓度高于下部浓度，即 $c_{A2}>c_{A1}$，如图 5.2.1 所示。分子热运动的结果将导致组分 A 的分子由浓度高的区域向浓度低的区域净扩散流动，即发生由高浓度区域向低浓度区域的分子扩散。

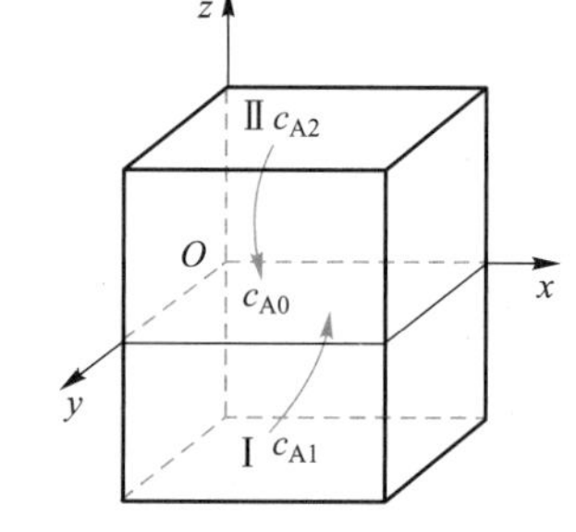

图 5.2.1 分子扩散示意图

在一维稳态情况下，单位时间通过垂直于 z 方向的单位面积扩散的组分 A 的量为

$$N_{Az}=-D_{AB}\frac{\mathrm{d}c_A}{\mathrm{d}z} \tag{5.2.1}$$

式中：N_{Az}——单位时间在 z 方向上经单位面积扩散的组分 A 的量，即扩散通量，也称为扩散速率，kmol/(m²·s)；

c_A——组分 A 的物质的量浓度，kmol/m³；

D_{AB}——组分 A 在组分 B 中进行扩散的分子扩散系数，m²/s；

$\frac{\mathrm{d}c_A}{\mathrm{d}z}$——组分 A 在 z 方向上的浓度梯度，kmol/(m³·m)。

式(5.2.1)称为菲克定律，表明扩散通量与浓度梯度成正比，负号表示组分 A 向浓度减小的方向传递。该式是以物质的量浓度表示的菲克定律。

设混合物的物质的量浓度为 c(kmol/m³)，组分 A 的摩尔分数为 x_A。当 c 为常数时，由于 $c_A=cx_A$，则式(5.2.1)可写为

$$N_{Az}=-cD_{AB}\frac{\mathrm{d}x_A}{\mathrm{d}z} \tag{5.2.2}$$

对于液体混合物，常用质量分数表示浓度，于是菲克定律又可写为

$$N_{Az}=-\rho D_{AB}\frac{\mathrm{d}x_{mA}}{\mathrm{d}z} \tag{5.2.3}$$

式中：ρ——混合物的密度，kg/m³；

x_{mA}——组分 A 的质量分数；

N_{Az}——组分 A 的扩散通量，kg/(m²·s)。

当混合物的浓度用质量浓度表示时，式(5.2.1)可写为

$$N_{Az}=-D_{AB}\frac{d\rho_A}{dz} \tag{5.2.4}$$

式中：ρ_A——组分 A 的质量浓度，kg/m^3；

$\frac{d\rho_A}{dz}$——组分 A 在 z 方向上的质量浓度梯度，$kg/(m^3 \cdot m)$。

因此，菲克定律表达的物理意义为：

由浓度梯度引起的组分 A 在 z 方向上的质量通量 = −(分子扩散系数)×(z 方向上组分 A 的浓度梯度)

（二）分子扩散系数

式(5.2.1)给出了双组分系统的分子扩散系数定义式，即

$$D_{AB}=-\frac{N_{Az}}{\frac{dc_A}{dz}} \tag{5.2.5}$$

分子扩散系数是扩散物质在单位浓度梯度下的扩散速率，表征物质的分子扩散能力，扩散系数大，则表示分子扩散快。分子扩散系数是很重要的物理常数，其数值受体系温度、压力和混合物浓度等因素的影响。物质在不同条件下的扩散系数一般需要通过实验测定。常见物质的扩散系数见附录 15。

对于理想气体及稀溶液，在一定温度、压力下，浓度变化对 D_{AB} 的影响不大。对于非理想气体及浓溶液，D_{AB} 则是浓度的函数。

低密度气体、液体和固体的扩散系数随温度的升高而增大，随压力的增加而减小。对于双组分气体物系，扩散系数与总压力成反比，与热力学温度的 1.75 次方成正比，即

$$D_{AB}=D_{AB,0}\left(\frac{p_0}{p}\right)\left(\frac{T}{T_0}\right)^{1.75} \tag{5.2.6}$$

式中：$D_{AB,0}$——物质在压力为 p_0、温度为 T_0 时的扩散系数，m^2/s；

D_{AB}——物质在压力为 p、温度为 T 时的扩散系数，m^2/s。

液体的密度、黏度均比气体高得多，因此物质在液体中的扩散系数远比在气体中的小，在固体中的扩散系数更小，且在不同方向上可能有不同的数值。物质在气体、液体、固体中的扩散系数的数量级分别为 $10^{-5}\sim10^{-4}\ m^2/s$，$10^{-9}\sim10^{-10}\ m^2/s$ 及 $10^{-9}\sim10^{-14}\ m^2/s$。

三、涡流扩散

对于涡流质量传递，可以定义涡流质量扩散系数 ε_D，单位为 m^2/s，并认为在一维稳态情况下，涡流扩散引起的组分 A 的质量扩散通量 $N_{A\varepsilon}$ 与组分 A 的平均浓度梯度成正比，即

$$N_{A\varepsilon}=-\varepsilon_D\frac{d\bar{\rho}_A}{dz} \tag{5.2.7}$$

涡流扩散系数表示涡流扩散能力的大小，ε_D 值越大，表明流体质点在其浓度梯度方向上的脉动越剧烈，传质速率越高。

涡流扩散系数不是物理常数，它取决于流体流动的特性，受湍动程度和扩散部位等复杂因素的影响。目前对于涡流扩散规律研究得还很不够，涡流扩散系数的数值还难以求得，因此常将分子扩散和涡流扩散两种传质作用结合在一起考虑。

工程中大部分流体流动为湍流状态，同时存在分子扩散和涡流扩散，因此组分 A 总的质量扩散通量 N_{At} 为

$$N_{At}=-(D_{AB}+\varepsilon_D)\frac{d\bar{\rho}_A}{dz}=-D_{ABeff}\frac{d\bar{\rho}_A}{dz} \tag{5.2.8}$$

式中：D_{ABeff}——组分 A 在双组分混合物中的有效质量扩散系数。

在充分发展的湍流中，涡流扩散系数往往比分子扩散系数大得多，因而有 $D_{ABeff}\approx\varepsilon_D$。

第三节 分子传质

发生在静止的流体和某些固体中的传质过程称为分子传质，其质量传递的机理为分子扩散。本节讨论在静止流体介质中的质量传递问题，目的在于求解以分子扩散方式传质的速率。

当静止流体与相界面接触时，若流体中组分 A 的浓度与相界面处不同，则物质将通过流体主体向相界面扩散。在这一过程中，组分 A 沿扩散方向将具有一定的浓度分布。对于稳态过程，浓度分布不随时间变化，组分的扩散速率也为定值。

静止流体中的质量传递有两种典型情况，即单向扩散和等分子反向扩散。

一、单向扩散

静止流体与相界面接触时的物质传递完全依靠分子扩散，其扩散规律可以用菲克定律描述。

但是，在某些传质过程中，分子扩散往往伴随着垂直于相界面方向上流体的流动，从而促使组分的扩散通量增大。例如，当空气和氨的混合气体与水接触时，氨被水吸收。假设水的汽化可忽略，则只有气体组分氨从气相向液相传递，而没有物质从液相向气相做相反方向的传递，这种现象可视为单向扩散。在气、液两相界面上，由于氨溶解于水中而使得氨的含量减少，氨分压降低，导致相界面处的气相总压降低，使气相主体与相界面之间形成总压梯度。在此梯度的推动下，混合气体自气相主体向相界面处流动，使流体的所有组分（氨和空气）一起向相界面流动，从而使氨的扩散量增加。

由于混合气体向相界面的流动，使相界面上空气的浓度增加，因此空气应从相界面向气相主体作反方向扩散。在稳态情况下，流动带入相界面的空气量，恰好补偿空气自相界面向主体反向分子扩散的量，使得相界面处空气的浓度（或分压）恒定。因此，可认为空气处于没有流动的静止状态。

设相界面与气相主体之间的距离为 L，则在相界面附近的气相内将形成氨分压（图 5.3.1），$p_{A,o}$ 和 $p_{B,o}$ 分别为气相主体中氨和空气的分压，$p_{A,i}$ 和 $p_{B,i}$ 分别为相界面处氨和空气的分压。

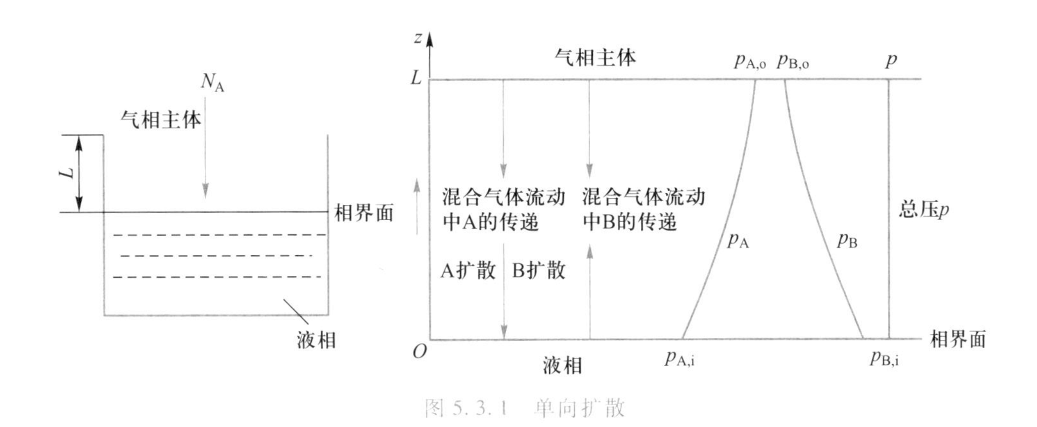

图 5.3.1　单向扩散

以上分析表明，在单向扩散中，扩散组分的总通量由两部分组成，即流动所造成的传质通量和叠加于流动之上的由浓度梯度引起的分子扩散通量。分子扩散是由物质浓度（或分压）差而引起的分子微观运动，而流动是因为系统内流体主体与相界面之间存在压差而引起的流体宏观运动，其起因还是分子扩散。所以流动是一种分子扩散的伴生现象。

（一）扩散通量

由组分 A 和 B 组成的双组分混合气体，假设组分 A 为溶质，组分 B 为惰性组分，组分 A 向液体界面扩散并溶于液体，则组分 A 从气相主体到相界面的传质通量为分子扩散通量与流动中组分 A 的传递通量之和。

由于传质时流体混合物内各组分的运动速率是不同的，为了表达混合物总体流动的情况，引入平均速率的概念。若组分浓度用物质的量浓度表示，则平均速率 u_M 为

$$u_M=\frac{c_A u_A+c_B u_B}{c} \tag{5.3.1}$$

式中：u_A，u_B——分别为组分 A 和组分 B 的宏观运动速率，m/s；

c，c_A，c_B——分别为混合气体物质的量浓度及组分 A 和组分 B 在混合气体中的物质的量浓度，mol/m^3。

u_A 和 u_B 可以由压差引起，也可由浓度差下的扩散引起。因此，流体混合物的流动是以各组分的运动速率取平均值的流动，也称为总体流动。

以上速率是相对于固定坐标系的绝对速率。相对于运动坐标系 u_M，可得到相对速率 $u_{A,D}$ 和 $u_{B,D}$，即

$$u_{A,D}=u_A-u_M \tag{5.3.2a}$$

和

$$u_{B,D}=u_B-u_M \tag{5.3.2b}$$

相对速率 $u_{A,D}$ 和 $u_{B,D}$ 即为扩散速率，表明组分因分子扩散引起的运动速率。

由通量的定义，可得

$$N_A=c_A u_A \tag{5.3.3a}$$

$$N_B=c_B u_B \tag{5.3.3b}$$

$$N_{\mathrm{M}} = c u_{\mathrm{M}} = N_{\mathrm{A}} + N_{\mathrm{B}} \tag{5.3.3c}$$

式中：N_{A}，N_{B}，N_{M}——分别为组分 A、组分 B 和流体混合物的扩散通量，mol/(m²·s)。

而相对于平均速率的组分 A 的通量即为分子扩散通量，即

$$N_{\mathrm{A,D}} = c_{\mathrm{A}} u_{\mathrm{A,D}} \tag{5.3.4}$$

式中：$N_{\mathrm{A,D}}$——组分 A 的分子扩散通量，mol/(m²·s)。

将式(5.3.2a)、式(5.3.3a)和式(5.3.3c)代入式(5.3.4)，整理得

$$N_{\mathrm{A,D}} = N_{\mathrm{A}} - \frac{c_{\mathrm{A}}}{c}(N_{\mathrm{A}} + N_{\mathrm{B}})$$

将分子扩散通量 $N_{\mathrm{A,D}}$ 用菲克定律表示，上式得

$$N_{\mathrm{A}} = -D_{\mathrm{AB}} \frac{\mathrm{d}c_{\mathrm{A}}}{\mathrm{d}z} + \frac{c_{\mathrm{A}}}{c}(N_{\mathrm{A}} + N_{\mathrm{B}}) \tag{5.3.5}$$

式(5.3.5)为菲克定律的普通表达形式，即

组分 A 的总传质通量=分子扩散通量+总体流动所带动的传质通量

对于单向扩散，$N_{\mathrm{B}} = 0$，故式(5.3.5)可以写成

$$N_{\mathrm{A}} = -\frac{c}{c - c_{\mathrm{A}}} D_{\mathrm{AB}} \frac{\mathrm{d}c_{\mathrm{A}}}{\mathrm{d}z} \tag{5.3.6}$$

$N_{\mathrm{B}} = 0$，表示组分 B 在单向扩散中没有净流动，所以单向扩散也称为停滞介质中的扩散。

在稳态情况下，N_{A} 为定值。将式(5.3.6)在相界面与气相主体之间积分，组分 A 的浓度分别为 $c_{\mathrm{A,i}}$ 和 $c_{\mathrm{A,o}}$，即

$$z = 0, \quad c_{\mathrm{A}} = c_{\mathrm{A,i}}$$

$$z = L, \quad c_{\mathrm{A}} = c_{\mathrm{A,o}}$$

积分得

$$N_{\mathrm{A}} \int_{0}^{L} \mathrm{d}z = -\int_{c_{\mathrm{A,i}}}^{c_{\mathrm{A,o}}} \frac{D_{\mathrm{AB}} c}{c - c_{\mathrm{A}}} \mathrm{d}c_{\mathrm{A}}$$

在等温、等压条件下，上式中 D_{AB}，c 为常数，所以

$$N_{\mathrm{A}} = \frac{D_{\mathrm{AB}} c}{L} \ln \frac{c - c_{\mathrm{A,o}}}{c - c_{\mathrm{A,i}}} \tag{5.3.7}$$

因为 $c - c_{\mathrm{A,o}} = c_{\mathrm{B,o}}$，$c - c_{\mathrm{A,i}} = c_{\mathrm{B,i}}$，$c_{\mathrm{A,o}} - c_{\mathrm{A,i}} = c_{\mathrm{B,i}} - c_{\mathrm{B,o}}$，所以

$$N_{\mathrm{A}} = \frac{D_{\mathrm{AB}} c}{L} \frac{(c_{\mathrm{A,i}} - c_{\mathrm{A,o}})}{(c_{\mathrm{B,o}} - c_{\mathrm{B,i}})} \ln \frac{c_{\mathrm{B,o}}}{c_{\mathrm{B,i}}} \tag{5.3.8}$$

令

$$c_{\mathrm{B,m}} = \frac{c_{\mathrm{B,o}} - c_{\mathrm{B,i}}}{\ln \dfrac{c_{\mathrm{B,o}}}{c_{\mathrm{B,i}}}} \tag{5.3.9}$$

式中：$c_{B,m}$——惰性组分在相界面和气相主体间的对数平均浓度。

则
$$N_A=\frac{D_{AB}c}{Lc_{B,m}}(c_{A,i}-c_{A,o}) \tag{5.3.10}$$

若静止流体为理想气体，则根据理想气体状态方程 $p=cRT$，式(5.3.10)可写为

$$N_A=\frac{D_{AB}p}{RTLp_{B,m}}(p_{A,i}-p_{A,o}) \tag{5.3.11}$$

式中：p——总压强；

$p_{B,m}$——惰性组分在相界面和气相主体间的对数平均分压；

$p_{A,i}$，$p_{A,o}$——分别为组分 A 在相界面和气相主体的分压。

$$p_{B,m}=\frac{p_{B,o}-p_{B,i}}{\ln\dfrac{p_{B,o}}{p_{B,i}}}$$

（二）浓度分布

对于稳态扩散过程，N_A 为常数，即

$$\frac{dN_A}{dz}=0 \tag{5.3.12}$$

对于气体组分 A，可将式(5.3.6)中的浓度用分压 p_A 表示，即

$$N_A=-\frac{D_{AB}p}{RT(p-p_A)}\frac{dp_A}{dz} \tag{5.3.13}$$

将式(5.3.13)代入式(5.3.12)中，得

$$\frac{d}{dz}\left(-\frac{D_{AB}p}{RT(p-p_A)}\frac{dp_A}{dz}\right)=0$$

在等温、等压条件下，D_{AB}，p 均为常数，于是上式化简为

$$\frac{d}{dz}\left(\frac{1}{p-p_A}\frac{dp_A}{dz}\right)=0$$

上式经两次积分，得

$$-\ln(p-p_A)=C_1z+C_2 \tag{5.3.14}$$

式中：C_1，C_2——积分常数，可由以下边界条件定出：$z=0$，$p_A=p_{A,i}$；$z=L$，$p_A=p_{A,o}$。

将上述边界条件代入式(5.3.14)，得

$$C_1=-\frac{1}{L}\ln\frac{p-p_{A,o}}{p-p_{A,i}}$$

$$C_2=-\ln(p-p_{A,i})$$

将 C_1、C_2 代入式(5.3.14)，得出浓度分布方程，即

$$\frac{p-p_{A}}{p-p_{A,i}}=\left(\frac{p-p_{A,o}}{p-p_{A,i}}\right)^{\frac{z}{L}} \tag{5.3.15a}$$

或写成

$$\frac{p_{B}}{p_{B,i}}=\left(\frac{p_{B,o}}{p_{B,i}}\right)^{\frac{z}{L}} \tag{5.3.15b}$$

组分 A 通过停滞组分 B 扩散时,浓度分布曲线为对数型,如图 5.3.1 所示。

以上讨论的单向扩散为气体中的分子扩散。对于双组分气体混合物,组分的扩散系数在低压下与浓度无关。在稳态扩散时,气体的扩散系数 D_{AB} 及总浓度 c 或总压 p 均为常数。

但对于液体中的分子扩散,组分 A 的扩散系数随浓度而变,且总浓度在整个液相中也并非到处保持一致。目前,液体中的扩散理论还不成熟,可仍采用式(5.3.6)求解,但在使用时,扩散系数需要采用平均扩散系数,总浓度采用平均总浓度。

【例题 5.3.1】 用温克尔曼(Winkelman)方法测定气体在空气中的扩散系数,测定装置如图 5.3.2 所示。在 1.013×10^{5} Pa 下,将此装置放在 328 K 的恒温箱内,立管中盛水,最初水面离上端管口的距离为 0.125 m,迅速向上部横管中通入干燥的空气,使水蒸气在管口的分压接近于零。实验测得经 1.044×10^{6} s 后,管中的水面离上端管口距离为 0.15 m。求水蒸气在空气中的扩散系数。

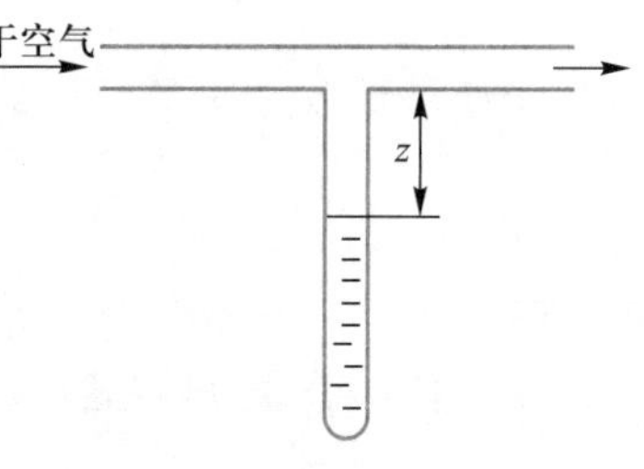

图 5.3.2 例题 5.3.1 附图

解:立管中水面下降是由于水蒸发并依靠分子扩散通过立管上部传递到流动的空气中。该扩散过程可视为单向扩散。当水面与上端管口距离为 z 时,水蒸气扩散的传质通量为

$$N_{A}=\frac{D_{AB}p}{RTzp_{B,m}}(p_{A,i}-p_{A,o})$$

水在空气中分子扩散的传质通量可用管中水面的下降速率表示,即

$$N_{A}=\frac{c_{A}\mathrm{d}z}{\mathrm{d}t}$$

所以,有

$$\frac{c_{A}\mathrm{d}z}{\mathrm{d}t}=\frac{D_{AB}p}{RTzp_{B,m}}(p_{A,i}-p_{A,o})$$

即

$$z\mathrm{d}z=\frac{D_{AB}p}{c_{A}RTp_{B,m}}(p_{A,i}-p_{A,o})\mathrm{d}t \tag{1}$$

其中 $p_{A,i}=15.73$ kPa(328 K 下水的饱和蒸气压)

$p_{A,o}=0$

$$p_{B,m}=\frac{p_{B,o}-p_{B,i}}{\ln\dfrac{p_{B,o}}{p_{B,i}}}=\frac{101.3-(101.3-15.73)}{\ln\dfrac{101.3}{101.3-15.73}}\ \text{kPa}=93.2\ \text{kPa}$$

328 K 下，水的密度为 985.6 kg/m^3，故

$$c_A = \frac{985.6}{18}\ \text{kmol/m}^3 = 54.7\ \text{kmol/m}^3$$

边界条件：$t=0$，$z=0.125$ m；$t=1.044\times10^6$ s，$z=0.150$ m。

将式(1)积分，得

$$\int_{0.125}^{0.15} z\mathrm{d}z = \frac{D_{AB}p}{c_A RT p_{B,m}} p_{A,i} \int_0^{1.044\times10^6} \mathrm{d}t$$

$$\frac{(0.15^2-0.125^2)}{2}\ \text{m}^2 = \frac{D_{AB}\times101.3\times15.73\times1.044\times10^6}{54.7\times8.314\times328\times93.2}\ \text{s}$$

解得：$D_{AB}=2.87\times10^{-5}$ m^2/s。

二、等分子反向扩散

在一些双组分混合体系的传质过程中，当体系总浓度保持均匀不变时，组分 A 在分子扩散的同时伴有组分 B 向相反方向的分子扩散，且组分 B 扩散的量与组分 A 相等，这种传质过程称为等分子反向扩散。

（一）扩散通量

由于等分子反向扩散过程中没有流体的总体流动，因此 $N_A+N_B=0$，故式(5.3.5)可以写成

$$N_A = -D_{AB}\frac{\mathrm{d}c_A}{\mathrm{d}z} \tag{5.3.16}$$

在稳态情况下，N_A 为定值，将上式在 $z=0$，$c_A=c_{A,i}$ 和 $z=L$，$c_A=c_{A,o}$ 之间积分，得

$$N_A\int_0^L \mathrm{d}z = -\int_{c_{A,i}}^{c_{A,o}} D_{AB}\mathrm{d}c_A$$

在恒温、恒压条件下，D_{AB} 为常数，所以

$$N_A = \frac{D_{AB}}{L}(c_{A,i}-c_{A,o}) \tag{5.3.17}$$

（二）浓度分布

对于稳态扩散过程，N_A 为常数，即

$$\frac{\mathrm{d}N_A}{\mathrm{d}z}=0$$

将式(5.3.16)代入上式，得

$$\frac{\mathrm{d}^2 c_A}{\mathrm{d}z^2}=0 \tag{5.3.18}$$

上式经两次积分，得

$$c_A = C_1 z + C_2 \tag{5.3.19}$$

式中：C_1，C_2——积分常数，可由以下边界条件定出：$z=0$，$c_A=c_{A,i}$；$z=L$，$c_A=c_{A,o}$。

由边界条件求出积分常数，代入式(5.3.19)，得出浓度分布方程为

$$c_A = \frac{c_{A,o}-c_{A,i}}{L}z + c_{A,i} \tag{5.3.20}$$

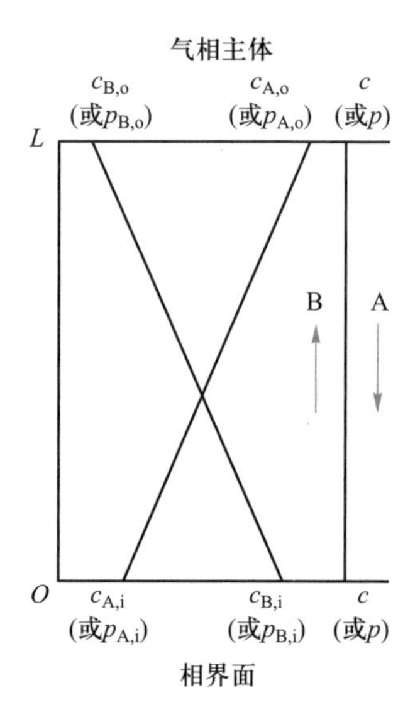

图 5.3.3 等分子反向扩散速率分布

可见组分 A 的物质的量浓度分布为直线，同样可得组分 B 的物质的量浓度分布也为直线，如图 5.3.3 所示。

将式(5.3.17)与式(5.3.10)比较，可知组分 A 单向扩散时的传质通量比等分子反向扩散时要大。式(5.3.10)中，$\frac{c}{c_{B,m}}$项表示分子单向扩散时，因总体流动而使组分 A 传质通量增大的因子，称为漂移因子。漂移因子的大小直接反映了总体流动对传质速率的影响。当组分 A 的浓度较低时，$c \approx c_B$，则漂移因子接近于 1，此时单向扩散时的传质通量表达式与等分子反向扩散时一致。

当某物质通过一固体或静止介质稳态扩散时，若 c_A 很小，$x_A \ll 1$，$N_A \approx 0$，在介质内无化学反应，则此扩散问题也可以采用式(5.3.17)来求解。

三、界面上有化学反应的稳态传质

对于某些系统，在发生分子扩散的同时，往往伴随着化学反应。对于伴有化学反应的扩散，由于整个过程进行中，既有分子扩散，又有化学反应，这两种过程的相对速率极大地影响着过程的性质。当化学反应的速率大大快于扩散速率时，扩散决定过程的速率，这种过程称为扩散控制过程；当化学反应的速率远远慢于扩散速率时，化学反应决定过程的速率，这种过程称为反应控制过程。

下面讨论只在物质表面进行的化学反应过程。以催化反应为例，如图 5.3.4 所示，组分 A 从催化剂表面上方的气相主体中扩散到催化剂表面，在催化剂表面上进行如下一级化学反应：

$$A(g) + C(s) \xlongequal{\quad} 2B(g)$$

生成的组分 B 反向扩散到气相主体中。根据化学反应计量式，可得出组分 A 的扩散通量 N_A 与组分 B 的扩散通量 N_B 之间的关系为

$$N_B = -2N_A \tag{5.3.21}$$

由式(5.3.5)，得

$$N_A = -D_{AB}c\frac{dy_A}{dz} + y_A(N_A + N_B) \tag{5.3.22}$$

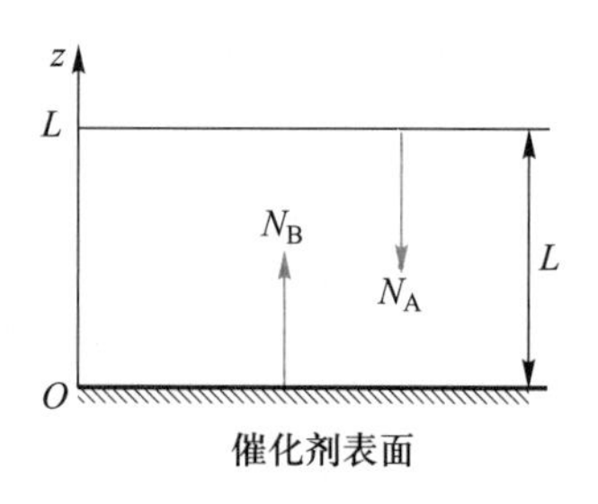

图 5.3.4 界面处有化学反应的传质过程

故

$$N_A = -\frac{D_{AB}c}{1+y_A}\frac{dy_A}{dz} \tag{5.3.23}$$

将上式在催化剂表面和气相主体之间积分，边界条件为

$$z=0,\quad y_A=y_{A,i}$$

$$z=L,\quad y_A=y_{A,o}$$

$$N_A\int_0^L dz = -\int_{y_{A,i}}^{y_{A,o}}\frac{D_{AB}c}{1+y_A}dy_A$$

在一定操作条件下，D_{AB}和 c 为常数，所以

$$N_A = -\frac{D_{AB}c}{L}\ln\frac{1+y_{A,o}}{1+y_{A,i}} \tag{5.3.24}$$

若反应是瞬时完成的，则可认为在催化剂表面不存在组分 A，即

$$y_{A,i}=0$$

式(5.3.24)可以简化为

$$N_A = -\frac{D_{AB}c}{L}\ln(1+y_{A,o}) \tag{5.3.25a}$$

若 A 的浓度用物质的量浓度表示，则有

$$N_A = -\frac{D_{AB}c}{L}\ln\frac{c+c_{A,o}}{c} \tag{5.3.25b}$$

如果在催化剂表面化学反应进行得极为缓慢，化学反应速率远远低于扩散速率，且化学反应属一级反应，则在催化剂表面（即 $z=0$ 处），组分 A 的传质通量与摩尔分数的关系为

$$y_{A,i} = -\frac{N_A}{k_1c} \tag{5.3.26}$$

式中：k_1——一级反应速率常数，m/s。

负号表示组分 A 的浓度随时间减小。

将上式代入式(5.3.24)，得

$$N_A = -\frac{D_{AB}c}{L}\ln\frac{1+y_{A,o}}{1-\frac{N_A}{k_1c}} \tag{5.3.27}$$

式(5.3.27)是超越方程，利用泰勒级数展开，当$\frac{|N_A|}{k_1c}<0.4$或更小时，可推导出其近似解，即

$$N_A = -\frac{D_{AB}c}{L}\frac{\ln(1+y_{A,o})}{1+\frac{D_{AB}}{k_1L}} \tag{5.3.28}$$

式(5.3.28)表示发生一级化学反应 A(g)+C(s)⟶2B(g)时化学反应与扩散联合控制的质量传递过程。对于界面上具有化学反应的扩散传质过程,化学反应式不同,对传质通量的描述也不同。

由式(5.3.28)可知,若 k_1 足够大或$\dfrac{D_{AB}}{k_1 L}\ll 1$,则有

$$N_A=-\frac{D_{AB}c}{L}\ln(1+y_{A,o}) \tag{5.3.29}$$

式(5.3.29)为扩散控制的传质通量表达式,与式(5.2.25a)相同。

若$\dfrac{D_{AB}}{k_1 L}\gg 1$,即扩散过程很快,则有

$$N_A=-k_1 c\ln(1+y_{A,o}) \tag{5.3.30}$$

式(5.3.30)为反应控制的传质通量表达式。

【例题 5.3.2】 为减少汽车尾气中 NO 对大气的污染,采用净化器对尾气进行净化处理。含有 NO 的尾气通过净化器时,NO 与净化器中的催化剂接触,在净化剂表面发生还原反应。这一反应过程可看作气体 NO 通过静止膜的一维稳态扩散过程。若汽车尾气净化后排放温度为 540 ℃,压力为 1.18×10^5 Pa,NO 的摩尔分数为 0.002,该温度下反应速率常数为 228.6 m/h,扩散系数为 0.362 m^2/h。试确定 NO 的还原速率达到 4.19×10^{-3} kmol/($m^2\cdot h$)时,净化反应器高度的最大值。

解:因为 NO 在催化剂表面的反应过程可以看作通过静止膜的扩散,所以传质通量为

$$N_A=\frac{D_{AB}c}{L}\ln\frac{1-y_{A,o}}{1-y_{A,i}}$$

因 NO 向催化剂表面扩散并被去除,故传质通量 N_A 应为负值。

同时,在催化剂表面,有

$$y_{A,i}=-\frac{N_A}{k_1 c}$$

尾气浓度 $c=\dfrac{p}{RT}=\dfrac{1.18\times10^5\times10^{-3}}{8.314\times(273+540)}\ \text{kmol/m}^3=0.0175\ \text{kmol/m}^3$

$$y_{A,i}=-\frac{N_A}{k_1 c}=-\frac{-4.19\times10^{-3}}{228.6\times0.0175}=1.05\times10^{-3}$$

$$y_{A,o}=2.0\times10^{-3}$$

故

$$-4.19\times10^{-3}=\frac{0.362\times0.0175}{L}\ln\frac{1-2.0\times10^{-3}}{1-1.05\times10^{-3}}$$

$$L=1.44\ \text{mm}$$

可见,需要的 L 值是很小的,在实际应用中完全可以实现。

第四节 对流传质

对流传质是指运动着的流体与相界面之间发生的传质过程，也称为对流扩散。运动的流体与固体壁面之间或不互溶的两种运动的流体与相界面之间发生的质量传递过程都是对流传质过程。

对流传质可以在单相中发生，也可以在两相间发生。流体流过可溶性固体表面时，溶质在流体中的溶解过程及在催化剂表面进行的气－固相催化反应等，均为单一相中的对流传质；而当互不相溶的两种流体相互流动，或流体沿固定界面流动时，组分首先由一相的主体向相界面传递，然后通过相界面向另一相中传递，这一过程中两种流体与相界面的传质均为对流传质。环境工程中常遇到两相间的传质过程，如气体的吸收是在气相与液相之间进行的传质，萃取是在液－液两相之间进行的传质，吸附、膜分离等过程与流体和固体的相际传质过程密切相关。本节只介绍单相中的对流传质，作为本书第八、九、十章所讲述的分离过程的基础。

一、对流传质过程的机理及传质边界层

对流传质中，流体各部分之间发生宏观位移。这时，传质过程将受到流体性质、流动状态（层流还是湍流）及流场几何特性的影响。但是，无论流动状态是层流还是湍流，扩散速率都会因为流动而增大。

下面以流体流过固体壁面的传质过程为例，分析对流传质过程的机理及传质速率的计算式。

（一）对流传质过程的机理

有一个无限大的平固体壁面，含组分 A 的流体以速率 u_0 沿壁面流动，最终形成流动边界层，边界层厚度为 δ，如图 5.4.1 所示。若流体主体中组分 A 浓度 $c_{A,o}$ 比壁面上的浓度 $c_{A,i}$ 高，则流体与壁面之间发生质量传递，壁面附近形成具有浓度梯度的区域。因边界层中流体的流动状态各不相同，所以传质的机理也不同。

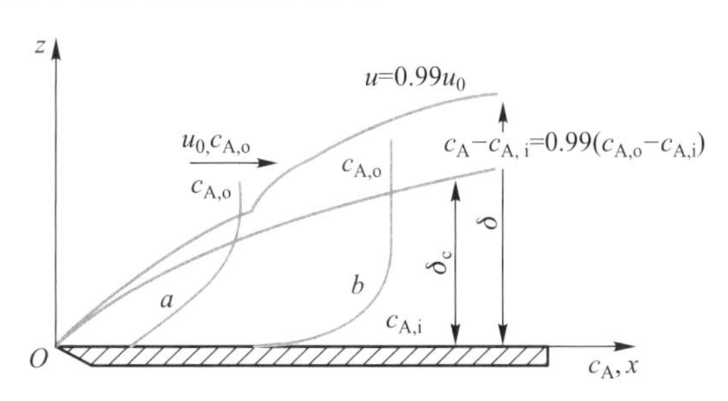

图 5.4.1 流体流过平壁面的对流传质

在层流流动中，相邻层间流体互不掺混，所以在垂直于流动的方向上，只存在由浓度梯度引起的分子扩散。此时，界面与流体间的扩散通量仍符合菲克第一定律，但其扩散通量明显大于静止时的传质。这是因为流动加大了壁面附近的浓度梯度，使传质推动力增大。因此，在垂直于流动的方向上浓度变化比较均匀，近似为直线，如图 5.4.1 中的曲线 a 所示。

组分 A 的浓度由流体主体的浓度 $c_{A,o}$ 连续降至界面处的 $c_{A,i}$。

在湍流流动中,流体质点在沿主流方向流动的同时,还存在其他方向上的随机脉动,从而造成流体在垂直于主流方向上的强烈混合。因此湍流流动中,在垂直于主流方向上,除了分子扩散外,更重要的是涡流扩散。

湍流边界层包括层流底层、湍流核心区及过渡区。在层流底层中,由于垂直于界面方向上没有流体质点的扰动,物质仅依靠分子扩散传递,浓度梯度较大。在此区域内,传质速率可用菲克第一定律描述,扩散速率取决于浓度梯度和分子扩散系数,因此其浓度分布曲线近似为直线。在湍流核心区,因有大量的漩涡存在,$\varepsilon_D >> D_A$,物质的传递主要依靠涡流扩散,分子扩散的影响可以忽略不计。此时,由于质点的强烈掺混,浓度梯度几乎消失,组分在该区域内的浓度基本均匀,其分布曲线近似为一垂直直线。在过渡区内,分子扩散和涡流扩散同时存在,浓度梯度比层流底层中要小得多。稳态情况下,壁面附近形成如图 5.4.1 中曲线 *b* 所示的浓度分布。

(二)传质边界层

与流动边界层和传热边界层相似,将壁面附近浓度梯度较大的流体层称为传质边界层,也称为浓度边界层。可以认为,质量传递的全部阻力都集中在边界层内。对于平板壁面,将 $(c_A - c_{A,i}) = 0.99(c_{A,o} - c_{A,i})$ 处作为传质边界层的界限,该界限到壁面的距离称为传质边界层的名义厚度 δ_c。

传质边界层厚度 δ_c 与流动边界层厚度 δ 一般并不相等,它们的关系取决于施密特(Schmidt)数 Sc,即

$$\frac{\delta}{\delta_c} = Sc^{1/3} \tag{5.4.1}$$

$$Sc = \frac{\nu}{D_{AB}}$$

施密特数 Sc 是分子动量传递能力和分子扩散能力的比值,表示物性对传质的影响,代表了壁面附近速率分布与浓度分布的关系。当 $\nu = D_{AB}$,即 $Sc = 1$ 时,$\delta = \delta_c$,即流动边界层厚度与传质边界层厚度相等。

当浓度为 $c_{A,o}$ 的流体以速率 u_0 流过圆管进行传质时,也形成流动边界层和传质边界层,厚度分别为 δ 和 δ_c,如图 5.4.2 所示。当流体以均匀的浓度和速率进入管内时,由于流体中组分 A 的浓度 $c_{A,o}$ 与管壁浓度 $c_{A,i}$ 不同而发生传质,传质边界层的厚度由管前缘处的零逐渐增厚,经过一段时间后,在管中心汇合,此后传质边界层的厚度即等于管的半径并维持不变。由管进口前缘至汇合点之间沿管轴线的距离称为传质进口段长度 L_D。一般层流流动的传质进口段长度为

$$L_D = 0.05dReSc \tag{5.4.2}$$

湍流流动时,传质进口段长度约为

$$L_D = 50d \tag{5.4.3}$$

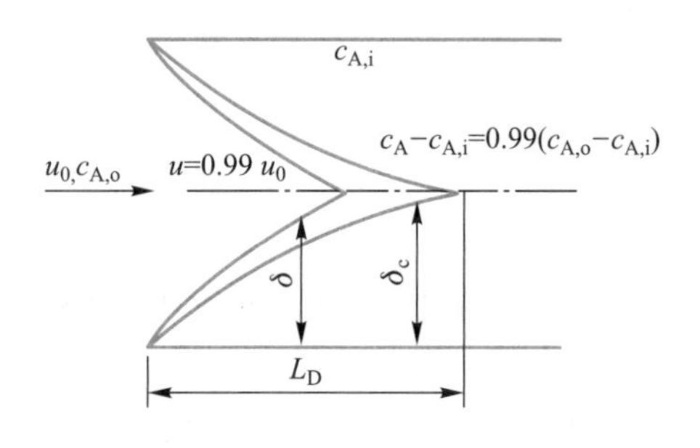

图 5.4.2 圆管内的传质边界层

二、对流传质速率方程

(一) 对流传质速率方程的一般形式

在对流传质过程中,当流动处于湍流状态时,物质的传递包括了分子扩散和涡流扩散。前已叙及,涡流扩散系数难以测定和计算。为了确定对流传质的传质速率,通常将对流传递过程进行简化处理,即将过渡区内的涡流扩散折合为通过某一定厚度的层流膜层的分子扩散。

图 5.4.3 为对流传质过程的虚拟膜模型。图中流体主体中组分 A 的平均浓度为 $c_{A,o}$,将层流底层内的浓度梯度线段延长,并与湍流核心区的浓度梯度线相交于 G 点,G 点与界面的垂直距离 l_G 称为有效膜层,也称为虚拟膜层。这样,就可以认为由流体主体到界面的扩散相当于通过厚度为 l_G 的有效膜层的分子扩散,整个有效膜层的传质推动力为($c_{A,o}-c_{A,i}$),即把全部传质阻力看成集中在有效膜层 l_G 内,于是就可以用分子扩散速率方程描述对流扩散。写出由界面至流体主体的对流传质速率关系式,即

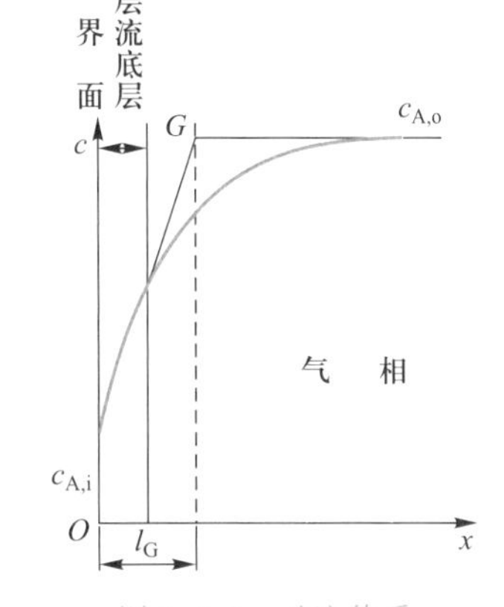

图 5.4.3 对流传质过程的虚拟膜模型

$$N_A=k_c(c_{A,i}-c_{A,o}) \tag{5.4.4}$$

式中:N_A——组分 A 的对流传质速率,kmol/(m^2·s);

$c_{A,o}$——流体主体中组分 A 的浓度,kmol/m^3;

$c_{A,i}$——界面上组分 A 的浓度,kmol/m^3;

k_c——对流传质系数,也称传质分系数,下标“c”表示组分浓度以物质的量浓度表示,m/s。

式(5.4.4)为对流传质速率方程。该方程表明传质速率与浓度差成正比,从而将传递问题归结为求取传质系数。该公式既适用于流体的层流运动,也适用于流体湍流运动的情况。

当采用其他单位表示浓度时,可以得到相应的多种形式的对流传质速率方程和对流传质系数。对于气体与界面的传质,组分浓度常用分压表示,则对流传质速率方程可写为

$$N_A=k_G(p_{A,i}-p_{A,o}) \tag{5.4.5}$$

对于液体与界面的传质,则可写为

$$N_A=k_L(c_{A,i}-c_{A,o}) \tag{5.4.6}$$

式中:$p_{A,i}$,$p_{A,o}$——分别为界面上和气相主体中组分 A 的分压,Pa;

k_G——气相传质分系数,kmol/(m^2·s·Pa);

k_L——液相传质分系数,同 k_c,m/s。

若组分浓度用摩尔分数表示,对于气相中的传质,摩尔分数为 y,则

$$N_A=k_y(y_{A,i}-y_{A,o}) \tag{5.4.7}$$

式中:k_y——用组分 A 的摩尔分数差表示推动力的气相传质分系数,kmol/(m^2·s)。

因为
$$y_A = \frac{p_A}{p}$$

所以
$$k_y = k_G p \tag{5.4.8}$$

对于液相中的传质，若摩尔分数为 x，则

$$N_A = k_x (x_{A,i} - x_{A,o}) \tag{5.4.9}$$

式中：k_x——用组分 A 的摩尔分数差表示推动力的液相传质分系数，kmol/($m^2 \cdot s$)。

因为
$$x_A = \frac{c_A}{c}$$

所以
$$k_x = k_L c \tag{5.4.10}$$

（二）单相传质中对流传质系数的表达形式

对流传质系数体现了对流传质能力的大小，与流体的物理性质、界面的几何形状及流体的流动状况等因素有关。对于少数简单情况，对流传质系数可由理论计算，但多数情况下需要通过实验测定，并以无量纲准数整理实验结果，得出经验关联式。

对于双组分气体混合物，单相中的对流传质也有单向扩散和等分子反向扩散两种典型情况，其对流传质系数的表达形式不同。

1. 等分子反向扩散时的传质系数

双组分系统中，A 和 B 两组分作等分子反向扩散时，$N_A = -N_B$。对流传质系数用 k_c^0 表示，则

$$N_A = k_c^0 (c_{A,i} - c_{A,o}) \tag{5.4.11}$$

相应的扩散速率为

$$N_A = \frac{D_{AB}}{l_G}(c_{A,i} - c_{A,o})$$

故
$$k_c^0 = \frac{D_{AB}}{l_G} \tag{5.4.12}$$

2. 单向扩散时的传质系数

双组分系统中，组分 A 通过停滞组分 B 单向扩散时，$N_B = 0$。对流传质系数用 k_c 表示，则

$$N_A = k_c (c_{A,i} - c_{A,o})$$

相应的扩散通量为

$$N_A = \frac{D_{AB} c}{l_G c_{B,m}}(c_{A,i} - c_{A,o})$$

故
$$k_c = \frac{c D_{AB}}{c_{B,m} l_G} = \frac{D_{AB}}{x_{B,m} l_G} \tag{5.4.13}$$

式中：$x_{B,m}$——组分 B 的对数平均摩尔分数。

$$k_c=\frac{k_c^0}{x_{B,m}} \tag{5.4.14}$$

【例题 5.4.1】　在总压为 2 atm 下，组分 A 由一湿表面向大量流动的不扩散气体 B 中进行质量传递。已知界面上 A 的分压为 0.20 atm，在传质方向上一定距离处可近似地认为 A 的分压为零。已测得 A 和 B 在等分子反向扩散时的传质系数 k_y^0 为 6.78×10^{-5} kmol/(m²·s)。试求传质系数 k_y、k_G 及传质通量 N_A。

解：此题为组分 A 通过静止膜的单向扩散传质。

已知 $p=2$ atm，$p_{A,i}=0.2$ atm，$p_{A,o}=0$，则

$$y_{A,i}=\frac{p_{A,i}}{p}=\frac{0.2}{2}=0.1$$

$$y_{A,o}=0$$

因为

$$k_y=\frac{k_y^0}{y_{B,m}}$$

$$y_{B,m}=\frac{y_{B,o}-y_{B,i}}{\ln\dfrac{y_{B,o}}{y_{B,i}}}=\frac{(1-0.1)-1}{\ln\dfrac{(1-0.1)}{1}}=0.949$$

故

$$k_y=\frac{6.78\times10^{-5}}{0.949}\ \text{kmol/(m}^2\cdot\text{s)}=7.14\times10^{-5}\ \text{kmol/(m}^2\cdot\text{s)}$$

$$k_G=\frac{k_y}{p}=\frac{7.14\times10^{-5}}{2\times1.013\times10^5}\ \text{kmol/(m}^2\cdot\text{s}\cdot\text{Pa)}=3.52\times10^{-10}\ \text{kmol/(m}^2\cdot\text{s}\cdot\text{Pa)}$$

传质通量为

$$\begin{aligned}N_A&=k_y(y_{A,i}-y_{A,o})=7.14\times10^{-5}\times(0.1-0)\ \text{kmol/(m}^2\cdot\text{s)}\\&=7.14\times10^{-6}\ \text{kmol/(m}^2\cdot\text{s)}\end{aligned}$$

【例题 5.4.2】　填料床内装填直径为 2×10^{-3} m 的苯酚粒子，纯水以表观速率 5×10^{-2} m/s 流过床层，通过 1 m 床层高度后，水中苯酚浓度为饱和浓度的 62%，已知单位床层体积的苯酚表面积为 2.3×10^{-3} m²，试求该系统的传质系数。

解：在填料床中取微元段 dz，设 A 为填料床横截面积，则微元体积为 $A\mathrm{d}z$。

以单位时间作为衡算基准，在微元段内对苯酚作质量衡算，稳态情况下，有

流出量－流入量－溶解量＝0

若单位床层体积的苯酚表面积用 a 表示，则苯酚溶解的量为 $N_A aA\mathrm{d}z$。设水中苯酚的饱和浓度为 $c_{A,s}$，则苯酚的溶解速率为

$$N_A=k(c_{A,s}-c_A)$$

而

$$\text{流出量}-\text{流入量}=uA\mathrm{d}c_A$$

故质量衡算方程为

$$uA\mathrm{d}c_A-k(c_{A,s}-c_A)aA\mathrm{d}z=0$$

分离变量，并在 $z=0, c_A=0$ 和 $z=1$ m，$c_A=0.62c_{A,s}$ 之间积分，得

$$\int_0^{0.62c_{A,s}} \frac{1}{c_{A,s}-c_A} dc_A = \frac{ak}{u}\int_0^1 dz$$

$$-\ln \frac{c_{A,s}-0.62c_{A,s}}{c_{A,s}} = \frac{1\times 2.3\times 10^{-3}}{5\times 10^{-2}} k$$

解得：$k=21$ m/s。

三、典型情况下的对流传质系数

计算对流传质速率的关键在于确定对流传质系数。根据有效膜层的假设，流体主体到界面的传质相当于通过有效膜层的分子扩散，因此，在稳态传质下，组分 A 通过有效膜层的传质速率应等于对流传质速率，即

$$-D_{AB}\frac{dc_A}{dz}\bigg|_{z=0} = k_c(c_{A,i}-c_{A,o})$$

$$k_c = -\frac{D_{AB}}{c_{A,i}-c_{A,o}}\frac{dc_A}{dz}\bigg|_{z=0} \tag{5.4.15}$$

采用式(5.4.15)求解对流传质系数时，关键在于壁面浓度梯度 $\left.\frac{dc_A}{dz}\right|_{z=0}$，而浓度梯度的确定需要求解传质微分方程。传质微分方程中包括了速度分布，因此还需要联立运动方程和连续性方程。但是，由于方程的非线性特点和边界条件的复杂性，利用该方法只能求解一些简单的问题。对于工程中常见的湍流传质问题，基于机理的复杂性，不能采用解析方法求解，其对流传质系数一般采用类比法或由经验公式计算。

与对流传热系数的求解方法类似，通常将对流传质系数表示为无量纲准数的关系式，例如

$$Sh = f(Re, Sc) \tag{5.4.16}$$

式中：Sh——舍伍德(Sherwood)数，$Sh=\frac{kd}{D}$；

d——传质设备的特征尺寸，m；

D——分子扩散系数，m^2/s；

k——对流传质系数，m/s。

以下给出几种常见情况下计算对流传质系数的准数关联式。

(一) 平板壁面上的层流对流传质

平板壁面对流传质是所有几何性质壁面对流传质中最简单的情况。当壁面流动为不可压缩流体的层流流动时，距离平板前缘距离为 x 处的局部对流传质系数满足下述关系，即

$$Sh_x = 0.332 Re_x^{1/2} Sc^{1/3} \tag{5.4.17}$$

其中

$$Sh_x = \frac{k_{cx}^0 x}{D}$$

式中：k_{cx}^0——等分子反向扩散时的局部对流传质系数，m/s；

Re_x——以 x 为特征尺寸的雷诺数。

在实际应用中，一般采用平均传质系数。对于长度为 L 的整个板面，其平均传质系数 k_{cm}^0 可用下式计算

$$Sh_m = 0.664 Re_L^{1/2} Sc^{1/3} \tag{5.4.18}$$

式中：Sh_m——$Sh_m = \dfrac{k_{cm}^0 L}{D}$；

Re_L——以板长 L 为特征尺寸的雷诺数。

上式适用于求 $Sc>0.6$、平板壁面上传质速率很慢（壁面法向流动可忽略不计）及层流边界层的对流传质系数。此时

$$k_{cm}^0 = k_{cm}$$

（二）平板壁面上的湍流对流传质

湍流条件下，有

$$Sh_x = 0.029\ 2 Re_x^{0.8} Sc^{1/3} \tag{5.4.19}$$

其中
$$Sh_x = \frac{k_{cx}^0 x}{D}$$

$$Sh_m = 0.036\ 5 Re_L^{0.8} Sc^{1/3} \tag{5.4.20}$$

其中
$$Sh_m = \frac{k_{cm}^0 L}{D}$$

（三）圆管内的层流对流传质

圆管内对流传质指在圆管内流动的流体与管壁间发生传质。当速率分布和浓度分布均已充分发展且传质速率较慢时，对于两种不同的边界条件，可以分别采用不同的公式计算。

（1）组分 A 在管壁处的浓度 $c_{A,i}$ 恒定：如管壁覆盖着某种可溶性物质。此时有

$$Sh = \frac{k_c^0 d}{D} = 3.66 \tag{5.4.21}$$

（2）组分 A 在管壁处的质量通量 $N_{A,i}$ 恒定，如多孔性管壁，组分 A 以恒定的传质速率通过整个管壁流入流体中。此时有

$$Sh = \frac{k_c^0 d}{D} = 4.36 \tag{5.4.22}$$

式中：d——管道内径，m。

由此可见，在速率分布与浓度分布均充分发展的情况下，管内层流时，对流传质系数或舍伍德数为常数。

（四）绕固体球的强制对流传质

$$Sh = 2.0 + 0.6 Re^{1/2} Sc^{1/2} \tag{5.4.23}$$

$$Sh=\frac{k_c d}{D}$$

$$Re=\frac{du_0\rho}{\mu}$$

式中：d——球直径，m；

u_0——球的运动速率，m/s。

【应用实例2】

环境工程领域中强化传质的过程

在环境工程的污染控制领域，传质过程往往对污染物去除效率产生影响，甚至成为限制性因素。因此，强化传质过程成为污染控制技术与工艺改进的关键。下面介绍两个案例。

1. 热脱附技术强化有机污染土壤修复效果

热脱附技术通过加热土壤污染区域，促使有机污染物加速移动进入气相或者液相，能够有效克服土壤非均质性和多孔介质对传质过程的限制，实现土壤污染区域的快速修复（图5.4.4）。一方面，升温会促进污染物向气相分配，通过加速污染物的挥发/蒸发、形成最低共沸物及蒸气蒸馏等作用，使得气相中的污染物浓度迅速增加。另一方面，土壤温度升高会造成污染物黏度、污染物密度、水-非水相液体（NAPLs）界面张力和土水分配系数的下降，提高传质系数和污染物的溶解度，大幅提升污染物的迁移能力。以上两方面的作用促使污染物从土壤中被高效抽提出来，实现快速修复。

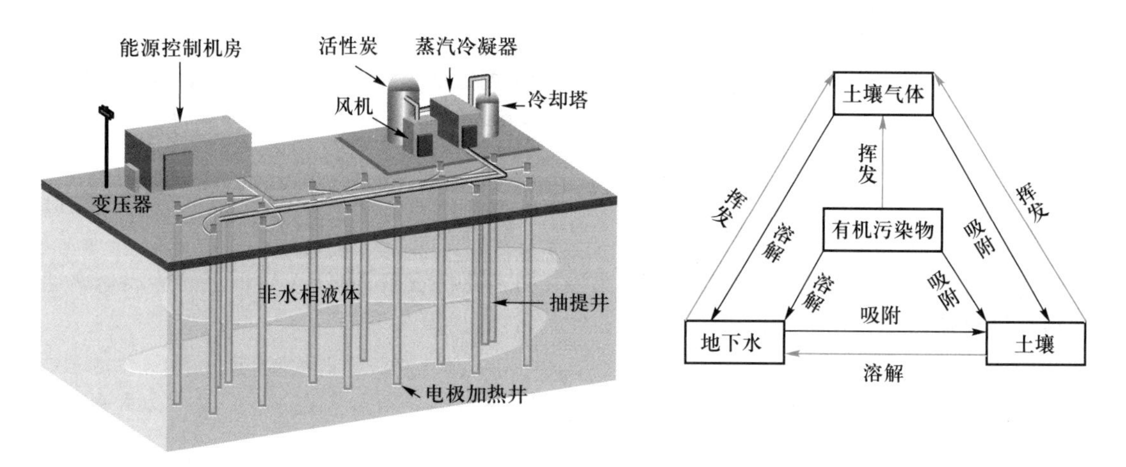

图5.4.4 热脱附强化土壤有机污染物传质

2. 燃煤烟气除硫的强化措施

工程中常采用双碱法（氢氧化钠和氢氧化钙）和石灰石/石灰-石膏法等吸收去除燃煤烟气中的SO_2。在气液相界面处，SO_2到达液膜即发生反应，因此不存在向液相主体的传质过程,使得传质过程的阻力减少;同时,采用逆流接触的反应器,碱液以液滴形式与 SO_2 接触,增大接触面积,从而提高了烟气除硫的效率。

术语中英文对照

· 质量传递 mass transfer
· 分子扩散 molecular diffusion
· 涡流扩散 eddy diffusion
· 扩散通量 diffusion flux
· 分子扩散速率 molecular diffusion rate
· 分子扩散系数 molecular diffusion coefficient
· 单向扩散 diffusion through stagnant component
· 对流传质 convective mass transfer
· 传质边界层 mass transfer boundary layer
· 对流传质系数 convective mass transfer coefficient
· 气相传质分系数 mass transfer coefficient in gas phase
· 液相传质分系数 mass transfer coefficient in liquid phase
· 等分子反向扩散 equimdar counter diffusion

5.1 思考题

(1) 对于双组分气体物系,当总压和温度提高 1 倍时,分子扩散系数将如何变化?

(2) 在什么条件下分子传质的速率由化学反应控制? 什么条件下则由扩散控制?

(3) 对于双组分混合气体,两种组分各自的扩散通量有何联系?

(4) 传质边界层的范围如何确定? 试分析传质边界层与流动边界层的关系。

(5) 为什么流体层流流动时其传质速率较静止时增大?

(6) 比较对流传热和对流传质的区别。为什么对流传质存在两种情况?

5.2 在一细管中,底部水在恒定温度 298 K 下向干空气蒸发。干空气压力为 0.1 MPa、温度亦为 298 K。水蒸气在管内的扩散距离(由液面到管顶部)$\Delta z = 20$ cm。在 0.1 MPa、298 K 时,水蒸气在空气中的扩散系数 $D_{AB} = 2.50\times10^{-5}\ m^2/s$。试求稳态扩散时水蒸气的传质通量及浓度分布。

5.3 在稳态下气体 A 和 B 混合物进行稳态扩散,总压力为 101.3 kPa、温度为 278 K。气相主体与扩散界面 S 之间的垂直距离为 0.1 m,两平面上的分压分别为 $p_{A1} = 13.4$ kPa 和 $p_{A2} = 6.7$ kPa,混合物的扩散系数为 $1.85\times10^{-5}\ m^2/s$。试计算以下条件下组分 A 和 B 的传质通量,并对所得的结果加以分析。

(1) 组分 B 不能穿过平面 S;

(2) 组分 A 和 B 都能穿过平面 S。

5.4 浅盘中装有清水,其深度为 5 mm,水的分子依靠分子扩散方式逐渐蒸发到大气中,试求盘中水完全蒸干所需要的时间。假设扩散时水的分子通过一层厚 4 mm、温度为 30 ℃的静止空气层,空气层以外的空气中水蒸气的分压为零。分子扩散系数为 0.11 m^2/h。水温可视为与空气相同,当地大气压力为101 kPa。

5.5 内径为 30 mm 的量筒中装有水,水温为 25 ℃,周围空气温度为 30 ℃,压力为101.33 kPa,空气中水蒸气含量很低,可忽略不计。量筒中水面到上沿的距离为 10 mm,假设在此空间中空气静止,在量筒口上空气流动,可以把蒸发出的水蒸气很快带走。试问经过 2 d 后,量筒中的水面降低多少? 查表得 25 ℃时水在空气中的分子扩散系数为 0.26 cm^2/s。

5.6 一填料塔在大气压和 295 K 下,用清水吸收氨-空气混合物中的氨。传质阻力可以认为集中在 1 mm 厚的静止气膜中。在塔内某一点上,氨的分压为 6.6 kPa。水面上氨的平衡分压可以忽略不计。已知氨在空气中的扩散系数为 0.236 cm^2/s,试求该点上氨的传质速率。

5.7 一直径为 2 m 的贮槽中装有质量分数为 0.1 的氨水,因疏忽没有加盖,则氨以分子扩散形式挥发。假定扩散通过一层厚度为 5 mm 的静止空气层。在 101 kPa、20 ℃下，氨的分子扩散系数为 $1.8\times10^{-5}\ m^2/s$，计算 12 h 中氨的挥发损失量。计算中不考虑氨水浓度的变化，氨在 20 ℃时的相平衡关系为 $p\ (kPa)=269x$，x 为摩尔分数。

5.8　在总压为 2.026×10^5 Pa、温度为 298 K 的条件下，组分 A 和 B 进行等分子反向扩散。当组分 A 在两端点处的分压分别为 $p_{A1}=0.40$ atm 和 $p_{A2}=0.1$ atm 时，由实验测得 $k_G^0=1.26\times10^{-8}\ kmol/(m^2\cdot s\cdot Pa)$，试估算在同样的条件下，组分 A 通过停滞组分 B 的传质系数 k_G 及传质通量 N_A。

5.9　在温度为 25 ℃、压力为 1.013×10^5 Pa 下，一个原始直径为 0.1 cm 的氧气泡浸没于搅动着的纯水中，7 min 后，气泡直径减小为 0.054 cm，试求系统的传质系数。水中氧气的饱和浓度为 1.5×10^{-3} mol/L。

5.10　溴粒在搅拌下迅速溶解于水，3 min 后，测得溶液浓度为 50%饱和度，试求系统的传质系数。假设液相主体浓度均匀，单位溶液体积的溴粒表面积为 a，初始水中溴含量为 0，溴粒表面处饱和浓度为 $c_{A,s}$。

本章主要符号说明

拉丁字母

c——物质的量浓度，$kmol/m^3$；

d——管径，m；

D——分子扩散系数，m^2/s；

k_1——一级反应速率常数，s^{-1}；

k_c——对流传质系数，m/s；

l_G——有效膜层，m；

L——距离，m；

L_D——传质进口段长度，m；

N——扩散通量，$kmol/(m^2\cdot s)$；

p——压力（压强），Pa；

Re——雷诺数，量纲为 1；

Sc——施密特数，量纲为 1；

Sh——舍伍德数，量纲为 1；

T——摄氏温度，℃；

——热力学温度，K；

u——流速，m/s；

x,y,z——空间坐标，m；

x_A——液相组分 A 在混合液体中的摩尔分数，量纲为 1；

x_{mA}——液相组分 A 在混合液体中的质量分数，量纲为 1；

y_A——气相组分 A 在混合气体中的摩尔分数，量纲为 1。

希腊字母

δ——边界层厚度，m；

δ_c——浓度边界层厚度，m；

ε_D——涡流质量扩散系数，m^2/s；

ν——运动黏度，m^2/s；

ρ——密度，kg/m^3；

——质量浓度，kg/m^3。

下标

eff——有效；

i——相界面；

o——气相主体；

m——平均；

G——气相；

L——液相。

知识体系图

第二篇

分离过程原理

在生态环境治理领域中，所涉及的水体、大气、土壤和固体废物均为混合体系（均相和非均相）。对水体、空气、土壤进行净化，以及从固体废物中回收有用物质都涉及混合物的分离问题。分离就是将污染物与污染介质或其他污染物分离开来，从而达到去除污染物或回收有用物质的目的。例如，在水处理中，需要从水中分离去除悬浮颗粒、各种化学污染物和病原微生物；在废气净化中，需要分离去除废气中的粉尘和各种气态污染物等。因此，分离技术是去除污染物、净化环境的重要手段。

根据污染物性质的不同，常用的分离技术通常可分为机械分离和传质分离两大类，前者如沉降、过滤，后者如吸收、吸附、萃取、膜分离等。本篇主要介绍这些分离单元的基本原理、特点和工艺过程的基本计算方法。

第六章 沉 降

第一节 沉降分离的基本概念

一、沉降分离的一般原理和类型

沉降分离主要用于颗粒物从流体中的分离。其基本原理是将含有颗粒物的流体(液体或气体)置于某种力场(重力场、离心力场、电场或惯性场等)中,使颗粒物与连续相的流体之间发生相对运动,沉降到器壁、器底或其他沉积表面,从而实现颗粒物与流体的分离。

沉降分离广泛用于环境工程领域,如水处理和大气净化。在水处理中,用于从水或废水中去除各种颗粒物,如砂粒、黏土颗粒、污泥絮体等;在气体净化中,用于去除废气中的粉尘、液珠等。

沉降分离包括重力沉降、离心沉降、电沉降、惯性沉降和扩散沉降。重力沉降和离心沉降是利用待分离的颗粒物与流体之间存在的密度差,在重力或离心力的作用下使颗粒物和流体之间发生相对运动;电沉降是将颗粒物置于电场中使之带电,并在电场力的作用下使带电颗粒物在流体中产生相对运动;惯性沉降是指颗粒物与流体一起运动时,由于在流体中存在的某种障碍物的作用,流体产生绕流,而颗粒物由于惯性偏离流体;扩散沉降是利用微小粒子布朗运动过程中碰撞在某种障碍物上,从而与流体分离。

各种类型的沉降过程与作用力如表 6.1.1 所示。

表 6.1.1 各种类型的沉降过程与作用力

沉降过程	作用力	特征
重力沉降	重力	沉降速度小,适用于较大颗粒的分离
离心沉降	离心力	适用于不同大小颗粒的分离
电沉降	电场力	适用于带电微细颗粒($<0.1\ \mu m$)的分离
惯性沉降	惯性力	适用于$>10\ \mu m$ 粉尘的分离
扩散沉降	热运动	适用于微细粒子($<0.01\ \mu m$)的分离

在上述沉降过程中,由于颗粒物在各种作用力的作用下与流体产生相对运动,必然受到流体阻力的作用。流体阻力在所有沉降过程中都是基本的作用力之一。因此,以下先对流体阻力进行讨论。

二、流体阻力与阻力系数

(一) 单颗粒的几何特性参数

从流体力学的观点来看,单颗粒的几何特性参数主要包括大小(尺寸)、形状和表面积

(或比表面积)。

对于形状规则的球形颗粒,一般可用颗粒直径 d_p、体积 V_p 和表面积 A 表示,三者之间关系为

$$V_p=\frac{\pi}{6}d_p^3 \tag{6.1.1}$$

$$A=\pi d_p^2 \tag{6.1.2}$$

颗粒的比表面积 a 的定义是单位体积颗粒所具有的表面积,对于球形颗粒,计算式为

$$a=\frac{A}{V_p}=\frac{6}{d_p} \tag{6.1.3}$$

对于形状不规则的颗粒,其大小和形状的表示比较困难,通常可以采用下面的方法对颗粒的几何特性进行表征。

1. 颗粒的当量直径

不规则形状颗粒的尺寸可以用与它的某种几何量相等的球形颗粒的直径表示,该颗粒称为当量球形颗粒,其直径称为颗粒的当量直径。根据所采用的几何量的不同,当量直径有下面三种表示方法。

(1) 等体积当量直径:即体积等于不规则形状颗粒体积的当量球形颗粒的直径。表示为

$$d_{eV}=\sqrt[3]{\frac{6V_p}{\pi}} \tag{6.1.4}$$

(2) 等表面积当量直径:即表面积等于不规则形状颗粒表面积的当量球形颗粒的直径。表示为

$$d_{eS}=\sqrt{\frac{A}{\pi}} \tag{6.1.5}$$

(3) 等比表面积当量直径:即比表面积等于不规则形状颗粒比表面积的当量球形颗粒的直径。表示为

$$d_{ea}=\frac{6}{a} \tag{6.1.6}$$

在上述三种当量直径中,等体积当量直径使用最多。

2. 颗粒的形状系数

通常情况下,颗粒的形状可用形状系数表示,最常用的形状系数是球形度,其定义式为

$$\varphi=\left(\frac{d_{eV}}{d_{eS}}\right)^2=\frac{\text{与非球形颗粒体积相同的球形颗粒表面积}}{\text{非球形颗粒表面积}}\leqslant 1 \tag{6.1.7}$$

在体积相同的各种形状的颗粒中,球形颗粒的表面积最小。颗粒的形状与球形差别越大,其表面积越大。因此可以用球形度 φ 的大小来表示颗粒的形状。对于球形颗粒,$\varphi=1$;对于非球形颗粒,$\varphi<1$。正方体,$\varphi=0.805$;直径与高相等的圆柱,$\varphi=0.874$;对于大多数粉

碎得到的颗粒，$\varphi=0.6\sim0.7$。

根据球形度的定义，等体积当量直径、等表面积当量直径和等比表面积当量直径之间的关系式为

$$d_{eS}=\frac{d_{eV}}{\sqrt{\varphi}},\quad d_{ea}=\varphi d_{eV} \tag{6.1.8}$$

3. 形状不规则颗粒的表征

根据上面的介绍，形状不规则颗粒可以用颗粒当量直径和球形度来表征，即

$$V_p=\frac{\pi}{6}d_{eV}^3,\quad A=\frac{\pi d_{eV}^2}{\varphi},\quad a=\frac{6}{\varphi d_{eV}} \tag{6.1.9}$$

（二）流体阻力

当某一颗粒在不可压缩的连续流体中稳定运行时，颗粒会受到来自流体的阻力。该阻力由两部分组成：形状阻力和摩擦阻力。由于颗粒具有一定的形状，在流体中运动时必须排开其周围的流体，导致其前面的压力较后面的大，由此产生形状阻力。同时，颗粒与周围流体之间也存在摩擦，从而产生摩擦阻力。通常把这两种阻力统称为流体阻力。

流体阻力的方向与颗粒物在流体中运动的方向相反，其大小与流体和颗粒物之间的相对运动速率 u、流体的密度 ρ、黏度 μ 及颗粒物的大小、形状有关。对于非球形颗粒物，这种关系一般非常复杂。只有对形状简单的球形颗粒物，在颗粒物与流体之间的相对运动速率很低时，才能列出理论关系式。

对于球形颗粒，根据量纲分析，可得出流体阻力的计算方程为

$$F_D=C_D A_p\frac{\rho u^2}{2} \tag{6.1.10}$$

式中：C_D——由实验确定的阻力系数，量纲为1；

A_p——沉降颗粒在垂直于运动方向水平面的投影面积，对于球形颗粒，$A_p=\frac{\pi}{4}d_p^2$，m^2；

u——颗粒与流体之间的相对运动速率，m/s；

ρ——流体的密度，kg/m^3；

d_p——颗粒的定性尺寸，对于球形颗粒，d_p 为其直径，m。

（三）阻力系数

式(6.1.10)中的阻力系数 C_D 是颗粒的雷诺数(Re_p)和颗粒形状的函数，即

$$C_D=f(Re_p),\quad Re_p=\frac{ud_p\rho}{\mu} \tag{6.1.11}$$

式中：μ——流体的黏度，Pa·s。

1. 球形颗粒

根据实验，阻力系数与颗粒雷诺数之间的关系如图 6.1.1 所示。

(1) 层流区：当 $Re_p\leqslant 2$ 时，颗粒运动处于层流状态，阻力系数与雷诺数之间的关系为

$$C_D=\frac{24}{Re_p} \tag{6.1.12}$$

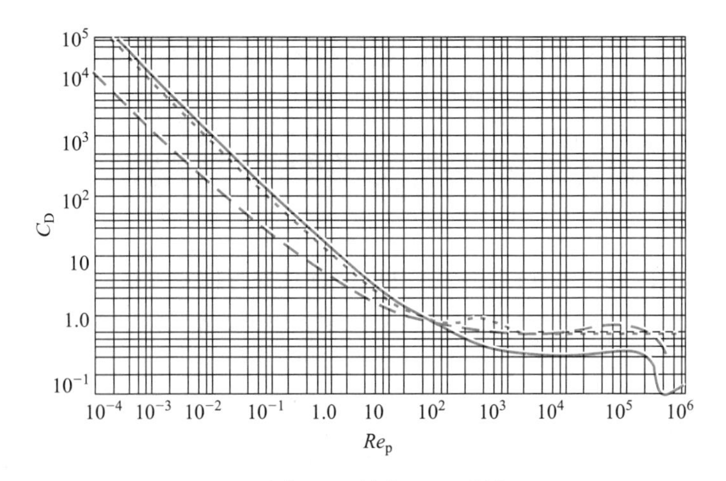

——球粒；------圆片；— — —圆柱

图 6.1.1 阻力系数与颗粒雷诺数之间的关系

对于球形颗粒，将式(6.1.11)和式(6.1.12)代入式(6.1.10)，得

$$F_D = 3\pi u d_p \mu \tag{6.1.13}$$

式(6.1.13)即为著名的斯托克斯(Stokes)阻力定律。通常把 $Re_p \leqslant 2$ 的区域称为斯托克斯区域。

需要指出的是，层流区 Re_p 的界定系人为划定的，故可能存在不同的数值。

(2) 过渡区：当 $2<Re_p<10^3$ 时，颗粒运动处于湍流过渡区，C_D 与 Re_p 之间呈曲线关系，关系式为

$$C_D = \frac{18.5}{Re_p^{0.6}} \tag{6.1.14}$$

当 Re_p 增大($Re_p>2$)至超过层流区后，在颗粒半球线的稍前处就会发生边界层的分离，如图 6.1.2(a)所示，致使颗粒的后部产生漩涡，造成较大的摩擦损失。

(3) 湍流区：当 $10^3<Re_p<2\times10^5$时，颗粒运动处于湍流状态，C_D 几乎不随 Re_p而变化，可近似表示为

$$C_D \approx 0.44 \tag{6.1.15}$$

(4) 湍流边界层区：随着 Re_p 的增大($Re_p>2\times10^5$ 时)，颗粒边界层内的流动由层流转变为湍流，边界层内的速度增大，使边界层的分离点向颗粒半球线的后侧移动，如图 6.1.2(b)所示。此时，颗粒后部的漩涡区缩小，阻力系数从 0.44 降为 0.1，并几乎保持不变，即

$$C_D = 0.1 \tag{6.1.16}$$

2. 其他形状的规则颗粒

当颗粒为其他规则的形状(圆柱和圆片)时，流体阻力和流体与颗粒的相对方位有关。当流体沿径向流过圆柱时，其流动情况与流过球形颗粒的情况类似。因此，流体阻力 C_D 与颗粒的 Re_p 的关系曲线也与球形颗粒的类似，如图 6.1.1 所示。

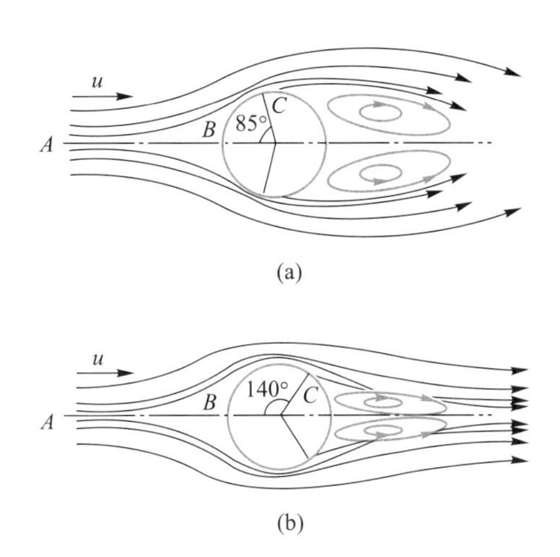

图 6.1.2　流体流过球形颗粒时边界层的分离现象
(a) 边界层内为层流；(b) 边界层内为湍流

流体沿圆片轴向绕流时，情况就不同了，此时一旦出现边界层分离现象，即使边界层内流动转变为湍流，分离点也不再移动，圆片后部的漩涡区不再缩小。因此在 $Re_p>2\ 000$ 后，C_D 基本保持不变。

3. 形状不规则的颗粒

当颗粒形状不规则时，流体流过该颗粒时的阻力系数与 Re_p 之间的关系曲线因颗粒形状而异。

不规则颗粒的阻力系数与颗粒雷诺数之间的关系曲线如图 6.1.3 所示。图中 Re_p 由颗粒的等体积当量直径 d_{eV} 算出。由图可知，在 Re_p 相等时，颗粒球形度越小，阻力系数越大，颗粒所受的流体阻力也就越大。

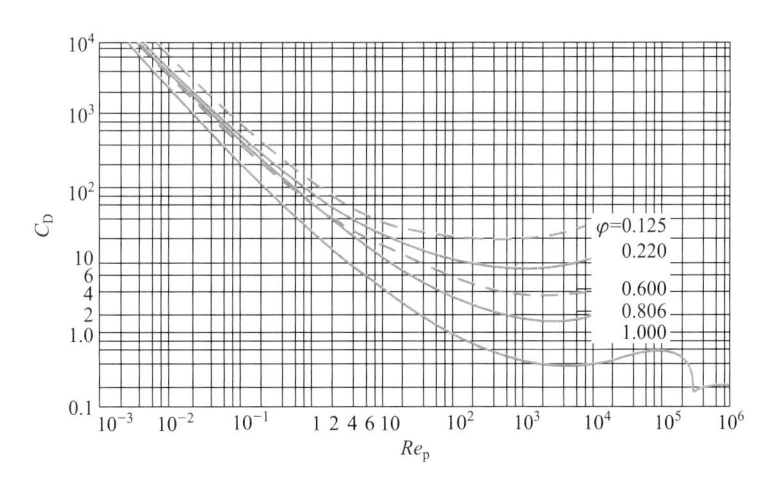

图 6.1.3　不规则颗粒的阻力系数与颗粒雷诺数之间的关系曲线

第二节 重力沉降

重力沉降是利用非均匀混合物中待分离颗粒与流体之间的密度差,在重力场中根据所受的重力的不同,将颗粒物从流体中分离的方法。这种沉降是最简单的沉降分离方法,在环境领域中的应用十分广泛,既可用于水与废水中悬浮颗粒的分离,也可以用于气体净化,去除废气中的粉粒。在水处理中,利用重力沉降去除悬浮颗粒的处理构筑物包括沉砂池、沉淀池;气体净化中有重力沉降室。

下面对颗粒在流体中的重力沉降过程和规律及沉降速率的计算等进行介绍。

一、重力场中颗粒的沉降过程

以球形颗粒为例,考察处于重力场流体中的颗粒沉降过程。

如图 6.2.1 所示,假设把一粒径为 d_p、密度为 ρ_p、质量为 m 的球形颗粒置于静止的流体介质中,颗粒将受到重力 F_g 和流体浮力 F_b 的作用,且

$$F_g=\frac{\pi}{6}d_p^3\rho_p g \tag{6.2.1}$$

$$F_b=\frac{\pi}{6}d_p^3\rho g \tag{6.2.2}$$

如果颗粒的密度 ρ_p 大于流体的密度 ρ,则颗粒将受到一个向下的净作用力。

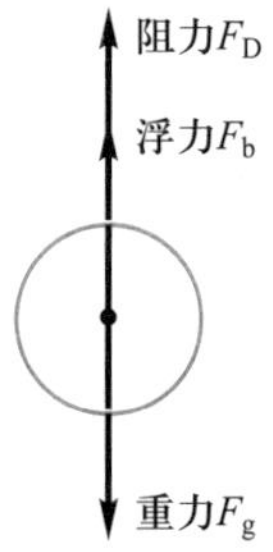

阻力F_D
浮力F_b
重力F_g

图 6.2.1 重力沉降颗粒的受力情况

根据牛顿第二定律,颗粒将产生向下运动的加速度$\frac{du}{dt}$,即

$$F_g-F_b=m\frac{du}{dt} \tag{6.2.3}$$

在该加速度作用下,颗粒与流体之间产生相对运动,在运动过程中还会受到流体阻力(曳力)F_D 的作用。此时,颗粒所受到的净作用力为

$$F=F_g-F_b-F_D \tag{6.2.4}$$

颗粒在流体中开始沉降的瞬间,由于颗粒与流体之间没有相对运动,沉降速率 $u=0$,因此流体阻力 $F_D=0$。此时颗粒所受的向下的净作用力最大,颗粒的加速度最大。随着颗粒的沉降,颗粒与流体之间的相对运动速率加大,流体阻力 F_D 也随之增大,颗粒所受的向下的净作用力减小,加速度减小,沉降过程变为减加速运动。经过一很短的时间后,作用在颗粒上的重力、浮力和流体阻力三者之间达到平衡。此后,颗粒开始以恒速做下沉运动。颗粒沉降达到等速运动时的速率称为颗粒的终端速率或沉降速率 u_t(terminal velocity)。

此时,颗粒在流体中所受的净作用力为零,即

$$F_g-F_b-F_D=0$$

$$\frac{\pi}{6}d_p^3\rho_p g-\frac{\pi}{6}d_p^3\rho g-C_D\frac{\pi}{4}d_p^2\left(\frac{\rho u_t^2}{2}\right)=0$$

整理得

$$u_t=\sqrt{\frac{4(\rho_p-\rho)d_pg}{3\rho C_D}} \tag{6.2.5}$$

式中：u_t——颗粒终端沉降速率，m/s；

d_p——颗粒直径，m；

ρ_p——颗粒密度，kg/m^3；

ρ——流体密度，kg/m^3；

g——重力加速度，m/s^2；

C_D——阻力系数，为雷诺数的函数，见式(6.1.11)，量纲为1。

由于阻力系数与颗粒雷诺数之间的关系曲线可分为几个不同的区域，因此颗粒沉降速率的计算也需要按不同的区域进行。

(1) 层流区：$Re_p\leqslant 2$，将阻力系数计算式(6.1.12)代入式(6.2.5)，得

$$u_t=\frac{1}{18}\frac{\rho_p-\rho}{\mu}gd_p^2 \tag{6.2.6}$$

该式称为斯托克斯(Stokes)公式。

(2) 过渡区：$2<Re_p<10^3$，将阻力系数计算式(6.1.14)代入式(6.2.5)，得

$$u_t=0.27\sqrt{\frac{(\rho_p-\rho)gd_pRe_p^{0.6}}{\rho}} \tag{6.2.7}$$

式(6.2.7)称为艾仑(Allen)公式。

(3) 湍流区：$10^3<Re_p<2\times10^5$，将阻力系数计算式(6.1.15)代入式(6.2.5)，得

$$u_t=1.74\sqrt{\frac{(\rho_p-\rho)gd_p}{\rho}} \tag{6.2.8}$$

式(6.2.8)称为牛顿(Newton)公式。

由上述公式可知，颗粒在流体中的沉降速率与许多因素有关。对于一定的流体体系，颗粒沉降速率只与颗粒粒径有关。因此可以根据颗粒粒径计算颗粒的沉降速率，也可以通过测定颗粒沉降速率来求颗粒粒径。

二、沉降速率的计算

1. 试差法

由于流体的阻力系数与颗粒的雷诺数有关，因此在应用式(6.2.6)～式(6.2.8)进行颗粒沉降速率计算时，首先要判断颗粒沉降属于哪一个区域。但在不知道颗粒沉降速率的情况下，难以判断沉降属于哪个区域。因此，通常采用试差法，即先假设沉降属于某一区域，再按与该区域相适应的沉降速率计算式进行颗粒沉速计算，然后按求出的颗粒沉降速率 u_t 计算 Re_p，验证 Re_p 是否在所属的假设区域。如果在，假设正确，计算所得的颗粒沉降速率即为正确的结果；否则，需要重新假设和试算，直到按求得的 u_t 所计算的 Re_p 值恰好与所用公式的 Re_p 范围相符合为止。

如果不采用试差法，也可以采用摩擦数群法和无量纲判据 K 进行计算。

2. 摩擦数群法

在图 6.1.1 中的 C_D 与 Re_p 的关系曲线中，由于两坐标都含有未知数 u_t，所以不能直接用该图求解 u_t，而需要采用试差法。但如果把图 6.1.1 加以转换，使其两坐标之一变成不包含 u_t 的已知数群，则可以直接求解 u_t。

由式(6.2.5)可以解得与沉降速率 u_t 相对应的阻力系数

$$C_D = \frac{4d_p(\rho_p - \rho)g}{3\rho u_t^2}$$

将 C_D 与 Re_p^2 相乘，即可消去 u_t，得

$$C_D Re_p^2 = \frac{4d_p^3 \rho(\rho_p - \rho)g}{3\mu^2} \tag{6.2.9}$$

式中：$C_D Re_p^2$——不包含沉降速率 u_t 的摩擦数群，量纲为 1。

C_D 是 Re_p 的函数，因此 $C_D Re_p^2$ 也是 Re_p 的函数。为此，可将图 6.1.1 中的 C_D 与 Re_p 的关系曲线转换成 $C_D Re_p^2$ 与 Re_p 的关系曲线，如图 6.2.2 所示。

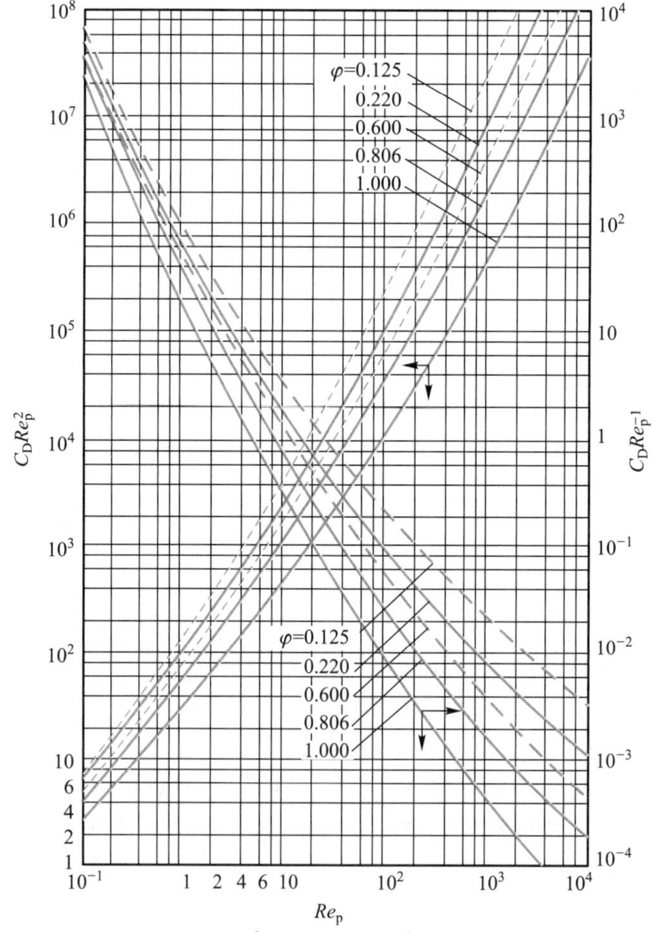

图 6.2.2 $C_D Re_p^2 - Re_p$ 及 $C_D Re_p^{-1} - Re_p$ 关系曲线

如果颗粒直径和其他参数已知，先按式(6.2.9)计算摩擦数群，再根据图6.2.2中的 $C_D Re_p^2 - Re_p$ 曲线，查出相应的 Re_p 值，根据 Re_p 的定义反算出u_t，即

$$u_t = \frac{Re_p \mu}{d_p \rho}$$

若需要计算在一定流体介质中具有一定沉降速率的某种颗粒的直径，也可以采用类似的处理方法，将 C_D 与 Re_p^{-1} 相乘，得

$$C_D Re_p^{-1} = \frac{4\mu(\rho_p - \rho) g}{3\rho^2 u_t^3} \tag{6.2.10}$$

式中：$C_D Re_p^{-1}$——不包含颗粒直径的摩擦数群，量纲为1。

同理，可将图6.1.1中的 C_D 与 Re_p 的关系曲线转换成 $C_D Re_p^{-1}$ 与 Re_p 的关系曲线，如图6.2.2所示，用以根据沉降速率图解计算颗粒直径。

3. 无量纲判据 K

无量纲判据 K 用于判别沉降属于什么区域。因为层流区的上限是 $Re_p = 2$，根据式(6.2.6)，得

$$\begin{aligned} Re_p &= \frac{d_p \rho u_t}{\mu} = \frac{d_p \rho}{\mu} \frac{d_p^2 g(\rho_p - \rho)}{18\mu} \\ &= \frac{1}{18} \frac{d_p^3 g \rho(\rho_p - \rho)}{\mu^2} \leqslant 2 \end{aligned}$$

令

$$\frac{d_p^3 g \rho(\rho_p - \rho)}{\mu^2} = K$$

作为无量纲判据，则

$$Re_p = \frac{K}{18} \leqslant 2$$

$$K \leqslant 36 \tag{6.2.11}$$

即当 $K \leqslant 36$ 时，沉降属于层流区。

湍流区的下限是 $Re_p = 1\ 000$，根据式(6.2.8)，得

$$\begin{aligned} Re_p &= \frac{d_p \rho}{\mu} \times 1.74 \sqrt{\frac{d_p(\rho_p - \rho) g}{\rho}} \\ &= 1.74 \sqrt{\frac{d_p^3 g \rho(\rho_p - \rho)}{\mu^2}} \\ &= 1.74\sqrt{K} \geqslant 1\ 000 \end{aligned}$$

$$K \geqslant 3.3\times10^{5} \tag{6.2.12}$$

即当 $K\geqslant 3.3\times10^{5}$ 时，沉降属湍流区。

应用这种方法，只要已知颗粒直径，即可求出 K，就能判别沉降属于什么区，因而可直接选用正确的计算公式，不必再用试差法。这种方法只适用于已知颗粒直径求其沉降速率的情况。

【例题 6.2.1】 求直径为 40 μm，密度为 2 700 kg/m³ 的固体颗粒在 20 ℃的常压空气中的自由沉降速率。已知 20 ℃，常压状态下空气密度为 1.205 kg/m³，黏度为 1.81×10^{-5} Pa·s。

解：(1) 试差法：假设颗粒的沉降处于层流区，由于 $\rho_p \gg \rho$，由式(6.2.6)，得

$$u_t=\frac{(\rho_p-\rho)gd_p^2}{18\mu}\approx\frac{2\,700\times9.81\times(40\times10^{-6})^2}{18\times1.81\times10^{-5}}\ \text{m/s}=0.13\ \text{m/s}$$

检验：
$$Re_p=\frac{d_pu_t\rho}{\mu}=\frac{40\times10^{-6}\times0.13\times1.205}{1.81\times10^{-5}}=0.346<2$$

沉降处在层流区，与假设相符，计算正确。

(2) 摩擦数群法：首先计算摩擦数群 $C_DRe_p^2$

$$C_DRe_p^2=\frac{4d_p^3\rho(\rho_p-\rho)g}{3\mu^2}=\frac{4\times(40\times10^{-6})^3\times1.205\times2\,700\times9.81}{3\times(1.81\times10^{-5})^2}=8.31$$

假设颗粒的球形度为 1，则由 $C_DRe_p^2$ 与 Re_p 的关系曲线，可以查得 Re_p 为 0.32。

因此，可得

$$u_t=\frac{Re_p\mu}{d_p\rho}=\frac{0.32\times1.81\times10^{-5}}{40\times10^{-6}\times1.205}\ \text{m/s}=0.12\ \text{m/s}$$

由于查图得到的 Re_p 误差较大，一般只作为判断颗粒沉降所处区域的依据，而 u_t 的计算仍然采用式(6.2.6)，即

$$u_t=\frac{(\rho_p-\rho)gd_p^2}{18\mu}\approx\frac{2\,700\times9.81\times(40\times10^{-6})^2}{18\times1.81\times10^{-5}}\ \text{m/s}=0.13\ \text{m/s}$$

(3) 判据法：计算 K 判据得

$$K=\frac{d_p^3g\rho(\rho_p-\rho)}{\mu^2}\approx\frac{(40\times10^{-6})^3\times9.81\times1.205\times2\,700}{(1.81\times10^{-5})^2}=6.24<36$$

故可判断沉降位于层流区，由斯托克斯公式，可得

$$u_t=\frac{(\rho_p-\rho)gd_p^2}{18\mu}\approx\frac{2\,700\times9.81\times(40\times10^{-6})^2}{18\times1.81\times10^{-5}}\ \text{m/s}=0.13\ \text{m/s}$$

【例题 6.2.2】 已知密度为 2 000 kg/m³ 的球状颗粒在 20 ℃的水中沉降，求服从斯托克斯公式的情况下，颗粒的最大直径和最大沉降速率。

解：已知 20 ℃水的物性参数如下：密度为 998.2 kg/m³，黏度为 1.005×10^{-3} Pa·s。

由斯托克斯公式，可得颗粒的沉降速率为

$$u_t=\frac{(\rho_p-\rho)gd_p^2}{18\mu}$$

将上式代入 $Re_p=\frac{d_p u_t \rho}{\mu}$，并令 $Re_p=2$，得

$$Re_p=\frac{d_p u_t \rho}{\mu}=\frac{d_p^3 g\rho(\rho_p-\rho)}{18\mu^2}=2$$

$$d_p=\sqrt[3]{\frac{36\mu^2}{g\rho(\rho_p-\rho)}}=\sqrt[3]{\frac{36\times(1.005\times10^{-3})^2}{9.81\times998.2\times(2\,000-998.2)}}\ \text{m}=1.55\times10^{-4}\ \text{m}$$

所以，颗粒的最大粒径为 155 μm，最大沉降速率为

$$u_t=\frac{(\rho_p-\rho)gd_p^2}{18\mu}=\frac{(2\,000-998.2)\times9.81\times(1.55\times10^{-4})^2}{18\times1.005\times10^{-3}}\ \text{m/s}$$

$$=1.3\times10^{-2}\ \text{m/s}$$

三、沉降分离设备

重力沉降是一种最简单的沉降分离方法，在环境工程领域中应用广泛。重力沉降既可用于水处理中水与颗粒物的分离，又可用于气体净化中粉尘与气体的分离，还可用于不同大小或不同密度颗粒的分离。在水处理中，基于重力沉降的原理进行固液分离的处理构筑物有沉淀（砂）池，最典型的形式是平流式沉淀（砂）池，如图 6.2.3 所示。在气体净化中，用于分离气体中尘粒的重力沉降设备称为降尘室，如图 6.2.4 所示。

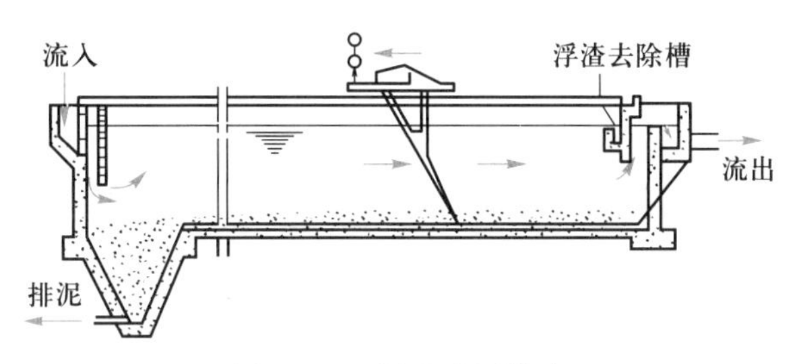

图 6.2.3　平流式沉淀池

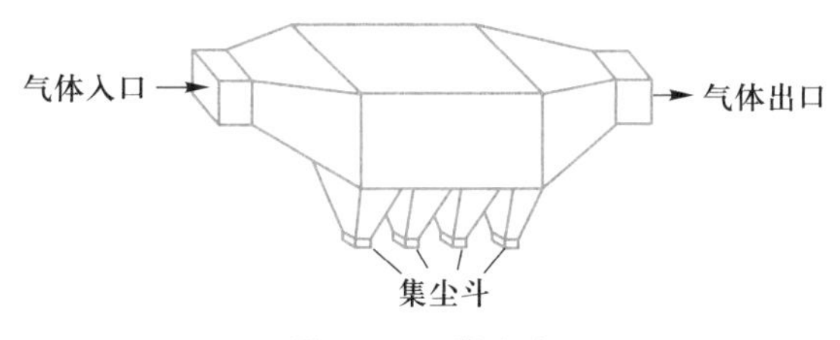

图 6.2.4　降尘室

在平流式沉淀池中，原水从进水区进入沉淀池，沿池长向出水口方向水平流动。原水中的颗粒物在流动过程发生沉降，沉淀到池底部，经刮泥机汇入排泥斗，然后排出。与颗粒物分离后的处理水经出水堰收集，排出。

降尘室是一个封闭设备，内部是一个空室，气体从降尘室入口进入，在流向出口的过程中，气体中的尘粒在随气体向出口流动的同时向下沉降，最终落入底部的集尘斗中，气体得

到净化。

无论是水处理中的沉淀池还是气体净化中的降尘室,从原理上都可以简化成如图 6.2.5 所示的理想工作过程。

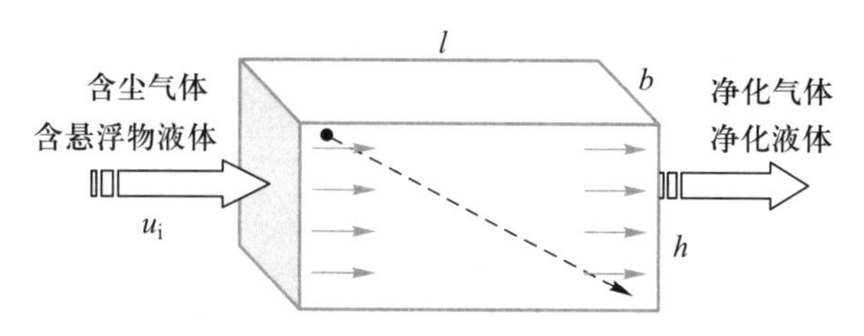

图 6.2.5 沉淀池或降尘室理想工作过程示意图

假设沉淀池或降尘室的长、宽和高分别为 l、b 和 h。含尘气体或含悬浮物液体进入降尘室或沉淀池后,均匀分布在整个过流断面上,并以速率 u_i 水平流向出口端。假设某一直径为 d_c 的颗粒处于过流断面的顶部,该颗粒有两种运动:第一种运动是随流体的水平运动,从入口流到出口所需要的时间,即为颗粒在沉淀池或降尘室中的停留时间 $t_{停}$,即

$$t_{停}=\frac{l}{u_i}=\frac{V}{q_V} \tag{6.2.13}$$

式中:V——沉淀池或降尘室的容积,m^3;

q_V——流体的体积流量,m^3/s。

第二种运动是沉降运动。假设颗粒沉降速率为 u_t,则颗粒从池顶沉降到池底的沉降时间为

$$t_{沉}=\frac{h}{u_t} \tag{6.2.14}$$

颗粒在沉淀池或降尘室中能够被分离的条件为 $t_{停}\geqslant t_{沉}$,即

$$\frac{V}{q_V}\geqslant\frac{h}{u_t},\quad q_V\leqslant\frac{Vu_t}{h}=u_t lb \tag{6.2.15}$$

显然,若处于入口顶部的颗粒在沉淀池或降尘室中能够除掉,则处于其他位置的直径为 d_c 的颗粒都能被除掉。因此,式(6.2.15)是流体中直径为 d_c 的颗粒完全去除的条件。

【例题 6.2.3】 平流式沉淀池是废水处理过程中沉淀池的一种常见形式,其主要功能是去除比较大的无机颗粒。在平流式沉淀池的设计计算中,通常按照去除相对密度 2.65,粒径大于 200 μm 的颗粒确定参数。颗粒的沉降可以看作是在废水中的重力自由沉降。假设有效水深为1 m,求污水在沉淀池中的最短停留时间。污水的密度为 1 000 kg/m³,黏度为 1.2×10^{-3} Pa·s。

解:首先计算颗粒的沉降速率。假设沉降发生在层流区,根据斯托克斯公式,得

$$u_t=\frac{(\rho_p-\rho)gd_p^2}{18\mu}=\frac{(2\,650-1\,000)\times9.81\times(200\times10^{-6})^2}{18\times1.2\times10^{-3}}\ \text{m/s}=0.03\ \text{m/s}$$

检验：

$$Re_p=\frac{d_p u_t \rho}{\mu}=\frac{200\times10^{-6}\times0.03\times1\,000}{1.2\times10^{-3}}=5>2$$

因此假设错误。

重新假设沉降发生在过渡区，由式（6.2.7）

$$u_t=0.27\sqrt{\frac{(\rho_p-\rho)gd_p Re_p^{0.6}}{\rho}}$$

将 $Re_p=\frac{d_p u_t \rho}{\mu}$ 代入，得

$$u_t=0.78\frac{d_p^{1.143}(\rho_p-\rho)^{0.715}}{\rho^{0.286}\mu^{0.428}}=0.78\times\frac{(200\times10^{-6})^{1.143}\times(2\,650-1\,000)^{0.715}}{1\,000^{0.286}\times(1.2\times10^{-3})^{0.428}}\ \mathrm{m/s}$$
$$=0.02\ \mathrm{m/s}$$

检验：

$$Re_p=\frac{d_p u_t \rho}{\mu}=\frac{200\times10^{-6}\times0.02\times1\,000}{1.2\times10^{-3}}=3.3$$

在过渡区范围内，因此假设正确。

颗粒沉降到池底的时间为

$$t=\frac{h}{u_t}=\frac{1}{0.02}\ \mathrm{s}=50\ \mathrm{s}$$

所以在假设条件下，沉淀池的停留时间应该不短于 50 s，在实际情况下，颗粒在沉淀池中的沉降并不是理想的重力自由沉降，还要受到水流扰动等因素的影响，因此选用的停留时间通常不短于 30 s，为 30～60 s。

第三节　离心沉降

将流体置于离心力场中，依靠离心力的作用来实现颗粒物从流体中沉降分离的过程称为离心沉降。

离心沉降分离设备有两种类型：旋流器和离心沉降机。旋流器的特点是设备静止，流体在设备中旋转运行而产生离心作用，可用于气体和液体非均相混合物的分离，其中用于气体非均相混合物分离的设备叫旋风分离器，用于液体非均相混合物分离的称为旋流分离器。离心沉降机通常用于液体非均相混合物的分离，其特点是装有液体混合物的设备本身高速旋转并带动液体一起旋转，从而产生离心作用。

一、离心力场中颗粒的沉降分析

图 6.3.1 为离心力场中颗粒的沉降分析图。假设含有颗粒物的非均相流体处于离心力场中，颗粒与流体一起以角速度 ω 围绕中心轴旋转。设某一质量为 m、密度为 ρ_p、粒径为 d_p 的球形颗粒处于与中心轴的距离为 r 的离心力场中，则该颗粒受到的惯性离心力 F_c 可用下式计算

$$F_c = mr\omega^2 = \frac{1}{6}\pi d_p^3 \rho_p r\omega^2 \tag{6.3.1}$$

惯性离心力的作用方向为沿径向向外。同时颗粒受到来自周围流体的浮力 F_b，其大小等于密度为 ρ 的同体积流体在该位置所受的惯性离心力，其方向指向中心轴。

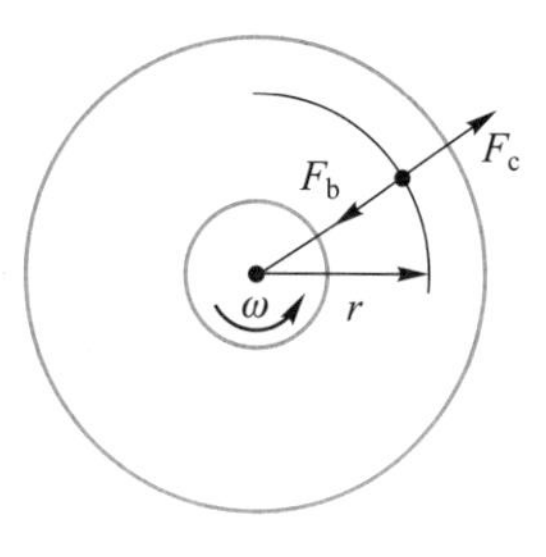

图 6.3.1 离心力场中颗粒的沉降分析

$$F_b = \frac{1}{6}\pi d_p^3 \rho\, r\omega^2 \tag{6.3.2}$$

如果颗粒的密度大于流体的密度，则颗粒在$(F_c - F_b)$的作用下沿径向向外运行；反之，则向中心轴运动。

由于颗粒与流体之间的相对运动，颗粒还会在运动过程中受到流体阻力 F_D 的作用。设颗粒所受的净作用力为 F，并产生加速度$\frac{du}{dt}$，则

$$\begin{aligned} F &= F_c - F_b - F_D \\ &= \frac{1}{6}\pi d_p^3(\rho_p - \rho) r\omega^2 - C_D \frac{\pi}{4} d_p^2 \frac{\rho u^2}{2} \\ &= m\frac{du}{dt} \end{aligned} \tag{6.3.3}$$

如果这三种力能达到平衡，即$\frac{du}{dt}=0$，则平衡时颗粒在径向上相对于流体的速率 u_{tc} 便是它在此位置上的离心沉降速率，即

$$u_{tc} = \sqrt{\frac{4(\rho_p - \rho) d_p r\omega^2}{3\rho C_D}} \tag{6.3.4}$$

将式(6.3.4)与式(6.2.5)相比，除了以离心加速度 $r\omega^2$ 代替重力加速度 g 外，此两式的形式完全相同。因此，将式(6.2.5)中的 g 改为 $r\omega^2$，即可计算离心沉降速率。

与重力沉降相比，离心沉降有如下特征：

(1) 沉降方向不是向下，而是向外，即背离旋转中心。

(2) 由于离心力随旋转半径而变化，致使离心沉降速率也随颗粒所处的位置而变，所以颗粒的离心沉降速率不是恒定的，而重力沉降速率则是不变的。

(3) 离心沉降速率在数值上远大于重力沉降速率，对于细小颗粒以及密度与流体相近的颗粒的分离，利用离心沉降要比重力沉降有效得多。

与重力沉降速率相比，离心沉降速率可以提高的倍数取决于离心加速度与重力加速度的比值 K_c，即

$$K_c = \frac{r\omega^2}{g} \tag{6.3.5}$$

式中：K_c——离心分离因数，它是离心分离设备的重要性能指标。

若沉降区域为层流区，则根据式（6.2.6），离心沉降速率将是重力沉降速率的 K_c 倍；若沉降属湍流，根据式（6.2.8），离心沉降速率是重力沉降速率的 $\sqrt{K_c}$ 倍。K_c 的大小可以根据需要人为调节。为了提高极细颗粒的沉降速率，某些高速离心机的分离因数的数值可以高达数十万。对于旋流分离器，K_c 一般为几十至数百。

二、旋流器工作原理

用于气体非均相混合物分离的旋流器通常称为旋风分离器，用于液体非均相混合物分离的旋流器则称为旋流分离器。

（一）旋风分离器

旋风分离器在工业上的应用已有近百年的历史。由于其结构简单、操作方便，在环境工程领域也得到了广泛利用。在大气污染控制工程中，作为一种常用的除尘装置，旋风分离器主要用于去除气体中粒径在 5 μm 以上的粉尘，常称为旋风除尘器。

1. 基本操作原理

旋风分离器的形式有多种，其基本结构和操作原理如图 6.3.2 所示。

旋风分离器主体的上部为圆筒形，下部为圆锥形，顶部中央有一升气管，进气筒位于圆筒的上部，与圆筒切向连接。

含有粉尘的气体从侧面的矩形进气筒以速率 u_i 沿切向进入筒内，然后在圆筒壁的约束下做自上而下的螺旋运动。气体中的粉尘在随气流旋转向下的过程中同时受惯性离心力的作用，被抛向筒壁，沿筒壁落下，自锥形底排出。气体旋转到达筒底部后沿中心轴旋转上升，最后由顶部的中央排气管排出。这样在筒内部形成了旋转向下的外旋流和旋转向上的内旋流，外旋流是旋风分离器的主要除尘区。气体中的粉尘只要在气体旋转向上进入排气筒之前能够沉到器壁，就能够与气体分离。

旋风分离器中的惯性离心力是由气体进入口的切向速率 u_i 产生的。

离心加速度大小为

$$\omega^2 r_m = \frac{u_i^2}{r_m}$$

式中：r_m——平均旋转半径，可用下式求得

$$r_m = \frac{D-B}{2}$$

其中：D——旋风分离器圆筒直径；

B——进气筒宽度。

惯性离心力大小为

$$F_c = m\omega^2 r_m = \frac{\pi d_p^3 \rho_p u_i^2}{6 r_m}$$

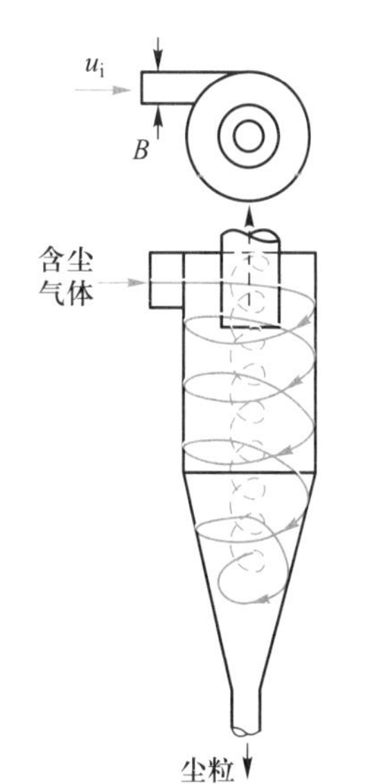

图 6.3.2 旋风分离器的基本结构和操作原理示意图

旋风除尘器

分离因数为

$$K_c=\frac{r_m\omega^2}{g}=\frac{u_i^2}{r_m g}$$

其大小为 5~2 500,一般可分离气体中直径为 5~75 μm 的粉尘。

2. 主要分离性能指标

反映旋风分离器的分离性能的主要指标有临界直径和分离效率。

(1) 临界直径:临界直径是指在旋风分离器中能够从气体中全部分离出来的最小颗粒的直径,用 d_c 表示。

为分析简单,对气体和颗粒在筒内的运动做如下假设:① 气体进入旋风分离器后,规则地在筒内旋转 N 圈后进入排气筒,旋转的平均切线速率等于入口气体速率 u_i;② 颗粒在筒内与气体之间的相对运动为层流;③ 颗粒在沉降过程中所穿过的气流的最大厚度等于进气筒宽度 B。

根据式(6.3.4)和式(6.1.12),假设气体密度 $\rho\ll$颗粒密度 ρ_p,相应于临界直径 d_c 的颗粒沉降速率为

$$u_t=\frac{1}{18}\frac{\rho_p-\rho}{\mu}r_m\omega^2 d_p^2=\frac{\rho_p d_c^2 u_i^2}{18\mu r_m} \tag{6.3.6}$$

根据假设③,颗粒最大沉降时间为

$$t_{沉}=\frac{B}{u_t}=\frac{18\mu r_m B}{d_c^2\rho_p u_i^2} \tag{6.3.7}$$

若气体进入排气管之前在筒内旋转圈数为 N,则运行的距离为 $2\pi r_m N$,故气体在筒内的停留时间为

$$t_{停}=\frac{2\pi r_m N}{u_i} \tag{6.3.8}$$

令 $t_{沉}=t_{停}$,得

$$d_c=\sqrt{\frac{9\mu B}{\pi u_i\rho_p N}} \tag{6.3.9}$$

式(6.3.9)表示了旋风分离器能完全去除的最小颗粒粒径 d_c 与旋风分离器结构和操作参数等的关系。该临界直径是旋风分离器分离效率高低的重要标志,d_c 愈小,分离效果愈高。

一般旋风分离器以圆筒直径 D 为参数,其他尺寸与 D 成一定比例,如在标准旋风分离器中,矩形进气筒宽度 $B=D/4$,高度 $h_i=D/2$。由式(6.3.9)可见,临界粒径 d_c 随分离器尺寸增大而增加,由此导致旋风分离效率的降低。入口气速愈大,d_c 愈小。但入口气速过高会引起局部涡流的增加,使已沉降下来的颗粒重新扬起,导致分离效率下降。气体在旋风分离器中的旋转圈数 N 与进口气速和旋风分离器结构形式有关,对标准旋风分离器,N 可取 5。

(2) 分离效率:分离效率有两种表示方法,一是总效率,二是分效率或称粒级效率。

总效率是指进入旋风分离器的全部粉尘中被分离下来粉尘的比例,即

$$\eta_0=\frac{\rho_1-\rho_2}{\rho_1}\times100\% \tag{6.3.10}$$

式中:ρ_1,ρ_2——旋风分离器入口和出口气体中的总含尘量,kg/m^3。

粒级效率表示进入旋风分离器的粒径为 d_i 的颗粒被分离下来的比例,即

$$\eta_i=\frac{\rho_{i1}-\rho_{i2}}{\rho_{i1}}\times100\% \tag{6.3.11}$$

式中:ρ_{i1},ρ_{i2}——粒径为 d_i 的颗粒在旋风分离器入口和出口气体中的含量,kg/m^3。

总效率与粒级效率之间的关系如下:

$$\eta_0=\sum x_{mi}\eta_i \tag{6.3.12}$$

式中:x_{mi}——粒径为 d_i 的颗粒占总颗粒的质量分数。

在工业应用中,通常用总效率来表示旋风分离器的分离效果。总效率表示了总的除尘效果,但并不能准确地代表旋风分离器的分离效率,因为总效率相同的两台旋风分离器,其分离性能有可能相差很大。这是因为若被分离的气体混合物中的颗粒具有不同的粒径分布,则各种颗粒被分离的比例也是不同的。因此,粒级效率更能准确地表示旋风分离器的分离效率。

粒级效率与颗粒粒径的关系曲线称为粒级效率曲线,可以通过实测获得,也可以进行理论计算。如图 6.3.3 所示,理论上 $d_p \geqslant d_c$ 的颗粒,粒级效率均为 100%,而 $d_p<d_c$ 的颗粒的粒级效率在 0~100%。但实际上,$d_p>d_c$ 的颗粒中有一部分由于气体涡流的影响,在没有到达器壁时就被气流带出了分离器,导致其粒级效率<100%,如图 6.3.3 所示。只有当颗粒的粒径大于 d_c 很多时,其粒级效率才为 100%。

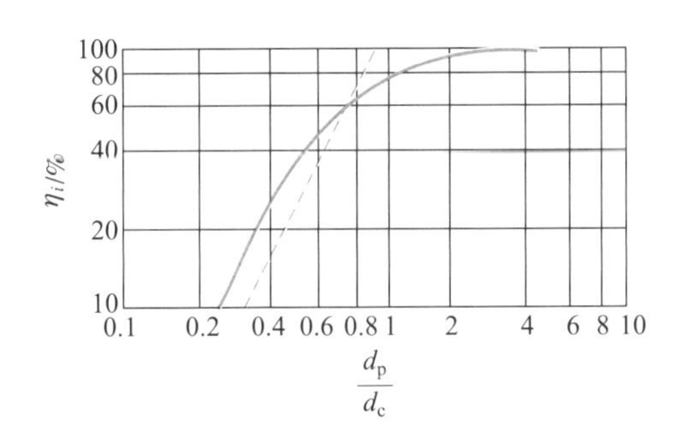

------理论值;——实际值

图 6.3.3　旋风分离器的粒级效率曲线

有时也把旋风分离器的粒级效率绘成 d_p/d_{50} 的函数曲线。d_{50} 是粒级效率为 50%时的颗粒直径,称为分割粒径。对于标准旋风分离器来说,d_{50} 可用下式估算:

$$d_{50}\approx0.27\sqrt{\frac{\mu D}{u_i\rho_p}} \tag{6.3.13}$$

式中：D——旋风分离器圆筒直径。

粒级效率 η_i 与粒径比 d_p/d_{50} 的关系曲线如图 6.3.4 所示。对于同一形式且尺寸比例相同的旋风分离器，无论大小，皆可用同一条 η_i-d_p/d_{50} 曲线，这给旋风分离器效率的估算带来了很大方便。

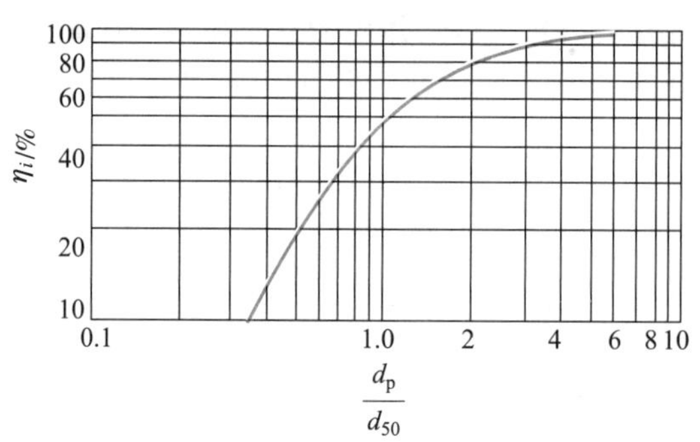

图 6.3.4 标准旋风分离器的 η_i-d_p/d_{50} 曲线

（二）旋流分流器

旋流分离器用于分离悬浮液，在结构和操作原理上与旋风分离器类似。设备主体也是由圆筒和圆锥两部分组成。悬浮液从顶部入流管沿切向进入圆筒，向下做螺旋运动。固体颗粒受惯性离心力作用而被甩向器壁，随下向流沉降至锥底的出口。从底部排出的浓缩液为底流。清液或含有微细颗粒的液体则成为上升的内旋流，从顶部的中心管排出，成为溢流。

与旋风分离器比较，旋流分离器的特点是：① 形状细长，直径小，圆锥部分长，有利于颗粒的分离；② 中心经常有一个处于负压的气柱，有利于提高分离效果。

在水处理中，旋流分离器又称为水力旋流器，可用于高浊水泥沙的分离、暴雨径流泥沙分离、矿厂废水矿渣的分离等。

【例题 6.3.1】 已知某标准型旋风分离器的圆筒部分直径 $D=400$ mm，进气筒高度 $h_i=D/2$，宽度 $B=D/4$，气体在旋风器内旋转的圈数为 $N=5$，分离气体的体积流量 q_V 为 1 000 m³/h，气体的密度 $\rho=0.6$ kg/m³，黏度 $\mu=3.0\times10^{-5}$ Pa·s，气体中粉尘的密度 $\rho_p=4\ 500$ kg/m³，求旋风分离器能够从气体中分离出粉尘的临界直径。

解：气体的入口速率（平均切线速率）为

$$u_i=\frac{q_V}{Bh_i}=\frac{\frac{1\ 000}{3\ 600}}{0.2\times0.1}\ \text{m/s}=13.9\ \text{m/s}$$

将 $\mu=3.0\times10^{-5}$ Pa·s，$B=0.1$ m，$N=5$，$\rho_p=4\ 500$ kg/m³，$u_i=13.9$ m/s 代入式（6.3.9），得

$$d_c=\sqrt{\frac{9\times3\times10^{-5}\times0.1}{\pi\times5\times13.9\times4\ 500}}\ \text{m}=5.2\times10^{-6}\ \text{m}=5.2\ \mu\text{m}$$

检验：

$$r_m=\frac{D-B}{2}=\frac{3}{8}D=0.15\ \text{m}$$

$$u_t=\frac{d_c^2\rho_p u_i^2}{18\mu r_m}=\frac{(5.2\times10^{-6})^2\times4\,500\times13.9^2}{18\times3\times10^{-5}\times0.15}\ \mathrm{m/s}=0.29\ \mathrm{m/s}$$

$$Re_p=\frac{d_c u_t\rho}{\mu}=\frac{5.2\times10^{-6}\times0.29\times0.6}{3\times10^{-5}}=0.03<2$$

所以，在层流区，符合斯托克斯公式，计算正确。

【例题 6.3.2】 已知含尘气体中颗粒的密度 ρ_p 为 2 300 kg/m^3，气体的体积流量 q_V 为1 000 m^3/h，气体密度 ρ 为 0.674 kg/m^3，黏度 μ 为 3.6×10^{-5} Pa·s，采用与上例相同的标准旋风分离器除尘，分离器的粒级效率曲线如图 6.3.3 所示，烟尘颗粒的粒度分布如下表所示：

粒径范围/μm	0~5	5~10	10~15	15~20
质量分数 x_{mi}	0.10	0.55	0.30	0.05

试计算除尘的总效率。

解：首先计算旋风分离器分离颗粒的临界直径。

气体的入口速率为

$$u_i=\frac{q_V}{Bh_i}=\frac{\dfrac{1\,000}{3\,600}}{0.2\times0.1}\ \mathrm{m/s}=13.9\ \mathrm{m/s}$$

临界直径为

$$d_c=\sqrt{\frac{9\mu B}{\pi u_i\rho_p N}}=\sqrt{\frac{9\times3.6\times10^{-5}\times0.1}{\pi\times5\times13.9\times2\,300}}\ \mathrm{m}=8\times10^{-6}\ \mathrm{m}$$

检验：

$$r_m=\frac{D-B}{2}=\frac{3}{8}D=0.15$$

$$u_t=\frac{d_c^2\rho_p u_i^2}{18\mu r_m}=\frac{(8\times10^{-6})^2\times2\,300\times13.9^2}{18\times3.6\times10^{-5}\times0.15}\ \mathrm{m/s}=0.29\ \mathrm{m/s}$$

$$Re_p=\frac{d_c u_t\rho}{\mu}=\frac{8\times10^{-6}\times0.29\times0.674}{3.6\times10^{-5}}=0.043<2$$

在层流区，计算正确。

由烟尘的粒度分布和分离器的粒级效率曲线，可以计算总的除尘效率，如下表所示：

粒径范围/μm	质量分数 x_{mi}	平均粒径/μm	d_p/d_c	粒级效率 η_i
0~5	0.10	2.5	0.31	0.16
5~10	0.55	7.5	0.93	0.69
10~15	0.30	12.5	1.56	0.82
15~20	0.05	17.5	2.19	0.94

所以，总的除尘效率为

$$\eta_0=\sum_{i=1}^{n}x_{mi}\eta_i=0.10\times0.16+0.55\times0.69+0.30\times0.82+0.05\times0.94=0.69$$

三、离心沉降机工作原理

离心沉降机主要用于悬浮液的固液分离。在离心沉降机中,离心力是靠设备本身的旋转而产生的,因此与旋流器相比,离心沉降机可以通过改变转速任意地调整离心力的大小,使分离因数在很大范围内改变,以适应分离不同悬浮液的要求。

离心沉降机的分离因数为

$$K_c=\frac{r\omega^2}{g}$$

根据 K_c 的大小,离心机可分为:

(1) 常速离心机:$K_c<3\,000$。

(2) 高速离心机:$3\,000\leqslant K_c\leqslant 50\,000$。

(3) 超高速离心机:$K_c>50\,000$。

代表性的离心机为转鼓式离心机,其工作原理示意图如图 6.3.5 所示。它的主体是上面带翻边的圆筒,由中心轴带动高速旋转,旋转速率为 ω。悬浮液从底部以速率 u_i 进入,形成由下向上的液流。悬浮液中的颗粒在向上流动时,在离心力的作用下向筒壁沉降,如果颗粒在到达顶端以前沉降到筒壁,即可以从液流中分离,否则将随液流流出。

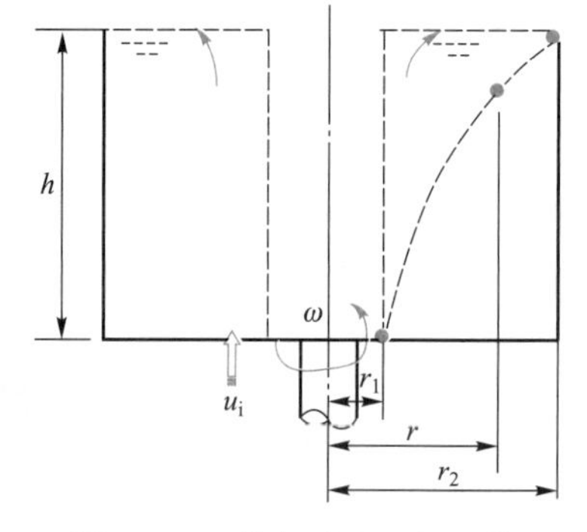

图 6.3.5 转鼓式离心机工作原理示意图

假设某一粒径为 d_c 的颗粒在筒内的水力停留时间内正好从离心机的进口沉降到离心机的出口筒壁,该沉降轨迹称为临界沉降轨迹,如图 6.3.5 所示。通过计算可以求得悬浮液中可以完全分离的最小颗粒粒径 d_c。

由于颗粒在沉降轨迹的任意一点所受的离心力不同,颗粒在沉降过程中的沉降速率也是变化的。假设颗粒在离心机中与液体之间的相对运动为层流,参考式(6.2.6),距离中心 r 处的颗粒的沉降速率可表示为

$$u_t=\frac{\mathrm{d}r}{\mathrm{d}t}=\frac{d_c^2(\rho_p-\rho)}{18\mu}r\omega^2 \tag{6.3.14}$$

则

$$\mathrm{d}t=\frac{18\mu}{d_c^2(\rho_p-\rho)\omega^2}\frac{\mathrm{d}r}{r}$$

颗粒在筒内的沉降时间为从 r_1 到 r_2 所需的时间,对上式进行积分,得

$$t_{沉}=\frac{18\mu}{d_c^2(\rho_p-\rho)\omega^2}\ln\frac{r_2}{r_1} \tag{6.3.15}$$

又,流体在筒内的停留时间 $t_{停}$ 为

$$t_{停}=\frac{h}{u_i}=\frac{\pi(r_2^2-r_1^2)h}{q_V} \tag{6.3.16}$$

式中：q_V——悬浮液的体积流量，m^3/s。

令 $t_{沉}=t_{停}$，则

$$d_c=\sqrt{\frac{18\mu q_V}{\pi h\omega^2(\rho_p-\rho)(r_2^2-r_1^2)}\ln\frac{r_2}{r_1}} \tag{6.3.17}$$

【例题 6.3.3】　密度为 2 000 kg/m^3、直径为 40 μm 的球状颗粒在 20 ℃的水中沉降，求在半径为 5 cm、转速为 1 000 r/min 的离心机中的沉降速率。

解：20 ℃水的物性参数如下：密度为 998.2 kg/m^3，黏度为 1.005×10^{-3} Pa·s。

离心机的角速度为

$$\omega=\frac{1\ 000\times2\pi}{60}\ rad/s=33.3\pi\ rad/s$$

假设沉降位于层流区，根据斯托克斯公式，颗粒在离心机中沉降速率为

$$u_t=\frac{(\rho_p-\rho)r\omega^2d_p^2}{18\mu}=\frac{(2\ 000-998.2)\times0.05\times(33.3\pi)^2\times(40\times10^{-6})^2}{18\times1.005\times10^{-3}}\ m/s$$
$$=4.84\times10^{-2}\ m/s$$

检验：

$$Re_p=\frac{d_pu_t\rho}{\mu}=\frac{40\times10^{-6}\times4.84\times10^{-2}\times998.2}{1.005\times10^{-3}}=1.9<2$$

故假设正确，颗粒的离心沉降速率为 4.84×10^{-2} m/s。

同时，颗粒在重力场中的沉降速率为

$$u_t=\frac{(\rho_p-\rho)gd_p^2}{18\mu}=\frac{(2\ 000-998.2)\times9.81\times(40\times10^{-6})^2}{18\times1.005\times10^{-3}}\ m/s$$
$$=8.69\times10^{-4}\ m/s$$

可见，离心沉降速率要比重力沉降速率大很多，在层流情况下，两者的比值为

$$K_c=\frac{r\omega^2}{g}=\frac{0.05\times(33.3\pi)^2}{9.81}=55.7$$

第四节　其他沉降

一、电沉降

在电场中，如果颗粒带电，荷电颗粒将会受到静电力 F_e 的作用，即

$$F_e=qE \tag{6.4.1}$$

式中：F_e——静电力，N；

q——颗粒的荷电量，C；

E——颗粒所处位置的电场强度，V/m。

如果电场强度很强，如在电除尘器中，重力或惯性力等作用力可以忽略，荷电颗粒所受

的作用力主要是静电力和流体阻力。如果沉降区域为层流,流体阻力可应用式(6.1.10)和式(6.1.12)进行计算。当静电力和流体阻力达到平衡时,荷电颗粒达到一个终端电沉降速率 u_{te},由下式计算得到

$$u_{te}=\frac{qE}{3\pi\mu d_p} \tag{6.4.2}$$

在环境领域,大气除尘的电除尘器即是应用电沉降的原理。电除尘器主要由放电电极和集尘电极组成,如图 6.4.1 所示。

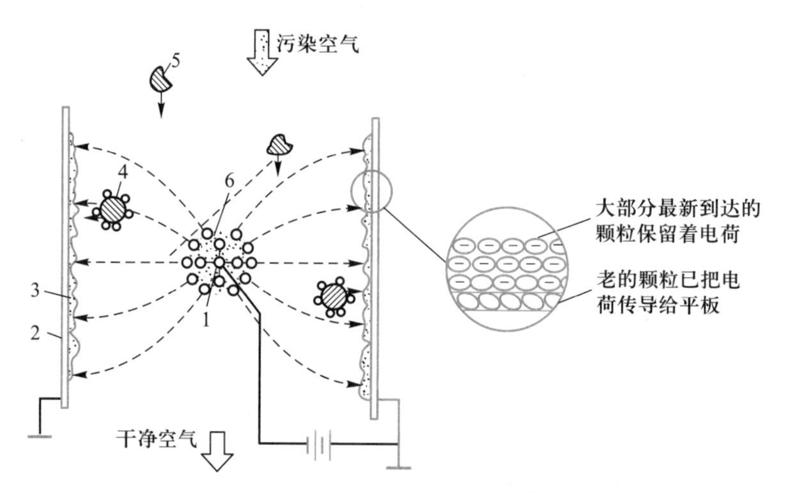

1—电晕极;2—集尘极;3—颗粒层;4—荷电颗粒;5—未荷电颗粒;6—电晕区

图 6.4.1 电除尘器的基本原理

放电电极(电晕极)是一根曲率半径很小的纤细裸露电线,上端与直流电源的一极相连,下端由一吊锤固定其位置;集尘极是具有一定面积的管或板,与电源的另一极相连。当在两极间加上一较高电压,则在放电电极附近的电场强度很大,而在集尘电极附近的电场强度相对很小,因此两极之间的电场成为不均匀电场。电除尘器的原理包括气体电离、颗粒荷电、荷电颗粒的迁移、颗粒的沉积与清除四个过程。

当在两个电极之间施加一定电压(10 000~30 000 V),在放电极产生电晕放电,使放电极周围的气体电离,生成大量的自由电子和正离子。正离子立即被放电极(负极)吸引过去而失去电荷;自由离子部分被气体吸附形成负气体离子。当含有尘粒的污染空气进入电除尘器时,自由离子和负气体离子与尘粒相遇,附在尘粒上使尘粒带电。荷电颗粒在电场力的作用下,朝着与其电性相反的集尘极移动。颗粒荷电愈多,所处位置的电场强度愈大,则迁移的速率愈大。荷电颗粒最终到达集尘极处,从而与气体分离。气流中的颗粒在集尘极上连续沉积,极板上的颗粒层厚度不断增大。最靠近集尘极的颗粒把大部分电荷传导给极板,但靠近颗粒层外表面的颗粒仍保留着电荷。通常采用振打或其他方式使这些颗粒层强制脱落并排出。

电除尘器的优点是除尘效率高,可以去除 0.1 μm 以下的颗粒;阻力小,气体经过电除尘器的压降一般不超过 200 Pa。

二、惯性沉降

如图 6.4.2 所示，颗粒与流体一起运动时，若流体中存在障碍物，流体沿障碍物产生绕流，而颗粒物由于惯性力的作用，将会偏离流线。惯性沉降就是利用这种由惯性力引起的颗粒与流线的偏离，使颗粒在障碍物上沉降的过程。但颗粒能否沉降在障碍物上，取决于颗粒的质量和相对于障碍物的运动速度和位置。如图 6.4.2 所示，小颗粒 1 和距离停滞流线较远的大颗粒 2 均能绕开障碍物；距离停滞流线较近的大颗粒 3，因其惯性力较大而脱离流线，直接与障碍物发生碰撞。障碍物起到了捕获颗粒的作用，亦称为捕集体。

在环境工程领域，利用惯性沉降原理进行颗粒物分离的有惯性除尘器，主要用于从气体中分离粉尘。

如图 6.4.3 所示，在惯性除尘器中设置有两块挡板，即挡板 B_1 和挡板 B_2。当含有粉尘的气体进入除尘器内碰到挡板 B_1 时，惯性大的粗尘粒 d_1 冲到挡板上，从而从气体中分离。被气流带走的细尘粒 d_2 由于挡板 B_2 使气流方向改变，在惯性离心力的作用下，也能被分离出来。假设该点气流的旋转半径为 R_2，切向速率为 u_T，则尘粒 d_2 所受的离心力与 $\frac{d_2^3 u_T^2}{R_2}$ 成正比。可见，颗粒的直径及密度越大，气速越大，气流旋转半径越小，除尘效率越高。一般惯性除尘器能有效捕集 20 μm 以上的颗粒。由于惯性除尘器的除尘效率不高，一般只用于多级除尘中的第一级除尘。压力损失依形式而定，一般为 100～1 000 Pa。

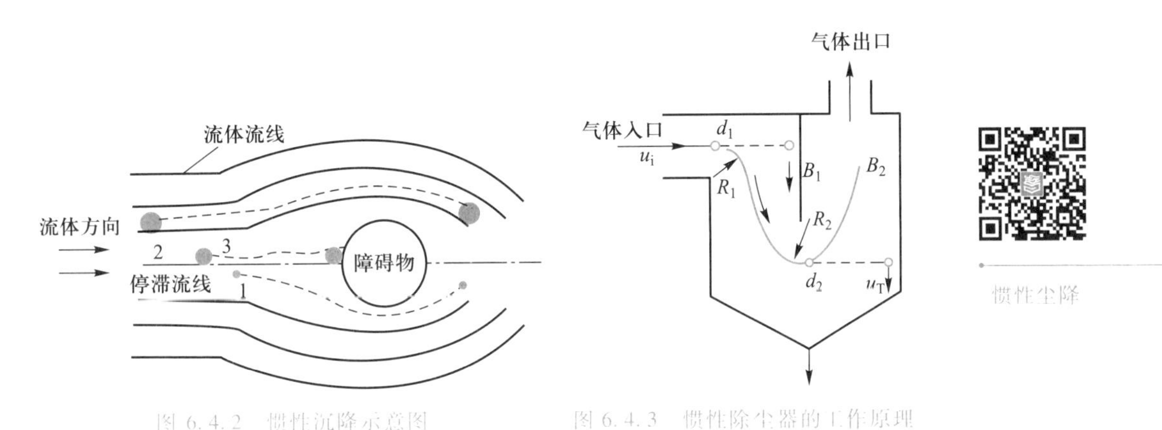

图 6.4.2　惯性沉降示意图

图 6.4.3　惯性除尘器的工作原理

【应用实例 3】

环境工程领域中典型的沉降分离设备

在环境工程领域，沉降分离广泛应用于大气净化和水处理。下面介绍环境工程领域中常见的沉降分离设备——水力旋流器（图 6.4.4）。

水力旋流器常用于分离去除污水中较重的粗颗粒泥沙等物质，有时也用于泥浆脱水。悬浮液以较高的速度由顶部进料管沿切线方向进入水力旋流器。在离心力作用下，粗重颗粒物质被抛向器壁并旋转向下和形成的浓液一起排出。较小的颗粒物质旋转到一定程度后随二次上旋涡流排出。

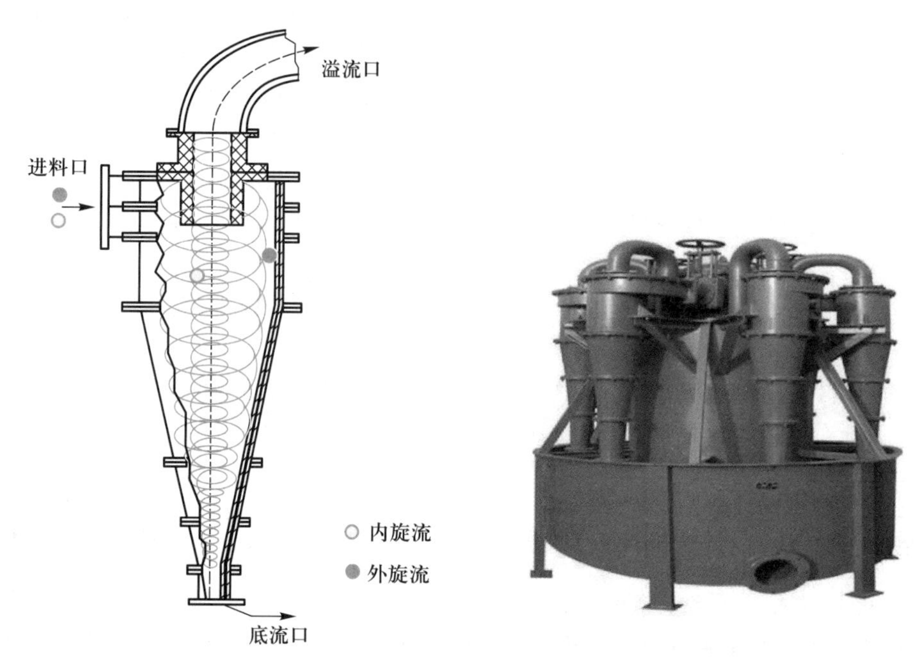

图 6.4.4 水力旋流器示意图(左)与实物照片(右)

术语中英文对照

· 悬浮固体 suspended solid
· 胶体性物质 colloidal substances
· 雷诺数 Reynolds number
· 浮力 buoyant force
· 流体阻力 fluid resistance
· 沉降速度 settling velocity
· 沉淀池 sedimentation tank
· 平流沉砂池 horizontal-flow grit chamber
· 重力沉降 gravitational settling, gravitational sedimentation
· 旋风分离器 cyclone separator
· 离心沉降 centrifugal settling, centrifugal sedimentation
· 电(布袋)除尘器 electric (bag) precipitator
· 电沉降 electric settling, electric sedimentation
· 惯性沉降 inertial settling, inertial sedimentation
· 非均相的 heterogeneous
· 均相的 homogeneous

思考题与习题

6.1 思考题

(1) 颗粒在沉降过程中受到哪些动力和阻力?

(2) 颗粒和流体的哪些性质会影响到颗粒所受到的流体阻力,怎么影响?

(3) 流体温度对颗粒沉降的主要影响是什么?

(4) 分析说明决定降尘室除尘能力的主要因素是什么。

（5）标准旋风分离器各部位尺寸有什么关系？

（6）离心沉降机和旋流分离器的主要区别是什么？设备半径如何影响各自的离心力？

6.2 直径为 60 μm 的石英颗粒，密度为 2 600 kg/m^3，求在常压下，其在 20 ℃ 的水中和20 ℃ 的空气中的沉降速率（已知该条件下，水的密度为 998.2 kg/m^3，黏度为 1.005×10^{-3} Pa·s；空气的密度为 1.205 kg/m^3，黏度为 1.81×10^{-5} Pa·s）。

6.3 密度为 2 650 kg/m^3 的球形颗粒在 20 ℃ 的空气中自由沉降，计算符合斯托克斯公式的最大颗粒直径和服从牛顿公式的最小颗粒直径（已知空气的密度为 1.205 kg/m^3，黏度为 1.81×10^{-5} Pa·s）。

6.4 粒径为 76 μm 的油珠（不挥发，可视为刚性）在 20 ℃ 的常压空气中自由沉降，恒速阶段测得 20 s 内沉降高度为 2.7 m。已知 20 ℃ 时，水的密度为 998.2 kg/m^3，黏度为 1.005×10^{-3} Pa·s；空气的密度为 1.205 kg/m^3，黏度为 1.81×10^{-5} Pa·s。求：

（1）油的密度；

（2）相同的油珠注入 20 ℃ 水中，20 s 内油珠运动的距离。

6.5 容器中盛有密度为 890 kg/m^3 的油，黏度为 0.32 Pa·s，深度为80 cm，如果将密度为 2 650 kg/m^3、直径为 5 mm 的小球投入容器中，每隔 3 s 投一个，则：

（1）如果油是静止的，则容器中最多有几个小球同时下降？

（2）如果油以 0.05 m/s 的速率向上运动，则最多有几个小球同时下降？

6.6 设颗粒的沉降符合斯托克斯定律，颗粒的初速度为零，试推导颗粒的沉降速率与降落时间的关系。现有颗粒密度为 1 600 kg/m^3，直径为 0.18 mm 的小球，在 20 ℃ 的水中自由沉降，试求小球加速到沉降速率的 99% 所需要的时间及在这段时间内下降的距离（已知水的密度为 998.2 kg/m^3，黏度为 1.005×10^{-3} Pa·s）。

6.7 落球黏度计由一个钢球和一个玻璃筒组成，将被测液体装入玻璃筒，然后记录下钢球落下一定距离所需要的时间，即可以计算出液体黏度。现已知钢球直径为 10 mm，密度为 7 900 kg/m^3，待测某液体的密度为1 300 kg/m^3，钢球在液体中下落 200 mm，所用的时间为 9.02 s，试求该液体的黏度。

6.8 降尘室是从气体中除去固体颗粒的重力沉降设备，气体通过降尘室具有一定的停留时间，若在这个时间内颗粒沉到室底，就可以从气体中去除，如附图所示。现用降尘室分离气体中的粉尘（密度为 4 500 kg/m^3），操作条件是：气体体积流量为 6 m^3/s，密度为 0.6 kg/m^3，黏度为 3.0×10^{-5} Pa·s，降尘室高 2 m，宽 2 m，长 5 m。求能被完全去除的最小尘粒的直径。

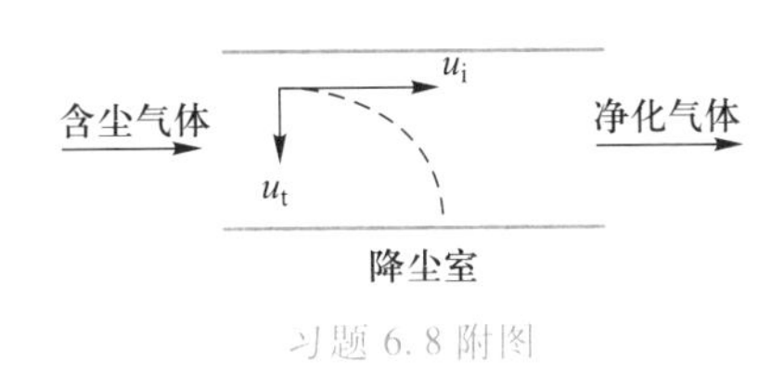

习题 6.8 附图

6.9 采用平流式沉砂池去除污水中粒径较大的颗粒。如果颗粒的平均密度为 2 240 kg/m^3，沉砂池有效水深为 1.2 m，水力停留时间为 1 min，求能够去除的颗粒最小粒径（假设颗粒在水中自由沉降，污水的物性参数为密度1 000 kg/m^3，黏度为 1.2×10^{-3} Pa·s）。

6.10 质量流量为 1.1 kg/s、温度为 20 ℃ 的常压含尘气体，尘粒密度为1 800 kg/m^3，需要除尘并预热至400 ℃，现用底面积为 65 m^2 的降尘室除尘，试问：

（1）先除尘后预热，可以除去的最小颗粒直径为多少？

（2）先预热后除尘，可以除去的最小颗粒直径是多少？如果达到与（1）相同的去除颗粒最小直径，空气的质量流量为多少？

（3）欲取得更好的除尘效果，应如何对降尘室进行改造？

（假设空气压力不变，20 ℃ 空气的密度为 1.2 kg/m^3，黏度为 1.81×10^{-5} Pa·s，400 ℃ 黏度为 3.31×10^{-5} Pa·s。）

6.11 用多层降尘室除尘，已知降尘室总高 4 m，每层高 0.2 m，长 4 m，宽 2 m，欲处理的含尘气体密度为1 kg/m^3，黏度为 3×10^{-5} Pa·s，尘粒密度为3 000 kg/m^3，要求完全去除的最小颗粒直径为 20 μm，求降尘室最大处理的气体流量。

6.12 用标准型旋风分离器收集烟气粉尘，已知含粉尘空气的温度为 200 ℃，体积流量为 3 800 m^3/h，粉尘密度为 2 290 kg/m^3，求旋风分离器能分离粉尘的临界直径（旋风分离器的直径为 650 mm，200 ℃空气的密度为 0.746 kg/m^3，黏度为 2.60×10^{-5} Pa·s）。

6.13 体积流量为 1 m^3/s 的 20 ℃常压含尘空气，固体颗粒的密度为 1 800 kg/m^3。空气的密度为 1.205 kg/m^3，黏度为 1.81×10^{-5} Pa·s。则

（1）用底面积为 60 m^2 的降尘室除尘，能够完全去除的最小颗粒直径是多少？

（2）用直径为 600 mm 的标准旋风分离器除尘，离心分离因数、临界直径和分割直径是多少？

6.14 原来用一个旋风分离器分离气体粉尘，现在改用三个相同的、并联的小旋风分离器代替，分离器的形式和各部分的比例不变，并且气体的进口速率也不变，求每个小旋风分离器的直径是原来的几倍，分离的临界直径是原来的几倍。

6.15 用一个小型沉降式离心机分离 20 ℃水中直径 10 μm 以上的固体颗粒。已知颗粒的密度为 1 480 kg/m^3，悬浮液进料半径位置为 $r_1=0.05$ m，离心机转鼓壁面半径为 $r_2=0.125$ m，求离心机转速分别为 1 000 r/min 和 3 000 r/min 时的平均分离因数和固体颗粒沉降到转鼓壁面位置所需要的时间（水的密度为 998.2 kg/m^3，黏度为 1.005×10^{-3} Pa·s）。

6.16 用离心沉降机去除悬浮液中的固体颗粒，已知颗粒直径为 50 μm，密度为 1 050 kg/m^3，悬浮液密度为 1 000 kg/m^3，黏度为 1.2×10^{-3} Pa·s，离心机转速为 3 000 r/min，转筒尺寸为 $h=300$ mm，$r_1=50$ mm，$r_2=80$ mm。求离心机完全去除颗粒时的最大悬浮液处理量。

6.17 水力旋流器的直径对离心力的影响和离心机转鼓的直径对离心力的影响是否相同？

6.18 某降尘室长为 6 m、宽为 3 m，共 20 层，每层层高 100 mm，用于去除含尘气体中的固体颗粒。在 20 ℃ 操作条件下气体密度为 0.5 kg/m^3，黏度为 3.5×10^{-5} Pa · s，颗粒密度为 3 000 kg/m^3，要求去除的最小颗粒直径为 10 μm。试求：

（1）为达到上述要求，可允许的最大气流速度；

（2）为完成上述要求，含尘气体的质量流量；

（3）如果先预热至 400 ℃后除尘，假设含尘气体压力不变，质量流量同（2），400 ℃ 含尘气体黏度为 6.5×10^{-5} Pa · s，可以去除的最小颗粒直径。

6.19 拟用降尘室去除常压炉气中的球形尘粒。降尘室的宽和长分别为 2 m 和 6 m，气体处理量为 1 m^3/s（标准状况下）。炉气温度为 427 ℃，相应的密度 $\rho=0.5$ kg/m^3，黏度 $\mu=3.4\times10^{-5}$ Pa·s。固体密度 $\rho_s=4\ 000$ kg/m^3。操作条件下，规定气体速度不得大于 0.5 m/s。试求：

（1）降尘室的总高度 H；

（2）理论上能完全分离下来的最小颗粒尺寸；

（3）欲使粒径 10 μm 的颗粒完全分离下来，需在降尘室内设置几层水平隔板？板间距为多少？

6.20 用直径为 500 mm 的标准旋风分离器处理某含尘气流。已知尘粒的密度为 2 600 kg/m^3，气体密度为 0.8 kg/m^3，黏度为 2.4×10^{-5} Pa·s。若含尘气体的处理量为 2 000 m^3/h：

（1）求该旋风分离器的临界直径（能够从气体中全部分离去除的最小尘粒的直径）（假设旋风分离器直径 D、进气筒宽度 B 和高度 h_i 的关系满足：$B=D/4$、$h_i=D/2$），并定性分析若气体温度升高，临界直径会发生什么变化？

（2）若入口气体中含尘量为 3.0×10^{-3} kg/m^3，而在操作中每小时收集的尘粒量为 5.2 kg，求该旋风分离器的总分离效率。

（3）在气体处理量和要求的临界直径不变的情况下，求分别采用一台和两台并联操作时，旋风分离器的直径之比（设颗粒离心沉降处在层流区）。

本章主要符号说明

拉丁字母

a——颗粒的比表面积，m^2；
A——颗粒的表面积，m^2；
A_p——沉降颗粒在垂直于运动方向水平面的投影面积，m^2；
b——沉淀池或降尘室的宽度，m；
B——旋风分离器进气口宽度，m；
C_D——阻力系数，量纲为 1；
d_c——颗粒的临界直径，m；
d_{ea}——颗粒的等比表面积当量直径，m；
d_{eS}——颗粒的等表面积当量直径，m；
d_{eV}——颗粒的等体积当量直径，m；
d_p——颗粒直径，m；
D——旋风分离器直径，m；
E——电场强度，V/m；
F_b——流体浮力，N；
F_c——离心力，N；
F_D——流体阻力，N；
F_e——静电力，N；
F_g——重力，N；
g——重力加速度，m/s^2；
h——沉淀池或降尘室的高度，m；
h_i——旋风分离器入口高度，m；
K_c——离心分离因数；
l——沉淀池或降尘室的长度，m；
N——旋转圈数；
q——颗粒的荷电量，C；
q_V——流体的体积流量，m^3/s；
$t_{停}$——水力停留时间，s；
$t_{沉}$——颗粒沉降时间，s；
u——颗粒与流体之间的相对运动速率，m/s；
u_i——沉降设备流体的入流速率，m/s；
u_t——颗粒终端沉降速率，m/s；
u_T——切向速率，m/s；
V——沉淀池或降尘室的容积，m^3；
V_p——颗粒体积，m^3；
x_{mi}——粒径为 d_i 的颗粒占总颗粒的质量分数。

希腊字母

μ——流体黏度，Pa·s；
ρ——流体密度，kg/m^3；
ρ_1,ρ_2——旋风分离器入口和出口气体中的总含尘量，kg/m^3；
ρ_{1i},ρ_{2i}——粒径为 d_i 的颗粒在旋风分离器入口和出口气体中的含量，kg/m^3；
ρ_p——颗粒密度，kg/m^3；
η_0——旋风分离器粉尘的总分离效率，%；
η_i——旋风分离器粒径为 d_i 的粉尘的粒级效率，%；
φ——颗粒的球形度；
ω——离心机旋转角速度。

知识体系图

第七章　过　　滤

第一节　过滤操作的基本概念

一、过滤过程

过滤是分离液体和气体非均相混合物的常用方法。其基本过程是混合物中的流体在推动力(重力、压力、离心力等)的作用下通过过滤介质时,流体中的固体颗粒被截留,而流体通过过滤介质,从而实现流体与颗粒物的分离。

过滤操作在工业上应用非常广泛,在环境工程领域也是极为重要的分离手段。既可用于分离液体非均相混合物,实现液-固分离,如水处理中的滤池、污泥脱水用的真空过滤机和板框式压滤机等;也可用于分离气体非均相混合物,实现气-固分离,如袋式除尘器、颗粒层除尘器等。过滤操作可分离颗粒物的范围很广,可以是粗大的颗粒,也可以是细微粒子,甚至可以是细菌、病毒和高分子物质;既可以用来从流体中除去颗粒,也可以分离不同大小的颗粒。一般而言,过滤在悬浮液的分离中用得更多。因此,本章侧重讨论液体非均相混合物的分离,但其基本理论对气体非均相混合物的过滤也是适用的。

二、过滤介质

过滤介质有很多种,在工业应用中常用的过滤介质包括以下几类。

(1) 固体颗粒:由具有一定形状的固体颗粒堆积而成,包括天然的和人工合成的。前者如石英砂、无烟煤、磁铁矿粒等,后者如聚苯乙烯发泡塑料球等。固体颗粒过滤介质在水处理各类滤池中应用广泛,通常称为滤料。

(2) 织物:又称滤布,如棉、麻、丝、毛、合成纤维、金属丝等编制成的滤布。根据编织方法和网孔的疏密程度的不同,滤布所能截留的颗粒的粒径范围很广,从几十微米到 1 微米。

(3) 多孔固体:如素烧陶瓷板或管、烧结金属板或管等。这类过滤介质较厚,孔道细,过滤阻力较大。

(4) 多孔膜:由高分子有机材料或无机材料制成的薄膜,根据分离孔径的大小,可分为微滤、超滤等。

过滤介质可以根据待分离混合物中颗粒含量、粒度分布、性质和分离要求的不同来选择。过滤设备形式不同,采用的过滤介质也不同。

三、过滤分类

根据不同的分离对象和过滤设备的类型,过滤操作可进行如下分类。

1. 按过滤机理分类

按过滤机理可分为表面过滤和深层过滤。

（1）表面过滤：采用的过滤介质（如织物、多孔固体等）的孔一般要比待过滤流体中的固体颗粒的粒径小，过滤时这些固体颗粒被过滤介质截留，并在其表面逐渐积累成滤饼，如图7.1.1(a)所示，此时沉积的滤饼亦起过滤作用。因此表面过滤又称滤饼过滤。

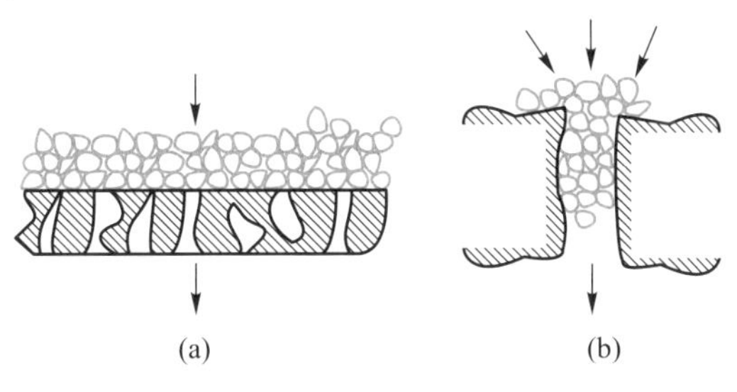

图7.1.1　表面过滤示意图

(a) 滤饼过滤；(b) 架桥现象

实际上，表面过滤所用的过滤介质的孔不一定都小于待过滤流体中所有的颗粒物粒径。在刚开始过滤时，小颗粒可能会进入过滤介质孔道内，但随着过滤的进行，细小的颗粒会在过滤介质的孔道内发生架桥，从而形成滤饼，如图7.1.1(b)所示。其后，逐渐增厚的滤饼层成为真正有效的过滤介质。

板框式压滤机

表面过滤（滤饼过滤）通常发生在过滤流体中颗粒物浓度较高或过滤速度较慢、滤饼层容易形成的情况下。污泥脱水中使用的各类脱水机（如真空过滤机、板框式压滤机等）、给水处理中的慢滤池、大气除尘中的袋滤器等均为表面过滤设备。

连续式转筒真空过滤机

（2）深层过滤：深层过滤的现象通常发生在以固体颗粒为过滤介质的过滤操作中。由固体颗粒堆积而成的过滤介质层通常都较厚，过滤通道长而曲折，过滤介质层的空隙大于待过滤流体中的颗粒物的粒径。图7.1.2为深层过滤示意图。在过滤时，颗粒物随流体可以进入过滤介质层，在拦截、惯性碰撞、扩散沉淀等作用下附着在介质表面上而与流体分开。

在水处理常用的快滤池中发生的主要过滤现象为典型的深层过滤。深层过滤一般适用于待过滤流体中颗粒物含量少的场合，如水的净化、烟气除尘等。

2. 按促使流体流动的推动力分类

按促使流体流动的推动力可分为重力过滤、真空过滤、压力差过滤和离心过滤。

（1）重力过滤：在水位差的作用下被过滤的悬浮液通过过滤介质进行过滤，如水处理中的快滤池等。

（2）真空过滤：在真空下进行过滤，如水处理中的转筒真空过滤机、大气除尘用的袋滤器等。

（3）压力差过滤：在加压条件下进行过滤，如加压砂滤池，不仅可用于水处理，也可用于气体除尘。

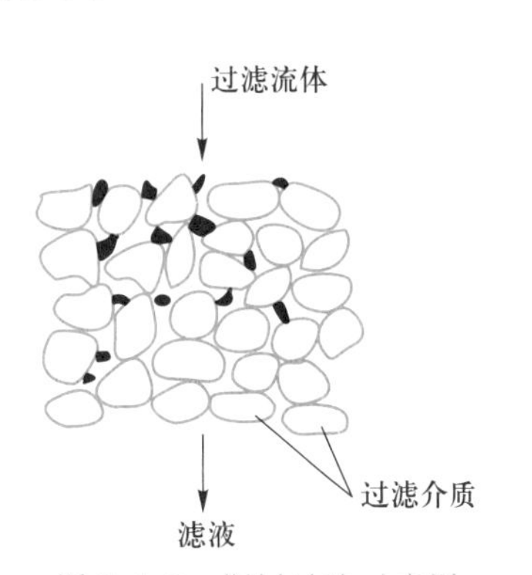

图7.1.2　深层过滤示意图

（4）离心过滤：使被分离的悬浮液旋转，在所产

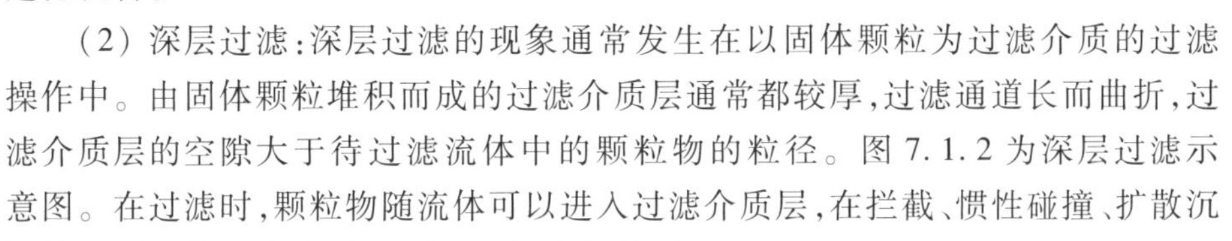

生的惯性离心力的作用下，使流体通过周边的滤饼和过滤介质，从而实现与颗粒物的分离。

第二节 表面过滤的基本理论

一、过滤基本方程

如前所述，表面过滤的主要特征是随着过滤过程的进行，待过滤混合物中的固体颗粒被截留在过滤介质表面并逐渐积累成滤饼层。而滤饼层的厚度随过滤时间的延长而增厚，其增厚速率与过滤所得的流体量成正比。由于滤饼层厚度的增加，在表面过滤过程中过滤速率是变化的，因此对过滤速率的分析需要从某一瞬间着手。

以液相非均相混合物的分离为例，假设某一过滤时刻 t 时的过滤状态如图 7.2.1 所示，此时形成的滤饼层厚度为 L，相应的滤液量为 V，过滤压差（即过滤推动力）为 Δp。

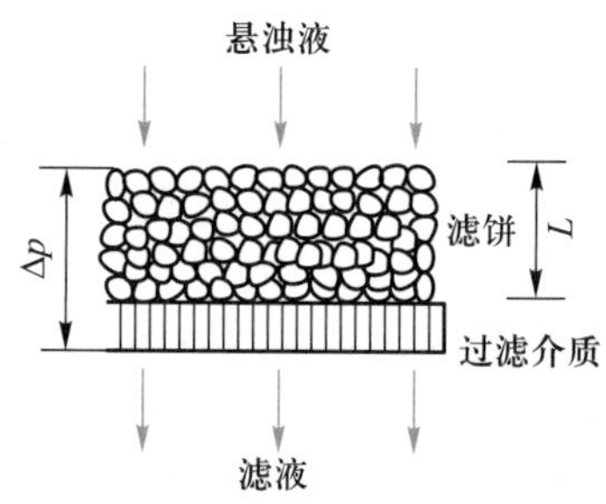

图 7.2.1 表面过滤过程示意图

此时，过滤速率 u 为

$$u=\frac{\mathrm{d}V}{A\mathrm{d}t} \tag{7.2.1}$$

式中：$\mathrm{d}t$——微分过滤时间，s；

$\mathrm{d}V$——$\mathrm{d}t$ 时间内通过过滤介质的滤液量，m^3；

A——过滤面积，m^2。

过滤速率与推动力之间的关系可用下式（达西（Darcy）定律）表示：

$$u=\frac{\Delta p}{(R_{\mathrm{m}}+R_{\mathrm{c}})\mu} \tag{7.2.2}$$

式中：R_{m}，R_{c}——过滤介质和滤饼层的过滤阻力，m^{-1}；

μ——滤液黏度，Pa·s。

又

$$R_{\mathrm{m}}=r_{\mathrm{m}}L_{\mathrm{m}};R_{\mathrm{c}}=rL \tag{7.2.3}$$

式中：r_{m}，r——过滤介质和滤饼层的过滤比阻，m^{-2}，是单位厚度过滤介质或滤饼层的阻力；

L_{m}，L——过滤介质和滤饼层厚度，m。

则式（7.2.2）变为

$$u=\frac{\Delta p}{(r_{\mathrm{m}}L_{\mathrm{m}}+rL)\mu} \tag{7.2.4}$$

式（7.2.4）称为鲁思（Ruth）过滤方程。r 与过滤介质上形成的滤饼层结构特性有关。滤饼层的厚度 L 与滤液量有关，在过滤过程中是一个变数。假设每过滤得到 1 m^3 的滤液，产生滤饼量为 f，则

$$fV=LA$$

$$L=\frac{fV}{A} \tag{7.2.5}$$

另外，为了处理方便，可以把过滤介质的阻力转化成厚度为 L_e 的滤饼层阻力，即

$$r_m L_m = rL_e \tag{7.2.6}$$

相应地，得到与厚度为 L_e 的滤饼层相对应的滤液体积 V_e，即

$$L_e=\frac{fV_e}{A}$$

所以

$$r_m L_m=\frac{rfV_e}{A} \tag{7.2.7}$$

将式(7.2.5)和式(7.2.7)代入式(7.2.4)，得

$$u=\frac{\mathrm{d}V}{A\mathrm{d}t}=\frac{A\Delta p}{r\mu f(V+V_e)} \tag{7.2.8}$$

滤饼层的比阻 r 是表示滤饼层结构特性的参数，对于不可压缩滤饼，滤饼层的颗粒结构稳定，在压力的作用下不变形，r 与 Δp 无关；对于可压缩滤饼，在压力的作用下滤饼层的颗粒结构容易发生变形，r 与 Δp 有关。

根据经验，在大多数情况下，r 与 Δp 的关系可以表示成

$$r=r_0\Delta p^s \tag{7.2.9}$$

式中：r_0——单位压差下滤饼的比阻，$m^{-2}\cdot Pa^{-1}$；

s——滤饼的压缩指数。对于可压缩滤饼，$s=0.2\sim0.8$，对于不可压缩滤饼，$s=0$。

将式(7.2.9)代入式(7.2.8)，得

$$\frac{\mathrm{d}V}{A\mathrm{d}t}=\frac{A\Delta p^{1-s}}{r_0\mu f(V+V_e)} \tag{7.2.10}$$

令

$$K=\frac{2\Delta p^{1-s}}{\mu r_0 f}$$

则

$$\frac{\mathrm{d}V}{A\mathrm{d}t}=\frac{KA}{2(V+V_e)} \tag{7.2.11}$$

为了简化表达式并便于计算，令 $q=V/A$，$q_e=V_e/A$，分别表示单位过滤面积的滤液量和过滤介质的虚拟滤液量，后者称为过滤介质的比当量滤液体积，与过滤介质的性质有关，是过滤介质的特性参数。则式(7.2.11)变成

$$\frac{\mathrm{d}q}{\mathrm{d}t}=\frac{K}{2(q+q_e)} \tag{7.2.12}$$

式(7.2.11)或式(7.2.12)即为表面过滤的基本方程，表示某一时刻过滤速率与推动力、滤饼厚度、滤饼结构、过滤介质特性及滤液物理性质的关系，是计算过滤过程的最基本的

关系式。式中 K 称为过滤常数,单位为 m^2/s,反映了悬浮液的过滤特性,与悬浮液浓度、滤液黏度及滤饼层的颗粒性质和可压缩性有关,其值需要通过实验测定。

二、过滤过程的计算

过滤过程计算的基本内容主要是要确定滤液量与过滤时间和过滤压差等之间的关系。应用的基本关系式是过滤基本方程。过滤基本方程式表示的是某一瞬间的过滤速率与各种因素之间的关系,因此,在计算时需要对过滤基本方程进行积分。一般分两种情况进行计算:恒压过滤和恒速过滤。

(一)恒压过滤

恒压过滤是最常用的过滤方式,即在过滤过程中,过滤压差自始至终保持恒定。对于指定悬浮液的恒压过滤,K 为常数,对式(7.2.11)或式(7.2.12)进行积分,得

$$\int_0^V 2(V+V_e)\,dV = \int_0^t KA^2 dt$$

$$\int_0^q 2(q+q_e)\,dq = \int_0^t K dt$$

$$V^2+2VV_e = KA^2 t \tag{7.2.13a}$$

$$q^2+2qq_e = Kt \tag{7.2.13b}$$

若过滤介质阻力可忽略不计,则上面两式简化为

$$V^2 = KA^2 t \tag{7.2.14a}$$

$$q^2 = Kt \tag{7.2.14b}$$

如果恒压过滤是在滤液量已达到 V_1,即滤饼层厚度已累积到 L_1 的条件下开始,则对式(7.2.11)进行积分时,时间从 0 到 t,滤液量应从 V_1 到 V,得

$$(V^2-V_1^2)+2V_e(V-V_1) = KA^2 t \tag{7.2.15}$$

(二)恒速过滤

恒速过滤是指在过滤过程中过滤速率 u 保持不变,即滤液量与过滤时间呈正比,表示为

$$q = ut \tag{7.2.16a}$$

或

$$V = Aut \tag{7.2.16b}$$

$$\frac{dV}{Adt} = \frac{V}{At} = u = \text{常数}$$

将上式代入过滤方程式(7.2.11)或式(7.2.12),得

$$V^2+VV_e = \frac{K}{2}A^2 t \tag{7.2.17a}$$

$$q^2+qq_e = \frac{K}{2}t \tag{7.2.17b}$$

若忽略过滤介质阻力,则上面两式简化为

$$V^2=\frac{K}{2}A^2t \tag{7.2.18a}$$

$$q^2=\frac{K}{2}t \tag{7.2.18b}$$

在恒速过滤过程中，过滤压差随时间而变化，所以恒速过滤方程中的过滤常数 K 也随时间 t 变化。

【例题 7.2.1】　在实验室中，用过滤面积为 0.1 m^2 的滤布对某种悬浮液进行过滤，在恒定压差下，过滤 5 min 得到滤液 1 L，再过滤 5 min 得到滤液 0.6 L。如果再过滤 5 min，可以再得到多少滤液？

解：在恒压过滤条件下，过滤方程为

$$q^2+2qq_e=Kt$$

$$t_1=5\times60\ \text{s}=300\ \text{s},\ q_1=\frac{1\times10^{-3}}{0.1}\ \text{m}^3/\text{m}^2=1\times10^{-2}\ \text{m}^3/\text{m}^2$$

$$t_2=600\ \text{s},\ q_2=\frac{(1+0.6)\times10^{-3}}{0.1}\ \text{m}^3/\text{m}^2=1.6\times10^{-2}\ \text{m}^3/\text{m}^2$$

代入过滤方程，得

$$(1\times10^{-2})^2+2\times1\times10^{-2}q_e=300K$$

$$(1.6\times10^{-2})^2+2\times1.6\times10^{-2}q_e=600K$$

联立上面两式，可以求得：$q_e=0.7\times10^{-2}\ \text{m}^3/\text{m}^2$，$K=0.8\times10^{-6}\text{m}^2/\text{s}$。

因此，过滤方程为

$$q^2+2\times0.7\times10^2q=0.8\times10^{-6}t$$

当 $t_3=15\times60\ \text{s}=900\ \text{s}$ 时，有

$$q_3^2+2\times0.7\times10^2q_3=0.8\times10^{-6}\times900$$

解得：$q_3=2.073\times10^{-2}\ \text{m}^3/\text{m}^2$。

所以

$$(q_3-q_2)\times0.1\ \text{m}^2=(2.073\times10^{-2}-1.6\times10^{-2})\times0.1\ \text{m}^3=0.473\times10^{-3}\ \text{m}^3$$

因此可再得到滤液 0.473 L。

【例题 7.2.2】　用一台过滤面积为 10 m^2 的过滤机过滤某种悬浮液。悬浮液中固体颗粒的含量为 60 kg/m^3，颗粒密度为 1 800 kg/m^3。已知单位压差滤饼的比阻为 $4\times10^{11}\ \text{m}^{-2}\cdot\text{Pa}^{-1}$，压缩指数为 0.3，滤饼含水的质量分数为 0.3，且忽略过滤介质的阻力，滤液的物性接近 20 ℃的水。采用先恒速后恒压的操作方式，恒速过滤 10 min 后，再恒压过滤 30 min，得到的总滤液量为 8 m^3。求最后的操作压差和恒速过滤阶段得到的滤液量。

解：设恒速过滤阶段得到的滤液体积为 V_1，根据恒速过滤的方程式(7.2.18a)，得

$$V_1^2=\frac{KA^2t}{2}=\frac{\Delta p^{1-s}A^2t}{\mu r_0 f}$$

查得 20 ℃滤液的物性为：黏度 $\mu=1\times10^{-3}$ Pa·s，密度为 998.2 kg/m³。根据过滤的物料衡算，按以下步骤求 f。

已知 1 m³ 悬浮液形成的滤饼中固体颗粒质量为 60 kg，滤饼含水的质量分数为 0.3，设滤饼中水的质量为 y kg，则

$$\frac{y}{60+y}=0.3$$

$$y=25.7$$

所以滤饼的体积为

$$\left(\frac{60}{1800}+\frac{25.7}{998.2}\right)\ \mathrm{m}^3=0.059\ \mathrm{m}^3$$

滤液体积为

$$(1-0.059)\ \mathrm{m}^3=0.941\ \mathrm{m}^3$$

$$f=\frac{0.059}{0.941}=0.0627$$

则

$$V_1^2=\frac{\Delta p^{1-s}A^2t}{\mu r_0 f}=\frac{10^2\times10\times60}{1\times10^{-3}\times4\times10^{11}\times0.0627}\Delta p^{0.7}=2.394\times10^{-3}\Delta p^{0.7} \tag{1}$$

在恒压过滤阶段，由式(7.2.15)(忽略滤布阻力)

$$V^2-V_1^2=KA^2t$$

得

$$8^2-V_1^2=\frac{2\Delta p^{1-s}A^2t}{\mu r_0 f}=\frac{2\times10^2\times30\times60}{1\times10^{-3}\times4\times10^{11}\times0.0627}\Delta p^{0.7}=1.436\times10^{-2}\Delta p^{0.7} \tag{2}$$

联立(1)和(2)式，求得恒速过滤的滤液体积 $V_1=3.02$ m³，进而求得恒压过滤的操作压力 $\Delta p=1.3\times10^5$ Pa。

三、过滤常数的测定

(一) 过滤常数 K 和 q_e

如前所述，过滤常数 K、V_e 或 q_e 是进行过滤过程设计计算的基础。这些常数不仅与过滤悬浮液的浓度和性质有关，而且与过滤条件有关，因此一般需要由实验确定。

将恒压过滤积分方程改写为

$$\frac{t}{q}=\frac{1}{K}q+\frac{2}{K}q_e \tag{7.2.19}$$

式(7.2.19)表明，在恒压过滤条件下，t/q 与 q 之间具有线性关系，其直线的斜率为 $1/K$，截距为 $2q_e/K$。因此只要在实验中测得不同过滤时间 t 内的单位过滤面积的滤液量，即可根据式(7.2.19)求得过滤常数 K 与 q_e。

(二) 压缩指数 s

根据 K 与 Δp 之间的关系式

$$K=\frac{2\Delta p^{1-s}}{\mu r_0 f}$$

两侧取对数，得

$$\lg K=(1-s)\lg \Delta p+B \tag{7.2.20}$$

可见，$\lg K$ 与 $\lg \Delta p$ 之间为线性关系。因此，在不同压差下进行恒压实验，求出不同压差下的 K，再根据式(7.2.20)，即可求出滤饼层的压缩指数 s。

【例题 7.2.3】 在过滤压差 $\Delta p=1.95\times10^5$ Pa 下对某悬浮液进行过滤实验，实验数据如下：

t/h	0.0018	0.0039	0.0067	0.0103	0.0144	0.0192
$q/(\mathrm{m^3\cdot m^{-2}})$	0.0114	0.0227	0.0341	0.0455	0.0568	0.0682

求过滤常数 K、q_e 和滤饼的压缩系数。

解：由式(7.2.19)可知，在恒压过滤条件下，t/q 与 q 具有线性关系，因此根据所给的数据可以得到 t/q 和 q 的对应关系：

$q/(\mathrm{m^3\cdot m^{-2}})$	0.0114	0.0227	0.0341	0.0455	0.0568	0.0682
t/q	0.158	0.172	0.196	0.226	0.254	0.282

根据以上数据作 $q-t/q$ 直线，如图 7.2.2 所示

由图 7.2.2 可知，直线斜率为 2.253，所以

$$K=\frac{1}{2.253}\ \mathrm{m^2/h}=0.444\ \mathrm{m^2/h}=1.23\times10^{-4}\ \mathrm{m^2/s}$$

直线截距为 0.125，所以

$$q_e=\frac{0.125\times0.444}{2}\ \mathrm{m^3/m^2}=0.0277\ \mathrm{m^3/m^2}$$

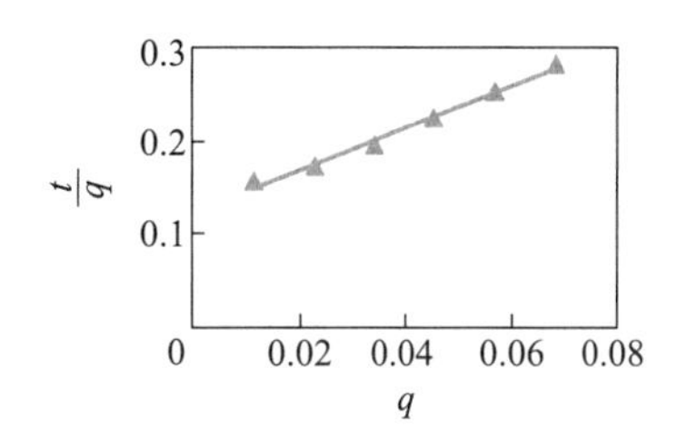

图 7.2.2　例题 7.2.3 附图 1

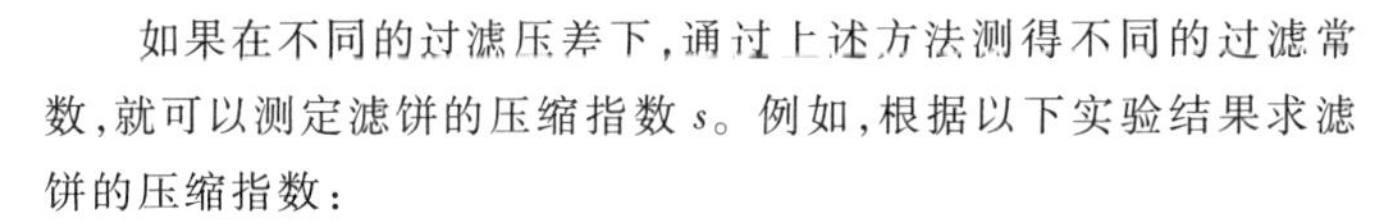

如果在不同的过滤压差下，通过上述方法测得不同的过滤常数，就可以测定滤饼的压缩指数 s。例如，根据以下实验结果求滤饼的压缩指数：

过滤压差 Δp/Pa	0.463×10^5	1.95×10^5	3.39×10^5
过滤常数 $K/(\mathrm{m^2\cdot s^{-1}})$	4.08×10^{-5}	1.23×10^{-4}	1.68×10^{-4}

由式(7.2.20)

$$\lg K=(1-s)\lg \Delta p+B$$

知，$\lg K$ 和 $\lg \Delta p$ 呈直线关系，将上述数据整理如下：

$\lg \Delta p$	4.66	5.29	5.53
$\lg K$	−4.39	−3.91	−3.78

作 lg K−lg Δp 图如图 7.2.3 所示。

由图 7.2.3 可知,直线的斜率 $1-s=0.71$,所以滤饼的压缩系数 $s=0.29$。

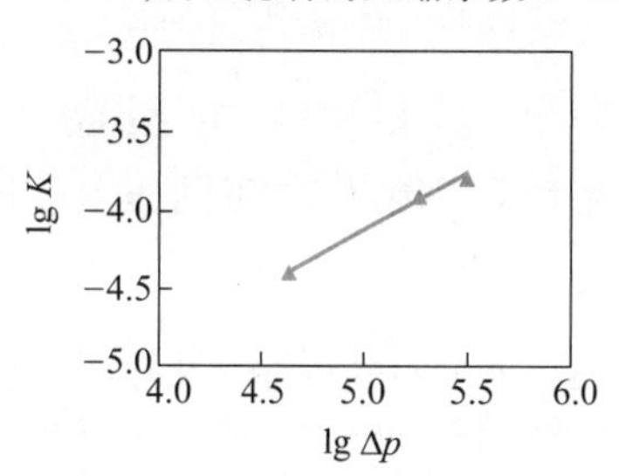

图 7.2.3 例题 7.2.3 附图 2

四、滤饼洗涤

在某些过滤操作中,为了去除或回收滤饼中残留的滤液或可溶性杂质,需要在过滤结束时对滤饼进行洗涤。洗涤过程需要确定的主要参数是洗涤速率和洗涤时间。

(一)洗涤速率

洗涤速率是指单位时间通过单位洗涤面积的洗涤液量,用$\left(\frac{\mathrm{d}V}{A\mathrm{d}t}\right)_{\mathrm{w}}$表示。洗涤液在滤饼层中的流动过程与过滤过程类似。由于洗涤是在过滤终了以后进行的,洗涤速率与过滤终了时的滤饼层状态有关。若洗涤压力与过滤终了时的操作压力相同,则洗涤速率与过滤终了时的速率$\left(\frac{\mathrm{d}V}{A\mathrm{d}t}\right)_{\mathrm{F,终}}$之间的关系为

$$\frac{\left(\frac{\mathrm{d}V}{A\mathrm{d}t}\right)_{\mathrm{w}}}{\left(\frac{\mathrm{d}V}{A\mathrm{d}t}\right)_{\mathrm{F,终}}}=\frac{\mu L}{\mu_{\mathrm{w}}L_{\mathrm{w}}} \tag{7.2.21}$$

式中:μ,μ_{w}——滤液和洗涤液的黏度,Pa·s;

L,L_{w}——过滤终了时滤饼层厚度和洗涤时穿过的滤饼层厚度,m。

根据过滤基本方程式,过滤终了时的过滤速率为

$$\left(\frac{\mathrm{d}V}{A\mathrm{d}t}\right)_{\mathrm{F,终}}=\frac{A\Delta p^{1-s}}{r_0\mu f(V+V_{\mathrm{e}})}=\frac{KA}{2(V+V_{\mathrm{e}})} \tag{7.2.22}$$

式中:V——过滤终了时的滤液量。

如果洗涤液走的路径和过滤终了时的路径完全相同,洗涤液黏度和滤液黏度也相同,则

$$\left(\frac{\mathrm{d}V}{A\mathrm{d}t}\right)_{\mathrm{w}}=\left(\frac{\mathrm{d}V}{A\mathrm{d}t}\right)_{\mathrm{F,终}} \tag{7.2.23}$$

如果洗涤操作压力不同或洗涤液与滤液的黏度不同,则可以根据它们的变化,采用式(7.2.22),由过滤终了时的过滤速率计算洗涤速率。

（二）洗涤时间

设洗涤液用量为 V_w，则洗涤时间为

$$t_w=\frac{V_w}{\left(\frac{dV}{dt}\right)_w} \tag{7.2.24}$$

五、过滤机生产能力的计算

过滤机的生产能力一般是指单位时间得到的滤液量，其计算分间歇操作和连续操作两种情况讨论。

（一）间歇式过滤机

间歇式过滤机的每一个操作循环包括三个过程：过滤、洗涤和拆装、卸渣、清理等辅助工作，其所需的时间分别为 t_F、t_w 和 t_D。每个操作循环所需时间 t_T 为这三部分时间之和，即

$$t_T=t_F+t_w+t_D \tag{7.2.25}$$

假设每个操作循环中过滤机所得的滤液量为 V，则过滤机的滤液生产能力 q_V（m^3/s）为

$$q_V=\frac{V}{t_F+t_w+t_D} \tag{7.2.26}$$

t_F 和 t_w 可按上节所介绍的方法计算，t_D 根据过滤机的具体操作情况确定。

（二）连续式过滤机

转筒真空过滤机是最常见的连续式过滤机，其生产能力的定义与间歇式过滤机相同。但与间歇式操作不同，连续式过滤机一般是在恒压下连续操作，其特点是任何时间都在进行过滤，但过滤只发生在处于过滤区的那部分区域，过滤、洗涤、卸渣等操作在过滤机的不同位置同时进行。

如图 7.2.4 所示，设转筒真空过滤机的转速为 n，则旋转 1 周所需要的时间 $1/n$ 即为操作周期。过滤机的总过滤面积为转筒的表面，计算式为

$$A=\pi DL_c \tag{7.2.27}$$

式中：A——转筒总过滤面积，m^2；

D——转筒直径，m；

L_c——转筒长度，m。

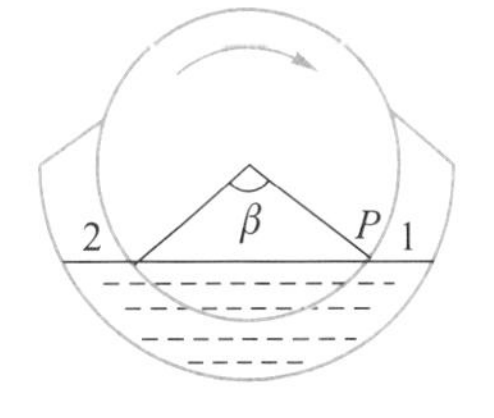

图 7.2.4　转筒真空过滤机操作示意图

以过滤面积 A 为基础，过滤时间是转筒表面进入悬浮液到离开悬浮液的时间，即图7.2.4中转筒上的 P 点从 1 转到 2 的时间。起过滤作用的是浸没在液体中的转筒表面，所对应的浸没角 β 与 2π 之比称为浸没度 ψ，即

$$\psi=\frac{\beta}{2\pi} \tag{7.2.28}$$

浸没度等价于过滤时间在操作周期中所占的比例。因此，每个周期中有效的过滤时间为

$$t_F=\frac{\psi}{n} \tag{7.2.29}$$

这样就可把转筒真空过滤机部分面积的连续过滤转换为全部转筒面积的部分时间的过滤。根据恒压过滤方程式(7.2.13a),可求得每一操作周期所得的滤液量为

$$V=\sqrt{KA^2t_F+V_e^2}-V_e=\sqrt{KA^2\psi/n+V_e^2}-V_e \tag{7.2.30}$$

则转筒真空过滤机的生产能力 q_V 为

$$q_V=nV=n(\sqrt{KA^2\psi/n+V_e^2}-V_e) \tag{7.2.31}$$

如果忽略过滤介质阻力,则

$$q_V=n\sqrt{KA^2\psi/n}=A\sqrt{K\psi n} \tag{7.2.32}$$

【例题 7.2.4】 用转筒真空过滤机过滤某种悬浮液,其处理量为 10 m^3/h。已知每得1 m^3滤液,可得滤饼 0.04 m^3,要求转筒的浸没度为 0.4,过滤表面上滤饼厚度不低于 5 mm。现测得过滤常数 $K=8\times10^{-4}\ m^2/s$,$q_e=0.01\ m^3/m^2$。试求过滤机的过滤面积 A 和转筒的转速 n(r/min)。

解:以 1 min 为基准,计算每分钟过滤机获得的滤液量为

$$q_V=\frac{10}{60(1+0.04)}\ m^3/s=0.16\ m^3/min$$

$$V_e=Aq_e=0.01A\ m^3/m^2 \tag{1}$$

过滤机的过滤时间为

$$t_F=\frac{\psi}{n}=\frac{0.4}{n} \tag{2}$$

滤饼体积为

$$0.16\times0.04\ m^3/min=0.0064\ m^3/min$$

由题意知滤饼厚度 $\delta=5$ mm,于是得

$$n=\frac{0.0064}{\delta A}=\frac{0.0064}{0.005\ A}=\frac{1.28}{A} \tag{3}$$

转筒旋转 1 周可得到的滤液体积为

$$V=\sqrt{KA^2\psi/n+V_e^2}-V_e$$

每分钟获得的滤液量为

$$q_V=nV=n(\sqrt{KA^2\psi/n+V_e^2}-V_e)=0.16\ m^3/min$$

将式(1)~(3)代入上式,得

$$\frac{1.28}{A}\left[\sqrt{8\times10^{-4}\times60A^2\left(\frac{0.4A}{1.28}\right)+(0.01A)^2}-0.01A\right]=0.16$$

解得:$A=1.21\ m^2$,$n=1.06$ r/min。

第三节　深层过滤的基本理论

如前所述,深层过滤是利用过滤介质间的间隙进行过滤的过程,其特征是过滤发生在过滤介质层内部。这种现象通常发生在以固体颗粒为过滤介质,如石英砂、无烟煤等,且过滤介质床层具有一定厚度的过滤操作中。流体中的悬浮颗粒物随流体在流经介质床层的过程中,附着在介质上而被去除。因此,深层过滤实际上是流体通过颗粒过滤介质床层的流动过程,流体通过颗粒床层的流动规律是描述深层过滤过程的基础。

本节首先介绍流体通过颗粒床层的流动规律及其描述方法。在此基础上,进一步认识深层过滤的特性。

一、流体通过颗粒床层的流动

颗粒床层通常由一定大小和形状的固体颗粒组成,因此要研究流体通过这些颗粒床层的流动,必须首先了解这些不规则颗粒和由这些颗粒组成的颗粒床层的几何特性及其表征方法。

(一)混合颗粒的几何特性

1. 粒度分布

在工业应用的过滤操作中,通常采用的都是混合颗粒滤料,单个颗粒的大小都是不相同的,即存在一定的粒度分布。混合颗粒的粒度分布可以采用一套标准筛进行测量,这种方法称为筛分。

标准筛由一系列筛孔大小不同的筛组成,筛的筛网由金属丝网制成,筛孔呈正方形。一套标准筛的各个筛的筛网与筛孔大小都是按标准规定的。各国的标准筛的规格不尽相同,目前世界上最通用的是泰勒(Tyler)标准筛系列。这种筛系列的各个筛以筛网上每英寸长度上的孔数为其筛号,也称为目数。每个筛的筛网金属丝的直径也有规定,因此一定目数的筛孔大小一定。在进行筛分时,将一系列的筛按筛孔大小的次序从大到小叠起来,大的筛在上面,小的筛在下面。取一定量的混合颗粒放入最上面的筛中,均衡地振动整叠筛,较小的颗粒将通过各个筛依次往下落。对于每个筛而言,尺寸小于筛孔的颗粒通过筛下落,称为筛过物;尺寸大于筛孔的颗粒则留在筛上,称为筛留物。振动一定时间后,称量每个筛上的筛留物,并计算在混合颗粒中所占的质量分数,得到筛分结果。表 7.3.1 为一种混合颗粒的筛分结果示例。

表 7.3.1　混合颗粒的筛分结果示例

序号	1	2	3	4	5	6
	筛号	筛孔边长 d_{pi}/mm	筛留物质量分数 x_{mi}/%	粒度范围(以筛号计)	平均颗粒直径 d_p/mm	筛过物累计质量分数/%
1	10	1.651	0	—	—	100
2	14	1.168	2	-10+14	1.410	98
3	20	0.833	5	-14+20	1.001	93

续表

序号	1	2	3	4	5	6
	筛号	筛孔边长 d_{pi}/mm	筛留物质量分数 x_{mi}/%	粒度范围（以筛号计）	平均颗粒直径 d_p/mm	筛过物累计质量分数/%
4	28	0.589	10	-20+28	0.711	83
5	35	0.417	18	-28+35	0.503	65
6	48	0.295	25	-35+48	0.356	40
7	65	0.208	25	-48+65	0.252	15
8	无孔底盘	0	15	-65	0.104	0

混合颗粒粒度分布最直观的表示方法是对不同颗粒粒径作相应的质量分数曲线。粒度分布还可以用累计分布曲线来表示，图 7.3.1 为混合颗粒的累计粒度分布曲线。曲线上任一点表示的是粒径等于和小于 d_p 的颗粒的累计质量分数。

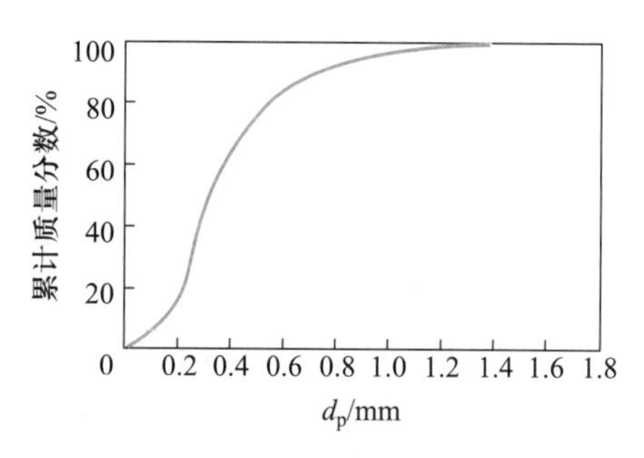

图 7.3.1 混合颗粒的累计粒度分布曲线

2. 混合颗粒的平均粒径

混合颗粒的平均粒径有多种表示方法。对于流体通过颗粒床层的流动，由于流体与颗粒表面之间的相互作用与颗粒的比表面积密切相关，通常将比表面积等于混合颗粒比表面积的球形颗粒粒径定义为混合颗粒的平均直径。

对于球形颗粒，取 1 kg 密度为 ρ_p 的混合颗粒，其中粒径为 d_{pi}的颗粒的质量分数为 x_{mi}，则混合颗粒的表面积为

$$A=\sum\left(\frac{x_{mi}}{\rho_p}\cdot\frac{6}{d_{pi}}\right)$$

假设混合颗粒的平均直径为 d_{pm}，则

$$\sum\left(\frac{x_{mi}}{\rho_p}\cdot\frac{6}{d_{pi}}\right)=\frac{6}{\rho_p d_{pm}}$$

$$d_{pm}=\frac{1}{\sum\frac{x_{mi}}{d_{pi}}} \tag{7.3.1}$$

对于非球形颗粒,有

$$d_{pm}=\frac{1}{\sum\frac{x_{mi}}{\varphi d_{eVi}}} \tag{7.3.2}$$

式中:φ——颗粒的球形度;

d_{eVi}——颗粒 i 的等体积当量直径,m。

一般将筛分得到的各筛上筛留物的平均直径视为颗粒的等体积当量直径 d_{ev}。

【例题 7.3.1】 计算表 7.3.1 所列混合颗粒的平均粒径(假设颗粒的球形度 φ 为 0.8)。

解:按式(7.3.2)计算,得

$$d_{pm}=\frac{0.8}{\frac{0.02}{1.410}+\frac{0.05}{1.001}+\frac{0.10}{0.711}+\frac{0.18}{0.503}+\frac{0.25}{0.356}+\frac{0.25}{0.252}+\frac{0.15}{0.104}}\ \text{mm}=0.216\ \text{mm}$$

(二)颗粒床层的几何特性

当流体流过颗粒床层时,其流动特性与颗粒床层的以下几何特性有关。

1. 颗粒床层的空隙率

颗粒床层的空隙率 ε 为单位体积床层中的空隙体积,定义式为

$$\varepsilon=\frac{床层空隙体积}{床层体积}=\frac{床层体积-颗粒体积}{床层体积} \tag{7.3.3}$$

在滤料层中,颗粒滤料是任意堆积的,其任何部位的空隙率都是相同的。空隙率的大小反映了床层中颗粒的疏密程度及其对流体的阻滞程度。ε 越小,颗粒床层越密,对流体的阻滞程度越大。空隙率的大小与颗粒的形状、粒度分布、颗粒床的填充方法和条件、容器直径与颗粒直径之比等有关。对于均匀的球形颗粒,最松排列时的空隙率为 0.48,最紧密排列时的空隙率为 0.26。非球形颗粒任意堆积时的床层空隙率往往要大于球形颗粒,一般为 0.35~0.7。

2. 颗粒床层的比表面积

单位体积的床层中颗粒的表面积称为床层的比表面积。忽略因颗粒相互接触而减少的裸露表面,则床层的比表面积 a_b 与颗粒的比表面积 a 的关系为

$$a_b=(1-\varepsilon)a \tag{7.3.4}$$

床层的比表面积 a_b 主要与颗粒尺寸有关,颗粒尺寸越小,床层的比表面积越大。

3. 颗粒床层的当量直径

颗粒床层中空隙所形成的流体通道的结构非常复杂,不但细小曲折,而且相互关联,很不规则,难以如实地精确描述。因此,在研究床层空隙中流体的流动过程时,通常采用简化的流动模型来代替床层内的真实流动过程。图 7.3.2 为颗粒床层的简化模型。如图 7.3.2 所示,可以将实际的颗粒床层简化成由许多相互平行的小孔道组成的管束,认为流体流过颗粒床层的阻力与通过这些小孔道管束时的阻力相等。

在该简化模型中,假设小孔道管束的长度与床层厚度成正比;孔道内表面积之和等于床层中全部颗粒的总表面积;孔道全部流动空间等于床层空隙的容积。

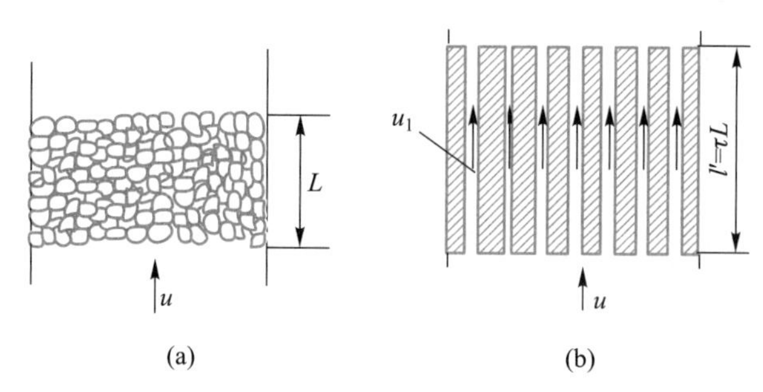

图 7.3.2 颗粒床层的简化模型

(a) 实际床层;(b) 简化模型

按照确定非圆形管道当量直径的方法,颗粒床层的当量直径定义式为

$$d_{eb}=\frac{4\times\text{流道截面积}}{\text{湿润周边}}=\frac{4\times\text{流道截面积}\times\text{流道长度}}{\text{湿润周边}\times\text{流道长度}}=\frac{4\times\text{流道容积}}{\text{流道表面积}}$$

以面积为 1 m^2、厚度为 1 m 的颗粒床层为基准,根据简化模型,计算流道容积和流道表面积:

$$\text{流道容积}=1\times\varepsilon=\varepsilon$$

$$\text{流道表面积}=\text{床层体积}\times\text{床层比表面积}=1\times(1-\varepsilon)a$$

则颗粒床层的当量直径为

$$d_{eb}=\frac{4\varepsilon}{(1-\varepsilon)a} \tag{7.3.5}$$

对于非球形颗粒,有

$$d_{eb}=\frac{4\varepsilon d_{ea}}{6(1-\varepsilon)}=\frac{4\varepsilon\varphi d_{eV}}{6(1-\varepsilon)} \tag{7.3.6}$$

由上式可知,床层的当量直径 d_{eb} 与床层空隙率和颗粒的比表面积,即颗粒粒径有关。通常床层的空隙率变化幅度不大,因此床层的当量直径主要与颗粒粒径有关,颗粒粒径越小,比表面积越大,床层的当量直径越小。

(三)流体在颗粒床层中的流动

1. 流动速率

根据上述简化模型,流体在颗粒床层中的流动可以看成是在小孔道管束中的流动。由于孔道的直径很小,阻力很大,流体在孔道内的流动速率很小,可以看成层流。流动速率可以用哈根-泊肃叶(Hagen-Poiseuille)定律来描述,即

$$u_1=\frac{d_{eb}^2\Delta p}{32\mu l'} \tag{7.3.7}$$

式中:u_1——流体在床层空隙中的实际流速,m/s;

d_{eb}——颗粒床层的当量直径,m;

Δp——流体通过颗粒床层的压力差,Pa;

μ——流体黏度,Pa·s;

l'——孔通道的平均长度,m。

而流体通过颗粒床层的空床流速 u 有如下定义式

$$u=\frac{\mathrm{d}V}{A\mathrm{d}t} \tag{7.3.8}$$

式中:$\mathrm{d}V$——$\mathrm{d}t$ 时间内通过颗粒床层的滤液量,m^3;

$\mathrm{d}A$——垂直于流向的颗粒床层的截面积,m^2。

所以床层空隙中的实际流速 u_1 与空床流速 u 之间的关系为

$$u_1=\frac{u}{\varepsilon} \tag{7.3.9}$$

按照简化模型,孔通道的平均长度 l' 与颗粒床层厚度 L 成正比,即

$$l'=\tau L \tag{7.3.10}$$

式中:τ——比例系数;

L——颗粒床层厚度,m。

将式(7.3.5)、式(7.3.9)和式(7.3.10)代入式(7.3.7),得

$$u=\frac{\varepsilon^3}{K_1(1-\varepsilon)^2a^2}\cdot\frac{\Delta p}{\mu L} \tag{7.3.11}$$

式中:　K_1——比例系数;

$\frac{\varepsilon^3}{K_1(1-\varepsilon)^2a^2}$——反映颗粒床层的特性。

式(7.3.11)称为 Kozeny-Carman 方程,K_1 常称为 Kozeny 系数,与床层颗粒粒径、形状和床层空隙率等因素有关。当床层空隙率 $\varepsilon=0.3\sim0.5$ 时,$K_1=5$。

2. 颗粒床层的阻力

令

$$r=\frac{K_1(1-\varepsilon)^2a^2}{\varepsilon^3}$$

则流体通过颗粒床层时的阻力为

$$R=rL$$

式(7.3.11)可写成

$$u=\frac{\Delta p}{\mu rL}=\frac{\Delta p}{\mu R} \tag{7.3.12}$$

式中:r——颗粒床层的比阻,即单位厚度床层的阻力,m^{-2};

R——颗粒床层的阻力,m^{-1}。

由式(7. 3. 12)可知,流体通过颗粒床层的速率与两个方面的因素密切相关:一是促使流体流动的推动力 Δp;二是阻碍流体流动的因素,流体黏度和阻力,后者与颗粒床层的性质及厚度有关。

二、深层过滤过程中悬浮颗粒的运动

在深层过滤中,流体中的悬浮颗粒随流体进入滤料层进而被滤料捕获,该过程主要包括以下几个行为:

(1) 迁移行为:迁移行为系流体中的悬浮颗粒运动到滤料层空隙表面的行为。推动颗粒偏离流线的作用力主要包括:① 扩散作用力(布朗运动),主要对非常小的颗粒($<1\ \mu m$)起作用;② 重力沉降,当颗粒较大时,重力沉降起主要作用;③ 流体运动作用力(惯性力),如惯性离心力,使颗粒偏离流线而运动到滤料表面。

(2) 附着行为:当颗粒迁移到滤料表面时,能否产生附着与颗粒和滤料之间的相互作用力有关。颗粒表面和滤料表面由于界面的电化学作用,一般具有的电势都不高,荷电量与电荷的电性受固相物质成分、流体中离子组成、离子浓度、pH 等化学特性影响。当两者荷同种电荷时,存在静电斥力;反之,为静电引力。此外,颗粒与滤料之间还存在范德瓦耳斯力。斥力和引力的强弱决定附着的效果。

(3) 脱落行为:当颗粒与滤料表面的结合力较弱时,附着在滤料上的颗粒物有可能从滤料表面脱落下来。影响附着颗粒脱落的主要因素有流体对附着颗粒的剪切作用和运动颗粒对附着颗粒的碰撞作用。

上述三个方面影响颗粒在滤料床层中的运行规律及其捕集效率。

三、深层过滤的水力学

随着过滤的进行,流体中的悬浮物被床层中的滤料所截留并逐渐在滤料层内部空隙中积累,必然会导致过滤过程中水力条件的改变。过滤水力学是指在过滤过程中流体通过滤料床层时的水头损失变化和滤速的变化。

(一) 清洁滤料床层

在过滤刚开始的阶段,滤料层尚处于清洁状态,滤料床层的空隙还未被堵塞,此时流体通过清洁滤料介质时的流速可以采用式(7. 3. 11)进行计算。清洁滤料层的水头损失可由下式计算:

$$h_0=\frac{\Delta p}{\rho g}=\frac{\nu}{g}\frac{K_1(1-\varepsilon)^2a^2}{\varepsilon^3}Lu=36\frac{\nu}{g}\frac{K_1(1-\varepsilon)^2}{\varepsilon^3}\left(\frac{1}{\varphi d_{eV}}\right)^2Lu \tag{7. 3. 13}$$

式中:h_0——清洁滤料层的水头损失,m;

L——滤料层厚度,m;

ν——运动黏度,$\nu=\dfrac{\mu}{\rho}$,m^2/s;

ρ——流体密度,kg/m^3;

g——重力加速度,9. 81 m/s^2。

由于实际滤层是非均匀滤料,计算非均匀滤料层的水头损失时,可以按筛分曲线分成若干微小滤料层，取相邻两层的筛孔孔径的平均值作为各层的计算粒径。假设粒径为 d_{pi} 的滤料质量与全部滤料质量之比为 p_i，则清洁滤料层的总水头损失为

$$H_0=\sum h_0=36\frac{\nu}{g}\frac{K_1(1-\varepsilon)^2}{\varepsilon^3}\left(\frac{1}{\varphi}\right)^2 Lu\sum_{i=1}^{n}\left(\frac{p_i}{d_{pi}^2}\right) \tag{7.3.14}$$

由式(7.3.14)可知，水头损失与颗粒床层的空隙率和颗粒粒径有关。

（二）运行过程中的滤料床层

随着过滤时间的延长，滤层中截留的悬浮物量逐渐增多，滤层空隙率逐渐减小。由式(7.3.13)可知，如果滤层空隙率减小，则在水头损失不变的条件下，滤速将降低。反之，如果滤速保持不变，水头损失将增加。下面对等速过滤的水头损失进行介绍。

在任意过滤时间 t 时滤料层的总水头损失 H_t 可以表示为

$$H_t=H_0+K_t u\rho_0 t \tag{7.3.15}$$

式中：K_t——实验系数；

ρ_0——过滤原液的固体浓度，kg/m³。

上式可以用图 7.3.3 来说明。如图所示，随着过滤时间的延长，水头损失逐渐增加。当水头损失增加到一定值后，就需要对滤料床层进行反冲洗，以清除积累在滤料层中的悬浮物，开始下一个过滤周期。图中水头损失随时间呈直线增加的情况代表了典型的理想深层过滤（水头损失为 H_d）；而接近于指数函数的变化曲线表明在滤料表面有悬浮物沉积，造成滤料表层的堵塞，由此引起的水头损失为 H_s，其后果是导致滤料表层以下的滤料层不能充分利用而使过滤器的运行周期缩短。减少或消除滤料表层的堵塞可以采用以下措施：① 通过预处理降低过滤器进口浓度；② 采用粗滤去除悬浮液中较大的颗粒；③ 采用空隙尺寸较大的过滤介质作为进口层；④ 增大过滤速率。

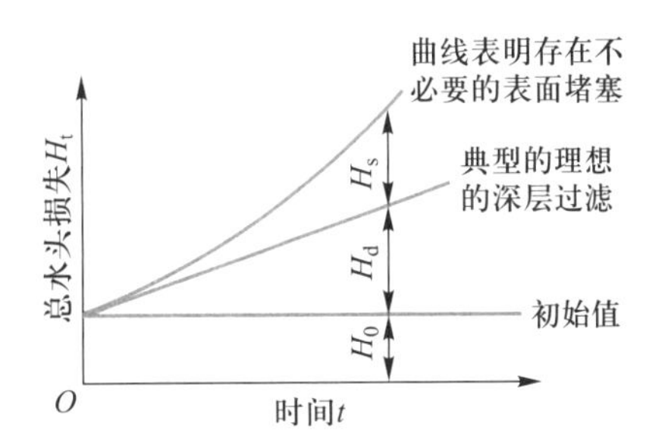

图 7.3.3　过滤水头损失的时间变化

【例题 7.3.2】　某滤料床由直径为 0.5 mm 球形颗粒堆积而成，空隙率为 0.4，床层的厚度为 1 m。

（1）如果清水通过床层的压力差为 1×10^4 Pa，求清水在床层空隙中的实际流速；

（2）如果颗粒滤料床的横截面积为 1.2 m²，清水通过床层的流量为 10 m³/h，求清水通过床层的水头损失。

解：（1）颗粒床层的空隙率 $\varepsilon=0.4$，颗粒的比表面积为

$$a=\frac{6}{d_p}=\frac{6}{0.5\times10^{-3}}\ \text{m}^2/\text{m}^3=1.2\times10^4\ \text{m}^2/\text{m}^3$$

清水的黏度 $\mu=1\times10^{-3}$ Pa·s，取比例系数 $K_1=5$，由式(7.3.11)得床层的空床速率为

$$\begin{aligned}u&=\frac{\varepsilon^3}{K_1(1-\varepsilon)^2a^2}\frac{\Delta p}{\mu L}=\frac{0.4^3}{5\times(1-0.4)^2(1.2\times10^4)^2}\times\frac{1\times10^4}{1\times10^{-3}\times1}\ \text{m/s}\\&=2.47\times10^{-3}\ \text{m/s}\end{aligned}$$

则清水在床层空隙中的实际流速为

$$u_1=\frac{u}{\varepsilon}=6.18\times10^{-3}\ \text{m/s}$$

（2）清水通过颗粒床的空床流速为

$$u=\frac{q_V}{A}=\frac{10}{3600\times1.2}\ \text{m/s}=2.31\times10^{-3}\ \text{m/s}$$

由式(7.3.13),得

$$\begin{aligned}h_0&=\frac{\nu}{g}\frac{K_1(1-\varepsilon)^2a^2}{\varepsilon^3}Lu=36\frac{\nu}{g}\frac{K_1(1-\varepsilon)^2}{\varepsilon^3}\left(\frac{1}{\varphi d_{eV}}\right)^2Lu\\&=36\times\frac{1\times10^{-3}}{9.81\times1000}\times\frac{5\times(1-0.4)^2}{0.4^3}\times\left(\frac{1}{1\times0.5\times10^{-3}}\right)^2\times1\times2.31\times10^{-3}\ \text{m}\\&=0.95\ \text{m}\end{aligned}$$

即清水通过颗粒床层时的水头损失为 0.95 m。

【例题 7.3.3】 直径为 0.1 mm 球形颗粒物质悬浮于水中,过滤时形成不可压缩的滤饼,空隙率为 0.6,求滤饼的比阻。如果悬浮液中颗粒的体积分数为 0.1,求每平方米过滤面积上获得 0.5 m^3 滤液时滤饼的阻力。

解:（1）滤饼的空隙率为 0.6,颗粒的比表面积为

$$a=\frac{6}{d_p}=\frac{6}{0.1\times10^{-3}}\ \text{m}^2/\text{m}^3=6\times10^4\ \text{m}^2/\text{m}^3$$

取比例系数 $K_1=5$,可得滤饼的比阻为

$$r=\frac{K_1(1-\varepsilon)^2a^2}{\varepsilon^3}=\frac{5\times(1-0.6)^2\times(6\times10^4)^2}{0.6^3}\ \text{m}^{-2}=1.33\times10^{10}\ \text{m}^{-2}$$

（2）滤饼的阻力 $R=rL$,计算滤饼阻力需要先求出滤饼的厚度。

对过滤过程中水的体积进行物料衡算:滤液和滤饼中持有的水的体积等于被过滤悬浮液中水的体积,即

$$0.5+0.6L\times1=(0.5+L\times1)(1-0.1)$$

求得滤饼的厚度 $L=0.167$ m。

则滤饼的阻力为

$$R=rL=1.33\times10^{10}\times0.167\ \text{m}^{-1}=2.22\times10^9\ \text{m}^{-1}$$

术语中英文对照

- 推动力 driving force
- 多孔介质 porous medium
- 表面过滤 surface filtration
- 深层过滤 deep bed filtration
- 滤饼层 filter cake layer
- 滤液 filtrate
- 可压缩性 compressibility
- 间歇式过滤机 intermittent filter, batch filter
- 连续式过滤机 continuous filter
- 空隙率 porosity(factor)
- 滤料 filter material, filter medium
- 比表面积 specific surface area

· 当量直径 equivalent diameter
· 过滤阻力 filtration resistance
· 水头损失 head loss
· 恒压过滤 constant pressure-filtration
· 恒速过滤 constant rate-filtration

思考题与习题

7.1 思考题

(1) 过滤中促进流体流动的推动力主要分为哪几种？

(2) 表面过滤和深层过滤的主要区别是什么？什么是它们真正有效的过滤介质？

(3) 过滤常数、过滤介质的比当量滤液量和压缩指数的物理意义是什么？如何通过实验测定？

(4) 恒压过滤和恒速过滤的主要区别是什么？

(5) 流体通过颗粒床层的实际流速与哪些因素有关，与空床流速是什么关系？

(6) 如何防止滤料表层的堵塞，为什么？

7.2 用板框压滤机恒压过滤某种悬浮液，过滤方程为

$$V^2+V=6\times10^{-5}A^2t$$

式中：t 的单位为 s。

(1) 如果 30 min 内获得 5 m^3 滤液，需要面积为 0.4 m^2 的滤框多少个？

(2) 求过滤常数 K，q_e。

7.3 如例题 7.3.3 中的悬浮液，颗粒直径为 0.1 mm，颗粒的体积分数为 0.1，在 9.81×10^3 Pa 的恒定压差下过滤，过滤时形成不可压缩的滤饼，空隙率为 0.6，过滤介质的阻力可以忽略，试求：

(1) 每平方米过滤面积上获得 1.5 m^3 滤液所需的过滤时间；

(2) 若将此过滤时间延长 1 倍，可再得多少滤液？

7.4 用过滤机处理某悬浮液，先等速过滤 20 min，得到滤液 2 m^3，随即保持当时的压差等压过滤 40 min，则共得到多少滤液（忽略介质阻力）？

7.5 有两种悬浮液，过滤形成的滤饼比阻都是 $r_0=6.75\times10^{13}\ m^{-2}\cdot Pa^{-1}$，其中一种滤饼不可压缩，另一种滤饼的压缩系数为 0.5。假设相对于滤液量滤饼层的体积分数都是 0.07，滤液的黏度都是 1×10^{-3} Pa·s，过滤介质的比当量滤液量 q_e 为 0.005 m^3/m^2。如果悬浮液都以 $1\times10^{-4}\ m^3/(m^2\cdot s)$ 的速率等速过滤，求过滤压差随时间的变化规律。

7.6 用压滤机过滤某种悬浮液，以压差 150 kPa 恒压过滤 1.6 h 之后得到滤液 25 m^3，忽略介质压力，则

(1) 如果过滤压差提高一倍，滤饼压缩系数为 0.3，过滤 1.6 h 后可以得到多少滤液；

(2) 如果将操作时间缩短一半，其他条件不变，可以得到多少滤液？

7.7 用过滤机过滤某悬浮液，固体颗粒的体积分数为 0.015，液体黏度为1×10^{-3} Pa·s。当以 98.1 kPa 的压差恒压过滤时，过滤 20 min 得到的滤液为 0.197 m^3/m^2，继续过滤 20 min，共得到滤液 0.287 m^3/m^2，过滤压差提高到 196.2 kPa 时，过滤 20 min 得到滤液0.256 m^3/m^2，试计算 q_e，r_0，s 及两压差下的过滤常数 K。

7.8 恒压操作下过滤实验测得的数据如下，求过滤常数 K，q_e。

t/s	38.2	114.4	228	379.4
$q/(m^3\cdot m^{-2})$	0.1	0.2	0.3	0.4

7.9 板框压滤机有 20 个板框，框的尺寸为 450 mm×450 mm×20 mm，过滤过程中，滤饼体积与滤液体积之比为 0.043 m^3/m^3，滤饼不可压缩。实验测得，在 50.5 kPa 的恒压下，过滤方程为 $q^2+0.04q=5.16\times$

$10^{-5}t$（q 和 t 的单位分别是 m^3/m^2 和 s）。求：

（1）在 50.5 kPa 恒压过滤时，框全充满所需要的时间；

（2）初始压差为 50.5 kPa 恒速过滤，框全充满的时间和过滤结束时的压差；

（3）操作从 50.5 kPa 开始，先恒速过滤至压差为 151.5 kPa，然后恒压操作，框全充满所需要的时间。

7.10 实验室小试中，在 100 kPa 的恒压下对某悬浮液进行过滤实验，测得 q_e 为0.01 m^3/m^2，过滤常数 K 为 1.936×10^{-4} m^2/s，悬浮液中固体颗粒密度为2000 kg/m^3，质量分数为 0.07，滤饼不可压缩，含水量为 30%（质量）。如果用一个直径 1.5 m、长 10 m 的转筒真空过滤机处理这种悬浮液，转筒浸没角为 120°，转速为 0.5 r/min，操作真空度为 80 kPa，其他条件与小试实验相同。求：

（1）过滤机的生产能力；

（2）滤饼厚度。

7.11 用板框过滤机恒压过滤料液，过滤时间为 1800 s 时，得到的总滤液量为 8 m^3，当过滤时间为 3600 s 时，过滤结束，得到的总滤液量为 11 m^3，然后用 3 m^3 的清水进行洗涤，试计算洗涤时间（介质阻力忽略不计）。

7.12 直径为 0.1 mm 的球形颗粒悬浮于水中，现采用重力过滤法分离。已知介质阻力可以忽略，滤饼不可压缩，空隙率为 0.6，悬浮液中固相的体积分数为 0.1，悬浮液的最初深度为 1 m。

（1）如果忽略颗粒的沉降速率，求滤出一半水分所需的时间及当时的滤饼厚度和悬浮液层的厚度；

（2）如果颗粒沉降可在瞬间完成，求滤出一半水分所需的时间及当时的滤饼厚度和悬浮液层的厚度。

7.13 在直径为 0.5 m 的砂滤器中装满 1.5 m 厚的细砂层，空隙率为 0.375，砂层上方的水层高度保持为0.5 m，管底部渗出的清水流量为 15 L/min，求砂层的比表面积（水温为 20 ℃）。

7.14 温度为 40 ℃ 的空气流过直径为 12.5 mm 的球形颗粒组成的颗粒床，已知床层的空隙率为 0.38，床层直径 0.6 m，高 2.5 m，空气进入床层时的绝对压力为 111.4 kPa，质量流量为 0.358 kg/s，求空气通过床层的压力损失。

7.15 用生物固定床反应器处理废气，已知反应器的内径为 1.8 m，填料层高 3 m，填料颗粒为高 5 mm、直径为 3 mm 的柱体，空隙率为 0.38。通过固定床的废气平均密度为25.5 kg/m^3，黏度为 1.7×10^{-5} Pa·s，已知气体通过固定床后的压降为 12.3 kPa，求气体的平均体积流量（忽略填料上附着的生物膜对床层的影响）。

7.16 某固定床反应器，内径为 3 m，填料层高度为 4 m，填料为直径 5 mm 的球形颗粒，密度为 2000 kg/m^3，反应器内填料的总质量为 3.2×10^4 kg。已知通过固定床的气体流量为 0.03 m^3/s，平均密度为 38 kg/m^3，黏度为 0.017×10^{-3} Pa·s，求气体通过固定床的压力降。

7.17 一个滤池由直径为 4 mm 的砂粒组成，砂粒球形度为 0.8，滤层高度为 0.8 m，空隙率为 0.4，每平方米滤池通过的水流量为 12 m^3/h，求水流通过滤池的压力降。

7.18 用板框压滤机过滤某悬浮液。该悬浮液所含的颗粒可视为球形颗粒，直径 $d=0.1$ mm，体积分数 $\varphi=0.06$。悬浮液的黏度 $\mu=10^{-3}$ Pa·s。过滤时形成的滤饼的平均空隙率随着操作压差变化而变化，其变化关系为

$$\varepsilon=0.3\,(1+8\times10^{-2}\Delta p)^{0.5}$$

上式中 Δp 单位为 kPa。过滤介质的阻力 $R_m=5\times10^8$/m。板框压滤机采用恒速过滤，过滤速度 $u=2\times10^{-3}$ $m^3/m^2\cdot s$。恒速阶段末尾操作压差 $\Delta p=10$ kPa，此时滤饼恰好充满板框，求：

（1）初始操作压差 Δp_0；

（2）恒速阶段末尾滤饼层的比阻 r；

（3）恒速阶段末尾所获得的滤液量 q；

（4）过滤结束后对板框压滤机进行清洗以回收滤饼，清洗时操作压差与恒速阶段末尾操作压差一样，假设洗涤液的黏度和悬浮液的黏度相同，则初始洗涤速度 u' 是多少？

7.19 在实验室于 200 kPa 的压差下对某种悬浮液进行恒压过滤实验。悬浮液中固相的质量分数为 0.07,固相密度为 2 000 kg/m^3。过滤得到的滤饼不可压缩,其中水的质量分数为 0.3,比阻 $r=1.4\times10^{14}\ m^{-2}$。测得过滤介质的比当量滤液体积 $q_e=0.01\ m^3/m^2$,滤液黏度 $\mu=1.005\times10^{-3}$ Pa·s。

现采用板框压滤机在与实验相同条件下过滤上述悬浮液,板框压滤机有 25 个板框,框的尺寸为 600 mm×600 mm×20 mm,所用滤布与实验时相同。

(1) 求滤饼充满滤框时得到的滤液体积及所需时间;

(2) 过滤完毕,用滤液体积 10% 的清水横穿洗涤滤饼(洗涤水横穿两层滤布及整个厚度的滤饼,流经长度约为过滤终了时滤液流动路径的两倍,而洗涤水流通的面积仅为过滤面积的一半),操作压差与洗涤水黏度和过滤终了时均相同,求洗涤时间;

(3) 假设每个操作周期中辅助时间为 20 min,求过滤机的生产能力。

7.20 用转筒真空过滤机过滤某种悬浮液,转筒浸没角为 120°,直径为 1 m,长度为 3 m(垂直纸面方向),过滤常数 $K=8\times10^{-4}\ m^2/s$,已知每过滤得到 1 m^3 滤液,产生滤饼量为 0.05 m^3,转速 n 为 2 r/min。忽略滤布阻力。求:

(1) 该过滤机中滤饼厚度 L 随角度 φ(以弧度为单位)的变化($0\leqslant\varphi\leqslant\frac{\pi}{3}$),$\varphi$ 的定义见下图;

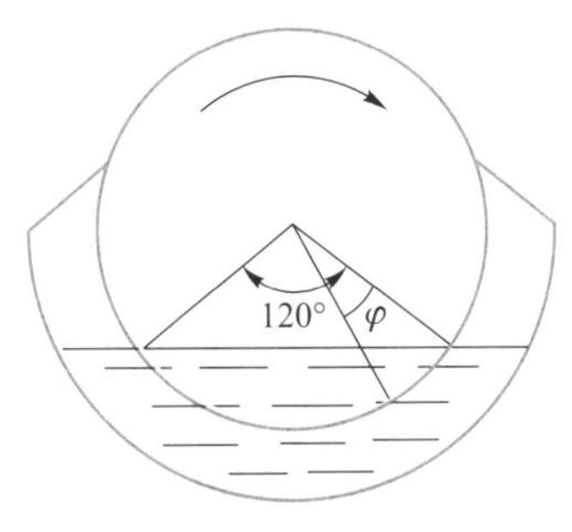

习题 7.20 附图

(2) 过滤速度随角度 φ 的变化;

(3) 计算一个过滤周期(转一圈)内 0 到 60°单位长度上过滤面积内收集的滤液量。

本章主要符号说明

拉丁字母

A——过滤面积,m^2;

a——颗粒的比表面积;m^2/m^3;

a_b——颗粒床层的比表面积;m^2/m^3;

d_p——颗粒粒径,m;

d_{pm}——混合颗粒的平均粒径,m;

d_{eb}——颗粒床层的当量直径,m;

d_{eV_i}——颗粒的等体积当量直径,m;

D——转筒真空过滤机的转筒直径,m;

f——每过滤得到 1 m^3 滤液产生的滤饼体积,m^3;

g——重力加速度,m/s^2;

h_0——清洁滤料层的水头损失,m;

H_o——清洁滤料层的总水头损失,m;

H_t——过滤时间 t 时滤料层的总水头损失,m;

K——过滤常数,m^2/s;

K_1——比例系数(Kozeny 系数);

K_t——实验系数;

L——滤饼层或颗粒床层厚度,m;

L_c——转筒真空过滤机的转筒长度,m;

L_e——过滤介质的虚拟滤饼层厚度,m;

L_m——过滤介质厚度,m;

L_w——洗涤时穿过的滤饼层厚度,m;

l'——孔通道的平均长度,m;

n——转筒真空过滤机的转数,r/s;

p——过滤压力,Pa;

q——单位过滤面积的滤液量,m^3/m^2;

q_e——单位过滤介质面积的虚拟滤液量(比当量滤液量),m^3/m^2;

q_V——过滤机滤液生产能力,m^3/s;

r——滤饼层或颗粒床层的过滤比阻,m^{-2};

r_m——过滤介质的过滤比阻,m^{-2};

r_0——单位压差下滤饼的比阻,$m^{-2}\cdot Pa^{-1}$;

R——过滤阻力,m^{-1};

R_m——过滤介质的过滤阻力,m^{-1};

R_c——滤饼层的过滤阻力,m^{-1};

s——滤饼的压缩指数;

t——过滤时间,s;

t_D——过滤机一个操作循环中的拆卸、清理时间,s;

t_F——过滤机一个操作循环中的过滤时间,s;

t_T——过滤机一个操作循环总时间,s;

t_w——过滤机一个操作循环中的滤饼洗涤时间,s;

u——过滤速率(空床速率),m/s;

u_1——流体在床层空隙中的实际流速,m/s;

V——过滤滤液量,m^3;

V_e——过滤介质的虚拟滤液量,m^3;

x_{mi}——粒径为 d_{pi} 的颗粒的质量分数。

希腊字母

μ——滤液黏度,Pa·s;

μ_w——洗涤液黏度,Pa·s;

ν——运动黏度,m^2/s;

ρ——流体密度,kg/m^3;

ρ_0——过滤原液的固体浓度,kg/m^3;

ρ_p——颗粒密度,kg/m^3;

τ——比例系数;

ε——颗粒床层的空隙率;

β——转筒真空过滤机的浸没角;

ψ——转筒真空过滤机的浸没度;

φ——颗粒的球形度。

知识体系图

第八章　吸　　收

第一节　吸收的基本概念

一、吸收的定义与应用

混合气体的分离最常用的操作方法之一是吸收。吸收是依据混合气体各组分在同一种液体溶剂中的物理溶解度(或化学反应活性)的不同,而将气体混合物分离的操作过程。吸收操作本质上是混合气体组分从气相到液相的相间传质过程,所用的液体溶剂称为吸收剂,混合气体中能显著溶于液体溶剂的组分称为溶质,几乎不溶解的组分成为惰性组分(或惰气),吸收后得到的溶液称为吸收液,吸收后的气体称为吸收尾气或者净化气。

吸收是化工生产中的基本操作过程之一,有着广泛的应用。主要可用于净化原料气、精制气体产品、分离获得混合气体中的有用组分等。

在环境工程领域,吸收操作常用来净化气态污染物。例如,化工生产中排放的一些废气常含有 SO_2、NO_x、HCN 等有害气体,造成严重的大气污染,可采用碱性吸收剂吸收废气中的这些酸性有毒气体,使气体得到净化。另外吸收法还能将气体中的污染物转化成有用的产品。例如,用吸收法净化石油炼制尾气中硫化氢的同时,还可以回收有用的单质硫。

二、吸收的类型

按不同的分类方法,吸收过程可分为不同的类型。

(1) 按溶质和吸收剂之间发生的作用:吸收过程可分为物理吸收和化学吸收。如果气体溶质与吸收剂不发生明显反应,而是由于在吸收剂中的溶解度大而被吸收,称为物理吸收;如果溶质与吸收剂(或其中的活性成分)发生化学反应而被吸收,则称为化学吸收。

(2) 按混合气体中被吸收组分的数目:吸收过程可分为单组分吸收和多组分吸收。吸收过程中只有单一组分被吸收时,称为单组分吸收;有两个或两个以上组分被吸收时,称为多组分吸收。

(3) 按在吸收过程中温度是否变化:吸收过程可分为等温吸收和非等温吸收。气体在被吸收的过程中往往伴随着溶解热或反应热等热效应,因此,一般情况下液相的温度会升高。如果液相温度有明显升高,称为非等温吸收;如果热效应比较小,或者吸收剂用量比较大,放热过程不至于导致液相温度明显升高,液相温度基本保持不变,则称为等温吸收。

在这些吸收过程中,单组分的等温物理吸收过程是最简单的吸收过程,也是其他吸收过程的基础。

采用吸收法净化气态污染物,与化工生产过程的吸收相比,具有处理气量大、吸收组分浓度低、吸收效率和吸收速率要求较高等特点。一般简单的物理吸收无法满足要求,因此多采用化学吸收过程。

以下就物理吸收和化学吸收的作用机理和过程分别进行介绍。

第二节 物理吸收

如前所述,等温单组分物理吸收是吸收过程最简单的情形,也是其他吸收过程的基础,因此,首先介绍这种简单吸收过程的热力学和动力学基础理论,在此基础上,理解和认识其他复杂的吸收过程。

一、物理吸收的热力学基础

热力学讨论的主要问题是过程发生的方向、极限及推动力。物理吸收仅涉及混合气体中的某一组分在吸收剂中溶解的简单传质过程。因此,溶质在气、液两相间的平衡关系就决定了溶质在相间传递过程的方向、极限及传质推动力的大小,是研究吸收传质过程的基础。

(一) 气-液平衡和亨利定律

1. 气-液平衡

在一定的条件(温度、压力等)下,气相溶质与液相吸收剂接触,溶质不断地溶解在吸收剂中,同时溶解在吸收剂中的溶质也在向气相挥发。随着气相中溶质分压的不断减小,吸收剂中溶质浓度的不断增加,气相溶质向吸收剂的溶解速率与溶质从吸收剂向气相的挥发速率趋于相等,即气相中溶质的分压和液相中溶质的浓度都不再变化,保持恒定。此时的状态为气、液两相达到动态平衡状态,溶质组分在气相中的分压称为平衡分压,溶质组分在液相中的饱和浓度称为平衡浓度。在平衡条件下,溶质在气液两相中的组成存在某种特定的对应关系,称为相平衡关系。溶质在液相中的溶解度就是指溶质在液相中的饱和浓度。在温度和总压一定的条件下,溶质在液相中的溶解度只取决于溶质在气相中的组成。由于溶质在气、液两相中的组成有多种表示形式,可以用质量浓度、质量分数、质量比或者物质的量浓度、摩尔分数、摩尔比等表示,在气相中的组成还可以用分压值表示,因此溶质气、液两相组成的平衡关系函数可以有不同的表达形式,但其实质都是一样的。

2. 亨利定律

特定条件下,溶质在气、液两相中的相平衡关系函数可以表达成比较简单的形式。例如,在稀溶液条件下,温度一定,总压不大时,气体溶质的平衡分压和溶解度成正比,其相平衡曲线是一条通过原点的直线,这一关系称为亨利(Henry)定律,即

$$p_A^* = Ex_A \tag{8.2.1}$$

式中:p_A^*——溶质 A 在气相中的平衡分压,Pa;

x_A——溶质 A 在液相中的摩尔分数;

E——亨利常数,Pa。

亨利常数取决于物系的特性和体系的温度,反映了气体溶质在吸收剂中溶解的难易程度,E 越大,说明气体越难溶解于溶剂。气体在溶剂中的溶解度随着温度的升高是降低的,因此可知,随着温度的升高,亨利常数 E 是增大的。若干气体水溶液的亨利常数见附录 16。

由于溶质在气、液两相中的组成可以表示成不同的形式，亨利定律也可以写成不同的形式。如果溶质的溶解度用物质的量浓度表示，则亨利定律可写为

$$p_A^* = \frac{c_A}{H} \tag{8.2.2}$$

式中：p_A^*——溶质 A 在气相中的平衡分压，Pa；

c_A——溶质 A 在液相中的物质的量浓度，$kmol/m^3$；

H——溶解度系数，$kmol/(m^3 \cdot Pa)$。

如果溶质在气液两相中的组成均以摩尔分数表示，则亨利定律可写为

$$y_A^* = mx_A \tag{8.2.3}$$

式中：y_A^*——与溶液平衡的气相中的溶质的摩尔分数；

x_A——溶质在液相中的摩尔分数；

m——相平衡常数，量纲为 1。

亨利定律虽然有不同的表达形式，但是其实质都是反映了溶质在气、液两相间的平衡关系。比较式(8.2.1)~式(8.2.3)，三个常数之间的关系为

$$E = mp \tag{8.2.4}$$

$$E = \frac{c_0}{H} \tag{8.2.5}$$

式中：p——气相总压力，Pa；

c_0——液相总物质的量浓度，$kmol/m^3$。

在单组分物理吸收过程中，气体溶质在气、液两相之间传递，而惰性气体和溶剂物质的量是保持不变的，因此以它们为基准，用摩尔比表示平衡关系会比较方便。

$$气相摩尔比\ Y_A = \frac{气相中溶质的物质的量}{气相中惰性气体的物质的量}$$

$$液相摩尔比\ X_A = \frac{液相中溶质的物质的量}{液相中溶剂的物质的量}$$

所以，溶质在混合气体和溶液中的摩尔分数又可以分别表示为

$$y_A = \frac{Y_A}{1+Y_A} \tag{8.2.6}$$

$$x_A = \frac{X_A}{1+X_A} \tag{8.2.7}$$

将上面两式代入亨利定律，得

$$Y_A^* = \frac{mX_A}{1+(1-m)X_A} \tag{8.2.8}$$

当溶液浓度很低时，X_A 很小，上式可近似写为

$$Y_A^* = mX_A \tag{8.2.9}$$

可见,在稀溶液条件下,气、液两相物质的摩尔比也可以近似用线性关系表示。

(二)相平衡关系在吸收过程中的应用

相平衡表示的是气、液两相传质过程的极限状态。根据相平衡关系,比较气、液两相的实际浓度和相应条件下的平衡浓度,就可以判断传质的方向,计算传质的推动力和确定传质过程的极限。

1. 判断传质过程的方向

如在 101.3 kPa 和 20 ℃条件下,稀氨水的气-液相平衡关系为

$$y_A^* = 0.94x_A$$

现有含氨的摩尔分数为 0.1 的混合气体和含氨的摩尔分数为 0.05 的稀氨水,气、液两相在上述条件下接触,试判断氨在气、液两相间传质的方向。

从气相分析,由平衡条件可知,当稀氨水中氨的摩尔分数为 0.05 时,根据相平衡关系 $y_A^* = 0.94x_A$,可以计算出相应气相中氨的平衡摩尔分数:

$$y_A^* = 0.94 \times 0.05 = 0.047$$

而气相实际的氨摩尔分数为 $y_A = 0.1$,$y_A > y_A^*$,所以氨由气相传递至液相,发生吸收。

同理,从液相分析,当气相中氨的摩尔分数为 0.1 时,相应的液相中氨的平衡浓度为

$$x_A^* = \frac{0.1}{0.94} = 0.106$$

$x_A^* > x_A$,表明液相尚未饱和,氨由气相传至液相,进行吸收。

如果气相中氨的摩尔分数降为 0.02,则此时液相中与之平衡的氨浓度为

$$x_A^* = \frac{0.02}{0.94} = 0.021$$

$x_A^* < x_A$,氨将从液相向气相传质,从溶液中释放到气相中,发生解吸。

采用气体的相平衡曲线分析气、液两相间的传质方向更为简单明了。将初始状态气、液两相的组成标在平衡曲线图上,称为初始状态点,初始状态点如果在平衡曲线的上方,则发生吸收过程,溶质从气相向液相传质;如果在平衡曲线下方,则发生解吸过程,溶质从液相向气相传质。

总之,溶质在气、液两相中如果不是处于平衡状态,必然要从一相传递到另一相,使气、液两相逐渐达到平衡,溶质传递的方向就是系统趋于平衡的方向。

2. 计算相际传质过程的推动力

前已述及,只要溶质在气、液两相之间没有达到平衡状态,溶质就要在两相之间传递,直到达到相平衡。在一定条件下,一相的实际组成如果等于平衡组成,传质过程就不会发生,而如果与平衡组成有差距,就会产生传质过程。实际组成与平衡组成之间的差距越大,传质过程的速率就会越快,通常把这个差距叫作过程推动力。

推动力可以有不同的表示方法,如用气相和液相的浓度差表示,推动力可以写为

$$\Delta y = y_A - y_A^* \tag{8.2.10}$$

$$\Delta x = x_A^* - x_A \tag{8.2.11}$$

如果气、液相浓度分别用气体分压 p_A 和浓度 c_A 表示，相平衡关系用 $p_A^* = c_A/H$ 表示，则推动力可以分别用气相的分压差和液相的浓度差表示为

$$\Delta p = p_A - p_A^* \tag{8.2.12}$$

$$\Delta c = c_A^* - c_A \tag{8.2.13}$$

3. 确定传质过程的极限

溶质在气、液两相间的传质过程不是无限制地进行的，两相组成的变化也是有限度的，这个限度就是传质过程的极限。事实上，吸收过程中两相组成的变化与很多因素有关，如气、液两相量的比，两相接触的操作方式，以及相平衡关系等。传质过程的极限状态就是平衡状态。

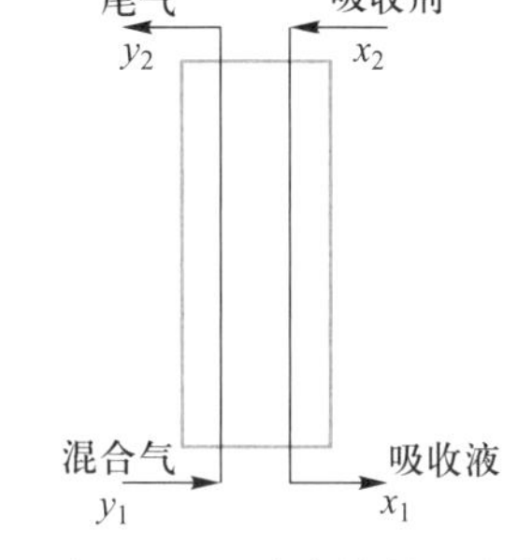

图 8.2.1 逆流接触吸收塔吸收示意图

吸收塔

以逆流接触吸收塔为例（图 8.2.1），如果希望溶质在塔底流出的吸收液中的浓度尽可能地高，可以通过增加塔高、增加气体的量、减少吸收剂的用量来实现，但是这种增加是有限度的，塔底吸收液中的溶质浓度（x_1）最高只能达到与入塔气体中溶质浓度（y_1）相平衡的程度，即

$$x_1 \leqslant x_1^* = \frac{y_1}{m} \tag{8.2.14}$$

在治理废气污染的时候，希望通过吸收操作使得出塔气体中的污染物浓度尽可能地低。同样可以通过增加塔高，减少处理气体的量，增加吸收剂的量来实现。但是出塔气体中溶质的最低浓度（y_2）只能达到与入塔吸收剂中溶质浓度（x_2）相平衡的浓度，即

$$y_2 \geqslant y_2^* = m x_2 \tag{8.2.15}$$

因此，相平衡关系限定了气体出塔的最低浓度和吸收液出塔时的最高浓度，但是这种相平衡关系是有条件的，可以通过改变平衡条件（如操作条件）得到新的平衡关系，以利于传质过程达到预期的目的。

【例题 8.2.1】 在常压 101.3 kPa、温度 25 ℃时，CO_2 在水中溶解的亨利常数为 1.66×10^5 kPa，现将含 CO_2 摩尔分数为 0.05 的空气与 CO_2 浓度为 1.0×10^{-3} kmol/m³ 的水溶液接触，试：

（1）判断传质方向；

（2）以分压差和浓度差表示传质推动力；

（3）计算逆流接触时空气中 CO_2 的最低含量。

解：（1）空气中 CO_2 的分压为

$$p_{CO_2} = 101.3\times0.05 \text{ kPa} = 5.06 \text{ kPa}$$

因为水溶液中 CO_2 浓度很低，可以认为其密度和平均相对分子质量皆与水相同，所以溶液的总浓度为

$$c_0 = \frac{\rho}{M} = \frac{997}{18} \text{ kmol/m}^3 = 55.4 \text{ kmol/m}^3$$

CO_2 在水溶液中的摩尔分数为

$$x=\frac{1.0\times10^{-3}}{55.4}=1.8\times10^{-5}$$

根据亨利定律,可得 CO_2 的平衡分压为

$$p_{CO_2}^*=Ex=1.66\times10^5\times1.8\times10^{-5}\ \text{kPa}=2.99\ \text{kPa}$$

CO_2 在空气中的实际分压为

$$p_{CO_2}=5.06\ \text{kPa}$$

$p_{CO_2}>p_{CO_2}^*$,可以判断发生 CO_2 吸收过程,CO_2 由气相向液相传递。

(2) 以分压差表示的传质推动力为

$$\Delta p=p_{CO_2}-p_{CO_2}^*=(5.06-2.99)\ \text{kPa}=2.07\ \text{kPa}$$

根据亨利定律,和空气中 CO_2 分压平衡的水溶液摩尔分数为

$$x^*=\frac{p_{CO_2}}{E}=\frac{5.06}{1.66\times10^5}=3.05\times10^{-5}$$

以浓度差表示的传质推动力为:

$$\begin{aligned}\Delta c&=(x^*-x)c_0=(3.05\times10^{-5}-1.8\times10^{-5})\times55.4\ \text{kmol/m}^3\\&=6.92\times10^{-4}\ \text{kmol/m}^3\end{aligned}$$

(3) 逆流接触时,出口气体可以达到的极限浓度为进口水溶液的气相平衡浓度。由前面的计算可知,与水溶液平衡的气相 CO_2 分压为 2.99 kPa,因此空气中 CO_2 的摩尔分数最小为

$$y_{\min}=y_2^*=\frac{2.99}{101.3}=0.03$$

这只是一个理论值,在实际操作中难以达到。

二、物理吸收的动力学基础

吸收动力学针对的问题是传质速率的快慢及其影响因素。

(一) 吸收过程机理

吸收过程是一种典型的溶质由气相向液相的两相传递过程,这个过程可以分解为以下三个基本步骤:① 溶质由气相主体传递至气、液两相界面的气相一侧,即气相内的传递;② 溶质在两相界面由气相溶解于液相,即相际传递;③ 溶质由相界面的液相一侧传递至液相主体,即液相内的传递。

可见,溶质在气液两相间的传质过程可以分为两个方面:相内传递和相际传递。这两个传递过程的机理也是不一样的。由于相界面和界面附近流体流动状态和传质过程很复杂,虽然人们提出了各种不同的传质模型,至今仍没有一个完美的理论能说明两流体相间在各种不同情况下的传质效果。应用比较普遍的是 1923 年威特曼(Whitman)提出的双膜理论,以下将重点介绍。

（二）双膜理论

针对气体吸收传质过程，双膜理论的基本论点如下：① 相互接触的气、液两相流体间存在着稳定的相界面，界面两侧分别有一层虚拟的气膜和液膜。溶质分子以稳态的分子扩散连续通过这两层膜。② 在相界面处，气、液两相在瞬间即可达到平衡，界面上没有传质阻力，溶质在界面上两相的组成存在平衡关系。③ 在膜层以外，气、液两相流体都充分湍动，不存在浓度梯度，组成均一，没有传质阻力；溶质在每一相中的传质阻力都集中在虚拟的膜层内。因此，相际传质的阻力就全部集中在两层膜中，故该模型又称为双阻力模型。

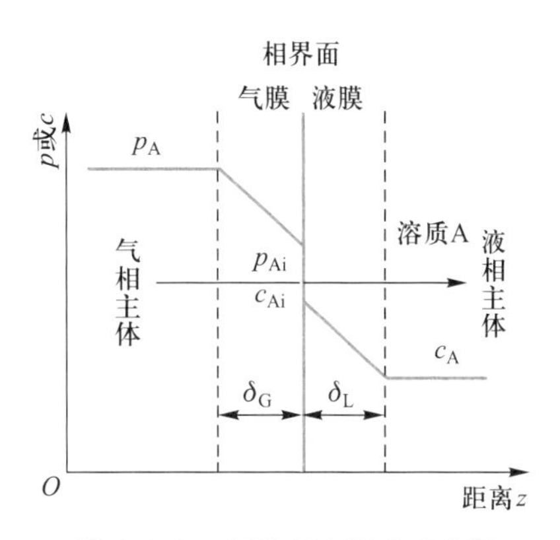

图 8.2.2 双膜理论模型示意图

双膜模型实际上将气、液的相际传质过程简化为溶质组分通过气、液两层膜的稳态分子扩散过程。图 8.2.2 为双膜理论模型示意图。

根据前面介绍的对流传质速率方程，按照双膜模型，气相和液相对流传质的速率方程分别为

$$(N_A)_G = k_G(p_A - p_{Ai}) = \frac{p_A - p_{Ai}}{\dfrac{1}{k_G}} \tag{8.2.16}$$

$$(N_A)_L = k_L(c_{Ai} - c_A) = \frac{c_{Ai} - c_A}{\dfrac{1}{k_L}} \tag{8.2.17}$$

式中：$(N_A)_G$，$(N_A)_L$——溶质通过气膜和液膜的传质通量，kmol/(m^2·s)；

p_A，c_A——溶质在气、液两相主体中的压力(Pa)和浓度(kmol/m^3)；

p_{Ai}，c_{Ai}——溶质在气、液两相界面上的压力(Pa)和浓度(kmol/m^3)；

k_G——以气相分压差为推动力的气膜传质系数，kmol/(m^2·s·Pa)；

k_L——以液相浓度差为推动力的液膜传质系数，m/s。

双膜模型假设溶质以稳态分子扩散方式通过气膜和液膜，因此，气相和液相的对流传质速率相等。

$$\begin{aligned}(N_A)_G = (N_A)_L &= k_G(p_A - p_{Ai}) \\ &= k_L(c_{Ai} - c_A)\end{aligned}$$

故

$$\frac{p_A - p_{Ai}}{c_A - c_{Ai}} = -\frac{k_L}{k_G} \tag{8.2.18}$$

以上式中均用到了相界面处溶质的组成。根据双膜理论的假设，在相界面上，气、液两相呈平衡关系，即 p_{Ai} 与 c_{Ai} 互为平衡关系，因此若相界面某一侧的组成已知，另一侧的组成可用相平衡关系求出。

图 8.2.3 表示了气相溶质分压与液相溶质浓度的相平衡关系曲线。根据式(8.2.18)，

p_{Ai}与c_{Ai}为直线AI与平衡线交点的坐标值。因此，当已知p_A、c_A及k_L/k_G时，根据式(8.2.18)和相平衡线，便可求得p_{Ai}与c_{Ai}。实际上，两相界面的浓度难以测定，通常测得的是流体两相的主体浓度p_A与c_A，因此一般用总传质速率方程来描述吸收过程更为方便。

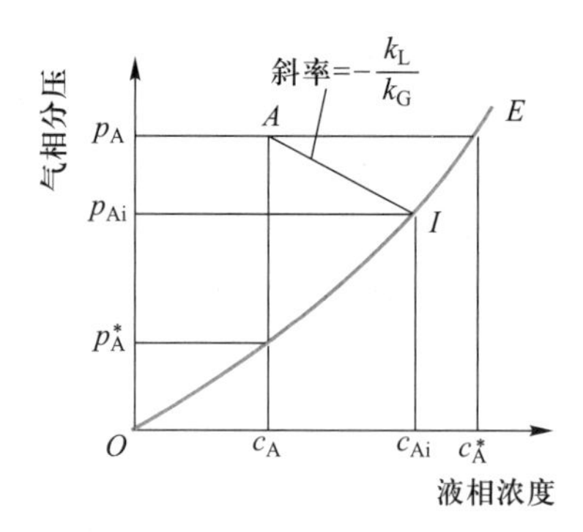

图 8.2.3 气相溶质分压与液相溶质浓度的相平衡关系曲线

（三）总传质速率方程

双膜理论假设，在相界面上p_{Ai}与c_{Ai}呈平衡关系，若吸收相平衡关系符合亨利定律，则

$$c_{Ai}=Hp_{Ai}, \quad c_A=Hp_A^*$$

式中：p_A^*——与液相主体浓度c_A平衡的气体分压，Pa。

液膜传质速率方程式(8.2.17)改写成

$$(N_A)_L=k_L(c_{Ai}-c_A)=\frac{p_{Ai}-p_A^*}{\frac{1}{Hk_L}} \tag{8.2.19}$$

气相总传质速率方程可表示为

$$N_A=K_G(p_A-p_A^*) \tag{8.2.20}$$

稳态时，有

$$(N_A)_G=(N_A)_L=N_A$$

将式(8.2.16)和式(8.2.19)相加，并与式(8.2.20)比较，得

$$\frac{1}{K_G}=\frac{1}{k_G}+\frac{1}{Hk_L} \tag{8.2.21}$$

式中：K_G——以气相分压差为推动力的总传质系数，kmol/(m²·s·Pa)；

$\frac{1}{K_G}$——总传质阻力，是气膜阻力$\frac{1}{k_G}$和液膜阻力$\frac{1}{Hk_L}$之和。

同理，以液相浓度差为推动力的总传质速率方程可表示为

$$N_A=K_L(c_A^*-c_A), \quad \frac{1}{K_L}=\frac{H}{k_G}+\frac{1}{k_L} \tag{8.2.22}$$

式中：c_A^*——与气相主体分压p_A平衡的液体浓度，$c_A^*=Hp_A$，kmol/m³；

K_L——以液相浓度差为推动力的总传质系数，m/s；

$\frac{1}{K_L}$——总传质阻力，是液相阻力$\frac{1}{k_L}$与气相阻力$\frac{H}{k_G}$之和。

比较两个总传质速率方程，可以得到气相总传质系数K_G与液相总传质系数K_L的关系为

$$K_G=HK_L \tag{8.2.23}$$

气、液两相浓度组成的表示方法不同，传质速率方程就有不同的表示形式，因此总的传质速率方程也会有不同的表示形式。

当溶质在气、液两相中的浓度以摩尔分数来表示时，总传质速率方程可以分别表示为

$$N_A = K_y(y_A - y_A^*) \tag{8.2.24}$$

$$N_A = K_x(x_A^* - x_A) \tag{8.2.25}$$

式中：x_A, y_A——溶质在液相和气相主体中的摩尔分数；

x_A^*, y_A^*——与气相主体摩尔分数平衡的液相摩尔分数和与液相主体摩尔分数平衡的气相摩尔分数；

K_y, K_x——以摩尔分数差为推动力的气相和液相总传质系数，$kmol/(m^2 \cdot s)$。

K_y 和 K_x 之间的关系为

$$K_x = mK_y$$

式中：　m——相平衡常数。

$$\frac{1}{K_y} = \frac{1}{k_y} + \frac{m}{k_x}, \quad \frac{1}{K_x} = \frac{1}{k_x} + \frac{1}{mk_y} \tag{8.2.26}$$

当溶质在气、液相中的浓度以摩尔比来表示时，则总传质速率方程可以分别表示为

$$N_A = K_Y(Y_A - Y_A^*) \tag{8.2.27}$$

$$N_A = K_X(X_A^* - X_A) \tag{8.2.28}$$

式中：X_A, Y_A——溶质在液相和气相主体中的摩尔比；

X_A^*, Y_A^*——与气相主体摩尔比平衡的液相摩尔比和与液相主体摩尔比平衡的气相摩尔比；

K_Y, K_X——以摩尔比差为推动力的气相和液相总传质系数，$kmol/(m^2 \cdot s)$。

（四）传质阻力分析

总传质速率方程表明，传质速率与传质推动力成正比，与传质阻力成反比。因此，对吸收操作来说，增加溶质的气相分压或者减小液相浓度，都可以增加传质推动力，从而提高传质速率。当传质推动力一定时，则需要减小传质阻力来提高传质速率，因此有必要对传质阻力进行分析。

前已述及，传质总阻力包括气膜阻力和液膜阻力两部分，即

$$\frac{1}{K_G} = \frac{1}{k_G} + \frac{1}{Hk_L} \quad 或 \quad \frac{1}{K_L} = \frac{H}{k_G} + \frac{1}{k_L} \tag{8.2.29}$$

在通常的吸收操作条件下，k_G 和 k_L 的数值大致相当，而且变化不大，而不同溶质的亨利常数却相差很大，因此对具体的吸收过程应具体分析，确定控制传质阻力的主要因素。

对于易溶气体来说，H 很大，所以液膜阻力相对很小，气膜阻力远大于液膜阻力，$\frac{1}{k_G} >> \frac{1}{Hk_L}$，$K_G = k_G$，此时称为气膜控制，传质总阻力主要集中在气膜。用水吸收 NH_3 和 HCl 等过程就是属于这种气膜阻力控制的传质过程。

对于难溶气体，H 很小，所以液膜阻力相对很大，液膜阻力远远大于气膜阻力，$\frac{H}{k_G} \ll \frac{1}{k_L}$，$K_L = k_L$，此时称为液膜控制，传质总阻力主要集中于液膜。例如，用水吸收 CO_2 和 O_2 等气体就属于液膜阻力控制的传质过程。

如果气膜、液膜传质阻力相当，两者都不可忽略，总传质速率由双膜阻力联合控制，用水吸收 SO_2 就属于这种情况。

【例题 8.2.2】 在总压 101.3 kPa、温度 20 ℃条件下，某水溶液中 SO_2 的摩尔分数为 0.65×10^{-3}，与 SO_2 的摩尔分数为 0.03 的空气接触，已知 $k_G = 1.0\times10^{-6}$ kmol/(m²·s·kPa)，$k_L = 8.0\times10^{-6}$ m/s，SO_2 的亨利常数 $E = 3.55\times10^3$ kPa，计算：

(1) 以分压差和浓度差表示的总传质推动力、总传质系数和传质速率；

(2) 以分压差为推动力的总传质阻力和气、液两相传质阻力的相对大小；

(3) 以摩尔分数差表示的总传质推动力和总传质系数。

解：(1) 与水溶液平衡的气相平衡压力为

$$p_A^* = Ex_A = 3.55\times10^3\times0.65\times10^{-3}\ \text{kPa} = 2.31\ \text{kPa}$$

稀溶液的总浓度为

$$c_0 = \frac{998}{18}\ \text{kmol/m}^3 = 55.44\ \text{kmol/m}^3$$

溶解度系数为

$$H = \frac{c_0}{E} = \frac{55.44}{3.55\times10^3}\ \text{kmol/(kPa·m}^3) = 1.56\times10^{-2}\ \text{kmol/(kPa·m}^3)$$

SO_2 在水溶液中的物质的量浓度为

$$c_A = c_0x_A = 55.44\times0.65\times10^{-3}\ \text{kmol/m}^3 = 3.604\times10^{-2}\ \text{kmol/m}^3$$

与气相组成平衡的溶液平衡浓度为

$$c_A^* = Hp_A = 1.56\times10^{-2}\times0.03\times101.3\ \text{kmol/m}^3 = 4.74\times10^{-2}\ \text{kmol/m}^3$$

所以，用分压差表示的总传质推动力为

$$\Delta p = p_A - p_A^* = (0.03\times101.3 - 2.31)\ \text{kPa} = 0.729\ \text{kPa}$$

用浓度差表示的总传质推动力为

$$\Delta c = c_A^* - c_A = (4.74\times10^{-2} - 3.604\times10^{-2})\ \text{kmol/m}^3 = 1.136\times10^{-2}\ \text{kmol/m}^3$$

总气相传质系数为

$$\frac{1}{K_G} = \frac{1}{k_G} + \frac{1}{Hk_L} = \left(\frac{1}{1\times10^{-6}} + \frac{1}{1.56\times10^{-2}\times8\times10^{-6}}\right)\ \text{m}^2\text{·s·kPa/kmol}$$

$$= 9.012\times10^6\ \text{m}^2\text{·s·kPa/kmol}$$

$$K_G = 1.11\times10^{-7}\ \text{kmol/(m}^2\text{·s·kPa)}$$

总液相传质系数为

$$K_L = \frac{K_G}{H} = \frac{1.11\times10^{-7}}{1.56\times10^{-2}}\ \text{m/s} = 7.115\times10^{-6}\ \text{m/s}$$

传质速率为

$$N_A = K_G \Delta p = (1.11\times10^{-7}\times0.729)\ \text{kmol/(m}^2\cdot\text{s)} = 8.09\times10^{-8}\ \text{kmol/(m}^2\cdot\text{s)}$$

或

$$N_A = K_L \Delta c = (7.115\times10^{-6}\times1.136\times10^{-2})\ \text{kmol/(m}^2\cdot\text{s)} = 8.08\times10^{-8}\ \text{kmol/(m}^2\cdot\text{s)}$$

（2）以分压差为推动力的总传质阻力为

$$\frac{1}{K_G} = 9.012\times10^6\ \text{m}^2\cdot\text{s}\cdot\text{kPa/kmol}$$

其中气相传质阻力为

$$\frac{1}{k_G} = \frac{1}{1\times10^{-6}}\ \text{m}^2\cdot\text{s}\cdot\text{kPa/kmol} = 1\times10^6\ \text{m}^2\cdot\text{s}\cdot\text{kPa/kmol}$$

占总传质阻力的11.1%。

液相传质阻力为

$$\frac{1}{Hk_L} = \frac{1}{1.56\times10^{-2}\times8\times10^{-6}}\ \text{m}^2\cdot\text{s}\cdot\text{kPa/kmol} = 8.01\times10^6\ \text{m}^2\cdot\text{s}\cdot\text{kPa/kmol}$$

占总传质阻力的88.9%。

（3）题意条件下的相平衡常数为

$$m = \frac{E}{p} = \frac{3.55\times10^3}{101.3} = 35.04$$

所以与液相平衡的气相摩尔分数为

$$y_A^* = mx_A = 35.04\times0.65\times10^{-3} = 2.28\times10^{-2}$$

以气相摩尔分数差表示的总传质推动力为

$$\Delta y = y_A - y_A^* = 0.03 - 0.022\ 8 = 0.007\ 2$$

与气相组成平衡的液相摩尔分数为

$$x_A^* = \frac{y_A}{m} = \frac{0.03}{35.04} = 8.56\times10^{-4}$$

以液相摩尔分数差表示的总传质推动力为

$$\Delta x = x_A^* - x_A = (8.56 - 6.5)\times10^{-4} = 2.06\times10^{-4}$$

气相总传质系数为

$$K_y = pK_G = 101.3\times1.11\times10^{-7}\ \text{kmol/(m}^2\cdot\text{s)} = 1.124\times10^{-5}\ \text{kmol/(m}^2\cdot\text{s)}$$

液相总传质系数为

$$K_x = c_0 K_L = 55.44\times7.115\times10^{-6}\ \text{kmol/(m}^2\cdot\text{s)} = 3.945\times10^{-4}\ \text{kmol/(m}^2\cdot\text{s)}$$

第三节 化学吸收

前一节详细介绍了单组分等温物理吸收的热力学和动力学的基本理论和计算,这是研究和探讨其他吸收过程的基础。而在气态污染物净化工程中,如果采用吸收法来处理废气,通常要采用化学吸收过程。本节在前述内容的基础上,对化学吸收过程加以讨论。

一、化学吸收的特点

化学吸收是气相中的溶质 A 被吸收剂吸收后,与吸收剂或其中的活性组分 B 发生化学反应的吸收过程,这是气、液相际传质和液相内的化学反应同时进行的传质过程,用 NaOH 溶液吸收 CO_2 就是典型的化学吸收过程。

图 8.3.1 为化学吸收过程示意图。如图所示,在化学吸收中,溶质从气相主体传递到相界面处的过程与物理吸收完全相同,但是液相内的传质过程由于化学反应的存在而变得复杂。溶质 A 从相界面向液相主体传递,会在反应区与吸收剂或活性组分 B 发生反应,生成的反应产物 M 会从反应区向液相主体扩散。反应区的位置取决于反应速率和扩散速率的相对大小,图 8.3.1 表示的是反应区位于液膜内的瞬间反应的情况。如果反应速率很快,活性组分 B 的扩散速率也比较快,溶质 A 达到相界面后,不必扩散很远就可以反应消耗完全,这样,相界面上液相中溶质 A 的浓度就很低;如果反应速率比较慢,或者活性组分 B 的扩散速率慢,溶质 A 可能扩散到液相主体之后仍有大部分未能反应。因此,溶质 A 的化学吸收速率不仅与溶质的扩散速率有关,而且还取决于活性组分的扩散速率、化学反应速率及反应产物扩散速率等因素。

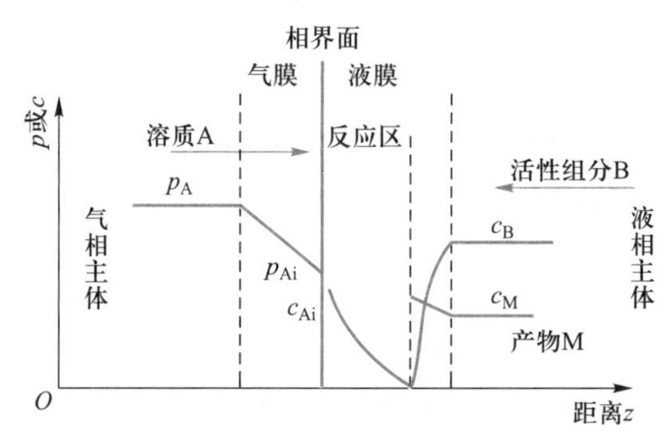

图 8.3.1 化学吸收过程示意图

化学吸收过程通常可以加快溶质的传质速率,增加吸收剂的吸收容量,原因在于溶质在液相中发生反应。一方面,溶质的气相分压只与溶液中呈物理溶解态的溶质平衡,而已经反应的溶质不再影响气-液相平衡关系,因此溶质的气相分压一定时,化学吸收可以使溶剂吸收更多的溶质;另一方面,溶质在液相扩散中途即发生反应而消耗,这就使扩散的有效膜厚度减小,液相的传质阻力减小,而且界面液相浓度的降低还增加了传质推动力,这就使得化学吸收的传质速率增大。

二、化学吸收的平衡关系

化学吸收除了溶质组分在气、液两相之间的相平衡关系之外，还有溶质在液相中的化学反应平衡关系。在稀溶液条件下，相平衡关系依然服从亨利定律，与溶质气相浓度平衡的是液相中物理溶解态的溶质浓度。同时，液相溶质物理溶解态的浓度还取决于化学反应的平衡条件，这就是化学吸收的平衡关系特点。

为简单起见，假设溶质 A 仅与吸收剂或其中的一种活性组分 B 反应，反应的关系式可写为

$$aA+bB \rightleftharpoons mM \tag{8.3.1}$$

则反应的化学平衡关系式可写为

$$K=\frac{[M]^m}{[A]^a[B]^b}$$

式中：K——化学反应平衡常数；

$[A]$——液相中未反应的、以物理溶解态存在的溶质浓度，也就是与气相中溶质分压相对应的溶质浓度，由化学平衡关系，此浓度可表示为

$$[A]=\left(\frac{[M]^m}{K[B]^b}\right)^{\frac{1}{a}} \tag{8.3.2}$$

将此浓度代入亨利定律，就可以得到化学吸收溶质气、液两相的平衡关系

$$p_A^*=\frac{[A]}{H}=\frac{1}{H}\left(\frac{[M]^m}{K[B]^b}\right)^{\frac{1}{a}} \tag{8.3.3}$$

由这个平衡关系可知，$[A]$低于液相中溶质 A 的总浓度，因此 H 一定时，p_A^* 低于仅有物理吸收时溶质在气相中的平衡分压，因此吸收剂对溶质的吸收能力是大于物理吸收的。

下面分别讨论溶质与吸收剂和溶质与活性组分反应的不同情形。

1. 溶质与吸收剂反应

反应关系式为

$$A+B \rightleftharpoons M \tag{8.3.4}$$

假设溶质在溶剂中的总浓度为 c_A，则这个浓度是未反应的溶质浓度和反应产物的浓度之和，即 $c_A=[A]+[M]$，因此，化学反应平衡关系可表示为

$$K=\frac{[M]}{[A][B]}=\frac{c_A-[A]}{[A][B]} \tag{8.3.5}$$

进而可得

$$[A]=\frac{c_A}{1+K[B]} \tag{8.3.6}$$

将此浓度代入亨利定律，可得溶质的气-液相平衡关系为

$$p_A^* = \frac{[A]}{H} = \frac{1}{H}\frac{c_A}{1+K[B]} \tag{8.3.7}$$

在稀溶液条件下，溶剂量大，化学反应对溶剂浓度的影响可以忽略，[B]为常数；反应条件一定时，K 也是常数，故 $1+K[B]$ 可以认为是常数。因此，p_A^* 与溶质总浓度 c_A 之间成正比关系，在形式上仍然符合亨利定律，只不过溶解度系数增加了$(1+K[B])$倍，说明化学反应强化了吸收传质。水吸收氨就是按照上述反应进行的一个吸收过程。

如果吸收过程还涉及其他反应，就需要考虑相应反应的平衡关系，那么整个吸收过程的溶质平衡关系就会更为复杂。例如，如果反应产物发生解离反应，就需要考虑解离反应的平衡关系。设解离反应为

$$M \rightleftharpoons D^+ + A^- \tag{8.3.8}$$

则相应的解离反应平衡关系为

$$K_1 = \frac{[D^+][A^-]}{[M]} \tag{8.3.9}$$

式中：K_1——解离常数。

溶质 A 在液相中的总浓度为

$$c_A = [A] + [M] + [A^-]$$

而$[A^-]=[D^+]$，所以总浓度为

$$c_A = [A] + [M] + \sqrt{K_1[M]} \tag{8.3.10}$$

再根据化学反应平衡关系

$$K = \frac{[M]}{[A][B]}, \quad [M] = K[A][B]$$

得

$$c_A = [A] + K[A][B] + \sqrt{K_1K[A][B]} \tag{8.3.11}$$

由上述关系式，可解得

$$[A] = \frac{(2c_A + K_a) - \sqrt{K_a(4c_A + K_a)}}{2(1+K[B])} \tag{8.3.12}$$

其中

$$K_a = \frac{K_1K[B]}{1+K[B]}$$

将式(8.3.12)代入亨利定律，可得相平衡关系式

$$p_A^* = \frac{[A]}{H} = \frac{1}{H}\frac{(2c_A + K_a) - \sqrt{K_a(4c_A + K_a)}}{2(1+K[B])} \tag{8.3.13}$$

在这种情况下，p_A^* 与 c_A 不再是亨利定律的正比关系了。

2. 溶质与吸收剂中的活性组分反应

反应的关系同样可写为

$$A+B \rightleftharpoons M$$

此时,B代表吸收剂中与溶质反应的活性组分。

设活性组分B的初始浓度为c_B^0,反应平衡时的转化率为R,则$[B]=c_B^0(1-R)$,$[M]=c_B^0 R$,所以化学平衡关系可写为

$$K=\frac{[M]}{[A][B]}=\frac{c_B^0 R}{[A]c_B^0(1-R)}=\frac{R}{[A](1-R)} \tag{8.3.14}$$

所以溶剂中未反应溶质的浓度为

$$[A]=\frac{R}{K(1-R)} \tag{8.3.15}$$

将上述关系代入亨利定律,可以得到溶质的气-液相平衡关系

$$p_A^*=\frac{[A]}{H}=\frac{R}{HK(1-R)} \tag{8.3.16}$$

由上式可以求得

$$R=\frac{KHp_A^*}{1+KHp_A^*}$$

所以参加反应的溶质浓度为

$$c_A'=Rc_B^0=c_B^0\frac{KHp_A^*}{1+KHp_A^*} \tag{8.3.17}$$

如果反应平衡常数非常大,而未反应的溶质物理溶解量很小的话,这个浓度实际上反映了吸收剂对溶质的吸收能力,将会趋近但不会超过活性组分的起始浓度。这说明了活性组分起始浓度对溶剂吸收能力的一种限制。

化学吸收过程中溶质的气-液相平衡和化学反应平衡是交织在一起的,连接点就是在液相中未反应的溶质浓度,因此不管液相中化学反应多么复杂,都可以先根据化学反应平衡关系求出未反应溶质的浓度,然后根据亨利定律得到相平衡关系。

【例题8.3.1】 在20 ℃下,用水吸收空气中的SO_2,达到吸收平衡时,SO_2的平衡分压为5.05 kPa,如果只考虑SO_2在水中的一级解离,求此时水中SO_2的溶解度。已知该条件下SO_2溶解度系数$H=1.56\times10^{-2}$ kmol/(kPa·m^3),一级解离常数$K_1=1.7\times10^{-2}$ kmol/m^3。

解:解离情况下,SO_2的吸收可以表示为以下两个过程:

扩散传质过程:

$$SO_2(g) \rightleftharpoons SO_2(l)$$

解离过程:

$$SO_2+H_2O \rightleftharpoons H^++HSO_3^-$$

由传质平衡可以求得吸收液中SO_2的浓度为

$$c_A=Hp_A^*=1.56\times10^{-2}\times5.05\ \text{kmol/m}^3=0.078\ 8\ \text{kmol/m}^3$$

由吸收液中 SO_2 的浓度,根据解离平衡,求得 HSO_3^- 浓度为

$$K_1=\frac{[H^+][HSO_3^-]}{[SO_2]}$$

因为 $[H^+]=[HSO_3^-]$,所以

$$[HSO_3^-]=\sqrt{K_1[SO_2]}=\sqrt{1.7\times10^{-2}\times0.0788}\ \text{kmol/m}^3=0.0366\ \text{kmol/m}^3$$

所以溶液中溶解的 SO_2 总浓度为

$$\begin{aligned}[SO_2]+[HSO_3^-]&=(0.0788+0.0366)\ \text{kmol/m}^3\\&=0.1154\ \text{kmol/m}^3=7.4\ \text{kg/m}^3\end{aligned}$$

注意:此处忽略了 $SO_2+H_2O \rightleftharpoons H_2SO_3$ 的反应平衡,而认为 SO_2 全部反应为 H_2SO_3,然后解离。

三、化学吸收的传质速率

化学吸收过程的传质模型也以双膜模型为基础,在气相一侧,溶质的传质速率方程与物理吸收过程相同,可以表示为

$$N_A=k_G(p_A-p_{Ai}) \tag{8.3.18}$$

在气、液两相界面处,仍然认为溶质在气、液两相中的组成符合平衡关系,可以用亨利定律表示

$$c_{Ai}=Hp_{Ai}$$

但是在液相一侧,化学吸收除了扩散传质过程之外,还包含了化学反应过程。化学反应的参与使得界面处液相溶质的物理溶解态浓度减小,增加了相界面处的传质推动力。也可以说,相界面处液相一侧的液膜的当量厚度降低了,从而减小了传质阻力,使得传质系数增加。总的来说,化学反应增加了液相一侧的传质推动力或者传质系数,使得液相的传质速率增大,从而增大了总传质过程的速率。当然,化学反应速率的不同,对总传质速率的影响也是不同的。因此,可以用增大传质推动力或增大传质系数两种方法来表示化学反应对液相传质速率的影响。

当不存在化学反应时,物理吸收的液相传质速率可以表示为

$$N_A=k_L(c_{Ai}-c_A)=k_L\Delta c \tag{8.3.19}$$

如果认为传质系数不变,传质推动力增加,则化学吸收液相传质速率可表示为

$$N_A=k_L(\Delta c+\delta) \tag{8.3.20}$$

相应地,由于液相传质系数不变,总传质系数也不变,但是液相传质推动力增加,所以以液相浓度差为推动力的总传质速率方程可表示为

$$N_A=K_L(c_A^*-c_A+\delta)=K_L(\Delta c+\delta) \tag{8.3.21}$$

式中:δ——增加的传质推动力部分,其实质是由于化学反应减少的液相溶质浓度。

同样,如果认为传质推动力不变,传质系数增加,则液相传质速率方程可表示为

$$N_A = \beta k_L \Delta c = k_L' \Delta c \tag{8.3.22}$$

同样，传质推动力不变，传质系数增加，总传质系数也会相应增加。

$$\frac{1}{K_L'} = \frac{H}{k_G} + \frac{1}{\beta k_L} = \frac{H}{k_G} + \frac{1}{k_L'} \tag{8.3.23}$$

所以总传质速率方程表示为

$$N_A = K_L'(c_A^* - c_A) \tag{8.3.24}$$

式中：k_L'——增大后的液相传质系数，$k_L' = \beta k_L$（β 为增强系数）；

K_L'——增大后的总传质系数。

为了计算增强系数和相应增大的液相传质速率，需要把溶质 A、活性组分 B 的扩散方程和化学反应速率方程结合起来，建立反应-扩散微分方程式，然后根据具体的反应过程进行积分求解。

如果液相中活性组分 B 的浓度足够大，而且具有足够快的扩散速率保证对反应消耗的补充，则溶质 A 在相界面处即与 B 完全反应，而在液膜内没有扩散，液相传质阻力可以忽略。在这种情况下，化学吸收就完全等同于气膜阻力控制的物理吸收，如图 8.3.2 所示。

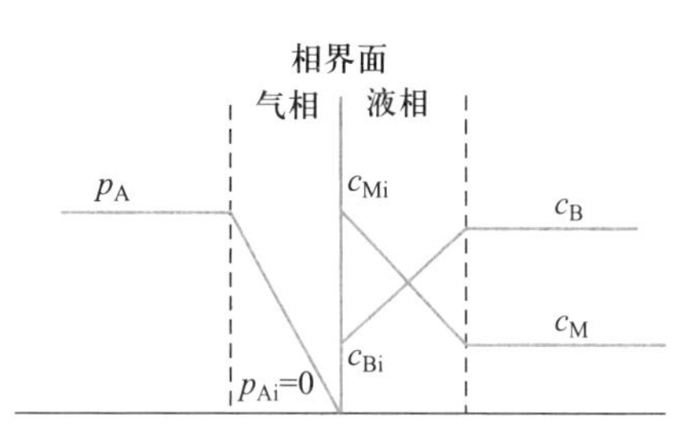

图 8.3.2　气膜控制的化学吸收过程两相浓度示意图

如果不是这种极端的情况，而是活性组分 B 的浓度较大，扩散速率也较快，那么化学反应发生在液膜中，此时的传质过程和反应过程就会相对复杂。

【例题 8.3.2】　在例题 8.2.2 所给的条件中，如果分别采用清水和碱溶液吸收空气中的 SO_2，传质速率分别是多少？假设碱溶液吸收发生的是快速不可逆反应。

解：（1）在清水吸收的条件下，气相总传质系数不变，$K_G = 1.11\times10^{-7}$ kmol/(m²·s·kPa)，传质推动力为

$$\Delta p = p_A - p_A^* = (0.03\times101.3-0)\ \text{kPa} = 3.039\ \text{kPa}$$

所以传质速率为

$$N_A = K_G\Delta p = 1.11\times10^{-7}\times3.039\ \text{kmol/(m}^2\cdot\text{s)} = 3.37\times10^{-7}\ \text{kmol/(m}^2\cdot\text{s)}$$

（2）在碱溶液吸收的条件下，由于发生快速不可逆反应，在相界面处，SO_2 到达液膜即发生反应，不存在积累和向液相主体的传质过程，可以认为溶液中 SO_2 浓度为 0，而且不存在液相传质阻力。因此，气相总传质系数为

$$K_G = k_G = 1\times10^{-6}\ \text{kmol/(m}^2\cdot\text{s}\cdot\text{kPa)}$$

传质总推动力为

$$\Delta p = p_A - p_A^* = (0.03\times101.3-0)\ \text{kPa} = 3.039\ \text{kPa}$$

传质速率为

$$N_A = K_G\Delta p = 1\times10^{-6}\times3.039\ \text{kmol/(m}^2\cdot\text{s)} = 3.039\times10^{-6}\ \text{kmol/(m}^2\cdot\text{s)}$$

从例题 8.2.2 的计算中可以看到，液相的传质阻力远远大于气相的传质阻力，属于液膜控制的传质过程。在这种情况下，采用化学吸收过程可以消除液相传质阻力，大大提高传质速率。但是对于气膜控制的吸收过程，化学吸收的这种作用就不明显。

第四节 吸收设备的主要工艺计算

工业生产和气态污染物控制中需要吸收分离处理的气体混合物中，溶质组分大多低于10%（体积），而且，从经济性考虑，吸收最适合于低浓度气体的分离和净化。因此，本节主要以低浓度气体为吸收对象，讨论吸收设备的主要工艺计算。

一、吸收设备工艺简述

吸收操作是一种气、液接触传质的过程，实现这种过程最常用的设备是吸收塔。吸收塔主要有两种：气、液两相在塔内逐级接触的板式塔和气、液两相在塔内连续接触的填料塔。在这两种吸收塔内，气、液两相的流动方式可以是逆流，也可以是并流，通常采用逆流方式：吸收剂从塔顶加入，自上而下流动，与从下向上流动的混合气体接触，吸收溶质，吸收液从塔底排出；混合气体从塔底送入，自下而上流动，溶质被吸收后，尾气从塔顶排出。逆流操作的优点在于，当两相进出口浓度相同时，逆流时的平均传质推动力大于并流，而且利用气、液两相的密度差，有利于两相的分离。但是逆流时，上升的气体对下降的液体将产生较大的曳力，限制了塔内允许的气、液相流量。

板式塔以两块塔板之间的气、液相为对象，进行进出塔板的气、液相物料衡算，并且认为两块塔板空间内的气、液相传质推动力和传质系数是相同的。因此，传质速率也是相同的。

填料塔的传质推动力和传质系数沿塔高是变化的，每一个截面上的传质速率都是不同的，只能在一个微元填料层高度内认为传质速率相同，进行气、液相物料衡算。

因此，对两块塔板之间和微元填料层，均可以根据物料衡算、传质速率和相平衡关系，按照相同的方式计算所能达到的分离效果，然后根据总的分离任务计算所需的塔板数或者填料层高度。本节重点介绍填料塔的工艺计算。

二、填料塔吸收过程的物料衡算与操作线方程

（一）全塔物料衡算

以混合气体的稳态逆流操作的吸收塔为例，气、液两相进出吸收塔的流量和组成如图 8.4.1 所示，下标 1 表示塔底截面，下标 2 表示塔顶截面。以惰性气体流率和液体吸收剂流率为基准，全塔溶质 A 的物料衡算式为

$$q_{nG}(Y_1-Y_2)=q_{nL}(X_1-X_2) \tag{8.4.1}$$

式中：q_{nG}——通过吸收塔的惰性气体摩尔流量，kmol/s；

q_{nL}——通过吸收塔的吸收剂摩尔流量，kmol/s；

Y_1, Y_2——分别为进塔和出塔混合气体中溶质 A 的摩尔比；

X_1, X_2——分别为出塔和进塔吸收液中溶质 A 的摩尔比。

吸收计算中还经常用到溶质吸收率(回收率)的概念,定义为

$$\varphi=\frac{q_{nG}Y_1-q_{nG}Y_2}{q_{nG}Y_1}=\frac{Y_1-Y_2}{Y_1} \tag{8.4.2}$$

由 φ 值可以确定吸收操作中出塔气体溶质的组成,即

$$Y_2=Y_1(1-\varphi)$$

当混合气体中溶质浓度不高时(如低于5%),通常称为低浓度气体吸收。此时,由于气体在经过吸收塔时,被吸收的溶质量很少,流经全塔的混合气体流率和吸收液流率变化不大,因此可以混合气体流率和液体流率代替惰性气体流率和液体溶剂流率,并以摩尔分数 y 和 x 代替摩尔比 Y 和 X。

(二)操作线方程式与操作线

稳态逆流操作中,在吸收塔的任一横截面上的气、液相组成 Y 与 X 之间的关系,可通过吸收塔任一截面(如图8.4.1中的 $m—n$ 截面)与塔的任何一端之间做溶质A的物料衡算得到。如 $m—n$ 截面与塔顶界面的溶质物料衡算为

$$Y=\frac{q_{nL}}{q_{nG}}(X-X_2)+Y_2 \tag{8.4.3}$$

同样,$m—n$ 截面与塔底截面的溶质物料衡算为

$$Y=\frac{q_{nL}}{q_{nG}}(X-X_1)+Y_1 \tag{8.4.4}$$

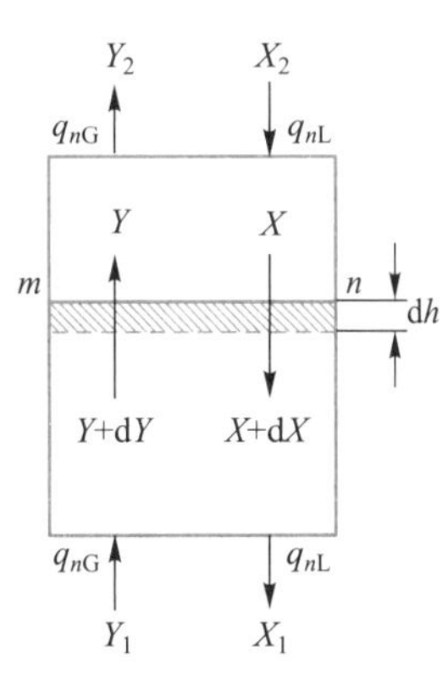

图8.4.1　逆流吸收塔的物料衡算图

以上两式是等价的,都可以称为逆流吸收塔的操作线方程式。

以上方程式表明,塔内任意截面上的气相组成和液相组成呈直线关系。将这条直线标在 X-Y 坐标图中,就得到逆流吸收的操作线,直线的斜率 q_{nL}/q_{nG} 称为液气比,点 $A(X_2,Y_2)$ 和 $B(X_1,Y_1)$ 是直线上的两点,因此操作线只取决于塔底和塔顶两端的气、液相组成和液气比。塔内任一个截面上的气、液相的组成都可以在操作线上找到相应的点表示,称为操作点,AB 为从塔顶到塔底一系列操作点的连线。

吸收操作时,气相的溶质组成始终大于与液相溶质浓度平衡的气相组成。因此,吸收操作线在相平衡曲线的上方。操作线上任意一点到平衡线的水平或垂直距离都代表了传质推动力,如 $AM(Y_2-Y^*)$ 表示以气相摩尔比差表示的总传质推动力;$AN(X^*-X_2)$ 表示以液相摩尔比差表示的总传质推动力。图8.4.2为操作线、平衡线和液气比的关系。如图8.4.2所示,操作线与平衡线相距越远,传质推动力就越大。

三、吸收剂用量的计算

如果吸收气体的任务一定,即 q_{nG}、Y_1、Y_2 均已知,吸收剂的初始溶质浓度 X_2 也已选定,那么吸收剂用量的变化就会引起操作线相应的变化。

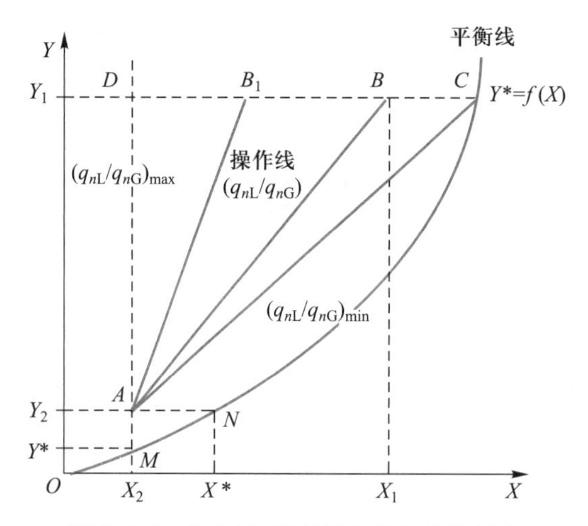

图 8.4.2 操作线、平衡线和液气比的关系

当吸收剂用量增加时，操作线 AB 向远离平衡线的方向 AB_1 移动，除塔顶截面外，塔内各个截面上的传质推动力不断增加，出塔吸收液中的溶质浓度 X_1 不断减小，当操作线 AD 平行于竖轴时，吸收剂用量为无穷大，此时出塔吸收液中的溶质浓度达到最小，$X_1=X_2$。

当减小吸收剂用量时，操作线逐渐向平衡线方向移动，塔内各个截面传质推动力不断减小，出塔吸收液中溶质浓度 X_1 不断增加，当操作线与平衡线交于点 C，吸收剂的用量达到最小，出塔吸收液中溶质浓度达到最大，塔底截面上，气液两相达到平衡。要在此条件下完成吸收任务，传质面积要求无穷大，也就是要求吸收塔要无限高，这显然是没有实际意义的。但可根据最小吸收剂用量来确定实际的适宜吸收剂用量。

由全塔的物料衡算

$$q_{nG}(Y_1-Y_2)=q_{nL}(X_1-X_2)$$

吸收剂用量可以表示为

$$q_{nL}=q_{nG}\left(\frac{Y_1-Y_2}{X_1-X_2}\right) \tag{8.4.5}$$

在最小吸收剂用量条件下，塔底截面气、液两相平衡，由亨利定律，得 $X_1^*=Y_1/m$（稀溶液条件下）。因此，最小吸收剂用量可表示为

$$q_{nL\min}=q_{nG}\left(\frac{Y_1-Y_2}{X_1^*-X_2}\right)=q_{nG}\left(\frac{Y_1-Y_2}{Y_1/m-X_2}\right) \tag{8.4.6}$$

在实际吸收操作中，吸收剂的用量必须大于最小吸收剂用量才能完成分离任务。吸收剂用量是技术经济优化的结果，减少吸收剂用量，就需要增加吸收塔的高度，设备费用增加；吸收剂用量大，虽然可以降低吸收塔的高度，但是吸收剂的消耗量、液体输送功率及再生费用等操作费用增加，同时再生系统设备费等费用也会增加，因此需要对吸收剂用量和总费用进行优化。根据实践经验，吸收剂的实际用量一般取最小用量的 1.1~2.0 倍，即

$$q_{nL}=(1.1\sim2.0)\,q_{nL\min} \tag{8.4.7}$$

或

$$q_{nL}/q_{nG}=(1.1\sim2.0)(q_{nL}/q_{nG})_{\min} \tag{8.4.8}$$

吸收剂用量的选择还应考虑操作过程一些其他的要求，比如满足填料层最小允许喷淋密度的要求，以保证填料表面能够被液体充分湿润。

四、填料层高度的基本计算

填料塔中，气-液传质是在填料层中完成的，填料层的高度实际上是反映了气、液两相在塔内传质时的有效接触面积，为了完成气体的吸收任务，必须保证填料层具有一定的高度。填料层高度的计算涉及吸收过程的物料衡算、传质速率方程和相平衡关系等问题。以下以低浓度气体为对象进行介绍。

（一）填料层高度的计算式

1. 基本计算式

填料塔是气、液两相连续接触进行传质的设备，气-液相组成在塔内沿高度连续变化，各塔截面处的气-液相组成、传质推动力、传质速率方程都不一样。因此，选取填料塔中的 $\mathrm{d}h$ 微元填料层作为研究对象（如图 8.4.1 所示），建立微元填料层内的物料衡算、传质速率和相平衡关系，推导填料层高度的计算关系式。

对 $\mathrm{d}h$ 微元填料层作溶质 A 的物料衡算：

$$\mathrm{d}q_n=q_{nG}\mathrm{d}Y=q_{nL}\mathrm{d}X \tag{8.4.9}$$

$\mathrm{d}h$ 微元填料层内的传质速率方程为

$$\mathrm{d}q_n=N_A\mathrm{d}A=K_Y(Y-Y^*)a\Omega\mathrm{d}h \tag{8.4.10}$$

$$\mathrm{d}q_n=N_A\mathrm{d}A=K_X(X^*-X)a\Omega\mathrm{d}h \tag{8.4.11}$$

式中：$\mathrm{d}q_n$——经过 $\mathrm{d}h$ 微元填料层传递的溶质 A 的量，kmol/s；

Ω——塔的横截面积，m^2；

a——填料层的有效传质比表面积，m^2/m^3。

将 $\mathrm{d}h$ 微元填料层物料衡算方程和传质速率方程联立，可得到 $\mathrm{d}h$ 的微分方程为

$$\mathrm{d}h=\frac{q_{nG}}{K_Ya\Omega}\frac{\mathrm{d}Y}{Y-Y^*} \tag{8.4.12}$$

$$\mathrm{d}h=\frac{q_{nL}}{K_Xa\Omega}\frac{\mathrm{d}X}{X^*-X} \tag{8.4.13}$$

上述两式中，a 表示单位体积填料层所能提供的有效传质面积，它不仅与填料的形状、尺寸及填充情况有关，而且受流体物性和流动状况的影响。a 的值很难直接测定，因此经常将它与传质系数的乘积作为一个物理量来看待，称为体积传质系数，如 K_Ya 和 K_Xa 分别称为气相总体积传质系数和液相总体积传质系数，单位是 kmol/(m^3·s)。其物理意义是单位传质推动力下，单位时间单位体积填料层内传递的溶质量。

对于稳态低浓度气体吸收，塔内气、液两相的物性变化较小，因此各截面上的体积传质

系数 K_Ya 和 K_Xa 变化不大，可视为常数，计算中通常取平均值。因此，可将上面两式积分，得

$$h=\int_{Y_2}^{Y_1}\frac{q_{nG}\mathrm{d}Y}{K_Ya\Omega(Y-Y^*)}=\frac{q_{nG}}{K_Ya\Omega}\int_{Y_2}^{Y_1}\frac{\mathrm{d}Y}{Y-Y^*} \tag{8.4.14}$$

$$h=\int_{X_2}^{X_1}\frac{q_{nL}\mathrm{d}X}{K_Xa\Omega(X^*-X)}=\frac{q_{nL}}{K_Xa\Omega}\int_{X_2}^{X_1}\frac{\mathrm{d}X}{X^*-X} \tag{8.4.15}$$

对于高浓度气体，由于 Y 较大，随着气相中溶质被吸收，气、液两相物性有较大变化。各截面上的 K_Ya 和 K_Xa 可能随塔高显著变化，因此，不能视为常数，此时式(8.4.14)和式(8.4.15)的积分需另作处理。

2. 传质单元数和传质单元高度

奇尔顿(Chilton)和柯尔本(Colburn)将计算填料层高度的积分式右侧分解为两项之积，并分别做如下定义：

$$N_{OG}=\int_{Y_2}^{Y_1}\frac{\mathrm{d}Y}{Y-Y^*}$$

式中：N_{OG}——气相总传质单元数，量纲为1。

$$H_{OG}=\frac{q_{nG}}{K_Ya\Omega}$$

式中：H_{OG}——气相总传质单元高度，m。

于是，有

$$h=H_{OG}\times N_{OG} \tag{8.4.16}$$

同样，也可以得到液相总传质单元数

$$N_{OL}=\int_{X_2}^{X_1}\frac{\mathrm{d}X}{X^*-X}$$

和液相总传质单元高度

$$H_{OL}=\frac{q_{nL}}{K_Xa\Omega}$$

以及

$$h=H_{OL}\times N_{OL}$$

传质单元数的分子为气相(液相)组成的变化，分母为传质推动力。所谓传质单元，是指通过一定高度的填料层传质，使一相组成的变化恰好等于该段填料中的平均推动力，这样一段填料层的传质称为一个传质单元。传质单元数即为这些传质单元的数目，只取决于传质前后气、液相的组成和相平衡关系，与设备的情况无关，其值的大小反映了吸收过程的难易程度。传质单元数越多，表示吸收过程难度越大。

传质单元高度是完成一个传质单元分离任务所需要的填料层高度，主要取决于设备情况、物理特性及操作条件等，其值大小反映了填料层传质动力学性能的优劣。对低浓度气体

的吸收，各传质单元的传质单元高度可以看作是相等的。

（二）传质单元数的计算

传质单元数的表达式中涉及气相或液相的平衡组成，需要用相平衡关系确定。根据相平衡曲线的不同，传质单元数的计算有不同的方法。以下对平衡关系是直线时的情况进行讨论。

1. 对数平均推动力法

低浓度气体吸收条件下，操作线和平衡线都是直线，所以操作线到平衡线的垂直距离 $\Delta Y=Y-Y^*$ 与气相组成 Y 或水平距离 $\Delta X=X^*-X$ 与液相组成 X 也呈直线关系，因此 $d(\Delta Y)/dY$ 或 $d(\Delta X)/dX$ 为常数，令塔底截面 $\Delta Y_1=Y_1-Y_1^*$，塔顶截面 $\Delta Y_2=Y_2-Y_2^*$，则

$$\frac{d\Delta Y}{dY}=\frac{\Delta Y_1-\Delta Y_2}{Y_1-Y_2}\quad 或\quad dY=\frac{Y_1-Y_2}{\Delta Y_1-\Delta Y_2}d\Delta Y$$

于是气相总传质单元数可以写成

$$N_{OG}=\int_{Y_2}^{Y_1}\frac{dY}{Y-Y^*}=\frac{Y_1-Y_2}{\Delta Y_1-\Delta Y_2}\int_{\Delta Y_2}^{\Delta Y_1}\frac{d\Delta Y}{\Delta Y}=\frac{Y_1-Y_2}{\Delta Y_1-\Delta Y_2}\ln\frac{\Delta Y_1}{\Delta Y_2}=\frac{Y_1-Y_2}{\Delta Y_m}\tag{8.4.17}$$

式中：ΔY_m——气相对数平均推动力，即

$$\Delta Y_m=\frac{\Delta Y_1-\Delta Y_2}{\ln\dfrac{\Delta Y_1}{\Delta Y_2}}$$

同理，可以求得液相总传质单元数为

$$N_{OL}=\int_{X_2}^{X_1}\frac{dX}{X^*-X}=\frac{X_1-X_2}{\Delta X_m}\tag{8.4.18}$$

式中：ΔX_m——液相对数平均推动力，即

$$\Delta X_m=\frac{\Delta X_1-\Delta X_2}{\ln\dfrac{\Delta X_1}{\Delta X_2}}$$

由以上表示可知，传质单元数为塔底和塔顶的组成差与塔底和塔顶的传质推动力对数平均值之比。

2. 吸收因数法

当平衡关系符合亨利定律时，有

$$Y^*=mX$$

又操作线方程为

$$Y=\frac{q_{nL}}{q_{nG}}(X-X_1)+Y_1$$

两式联立，可以求得

$$Y^*=m\left[\frac{q_{nG}}{q_{nL}}(Y-Y_2)+X_2\right]$$

代入气相传质单元数的表达式，得

$$N_{OG}=\int_{Y_2}^{Y_1}\frac{dY}{Y-Y^*}=\int_{Y_2}^{Y_1}\frac{dY}{Y-m\left[\frac{q_{nG}}{q_{nL}}(Y-Y_2)+X_2\right]} \tag{8.4.19}$$

$$N_{OG}=\int_{Y_2}^{Y_1}\frac{dY}{\left(1-\frac{mq_{nG}}{q_{nL}}\right)Y+\left(\frac{mq_{nG}}{q_{nL}}Y_2-mX_2\right)} \tag{8.4.20}$$

令 $S=\frac{q_{nL}}{mq_{nG}}$，称为吸收因子$\left(\frac{1}{S}=\frac{mq_{nG}}{q_{nL}}\text{为解吸因子}\right)$，则

$$N_{OG}=\int_{Y_2}^{Y_1}\frac{dY}{\left(1-\frac{1}{S}\right)Y+\left(\frac{1}{S}Y_2-mX_2\right)} \tag{8.4.21}$$

当 $S=1$ 时，有

$$N_{OG}=\int_{Y_2}^{Y_1}\frac{dY}{Y_2-mX_2}=\frac{Y_1-Y_2}{Y_2-mX_2}$$

当 $S\neq1$ 时，有

$$N_{OG}=\frac{1}{1-\frac{1}{S}}\ln\left[\left(1-\frac{1}{S}\right)\frac{Y_1-mX_2}{Y_2-mX_2}+\frac{1}{S}\right]$$

由上式可知，当 S 一定时，N_{OG} 与 $\frac{Y_1-mX_2}{Y_2-mX_2}$ 存在一一对应的关系，因此为了便于工程计算，在半对数坐标上以 $\frac{1}{S}$ 为参数，绘出 $N_{OG}-\frac{Y_1-mX_2}{Y_2-mX_2}$ 关系曲线，如图 8.4.3 所示。根据图 8.4.3，当 S 给定时，已知出塔气体气相组成 Y_2，可求得填料塔传质单元数 N_{OG}；反之，已知 N_{OG}，可以求出塔气体气相组成 Y_2。

$\frac{Y_1-mX_2}{Y_2-mX_2}$ 的大小反映了溶质吸收率的高低，当 S 一定时，溶质吸收率要求高，所需的传质单元数 N_{OG} 就大，反之亦然。若吸收要求一定，S 大，传质单元数 N_{OG} 就小，填料塔要求高度低，但吸收剂的用量大。

同样可以得到液相传质单元数的吸收因子表达式

$$N_{OL}=\frac{1}{S-1}\ln\left[\left(1-\frac{1}{S}\right)\frac{Y_1-mX_2}{Y_2-mX_2}+\frac{1}{S}\right] \tag{8.4.22}$$

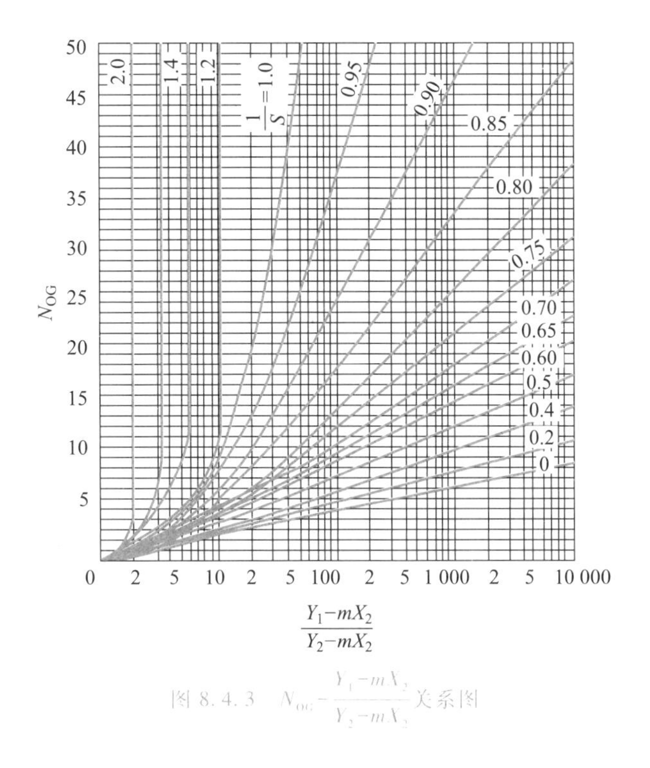

图 8.4.3　$N_{OG}-\frac{Y_1-mX_2}{Y_2-mX_2}$ 关系图

气相和液相传质单元数之间的关系为

$$N_{OG}=SN_{OL}$$

吸收因子是将液气比 q_{nL}/q_{nG} 和相平衡常数结合在一起的传质过程参数，根据 S 值偏离 1 的情况的不同，塔内各截面上传质推动力的相对大小和分布也不同。根据吸收任务和吸收的目的，应当选取合适的 S 值。例如，对于分离气体溶质并要求获得较高溶质回收率的吸收，应尽量在塔顶接近平衡，此时宜取 $S>1$；若是要求提高出塔吸收液中溶质浓度，应尽量在塔底接近平衡，宜取 $S<1$。S 值的选取还决定吸收剂的用量，如前所述，需要考虑设备费用和操作费用优化的问题。

对于平衡线是直线的吸收问题，既可以采用对数平均推动力法，也可以采用吸收因子法进行计算，可根据实际问题选择方便的方法。

五、吸收过程的计算类型

吸收计算通常按照给定条件、分离任务的不同，分为设计型计算和操作型计算：设计型计算是给出分离任务和要求，计算完成任务所需要的吸收塔的高度等；操作型计算是给定吸收塔的条件，由已知的操作条件计算最终的吸收效果，或者由要求的吸收效果确定需要的操作条件。

虽然类型不一样，但是所依据的都是物料衡算关系、相平衡关系和填料层高度计算式，只要联立这三个基本关系式，就可以求得相应的参数。求解方法有解析法和图解法：解析法可以得到准确的结果，但是对于包含非线性方程计算的，往往需要试差或迭代，计算比较麻烦；应用一些关联图进行图解计算不用试算，但是准确性较差，作为估算比较合适。

【例题 8.4.1】 在填料塔内用清水吸收空气中的氨气，空气的流率为0.024 kmol/(m²·s)，其中氨气的摩尔比为 0.015，入口清水流率为0.023 kmol/(m²·s)。操作条件下的相平衡关系为 $Y=0.8X$，总体积传质系数 $K_Y a=0.06$ kmol/(m³·s)。

(1) 如果氨气的吸收率为 99%，填料塔的塔高应为多少？

(2) 如果填料塔高为 6 m，则氨气的吸收率为多少？

解：(1) 进口氨气摩尔比 $Y_1=0.015$，出口摩尔比为

$$Y_2=(1-0.99)\times 0.015=1.5\times 10^{-4}$$

进口清水中氨浓度 $X_2=0$，出口吸收液中氨浓度 X_1 可以通过全塔的物料衡算求得：

$$X_1=X_2+\frac{q_{nG}}{q_{nL}}(Y_1-Y_2)=0+\frac{0.024}{0.023}\times(0.015-0.000\ 15)=0.015\ 5$$

塔底的传质推动力为

$$\Delta Y_1=Y_1-mX_1=0.015-0.8\times 0.015\ 5=0.002\ 6$$

塔顶的传质推动力为

$$\Delta Y_2=Y_2-mX_2=1.5\times 10^{-4}-0=1.5\times 10^{-4}$$

平均推动力为

$$\Delta Y_{\mathrm{m}}=\frac{\Delta Y_1-\Delta Y_2}{\ln\dfrac{\Delta Y_1}{\Delta Y_2}}=\frac{0.002\ 6-0.000\ 15}{\ln\dfrac{0.002\ 6}{0.000\ 15}}=0.000\ 86$$

所以传质单元数为

$$N_{\mathrm{OG}}=\frac{Y_1-Y_2}{\Delta Y_{\mathrm{m}}}=\frac{0.015-0.000\ 15}{0.000\ 86}=17.3$$

传质单元高度为

$$H_{\mathrm{OG}}=\frac{q_{nG}}{K_{Ya}\Omega}=\frac{0.024}{0.06}\ \mathrm{m}=0.4\ \mathrm{m}$$

所以填料塔的高度为

$$h=H_{\mathrm{OG}}\times N_{\mathrm{OG}}=0.4\times 17.3\ \mathrm{m}=6.92\ \mathrm{m}$$

(2) 填料塔的高度为 6 m，传质单元高度 $H_{\mathrm{OG}}=0.4$ m 时，传质单元数为

$$N_{\mathrm{OG}}=\frac{H}{H_{\mathrm{OG}}}=\frac{6}{0.4}=15$$

因此

$$N_{\mathrm{OG}}=\frac{Y_1-Y_2}{\Delta Y_{\mathrm{m}}}=\frac{Y_1-Y_2}{\dfrac{(Y_1-mX_1)-(Y_2-mX_2)}{\ln\dfrac{Y_1-mX_1}{Y_2-mX_2}}}=\frac{0.015-Y_2}{\dfrac{(0.015-0.8X_1)-Y_2}{\ln\dfrac{0.015-0.8X_1}{Y_2}}}=15$$

又根据全塔的物料衡算 $q_{nG}(Y_1-Y_2)=q_{nL}(X_1-X_2)$，得

$$0.024\times(0.015-Y_2)=0.023X_1$$

联立以上两个方程，求得 $Y_2=2.23\times10^{-4}$，所以，氨气的吸收率为

$$\varphi=\frac{Y_1-Y_2}{Y_1}=\frac{0.015-2.23\times10^{-4}}{0.015}=0.985=98.5\%$$

以上计算需求解非线性方程，比较复杂，下面采用吸收因子法计算。

吸收因子为

$$S=\frac{q_{nL}}{mq_{nG}}=\frac{0.023}{0.8\times0.024}=1.198$$

因此，传质单元数为

$$N_{OG}=\frac{1}{1-\frac{1}{S}}\ln\left[\left(1-\frac{1}{S}\right)\frac{Y_1-mX_2}{Y_2-mX_2}+\frac{1}{S}\right]$$

$$\frac{1}{1-0.835}\ln\left[(1-0.835)\times\frac{0.015}{Y_2}+0.835\right]=15$$

求得 $Y_2=2.24\times10^{-4}$，所以，氨气吸收率为

$$\varphi=\frac{Y_1-Y_2}{Y_1}=\frac{0.015-2.24\times10^{-4}}{0.015}=0.985=98.5\%$$

以上计算涉及吸收塔的设计型和操作型计算，以及平均推动力法和吸收因子法。

术语中英文对照

- 相间传质 interphase mass transfer
- 吸收剂 absorbent
- 溶质 solute
- 惰性组分 inert constituents
- 湿式烟气脱硫 wet flue gas desulfurization
- 等温吸收 isothermal absorption
- 亨利定律 Henry's law
- 气液平衡 gas-liquid equilibrium
- 饱和浓度 saturated concentration
- 溶解度曲线 solubility curve
- 相平衡 phase equilibrium
- 双膜理论 two-film theory
- 相界面 phase interface
- 主体浓度 bulk concentration
- 扩散速率 diffusion rate
- 反应速率 reaction rate
- 化学吸收 chemisorption
- 逆/并流 countercurrent/parallel flow
- 填料塔 packed tower, packed column

思考题与习题

8.1 思考题

（1）利用吸收法净化气态污染物有哪些特点？

（2）相际传质过程的推动力有几种表示方法？推动力受哪些因素影响？若要增加推动力可以采取哪些措施？

（3）描述吸收过程时为什么一般采用总传质速率方程？

（4）化学吸收与物理吸收的主要区别是什么？如何解释化学吸收中传质速率的增加？

（5）如果希望溶质的回收率尽量大，可以采取哪些措施？如果希望从塔底流出的吸收液中溶质的浓度尽量高，可以采取哪些措施？

（6）传质单元的意义是什么？传质单元数和传质单元高度与哪些因素有关？

8.2 在 30 ℃，常压条件下，用吸收塔清水逆流吸收空气-SO_2 混合气体中的 SO_2，已知气-液相平衡关系式为 $y^*=47.87x$，入塔混合气中 SO_2 摩尔分数为 0.05，出塔混合气 SO_2 摩尔分数为 0.002，出塔吸收液中每 100 g 含有 SO_2 0.356 g。试分别计算塔顶和塔底处的传质推动力，用 Δy、Δx、Δp、Δc 表示。

8.3 吸收塔内某截面处气相组成为 $y=0.05$，液相组成为 $x=0.01$，两相的平衡关系为$y^*=2x$，如果两相的传质系数分别为 $k_y=1.25\times10^{-5}$ kmol/(m²·s)，$k_x=1.25\times10^{-5}$ kmol/(m²·s)，试求该截面上传质总推动力，总阻力，气、液两相的阻力和传质速率。

8.4 用吸收塔吸收空气中的 SO_2，条件为常压，30 ℃，相平衡常数为$m=26.7$，在塔内某一截面上，气相中 SO_2 分压为 4.1 kPa，液相中 SO_2 浓度为 0.05 kmol/m³，气相传质系数为 $k_G=1.5\times10^{-2}$ kmol/(m²·h·kPa)，液相传质系数为 $k_L=0.39$ m/h，吸收液密度近似水的密度。试求：

（1）截面上气液相界面上的浓度和分压；

（2）总传质系数、传质推动力和传质速率。

8.5 101.3 kPa 操作压力下，在某吸收截面上，含氨 0.03 摩尔分数的气体与氨浓度为 1 kmol/m³ 的溶液发生吸收过程，已知气膜传质系数为 $k_G=5\times10^{-6}$ kmol/(m²·s·kPa)，液膜传质系数为 $k_L=1.5\times10^{-4}$ m/s，操作条件下的溶解度系数 $H=0.73$ kmol/(m²·kPa)，试计算：

（1）界面上两相的组成；

（2）以分压差和摩尔浓度差表示的总传质推动力、总传质系数和传质速率；

（3）分析传质阻力，判断是否适合采取化学吸收，如果采用酸溶液吸收，传质速率提高多少。假设发生瞬时不可逆反应。

8.6 利用吸收分离两组分气体混合物，操作总压为 310 kPa，气、液相传质系数分别为 $k_y=3.77\times10^{-3}$ kmol/(m²·s)，$k_x=3.06\times10^{-4}$ kmol/(m²·s)，气、液两相平衡符合亨利定律，关系式为 $p^*=1.067\times10^4x$（p^* 的单位为 kPa），计算：

（1）总传质系数；

（2）传质过程的阻力分析；

（3）根据传质阻力分析，判断是否适合采取化学吸收，如果发生瞬时不可逆化学反应，传质速率会提高多少倍？

8.7 已知常压下，20 ℃时，CO_2 在水中的亨利常数为 1.44×10^5 kPa，并且已知以下两个反应的平衡常数

$$CO_2+H_2O \rightleftharpoons H_2CO_3 \quad K_1=2.5\times10^{-3}$$

$$H_2CO_3 \rightleftharpoons H^+ + HCO_3^- \quad K_2=1.7\times10^{-4}\ \text{kmol/m}^3$$

若平衡状态下气相中的 CO_2 分压为 10 kPa，求水中溶解的 CO_2 的浓度。

（CO_2 在水中的一级解离常数为 $K=4.3\times10^{-7}$ kmol/m³，实际上包含了上述两个反应平衡，$K=K_1K_2$）

8.8 在吸收塔中，用清水自上而下并流吸收混合气中的氨气。已知气体流量为1 000 m³/h（标准状态），氨气的摩尔分数为 0.01，塔内为常温常压，此条件下氨的相平衡关系为 $Y^*=0.93X$，求：

（1）用 5 m³/h 的清水吸收，氨气的最高吸收率；

（2）用 10 m³/h 的清水吸收，氨气的最高吸收率；

（3）用 5 m³/h 的含氨 0.5%（质量分数）的水吸收，氨气的最高吸收率。

8.9 在两个吸收塔 a 和 b 中用清水吸收某种气态污染物，气-液相平衡符合亨利定律。如附图所示，采用不同的流程，试定性地绘出各个流程相应的操作线和平衡线位置，并在图上标出流程图中各个浓度符号的位置。

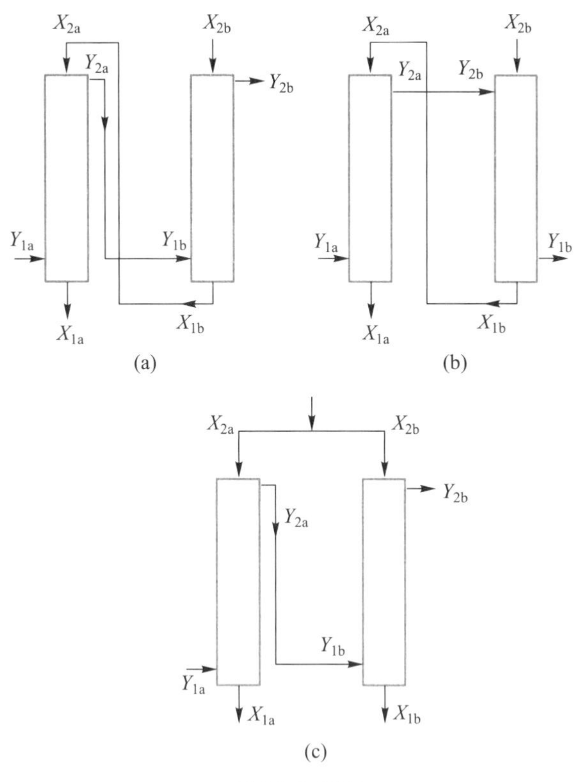

习题 8.9 附图

8.10 用吸收法除去有害气体，已知操作条件下相平衡关系为 $y^* = 1.5x$，混合气体初始含量为 $y_1 = 0.1$，吸收剂入塔浓度为 $x_2 = 0.001$，液气比为 2。已知在逆流操作时，气体出口浓度为 $y_2 = 0.005$。如果操作条件不变，而改为并流操作，气体的出口含量是多少？逆流操作吸收的溶质是并流操作的多少倍？假设总体积传质系数不变。

8.11 用一个吸收塔吸收混合废气中的气态污染物 A，已知 A 在气、液两相中的平衡关系为 $y^* = x$，气体入口浓度为 $y_1 = 0.1$，液体入口浓度为 $x_2 = 0.01$。

（1）如果要求吸收率达到 80%，求最小液气比；

（2）气态污染物 A 的最大吸收率可以达到多少，此时液体出口的最大浓度为多少？

8.12 在逆流操作的吸收塔中，用清水吸收混合废气中的组分 A，入塔气体溶质体积分数为 0.01，已知操作条件下的相平衡关系为 $y^* = x$，吸收剂用量为最小用量的 1.5 倍，气相总传质单元高度为 1.2 m，要求吸收率为 80%，求填料层的高度。

8.13 在填料塔中用清水吸收空气中的某气态污染物，在其他条件不变的情况下，将吸收率从 95% 提高到 98%，则吸收剂的用量增加多少倍？假设过程为气膜控制吸收过程，吸收因子 $S = 1.779$。

8.14 在填料层高度为 5 m 的填料塔内，用清水吸收空气中的某气态污染物。液气比为 1.0，吸收率为 90%，操作条件下的相平衡关系为 $Y^* = 0.5X$。如果改用另外一种填料，在相同的条件下，吸收率可以提高到 95%，试计算两种填料的气相总体积传质系数之比。

8.15 用吸收塔吸收空气中的某种气态污染物，已知该气态污染物在气液两相间的相平衡方程为 $Y^* = 2X$，气膜传质阻力 $1/k_Y = 2\times10^5\ \mathrm{m^2\cdot s/kmol}$，液膜传质阻力 $1/k_X = 1\times10^4\ \mathrm{m^2\cdot s/kmol}$。吸收塔的惰性空气流量 $q_{nG} = 0.04\ \mathrm{kmol/(m^2\cdot s)}$，吸收剂流量 $q_{nL} = 0.08\ \mathrm{kmol/(m^2\cdot s)}$。吸收塔横截面积 $\Omega = 2\ \mathrm{m^2}$，高 $h = 3$ m，填

料层的有效传质比表面积 $a=5\ 000\ m^2/m^3$。气态污染物的进口浓度 $Y_1=0.1$,吸收剂的出口浓度 $X_1=0.04$,求:

(1) 以摩尔比差为推动力的气相总传质系数 K_Y 和液相总传质系数 K_X;

(2) 吸收塔底部的气相传质推动力 ΔY_1,以及全塔的气相平均传质推动力 ΔY_m;

(3) 气态污染物的出口浓度 Y_2 和吸收剂的进水浓度 X_2。

8.16 一逆流填料塔用以吸收混合气体中的丙酮。入塔时含丙酮 0.005(摩尔分数,下同),入塔气体中丙酮含量为 0.08,操作时的液气比为 0.6,并测出出塔气体中丙酮含量为 0.003 7。已知气液平衡关系为 $y^*=0.45x$,且为气膜阻力控制过程,$K_y a \propto q_{nG}^{0.7}$,试求:

(1) 吸收率、气相总传质单元数和最小液气比;

(2) 液体量增加 25%(气体量不变)的吸收率;

(3) 气体量增加 25%(液体量不变)的吸收率;

(4) 若要求吸收率为 97%,则应采取什么措施,试作简要分析。

8.17 有一吸收塔,在 20 ℃和 101.3 kPa 下操作。空气-丙酮混合气中含有 6%(体积分数)的丙酮,混合气量为 1 400 m^3/h。塔顶喷淋的清水量为 3 000 kg/h,丙酮吸收率为 98%。平衡关系为 $Y^*=1.68X$。已知塔径为 0.7 m,有效传质比表面积为 200 m^2/m^3,总传质系数 $K_Y=0.4\ kmol/(m^2\cdot h)$。试求:

(1) 传质单元数和填料层高度;

(2) 当操作压力增加一倍时,填料层高度如何改变才能保持原来的吸收率?

本章主要符号说明

拉丁字母

a——填料层的有效传质比表面积,m^2/m^3;

c——液相中溶质的物质的量浓度,$kmol/m^3$;

c_0——液相总浓度,$kmol/m^3$;

E——亨利常数,Pa;

h——吸收塔高度,m;

H——溶解度系数,$kmol/(m^3\cdot Pa)$;

H_{OG}——气相总传质单元高度,m;

H_{OL}——液相总传质单元高度,m;

k_G——以气相分压差为推动力的气膜传质系数,$kmol/(m^2\cdot s\cdot Pa)$;

k_L——以液相浓度差为推动力的液膜传质系数,m/s;

K——化学反应平衡常数;

K_1——解离常数;$kmol/m^3$;

K_G——以气相分压差为推动力的总传质系数,$kmol/(m^2\cdot s\cdot Pa)$;

K_L——以液相浓度差为推动力的总传质系数,m/s;

K_x——以液相摩尔分数差为推动力的总传质系数,$kmol/(m^2\cdot s)$;

K_X——以液相摩尔比差为推动力的总传质系数,$kmol/(m^2\cdot s)$;

K_y——以气相摩尔分数差为推动力的总传质系数,$kmol/(m^2\cdot s)$;

K_Y——以气相摩尔比差为推动力的总传质系数,$kmol/(m^2\cdot s)$;

$K_X a$——液相总体积传质系数,$kmol/(m^3\cdot s)$;

$K_Y a$——气相总体积传质系数,$kmol/(m^3\cdot s)$;

m——相平衡系数;

N_A——溶质 A 的传质速率,$kmol/(m^2\cdot s)$;

N_{OG}——气相总传质单元数;

N_{OL}——液相总传质单元数;

p——气相总压,Pa;

p_A——溶质 A 的气相分压,Pa;

q_{nG}——通过吸收塔的惰性气体摩尔流量,kmol/s;

q_{nL}——通过吸收塔的吸收剂摩尔流量,kmol/s;

R——化学反应转化率;

S——吸收因子,$S=\dfrac{q_{nL}}{mq_{nG}}$;

x——液相中溶质摩尔分数；

X——液相中溶质摩尔比；

y——气相中溶质的摩尔分数；

Y——气相中溶质摩尔比。

希腊字母

β——由于化学反应液相传质的增强系数；

δ——由于化学反应增加的液相传质推动力；kmol/m^3；

Ω——吸收塔的横截面积，m^2；

φ——吸收塔中溶质吸收率。

上标

*——平衡状态。

下标

i——界面。

知识体系图

第九章　吸　　附

第一节　吸附分离操作的基本概念

吸附分离操作是通过多孔固体物料与某一混合组分体系接触,有选择地使体系中的一种或多种组分附着于固体表面,从而实现特定组分分离的操作过程。其中被吸附到固体表面的组分称为吸附质,吸附吸附质的多孔固体称为吸附剂。吸附质附着到吸附剂表面的过程称为吸附,而吸附质从吸附剂表面逃逸到另一相中的过程称为解吸。通过解吸,吸附剂的吸附能力得到恢复,故解吸也称为吸附剂的再生。作为被分离对象的体系可以是气相,也可以是液相,吸附过程是发生在“气-固”或“液-固”体系的非均相界面上。

一、吸附分离操作的分类

(一)按作用力性质分类

根据吸附剂和吸附质之间作用力性质的不同,吸附过程可以分为物理吸附和化学吸附。物理吸附是由于吸附质分子与吸附剂表面分子间存在的范德瓦耳斯力所引起的,当吸附剂表面分子与吸附质分子间的引力大于流体相内部分子间的引力时,吸附质分子就被吸附在固体表面上,这种吸附也称为范德瓦耳斯吸附。化学吸附又称活性吸附,它是由于吸附剂和吸附质之间发生化学反应而引起的,化学吸附的强弱取决于两种分子之间化学键力的大小。

吸附过程是放热过程,由于通常化学键力大大超过范德瓦耳斯力,所以化学吸附的吸附热比物理吸附的吸附热大得多。物理吸附的吸附热在数值上与吸附质的冷凝热相当,而化学吸附的吸附热在数值上相当于化学反应热。

(二)按吸附剂再生方法分类

吸附过程还可以根据吸附剂的再生方法分为变温吸附(temperature swing adsorption, TSA)和变压吸附(pressure swing adsorption, PSA)。在 TSA 循环中,吸附剂主要靠加热法得到再生。一般加热借助预热清洗气体来实现,每个加热-冷却循环通常需要数小时乃至数十小时。因此,TSA 几乎专门用于处理量较小的物料的分离。

PSA 循环过程是通过改变系统的压力来实现的。系统加压时,吸附质被吸附剂吸附;降低系统压力,则吸附剂发生解吸,再通过惰性气体的清洗,吸附剂得到再生。由于压力的改变可以在极短时间内完成,所以 PSA 循环过程通常只需要数分钟乃至数秒钟。PSA 循环过程被广泛用于大通量气体混合物的分离。

(三)按原料组成分类

吸附分离过程也可以根据吸附质组分的浓度分为大吸附量分离和杂质去除。两者之间并没有明确的分界线,通常当被吸附组分的质量分数超过 10%时,称为大吸附量分离,当被吸附组分的质量分数低于 10%时,称为杂质去除。

（四）按分离机理分类

吸附分离是借助三种机理之一来实现的，即位阻效应、动力学效应和平衡效应。位阻效应是由沸石的分子筛分性质产生的。当流体通过吸附剂时，只有足够小且形状适当的分子才能扩散进入吸附剂微孔，而其他分子则被阻挡在外。动力学分离是借助不同分子的扩散速率之差来实现的。大部分吸附过程都是通过流体的平衡吸附来完成的，故称之为平衡分离过程。

二、吸附分离操作的应用

吸附分离操作的应用范围很广，既可以对气体或液体混合物中的某些组分进行大吸附量分离，也可以去除混合物中的痕量杂质。吸附分离操作在实际工业生产中的应用主要有以下几个方面：

（1）气体或溶液的脱水及深度干燥：如空气除湿等。

（2）气体或溶液的除臭、脱色及溶剂蒸气的回收：如工厂排气中稀薄溶剂蒸气的回收、去除等。

（3）气体预处理及痕量物质的分离：如天然气中水分、酸性气体的分离等。

（4）气体的大吸附量分离：如从空气中分离制取氧、氮，沼气中分离提纯甲烷等。

（5）石油烃馏分的分离：如对二甲苯与间二甲苯的分离。

（6）食品工业的产品精制：如葡萄糖浆的精制。

（7）环境保护：如副产品的综合利用回收，废水、废气中有害物质的去除等。

（8）其他应用：如海水中钾、铀等金属离子的分离富集，稀土金属的吸附回收，储能材料等。

传统上，吸附分离操作仅作为脱色、除臭和干燥脱水等辅助过程得到应用。随着合成沸石分子筛、碳分子筛等新型吸附剂的开发，吸附剂对各种性质相近组分的选择性系数大大提高，加之连续吸附分离工艺的开发和改进，近 20 多年来吸附分离技术得到了迅速发展，正日益成为重要的分离技术。对于液相吸附，我国已建成多套年产万吨以上的对二甲苯生产装置；对于气相吸附分离，合成氨释放气变压吸附分离氢气装置、大型变压吸附空气分离装置均已实现工业化，并得到推广普及。

第二节　吸　附　剂

工业上常采用天然矿物，如硅藻土、白土、天然沸石等作为吸附剂，虽然其吸附能力较弱，选择吸附分离能力较差，但价廉易得，主要用于产品的简易加工。硅藻土在 80~110 ℃的温度下，经硫酸处理活化后得到活性白土，在炼油工业上作为脱色、脱硫剂应用较多。此外，常用的吸附剂还有活性炭、硅胶、活性氧化铝、沸石分子筛、碳分子筛、活性炭纤维、金属吸附剂和各种专用吸附剂等。

一、常用吸附剂的主要特性

一般而言，任何固体物质的表面都对流体分子具有一定的物理吸附作用，但作为工业应用的吸附剂应具有以下特性：

(1) 吸附容量大:由于吸附过程发生在吸附剂表面,所以吸附容量取决于吸附剂表面积的大小。吸附剂表面积包括吸附剂颗粒的内表面积和外表面积,通常吸附剂的总表面积主要由颗粒孔隙内表面积提供,外表面积只占总表面积的极小部分。吸附剂的总表面积与颗粒微孔的尺寸、数量及排列有关,一般孔径为 20~100 Å,比表面积可达每克数百至数千平方米。

(2) 选择性强:为了实现对目的组分的分离,吸附剂对要分离的目的组分应有较大的选择性,吸附剂的选择性越高,一次吸附操作的分离就越完全。因此,对于不同的混合体系应选择适合的吸附剂。例如,活性炭对 SO_2 和 NH_3 的吸附能力远远大于空气,通常被用来分离空气中的 SO_2 和 NH_3,达到净化空气的目的。吸附剂对吸附质的吸附能力随吸附质沸点的升高而增大,当吸附剂与流体混合物接触时,首先吸附高沸点的组分。

(3) 稳定性好:吸附剂应具有较好的热稳定性,在较高温度下解吸再生其结构不会发生太大的变化。同时,还应具有耐酸耐碱的良好化学稳定性。

(4) 适当的物理特性:吸附剂应具有良好的流动性和适当的堆积密度,对流体的阻力较小。另外,还应具备一定的机械强度,以防在运输和操作过程中发生过多的破碎,造成设备堵塞或组分污染。吸附剂破碎还是造成吸附剂损失的直接原因。

(5) 价廉易得。

工业上常用的吸附剂的种类、性质及用途见表 9.2.1。

表 9.2.1 吸附剂的种类、性质及用途

名称	粒度(目数)	颗粒密度 $kg \cdot m^{-3}$	颗粒孔隙率	填充密度 $kg \cdot m^{-3}$	比表面积 $m^2 \cdot g^{-1}$	平均孔径 Å	用途
活性炭							溶剂回收、碳氢化合物气体分离、气体精制、溶液脱色、水净化、气体除臭等
成型	4~10	700~900	0.5~0.65	350~550	900~1 300	20~40	
破碎	6~32	700~900	0.5~0.65	350~550	900~1 500	20~40	
粉末	<100	500~700	0.6~0.8	450~550	700~1 300	20~60	
硅胶	4~10	1 300~1 100	0.4~0.45	700~800	300~700	20~50	气体干燥、溶剂脱水、碳氢化合物分离等
活性氧化铝	2~10	1 800~1 000	0.45~0.7	600~900	200~300	40~100	气体除湿、液体脱水等
活性白土	16~60	950~1 150	0.55~0.65	450~550	120	80~180	油品脱色、气体干燥等

二、几种常用的吸附剂

(一) 活性炭

活性炭是由煤或木质原料加工得到的产品,通常一切含碳的物料,如煤、重油、木材、果核、秸秆等都可以加工成黑炭,经活化后制成活性炭。常用的活性炭活化方法有药剂活化法

和水蒸气活化法两种。前者是将含碳原材料炭化后，用氯化锌、硫化钾和磷酸等药剂进一步活化。目前多采用将氯化锌直接与原材料混合，同时进行炭化和活化的方法，这种方法主要用于制粉炭。后者是将炭化和活化分别进行，即将干燥的物料经破碎、混合、成型后，送入炭化炉内，在 200~600 ℃下炭化以去除大部分挥发性物质，炭化温度取决于原料的水分及挥发性物质含量。然后在 800~1 000 ℃下部分气化形成孔道结构高度发达的活性炭。气化过程中使用的气体除了水蒸气外，还可以是空气、烟道气或 CO_2。

活性炭具有比表面积大的特征，其比表面积可达每克数百甚至上千平方米，居各种吸附剂之首。活性炭具有非极性表面，属疏水和亲有机物的吸附剂。活性炭的特点是吸附容量大，热稳定性高，化学稳定性好，解吸容易。

（二）活性炭纤维

活性炭纤维是将活性炭编织成各种织物的一种吸附剂形式。由于其对流体的阻力较小，因此其装置更加紧凑。活性炭纤维的吸附能力比一般活性炭要高 1~10 倍，对恶臭的脱除最为有效，特别是对丁硫醇的吸附量比颗粒活性炭高出 40 倍。在废水处理中，活性炭纤维也比颗粒活性炭去除污染物的能力强。

活性炭纤维分为两种，一种是将超细活性炭微粒加入增稠剂后与纤维混纺制成单丝，或用热熔法将活性炭黏附于有机纤维或玻璃纤维上，也可以与纸浆混粘制成活性炭纸。另一种是以人造丝或合成纤维为原料，与制备活性炭一样经过炭化和活化两个阶段，加工成具有一定比表面积和一定孔分布结构的活性炭纤维。

（三）碳分子筛

碳分子筛类似沸石分子筛具有接近分子大小的超微孔，由于孔径分布均一，在吸附过程中起到分子筛的作用，故称之为碳分子筛，但其孔隙形状与沸石分子筛完全不同。碳分子筛与活性炭同样由微晶炭构成，具有表面疏水的特性，耐酸碱性、耐热性和化学稳定性较好，但不耐燃烧。

由于活性炭的孔径分布较广，故对同系化合物或有机异构体的选择系数较低，选择分离能力较弱。而经过严格加工的碳分子筛孔径分布较窄，孔径大小均一，能选择性地让尺寸小于孔径的分子进入微孔，而尺寸大于孔径的分子则被阻隔在微孔外，从而起到筛选分子的作用。碳分子筛的制备方法有热分解法、热收缩法、气体活化法、蒸汽吸附法等。

许多组分在碳分子筛上的平衡吸附常数接近，但在常温下的扩散系数差别较大，如氧和氮的扩散系数相差 2~3 倍，乙烷和乙烯的扩散系数相差 3 倍，丙烷与丙烯的扩散系数相差 5 倍。在这种情况下，碳分子筛可以利用不同组分扩散系数的差别完成分离。在氧和氮分离过程中，当微孔孔径控制在 0. 3~0. 4 nm 时，氧在孔隙中的扩散速度比氮快，因而在短时间内主要吸附氧，氮则从床层中流出。相反，采用沸石分子筛作为吸附剂时，由于其表面静电场与氮分子的四极作用对氮产生强吸附，氮的吸附量比氧多，氧从床层中通过。

（四）硅胶

硅胶是一种坚硬无定形链状或网状结构的硅酸聚合物颗粒，由水玻璃溶液加酸得到的凝胶经老化、水洗、干燥后制成，属亲水性的极性吸附剂。硅胶的化学式为 $SiO_2 \cdot nH_2O$。与活性炭相比，硅胶的孔径分布单一且窄小，其孔径为数十埃。由于硅胶表面羟基产生一定的极性，使硅胶对极性分子和非饱和烃具有明显的选择性。

硅胶作为极性吸附剂能吸附大量的水分。当其吸附气体中的水分时，可达自身重量的50%，因此硅胶常被用于高湿度气体的干燥。硅胶吸附水分时的放热量很大，可使自身温度高达 100 ℃，并伴随颗粒破碎。而活性炭的吸附热较小，吸湿后仅升温 10～20 ℃左右。硅胶除作为催化剂载体外，主要用于各种气体的干燥脱水。

（五）活性氧化铝

活性氧化铝是由含水氧化铝加热脱水制成的一种极性吸附剂。活性氧化铝与硅胶不同，不仅含有无定形凝胶，还含有氢氧化物晶体形成的刚性骨架结构。活性氧化铝无毒、坚硬，对多数气体和蒸汽稳定，在水或液体中浸泡不会软化、膨胀或破碎，具有良好的机械强度。

活性氧化铝的比表面积为 200～300 m^2/g，对水分有极强的吸附能力，主要用于气体和液体的干燥、石油气的浓缩与脱硫。同时也是常用的催化剂载体。

（六）沸石分子筛

沸石分子筛是硅铝四面体形成的三维硅铝酸盐金属结构的晶体，是一种具有均一孔径的强极性吸附剂。每一种沸石分子筛都具有相对均一的孔径，其大小随分子筛种类的不同而异，大致相当于分子的大小。

沸石有天然沸石和人工合成沸石，其化学通式为

$$\mathrm{Me}_{x/n}[(\mathrm{AlO}_2)_x(\mathrm{SiO}_2)_y]\cdot m\mathrm{H_2O}$$

式中：Me——阳离子；

n——原子价数；

m——结晶水分子数；

x,y——化学式中的原子配平数。

天然沸石的种类很多，但并非所有的天然沸石都具有工业价值。目前实用价值较大的天然沸石有斜发沸石、镁沸石、毛沸石、片沸石、钙十字沸石、丝光沸石等。天然沸石虽然具有种类多、分布广、储量大、价格低廉等优点，但由于天然沸石杂质多、纯度低，在许多性能上不如合成沸石，所以人工合成沸石在工业生产中占有相当重要的地位。

目前人工合成的沸石分子筛已有 100 多种，工业上最常用的合成分子筛有 A 型、X 型、Y 型、L 型、丝光沸石和 ZSM 系列沸石。

沸石分子筛的吸附特性、孔径大小及物化性质均随硅铝比的变化而改变。按硅铝比的大小沸石分子筛可以分为低硅铝比沸石（硅铝比为 1～1.5）、中硅铝比沸石（硅铝比为 2～5）、高硅沸石（硅铝比为 10～100）和硅分子筛。沸石分子筛的极性随着硅铝比的增加而逐渐减弱。低硅铝比的沸石能对气体或液体进行脱水和深度干燥，而且在较高的温度和相对湿度下仍具有较强的吸附能力。此外，随着硅铝比的增加，沸石分子筛的“酸性”提高，阳离子含量减少，热稳定性从低于 700 ℃升高至 1 300 ℃左右，表面选择性从亲水变为憎水，抗酸性能提高，按照 A 型<X 型<Y 型<L 型<毛沸石<丝光沸石的次序增强，在碱性介质中的稳定性则相应降低。

第三节 吸附平衡

吸附是与吸附剂和吸附质的性质、吸附剂的表面特性及其他多种条件相关的复杂现象。目前,对单组分气体的吸附研究比较透彻,其他像混合气体的同时吸附、液相吸附等的机理尚未充分了解,一些相关的理论在应用上都有一定的局限性。

对于物理吸附,当吸附剂表面的引力大于气体分子的热运动产生的反作用力时,气体在吸附剂表面发生凝聚。平衡状态下吸附剂上吸附质的分压等于气相中该组分的分压,气相分压下降或温度上升则被吸附的气体很容易从吸附剂表面发生脱附。工业化吸附操作过程中,吸附质的回收、吸附剂的再生利用都是基于这种原理。

由于分子之间的化学键力远大于物理吸附的作用力,化学吸附往往是不可逆过程。本节主要介绍物理吸附,对于化学吸附不做详细介绍。

一、单组分气体吸附

首先考虑单一组分气体的吸附或混合气体中只有一个组分发生吸附而其他组分几乎不被吸附的情况。一般来说,吸附剂对于相对分子质量大、临界温度高、挥发度低的气体组分的吸附要比对相对分子质量小、临界温度低、挥发度高的气体组分的吸附更加容易。优先被吸附组分可以置换已经被吸附的其他组分。在溶剂回收、气体精制过程中,经常遇到的情况是用吸附剂处理混有苯、丙酮、水蒸气等组分的空气。这时,挥发度较高的空气的存在可以认为不对吸附剂与这些低挥发度气体组分之间的平衡关系产生任何影响。而只有进行挥发度相近组分的混合气体的吸附分离时,各组分的吸附量存在平衡关系。

(一)吸附平衡理论

在一定条件下吸附剂与吸附质接触时,吸附质会在吸附剂上发生凝聚,与此同时,凝聚在吸附剂表面的吸附质也会向气相中逸出。当两者的变化速率相等,吸附质在气、固两相中的浓度不再随时间发生变化时,称这种状态为吸附平衡状态。当气体和固体的性质一定时,平衡吸附量是气体压力及温度的函数,即

$$q=f(p,T) \tag{9.3.1}$$

式中:q——平衡吸附量,kg(吸附质)/kg(吸附剂)或 kmol(吸附质)/kg(吸附剂)。

通常情况下,吸附量随温度的上升而减少,随分压的升高而增大。低温、高压情况下吸附量大,极低温情况下吸附量显著增大。在恒定温度下,吸附剂的平衡吸附量 q 与吸附质在气相中的组分分压 p 的关系曲线称为吸附等温线。图 9.3.1 为不同温度下 NH_3 在木炭上的吸附等温线。当吸附质组分分压较低时,吸附等温线斜率较大,可以近似看作直线。这说明在低压范围内,吸附量 q 与其分压 p 成正比。随着分压的增大,吸附等温线斜率减小,曲线逐渐趋于平缓,说明吸附量受分压的影响减弱,最终达到饱和吸附量,吸附剂不再具有吸附能力。

图 9.3.2 所示为 20 ℃时各种有机溶剂蒸气在活性炭上的吸附等温线。由图可以看出,相同温度下同一吸附剂对不同吸附质的吸附能力不同。

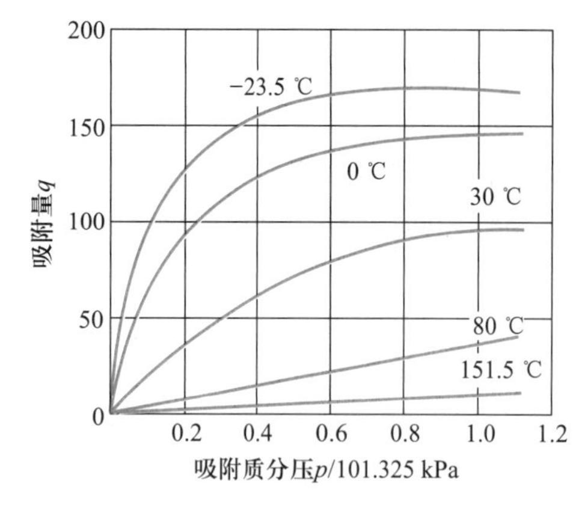

图 9.3.1 不同温度下 NH_3 在木炭上的吸附等温线

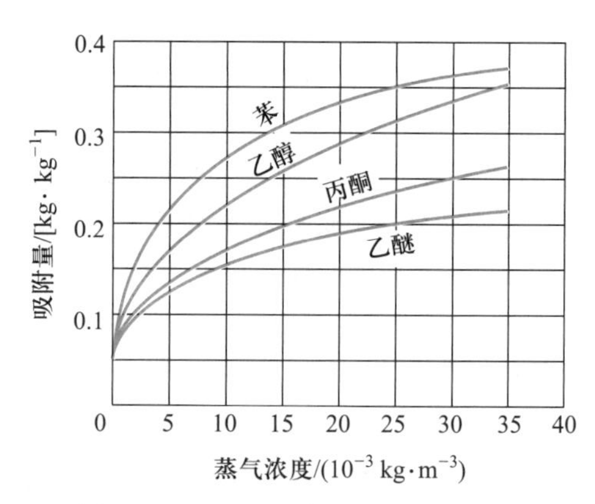

图 9.3.2 20 ℃时各种有机溶剂蒸气在活性炭上的吸附等温线

许多学者提出了描述等温吸附条件下吸附量与分压的关系式,称为等温吸附方程。具有代表性的等温吸附方程主要有弗罗因德利希(Freundlich)方程、朗缪尔(Langmuir)方程、BET 方程等。

1. 弗罗因德利希方程

以 q 表示平衡吸附量,p 表示吸附质的分压,q 与 p 的关系可以表示为

$$q=kp^{1/n} \tag{9.3.2}$$

式中:k——常数;

n——常数,$n\geqslant 1$。

式(9.3.2)表明吸附量与吸附质分压的 $1/n$ 次方成正比。由于吸附等温线的斜率随吸附质分压的增加有较大变化,该方程往往不能描述整个分压范围的平衡关系,特别是在低压和高压区域内不能得到满意的实验拟合效果。

2. 朗缪尔方程

朗缪尔的研究认为固体表面的原子或分子存在向外的剩余价力,它可以捕捉气体分子。这种剩余价力的作用范围与分子直径相当,因此吸附剂表面只能发生单分子层吸附。该方程推导的基本假定为:① 吸附剂表面性质均一,每一个具有剩余价力的表面分子或原子吸附一个气体分子;② 气体分子在固体表面为单层吸附;③ 吸附是动态的,被吸附分子受热运动影响可以重新回到气相;④ 吸附过程类似于气体的凝结过程,脱附类似于液体的蒸发过程,达到吸附平衡时,脱附速率等于吸附速率;⑤ 气体分子在固体表面的凝结速率正比于该组分的气相分压;⑥ 吸附在固体表面的气体分子之间无作用力。

设吸附剂表面覆盖率为 θ,则 θ 可以表示为

$$\theta=\frac{q}{q_m} \tag{9.3.3}$$

式中:q_m——吸附剂表面所有吸附点均被吸附质覆盖时的吸附量,即饱和吸附量。

气体的脱附速率与 θ 成正比,可以表示为 $k_d\theta$,气体的吸附速率与剩余吸附面积$(1-\theta)$和气体分压成正比,可以表示为 $k_ap(1-\theta)$。吸附达到平衡时,吸附速率与脱附速率相等,则

$$\frac{\theta}{1-\theta}=\frac{k_a}{k_d}p \tag{9.3.4}$$

式中：k_a—— 吸附速率常数；

k_d—— 脱附速率常数。

将(9.3.3)代入式(9.3.4)，整理后可得单分子层吸附的朗缪尔方程

$$q=\frac{k_1 p q_m}{1+k_1 p} \tag{9.3.5}$$

式中：k_1—— 朗缪尔平衡常数，与吸附剂和吸附质的性质及温度有关，其值越大，表示吸附剂的吸附能力越强。

该方程能较好地描述低、中压力范围的吸附等温线。当气相中吸附质分压较高，接近饱和蒸气压时，该方程产生偏差。这是由于这时的吸附质可以在微细的毛细管中冷凝，单分子层吸附的假设不再成立。

【例题 9.3.1】 273.15 K 时，1 g 活性炭在不同压力下吸附氮气的体积如下表所示（已换算成标准状态下的体积），试证明氮气在活性炭上的吸附服从朗缪尔方程，并求吸附常数。

p/Pa	523.9	1 730.2	3 057.9	4 533.5	7 495.5
q/(mL·g^{-1})	0.987	3.04	5.08	7.04	10.31

解：气相吸附的朗缪尔方程可变换为

$$\frac{1}{q}=\frac{1}{k_1 q_m}\frac{1}{p}+\frac{1}{q_m}$$

若符合朗缪尔方程，则 $1/q$ 和 $1/p$ 呈直线关系，因此将实验数据整理为

$\frac{1}{p}$ / Pa^{-1}	0.001 9	0.000 58	0.000 33	0.000 22	0.000 13
$\frac{1}{q}$ /(g·mL^{-1})	1.013	0.329	0.197	0.142	0.097

以 $1/q$ 和 $1/p$ 为坐标作图，得到如图 9.3.3 所示直线。

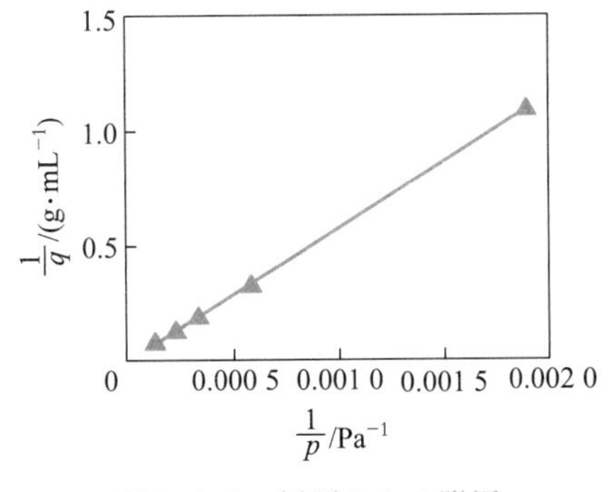

图 9.3.3　例题 9.3.1 附图

该直线线性关系良好(相关系数约等于1.0),可以证明吸附符合朗缪尔方程。

由直线的截距 $1/q_m=0.028$,求得 $q_m=35.70\ mL/g$;由直线的斜率 $1/(k_1q_m)=518.34$,求得 $k_1=5.40\times10^{-5}\ Pa^{-1}$。

【例题9.3.2】 用活性炭进一步处置生物处理后的出水,吸附试验的数据如下表所示,试判断属于哪种吸附类型,并计算相应的吸附等温线常数(TOC为总有机碳)。

出水 TOC /$(mg\cdot L^{-1})$	1.8	4.2	7.4	11.7	15.9	20.3
活性炭吸附平衡 TOC / $mg\cdot mg(C)^{-1}$	0.011	0.029	0.046	0.062	0.085	0.097

解:首先得到试验的吸附曲线(图9.3.4),从吸附曲线可以判断吸附可能是朗缪尔型,也可能是弗罗因德利希型,无法确定,因此分别用这两种吸附等温线方程去拟合曲线。

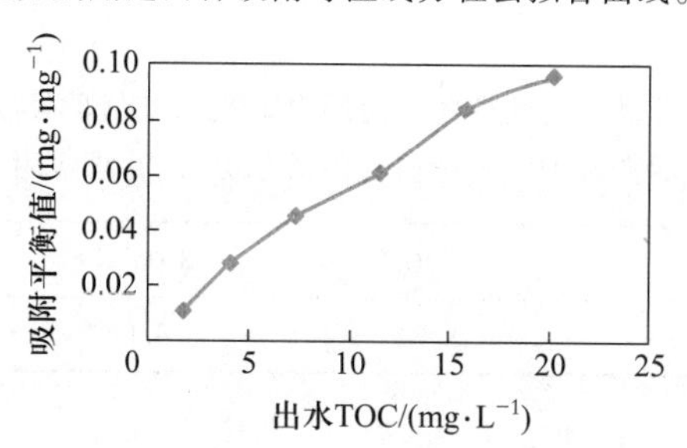

图9.3.4 例题9.3.2附图1

(1)朗缪尔方程变形后可得

$$\frac{\rho}{q}=\frac{\rho}{q_m}+\frac{1}{k_1q_m}$$

由上式可知,ρ/q 和 ρ 应呈直线关系。整理吸附实验数据,得下表:

$\rho/(mg\cdot L^{-1})$	1.8	4.2	7.4	11.7	15.9	20.3
$\frac{\rho}{q}/[mg(C)\cdot L^{-1}]$	163.6	144.8	160.9	188.7	187.0	209.3

根据上述数据,作 $\rho/q-\rho$ 直线(图9.3.5),其相关系数为0.91。

(2)弗罗因德利希方程两边取对数,可得

$$\ln q=\frac{1}{n}\ln\rho+\ln k$$

由上式可见 $\ln q$ 和 $\ln\rho$ 呈直线关系。将吸附实验数据整理如下:

$\ln\rho$	0.588	1.435	2.001	2.460	2.766	3.011
$\ln q$	−4.510	−3.540	−3.079	−2.781	−2.465	−2.333

根据上述数据,作 $\ln q-\ln\rho$ 直线(图9.3.6),其相关系数为0.99。

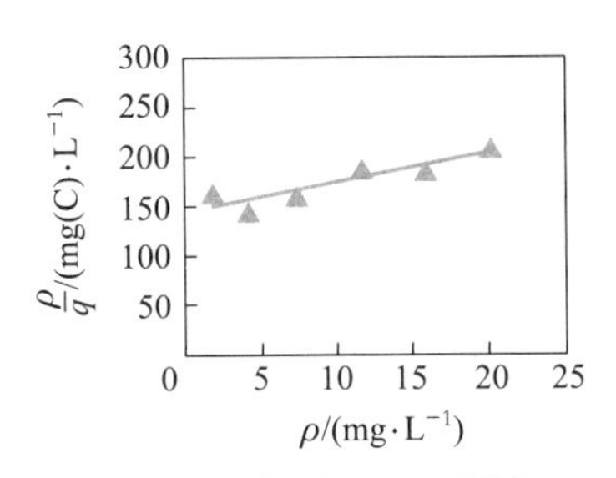

图 9.3.5 例题 9.3.2 附图 2

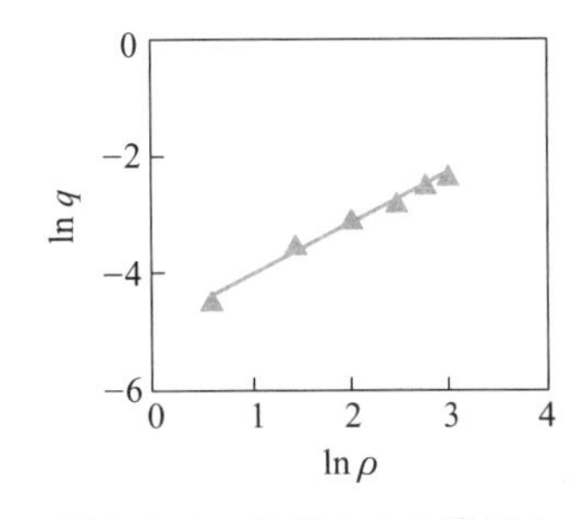

图 9.3.6 例题 9.3.2 附图 3

由以上计算可知,采用弗罗因德利希方程拟合的线性相关性要远远好于朗缪尔方程,因此可以判断这个吸附过程是弗罗因德利希型。

根据直线的斜率 $1/n=0.89$,求得 $n=1.13$;截距 $\ln k=-4.93$,求得 $k=0.007$ L/mg。通过以上计算可以判断吸附类型并求得吸附等温线常数。

3. BET 方程

该方程是 Brunauer、Emmett 和 Teller 等人基于多分子层吸附模型推导出来的。BET 理论认为吸附过程取决于范德瓦耳斯力。由于这种力的作用,可使吸附质在吸附剂表面吸附一层以后,再一层一层吸附下去,只不过逐渐减弱而已。BET 方程的表示形式为

$$q=\frac{k_{\mathrm{b}}pq_{\mathrm{m}}}{(p_0-p)\left[1-(k_{\mathrm{b}}-1)\dfrac{p}{p_0}\right]} \tag{9.3.6}$$

式中:q——吸附量,kg(吸附质)/kg(吸附剂);

q_{m}——吸附剂表面完全被吸附质的单分子层覆盖时的吸附量,kg(吸附质)/kg(吸附剂);

p_0——吸附质组分的饱和蒸气压,Pa;

k_{b}——常数,其值与温度、吸附热和冷凝热有关。

BET 方程中有两个需要通过实验测定的参数(q_{m} 和 k_{b}),该方程的适应性较广,可以描述多种类型的吸附等温线,但在吸附质分压很低或很高时会产生较大误差。

4. 温度对吸附平衡的影响

在一定的平衡压力下,随着温度的升高,吸附量减小。将某一温度下吸附质的平衡压力与相同温度下的饱和蒸气压在双对数坐标上作图,可以发现相同吸附量的各点均落在同一直线上,称为等量吸附线,其倾角的正切为吸附热。图 9.3.7 所示为用活性炭吸附丙酮时的蒸气压、吸附平衡分压与吸附量的关系。随着温度的升高,丙酮的蒸气压增大,在相同的平衡分压下丙酮的吸附量降低。

5. 吸附位势

将 1 mol 气体从吸附平衡压 p 压缩至该温度下吸附质饱和蒸气压 p_0 所需的吉布斯自由能 ΔG(J/mol)称为吸附位势,即

$$\Delta G=RT\ln\frac{p_0}{p} \tag{9.3.7}$$

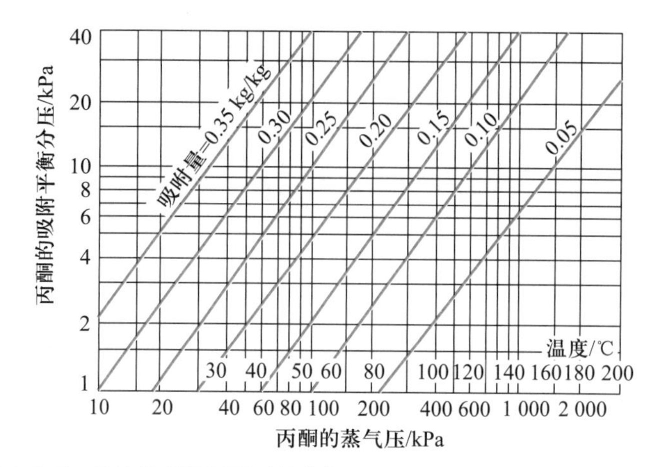

图 9.3.7 活性炭吸附丙酮时的蒸气压、吸附平衡分压与吸附量的关系

式中：R——摩尔气体常数，$R=8.314$ J/(mol·K)。

由于 RT 项和 $\ln\dfrac{p_0}{p}$ 项相互抵消，当吸附量相同时，ΔG 基本上与温度无关。

如果已知某一温度的吸附等温线，根据吸附量相同，吸附位势相同，而与温度无关的原理，可以求出其他任意温度的吸附等温线。

（二）吸附热

吸附过程中产生热量的现象与气体分子的冷凝相似，但吸附热通常比蒸发潜热大，有时可能高出数倍。完全没有吸附吸附质的吸附剂吸附一定量的吸附质所产生的累计热量称为积分吸附热（Q_i），已吸附一定量吸附质的吸附剂再吸附无限少量吸附质所产生的热量称为微分吸附热（Q_d）。吸附量 q 一定时，温度变化 dT，压力也相应变化 dp，根据克劳修斯-克拉佩龙（Clausius-Clapeyron）方程可以得到

$$\left(\frac{\partial \ln p}{\partial T}\right)_q=\frac{Q_d}{RT^2} \tag{9.3.8}$$

式中：Q_d——吸附量等于 q 时的微分吸附热，kJ/kmol；

p——吸附质的吸附平衡分压，Pa。

对应平衡温度 T_1(K) 和 T_2(K) 的平衡分压分别为 p_1 和 p_2，对上式积分，得

$$\ln\left(\frac{p_1}{p_2}\right)=\frac{Q_d}{R}\left(\frac{1}{T_2}-\frac{1}{T_1}\right) \tag{9.3.9}$$

利用式(9.3.9)可以求得微分吸附热 Q_d。

在给出等量吸附线图的情况下，下面的关系成立：

$$\frac{\mathrm{d}\ln p}{\mathrm{d}\ln p_0}=\frac{Q_d}{\lambda} \tag{9.3.10}$$

式中：λ ——蒸发潜热，kJ/kmol。

从式(9.3.10)可知，由等量吸附线图中求出直线的斜率（参见图 9.3.7），再乘以蒸发潜

热 λ,也可以求出微分吸附热。

吸附量达到 q 时的积分吸附热 Q_i[kJ/kg(吸附剂)]可以表示为

$$Q_i = \int_0^q \frac{Q_d}{M_A} dq \tag{9.3.11}$$

式中:M_A——吸附质的相对分子质量。

表 9.3.1 列出了各种吸附剂的微分吸附热。

表 9.3.1 各种吸附剂的微分吸附热

吸附剂	吸附质	温度/℃	微分吸附热/$kJ\cdot kmol^{-1}$	压力范围/kPa	蒸发潜热/$kJ\cdot kmol^{-1}$
活性炭	C_2H_4	10	37 202~29 678	0~73 315	8 569
活性炭	SO_2	10	49 324~36 659	0~111 705	24 996
活性炭	H_2O	10	47 652~39 668	0~2 239	43 639
硅胶	CO_2	10	29 009~24 244	0~72 782	10 743
硅胶	NH_3	10	27 797~22 990	0~65 317	8 569
活性氧化铝	C_2H_4	10	30 514~25 080	0~82 646	8 569

吸附过程发生放热现象是吸附质进入吸附剂毛细孔道的重要特征之一,吸附热可以衡量吸附剂对吸附质分子吸附能力的大小,也可以表征吸附现象的物理和化学本质及吸附剂和催化剂的活性。化学吸附中的吸附键强,所以化学吸附的放热量比物理吸附的放热量大。吸附热对于了解表面过程、表面结构、表面的均匀性,评价吸附剂和吸附质之间作用力的大小,甚至能量衡算和吸附剂的选择都有帮助。

【例题 9.3.3】 利用图 9.3.7 求丙酮在 40 ℃时对应各种吸附浓度的积分吸附热。40 ℃时丙酮的蒸发潜热为 535.25 kJ/kg。

解:由图 9.3.7 求出等量吸附线的斜率,列于下表(第 2 列)。

q/kg(丙酮)·kg(活性炭)$^{-1}$	等量吸附线的斜率	微分吸附热/kJ·kg(丙酮)$^{-1}$	积分吸附热/kJ·kg(活性炭)$^{-1}$
0.05	1.170	627.00	15.68
0.10	1.245	666.71	48.03
0.15	1.300	695.97	82.10
0.20	1.310	702.24	117.04
0.25	1.340	718.12	152.57
0.30	1.327	710.60	188.27

表中第 2 列数据乘以蒸发潜热得到第 3 列数据。以微分吸附热对 q 作图,求算面积,即可得到积分吸附热。

二、双组分气体吸附

混合气体中有两种组分发生吸附时，每一种组分吸附量均受另一种组分的影响。图 9.3.8表示的是在25 ℃、101.325 kPa 条件下，用活性炭和硅胶吸附乙烷-乙烯混合气体的平衡关系图。气相中乙烷的摩尔分数 x_A 和吸附相中乙烷的摩尔分数 y_A 的关系，与气-液平衡中的 x-y 图类似。从图中可以看出，活性炭对乙烷的吸附较多，而硅胶对乙烯的吸附较多。

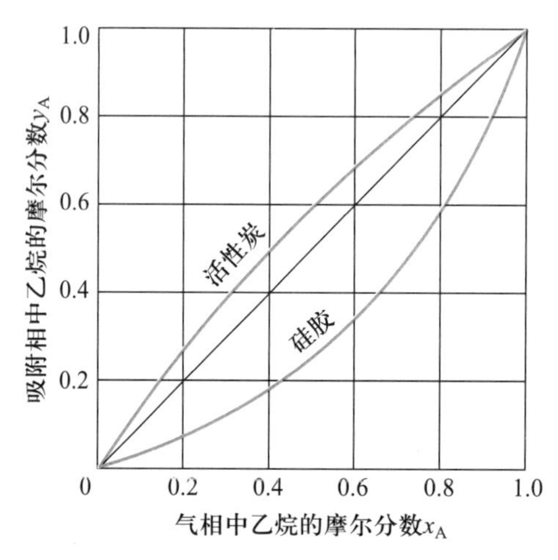

图 9.3.8 活性炭和硅胶吸附乙烷-乙烯混合气体的平衡关系图（25 ℃，101.325 kPa）

1. 吸附的相对挥发度 α

设混合气体吸附平衡时 A、B 组分的吸附量分别为 q_A 和 q_B[kmol/kg(吸附剂)]，气相中的分压分别为 p_A 和 p_B，A 组分在气相和吸附相中的摩尔分数分别为 x_A 和 y_A，则 A 组分相对于 B 组分的相对挥发度 α 可以表示为

$$\alpha=\frac{p_B y_A}{p_A(1-y_A)}=\frac{p_B q_A}{p_A q_B}=\frac{(1-x_A)q_A}{x_A q_B}=\frac{y_A(1-x_A)}{x_A(1-y_A)} \tag{9.3.12}$$

根据 Lewis 等人对碳氢化合物气体进行测定的结果，用气相摩尔分数为 0.5 时的 α，在各种摩尔分数条件下的计算结果和实验结果具有良好的一致性，α 可以是一定值，而且对于三组分体系也可以使用双组分体系的 α。

2. 各组分的吸附量

Lewis 等人提出，对于碳氢化合物体系，设 q_{A0}、q_{B0} 分别为各组分单独存在且压力等于双组分总压时的平衡吸附量[kmol/kg(吸附剂)]，则下列关系成立：

$$\frac{q_A}{q_{A0}}+\frac{q_B}{q_{B0}}=1 \tag{9.3.13}$$

这种关系也可以扩展到三组分体系。

三、液相吸附

液相吸附的机理要比气相吸附复杂得多。在吸附质发生吸附的同时，溶剂也可能被吸附，从而产生相互影响；此外，吸附质是否是电解质也对吸附机理产生影响。在范围狭窄的稀薄溶液中，可以应用弗罗因德利希方程。设 q 为吸附量，ρ 为吸附质平衡浓度，则

$$q=k\rho^{1/n} \tag{9.3.14}$$

式中：k,n——经验常数。

在某些情况下，如在进行蔗糖、植物油、矿物油等的脱色处理时，尽管不知道吸附质的成分和性质，通过测定脱色前后的色度可以发现，脱色度和脱色后的平衡色度之间的关系符合弗罗因德利希方程。图 9.3.9 所示为汽缸油的吸附脱色度曲线，横坐标为平衡色度 ρ，纵坐标为 $\frac{x}{m}$，其中 x 为脱色度，m 为 100 g 油加入的脱色剂量(g)，图中 A、B、C、D 为酸性白土，E、F 为活性炭，G 为硅胶。图中所有曲线均满足下列关系：

$$\frac{x}{m}=k\rho^{1/n} \tag{9.3.15}$$

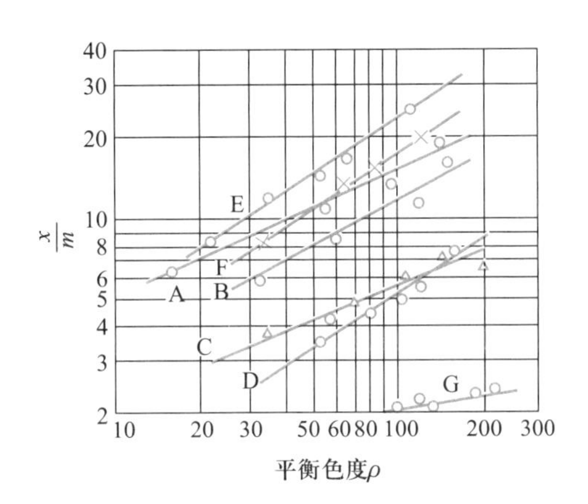

图 9.3.9　汽缸油的吸附脱色度曲线

（色度为真色度）

【例题 9.3.4】　将真色度(true color)为 70 的汽缸油脱色处理至色度为 30，试求处理1 t汽缸油所需的酸性白土(组分 A)及活性炭(组分 E)的量。

解：已知起始色度 = 70，平衡色度 = 30，故脱色度为

$$x=70-30=40,\rho=30$$

由图 9.3.9 查得，酸性白土(A)与 $\rho=30$ 的交点处的 $\frac{x}{m}=8.5$，活性炭(E)与 $\rho=30$ 的交点处的 $\frac{x}{m}=10$。

对于酸性白土： $m=\frac{40}{8.5}$ g/(100 g 汽缸油)= 4.7 g/(100 g 汽缸油)

对于活性炭： $m=\frac{40}{10}$ g/(100 g 汽缸油)= 4.0 g/(100 g 汽缸油)

即处理 1 t 汽缸油需要酸性白土 47 kg,活性炭 40 kg。

第四节 吸附动力学

流体相中的吸附质只有在被传输到吸附剂表面时才能被吸附。吸附过程主要由三个步骤组成:第一步是吸附质由流体相扩散到吸附剂外表面,称为外扩散;第二步是吸附质由吸附剂的外表面向微孔中的内表面扩散,称为内扩散;第三步是吸附质被吸附剂表面吸附。

一般第三步的速率很快,其传质阻力可以忽略不计,传质速率主要取决于第一步和第二步,这两步的速率(或阻力)有时相差很大。如果两者比较,外扩散速率很慢,阻力很大,则过程的速率由外扩散决定,称为外扩散控制。反之,如果内扩散速率很慢,阻力很大,则过程的速率取决于内扩散,称为内扩散控制。通常内扩散控制的情况比较多见。

在吸附的同时,也有吸附质从吸附剂表面脱附,其过程与吸附正好相反。随着吸附过程的不断进行,吸附质吸附到吸附剂上的速率减慢,脱附速率逐渐增大,当吸附质与吸附剂接触时间足够长时,吸附速率等于脱附速率。这时吸附过程处于平衡状态,吸附速率最小,并等于常量,吸附剂的吸附量达到饱和。

在实际生产过程中,吸附质和吸附剂的接触时间不可能无限长,一般情况下吸附过程是在非平衡状态下进行的。

一、吸附剂颗粒外表面界膜传质速率

设颗粒的体积、表面积和密度分别为 $V(m^3)$、$A(m^2)$ 和 $\rho_p(kg/m^3)$,吸附质在吸附剂颗粒内的平均吸附量为 q_m[kg/kg(吸附剂)],流体相及颗粒表面流体的吸附质质量浓度为 $\rho(kg/m^3)$ 和 ρ_i,时间为 $\theta(s)$,则传质速率 $N_A(kg/s)$ 可以表示为

$$N_A=\rho_p V\frac{dq_m}{d\theta}=kA(\rho-\rho_i) \tag{9.4.1}$$

式中:k——界膜传质系数,m/s。

k 的值可以根据颗粒与流体间的相对雷诺数 Re 或施密特数 Sc 求得。流体相为气体时,可用吸附气体的分压 p_A 代替 ρ。因为吸附浓度低,可以认为下列关系成立

$$\rho=\frac{p_A M_A}{RT}$$

式中:M_A——吸附质的相对分子质量;

R——摩尔气体常数,$R=8.314$ J/(mol·K);

T——热力学温度,K。

二、吸附剂颗粒内表面扩散速率

考虑吸附剂内的微孔扩散。在半径为 r_0(m)的颗粒中以有效扩散系数 D_e(m^2/s)扩散时,从颗粒中心到 r 距离的吸附量为 q,设该处流体中吸附质浓度为 ρ,则下列关系成立

$$\rho_p \frac{\partial q}{\partial \theta}=D_e\left(\frac{\partial^2 \rho}{\partial r^2}+\frac{2}{r}\frac{\partial \rho}{\partial r}\right) \tag{9.4.2}$$

这里可以认为 q 和 ρ 处于平衡关系,用直线方程近似,得

$$q=m\rho \tag{9.4.3}$$

式中:m——吸附平衡常数,m^3(溶剂)/kg(吸附剂)。

将式(9.4.3)代入式(9.4.2),并设定:$\theta=0$ 时,$q=0$;$r=0$ 时,$\partial\rho/\partial r=0$;$r=r_0$ 时,$D_e\partial\rho/\partial r=k(\rho-\rho_i)$。求解 q,进一步求颗粒的积分平均吸附量 q_m。设对应于浓度 ρ 的平衡吸附量为 q_e,则可得

$$\frac{q_e-q_m}{q_e}=\frac{6\sum_{n=1}^{\infty}e^{-\beta_n\varphi/(m\rho_p)}}{\beta_n^2[(\beta_n/f)^2+(1-1/f)]} \tag{9.4.4}$$

$$f=\frac{\rho_p k r_0 m}{D_e}=\frac{\rho_p m r_0/D_e}{1/k}=\frac{内表面阻力}{外表面阻力}$$

$$\varphi=\frac{D_e\theta}{r_0^2}$$

β_n 是 $\beta_n\cot\beta_n=1-f$ 的第 n 个正根。

三、吸附扩散速率的计算方法

(一)内表面扩散阻力控制时的吸附过程

当 $f\gg1$ 时,式(9.4.4)可以整理为

$$\frac{q_e-q_m}{q_e}=\frac{6}{\pi^2}\sum_{n=1}^{\infty}\frac{1}{n^2}\exp\left(-\frac{n^2\pi^2\varphi}{m\rho_p}\right) \tag{9.4.5}$$

当 θ 较大时,式(9.4.5)可以迅速收敛,但该级数高次项的总和值很小,当吸附率大于70%时,取第一项已足够,相对误差小于2%,即

$$\frac{q_e-q_m}{q_e}=\frac{6}{\pi^2}\exp\left(-\frac{\pi^2 D_e\theta}{r_0^2 m\rho_p}\right) \tag{9.4.6}$$

对上式微分,可以得到吸附剂颗粒的吸附速率方程为

$$\frac{dq_m}{d\theta}\approx\frac{\pi^2 D_e}{\rho_p m r_0^2}(q_e-q_m) \tag{9.4.7}$$

设与 q_m 平衡的流体中的吸附质浓度为 ρ^*,可以表示为

$$\frac{\mathrm{d}q_{\mathrm{m}}}{\mathrm{d}\theta}\approx\frac{\pi^2 D_{\mathrm{e}}}{\rho_{\mathrm{p}} r_0^2}(\rho-\rho^*) \tag{9.4.8}$$

考虑式(9.4.5)中所有项时,吸附速率方程为

$$\frac{\mathrm{d}q_{\mathrm{m}}}{\mathrm{d}\theta}\approx\frac{15D_{\mathrm{e}}}{\rho_{\mathrm{p}} r_0^2}(\rho-\rho^*) \tag{9.4.9}$$

(二) 外表面界膜阻力和内表面扩散阻力同时存在时的吸附过程

以 ρ_{i} 的时间变化为边界条件,由式(9.4.2)可以求得吸附剂颗粒内部的传质速率,其表达式与(9.4.9)类似,可以表示为

$$\rho_{\mathrm{p}} V\frac{\mathrm{d}q_{\mathrm{m}}}{\mathrm{d}\theta}\approx\frac{15D_{\mathrm{e}}}{r_0^2}V(\rho_{\mathrm{i}}-\rho^*) \tag{9.4.10}$$

将式(9.4.10)与式(9.4.1)联立,设总传质系数为 K_{F}(m/s),得

$$\rho_{\mathrm{p}} V\frac{\mathrm{d}q_{\mathrm{m}}}{\mathrm{d}\theta}\approx K_{\mathrm{F}}A(\rho-\rho^*) \tag{9.4.11}$$

$$\frac{1}{K_{\mathrm{F}}}=\frac{1}{k}+\frac{Ar_0^2}{15D_{\mathrm{e}}V} \tag{9.4.12}$$

(三) 外表面界膜控制时的吸附过程

外表面界膜控制通常发生在液相吸附的情况。吸附质在吸附剂颗粒表面的流体界膜中的扩散系数与气体吸附质相比小得多,约为 $10^{-5}\sim10^{-7}$ cm/s,当吸附剂颗粒较小时,界膜内扩散为控制步骤。到达颗粒表面的吸附质被迅速吸附,颗粒内的吸附质平均吸附量为 q_{m},其与液相中吸附质浓度的平衡关系为用 $q_{\mathrm{m}}=m\rho^*$ 表示的直线关系,则吸附速率可以表示为

$$\rho_{\mathrm{p}} V\frac{\mathrm{d}q_{\mathrm{m}}}{\mathrm{d}\theta}=kA(\rho-\rho^*) \tag{9.4.13}$$

$\theta=0$ 时,$q_{\mathrm{m}}=0$;$r=r_0$ 时,$\rho^*=q_{\mathrm{m}}/m$。

解式(9.4.13)可以求得半径为 r_0 的吸附剂颗粒的吸附量 q_{m} 与时间 θ 的关系为

$$\frac{q_{\mathrm{e}}-q_{\mathrm{m}}}{q_{\mathrm{e}}}=\exp\left(-\frac{3k\theta}{r_0 m\rho_{\mathrm{p}}}\right) \tag{9.4.14}$$

第五节 吸附操作与吸附穿透曲线

吸附分离过程常用的设备有吸附塔和吸附器等。其中,接触过滤式吸附器的一般使用条件是溶液中溶质的吸附能力强,吸附速度快,传质速率为液膜控制,在搅拌器的作用下吸附剂可以在短时间内迅速达到饱和。例如,用活性白土加工油品脱色去除胶质、糖液和用活性炭脱色等。这种接触过滤式吸附器具有设备结构简单、操作容易的优点。其操作方式有单级吸附、多级吸附、逆流多级吸附等。在计算过程中,通常认为釜内的溶液经充分搅拌后,固、液两相已完全达到平衡,从而使计算方法大为简化。另一类型的吸附分离设备为连续

(或间歇)接触塔式吸附器。这种吸附设备可以分为固定床吸附塔、移动床吸附塔和其他各种各样的连续或间歇的吸附塔。根据其操作工艺或解吸方法的不同,又可以分为变温吸附、变压吸附、模拟移动床吸附、色谱吸附分离等。这种吸附分离设备的分离效率高,回收效果好,在自动控制的操作条件下,系统的年处理能力可以达到百万吨以上,从而使吸附分离过程成为大型操作单元。

一、接触过滤吸附

接触过滤吸附是一种专门用于液体吸附的方法,如从稀薄溶液中回收溶质或从溶液中去除杂质等,其设备一般是带有搅拌器的釜。溶液和吸附剂在釜内充分搅拌混合,待吸附物质迅速被吸附,并在两相间达到吸附平衡后,静置将溶液过滤排出。接触时间一般为 10~60 min。按照原料、吸附剂性质的不同及需要加工量的多少,操作方式可以分为单级吸附、多级吸附和逆流吸附等。

(一) 单级吸附

以 G 和 L 分别表示溶液中溶剂的容积(m^3)和吸附剂的质量(kg),以 ρ 和 x 分别表示溶液中溶质的浓度[kg(溶质)/m^3(溶剂)]和吸附剂中溶质的浓度[kg(溶质)/kg(吸附剂)],下标 0 和 1 分别表示接触前后的值。根据质量守恒定律,可得

$$G(\rho_0-\rho_1)=L(x_1-x_0) \tag{9.5.1}$$

单级吸附操作流程如图 9.5.1 所示,从点 $A(\rho_0,x_0)$ 以 $(-L/G)$ 的斜率引出的直线与平衡曲线的交点 $B(\rho_1,x_1)$ 是釜内溶液与吸附剂经充分搅拌混合达到平衡后的状态点。

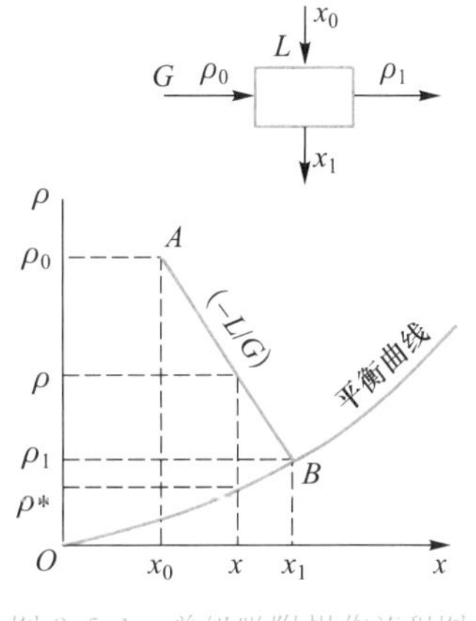

图 9.5.1　单级吸附操作流程图

例如,稀薄溶液的相平衡符合弗罗因德利希方程,则根据式(9.3.13),吸附平衡可表示为

$$x=k\rho^{\frac{1}{n}}$$

联立操作方程和平衡方程,可求出 x 和 ρ 的极限浓度 x_1、ρ_1。若已知处理要求 x_1、ρ_1,则当 $x_0=0$ 时,可求液固比 L/G

$$\frac{L}{G}=\frac{\rho_0-\rho_1}{k\rho_1^{1/n}} \tag{9.5.2}$$

所需接触时间 θ 的计算,可以根据第四节所述,对应于某一时刻吸附剂颗粒的吸附量 x_m 的吸附推动力取该时刻溶液的浓度 ρ 与 q_m 的平衡浓度 ρ^* 的差。由式(9.5.1)和吸附速率方程可得

$$-G\mathrm{d}\rho=L\mathrm{d}x,\quad \frac{\mathrm{d}q_m}{\mathrm{d}\theta}=K_FS(\rho-\rho^*) \tag{9.5.3}$$

$$-\frac{\mathrm{d}\rho}{\mathrm{d}\theta}=K_FS\frac{L}{G}(\rho-\rho^*) \tag{9.5.4a}$$

$$\theta=\frac{G}{K_FSL}\int_{\rho_0}^{\rho'_1}\left(-\frac{\mathrm{d}\rho}{\rho-\rho^*}\right) \tag{9.5.4b}$$

ρ'_1 按照 $(\rho_0-\rho'_1)/(\rho_0-\rho_1)=0.95\sim0.98$ 的范围取值。

式中：S——1 kg 吸附剂的表面积，m^2；

K_F——总传质系数，m/s。吸附剂颗粒总量较少时，与液膜传质系数几乎相等。

式(9.5.4a)可以由图 9.5.1 通过图线积分计算。

【例题 9.5.1】 向 1 m^3 的着色溶液中投入 3 kg 粒径 $d_p=300\ \mu m$ 的活性炭进行吸附脱色。该体系的平衡关系如图 9.5.2 所示，溶液的初始浓度（色度）为 0.2 kg/m^3。试求达到吸附平衡时溶液的浓度及达到平衡脱色度 95%所需的接触时间。吸附剂颗粒外部液膜的 Sh 数为 2，溶液中色素物质的扩散系数为 $10^{-5}\ cm^2/s$，活性炭的颗粒密度为 0.6 g/cm^3。

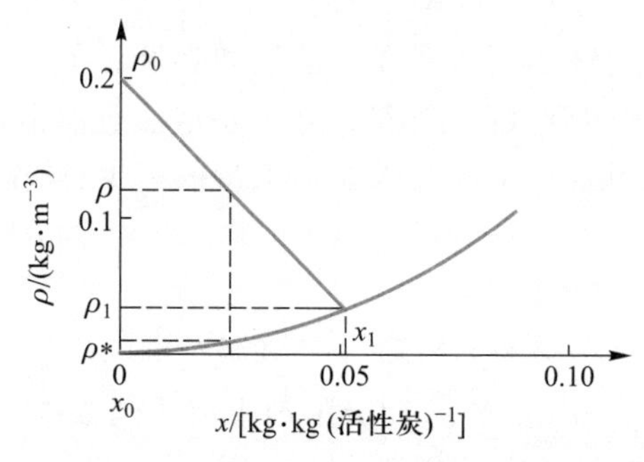

图 9.5.2 例题 9.5.1 附图

解：由式(9.5.1)

$$G(\rho_0-\rho_1)=L(x_1-x_0)$$

将 $G=1\ m^3$，$L=3$ kg，$\rho_0=0.2\ kg/m^3$，$x_0=0$代入上式，得

$$1\times(0.2-\rho_1)=3\times(x_1-0)$$

从点($\rho_0=0.2$，$x_0=0$)作一条斜率为$-(L/G)=-3$的直线交于平衡线，得到平衡浓度 $\rho_1=0.038\ kg/m^3$。

已知 $Sh=k\times0.03\times10^5=2$，则

$$k=\frac{2}{3}\times10^{-3}\ cm/s=\frac{2}{3}\times10^{-5}\times3\ 600\ m/h$$

$$S=\frac{1}{\rho_p}\times\frac{6}{d_p}=\frac{1}{600}\times\frac{6}{3\times10^{-4}}\ m^2/kg=33.33\ m^2/kg$$

由$(\rho_0-\rho'_1)/(\rho_0-\rho_1)=0.95$，得 $\rho'_1=0.046\ 1\ kg/m^3$。

由式(9.5.4b)，吸附接触时间 θ 可以表示为

$$\theta=\frac{G}{K_F SL}\int_{\rho_0}^{\rho'_1}\left(-\frac{d\rho}{\rho-\rho^*}\right)$$

由图 9.5.2 可以求得

$$\int_{\rho_0}^{\rho'_1}\left(-\frac{d\rho}{\rho-\rho^*}\right)=2.1$$

代入上式，得

$$\theta=\frac{2.1G}{K_F SL}$$

对于溶液的接触过滤吸附,可以认为是液膜扩散控制,$K_F \approx k$,代入上式,得

$$\theta=\frac{1\times2.1}{\frac{2}{3}\times10^{-5}\times3\ 600\times\frac{1}{3}\times10^{2}\times3}\ \mathrm{h}=0.88\ \mathrm{h}$$

【例题 9.5.2】 用活性炭对含有有机色素的水进行脱色处理。对应于水量投加 5%的活性炭可以将水的色度降至原来的 25%,投加 10%则色度可以降至原来的 3.5%。如果将色度降至原色度的 0.5%,需要投加多少活性炭?设该体系弗罗因德利希方程成立。

解:由式(9.3.13),单位质量活性炭吸附的色素量为 x,残余平衡色度为 c,则

$$x=kc^{1/n}$$

$$\frac{100-25}{5}=k\times0.25^{1/n},\frac{100-3.5}{10}=k\times0.035^{1/n}$$

$$\frac{75\times10}{5\times96.5}=\left(\frac{0.25}{0.035}\right)^{1/n}$$

$$\frac{1}{n}=0.227$$

设应投加活性炭 y%,由

$$\frac{75y}{5\times(100-0.5)}=\left(\frac{0.25}{0.005}\right)^{0.227}$$

得 $y=16$,即需要投加 16%的活性炭。

(二)多级吸附

多级吸附的操作流程如图 9.5.3 所示。每一级的物料衡算可以用与单级吸附同样的形式表示,在图 9.5.3 上重复与单级吸附相同的操作,即可求得多级吸附后溶液及吸附剂中的溶质浓度。当给定溶液中的溶质原料及要求浓度、溶液量时,确定级数后,为使各级使用的吸附剂总量最少,只能在图 9.5.3 上采用试算法求得。除非平衡吸附线为直线,否则每次等量添加吸附剂不可能达到用量最小。相平衡关系符合弗罗因德利希方程,并且在 $x_0=0$ 的情况下,可以通过直接计算求得。

以 2 级吸附为例,有

$$\frac{L_1}{G}=\frac{\rho_0-\rho_1}{k\rho_1^{1/n}},\quad \frac{L_2}{G}=\frac{\rho_1-\rho_2}{k\rho_2^{1/n}}$$

$$\frac{L_1+L_2}{G}=\frac{1}{k}\left(\frac{\rho_0-\rho_1}{\rho_1^{1/n}}+\frac{\rho_1-\rho_2}{\rho_2^{1/n}}\right) \tag{9.5.5}$$

为使吸附剂用量之和最小,下列关系须成立:

$$\frac{\mathrm{d}\left(\frac{L_1+L_2}{G}\right)}{\mathrm{d}\rho_1}=0$$

由上式和式(9.5.5),得

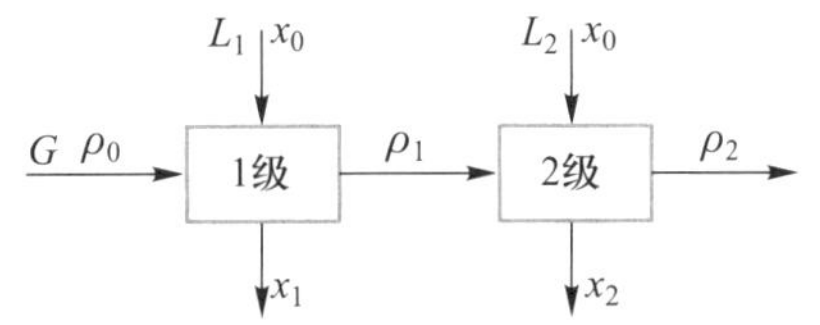

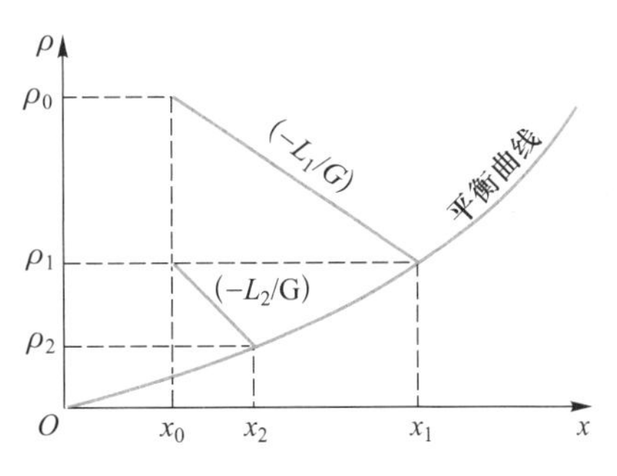

图 9.5.3　多级吸附的操作流程图

$$\left(\frac{\rho_1}{\rho_2}\right)^{1/n}-\frac{\rho_0}{\rho_1 n}=1-\frac{1}{n} \tag{9.5.6}$$

ρ_1 为所求的第一级平衡浓度，由此可以计算出各级所需添加的吸附剂的量。

（三）逆流多级吸附

逆流多级吸附的操作流程如图 9.5.4 所示。对第 m 级作物料衡算，得

$$G(\rho_{m-1}-\rho_m)=L(x_m-x_{m+1}) \tag{9.5.7a}$$

对整个系统作物料衡算，得

$$G(\rho_0-\rho_m)=L(x_1-x_{m+1}) \tag{9.5.7b}$$

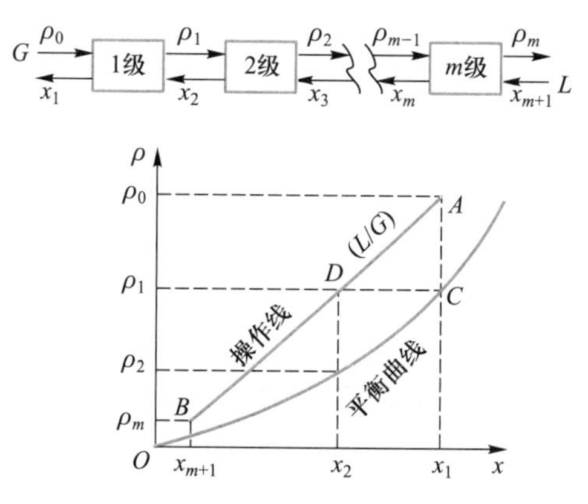

图 9.5.4 逆流多级吸附的操作流程图

图 9.5.4 中，A、B 两点分别表示过程的起止点(ρ_0,x_1)、(ρ_m,x_{m+1})，AB 是操作线，斜率为(L/G)。当给出 G、ρ_0、ρ_m、x_{m+1}时，只要确定了 L 或 x_1 中的一个，就可以求得另一个。利用操作线和平衡曲线，可以求出需要的级数。

由 $A(\rho_0,x_1)$向下作垂线与平衡曲线交于 $C(\rho_1,x_1)$，由 C 点作水平线与操作线交于 D 点，得到(ρ_1,x_2)的值，即为第一级各自浓度的变化情况。重复作图，直至得到 $\rho<\rho_m$ 的级数。当给定级数时，由于 B 点确定，过 B 点引不同斜率的操作线，用试算法求出(L/G)，从而确定 L。

(L/G)最小，即吸附剂用量之和最少，采用无限级数的吸附操作的情况下，当平衡曲线为凹或直线时，操作线与平衡曲线的关系如图 9.5.5(a)所示；当平衡曲线为凸，且 ρ_0 足够大时，操作线为平衡曲线的切线，如图 9.5.5(b)所示。

给定级数时，L 可以通过试算法求得，但当平衡曲线符合弗罗因德利希方程，并且 $x_{m+1}=0$ 时，可以通过计算求得。

以二级吸附为例，有

$$Lx_1=G(\rho_0-\rho_2)$$

$$\frac{L}{G}=\frac{\rho_0-\rho_2}{k\rho_1^{1/n}}$$

$$G(\rho_1-\rho_2)=Lx_2=Lk\rho_2^{1/n}$$

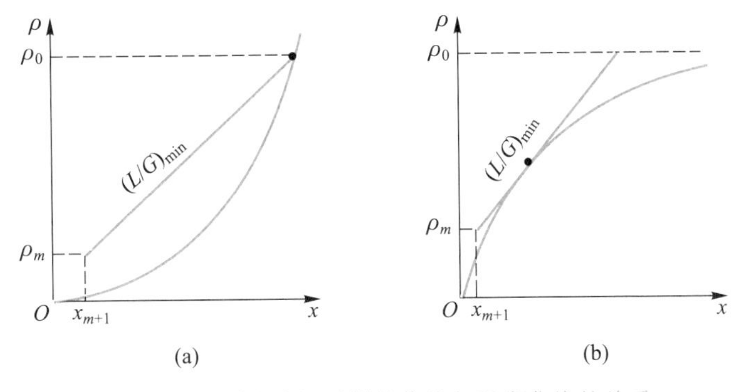

图 9.5.5 逆流多级吸附操作线与平衡曲线的关系

从以上两式中消去(L/G),得

$$\frac{\rho_0}{\rho_2}-1=\left(\frac{\rho_1}{\rho_2}\right)^{1/n}\left(\frac{\rho_1}{\rho_2}-1\right) \tag{9.5.8}$$

由式(9.5.8)求得 ρ_1,即可计算出需要的 L。

【例题 9.5.3】 用活性炭吸附去除水中的色度,在 20 ℃下得到如下吸附实验数据。如果原水的色度为 20 色度单位/kg(原水),要求吸附后色度为原来的 2.5%,试问下列操作中处理 1 t 原水需要多少活性炭:

(1) 单级操作;

(2) 二级错流,最小活性炭量;

(3) 二级逆流。

活性炭/kg·kg(原水)$^{-1}$	0	0.005	0.01	0.015	0.02	0.03
平衡时色度/色度单位·kg(原水)$^{-1}$	20	10.6	6	3.4	2	1

解:首先建立吸附的等温线方程,将实验数据整理如下,用弗罗因德利希吸附等温线拟合。

平衡时色度 Y/色度单位·kg(原水)$^{-1}$	20	10.6	6	3.4	2	1
单位质量活性炭吸附色度 X/色度单位·kg(C)$^{-1}$	0	1 880	1 400	1 107	900	633
$\ln Y$	—	2.36	1.79	1.22	0.69	0
$\ln X$	—	7.54	7.24	7.01	6.80	6.45

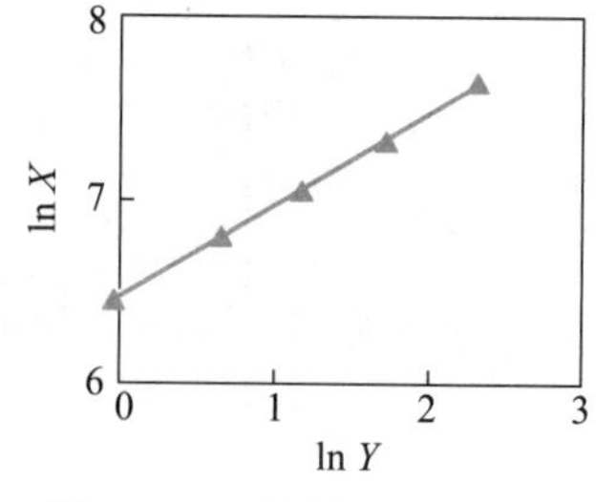

图 9.5.6 例题 9.5.3 附图

根据以上数据，作 ln X-ln Y 直线，如图 9.5.6 所示。

由直线可知，用弗罗因德利希吸附等温线可以很好地拟合。

直线的斜率 $1/n=0.450\ 8$，所以 $n=2.22$；截距 $\ln k=6.461\ 7$，所以 $k=640$。故吸附的等温线方程为

$$X=640Y^{1/2.22}$$

（1）单级操作：入口 $X_0=0, Y_0=20$，出口 $Y_1=20\times 2.5\%=0.5$。由等温线方程 $X=640Y^{1/2.22}$，求得 $X_1=468$，由操作线方程 $G(Y_0-Y_1)=L(X_1-X_0)$，得

$$1\ 000\times(20-0.5)=L\times(468-0)$$

求得 $L=41.7$ kg，即单级操作所需活性炭的最小量为 41.7 kg。

（2）二级错流：已知 $Y_2=0.5, Y_0=20, n=2.22, k=640$。由

$$\left(\frac{Y_1}{Y_2}\right)^{1/n}-\frac{Y_0}{nY_1}=1-\frac{1}{n}$$

得

$$\left(\frac{Y_1}{0.5}\right)^{1/2.22}-\frac{20}{2.22Y_1}=1-\frac{1}{2.22}$$

通过试差法，求得 $Y_1=4.3$，所以

第一级：

$$\frac{L_1}{G}=\frac{Y_0-Y_1}{kY_1^{1/n}}=\frac{20-4.3}{640\times 4.3^{1/2.22}}=0.012\ 7$$

$$L_1=0.012\ 7\times G=0.012\ 7\times 1\ 000\ \text{kg}=12.7\ \text{kg}$$

第二级：

$$\frac{L_2}{G}=\frac{Y_1-Y_2}{kY_2^{1/n}}=\frac{4.3-0.5}{640\times 0.5^{1/2.22}}=0.008\ 1$$

$$L_2=0.008\ 1\times G=0.008\ 1\times 1\ 000\ \text{kg}=8.1\ \text{kg}$$

所以

$$L=L_1+L_2=(12.7+8.1)\ \text{kg}=20.8\ \text{kg}$$

即二级错流操作所需活性炭的最小量为 20.8 kg。

（3）二级逆流：已知 $Y_2=0.5, Y_0=20, n=2.22, k=640$。由

$$\frac{Y_0}{Y_2}-1=\left(\frac{Y_1}{Y_2}\right)^{1/n}\left(\frac{Y_1}{Y_2}-1\right)$$

得

$$\frac{20}{0.5}-1=\left(\frac{Y_1}{0.5}\right)^{1/2.22}\left(\frac{Y_1}{0.5}-1\right)$$

通过试差法，求得 $Y_1=6.6$，所以

$$\frac{L}{G}=\frac{Y_0-Y_2}{kY_1^{1/n}}=\frac{20-0.5}{640\times 6.6^{1/2.22}}=0.013$$

$$L=0.013\times G=0.013\times 1\ 000\ \text{kg}=13\ \text{kg}$$

即二级逆流操作所需活性炭的最小量为 13 kg。

由以上计算可知，要达到同样的处理效果，需要的吸附剂量为：二级逆流<二级错流<单级操作。

二、固定床吸附

从填充有吸附剂的固定床的上方或下方送入要连续处理的流体,使之在填充层内吸附分离的方法在工业上得到了广泛的应用,如气体的分离精制、空气或气体的除湿、油品的脱色等。

(一) 穿透点和穿透曲线

当床层内流体的流动状态为理想的活塞流、低浓度或不考虑各组分间的干扰,并忽略吸附质在两相间的传质阻力时,流出吸附塔组分的浓度应答曲线和该组分的输入浓度曲线理论上应该是一致的。但在实际的体系中,由于流体的流动状态不是理想的活塞流,床层内两相间存在传质阻力和轴向弥散,加上各组分吸附等温线的影响,使得浓度应答曲线和输入浓度曲线并不完全一致。

在这里,首先考虑一种初始浓度为 ρ_0 的流体从床层上方连续通过吸附塔的情况。最初的吸附发生在床层的最上层,吸附质被迅速有效地吸附,吸附剂很快趋于饱和。大部分吸附质的吸附发生在一个比较窄的区域内,即吸附区(adsorption zone),该区内的浓度急剧变化,残余的小部分吸附质向下层移动。当连续向床层通入流体时,吸附区逐渐下移,但其移动速率远小于流体的通过速率。当吸附区的下端达到床层底部时,出口流体的浓度急剧升高,这时对应的点称为穿透点(breakthrough point)。然后,出口流体的浓度不断增大,当吸附区的上端通过床层底部时,出口流体的浓度等于初始浓度。此时,整个吸附塔都成为饱和区,失去了吸附能力,有待于解吸再生。

固定床吸附器吸附传质过程如图 9.5.7 所示。以流出流体量或流出时间为横坐标、出口流体浓度为纵坐标得到的浓度变化曲线称为穿透曲线(breakthrough curve),如图 9.5.8 所示。当吸附区为无限薄层时,穿透曲线为一垂线,一般情况下为一条呈 S 形的曲线,不同情况下 S 形曲线的倾斜度各异。穿透点只有通过实验才能准确求得。图中取浓度急剧上升点为穿透点,此时吸附区下端移动至吸附塔出口;取接近初始浓度的 S 形曲线上端的拐点为穿透曲线的终点,此时吸附区上端移动至吸附塔出口。

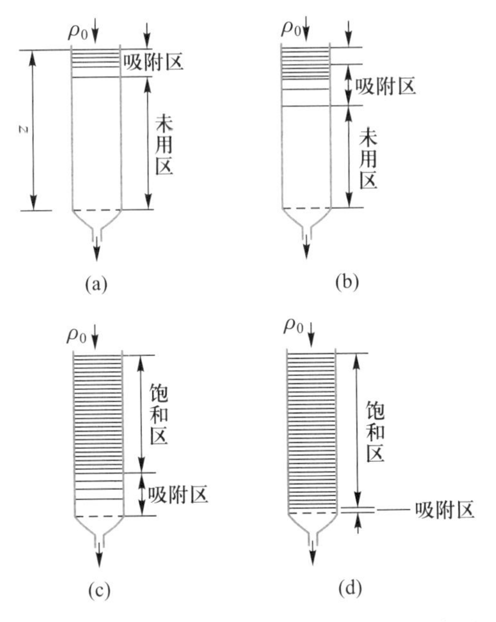

图 9.5.7 固定床吸附器吸附传质过程示意图

固定床吸附穿透过程

(二)穿透时间

采用固定床进行吸附操作时,为确定填充床层的高度或循环周期等,需要求出穿透时间。穿透时间有三种计算方法:穿透曲线法、韦伯(Weber)法、伯哈特-亚当斯(Bohart-Adams)法。

1. 穿透曲线法

稀薄浓度条件下,吸附等温线对于溶液浓度轴为凹形,当床层填充高度相对于吸附区高度足够大时,穿透时间的计算方法如下。

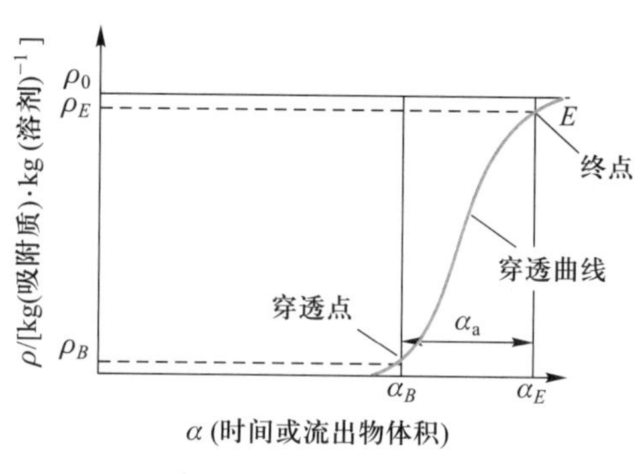

图 9.5.8 穿透曲线示意图

浓度为 ρ_0[kg(吸附质)/m^3]的溶液以 G[m^3/(s·m^2)]的速率流入填充高度为 z(m)的固定床吸附塔,任意时间不含溶质的溶剂累积流量为 α(m^3/m^2),ρ_B 为穿透点浓度,ρ_E 为穿透曲线的终点浓度,α_B 为出口处溶质浓度达到 ρ_B 时的累积流量,α_a 为吸附区移动了吸附区高度 z_a 区间的累积流量。图 9.5.8 中 B,E 间可被再吸附的吸附质量 W(kg/m^2)可以表示为

$$W=\int_{\alpha_B}^{\alpha_E}(\rho_0-\rho)\,\mathrm{d}\alpha \tag{9.5.9}$$

吸附区中的吸附剂全部被饱和时的吸附量为 $\rho_0\alpha_a$,吸附区的吸附剂剩余吸附量与饱和吸附量之比 f(未饱和率)可以表示为

$$f=\frac{W}{\rho_0\alpha_a}=\frac{\int_{\alpha_B}^{\alpha_E}(\rho_0-\rho)\,\mathrm{d}\alpha}{\rho_0\alpha_a} \tag{9.5.10}$$

设床层的填充密度为 ρ_b(kg/m^3),与 ρ_0 平衡的吸附浓度为 x_0[kg(溶质)/kg(吸附剂)],则达到穿透点时,吸附区的吸附量为 $z_a\rho_b x_0(1-f)$(kg/m^2),吸附塔全部被饱和时的吸附量为 $z\rho_b x_0$(kg/m^2)。穿透点的吸附量(kg/m^2)为

$$(z-z_a)\rho_b x_0+z_a\rho_b x_0(1-f)=(z-z_a f)\rho_b x_0$$

穿透点吸附剂的饱和度为

$$饱和度=\frac{(z-z_a)\rho_b x_0+z_a\rho_b x_0(1-f)}{z\rho_b x_0}=\frac{z-fz_a}{z} \tag{9.5.11}$$

2. 韦伯法

在实际吸附操作过程中,吸附区是沿吸附塔逐渐向下移动的。这里,假设吸附区停留在吸附塔高度方向的某一位置,而吸附塔以一定速率沿着与溶液流向相反的方向移动(图 9.5.9)。当吸附塔高度与吸附区高度相比足够大时,从塔顶部移出的吸附剂与溶液中的吸附质达到平衡,从塔底部流出的溶液中吸附质浓度为 0。

对吸附塔进行物料衡算,得

$$G(\rho_0-0)=L(x_0-0),\quad \frac{L}{G}=\frac{\rho_0}{x_0} \tag{9.5.12}$$

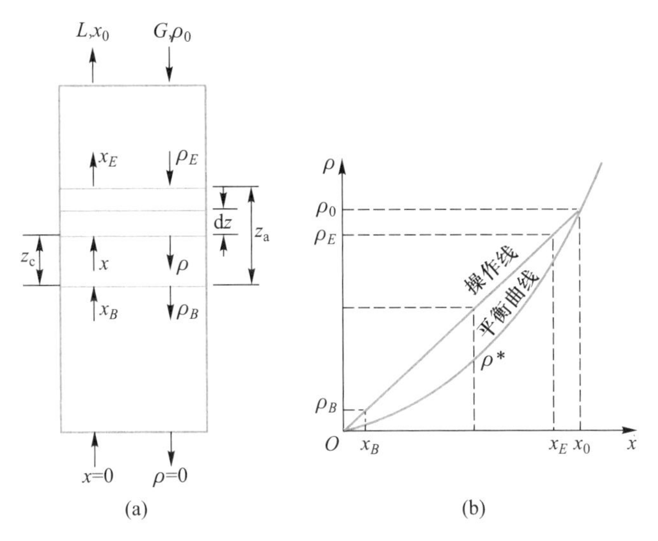

图 9.5.9 吸附区物料平衡示意图

式中：L——吸附剂的供给速率，kg(吸附剂)/(s·m^2)；

G——溶液流入填充层的速率，m^3/(s·m^2)。

针对吸附区微小高度 dz，溶液中溶质的浓度变化为

$$-G\mathrm{d}\rho=K_{\mathrm{F}}\alpha(\rho-\rho^{*})\mathrm{d}z \tag{9.5.13}$$

式中：ρ^{*}——对应操作线的浓度 ρ 的平衡浓度，kg/m^3；

$K_{\mathrm{F}}\alpha$——吸附过程中的总括传质容量系数，s^{-1}。

总传质单元数用 N_{t} 表示，则

$$N_{\mathrm{t}}=\int_{\rho_E}^{\rho_B}-\frac{\mathrm{d}\rho}{\rho-\rho^{*}}=\frac{z_{\mathrm{a}}}{[\mathrm{HTU}]_0}=\frac{z_{\mathrm{a}}K_{\mathrm{F}}\alpha}{G} \tag{9.5.14}$$

当给定传质单元高度$[\mathrm{HTU}]_0$时，即可以求出 z_{a} 的值。在 z_{a} 高度中浓度为 ρ 的层高用 z_ρ 表示，则

$$\frac{z_\rho}{z_{\mathrm{a}}}=\frac{\alpha-\alpha_B}{\alpha_{\mathrm{a}}}=\frac{\displaystyle\int_{\rho}^{\rho_B}-\frac{\mathrm{d}\rho}{\rho-\rho^{*}}}{\displaystyle\int_{\rho_E}^{\rho_B}-\frac{\mathrm{d}\rho}{\rho-\rho^{*}}} \tag{9.5.15}$$

用面积积分法求解式(9.5.15)，分别以 ρ/ρ_0 和 $(\alpha-\alpha_B)/\alpha_{\mathrm{a}}$ 为纵、横坐标，可以作出穿透曲线。由穿透曲线和式(9.5.10)可以求出 f，进而计算出穿透点吸附剂的饱和度。由于流入的溶剂量已知，可以计算达到该饱和度所需的穿透时间。

【例题 9.5.4】 30 ℃、0.1 MPa、湿度 H=0.003 kg(水蒸气)/kg(干空气)的空气通过硅胶填充塔脱湿。填充层厚度为 0.7 m，通入干空气的质量流速为 450 kg/(h·m^2)，硅胶的填充密度为 600 kg/m^3。所用硅胶的平衡关系如下表所示。已知传质单元高度$[\mathrm{HTU}]_0$=0.02 m。设该硅胶填充塔的穿透点 H_B=0.000 1 kg(水蒸气)/kg(干空气)，穿透曲线的终点 H_E=0.002 5 kg(水蒸气)/kg(干空气)，试计算穿透时间。

H^*/[kg(水蒸气)·kg(干空气)$^{-1}$]	x/[kg(水)·kg(无水硅胶)$^{-1}$]
0.000 1	0.01
0.000 2	0.02
0.000 4	0.03
0.000 65	0.04
0.001 0	0.05
0.001 4	0.06
0.001 67	0.07
0.002 13	0.08
0.002 6	0.09
0.003 0	0.096

对应塔顶 $H_0=0.003\ 0$ 的硅胶的平衡值,由平衡表查得 $x_0=0.096$,填充层及吸附区的数据如图 9.5.10所示,平衡曲线及操作线如图 9.5.11 所示。

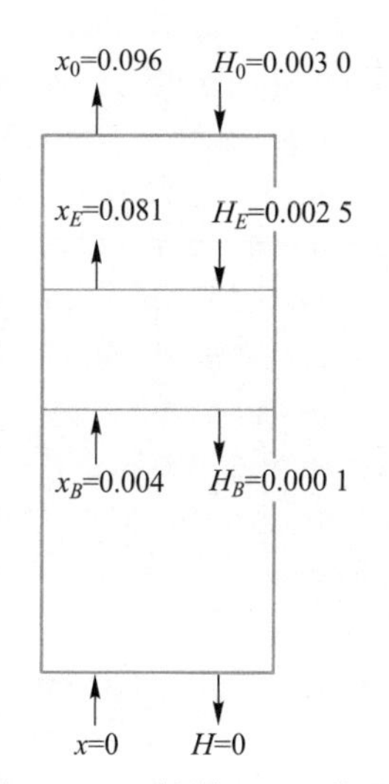

图 9.5.10 例题 9.5.4 附图 1

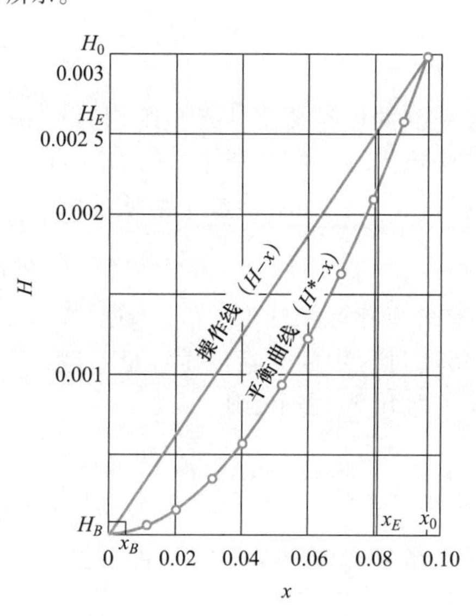

图 9.5.11 例题 9.5.4 附图 2

解:各种计算数据见下表。

H	H^*	$1/(H-H^*)$	$\int dH/(H-H^*)$	$(\alpha-\alpha_B)/\alpha_a$	H/H_0
0.000 1	0.000 03	14 300	0	0	0.033 3
0.000 2	0.000 05	6 670	0.985	0.171	0.066 7
0.000 4	0.000 14	3 850	1.99	0.346	0.133
0.000 6	0.000 23	2 700	2.60	0.452	0.200
0.000 9	0.000 37	1 890	3.24	0.562	0.300
0.001 2	0.000 63	1 755	3.75	0.650	0.400
0.001 5	0.000 88	1 615	3.94	0.684	0.500

续表

H	H^*	$1/(H-H^*)$	$\int dH/(H-H^*)$	$(\alpha-\alpha_B)/\alpha_a$	H/H_0
0.001 8	0.001 25	1 820	4.39	0.761	0.600
0.002 1	0.001 60	2 000	4.91	0.852	0.700
0.002 3	0.001 88	2 380	5.30	0.920	0.767
0.002 5	0.002 13	2 700	5.76	1.000	0.833

表中第1列和第2列由图9.5.11求得，第4列由 H 对 $1/(H-H^*)$ 的面积积分求得。第5列由式(9.5.15)求得。例如，第5列第2行 0.985/5.76=0.171。

分别以第5列和第6列数据为横、纵坐标作图，得到如图9.5.12所示的穿透曲线。

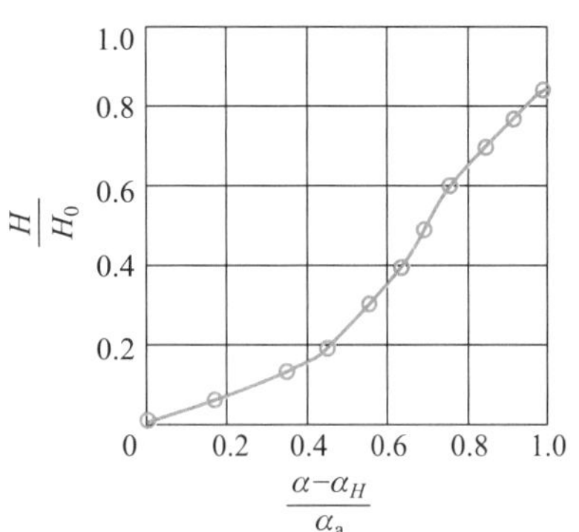

图 9.5.12　例题 9.5.4 附图 3

由式(9.5.10)，f 为穿透曲线左上部分的面积积分，即

$$f=\int_0^{1.0}\left(1-\frac{H}{H_0}\right)\mathrm{d}\left(\frac{\alpha-\alpha_B}{\alpha_a}\right)$$

$$=0.665$$

由式(9.5.14)，$N_t=5.76$ 为第4列最下面一行的数值，则吸附区高度 z_a 由下式求得：

$$z_a=[\mathrm{HTU}]_0\times N_t=0.02\times5.76\ \mathrm{m}$$

$$=0.115\ \mathrm{m}$$

由式(9.5.11)可得

$$饱和度=\frac{z-fz_a}{z}$$

$$=\frac{0.7-0.665\times0.115}{0.7}=0.891$$

填充的硅胶量为

$$600\times0.7\ \mathrm{kg/m^2}=420\ \mathrm{kg/m^2}$$

吸附塔的饱和度为89.1%，硅胶可能吸附流入空气中的水分为

$$420\times0.891\times0.096\ \mathrm{kg/m^2}=35.9\ \mathrm{kg/m^2}$$

空气带入的水蒸气量为

$$450\times0.003\ \mathrm{kg/(h\cdot m^2)}=1.35\ \mathrm{kg/(h\cdot m^2)}$$

因此，可以由下式求得

$$穿透时间=\frac{35.9}{1.35}\ \mathrm{h}=26.6\ \mathrm{h}$$

3. 伯哈特-亚当斯法

在一定的初始浓度、空床速率和达到一定的穿透浓度的条件下，固定床的床高和穿透时间呈直线关系，该关系式称 Bohart-Adams 公式。利用该公式可以较方便地计算穿透时间。

这种方法又称 BDST 法(bed depth service time)。

$$t_b=\frac{N_0 z}{\rho_0 v}-\frac{1}{\rho_0 K}\ln\left(\frac{\rho_0}{\rho_B}-1\right)$$

式中:t_b——穿透时间,h;

N_0——吸附剂的动态吸附容量,kg/m^3;

z——床高,m;

ρ_0——入口料液中吸附质浓度,kg/m^3;

v——空床线速率,m/h;

K——比例系数,$m^3/(kg\cdot h)$;

ρ_B——穿透浓度,kg/m^3。

伯哈特-亚当斯公式可简写为

$$t_b=Bz-A$$

其中

$$B=\frac{N_0}{\rho_0 v},\quad A=\frac{1}{\rho_0 K}\ln\left(\frac{\rho_0}{\rho_B}-1\right)$$

【例题 9.5.5】 采用活性炭固定床吸附某种废水中的有机物。废水中的有机物浓度为200 mg/L,要求出水浓度为 1 mg/L。在小吸附柱中空床速率为15 m/h的条件下测得不同床层高度的穿透时间如下表所示。如果处理废水的流量为 50 m^3/h,实际固定床的高度为 2 m,试求固定床的直径和每次吸附操作的时间(实验和实际操作中,废水的浓度和处理要求相同)。假设吸附容量和废水浓度成正比,那么如果废水中的浓度降为 100 mg/L,其他要求不变,每次吸附操作的时间是多少?

床高 z /m	0.4	0.8	1.2	1.6
穿透时间 t_b/h	24.3	121.1	218.2	314.7

解:由实验数据,作 t_b-z 直线(图 9.5.13),即可求得 B 和 A 的值。

(1) 由图 9.5.13 可知

$$B=\frac{N_0}{\rho_0 v}=242.08,A=\frac{1}{\rho_0 K}\ln\left(\frac{\rho_0}{\rho_B}-1\right)=72.5$$

已知 $\rho_0=200$ mg/L,$\rho_B=1$ mg/L,$v=15$ m/h,可以求得公式中的一些参数:$N_0=7.26\times10^5$ mg/L,$K=3.65\times10^{-4}$ L/(mg·h),$z_a=0.299$ m。

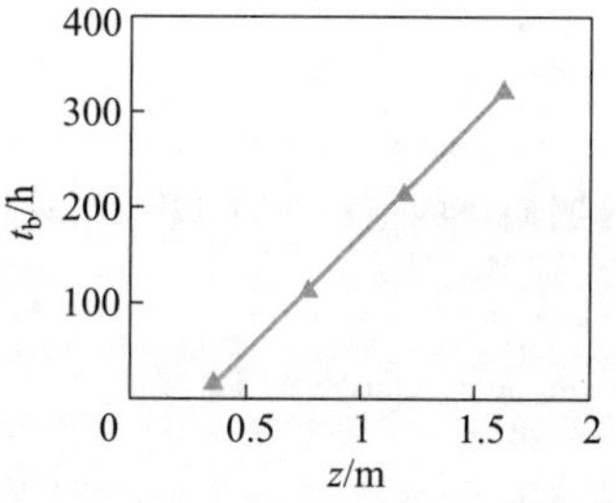

图 9.5.13 例题 9.5.5 附图

实际的空床流速要和实验中的一样,所以实际的固定床面积为

$$\frac{50}{15}\ m^2=3.3\ m^2$$

空床的直径为

$$d=2\sqrt{\frac{S}{\pi}}=2\sqrt{\frac{3.3}{3.14}}\ m=2.05\ m$$

当床层高度为 2 m 时，穿透时间为

$$t_b = Bz - A = (242.8 \times 2 - 72.5)\ \text{h} = 411.7\ \text{h}$$

即每次吸附操作进行到 411.7 h 时，就应该对固定床进行再生操作，以保证出水水质。

（2）当废水浓度变化时，吸附容量和废水浓度成正比关系，所以 B 保持不变，计算另一个参数 A

$$A = \frac{1}{\rho_0 K}\ln\left(\frac{\rho_0}{\rho_B}-1\right) = \frac{1}{100\times 3.65\times 10^{-4}}\ln\left(\frac{100}{1}-1\right)\ \text{h} = 125.9\ \text{h}$$

当床层为 2 m 时，穿透时间为

$$t_b = Bz - A = (242.8 \times 2 - 125.9)\ \text{h} = 358.3\ \text{h}$$

即每次吸附操作的时间减少为 358.3 h。这是因为在假设条件下，固定床吸附容量减少的缘故。

术语中英文对照

- 吸附剂 adsorbent
- 解吸 desorption
- 粉末活性炭 powdered activated carbon
- 吸附容量 adsorption capacity
- 孔径分布 pore size distribution
- 沸石 zeolite
- 吸附等温线 adsorption isotherm
- 单分子层吸附 monolayer adsorption
- 多分子层吸附 multilayer adsorption
- 内(外)扩散 internal (external) diffusion
- 内(外)表面阻力 internal (external) surface resistance
- 固定床 fixed bed
- 移动床 moving bed
- 流化床 fluidized bed
- 穿透曲线 breakthrough curve
- 穿透点 breakthrough point
- 剩余吸附量 residual adsorption capacity
- 动态吸附量 dynamic adsorption capacity
- 平衡吸附量 equilibrium adsorption capacity
- 饱和吸附量 saturated adsorption capacity

思考题与习题

9.1 思考题

（1）吸附平衡是如何定义的？平衡吸附量如何计算？

（2）吸附等温线的物理意义是什么？温度对吸附如何影响？

（3）如何评价不同吸附剂对污染物的吸附性能？

（4）吸附剂颗粒外表面、内表面扩散速率方程的物理意义何在？

（5）固定床吸附中床层可以分为几个区域？各区域的特点是什么？

（6）固定床吸附过程的穿透时间如何计算？

9.2 25 ℃、101.3 kPa 下，甲醛气体被活性炭吸附的平衡数据如下：

q /[g(气体)·g(活性炭)$^{-1}$]	0	0.1	0.2	0.3	0.35
气体的平衡分压 /Pa	0	267	1 600	5 600	12 266

试判断吸附类型，并求吸附常数。

如果 25 ℃、101.3 kPa 下，在 1 L 的容器中含有空气和甲醛的混合物，甲醛的分压为12 kPa，向容器中放入2 g活性炭,密闭。忽略空气的吸附,求达到吸附平衡时容器内的压力。

9.3 用活性炭吸附污水中的某种有机污染物。已知吸附符合弗罗因德利希方程,且 $k=0.007$,$n=1.13$,方程中 q 的单位为 mg/mg (活性炭),ρ 的单位为 mg/L。污水中有机物初始浓度为 20 mg/L,已知每升污水投加 100 mg 的活性炭,求吸附平衡时污水中有机物浓度降至多少?

9.4 现采用活性炭吸附对某有机废水进行处理,两种活性炭的吸附平衡数据如下:

平衡浓度 COD/$(mg\cdot L^{-1})$	100	500	1 000	1 500	2 000	2 500	3 000
A 吸附量 /[mg·g(活性炭)$^{-1}$]	55.6	192.3	227.8	326.1	357.1	378.8	394.7
B 吸附量 /[mg·g(活性炭)$^{-1}$]	47.6	181.8	294.1	357.3	398.4	434.8	476.2

试判断吸附类型,计算吸附常数,并比较两种活性炭的优劣。

9.5 通过一组实验测定活性炭从水溶液中去除农药的吸附平衡数据。在 8 个烧瓶中分别注入 250 mL 含农药 500 mg/L 的溶液,各加入不同质量的活性炭,达到平衡后分析上清液农药浓度,结果如下:

农药浓度/mg/L	0.058	0.087	0.116	0.300	0.407	0.786	0.902	2.940
活性炭加入量/mg	1005	835	640	411	391	298	290	253

试判断吸附类型,并求吸附常数。

9.6 有一初始浓度(比质量分数)为 Y_0 的流体,要求用吸附剂将其浓度降低到 Y_2(对应的固体相的吸附质比质量分数为 X_2)。试证明:二级错流吸附比单级吸附节约吸收剂。

9.7 用活性炭吸附某种有机污染物,吸附符合弗罗因德利希方程 $q=0.2\rho^{0.2}$,q 的单位为 mg/mg (C),ρ 的单位为 mg/L。已知 $\rho_0=20$ mg/L,$\rho_1=2$ mg/L,$x_0=0$。试求:(1)采用单级吸附处理,每升废水所需要的活性炭量;(2)若将此活性炭量平分两份,改成二级错流吸附,试求最终出水浓度;(3)采用二级逆流吸附处理,求每升废水所需的活性炭量。

9.8 用活性炭固定床对生物处理出水进行深度处理,已知生物处理出水 COD 浓度为 100 mg/L,要求活性炭吸附后出水 COD 浓度达到 5 mg/L。在不同的空床速率和床层高度下,测得的穿透时间如下表所示。

空床速率/$(m\cdot h^{-1})$	床高/m	0.4	0.6	0.8	1.0	1.2
10	穿透时间/h	148.6	452.7	751.9	1 047.3	1 355.2
12.5		82.1	238.7	398.4	564.3	718.6
15		51.3	153.3	249.6	352.1	448.9

(1) 求不同空床流速下的 Bohart-Adams 公式的参数,并作空床流速对这些参数的曲线。

(2) 在进水浓度和处理要求相同的情况下,求空床速率为 12 m/h、床层高度为 1.5 m 时的穿透时间(认为此时仍然符合 Bohart-Adams 公式)。

9.9 在 25 ℃、总压为 101.325 kPa 条件下,用活性炭固定床吸附空气中的甲醛。已知吸附等温式为 $q=0.016p^{\frac{1}{3}}$,式中,p 的单位为 Pa,q 的单位为 kg/kg (C)。固定床的填充层高度为 1 m,活性炭填充密度为 500 kg/m^3,空气流量为 500 $kg/(h\cdot m^2)$,空气摩尔质量为 29 g/mol,入口处甲醛的摩尔比为 0.008。根据有关数据已得到穿透点处 f 为 0.5,且吸附区高度 z_a 为 0.2 m,试求穿透时间。

9.10 采用活性炭固定床吸附去除某废水中的毒性有机物。已知废水流量为 20 m^3/h,有机物浓度 150 mg/L,允许排放浓度为 0.5 mg/L。在小吸附柱中实验时,空床速率为 10 m/h,测得不同床层高度条件下的穿透时间如下:

床高 z/m	0.5	1.0	1.5	2.0
穿透时间 t_b/h	35.3	113.5	191.5	269.5

已知实际固定床的床层高度为 2.5 m,求固定床直径及每次吸附操作的时间。

9.11 采用活性炭固定床吸附污水中的某种有机污染物。在静态吸附实验中,该活性炭对该污染物的吸附等温式为 $q=0.001\ 6\rho^{0.6}$,式中,q 的单位为 mg/mg(活性炭),ρ 的单位为 mg/L。活性炭固定床高 2 m,直径 1 m,填充密度 600 kg/m^3(床层体积),初始吸附量为 0。污水过活性炭床的空床速率为 15 m/h,有机污染物的进水浓度为 200 mg/L。已知穿透时的出水浓度趋近于 0,且吸附区(传质区)的吸附剂剩余吸附量与饱和吸附量之比 f 为 60%。在该固定床的流动状态下,活性炭的动态吸附量为静态吸附量的 95%。

(1) 已知穿透时间为 13 h,试求活性炭固定床中吸附区高度及穿透时固定床的剩余吸附量;

(2) 若床层高度增加至 4 m,且用来处理有机污染物浓度为 400 mg/L 的污水,在 f 和吸附区高度不变的情况下,求穿透时间。

9.12 用活性炭固定床吸附污水中的有机物(以 TOC 表示),床层高 1 m,空床速度为 12 m/h,污水 TOC 浓度为 200 mg/L。活性炭固定床的传质区高度为 0.3 m,穿透时间 t_b 为 64 h,发生穿透时,剩余饱和度为 0.5,并假设该活性炭固定床的穿透时间和床高满足 Bohart-Adams 公式,比例系数为 9×10^{-4} L/(mg·h)。

(1) 计算发生穿透时的活性炭固定床的饱和度和相应的 TOC 的动态吸附容量(单位:mg(TOC)/L(床层体积))(假设穿透之前出水中的 TOC 浓度均近似为 0)。

(2) 求穿透浓度为多少?

9.13 用某活性炭固定床吸附某污水中的 COD,该污水中 COD 浓度为 500 mg/L,动态平衡吸附量为静态平衡吸附量的 95%,污水空床流速为 10 m/h,活性炭固定床直径 0.5 m,床层高度为 2 m,填充密度为 500 kg/m^3。

(1) 由静态吸附实验测得该活性炭对污水中 COD 的吸附等温线为 $q=8\rho^{0.5}$,其中 q 的单位为 mg/g(活性炭),ρ 的单位为 mg/L。若吸附区高度为 0.1 m,瞬间形成,并以 0.1 m/h 的速率缓慢下移,求穿透时间及穿透点出现时活性炭固定床的饱和度;

(2) 穿透时间为 45 h,从穿透到出水浓度等于进水浓度所用时间为 5 h,收集这 5 h 内得到的出水,混匀后测得 COD 浓度为 160 mg/L。设穿透时的出水浓度趋近于 0,吸附终点时出水浓度等于进水浓度。计算固定床穿透时吸附的 COD 总量和剩余吸附能力。以收集到的出水体积为横坐标画出固定床的穿透曲线,并标出曲线上各部分所围的面积。

9.14 一个生产能力为 10 万 m^3/d 的水厂,为去除原水中的臭味,决定增设粒状活性炭吸附单元,拟定的设计标准为:空床速度 9.8 $m^3/(m^2\cdot h)$,空床停留时间 30 min,处理 1 m^3 原水使用 0.156 kg 活性炭,堆积密度 480 kg/m^3,活性炭的再生损耗为 7%/周期,活性炭床层的截面积为矩形,宽为 6 m,在重力作用下作降流式运行。

(1) 计算 10 个并联活性炭床的尺寸,以及活性炭床容量被耗尽时的运行时间、活性炭的初次填装量和每年活性炭的补充量;

(2) 初始吸附量为 0,进水 COD 浓度为 120 g/m^3,原水流过吸附塔的速率为 5 m/h,假设吸附区高度为 0.1 m,瞬间形成,并匀速缓慢下移,下移速度 0.1 m/h。活性炭平衡吸附量 q(g/kg)与原水 COD 浓度 ρ(g/m^3)的关系满足:$q=2.8\rho^{1/3}$。求穿透点出现时,活性炭吸附塔的饱和度。

本章主要符号说明

拉丁字母

A——颗粒表面积，m^2；

ΔG——吸附位势，J/mol；

G——溶液中溶剂的容积，m^3；

——溶液流入填充层的速率，$m^3/(s \cdot m^2)$；

$[HTU]_0$——传质单元高度，m；

k——界膜传质系数，m/s；

——常数；

k_1——朗缪尔平衡常数；

k_a——吸附速率常数；

k_b——常数，其值与温度、吸附热和冷凝热有关；

k_d——脱附速率常数；

K_F——总括传质系数；

L——吸附剂质量，kg；

——吸附剂的供给速率，$kg/(s \cdot m^2)$；

m——吸附平衡常数，m^3(溶剂)/kg(吸附剂)；

M_A——吸附质的相对分子质量；

n——常数，$n \geqslant 1$；

N_t——总传质单元数；

N_A——传质速率，kg/s；

p——吸附质的吸附平衡分压，Pa；

p_0——吸附质组分的饱和蒸气压，Pa；

Q_d——微分吸附热，kJ/kmol；

Q_i——积分吸附热，kJ/kg；

q——平衡吸附量，kg(吸附质)/kg(吸附剂)或kmol(吸附质)/kg(吸附剂)；

q_m——饱和吸附量，kg(吸附质)/kg(吸附剂)或kmol(吸附质)/kg(吸附剂)；

——吸附剂颗粒内的平均吸附量，kg(吸附质)/kg(吸附剂)；

R——摩尔气体常数，$R = 8.314\ J/(mol \cdot K)$；

S——1 kg吸附剂的表面积，m^2/kg；

T——热力学温度；

t_b——穿透时间，h；

V——颗粒体积，m^3；

v——空床线速率，m/h；

x——吸附剂中溶质的浓度，kg(溶质)/kg(吸附剂)；

z——固定床吸附塔填充高度，m。

希腊字母

α——吸附质的相对挥发度；

——任意时间不含溶质的溶剂流量，m^3/m^2；

α_a——吸附区移动了吸附区高度z_a区间的流量；

α_B——出口处溶质浓度达到ρ_B时的流量；

ρ——溶液中溶质浓度，kg/m^3；

ρ_B——穿透点浓度，kg/m^3；

ρ_E——穿透曲线的终点浓度，kg/m^3；

ρ^*——对应操作线的浓度ρ的平衡浓度，kg/m^3；

ρ_p——颗粒密度，kg/m^3；

ρ_b——床层的填充密度，kg/m^3；

λ——蒸发潜热，kJ/mol；

θ——覆盖率。

知识体系图

第十章　其他分离过程

第一节　离子交换

离子交换剂是一种带有可交换离子的不溶性固体。通过固体离子交换剂中的离子与溶液中的离子进行等当量交换,从而去除溶液中某些离子的操作称为离子交换。

在环境工程领域,离子交换主要用于水处理中的除盐软化及去除重金属离子等。

一、离子交换剂概述

(一) 离子交换剂的分类

一般将具有离子交换功能的物质称为离子交换剂。离子交换剂可以是任何物质,包括有机离子交换剂(天然的和合成的)和无机离子交换剂(如沸石等)。在水处理中常用的离子交换剂有人工合成的离子交换树脂,随着合成工业的发展,离子交换树脂的应用越来越广泛。

离子交换树脂的种类繁多,分类方法也有多种:

(1) 按树脂的物理结构:可分为凝胶型、大孔型和等孔型。

(2) 按合成树脂所用的单体:可分为苯乙烯系、酚醛系和丙烯酸系等。

(3) 按其活性基团性质:可分为强酸性、弱酸性、强碱性、弱碱性,前两种带有酸性活性基团的称为阳离子交换树脂,后两种带有碱性基团的称为阴离子交换树脂。

强酸性阳离子交换树脂由苯乙烯与二乙烯苯的共聚物经浓硫酸磺化等生产过程制成,根据可交换离子的种类,有 H 型和 Na 型两种。

弱酸性阳离子交换树脂的交换基团一般是弱酸,如羧基($—COOH$)、磷酸基($—PO_3H_2$)等,其中以含羧基的树脂用途最广,如丙烯酸或甲基丙烯酸和二乙烯苯的共聚物。

强碱性阴离子交换树脂通常含有季铵基团,如季铵碱基$—(CH_3)_3NOH$和季铵盐基$—(CH_3)_3NCl$。

弱碱性阴离子交换树脂指含有伯氨基($—NH_2$)、仲氨基($—NHR$)或叔氨基($—NR_2$)的树脂。

(二) 离子交换树脂的结构

离子交换树脂是具有特殊网状结构的高分子化合物,由空间网状结构骨架(即母体)和附着在骨架上的许多活性基团所构成。活性基团遇水电离,分成两部分:① 固定部分,仍与骨架牢固结合,不能自由移动;② 活动部分,能在一定的空间内自由移动,并与周围溶液中的其他同性离子进行交换反应,称为可交换离子或反离子。

图 10.1.1 为聚苯乙烯型阳离子交换树脂的化学结构示意图。高分子聚合链为聚苯乙烯,以二乙烯苯为交联剂,固定基团为磺酸基,可交换离子为 Na^+。

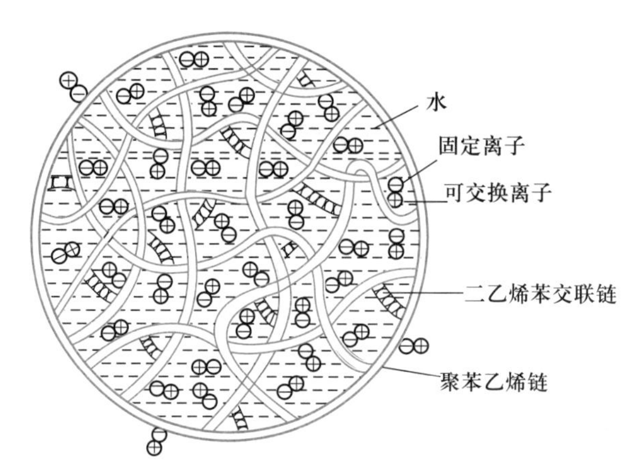

图 10.1.1 聚苯乙烯型阳离子交换树脂结构示意图

（三）离子交换树脂的物理化学性质

（1）交联度：如图 10.1.1 所示，离子交换树脂是一种具有立体交联结构的高分子化合物。交联结构由树脂合成时加入的交联剂来实现。交联度是指交联剂的用量（用质量分数表示）。交联度越大，树脂的结构越紧密，溶胀越小，选择性越高和稳定性越好。

（2）粒度：离子交换树脂通常为球形，粒径为 0.2~1.2 mm。

（3）密度：密度分真密度和视密度。前者指树脂溶胀后的质量与其本身所占体积之比；后者指树脂溶胀后的质量与其堆积体积之比。阳离子树脂的真密度一般为 1 300 kg/m^3 左右，视密度为 700~850 kg/m^3；阴离子树脂的真密度一般为 1 100 kg/m^3，视密度为 600~750 kg/m^3。

（4）溶胀性：离子交换树脂浸泡于水中时，由于溶剂化作用会发生体积增大。这种现象称为溶胀。树脂的溶胀程度与交联度、交联结构、基团与反离子的种类有关。强酸性阳离子交换树脂体积溶胀 4%~8%，弱酸性阳离子树脂溶胀约 100%；强碱性阴离子交换树脂溶胀 5%~10%，而弱碱性阴离子交换树脂溶胀约 30%。

（5）交换容量：离子交换树脂的交换容量是树脂最重要的性能，它定量地表示树脂交换能力的大小。交换容量又可区分为全交换容量和工作交换容量。全交换容量是指单位质量（或体积）的树脂中可以交换的化学基团的总数，亦称理论交换容量。树脂全交换容量可由滴定法测定，在理论上亦可从树脂结构式加以计算。树脂工作交换容量是指树脂在给定工作条件下实际可利用的交换能力，与运行条件，如再生方式和程度、原水离子成分、树脂层高度、操作流速和温度等有关。

（6）选择性：在实际应用中，溶液中常常同时存在多种离子。树脂选择性是指离子交换树脂对不同离子亲和力强弱的反映。了解离子交换的选择吸附作用对于有效地利用离子交换树脂去除溶液中的目标离子，具有重要的实用意义。

一般来说，影响离子交换树脂选择性的因素很多，包括离子的水化半径、离子的化合价等。

（1）离子的水化半径：离子大小影响其与离子交换树脂交换的容易程度。由于离子在水溶液中通常要发生水化作用，因此离子在水溶液中的实际大小应以水化半径来表征。水化半径越小的离子越易被交换。按照水化半径的大小，各种离子与离子交换树脂的亲和力大小顺序如下：

一价阳离子：$Ti^+ > Ag^+ > Cs^+ > Rb^+ > NH_4^+ \approx Na^+ > Li^+$

二价阳离子：$Ba^{2+} > Pb^{2+} > Sr^{2+} > Co^{2+} > Ni^{2+} \approx Cu^{2+} > Zn^{2+} \approx Mg^{2+}$

一价阴离子：$ClO_4^- > I^- > NO_3^- > Br^- > HSO_3^- > Cl^- > HCO_3^- > F^-$

H^+和 OH^-对树脂的亲和力的大小与树脂的性质有关。对于强酸型树脂，H^+与树脂的亲和力很弱，相当于 Li^+的位置。而对于弱酸型树脂，H^+与树脂的亲和力最强。同样，OH^-与碱性树脂的亲和力也类似。

（2）离子的化合价：离子的化合价越高，其与树脂的亲和力越强，越易被树脂交换。因此，在高价离子和一价离子共存时，高价离子容易被离子交换树脂置换。如在水处理的软化工艺中，水中的钙、镁离子容易被离子交换树脂置换，从而达到去除水中硬度的目的。

二、离子交换基本原理

（一）离子交换反应

1. 可逆反应

离子交换反应是可逆的，但是这种可逆反应并不是在均相溶液中进行的，而是在固态树脂和溶液接触的界面间发生的。

例如，含有 Ca^{2+}的硬水通过 RNa 型离子交换树脂时，会发生下列交换反应：

$$2RNa + Ca^{2+} \longrightarrow R_2Ca + 2Na^+ \tag{10.1.1}$$

上述反应过程不断消耗 RNa 型树脂，并使其转化为 R_2Ca 型树脂。当树脂饱和后，为恢复树脂的交换能力，可用一定浓度的食盐水通过已失效的树脂层，使树脂由 R_2Ca 型树脂恢复为具有交换能力的 RNa 型树脂，此过程称为再生，其再生反应为

$$R_2Ca + 2Na^+ \longrightarrow 2RNa + Ca^{2+} \tag{10.1.2}$$

上述两个反应实质上是可逆的，故反应式可写为

$$2RNa + Ca^{2+} \underset{\text{再生}}{\overset{\text{交换}}{\rightleftharpoons}} R_2Ca + 2Na^+ \tag{10.1.3}$$

2. 强型树脂的交换反应

强型树脂是指强酸性阳离子交换树脂和强碱性阴离子交换树脂。

（1）中性盐分解反应：

$$RSO_3H + NaCl \rightleftharpoons RSO_3Na + HCl \tag{10.1.4}$$

$$R_4NOH + NaCl \rightleftharpoons R_4NCl + NaOH \tag{10.1.5}$$

（2）中和反应：

$$RSO_3H + NaOH \rightleftharpoons RSO_3Na + H_2O \tag{10.1.6}$$

$$R_4NOH + HCl \rightleftharpoons R_4NCl + H_2O \tag{10.1.7}$$

（3）复分解反应：

$$R(SO_3Na)_2 + CaCl_2 \rightleftharpoons R(SO_3)_2Ca + 2NaCl \tag{10.1.8}$$

$$2R_4NCl + Na_2SO_4 \rightleftharpoons (R_4N)_2SO_4 + 2NaCl \tag{10.1.9}$$

3. 弱型树脂的交换反应

弱型树脂是指弱酸性阳离子交换树脂和弱碱性阴离子交换树脂。这类树脂不能进行中性盐分解反应,这是由于弱酸性阳离子交换树脂和弱碱性阴离子交换树脂分别在 pH>4 和 pH<7 时才能进行交换反应。但弱型树脂可以进行以下反应:

(1) 非中性盐的分解反应:

$$R(COOH)_2+Ca(HCO_3)_2 \rightleftharpoons R(COO)_2Ca+2H_2CO_3 \tag{10.1.10}$$

$$R=NH_2OH+NH_4Cl \rightleftharpoons R=NH_2Cl+NH_4OH \tag{10.1.11}$$

(2) 强酸或弱碱的中和反应:

$$RCOOH+NaOH \rightleftharpoons RCOONa+H_2O \tag{10.1.12}$$

$$R=NH_2OH+HCl \rightleftharpoons R=NH_2Cl+H_2O \tag{10.1.13}$$

(3) 复分解反应:

$$R(COONa)_2+CaCl_2 \rightleftharpoons R(COO)_2Ca+2NaCl \tag{10.1.14}$$

$$R=NH_2Cl+NaNO_3 \rightleftharpoons R=NH_2NO_3+NaCl \tag{10.1.15}$$

(二) 离子交换平衡和选择性系数

1. 一价离子之间的交换

离子交换平衡是在一定温度下,经过一定时间,离子交换体系中固态的树脂相和溶液相之间的离子交换反应达到的平衡。

一价离子对一价离子的交换反应通式可以写为

$$R^-A^++B^+ \rightleftharpoons R^-B^++A^+ \tag{10.1.16}$$

当离子交换达到平衡时,平衡常数为

$$K_{A^+}^{B^+}=\frac{[R^-B^+][A^+]}{[R^-A^+][B^+]}=\frac{[R^-B^+]/[R^-A^+]}{[B^+]/[A^+]} \tag{10.1.17}$$

式中:$[R^-B^+]$,$[R^-A^+]$——树脂相中的离子浓度,$kmol/m^3$;

$[B^+]$,$[A^+]$——溶液中的离子浓度,$kmol/m^3$。

平衡常数亦称为离子交换树脂的选择性系数,表示了离子交换树脂对溶液中 B^+ 的亲和程度和离子交换反应的进行方向。如果选择性系数大于 1,说明树脂对 B^+ 的亲和力大于对 A^+ 的亲和力,离子交换反应向右进行。

选择性系数亦可用离子摩尔分数来表示。若令

$$c_0=[A^+]+[B^+]$$

$$c_B=[B^+]$$

$$q_0=[R^-A^+]+[R^-B^+]$$

$$q_B=[R^-B^+]$$

式中:c_0——溶液中两种交换离子的总浓度,$kmol/m^3$;

c_B——溶液中 B^+ 离子的总浓度,$kmol/m^3$;

q_0——树脂全交换容量,kmol/m³;

q_B——树脂中 B^+离子浓度,kmol/m³。

则
$$x_B = c_B/c_0, \quad y_B = q_B/q_0$$
$$\frac{[R^-B^+]}{[R^-A^+]} = \frac{q_B}{q_0 - q_B}, \quad \frac{[B^+]}{[A^+]} = \frac{c_B}{c_0 - c_B}$$

式中:x_B——溶液中 B^+离子的摩尔分数;

y_B——树脂中 B^+离子的摩尔分数。

式(10.1.17)变为

$$K_{A^+}^{B^+} = \frac{y_B(1-x_B)}{x_B(1-y_B)} \tag{10.1.18}$$

一价离子之间交换的平衡曲线,如图 10.1.2 所示。

如果 $K_{A^+}^{B^+}>1$,则 B^+优先交换到树脂相,并且随 $K_{A^+}^{B^+}$的增加,y_B 增加显著。反之,如果 $K_{A^+}^{B^+}<1$,则 A^+优先交换到树脂相。

2. 二价离子对一价离子的交换

二价离子对一价离子的交换反应通式为

$$2R^-A^+ + B^{2+} \rightleftharpoons R_2^-B^{2+} + 2A^+ \tag{10.1.19}$$

其离子交换的选择性系数为

$$K_{A^+}^{B^{2+}} = \frac{[R_2^-B^{2+}][A^+]^2}{[R^-A^+]^2[B^{2+}]} = \frac{y_B(1-x_B)^2 c_0}{x_B(1-y_B)^2 q_0}$$

$$K_{A^+}^{B^{2+}} \frac{q_0}{c_0} = \frac{y_B(1-x_B)^2}{x_B(1-y_B)^2} \tag{10.1.20}$$

式中:$K_{A^+}^{B^{2+}} \frac{q_0}{c_0}$——表观选择性系数,量纲为 1。

二价离子与一价离子交换的平衡曲线,见图 10.1.3。

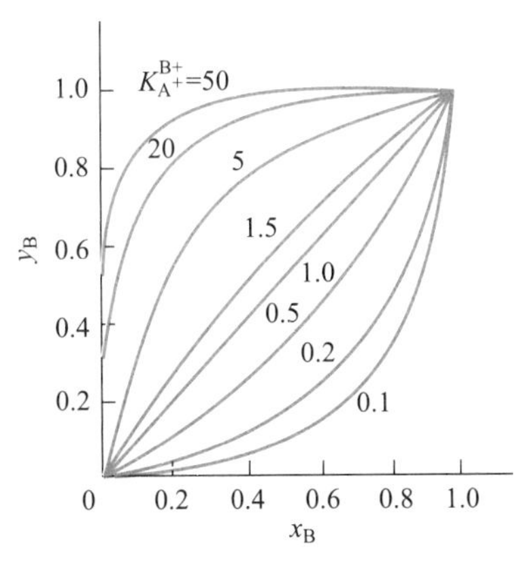

图 10.1.2 一价离子之间交换的平衡曲线

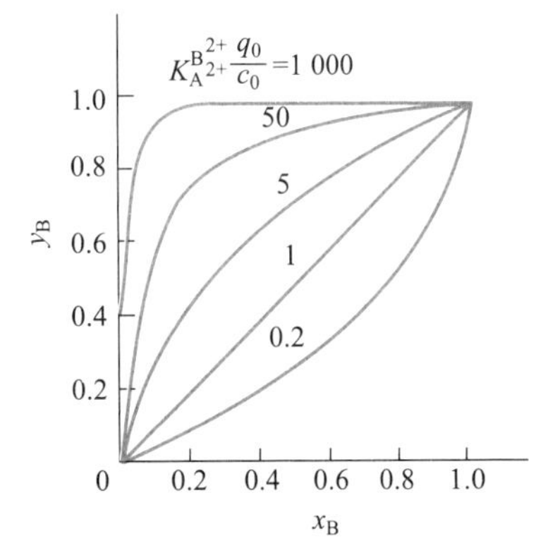

图 10.1.3 二价离子与一价离子交换的平衡曲线

可以看出,该系数随 $K_{A^+}^{B^{2+}}$ 和 q_0 值的增大或 c_0 值的减小而增大,该系数大于 1 时,有利于 B^+ 优选交换到树脂相;反之,则有利于再生反应。

常见的离子交换树脂的选择性系数见表 10.1.1。

表 10.1.1 常见的离子交换树脂的选择性系数

系数	$K_{H^+}^{Li^+}$	$K_{H^+}^{Na^+}$	$K_{H^+}^{NH_4^+}$	$K_{H^+}^{K^+}$	$K_{H^+}^{Mg^{2+}}$	$K_{H^+}^{Ca^{2+}}$
值	0.8	2.0	3.0	3.0	26	42
系数	$K_{Cl^-}^{NO^-}$	$K_{Cl^-}^{HSO_4^-}$	$K_{Cl^-}^{SO_4^{2-}}$	$K_{Cl^-}^{HCO_3^-}$	$K_{Cl^-}^{CO_3^{2-}}$	$K_{OH^-}^{Cl^-}$
值	3.5~4.5	2~3.5	0.11~0.13	0.3~0.8	0.01~0.04	10~20

【例题 10.1.1】 用含 2%(质量分数)$NaNO_3$ 的 HNO_3 溶液再生 H 型强酸性阳离子交换树脂。当通入足够量的酸溶液之后达到平衡,树脂中反离子有 5%为 Na^+ 所交换。问再生用酸溶液中 HNO_3 的质量分数是多少? 已知溶液的密度为1 030 kg/m^3,选择性系数 $K_{H^+}^{Na^+}=1.5$。

解: $NaNO_3$ 的相对分子质量 $M_r=85$,再生溶液中 Na^+ 的浓度为

$$[Na^+]=\left(\frac{20}{85}\right)\bigg/\left(\frac{1\ 000}{1\ 030}\right)\ \text{mol/L}=0.242\ \text{mol/L}$$

设 $HNO_3(M_r=63)$ 的质量分数为 $p\%$,则

$$[H^+]=\left(\frac{10p}{63}\right)\bigg/\left(\frac{1\ 000}{1\ 030}\right)\ \text{mol/L}=0.163p\ \text{mol/L}$$

溶液中反离子 Na^+ 的摩尔分数为

$$x_{Na^+}=\frac{0.242}{0.242+0.163p}$$

树脂中 Na^+ 的摩尔分数 $y_{Na^+}=0.05$,故

$$K_{H^+}^{Na^+}=\frac{y_{Na^+}(1-x_{Na^+})}{x_{Na^+}(1-y_{Na^+})}=\frac{0.05\left(1-\dfrac{0.242}{0.242+0.163p}\right)}{\dfrac{0.242}{0.242+0.163p}(1-0.05)}=1.5$$

解上式得:$p=42.3$。

三、离子交换速率

离子交换平衡是指某种具体条件下离子交换能达到的极限状态,通常需要很长的时间才能达到。在实际的离子交换水处理中,由于反应时间是有限的,不可能达到平衡状态。因此,研究离子交换速率及其影响因素具有重要的实用意义。

(一)离子交换速率的控制步骤

离子交换过程是溶液中的离子与离子交换树脂中可交换基团之间进行的交换反应。一

般认为,该过程涉及有关离子的扩散和交换,其动力学过程包括五个步骤。以下以 H 型强酸性阳离子交换树脂对水中 Na^+的交换为例进行说明(图 10.1.4)。

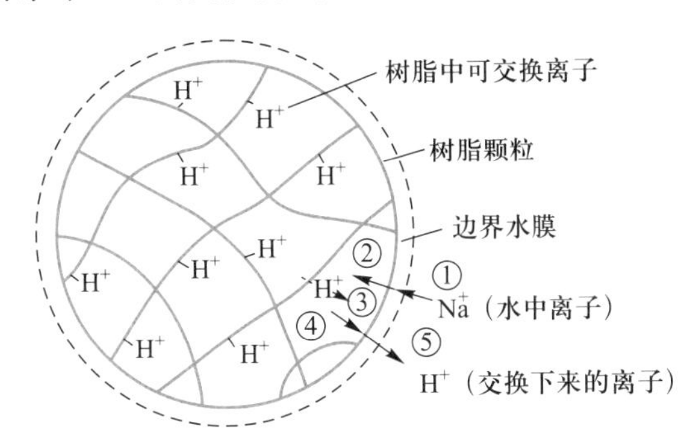

图 10.1.4　离子交换过程示意图

(1) 边界水膜内的迁移:如图 10.1.4 中的①,溶液中的 Na^+向树脂颗粒表面迁移,并扩散通过树脂表面的边界水膜层,到达树脂表面。

(2) 交联网孔内的扩散:Na^+进入树脂颗粒内部的交联网孔,并扩散到达交换点,如图 10.1.4中的②。

(3) 离子交换:Na^+与树脂交换基团上可交换的 H^+进行交换反应,如图 10.1.4 中的③。

(4) 交联网内的扩散:被交换下来的 H^+在树脂内部交联网中向树脂表面扩散,如图 10.1.4中的④。

(5) 边界水膜内的迁移:被交换下来的 H^+通过树脂表面的边界水膜层,扩散进入溶液中,如图 10.1.4 中的⑤。

其中①和⑤称为液膜扩散步骤,或称为外扩散;②和④称为树脂颗粒内扩散,或称为孔道扩散步骤;③称为交换反应步骤。与液膜扩散步骤和孔道扩散步骤的速率相比,交换反应步骤的速率通常很快,且可瞬间完成。因此,离子交换速率实际上是由液膜扩散步骤或者孔道扩散步骤控制。若前者大于后者,则为孔道扩散(颗粒内扩散)步骤控制离子交换速率,反之为液膜扩散(外扩散)控制离子交换速率。

判断离子交换过程是由液膜扩散还是颗粒内扩散控制,可采用 Helfferich 数(He)或 Vermeulen 数(Ve)进行确定。

1. Helfferich 数(He)

根据液膜扩散控制与颗粒内扩散控制两种模型得到的半交换周期,即交换率达到一半时所需要的时间之比,得到

$$He=\frac{q_0 D_r \delta_{bl}}{c_0 r_0 D_l}(5+2\alpha_{A/B}) \tag{10.1.21}$$

式中:q_0——树脂全交换容量,$kmol/m^3$;

D_r——树脂颗粒内离子扩散系数,m^2/s;

D_l——液相离子扩散系数,m^2/s;

δ_{bl}——液膜厚度,m;

r_0——树脂颗粒半径,m;

c_0——溶液初始浓度,$kmol/m^3$;

$\alpha_{A/B}$——分离因子,$\alpha_{A/B}=\dfrac{y_A/x_A}{y_B/x_B}$,当为一价离子之间的交换时,$\alpha_{A/B}$等于选择性系数。

$He=1$,表示液膜扩散与颗粒内扩散两种控制因素同时存在,且作用相等;

$He \gg 1$,表示液膜扩散所需要之半交换周期远远大于颗粒内扩散时之半交换周期,故为液膜扩散控制;

$He \ll 1$,表示为颗粒内扩散控制。

【例题 10.1.2】 Na 型磺化苯乙烯阳离子树脂,粒度为 0.2 mm,树脂交换容量为2.8 mol/m^3,液相初始浓度为 1 mol/m^3,液相与树脂相离子扩散系数之比 $D_1/D_r=10$,液膜厚度 $\delta_{bl}=10^{-5}$ m,Na^+/H^+分离因子 $\alpha_{Na^+/H^+}=1.8$,搅拌情况良好。判断属于哪种扩散控制。

解:

$$He=\frac{q_0 D_r \delta_{bl}}{c_0 r_0 D_1}(5+2\alpha_{A/B})=\frac{2.8\times10^{-5}}{1\times10\times0.2\times10^{-3}}(5+2\times1.8)=0.12$$

此情况属颗粒内扩散控制。

若水相浓度稀释至 0.1 mol/m^3,则 He 为 1.2,属液膜扩散控制。

2. Vermeulen 数(Ve)

Vermeulen 提出以 Ve 作为确定柱型床中离子交换过程控制机理的判据:

$$Ve=\frac{4.8}{D_1}\left(\frac{q_0 D_r}{c_0 \varepsilon_b}+\frac{D_1 \varepsilon_p}{2}\right)Pe^{-1/2} \tag{10.1.22}$$

式中:D_r,D_1——树脂相和液相的离子扩散系数,m^2/s;

ε_b,ε_p——树脂床层空隙率与树脂颗粒内部孔隙率;

Pe——贝克来数,定义式为

$$Pe=\frac{u r_0}{3(1-\varepsilon_b)D_1} \tag{10.1.23}$$

式中:u——液相流速,m/s。

$Ve<0.3$,为颗粒内扩散控制;

$Ve>3.0$,为液膜扩散控制;

$0.3\leqslant Ve\leqslant 3.0$,为两种因素皆起作用的中间状态。

了解离子交换过程的控制机理对于选择与确定适宜的工艺条件、强化操作和过程设计都具有重要意义。一般来说,当树脂相的交联度和粒径都较小,而溶液相的离子浓度、流速与扩散系数都较低时,离子交换的速率往往表现为液膜扩散控制;否则,表现为孔道扩散控制。若属于液膜扩散控制,则应考虑设备结构和操作条件,并改善流动状态,使液流分布均匀,提高液流流速,以便降低液膜阻力;若属于颗粒内扩散控制,则应选择合适的树脂类型、粒度和交联度等。

(二)离子交换速率的表达式

整个离子交换过程的速率可用下式表示:

$$\frac{\mathrm{d}q}{\mathrm{d}t}=\frac{D^0\zeta(c_1-c_r)(1-\varepsilon_p)}{r_0 r} \tag{10.1.24}$$

式中：$\frac{\mathrm{d}q}{\mathrm{d}t}$——单位时间单位体积树脂的离子交换量，kmol/(m³·s)；

D^0——总的扩散系数，m²/s；

ζ——与粒度均匀程度有关的系数；

c_1，c_r——分别表示同一种离子在溶液相和树脂相中的浓度，kmol/m³；

ε_p——树脂颗粒的孔隙率；

r_0——树脂颗粒的粒径，m；

r——扩散距离，m。

（三）离子交换速率的影响因素

（1）离子性质：离子的性质包括化合价和离子大小。

离子的化合价主要影响孔道扩散。由于离子在树脂孔道内的扩散与离子和树脂骨架之间存在的库仑引力有关，因此离子的化合价越高，其孔道扩散速率越慢。

离子的大小影响扩散速率，因此，离子水化半径越大，扩散速率越慢。

（2）树脂的交联度：如果树脂的交联度大，树脂难以膨胀，其树脂的网孔就小，离子在树脂网孔内的扩散就慢。因此，交联度大的树脂的交换速率通常受孔道扩散控制。

（3）树脂的粒径：树脂的粒径对液膜扩散和孔道扩散都有影响。树脂粒径越小，离子在孔道扩散的距离越短，同时液膜扩散的表面积增加，因此树脂整体的交换速率越快。对于液膜扩散，离子交换速率与树脂粒径成反比；而对于孔道扩散，离子交换速率与树脂粒径的二次方成反比。但树脂的颗粒也不宜太小，因为颗粒太小会增加水流通过树脂层的阻力，且在反洗中树脂容易流失。

（4）水中离子浓度：由于扩散过程是依靠离子的浓度梯度而推动的，因此溶液中离子浓度的大小是影响扩散速率的重要因素。离子浓度较大时，其在水膜中的扩散很快，离子交换速率受孔道扩散控制。反之，离子交换速率为液膜扩散控制。

（5）溶液温度：温度升高，溶液的黏度降低，离子和水分子的热运动加强。因此，升高溶液温度，有利于提高离子交换速率。

（6）流速或搅拌速率：树脂表面附近的水流紊动程度主要影响树脂表面边界水膜层的厚度，从而影响液膜扩散。增加树脂表面水流流速或提高搅拌速率，可以增加树脂表面附近的水流紊动程度，因此在一定程度上可提高液膜扩散速率。但水溶液的流速或搅拌速率增加到一定程度以后，其影响会变小。

第二节　萃　　取

一、萃取分离的特点

萃取是分离液体混合物的一种重要单元操作，图 10.2.1 为萃取过程示意图。如图 10.2.1所示，在欲分离的原料混合液中加入一种与其不相溶或部分互溶的液体溶剂，形成两相体系，在充分混合的条件下，利用混合液中被分离组分在两相中分配差异的性质，使该组分从混合液转移到液体溶剂中，从而实现分离。该过程称为液-液萃取，或溶剂萃取。由于被分离的组分从待处理的原料液中转移到溶剂相中需要经过液、液两相界面的扩散，故液-液萃取过程也是物质由一相转移到另一相的传质过程。

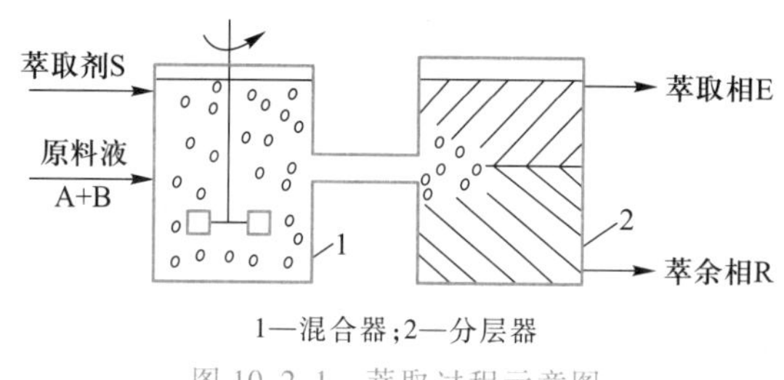

1—混合器；2—分层器

图 10.2.1 萃取过程示意图

在萃取过程中所用的溶剂称为萃取剂 S。混合液中被分离的组分称为溶质 A，其中的溶剂称为稀释剂 B，对于水的混合液来说，稀释剂为水。萃取完成以后，由于萃取剂和稀释剂互不相溶，形成两相分离。以萃取剂为主的液相称为萃取相 E；以稀释剂为主的液相称为萃余相 R。

萃取分离的特点是可在常温下操作，无相变；萃取剂选择适当可以获得较高分离效率；对于沸点非常相近的物质可以进行有效分离。利用萃取的方法分离混合液时，混合液中的溶质既可以是挥发性物质，也可以是非挥发性物质，如无机盐类等。

萃取作为一种重要的分离单元，在化工领域有着广泛的应用。

(1) 在石油化工领域：萃取常用于分离和提纯各种沸点比较相近的有机物质，如从裂解汽油的重整油中萃取芳烃等。

(2) 在生物化工和精细化工领域：萃取常用于分离各种热敏性合成有机物。如青霉素生产中，用玉米发酵得到含青霉素的发酵液，再利用乙酸丁酯为溶剂，经过多次萃取可得到青霉素。

(3) 在湿法冶金领域：萃取可替代传统的沉淀法用于铀、钍等重金属的提炼。

在环境工程领域，萃取法主要用于水处理，通常用于萃取工业废水中有回收价值的溶解性物质，如从染料废水中提取有用染料、从洗毛废水中提取羊毛脂、从含酚废水中萃取回收酚等。

二、萃取过程的热力学基础

组分在液、液相之间的平衡关系是萃取过程的热力学基础，它决定萃取过程的方向、推动力和极限。

在萃取操作中至少涉及三个组分，即待分离混合液中的溶质 A、稀释剂 B 和加入的萃取剂 S。达到平衡时的两个相均为液相，即萃取相和萃余相。当萃取剂和稀释剂部分互溶时，萃取相和萃余相均含有三个组分，因此表示平衡关系时要用三角形相图。下面首先介绍三元物质的三角形相图。

（一）三角形相图

在萃取操作中，三组分混合物的组成通常可以用等边三角形或直角三角形来表示，如图 10.2.2所示。三角形的三个顶点 A、B、S 各代表一种纯组分，习惯上分别表示纯溶质相、纯稀释剂相和纯溶剂相。

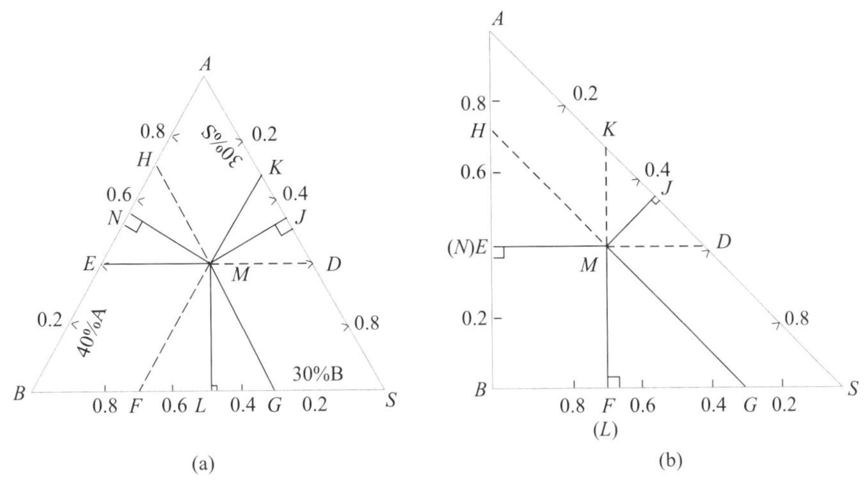

图 10.2.2 三元混合物的三角形相图

三角形的任意一条边上的任一点均代表一个二元混合物。例如,图中 AB 边上的点 E 代表 A、B 二元混合物,其中 A 组成为 40%,B 组成为 60%。

三角形内的任一点代表一个三元混合物。例如,欲求图中点 M 所代表的三元混合物的质量分数,可用点 M 至 AB 边的垂直距离代表组分 S 在混合物 M 中的质量分数 x_{mS},用点 M 至 BS 边的垂直距离代表组分 A 在混合物 M 中的质量分数 x_{mA},用点 M 至 AS 边的垂直距离代表组分 B 在混合物 M 中的质量分数 x_{mB},分别为:$x_{mA}=0.4$;$x_{mB}=0.3$,$x_{mS}=0.3$。三个组分的质量分数之和为 1.0,即

$$x_{mA}+x_{mB}+x_{mS}=0.4+0.3+0.3=1.0$$

直角三角形坐标可以直接进行图解计算,读取数据均较等边三角形方便,故目前多采用直角三角形坐标图,图 10.2.2(b)为等腰直角三角形坐标图。有时也可以根据具体情况,将某一边刻度放大采用不等腰直角三角形。

(二)溶解度曲线与联结线

在萃取操作中,根据组分间互溶度的不同,可分为三种情况:① 溶质 A 可溶于稀释剂 B 和萃取剂 S 中,但稀释剂 B 和萃取剂 S 之间不互溶;② 溶质 A 可溶于稀释剂 B 和萃取剂 S 中,但 B 和 S 之间部分互溶;③ 组分 A、B 完全互溶,但 B、S 及 A、S 之间部分互溶。

通常将①和②称为第Ⅰ类物系,③称为第Ⅱ类物系。由于第Ⅰ类情况在萃取操作中较为普遍,以下主要讨论第Ⅰ类物系的相平衡。

在含有溶质 A 和稀释剂 B 的原混合液中加入适量的萃取剂 S,经充分混合,达到平衡后,就会形成两个液层:萃取相 E 和萃余相 R。达到平衡时的这两个液层称为共轭液相。如果改变萃取剂的用量,将会建立新的平衡,得到新的共轭液相。在三角形坐标图上,将代表各平衡液层的组成坐标点连接起来的曲线即为此体系在该温度下的溶解度曲线,如图 10.2.3所示。溶解度曲线把三角形分为两个区,曲线以内为两相区,以外为均相区。图中点 R 及 E 表示两平衡液层 R 及 E 的组成,该两点的连线 RE 称为联结线。通常联结线都不互相平行,各条联结线的斜率随混合液的组成而异。图中点 P 称为临界混溶点,在该点处 R 和 E 两相组成完全相同,溶液变为均相。

在恒温条件下，通过实验测定体系的溶解度，所得到的结果总是有限的。为了得到其他组成的液-液平衡数据，可以通过绘制辅助曲线，应用内插法求得。

如图 10.2.4 所示，已知联结线 R_1E_1，R_2E_2 和 R_3E_3。从 E_1 点作 AB 轴的平行线，从 R_1 点作 BS 轴的平行线，交点为 F。同样，从 E_2、E_3 分别作 AB 轴的平行线，从 R_2、R_3 分别作 BS 轴的平行线，得交点 G 和 H。连接各交点，得曲线 FGH，即为溶解度曲线的辅助曲线。利用辅助曲线，可以求得任一平衡液相的共轭相，如求液相 R 的共轭相，自 R 点作 BS 轴的平行线，交辅助曲线于 J，过 J 点作 AB 轴的平行线，交溶解度曲线于 E，该点即为 R 的共轭相。

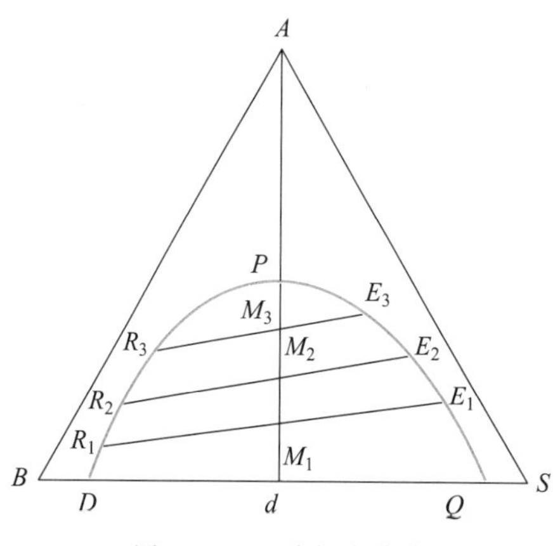

图 10.2.3 溶解度曲线

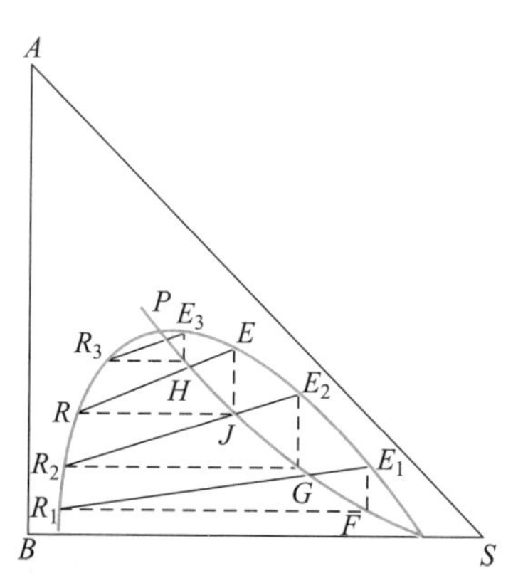

图 10.2.4 溶解度曲线的辅助曲线

（三）杠杆规则

如图 10.2.5 所示，混合物 M 分成任意两个相 E 和 R，或由任意两个相 E 和 R 混合成一个相 M，则在三角形相图中表示其组成的点 M、E 和 R 必在一直线上，而且符合以下比例关系：

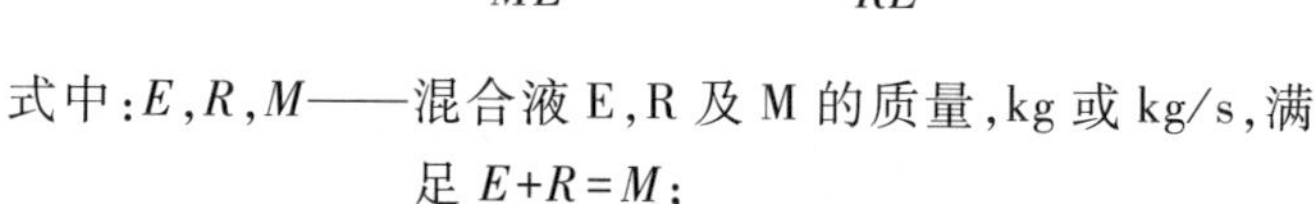

$$\frac{E}{R}=\frac{\overline{MR}}{\overline{ME}} \quad 或 \quad \frac{E}{M}=\frac{\overline{MR}}{\overline{RE}} \qquad (10.2.1)$$

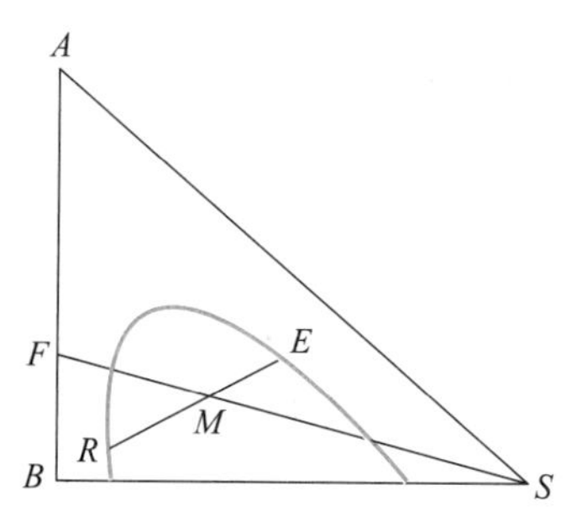

图 10.2.5 杠杆规则的应用

式中：E，R，M——混合液 E，R 及 M 的质量，kg 或 kg/s，满足 $E+R=M$；

$\overline{MR}$，$\overline{ME}$，$\overline{RE}$——线段$\overline{MR}$、$\overline{ME}$及$\overline{RE}$的长度。

这一关系称为杠杆规则。点 M 称为点 E 和点 R 的“和点”；点 E（或 R）为点 M 与 R（或 E）的“差点”。根据杠杆规则，可以由其中的两点求得第三点。

如果在原料液 F 中加入纯溶剂 S，则表示混合液 M 组成的点 M 位置随溶剂加入量的多少而沿 FS 线变化，点 M 的位置由杠杆规则确定：

$$\frac{\overline{MF}}{\overline{MS}}=\frac{S}{F} \qquad (10.2.2)$$

式中：S，F——纯溶剂 S 和原料液 F 的量，kg 或 kg/s；

$\overline{MF}$，$\overline{MS}$——线段$\overline{MF}$和$\overline{MS}$的长度。

（四）分配曲线与分配系数

1. 分配曲线

将三角形相图上各组相对应的共轭平衡液层中溶质 A 的组成转移到x_m-y_m直角坐标上，所得的曲线称为分配曲线。图 10.2.6 为溶解度曲线与分配曲线的关系。以萃余相 R 中溶质 A 的组成 x_m 为横坐标，萃取相 E 中溶质 A 的组成 y_m 为纵坐标，互成共轭平衡的 R 相和 E 相中组分 A 的组成在 x_m-y_m 直角坐标上用点 N 表示。每一对共轭相可得一个点，连接这些点即可得图中所示的分配曲线 ONP，曲线上的点 P 表示临界混溶点。

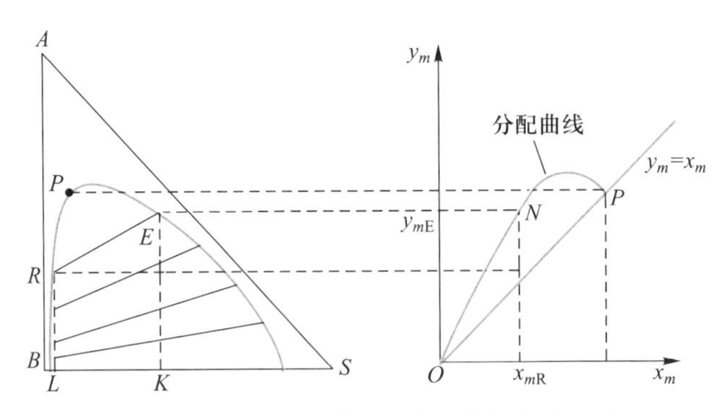

图 10.2.6　溶解度曲线与分配曲线的关系图

分配曲线表达了溶质 A 在相互平衡的 R 相与 E 相中的分配关系。若已知某液相组成，可用分配系数查出与此液相相平衡的另一液相组成。

2. 分配系数

溶质 A 在两相中的平衡关系可以用相平衡常数 k 来表示，即

$$k=\frac{y_{mA}}{x_{mA}} \tag{10.2.3}$$

式中：y_{mA}——溶质 A 在萃取剂中的质量分数；

x_{mA}——溶质 A 在萃余相中的质量分数。

k 通常称为分配系数。k 随温度与溶质的组成而异。当溶质浓度较低时，k 接近常数，相应的分配曲线接近直线。

三、萃取剂的选择

（一）萃取剂的选择性系数

被分离组分在萃取剂与原料液两相间的平衡关系是选择萃取剂首先考虑的问题。如前所述，溶质在萃取相与萃余相之间的平衡关系可以用分配系数 k 表示。分配系数的大小对萃取过程有重要影响，分配系数大，表示被萃取溶质在萃取相中的组成高，萃取剂需要量少，溶质容易被萃取。

萃取剂的选择性是指萃取剂对原料混合液中两个组分的溶解能力的大小，可以用选择性系数 α 来表示。

选择性系数 α 的定义如下：

$$\alpha=\frac{y_{mA}/x_{mA}}{y_{mB}/x_{mB}}=\frac{k_A}{k_B} \tag{10.2.4}$$

式中：y_{mA}，y_{mB}——分别为组分 A 和 B 在萃取相中的质量分数；

x_{mA}，x_{mB}——分别为组分 A 和 B 在萃余相中的质量分数。

根据选择性系数的定义，α 的大小反映了萃取剂对溶质 A 的萃取容易程度。若 $\alpha>1$，表示溶质 A 在萃取相中的相对含量比萃余相中高，萃取时组分 A 可以在萃取相中富集，α 越大，组分 A 与 B 的分离越容易。若 $\alpha=1$，则组分 A 与 B 在两相中的组成比例相同，不能用萃取的方法分离。

（二）萃取剂的选择原则

在萃取操作过程中，选取萃取剂应考虑以下几方面的性能。

1. 萃取剂的选择性

萃取剂的选择性好坏，系指萃取剂 S 对被萃取组分 A 与对其他组分的溶解能力之间的差异。若选用选择性系数大的萃取剂，其用量可以减小，而所得的产品质量也较高。

萃取剂 S 与稀释剂 B 的互溶度越小，越有利于萃取。

2. 萃取剂的物理性质

（1）密度：萃取剂和萃余相之间应有一定的密度差，以利于两液相在充分接触以后能较快地分层，从而可以提高设备的处理能力。

（2）界面张力：萃取物系的界面张力较大时，细小的液滴比较容易聚结，有利于两相的分层，但界面张力过大，液体不易分散。界面张力小，易产生乳化现象，使两相较难分离。因此，界面张力应适中。一般不宜选用界面张力过小的萃取剂。

（3）黏度：溶剂的黏度低，有利于两相的混合与分层，也有利于流动与传质，因而黏度小对萃取有利。萃取剂的黏度较大时，有时需要加入其他溶质来调节黏度。

3. 萃取剂的化学性质

萃取剂应具有良好的化学稳定性、热稳定性及抗氧化稳定性，对设备的腐蚀性也应较小。

4. 萃取剂回收的难易

萃取相和萃余相中的萃取剂通常需回收后重复使用，以减少溶剂的消耗量。回收费用取决于萃取剂回收的难易程度。有的溶剂虽然具有很多良好的性能，但往往由于回收困难而不被采用。

一般常用的回收方法是蒸馏，如果不宜用蒸馏，可以考虑采用其他方法，如反萃取、结晶分离等。

5. 其他指标

如萃取剂的价格、毒性及是否易燃、易爆等，均是选择萃取剂时需要考虑的问题。

四、萃取过程的流程和计算

（一）单级萃取

单级萃取是液-液萃取中最简单、最基本的操作方式，其工艺流程如图 10.2.7 所示。首先介绍这种最简单的萃取操作，在此基础上理解其他复杂的萃取操作。

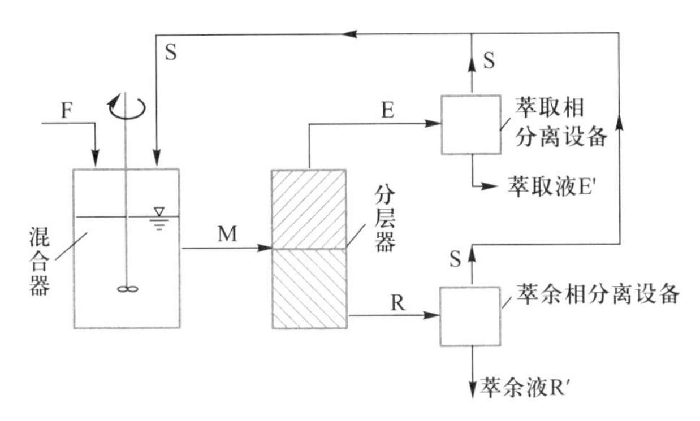

图 10.2.7 单级萃取流程示意图

如图 10.2.7 所示，同时将一定量的原料液 F 和萃取剂 S 加入混合器内，通过搅拌使两相充分混合，原料液中的溶质 A 转移到萃取剂相中。经过一段时间的搅拌混合后，将混合液送入分层器中，在此萃取相和萃余相进行分离。萃取相和萃余相分别送到萃取相分离设备和萃余相分离设备，分离回收得到的萃取剂可以在萃取操作中再用。萃取相和萃余相脱除萃取剂后的两个液相分别称为萃取液和萃余液。

单级萃取可以间歇操作，也可以连续操作。如果萃取相和萃余相之间达到平衡，则这个过程为一个理论级。但无论采用什么样的操作方式，由于两液相在混合器中的接触时间是有限的，萃取相和萃余相之间实际上不可能完全达到平衡，只能接近平衡。单级操作实际的级数和理论级的差距用级效率表示。萃取相与萃余相距离平衡状态越近，级效率越高。一般来说，在单级萃取计算中通常按一个理论级考虑。

单级萃取过程的计算通常是在待处理的原料液的量和组成、萃取剂的组成、萃余相的组成和体系的相平衡数据已知的条件下，求所需的萃取剂的量、萃取相和萃余相的量与萃取相的组成。

以下分别对萃取剂与稀释剂不互溶的体系和部分互溶的体系进行计算。

1. 萃取剂与稀释剂不互溶的体系

对于萃取剂与稀释剂不互溶的体系，萃取相含全部溶剂，萃余相含全部稀释剂。萃取前后的以溶质 A 为对象的物料衡算式如下（萃取剂为纯溶剂）：

$$BX_{mF}=SY_{mE}+BX_{mR}$$

或

$$Y_{mE}=-\frac{B}{S}(X_{mR}-X_{mF}) \tag{10.2.5}$$

式中：S,B——萃取剂用量和原料液中稀释剂量，kg 或 kg/s；

X_{mF}——原料液中溶质 A 的质量比，kg(A)/kg(B)；

X_{mR}——萃余相中溶质 A 的质量比，kg(A)/kg(B)；

Y_{mE}——萃取相中溶质 A 的质量比，kg(A)/kg(S)。

溶质在两液相间的分配曲线如图 10.2.8（组成用质量比表示）所示，即

$$Y_m=f(X_m)$$

如果分配系数不随溶液组成而变，则

$$Y_m = kX_m \qquad (10.2.6)$$

联立求解式(10.2.5)和式(10.2.6),即可得到所需的萃取剂用量 S 和溶质 A 在萃取相中的组成 Y_{mE}。此解也可通过图解得到。如图 10.2.8 所示,式(10.2.5)为一直线,称为操作线。该操作线是过点(X_{mF},0)、斜率为$-B/S$ 的直线。操作线与分配曲线的交点即为 Y_{mE} 和 X_{mR}。

2. 萃取剂与稀释剂部分互溶的体系

对于萃取剂与稀释剂部分互溶的体系,通常根据三角相图用图解法进行计算,如图 10.2.9所示。在计算过程中所用到的一些符号说明如下:

F——原料液的量,kg 或 kg/s;

S——萃取剂的量,kg 或 kg/s;

M——混合液(原料液+萃取剂)的量,kg 或 kg/s;

E,E'——萃取相和萃取液的量,kg 或 kg/s;

R,R'——萃余相和萃余液的量,kg 或 kg/s;

x_{mF}——原料液中溶质 A 的质量分数;

x_{mM}——混合液中溶质 A 的质量分数;

$x_{mR},x_{mR'}$——萃余相和萃余液中溶质 A 的质量分数;

y_{m0}——萃取剂中溶质 A 的质量分数;

$y_{mE},y_{mE'}$——萃取相和萃取液中溶质 A 的质量分数。

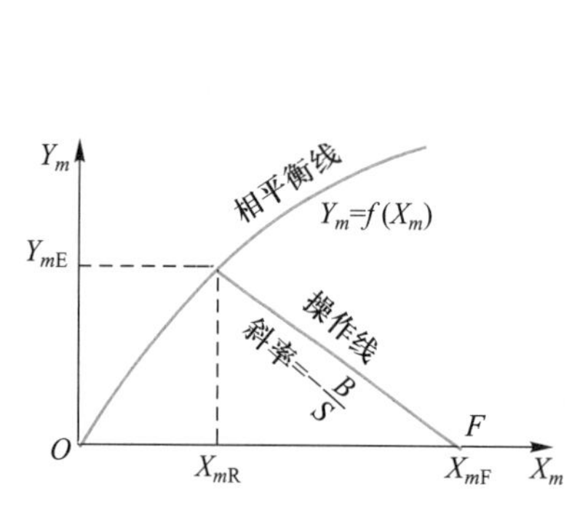

图 10.2.8 不互溶体系的单级萃取

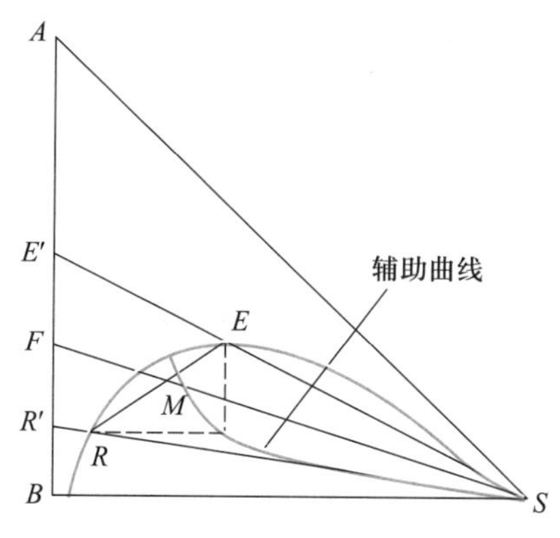

图 10.2.9 部分互溶体系的单级萃取

图解法的计算步骤如下:

(1) 根据已知平衡数据在三角相图中画出溶解度曲线及辅助曲线,如图 10.2.9 所示。

(2) 在 AB 边上根据原料液的组成 x_{mF}确定点 F,根据所用萃取剂组成确定点 S(假设为纯萃取剂,$y_{m0}=0$),连接 FS。

(3) 由已知的萃余相中溶质 A 的质量分数 x_{mR}定出点 R(也可以用萃余液组成 $x_{mR'}$定出点 R',连接 SR'与溶解度曲线相交于点 R),再由 R 点利用辅助曲线求出点 E,连接 RE,与 FS 交点为 M,该点即为混合液的组成点。根据杠杆法则,可求得所需萃取剂的量 S 为

$$\frac{S}{F}=\frac{\overline{MF}}{\overline{MS}}, \quad S=\frac{\overline{MF}}{\overline{MS}}\times F$$

上式中 F 已知，$\overline{MF}$和$\overline{MS}$线段的长度可以从图中量出，因此可求出 S。

（4）根据杠杆法则，可求萃取相量 E 和萃余相量 R，即

$$\frac{R}{E}=\frac{\overline{ME}}{\overline{MR}}$$

根据系统的总物料衡算，有

$$F+S=R+E=M$$

联立以上两式，即可求得 R 和 E，并从图 10.2.9 中读出 y_{mE}。连接 ES 与 AB 边相交于 E'，并读出 y'_{mE}。

（二）多级错流萃取的流程与计算

多级错流萃取的流程如图 10.2.10 所示。原料液从第 1 级加入，每一级均加入新鲜的萃取剂。在第 1 级中，原料液与萃取剂充分接触，两相达到平衡后分相。所得的萃余相作为第 2 级的原料液送到第 2 级中，与加入的新鲜萃取剂进行再次萃取，分相后，其萃余相送入第 3 级。如此萃余相被多次萃取，直到第 n 级，最终排出的萃余相量为 R_n。各级得到的萃取相量分别为 $E_1,E_2,\cdots,E_n$，排出后分离溶质，并回收萃取剂。

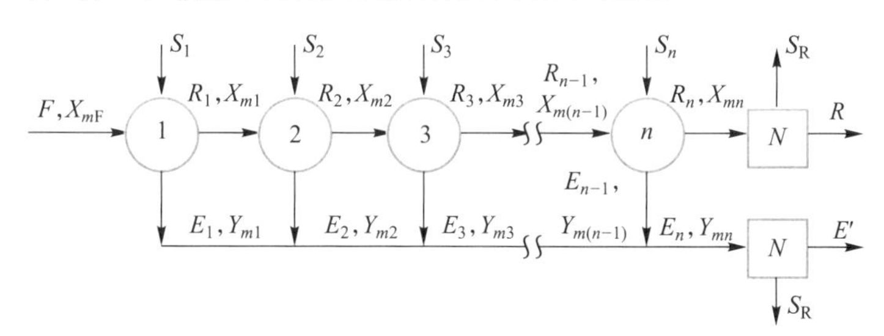

图 10.2.10　多级错流萃取的流程示意图

下面对萃取剂和稀释剂之间不互溶的体系进行计算。

由于萃取剂和稀释剂之间不互溶，可以认为原料液与从各级流出的萃余相中的稀释剂量 B 相等。同时，在各级萃取中，加入的萃取剂量与流出的萃取相中的纯萃取剂量相同。类似于单级萃取的计算方法，对多级萃取进行逐级计算。

对于第 1 级，对溶质 A 进行物料衡算：

$$BX_{mF}+S_1Y_{m0}=BX_{m1}+S_1Y_{m1} \tag{10.2.7}$$

由上式得

$$Y_{m1}-Y_{m0}=-\frac{B}{S_1}(X_{m1}-X_{mF}) \tag{10.2.8}$$

式中：B——原料液中稀释剂的量，kg 或 kg/s；

S_1——加入第 1 级的萃取剂中的纯萃取剂量，kg 或 kg/s；

Y_{m0}——萃取剂中溶质 A 的质量比，kg(A)/kg(S)；

X_{mF}——原料液中溶质 A 的质量比，kg(A)/kg(B)；

Y_{m1}——第 1 级流出的萃取相中溶质 A 的质量比,kg(A)/kg(S);

X_{m1}——第 1 级流出的萃余相中溶质 A 的质量比,kg(A)/kg(B)。

式(10.2.8)为第 1 级萃取过程中萃取相与萃余相组成变化的操作线方程。

同理,对任意一个萃取级 n,根据溶质的物料衡算得

$$Y_{mn}-Y_{m0}=-\frac{B}{S_n}(X_{mn}-X_{m(n-1)}) \tag{10.2.9}$$

上式表示任一级萃取过程中萃取相组成 Y_{mn} 与萃余相组成 X_{mn} 之间的关系,为错流萃取每一级的操作线方程,在直角坐标图上是一直线。

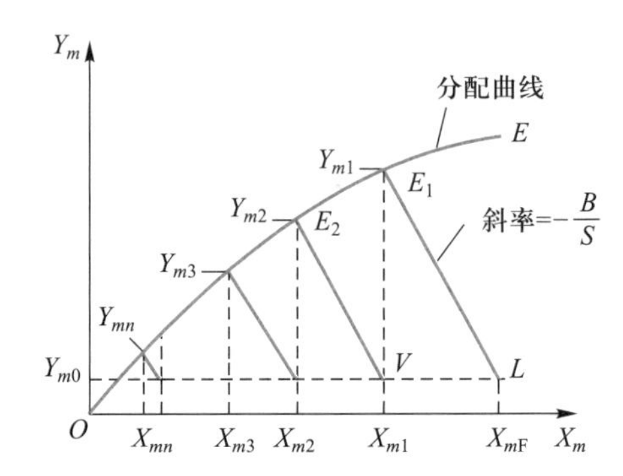

图 10.2.11 图解法求多级错流萃取所需的理论级数

与单级操作的图解法类似,在多级萃取中,如果已知原料液量和原料液组成 X_{mF} 及每一级加入的萃取剂量和萃取剂组成 Y_{m0},即可用图解法求出将萃余相中溶质 A 的组成降到 X_{mR} 所需的级数。图解法的具体步骤如图 10.2.11 所示。

步骤如下:

(1) 在直角坐标上画出分配曲线 OE。

(2) 过点 $L(X_{mF},Y_{m0})$,以 $-B/S_1$ 为斜率,作操作线与分配曲线交于点 E_1。该点的横、纵坐标分别为离开第一级萃余相的组成 X_{m1} 和萃取相的组成 Y_{m1}。

(3) 过点 $V(X_{m1},Y_{m0})$,以 $-B/S_2$ 为斜率,作操作线与分配曲线交于点 E_2,得到离开第二级萃余相的组成 X_{m2} 和萃取相的组成 Y_{m2}。

依此类推,直到萃余相的组成 X_{mn} 等于或小于所要求的 X_{mR} 为止。重复操作线的次数即为理论级数。

图中各操作线的斜率随各级萃取剂的用量而异,如果每级所用萃取剂量相等,则各操作线斜率相同,各线相互平行。

(三) 多级逆流萃取的流程与计算

多级逆流萃取的流程如图 10.2.12 所示。原料液从第 1 级进入,逐级流过系统,最终萃余相从第 n 级流出;而新鲜萃取剂从第 n 级进入,与原料液逆流接触。两液相在每一级充分接触,进行传质,最终的萃取相从第 1 级流出。最终的萃取相与萃余相分别送入溶剂回收装置中回收萃取剂,并得到萃取液与萃余液。在多级逆流萃取流程中,由于在第 1 级,萃取相

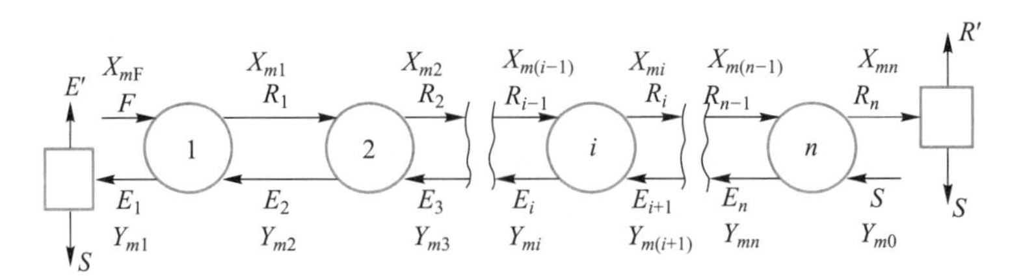

图 10.2.12 多级逆流萃取流程示意图

与溶质含量最高的原料液接触，因此最终得到的萃取相中溶质含量高，接近与原料液相平衡的程度。而在第 n 级，萃余相与新鲜萃取剂接触，使最终出来的萃余相中溶质含量低，接近与新鲜萃取剂相平衡的程度。由于上述特点，多级逆流萃取可以用较少的萃取剂量达到较高的萃取率，应用较为广泛。

1. 理论级数的计算

多级逆流萃取体系的理论级数的图解过程如下：

（1）根据平衡数据，绘制分配曲线，如图 10.2.13 所示。

（2）根据物料衡算建立逆流萃取的操作线方程。由于在萃取剂与稀释剂不互溶的多级逆流萃取体系中，萃取相中的萃取剂的量和萃余相中稀释剂的量均保持不变，因此第 1 级至第 i 级的物料衡算方程为

$$BX_{mF}+SY_{m(i+1)}=BX_{mi}+SY_{m1} \tag{10.2.10}$$

$$Y_{m1}-Y_{m(i+1)}=\frac{B}{S}(X_{mF}-X_{mi}) \tag{10.2.11}$$

式中：X_{mF}——原料液中溶质 A 的质量比，kg(A)/kg(B)；

Y_{m1}——最终萃取相中溶质 A 的质量比，kg(A)/kg(S)；

X_{mi}——离开第 i 级的萃余相中溶质 A 的质量比，kg(A)/kg(B)；

$Y_{m(i+1)}$——进入第 i 级的萃取相中溶质 A 的质量比，kg(A)/kg(S)；

B——原料液中稀释剂的流量，kg/s；

S——原始萃取剂中纯萃取剂的流量，kg/s。

式(10.2.11)即为该逆流萃取体系的操作线方程，斜率为 B/S，过点 $D(X_{mn},Y_{m0})$ 和点 $J(X_{mF},Y_{m1})$。

（3）从操作线的一端点 J 开始，在操作线与分配曲线之间画阶梯，阶梯数即为所需的理论级数。

2. 最小萃取剂用量的计算

在萃取操作中，萃取剂用量的确定影响萃取效果和设备费用。一般来说，萃取剂用量小，所需理论级数多，设备费用高；反之，萃取剂用量大，所需的理论级数少，萃取设备费用低，但萃取剂回收设备大，相应的回收萃取剂的费用高。因此，需要根据萃取和萃取剂回收两部分的设备费和操作费进行综合核算，确定适宜的萃取剂用量。但在多级逆流操作中，对于一定的萃取，存在一个最小萃取剂比和最小萃取剂用量 S_{min}。当萃取剂用量减小到 S_{min} 时，所需的理论级数为无穷大。如果所用的萃取剂量小于 S_{min}，则无论用多少个理论级也达不到规定的萃取要求。因此，在确定萃取剂用量时，有必要首先计算最小萃取剂用量。

图解法求最小萃取剂用量如图 10.2.14 所示。

首先在 Y_m-X_m 坐标上绘制分配曲线，然后绘制操作线 J_1，J_2 和 J_{min}，其斜率分别为 $\delta_1=B/S_1$，$\delta_2=B/S_2$ 和 $\delta_{max}=B/S_{min}$。当萃取剂用量减小时，操作线向分配曲线靠拢。操作线与分配曲线相交时（如图中 J_{min} 线）的萃取剂用量为最小值 S_{min}。此时操作线的斜率最大。从图中可见，S 越小，理论级数越多；S 为 S_{min} 时，理论级数为无穷多。萃取剂的最小用量可用下式求得

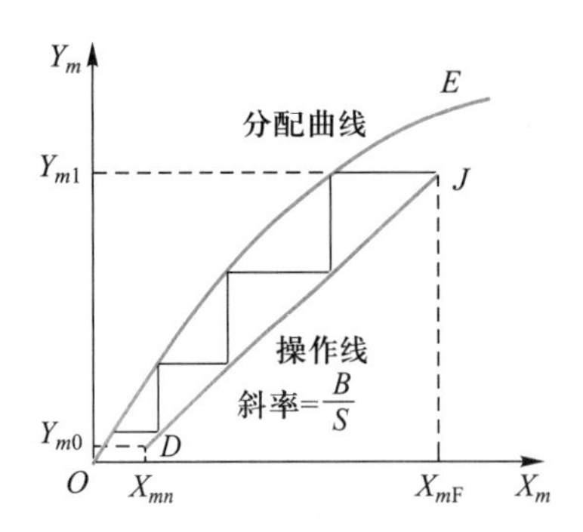

图 10.2.13 图解法求多级逆流萃取所需的理论级数

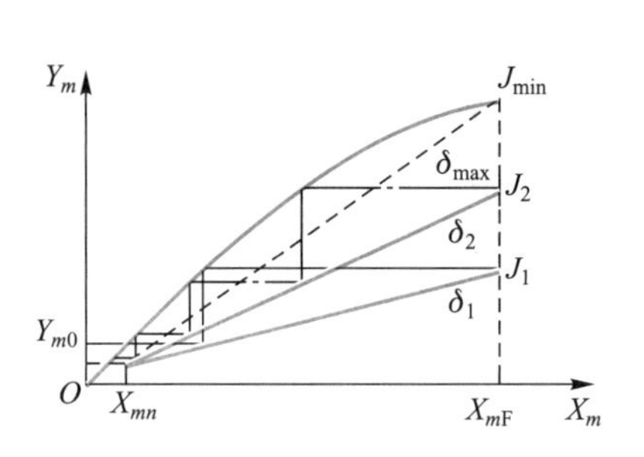

图 10.2.14 图解法求最小萃取剂用量

$$S_{min}=\frac{B}{\delta_{max}} \tag{10.2.12}$$

【例题 10.2.1】 采用多级错流萃取的方法，从流量为 1 300 kg/h 的 A、B 混合液中提取组分 A，所用的溶剂 S 与混合液中组分 B 完全不溶，其操作条件下的平衡关系如图 10.2.15 所示。若每级以 500 kg/h 的流量加入纯溶剂，使原料液中的 A 含量由 0.35 降至 0.075（质量分数），求所需的理论级数。如果改为逆流操作，总的溶剂用量相同，其他操作条件不变，达到相同的分离效果需要的理论级数是多少？

解：(1) 原料液中 A 的质量比为

$$X_{mF}=\frac{0.35}{1-0.35}=0.538$$

达到分离要求的第 n 级萃余相中 A 的质量比为

$$X_{mn}=\frac{0.075}{1-0.075}=0.081$$

操作线的斜率为

$$-\frac{B}{S}=-\frac{1\ 300\times(1-0.35)}{500}=-1.69$$

在分配曲线图（图 10.2.15）中过点 $(X_{mF},0)$ 作斜率为 -1.69 的第 1 级操作线，交分配曲线于点 (X_{m1},Y_{m1})，该点的坐标为第 1 级萃余相和萃取相的组成。然后过点 $(X_{m1},0)$ 作第 1 级操作线的平行线交分配曲线于 (X_{m2},Y_{m2})，重复以上步骤，直到萃余相中 A 的组成达到分离要求为止。由图 10.2.16 可知，理论级数为 4。

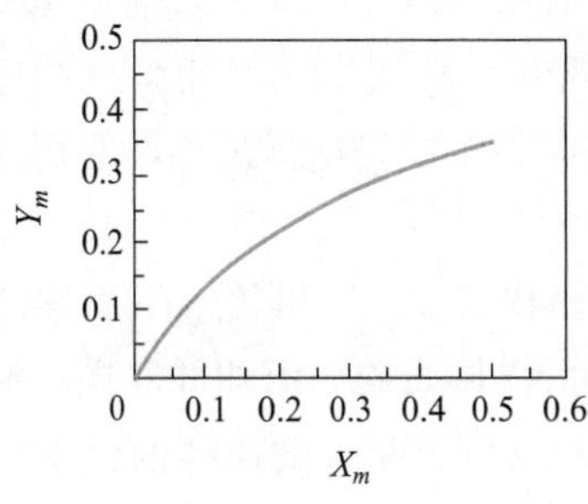

图 10.2.15 例题 10.2.1 附图 1

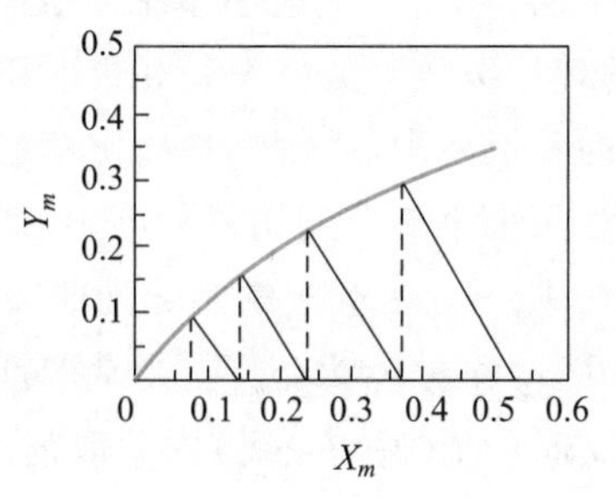

图 10.2.16 例题 10.2.1 附图 2

(2) 多级逆流萃取时,总溶剂用量为

$$S=500\times4\ \text{kg/h}=2\ 000\ \text{kg/h}$$

由物料衡算,可以得到达到分离要求时萃取相中 A 的质量比为

$$Y_{mn}=\frac{B}{S}(X_{mF}-X_{mn})+Y_{m0}$$

$$=\frac{1\ 300\times(1-0.35)}{2\ 000}\times(0.538-0.081)$$

$$=0.193$$

在分配曲线图上,过点(0.538,0.193)和点(0.081,0)作直线,得到操作线,在操作线和分配曲线之间作阶梯(图 10.2.17),求得理论级数为 2。

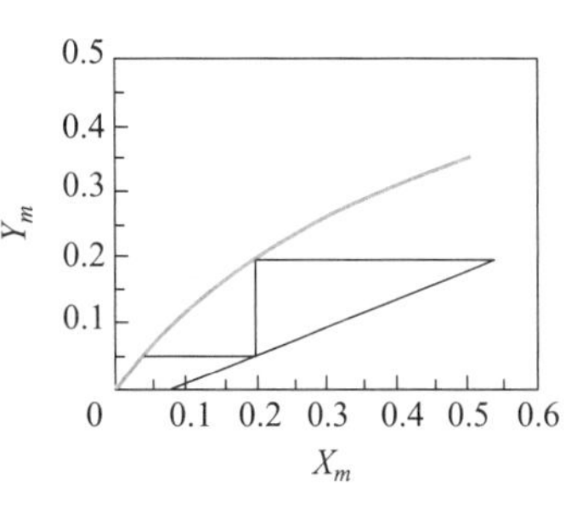

图 10.2.17 例题 10.2.1 附图 3

(四) 连续逆流萃取

连续逆流萃取过程如图 10.2.18 所示。通常重液(原料液)从塔顶进入塔中,从上向下流动,轻液(萃取剂)自下向上流动,两相逆流连续接触,进行传质。溶质从原料液进入萃取剂,最终萃余相从塔底流出,萃取相从塔顶流出。

连续逆流萃取的计算主要是要确定塔径和塔高,与吸收塔的计算类似。塔径取决于两液相的流量与塔中两相适宜的流速。塔高的计算通常有两种方法:

1. 理论级当量高度法

理论级当量高度是指相当于一个理论级萃取效果的塔段高度,用 H_e 表示。它与两液相的物性、设备的结构形式和两相流速等操作条件有关,是反映萃取塔传质特性的参数。塔高等于 H_e 与理论级数的乘积。

2. 传质单元法

如图 10.2.19 所示,将萃取塔分隔成无数个微元段,对微元段中溶质从料液到萃取相的传质过程进行分析。

$$d(Ey_m)=K_y(y_m^*-y_m)a_b\Omega dh$$

$$dh=\frac{d(Ey_m)}{\Omega K_y a_b(y_m^*-y_m)} \tag{10.2.13}$$

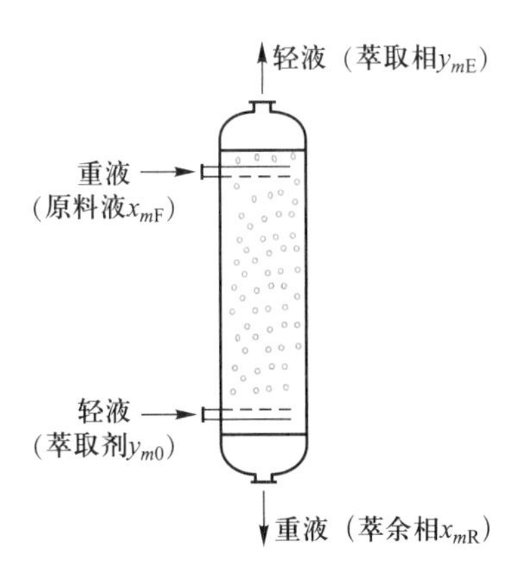

图 10.2.18 连续逆流萃取过程

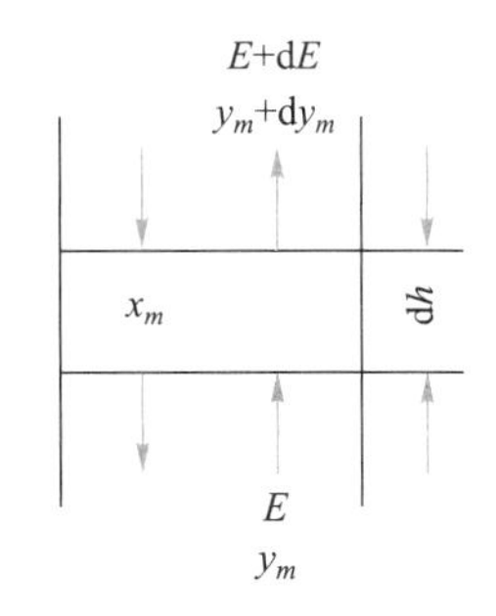

图 10.2.19 微元段中的传质

萃取塔

式中：E——萃取相流量，kg/s；

a_b——单位塔体积中两相界面积，m^2/m^3；

Ω——塔截面面积，m^2；

K_y——以萃取相质量分数差为推动力的总传质系数，kg/($m^2 \cdot s$)；

y_m^*——与组成为 x_m 的萃余相呈平衡的萃取相组成，质量分数。

理论上，对(10.2.13)积分即可得塔高。但通常 E 和 K_y 是变量，积分有困难。

当萃取相中溶质浓度较低，且萃取相和稀释剂不互溶时，E 可认为不变，K_y 也可以取平均值作为常数。此时，对式(10.2.13)积分得

$$h=\frac{E}{K_y a_b \Omega}\int_{y_{m0}}^{y_{mE}}\frac{dy_m}{y_m^*-y_m}=H_{OE}N_{OE} \tag{10.2.14}$$

式中：H_{OE}——稀溶液时萃取相总传质单元高度，m；

N_{OE}——稀溶液时萃取相总传质单元数；

y_{m0}——原始萃取剂中溶质组成的质量分数；

y_{mE}——最终萃取剂中溶质组成的质量分数。

第三节 膜 分 离

一、膜分离概述

(一) 膜分离过程的分类

膜分离是以具有选择透过功能的薄膜为分离介质，通过在膜两侧施加一种或多种推动力，使原料中的某组分选择性地优先透过膜，从而达到混合物分离和产物的提取、浓缩、纯化等目的。

膜分离过程有多种，不同的分离过程所采用的膜及施加的推动力不同。表 10.3.1 列出了几种工业应用膜过程的基本特征。

表 10.3.1 几种工业应用膜过程的基本特征

过程	简图	膜类型	推动力	传递机理	透过物	截留物
微滤(0.05~10 μm)	进料 → 滤液 (水)	对称膜、非对称膜	压力差 0.05~0.2 MPa	尺寸筛分	水、溶解物、大分子、病毒	悬浮颗粒物、细菌
超滤(5~50 nm)	进料 → 浓缩液、滤液	非对称膜	压力差 0.05~1 MPa	尺寸筛分	水、溶解物、大分子	悬浮颗粒物、细菌、病毒
纳滤(0.6~5 nm)	进料 → 浓缩液、滤液	复合膜、非对称膜	压力差 0.2~2 MPa	尺寸筛分、道南效应、介电效应	水、单价离子、小分子溶质	悬浮颗粒物、细菌、病毒、大分子、多价离子

续表

过程	简图	膜类型	推动力	传递机理	透过物	截留物
反渗透(<0.6 nm)	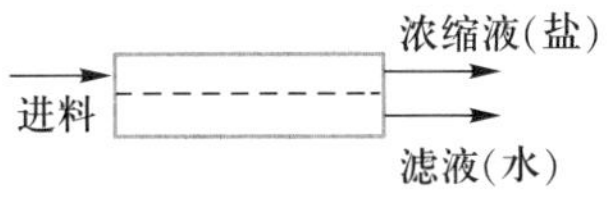 进料 浓缩液(盐) 滤液(水)	复合膜、非对称膜	压力差 1~7 MPa	溶解-扩散	水	悬浮颗粒物、细菌、病毒、大分子、离子
渗析	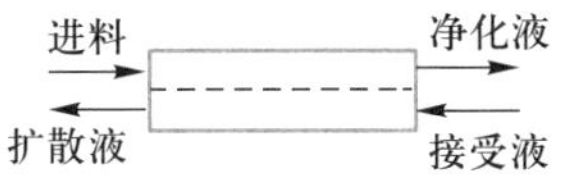 进料 净化液 扩散液 接受液	非对称膜、离子交换膜	浓度差	扩散	低相对分子质量溶质、离子	溶剂相对分子质量>1 000
电渗析	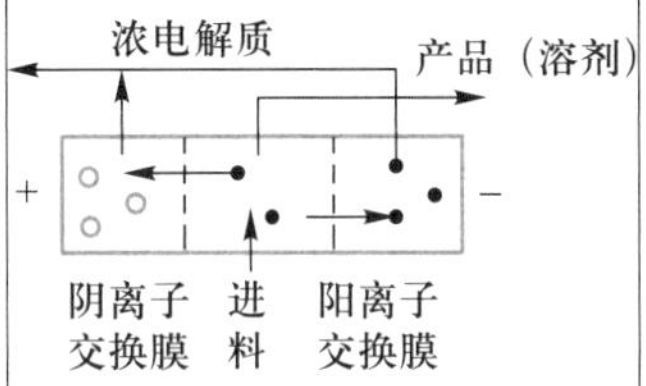 浓电解质 产品(溶剂) + − 阴离子交换膜 进料 阳离子交换膜	离子交换膜	电位差	反离子迁移	离子	同名离子、水分子
膜电解	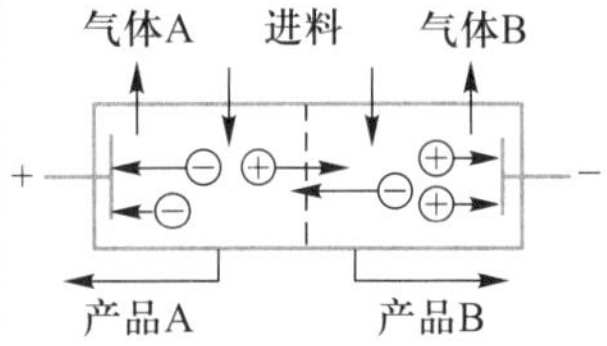 气体A 进料 气体B + − 产品A 产品B	离子交换膜	电位差 电化学反应	电解质离子选择传递、电极反应	电解质离子	非电解质离子
气体分离	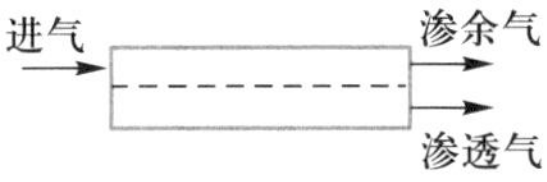 进气 渗余气 渗透气	对称膜、非对称膜、复合膜	压力差 1.0~10 MPa 浓度差	筛分、溶解-扩散	气体	难渗气体
渗透汽化	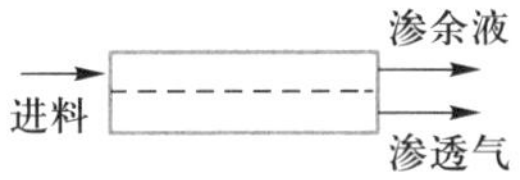 进料 渗余液 渗透气	均相膜、复合膜、非对称膜	压力差	溶解-扩散	蒸气	难渗液体

微滤、超滤、纳滤与反渗透都是以压力差为推动力的膜分离过程。当在膜两侧施加一定的压差时,可使混合液中的一部分溶剂及小于膜孔径的组分透过膜,而微粒、大分子、盐等被截留下来,从而达到分离的目的。这四种膜分离过程的主要区别在于被分离物质的大小和所采用膜的结构和性能的不同。微滤的孔径范围为 0.05~10 μm,压力差为 0.05~0.2 MPa;超滤的孔径范围为 5~50 nm,压力差为 0.05~1 MPa;反渗透常用于截留溶液中的盐或其他小分子物质,压力差与溶液中的溶质浓度有关,一般为 1~7 MPa;纳滤介于反渗透和超滤之间,脱盐率及操作压力通常比反渗透低,一般用于分离溶液中相对分子质量为几百至几千的物质。

电渗析是在电场力作用下,溶液中的反离子发生定向迁移并通过膜,以达到去除溶液中离子的一种膜分离过程。所采用的膜为荷电的离子交换膜。目前电渗析已大规模用于苦咸水脱盐、纯净水制备等,也可以用于有机酸的分离与纯化。膜电解与电渗析在传递机理上相同,但存在电极反应,主要用于食盐电解生产氢氧化钠及氯气等。

气体分离是根据混合气体中各组分在压差推动力下透过膜的渗透速率不同,实现混合气体分离的一种膜分离过程。可用于空气中氧、氮的分离,合成氨厂的氮、氧分离,以及天然气中二氧化碳、甲烷的分离等。

渗透汽化与蒸气渗透的基本原理是利用被分离混合物中某组分有优先选择性透过膜的特点,使进料侧的优先组分透过膜,并在膜下游侧汽化去除。渗透汽化和蒸气渗透过程的差别仅在于进料的相态不同,前者为液态进料,后者为气相进料。这两种膜分离技术还处在开发之中。

(二) 膜分离特点

与传统分离技术相比,膜分离技术具有以下特点:

(1) 膜分离过程不发生相变,与其他方法相比能耗较低,能量的转化效率高;

(2) 膜分离过程可在常温下进行,特别适于对热敏感物质的分离;

(3) 通常不需要投加其他物质,可节省化学药剂,并有利于不改变分离物质原有的属性;

(4) 在膜分离过程中,分离和浓缩同时进行,有利于回收有价值的物质;

(5) 膜分离装置简单,可实现连续分离,适应性强,操作容易且易于实现自动控制。

因此,膜分离技术在化学工业、食品工业、医药工业、生物工程、石油、环境领域等得到广泛应用,而且随着膜技术的发展,其应用领域还在不断扩大。

(三) 膜种类

膜是膜分离过程的核心。根据膜的性质、来源、相态、材料、用途、形状、分离机理、结构、制备方法等的不同,膜有不同的分类方法:

(1) 按分离机理:主要有反应膜、离子交换膜、渗透膜等。

(2) 按膜的性质:主要有天然膜(生物膜)和合成膜(有机膜和无机膜)。

(3) 按膜的形状:有平板膜、管式膜和中空纤维膜。

(4) 按膜的结构:有对称膜、非对称膜和复合膜。

1. 对称膜

膜两侧截面的结构及形态相同、孔径与孔径分布也基本一致的膜称为对称膜。图 10.3.1为对称膜横截面示意图。如图 10.3.1 所示,对称膜可以是疏松的多孔膜和致密的无孔膜,膜厚度一般为 10~200 μm,其传质阻力由膜的总厚度决定,降低膜的厚度有利于提高渗透速率。

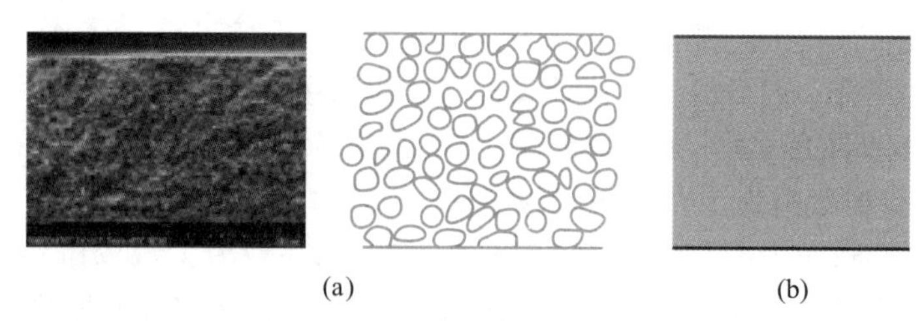

(a) (b)

图 10.3.1 对称膜横截面电镜照片及示意图

(a) 多孔膜;(b) 无孔膜

2. 非对称膜

非对称膜由厚度为 0.1~2.0 μm 的致密表皮层及厚度为几十至数百微米的疏松多孔支

撑层组成，它结合了致密膜的高选择性和疏松层的高渗透性的优点。图 10.3.2 给出了多孔不对称聚砜超滤膜横截面，可见膜上下两侧截面的结构与形态是不相同的。非对称膜支撑层结构具有一定的强度，在较高的压力下也不会引起很大的形变。非对称膜的传质阻力主要由致密表皮层决定。由于非对称膜的表皮层比均质膜的厚度薄得多，故其渗透速率比对称膜大得多。

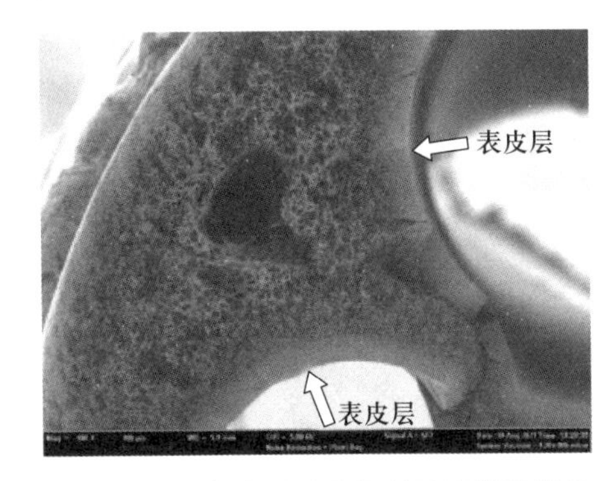

图 10.3.2 多孔不对称聚砜超滤膜横截面

3. 复合膜

复合膜也是一种具有表皮层的非对称膜。通常，表皮层材料与支撑层材料不同，超薄的致密皮层可以通过物理或化学等方法在支撑层上直接复合或多层叠合制得。由于可以分别选用不同的材料制作超薄皮层和多孔支撑层，易于使复合膜的分离性能最优化。目前用于反渗透、渗透汽化、气体分离等过程的膜大多为复合膜。

(四) 膜材料

各种膜过程常用的膜材料如表 10.3.2 所示，其可分为天然高分子、有机合成高分子和无机材料三大类。

表 10.3.2 各种膜过程常用的膜材料

膜过程	膜材料
微滤	聚四氟乙烯、聚偏氟乙烯、聚丙烯、聚乙烯
	聚碳酸酯、聚(醚)砜、聚(醚)酰亚胺、聚脂肪酰胺、聚醚醚酮等
	氧化铝、氧化锆、氧化钛、碳化硅
超滤	聚(醚)砜、磺化聚砜、聚偏二氟乙烯、聚丙烯腈、聚(醚)酰亚胺、聚脂肪酰胺、聚醚醚酮、纤维素类等
	氧化铝、氧化锆
纳滤	聚酰(亚)胺
反渗透	二乙酸纤维素、三乙酸纤维素、聚芳香酰胺类、聚苯并咪唑(酮)、聚酰(亚)胺、聚酰胺酰肼、聚醚脲等
电渗析	含有离子基团的聚电解质:磺酸型、季铵型等
膜电解	四氟乙烯和含磺酸或羧酸的全氟单体共聚物
渗透汽化	弹性态或玻璃态聚合物:聚丙烯腈、聚乙烯醇、聚丙烯酰胺
气体分离	弹性态聚合物:聚二甲基硅氧烷、聚甲基戊烯
	玻璃态聚合物:聚酰亚胺、聚砜

(五) 膜组件形式

将膜、固定膜的支撑材料、间隔物或外壳等组装成的一个单元称为膜组件。膜组件的结构与形式取决于膜的形状，工业上应用的膜组件主要有板框式、管式、螺旋卷式、中空纤维式等形式，如图 10.3.3 所示。各种膜组件的综合性能比较见表 10.3.3。

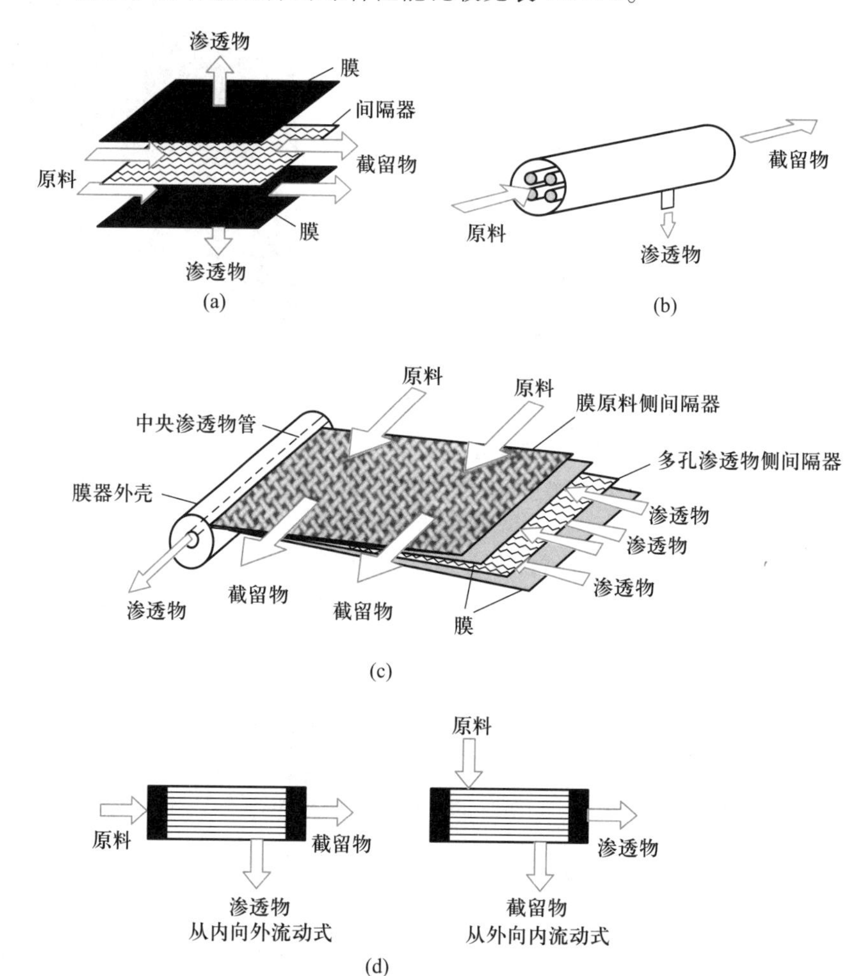

反渗透卷式膜组件

图 10.3.3 膜组件的四种形式示意图

(a) 板框式；(b) 管式；(c) 螺旋卷式；(d) 中空纤维式

表 10.3.3 各种膜组件的综合性能比较

组件形式	管式	板框式	螺旋卷式	中空纤维式
组件结构	简单	非常复杂	复杂	简单
装填密度/($m^2 \cdot m^{-3}$)	30～328	30～500	200～800	500～30 000
相对成本	高	高	低	低
水流紊动性	好	中	差	差
膜清洗难易	易	易	难	较易
对预处理要求	低	较低	较高	低
能耗	高	中	低	低

二、膜分离过程中的传递过程

(一) 膜分离的表征参数

膜分离的特征或效率通常用两个参数来表征:渗透性和选择性。

1. 渗透性

渗透性也称为通量或渗透速率,表示单位时间通过单位面积膜的渗透物的量,可以用体积通量 N_V 来表示,单位为 $m^3/(m^2 \cdot s)$。当渗透物为水时,称为水通量 N_w。根据密度和相对分子质量也可以把体积通量转换成质量通量和物质的量通量,单位分别为 $kg/(m^2 \cdot s)$ 和 $kmol/(m^2 \cdot s)$。渗透性反映了膜的效率(生产能力)。

压力推动型的几种膜过程的水通量和压力范围见表 10.3.4。水通量与过滤压力的大小有关,可在一定的压力下通过清水过滤实验测得。

表 10.3.4 压力推动型的几种膜过程的水通量和压力范围

膜过程	压力范围/10^5 Pa	通量范围/$(L \cdot m^{-2} \cdot h^{-1})$
微滤	0.1~2.0	>50
超滤	1.0~10.0	10~50
纳滤	10~20	1.4~12
反渗透	20~100	0.05~1.4

对于气体和蒸气的传递,也可用相同的通量单位,但含义不同。因为气体的行为不同于液体,其体积取决于压力和温度。为了比较气体通量,需要以标准状态表示体积,即 0 ℃ 和 101.325 kPa,此时 1 mol 理想气体的体积为 22.4 L。

2. 选择性

膜分离的选择性是指在混合物的分离过程中膜将各组分分离开来的能力,对于不同的膜分离过程和分离对象,其选择性可用不同的方法表示。

对于溶液脱盐或脱除微粒、高分子物质等情况,可用截留率 β 表示。微粒或溶质等被部分或全部截留下来,而溶剂(水)分子可以自由地通过膜,截留率 β 的定义为

$$\beta=\frac{c_F-c_P}{c_F} \tag{10.3.1}$$

式中:c_F,c_P——过滤原料(液)和渗透物(液)中溶质的物质的量浓度,mol/L。

膜对于液体混合物或气体混合物的选择性通常以分离因子 α 表示。对于含有 A 和 B 两组分的混合物,分离因子 $\alpha_{A/B}$ 定义为

$$\alpha_{A/B}=\frac{\dfrac{y_A}{y_B}}{\dfrac{x_A}{x_B}} \tag{10.3.2}$$

式中:y_A,y_B——组分 A 和 B 在渗透物中的摩尔分数;

x_A，x_B——组分 A 和 B 在过滤原料中的摩尔分数。

在选择分离因子时，应使其值大于 1。如果组分 A 通过膜的速度大于组分 B，则分离因子表示为 $\alpha_{A/B}$；反之，则为 $\alpha_{B/A}$；如果 $\alpha_{A/B}=\alpha_{B/A}=1$，则不能实现组分 A 与组分 B 的分离。

（二）膜传递过程的推动力及一般表述

1. 推动力

在膜分离过程中，膜是过滤原料和渗透物两相之间的一个具有选择性的屏障。过滤混合物中的渗透组分在某种或某几种推动力的作用下，从高位相向低位相传递，如图 10.3.4 所示。传递过程推动力的大小与两相之间单位距离的位差（即位梯度）有关。作用在膜两侧的平均推动力=位差（ΔG）/膜厚（δ）。

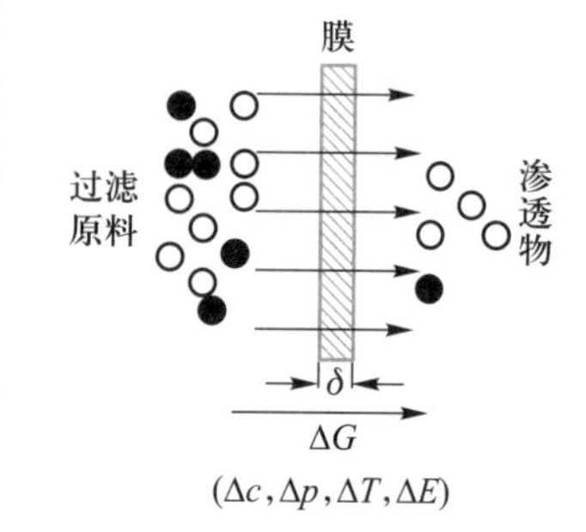

图 10.3.4 膜分离过程与推动力

位差主要有压力差（Δp）、浓度差（Δc）、温度差（ΔT）、电位差（ΔE）等。膜分离过程中存在的位差（推动力）见表 10.3.1。

大多数膜的传递过程都是由化学位差 $\Delta\mu$（压力、浓度、温度）引起的。电渗析及有关的膜分离过程存在电位差，这些过程的性质不同于以化学位差为推动力的过程，因为只有带电的分子或离子才会受到电场的影响。化学位差与电位差之和为电化学位差。

在等温条件下（T 为常数），某一组分 i 的化学位与压力和浓度的关系可表示为

$$\mu_i=\mu_i^0+RT\ln b_i+V_{mi}p \tag{10.3.3}$$

式中：μ_i——混合物中组分 i 的化学位；

μ_i^0——纯组分的化学位，常数；

b_i——组分 i 的活度（$b_i=\gamma_i x_i$，γ_i 为活度系数，理想溶液为 1；x_i 为组分 i 的摩尔分数）；

V_{mi}——组分 i 的摩尔体积，m^3/mol；

p——压力，Pa。

化学位差可进一步表示为

$$\Delta\mu_i=RT\Delta\ln b_i+V_{mi}\Delta p \tag{10.3.4}$$

2. 膜传递过程的一般表述

根据前面有关膜传递过程的推动力的介绍，在许多情况下混合物中某一组分通过膜的传递或渗透速率可以表示为正比于推动力，即通量 N 与推动力之间的关系可以表示为

$$N=-K\frac{\mathrm{d}G}{\mathrm{d}z} \tag{10.3.5}$$

式中：K——传递系数；

$\frac{\mathrm{d}G}{\mathrm{d}z}$——推动力，即位梯度，以电化学位 G 沿垂直于膜的坐标 z 方向的梯度表示。

通量 N 既可以表示成渗透物的体积通量 N_V[$m^3/(m^2\cdot s)$]，也可以表示成质量通量 N_m[$kg/(m^2\cdot s)$]或物质的量通量 N_n[$mol/(m^2\cdot s)$]。

上述关系式从宏观角度看待膜的传递过程，膜被看成一个黑箱，“膜结构”视为界

面，渗透分子或粒子在经过此界面进行传递时受到摩擦力或阻力。但它不反映膜的化学和物质性质或传递过程与膜结构之间的具体关系。

（三）膜传递过程模型

膜分离过程的类型不同，其作用的机理也不同。目前普遍认为，在膜的传递过程中主要有两种不同的机理支配着膜中的质量传递和渗透过程：

（1）通过微孔的传递：在最简单的情况下是单纯的对流传递。

（2）基于扩散的传递：要传递的组分首先必须被溶解在膜相中。

对上述两种机理，可以分别用多孔模型和溶解-扩散模型来描述。

1. 多孔模型

多孔模型是借助于众所周知的出自过滤理论的 Kozeny-Carman 方程来描述流体透过膜的过程。该模型可用于描述多孔膜中的传递过程。多孔膜一般用于微滤和超滤过程，膜的孔径范围为 1 nm～10 μm。

在该模型中，将多孔膜简化成一个由一系列平行的毛细管体系组成的膜结构（图 10.3.5），其结构参数有孔隙率 ε 和比表面积 a（m^2/m^3）。

假定流体在毛细管中的流动可以用 Hagen-Poiseuille 定律来描述：

$$N_V' = \frac{d_m^2}{32\mu\tau}\frac{\Delta p}{\delta} \tag{10.3.6}$$

式中：N_V'——毛细管中渗透液的体积通量，$m^3/(m^2 \cdot s)$；

d_m——毛细管直径，m；

τ——弯曲因子（对于圆柱垂直孔，等于 1）；

Δp——跨膜过滤压差，Pa；

δ——膜厚，m；

μ——液体黏度，Pa·s。

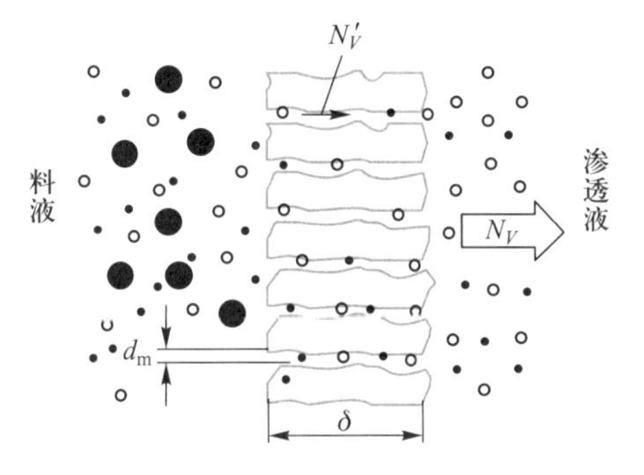

图 10.3.5　多孔膜的模型

该式表明，通过毛细管的渗透液体积通量正比于推动力，即膜厚 δ 上的压差 Δp，反比于黏度。该方程很好地描述了通过由平行孔组成的膜的传递过程，然而实际上很少有膜具有这样的结构。

根据 Kozeny-Carman 模型，假设膜孔是由紧密堆积球所构成的体系，则

$$d_m = \frac{4\varepsilon}{(1-\varepsilon)a} \tag{10.3.7}$$

式中：ε——膜表面孔隙率，即孔面积分数，等于孔面积与膜面积 A 之比再乘以孔数 n_m，$\varepsilon = \frac{n_m \pi d_m^2}{4A}$。

膜单位面积渗透液的体积通量为

$$N_V = \varepsilon N_V'$$

则

$$N_V = \frac{\varepsilon^3}{K_1 \mu a^2 (1-\varepsilon)^2}\frac{\Delta p}{\delta} \tag{10.3.8}$$

式中：K_1——Kozeny-Carman 常数，$K_1=2\tau$，其值取决于孔的形状和弯曲因子。

式(10.3.8)即为 Kozeny-Carman 关系式。

Kozeny-Carman 多孔模型可用于描述液体的渗透过程，也可以用于描述气体的渗透过程。

2. 溶解-扩散模型

溶解-扩散模型主要用于描述致密膜(无孔膜)的传递过程，是 Lonsdale 和 Riley 等人在反渗透膜的渗透过程上提出的。该机理假设膜是一个连续体，溶剂和溶质透过膜的过程分为三步：① 溶剂和溶质在膜上游侧吸附溶解；② 溶剂和溶质在化学位梯度下，以分子扩散形式透过膜；③ 透过物在膜下游侧表面解吸。溶质的渗透能力取决于物质在膜中的溶解度系数和扩散系数，即

$$渗透系数(K)=溶解度系数(H)\times扩散系数(D)$$

溶解度系数为一热力学参数，表示了在平衡条件下渗透物被膜吸收的量。扩散系数为一动力学参数，表示了渗透物通过膜传递的速率的快慢。扩散系数取决于渗透物的几何形状，因为随着分子变大，扩散系数变小。

在理想体系中，假设渗透物的溶解度系数与浓度无关，渗透物在膜中的溶解服从亨利定律，即膜中渗透物浓度 c 与外界压力 p 之间存在线性关系：

$$c=Hp \tag{10.3.9}$$

原料侧($z=0$)压力为 p_1 时，膜中渗透物浓度为 c_1，而在渗透物侧($z=\delta$)，压力为 p_2，渗透物浓度为 c_2。

根据菲克定律，渗透物的物质的量通量可以表示为

$$N_m=-D\frac{\mathrm{d}c}{\mathrm{d}z} \tag{10.3.10}$$

将式(10.3.9)代入菲克定律式(10.3.10)中，并对膜厚 δ 积分，可以得到

$$N_m=\frac{HD}{\delta}(p_1-p_2) \tag{10.3.11}$$

由于渗透系数 K 等于溶解度系数和扩散系数的乘积，则

$$N_m=\frac{K}{\delta}(p_1-p_2) \tag{10.3.12}$$

该式表明渗透物通过膜的通量正比于膜两侧压差，反比于膜厚。对于溶解-扩散机理，应更进一步研究溶解度系数、扩散系数和渗透系数的影响。

三、反渗透和纳滤

反渗透和纳滤是借助于半透膜对溶液中低相对分子质量溶质的截留作用，以高于溶液渗透压的压差为推动力，使溶剂渗透透过半透膜。反渗透和纳滤在本质上非常相似，分离所依据的原理也基本相同。两者的差别仅在于所分离的溶质的大小和所用压差的高低。事实上，反渗透和纳滤膜分离过程可视为介于多孔膜(微滤、超滤)与致密膜(渗透汽化、气体分

离）之间的过程。

（一）溶液渗透压

渗透和反渗透过程如图 10.3.6 所示，图中（a）为平衡过程。当半透膜两侧溶液的溶质浓度不同，即溶剂化学位不等时，溶剂就会从化学位较大的一侧向化学位较小的一侧流动，直到两侧溶剂的化学位相等。

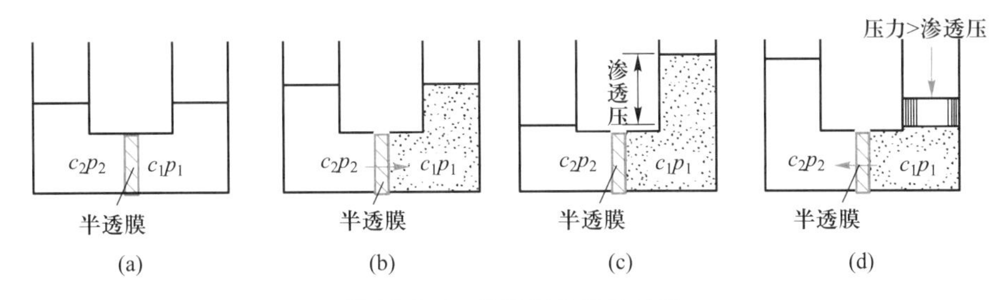

图 10.3.6　渗透与反渗透过程

（a）平衡（$c_1=c_2, p_1=p_2, \pi_1=\pi_2, \mu_1=\mu_2$）；（b）渗透（$c_1>c_2, p_1=p_2, \pi_1>\pi_2, \mu_1<\mu_2$）；（c）渗透平衡（$c_1>c_2, p_1>p_2, \pi_1>\pi_2, \mu_1=\mu_2, \Delta p=\Delta\pi$）；（d）反渗透（$c_1>c_2, p_1>p_2, \pi_1>\pi_2, \Delta p>\Delta\pi$）

溶液中溶剂的化学位可以用理想溶液的化学位公式表示：

$$\mu_w=\mu_w^0+RT\ln x+V_{mw}p \tag{10.3.13}$$

式中：μ_w——指定温度、压力下溶液中溶剂的化学位；

μ_w^0——指定温度、压力下纯溶剂的化学位；

x——溶液中溶剂的摩尔分数；

V_{mw}——溶剂的摩尔体积，m^3/mol；

p——压力，Pa。

图 10.3.6（b）表示了渗透过程。假定膜左侧为溶剂，右侧为溶液，由于溶液中溶质浓度有$c_1>c_2=0$，则溶液侧的溶剂化学位 $\mu_1<\mu_2$。若膜两侧的压力相等，则溶剂分子自纯溶剂的一方透过膜进入溶液的一方，这就是渗透现象。如果要阻止溶剂从纯溶剂侧向溶液侧渗透，就需要在溶液侧施加额外的压力。如果两侧溶液的压差等于两侧溶液之间的渗透压差，$\Delta p=\Delta\pi$，此时膜两侧溶剂的化学位相等，$\mu_2=\mu_1$，系统处于动态渗透平衡，如图 10.3.6（c）所示。当膜两侧的压差大于两侧溶液的渗透压差，即 $\Delta p>\Delta\pi$ 时，膜两侧溶剂的化学位分别为 $\mu_1>\mu_2$，此时溶剂从溶质浓度高的溶液侧透过膜流入溶质浓度低的一侧，如图 10.3.6（d）所示，这种依靠外界压力使溶剂从高浓度侧向低浓度侧渗透的过程称为反渗透。

在反渗透过程中，溶液的渗透压是非常重要的数据。对于多组分体系的稀溶液，可用扩展的范托夫渗透压公式计算溶液的渗透压，即

$$\pi=RT\sum_{i=1}^{n}c_i \tag{10.3.14}$$

式中：π——溶液的渗透压，Pa；

c_i——溶质物质的量浓度，$kmol/m^3$；

n——溶液中的组分数。

当溶液浓度增大时，溶液偏离理想程度加大，所以上式是不严格的。

对于电解质水溶液，常引入渗透压系数 ϕ_i 来校正这种偏离程度，对水溶液中溶质 i 组分，其渗透压可用下式计算：

$$\pi = \phi_i c_i RT \tag{10.3.15}$$

有 140 余种电解质水溶液在 25 ℃时的渗透压系数可供使用。当溶液浓度较低时，绝大部分电解质溶液的渗透压系数接近 1。根据电解质类型的不同，ϕ_i 随溶液浓度的增大会出现增大、不变和减少三种可能。对 NH_4Cl、$NaCl$、KI 等一类溶液，其系数基本上不随浓度而变；$MgCl_2$、$MgBr_2$、CaI_2 等电解质 ϕ_i 随溶液浓度的增加而增大；而对 NH_4NO_3、KNO_3、Na_2SO_4、$AgNO_3$ 等一类溶液，ϕ_i 则随溶液浓度的上升而降低。

在实际应用中，常用以下简化方程计算：

$$\pi = wx_i \tag{10.3.16}$$

式中：x_i——溶质的摩尔分数；

w——常数。

表 10.3.5 中列出了某些代表性溶质-水体系的 w 值。

表 10.3.5 溶质-水体系的 w 值（25 ℃）

溶质	$w/10^3$ MPa	溶质	$w/10^3$ MPa	溶质	$w/10^3$ MPa
尿素	0.135	$LiNO_3$	0.258	$Ca(NO_3)_2$	0.340
甘糖	0.141	KNO_3	0.237	$CaCl_2$	0.368
砂糖	0.142	KCl	0.251	$BaCl_2$	0.353
$CuSO_4$	0.141	K_2SO_4	0.306	$Mg(NO_3)_2$	0.365
$MgSO_4$	0.156	$NaNO_3$	0.247	$MgCl_2$	0.370
NH_4Cl	0.248	$NaCl$	0.255		
$LiCl$	0.258	Na_2SO_4	0.307		

（二）反渗透和纳滤过程机理

关于反渗透和纳滤膜的透过机理，自 20 世纪 50 年代以来，许多学者先后提出了各种透过机理和模型，现将目前流行的几种机理简介如下。

1. 氢键理论

氢键理论是由 Reid 等人提出的，并用乙酸纤维素膜加以解释。这种理论是基于水分子能够通过膜的氢键的结合而发生联系并进行传递。图 10.3.7 是氢键理论扩散模型示意图。如图所示，在压力作用下，溶液中的水分子和乙酸纤维素的活化点——羧基上的氧原子形成氢键，而原来水分子形成的氢键被断开，水分子解离出来并随之转移到下一个活化点，并形成新的氢键。通过这一连串的氢键的形成与断开，使水分子通过膜表面的致密活性层进入膜的多孔层，然后畅通地流出膜外。

2. 优先吸附-毛细孔流机理

1960 年，Sourirajan 在 Gibbs 吸附方程基础上，提出了解释反渗透现象的优先吸附-毛细孔流机理，该理论模型如图 10.3.8 所示。

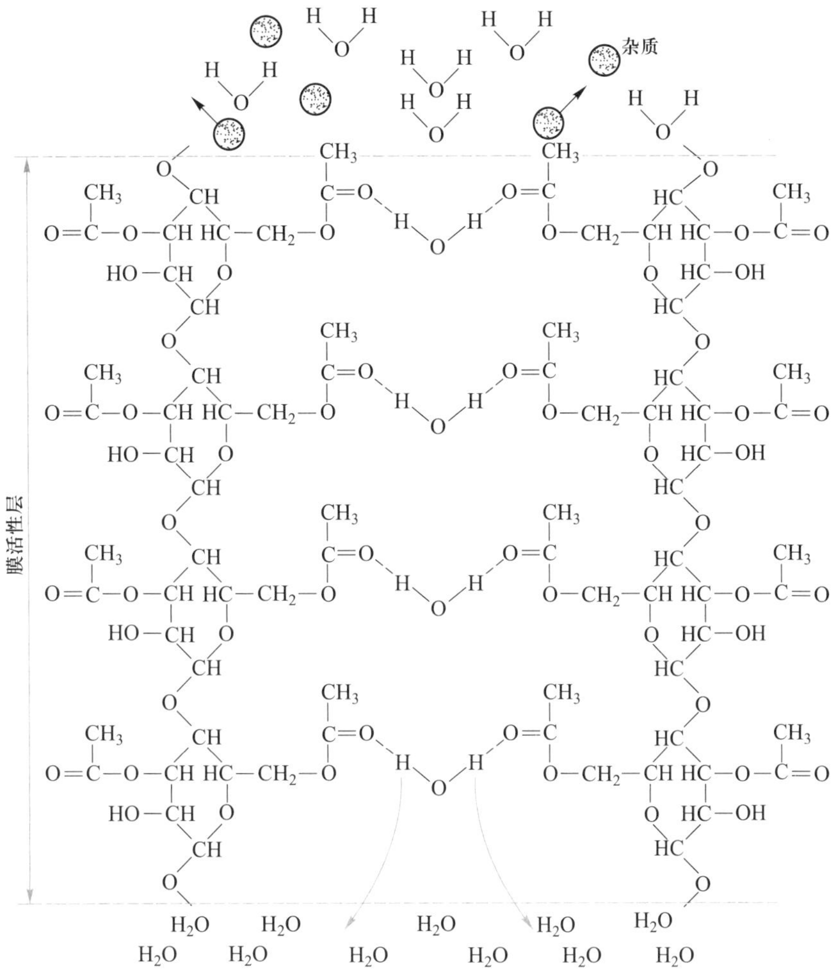

杂质

膜活性层

图 10.3.7 氢键理论扩散模型示意图

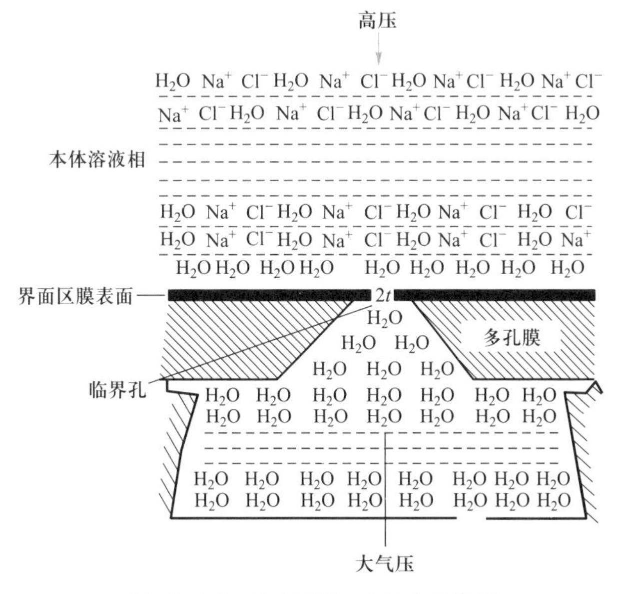

图 10.3.8 优先吸附-毛细孔流模型

如图 10.3.8 所示,以氯化钠水溶液为例,溶质是氯化钠,溶剂是水。当水溶液与膜表面接触时,如果膜的物化性质使膜对溶液具有选择性吸水斥盐的作用,则在膜与溶液界面附近的溶质浓度就会急剧下降,而在膜界面上形成一层吸附的纯水层。在压力的作用下,优选吸附的水就会渗透通过膜表面的毛细孔,从而从水溶液中获得纯水。

纯水层的厚度与溶质和膜表面的化学性质有关。当膜表皮层的毛细孔孔径接近或等于纯水层厚度 t 的两倍时,该膜的分离效果最佳,能获得最高的渗透通量;当膜孔径大于 $2t$ 时,溶质就会从膜孔的中心泄漏出去,因此,$2t$ 称为膜的"临界孔径"。

3. 溶解-扩散机理

目前一般认为,溶解-扩散理论能较好地说明反渗透膜的传递过程。

根据该模型,水的渗透速率或渗透体积通量 N_V 的计算式如下:

$$N_V = K_w(\Delta p - \Delta\pi) \tag{10.3.17}$$

$$K_w = \frac{D_{wm} C_w V_{mw}}{RT\delta}$$

式中:N_V——水的体积通量,$m^3/(m^2 \cdot s)$;

Δp——膜两侧压力差,Pa;

$\Delta\pi$——溶液渗透压差,Pa;

D_{wm}——溶剂在膜中的扩散系数,m^2/s;

C_w——溶剂在膜中的溶解度,m^3/m^3;

V_{mw}——溶剂的摩尔体积,m^3/mol;

δ——膜厚,m;

K_w——水的渗透系数,是溶解度和扩散系数的函数,对反渗透过程,其值一般为 $6\times10^{-4} \sim 3\times10^{-2}$ $m^3/(m^2 \cdot h \cdot MPa)$,对纳滤而言,其值为 $0.03 \sim 0.2$ $m^3/(m^2 \cdot h \cdot MPa)$。

在方程推导中,假定 D_{wm}、C_w 及 V_{mw} 与压力无关,这在压力低于 15 MPa 时一般是成立的。

溶质的扩散通量可近似地表示为

$$N_n = D_{Am} \frac{dc_{Am}}{dz} \tag{10.3.18}$$

式中:N_n——溶质 A 的物质的量通量,$kmol/(m^2 \cdot s)$;

D_{Am}——溶质 A 在膜中的扩散系数,m^2/s;

c_{Am}——溶质 A 在膜中的浓度,$kmol/m^3$。

由于膜中溶质的浓度 c_{Am} 无法测定,通常用溶质在膜和液相主体之间的分配系数 k 与膜外溶液的浓度来表示,假设膜两侧的 k 值相等,于是上式可表示为

$$N_n = D_{Am} k_A \frac{c_{AF} - c_{AP}}{\delta} = K_A(c_{AF} - c_{AP}) \tag{10.3.19}$$

式中:k_A——溶质 A 在膜和液相主体之间的分配系数;

c_{AF},c_{AP}——分别为膜上游溶液中和透过液中溶质的浓度,$kmol/m^3$;

K_A——溶质 A 的渗透系数，m/s。

对以 NaCl 为溶质的反渗透过程，K 值的范围是 $1\times10^{-4}\sim50\times10^{-4}$ m/h，截留性能好的膜 K 值较低。溶质渗透系数 K 是扩散系数 D 和分配系数 k 的函数。

通常情况下，只有当膜内浓度与膜厚度呈线性关系时，式(10.3.19)才成立。经验表明，溶解-扩散模型适用于溶质浓度低于 15%的膜的传递过程。在许多场合下膜内浓度场是非线性的，特别是在溶液浓度较高且膜具有较高溶胀度的情况下，模型的误差较大。

从式(10.3.17)可以看出，水通量随着压力升高呈线性增加，而从式(10.3.19)可见，溶质通量几乎不受压差的影响，只取决于膜两侧的浓度差。

(三) 反渗透和纳滤膜过程计算

1. 膜通量

根据上面介绍的溶解-扩散机理模型，溶剂通量和溶质通量可由下面的式子计算。

溶剂通量： $$N_V=K_w(\Delta p-\Delta\pi)=K_w\{\Delta p-[\pi(x_{AF})-\pi(x_{AP})]\} \quad (10.3.20)$$

溶质通量： $$N_n=\frac{D_{Am}k_A}{\delta}(c_F x_{AF}-c_P x_{AP}) \quad (10.3.21)$$

式中：$\dfrac{D_{Am}k_A}{\delta}$——溶质 A 的渗透系数，m/s；

c_F, c_P——膜两侧溶液总物质的量浓度，$kmol/m^3$，若过程有浓差极化现象存在，则 c_F 为紧靠膜表面的溶液浓度；

x_{AF}, x_{AP}——分别为膜两侧溶液中溶质的摩尔分数。

$\dfrac{D_{Am}k_A}{\delta}=K_A$ 反映溶质 A 透过膜的特性，其数值小，表示溶质透过膜的速率小，膜对溶质的分离效率高。

2. 截留率

反渗透或纳滤过程对溶质的截留率可由式(10.3.1)计算，即

$$\beta=\frac{c_F-c_P}{c_F}$$

截留率也称为脱盐率。

根据式(10.3.17)，如果压力增加，水通量增加，将导致渗透物中的溶质浓度下降，使膜对溶质的截留率提高。当 $\Delta p\to\infty$ 时，截留率 β 达最大值。

又因为 $c_P=N_n/N_V$，根据式(10.3.17)和式(10.3.19)，则截留率 β 可表示为

$$\beta=\frac{K_w(\Delta p-\Delta\pi)}{K_w(\Delta p-\Delta\pi)+K_A} \quad (10.3.22)$$

由该式可知，膜材料的选择性渗透系数 K_w 和 K_A 直接影响分离效率。要实现高效分离，系数 K_w 应尽可能地大，而 K_A 尽可能地小。即膜材料必须对溶剂的亲和力强，而对溶质的亲和力弱。因此，在反渗透过程中，膜材料的选择十分重要。这与微滤和超滤有明显区别。对于微滤和超滤，膜孔尺寸决定分离性能，而膜材料的选择主要考虑其化学稳定性。

对于大多数反渗透膜，其对氯化钠的截留率大于 98%，某些甚至高达 99.5%。

3. 过程回收率

在反渗透过程中，由于受溶液渗透压、黏度等的影响，原料液不可能全部成为透过液，因此透过液的体积总是小于原料液体积。通常把透过液与原料液体积之比称为回收率，可由下式计算得到

$$\eta=\frac{V_P}{V_F} \tag{10.3.23}$$

式中：V_P，V_F——透过液和原料液的体积，m^3。

一般情况下，海水淡化的回收率为 30%~45%，纯水制备的回收率为70%~80%。

【例题 10.3.1】 利用反渗透膜脱盐，操作温度为 25 ℃，进料侧的水中 NaCl 质量分数为 1.8%，压力为 6.896 MPa，渗透侧的水中 NaCl 质量分数为 0.05%，压力为 0.345 MPa。所采用的特定膜对水和盐的渗透系数分别为 1.086×10^{-7} L/(cm²·s·MPa) 和 16×10^{-6} cm/s。假设膜两侧的传质阻力可忽略，水的渗透压可用 $\pi=RT\sum c_i$ 计算，c_i 为水中溶解离子或非离子物质的物质的量浓度。试分别计算出水和盐的通量。

解：进料盐浓度为

$$\frac{1.8\times1\,000}{58.5\times98.2}\ \text{mol/L}=0.313\ \text{mol/L}$$

透过侧盐浓度为

$$\frac{0.05\times1\,000}{58.5\times99.95}\ \text{mol/L}=0.008\,55\ \text{mol/L}$$

$$\Delta p=(6.896-0.345)\ \text{MPa}=6.551\ \text{MPa}$$

若不考虑过程的浓差极化，则

$$\pi_{进料侧}=\frac{8.314\times298\times2\times0.313}{1\,000}\ \text{MPa}=1.55\ \text{MPa}$$

$$\pi_{出料侧}=\frac{8.314\times298\times2\times0.008\,55}{1\,000}\ \text{MPa}=0.042\ \text{MPa}$$

$$\Delta p-\Delta\pi=[6.551-(1.55-0.042)]\ \text{MPa}=5.043\ \text{MPa}$$

已知 $K_w=1.086\times10^{-7}$ L/(cm²·s·MPa)，则水通量为

$$N_V=K_w(\Delta p-\Delta\pi)=1.086\times10^{-7}\times5.043\ \text{L/(cm}^2\cdot\text{s)}$$
$$=5.48\times10^{-7}\ \text{L/(cm}^2\cdot\text{s)}$$

又

$$\Delta c=(0.313-0.00855)\ \text{mol/L}=0.304\ \text{mol/L}$$

则盐的通量为

$$N_{NaCl}=16\times10^{-6}\times0.000\,304\ \text{mol/(cm}^2\cdot\text{s)}=4.86\times10^{-12}\ \text{mol/(cm}^2\cdot\text{s)}$$

四、微滤和超滤

在微滤和超滤过程中采用的膜一般为多孔膜。超滤膜的孔径范围为0.05 μm~1 nm，微滤膜的分离孔径在 10~0.05 μm。微滤的主要分离对象是颗粒物，而超滤的主要分离对象是胶体和大分子物质。

大分子物质或颗粒物被微滤或超滤所分离的主要机理有：① 在膜表面及微孔内被吸附（一次吸附）；② 溶质在膜孔中停留而被去除（阻塞）；③ 在膜面被机械截留（筛分）。一般认为物理筛分起主导作用。

筛分作用将混合液中大于膜孔的大分子溶质或颗粒物截留，从而使这些物质与溶剂及小分子组分分离。因此，膜孔的大小和形状对分离过程起主要作用，而一般认为膜的物化性质对分离性能影响不大。

（一）分离过程的基本传递理论

通过微滤或超滤膜的水通量可由 Darcy 定律描述，即膜通量 N_w 正比于所施加的压力，即

$$N_w = K_w \Delta p \tag{10.3.24}$$

其中渗透系数 K_w 受孔隙率、孔径（孔径分布）等结构因素及渗透液黏度的影响。

对于在多孔体系中的渗流的描述，可参见多孔模型，用 Hagen－Poiseuille 或 Kozeny－Carman 方程描述。

（二）浓差极化与凝胶层阻力模型

对于超滤过程，被膜所截留的通常为大分子物质，大分子溶液的渗透压较小，由浓度变化引起的渗透压变化对分离过程的影响不大，可以不予考虑，但超滤过程中的浓差极化对通量的影响则十分明显。因此，浓差极化现象是超滤过程中予以考虑的一个重要问题。

超滤过程中的浓差极化现象及传递模型如图 10.3.9(a)所示。当含有不同大小分子的混合液流动通过膜面时，在压力差的作用下，混合液中小于膜孔的组分透过膜，而大于膜孔的组分被截留。这些被截留的组分在紧邻膜表面形成浓度边界层，使边界层中的溶质浓度大大高于主体溶液中的浓度，形成由膜表面到主体溶液之间的浓度差。浓度差的存在导致紧靠膜面的溶质反向扩散到主体溶液中，这就是超滤过程中的浓差极化现象。在超滤过程中，一旦膜分离投入运行，浓差极化现象是不可避免的，但是可逆的。

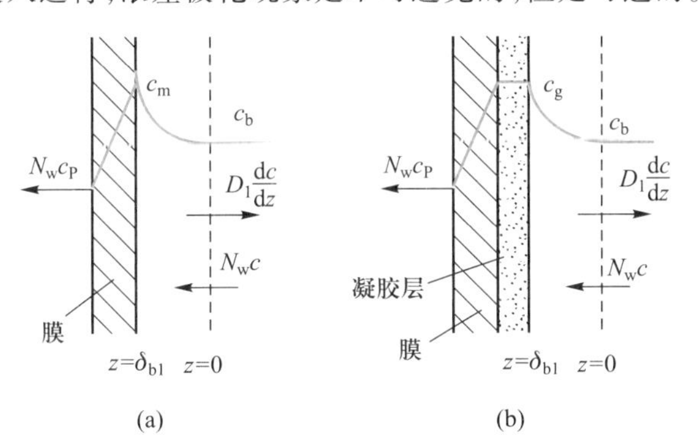

浓差极化和凝胶层形成

图 10.3.9　超滤过程中的浓差极化和凝胶层形成现象

（a）浓差极化；（b）凝胶层现象

如图 10.3.9(a)所示，达到稳态时超滤膜的物料平衡式为

$$N_w c_P = N_w c - D_1 \frac{dc}{dz} \tag{10.3.25}$$

式中：$N_w c_P$——从边界层透过膜的溶质通量，kmol/(m²·s)；

$N_w c$——对流传质进入边界层的溶质通量,kmol/(m^2·s);

D_l——溶质在溶液中的扩散系数,m^2/s。

根据边界条件 $z=0, c=c_b; z=\delta_{bl}, c=c_m$,对上式积分,可得

$$N_w=\frac{D_l}{\delta_{bl}}\ln\frac{c_m-c_P}{c_b-c_P} \tag{10.3.26}$$

式中:c_b——主体溶液中的溶质浓度,kmol/m^3;

c_m——膜表面的溶质浓度,kmol/m^3;

c_P——膜透过液中的溶质浓度,kmol/m^3;

δ_{bl}——膜的边界层厚度,m。

当以摩尔分数表示时,浓差极化模型方程变为

$$\ln\frac{x_m-x_P}{x_b-x_P}=\frac{N_w\delta_{bl}}{D_l} \tag{10.3.27}$$

当 $x_P \ll x_b$ 和 x_m 时,上式可简化为

$$\frac{x_m}{x_b}=\exp\left(\frac{N_w\delta_{bl}}{D_l}\right) \tag{10.3.28}$$

式中:$\frac{x_m}{x_b}$——浓差极化比,其值越大,浓差极化现象越严重。

在超滤过程中,由于被截留的溶质大多为胶体和大分子物质,这些物质在溶液中的扩散系数很小,溶质向主体溶液中的反向扩散通量远比渗透速率低。因此,在超滤过程中,浓差极化比通常会很高。当胶体或大分子溶质在膜表面上的浓度超过其在溶液中的溶解度时,便会在膜表面形成凝胶层,如图 10.3.9(b)所示,此时的浓度称为凝胶浓度 c_g。

膜面上凝胶层一旦形成,膜表面上的凝胶层溶质浓度和主体溶液溶质浓度梯度即达到最大值。若再增加超滤压差,则凝胶层厚度增加而使凝胶层阻力增加,所增加的压力为增厚的凝胶层阻力所抵消,致使实际渗透速率没有明显增加。因此,一旦凝胶层形成,渗透速率就与超滤压差无关。

对于有凝胶层存在的超滤过程,常用阻力模型表示。若忽略溶液的渗透压,膜材料阻力为 R_m,浓差极化层阻力为 R_p,凝胶层阻力为 R_g,则有

$$N_w=\frac{\Delta p}{\mu(R_m+R_p+R_g)} \tag{10.3.29}$$

由于 $R_g \gg R_p$,有

$$N_w=\frac{\Delta p}{\mu(R_m+R_g)} \tag{10.3.30}$$

对于微滤过程,可将沉积在膜表面上的颗粒层视为滤饼层,因此只要将滤饼层的阻力 R_c 取代式(10.3.29)中的凝胶层阻力 R_g,即可计算微滤过程中的水通量。

滤饼层的阻力 R_c 等于滤饼层比阻 r_c 与滤饼厚度 L_c 的乘积。当滤饼为不可压缩时,滤

饼比阻可用 Kozeny-Carman 方程计算：

$$r_c = 180\frac{(1-\varepsilon)^2}{d_p^2\varepsilon^3} \tag{10.3.31}$$

式中：d_p——溶质颗粒的直径，m；

ε——滤饼层的空隙率。

滤饼的厚度 L_c 可用下式计算：

$$L_c = \frac{m_s}{\rho_s(1-\varepsilon)A} \tag{10.3.32}$$

式中：m_s——滤饼质量，kg；

ρ_s——溶质密度，kg/m^3；

A——膜面积，m^2。

【例题 10.3.2】 已知某微滤膜在 0.1 MPa 下纯水通量为 100 $L/(m^2\cdot h)$。0.15 MPa 下，用该微滤膜过滤某悬浮液。由于悬浮液在膜面上形成滤饼层，通量降至 50 $L/(m^2\cdot h)$。已知滤饼的比阻为 $1.5\times10^{18}\ m^{-2}$，计算滤饼层的厚度（假定悬浮液的黏度与水相同，取 $\mu=1.0\times10^{-3}$ Pa·s）。

解：已知微滤膜的纯水通量 $N_w=100\ L/(m^2\cdot h)$，过滤压差 $\Delta p=0.1$ MPa，水的黏度 $\mu=1.0\times10^{-3}$ Pa·s，则由阻力模型求出膜的阻力为

$$R_m=\frac{\Delta p}{N_w\mu}=\frac{1\times10^5}{\frac{0.1}{3\,600}\times10^{-3}}\ m^{-1}=3.6\times10^{12}\ m^{-1}$$

已知微滤膜用于悬浮液过滤时的通量 $N_w=50\ L/(m^2\cdot h)$，过滤压差 $\Delta p=0.15$ MPa，则滤饼层的阻力可用下式求得：

$$R_c+R_m=\frac{\Delta p}{N_w\mu}=\frac{1.5\times10^5}{\frac{0.05}{3\,600}\times10^{-3}}\ m^{-1}=1.08\times10^{13}\ m^{-1}$$

故

$$R_c=(10.8\times10^{12}-3.6\times10^{12})\ m^{-1}=7.2\times10^{12}\ m^{-1}$$

已知滤饼层的比阻为 $1.5\times10^{18}\ m^{-2}$，可求得滤饼层的厚度为

$$L_c=\frac{R_c}{r_c}=\frac{7.2\times10^{12}}{1.5\times10^{18}}\ m=4.8\times10^{-6}\ m=4.8\ \mu m$$

五、电渗析

（一）电渗析过程的基本原理

电渗析中使用的是离子交换膜。图 10.3.10 为电渗析过程示意图。如图 10.3.10 所示，在阴极和阳极之间交替地平行放置阳离子交换膜（简称阳膜，以符号 CM 表示）和阴离子交换膜（简称阴膜，以符号 AM 表示）。阴、阳离子交换膜具有带电的活性基团，能选择性地分别使阴离子或阳离子透过。

当向电渗析器的各室引入含 NaCl 等电解质的盐水并通入直流电时，带正电荷的钠离子会向阴极迁移，带负电荷的氯离子会向阳极迁移。但氯离子不能通过带负电荷的阳膜，钠离

电渗析原理

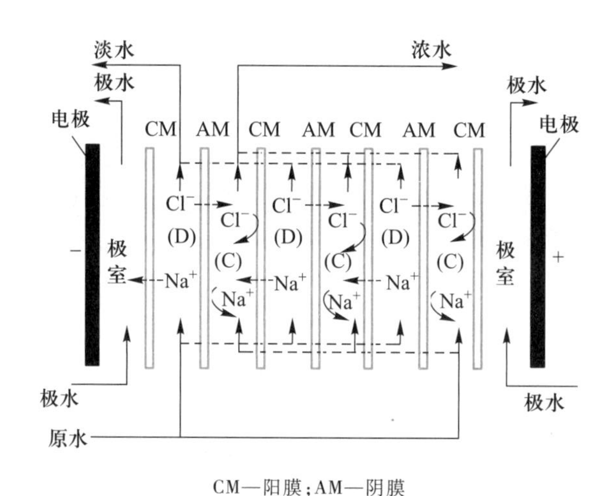

CM—阳膜；AM—阴膜

图 10.3.10 电渗析过程示意图

子不能通过带正电荷的阴膜。这即会使电渗析器中相邻两个室的一个室盐浓度增加，而另一个室盐浓度降低。盐浓度增高的室称为浓水室（C），盐浓度降低的室称为淡水室（D）。相应地，得到浓水和淡水。

同时，在阳极和阴极还会产生下列电极反应：

阳极：

$$2Cl^- \longrightarrow Cl_2 + 2e^- \tag{10.3.33}$$

$$H_2O \longrightarrow \frac{1}{2}O_2 + 2H^+ + 2e^- \tag{10.3.34}$$

阳极室的水呈酸性。

阴极：

$$2H_2O + 2e^- \longrightarrow H_2 + 2OH^- \tag{10.3.35}$$

阴极室的水呈碱性。

（二）电渗析中的传递过程

如前所述，在电渗析过程中，反离子的迁移是主要的传递过程。在直流电场作用下，溶液中的反离子定向迁移透过膜，以达到溶液脱盐或浓缩的目的。但在电渗析的传递过程中，除反离子迁移外，还存在其他复杂的传递现象，如图 10.3.11 所示。

（1）同性离子迁移：指与离子交换膜上固定离子的电荷符号相同的离子通过膜的传递。发生这种离子的迁移是由于离子交换膜的选择性不可能达到 100%，以及膜外溶液中同性离子浓度过高而引起的。但与反离子迁移相比，同性离子的迁移数一般很小。同性离子的迁移方向与浓度梯度方向相反，因而降低了电渗析过程的效率。

（2）电解质的浓差扩散：由于膜两侧浓水室与淡水室存在很大的浓度差，使得电解质由浓水室向淡水室扩散，其扩散速率随两室浓度差的提高而增大。

（3）水的（电）渗析：淡水室的水在渗透压的作用下向浓水室渗透；在反离子迁移和同性离子迁移的同时都会携带一定数量的水分子一起迁移。

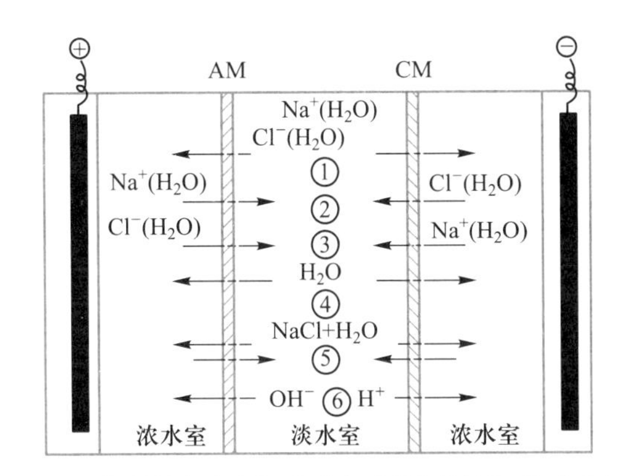

① 反离子迁移；② 同性离子迁移；③ 电解质的浓差扩散；④ 水的(电)渗析；

⑤ 压差渗漏；⑥ 水的电解

AM—阴膜；CM—阳膜

图 10.3.11 电渗析中的各种传递过程

(4) 压差渗漏：当膜两侧存在压力差时，较高压力侧的溶液会向较低压力侧渗漏。

(5) 水的电解：当发生浓差极化时，水电离产生的 H^+ 和 OH^- 也可通过膜。

(三) 离子交换膜

1. 离子交换膜的种类

离子交换膜是电渗析的心脏，电渗析对离子的选择透过性主要取决于离子交换膜的性能。离子交换膜的种类很多，可按活性基团、结构和材料加以分类。

(1) 按活性基团分类：离子交换膜与离子交换树脂具有相同的化学结构，可分为基膜和活性基团两大部分。基膜即具有立体网状结构的高分子化合物；活性基团是由具有交换作用的阳(或阴)离子和与基膜相连的固定阴(或阳)离子所组成。

按活性基团的带电情况，可分为阳离子交换膜(简称阳膜)、阴离子交换膜(简称阴膜)和特种膜。

阳膜：阳膜中含有带负电荷的酸性活性基团，它能选择性透过阳离子，而不让阴离子透过。这些活性基团主要有磺酸基($—SO_3H$)、磷酸基($—PO_3H_2$)、膦酸基($—OPO_3H$)、羧基($—COOH$)等。

磺酸型阳膜的示意为

$$\underset{\text{基膜}}{R—}\ \underset{\text{活性基团}}{SO_3H} \xrightarrow{\text{解离}} \underset{\text{基膜}}{R—}\ \underset{\text{固定离子}}{SO_3^-} + \underset{\text{可交换离子}}{H^+}$$

阴膜：阴膜中含有带正电的碱性活性基团，它能选择性透过阴离子而不让阳离子透过。这些活性基团主要有季铵基[$—N(CH_3)_3OH$]、伯氨基($—NH_2$)、仲氨基($—NHR$)、叔氨基($—NR_2$)等。

季铵型阴膜的示意为

$$\underset{\text{基膜}}{R—}\underset{\text{活性基团}}{N(CH_3)_3OH} \xrightarrow{\text{解离}} \underset{\text{基膜}}{R—}\underset{\text{固定离子}}{N^+(CH_3)_3} + \underset{\text{可交换离子}}{OH^-}$$

特种膜:特种膜是阳、阴离子活性基团在一张膜内均匀分布的两性离子交换膜,包括以下几种方式:带正电荷的膜与带负电荷的膜两张贴在一起的复合离子交换膜(亦称双极性膜);部分正电荷与部分负电荷并列存在于膜的厚度方向的镶嵌离子交换膜;在阳膜或阴膜表面上涂一层阴或阳离子交换树脂的表面涂层膜等。这类膜目前大都处于研究开发阶段。

(2) 按膜的结构分类:按膜体结构(或制造工艺)可分为异相膜、均相膜和半均相膜。

异相膜:由离子交换剂的细粉末和黏合剂经混合、加工制成的薄膜,其中含有离子交换活性基团部分和成膜状结构的黏合剂部分。由这种方式形成的膜化学结构是不连续的,故称异相膜或非均相膜。这类膜制造容易,价格便宜,但一般选择性较差,膜电阻也大。

均相膜:由具有离子交换基团的高分子材料直接制成的膜,或者是在高分子膜基上直接接上活性基团而制成的膜。这类膜中离子交换活性基团与成膜高分子材料发生化学结合,其组成均匀,故称为均相膜。这类膜具有优良的电化学性能和物理性能,是近年来离子交换膜的主要发展方向。

半均相膜:这种膜的成膜高分子材料与离子交换活性基团组合得十分均匀,但它们之间并没有形成化学结合。例如,将离子交换树脂和成膜的高分子黏合剂溶于同一溶剂中,然后用流延法制成的膜,就是半均相膜。

(3) 按材料性质分类:可分为有机离子交换膜和无机离子交换膜。

有机离子交换膜:由各种高分子材料合成的离子交换膜属于此类。目前使用最多的有磺酸型阳离子交换膜和季铵型阴离子交换膜。

无机离子交换膜:无机离子交换膜是用无机材料制成的,具有热稳定、抗氧化、耐辐照等特点,如磷酸锆和矾酸铝等,是一类新型膜,在特殊场合使用。

2. 对离子交换膜的性能要求

(1) 具有较高的选择透过性:这是衡量离子交换膜性能优劣的重要指标,其定义式为

$$P_+ = \frac{\bar{t}_+ - t_+}{1 - t_+} \times 100\% \tag{10.3.36}$$

式中:P_+——阳膜对阳离子的选择透过率,%;

t_+——阳离子在溶液中的迁移数;

$\bar{t}_+$——阳离子在阳膜内的迁移数,理想膜的 $\bar{t}_+$ 应等于 1。

阳离子交换膜应对阳离子具有较高的选择透过性,即对阳离子的选择性迁移数一般应大于 0.9,对阴离子迁移数则应小于 0.1;反之,对阴离子交换膜也有同样的要求。随着溶液浓度的增高,离子交换膜的选择透过性下降,因此希望在高浓度的电解质溶液中,离子交换膜仍具有良好的选择透过性。

(2) 较好的化学稳定性:离子交换膜在使用期间应保持较好的化学稳定性,能抗氧化、耐化学腐蚀、耐高温等。

(3) 较低的离子反扩散和渗水性:在电渗析过程中,同性离子的迁移和浓差扩散,以及水的各种渗透过程都不利于水的脱盐。因此,应尽可能地减少这些过程的影响。控制膜的交联度,可以减少离子反扩散和渗水性。

(4) 较高的机械强度:离子交换膜应具有较高的机械强度和韧性,在受到一定压力和拉力的作用下,不发生变形和裂纹。

（5）较低的膜电阻：在电渗析过程中，如果膜的电阻太大，将会导致电渗析效率降低。通常可通过减少膜的厚度，提高膜的交换容量和降低膜的交联度来降低膜电阻。

3. 离子交换膜的选择性透过机理

离子交换膜在化学性质上和离子交换树脂很相像，都是由某种聚合物构成的，含有由可交换离子组成的活性基团。这里，以阳离子交换膜为例，论述离子交换膜的选择性透过机理。

图 10.3.12 为离子交换膜的选择性透过机理。如图 10.3.12 所示，阳离子交换膜中含有大量的带负电荷的固定基团，这种固定基团与聚合物膜基相固定结合，由于电中性原因，会被在周围流动的反离子所平衡。由于静电相斥的作用，膜中的固定基团将阻止其他相同电荷的离子进入膜内。因此，在电渗析过程中，只有反离子才可能在电场的作用下渗透通过膜。如同在金属晶格中的电子一样，这些反离子在膜中可以自由移动。而在膜内可移动的同电荷离子的浓度很低。这种效应早在 1911 年就已经由道南（Donnan）论述过了，所以称为道南排斥效应。离子交换膜的离子选择透过性是以这种效应为基础的。而这种道南排斥效应只有当膜中的固定基团含量高于周围溶液中的离子浓度时才有效。

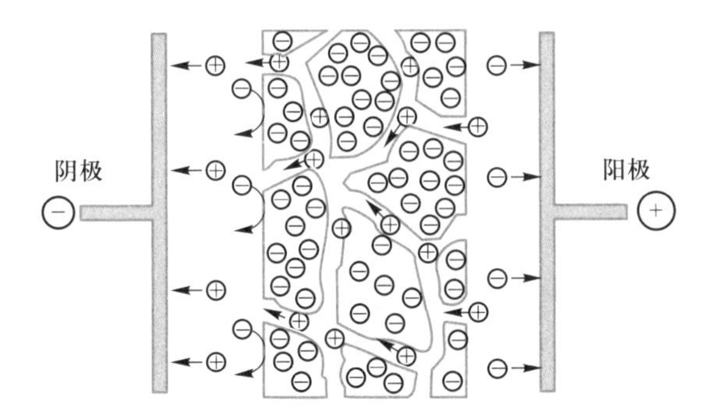

图 10.3.12　离子交换膜的选择性透过机理

（四）电渗析过程中的浓差极化和极限电流密度

浓差极化是电渗析过程中普遍存在的现象。下面以 NaCl 溶液在电渗析中的迁移过程为例进行说明（图 10.3.13）。

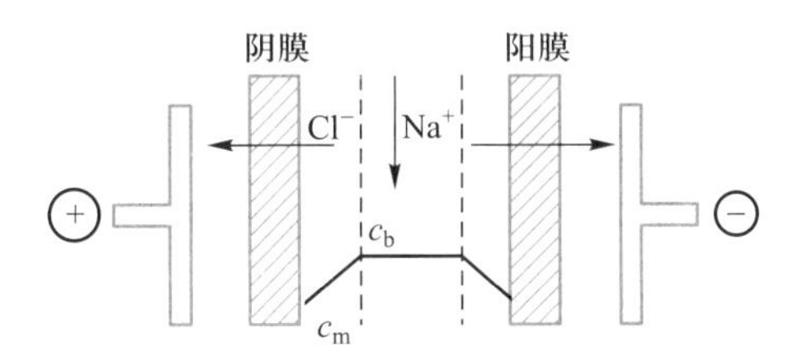

图 10.3.13　Nacl 在电渗析过程中的浓差极化

在直流电场的作用下，Na^+ 和 Cl^- 分别向阴极和阳极做定向运动，透过阳膜和阴膜，并各自传递一定的电荷。电渗析器中电流的传导是靠正负离子的运动来完成的。Na^+ 和 Cl^- 在溶液中的迁移数可近似认为 0.5。根据离子交换膜的选择性，阴膜只允许 Cl^- 透过，因此 Cl^- 在阴膜内的迁移数要大于其在溶液中的迁移数。为维持正常的电流传导，必然要动用膜边界层的 Cl^- 以补充此差数。这样就造成边界层和主流层之间出现浓度差（c_b-c_m）。当电流密度增大到一定程度时，离子迁移被强化，使膜边界层内 Cl^- 离子浓度 c_m 趋于零时，边界层内的水分子就会被解离成 H^+ 和 OH^-，OH^- 将参与迁移，以补充 Cl^- 的不足。这种现象即为浓差极化现象。使 c_m 趋于零时的电流密度称为极限电流密度。

以阴离子的传递为例，在电位差作用下，阴离子透过膜的传递通量为

$$N_{Em}=\frac{t_m i}{Zf} \tag{10.3.37}$$

阴离子在膜边界层的传递通量为

$$N_{Ebl}=\frac{t_{bl} i}{Zf} \tag{10.3.38}$$

而边界层中的扩散通量为

$$N_{Dbl}=-D_{bl}\frac{dc}{dz} \tag{10.3.39}$$

式中：N_{Em}，N_{Ebl}——分别为膜内和边界层内的电驱动通量，$mol/(m^2 \cdot s)$；

N_{Dbl}——边界层内扩散通量，$mol/(m^2 \cdot s)$；

D_{bl}——边界层内的扩散系数，m^2/s；

t_m，t_{bl}——分别为膜中和边界层中阴离子的迁移数；

Z——阴离子的价态（对 Cl^-，$Z=1$）；

f——法拉第常数，96 500 C/mol；

i——电流密度，A/m^2。

达到稳态时，有以下平衡：

$$N_{Em}=\frac{t_m i}{Zf}=\frac{t_{bl} i}{Zf}-D_{bl}\frac{dc}{dz} \tag{10.3.40}$$

假设扩散系数为常数（浓度梯度为线性），并按以下边界条件对上式进行积分：

$$z=0 \text{ 时}, c=c_m$$
$$z=\delta_{bl} \text{ 时}, c=c_b$$

则可以得到关于膜表面阴离子浓度减少的方程：

$$c_m=c_b-\frac{(t_m-t_{bl})i\delta_{bl}}{ZfD_{bl}} \tag{10.3.41}$$

式中：c_m，c_b——分别表示膜表面和溶液主体中的阴离子浓度，mol/m^3；

δ_{bl}——边界层厚度，m。

由式（10.3.41），可进一步得到

$$i=\frac{ZD_{bl}f(c_b-c_m)}{\delta_{bl}(t_m-t_{bl})} \tag{10.3.42}$$

当膜表面阴离子浓度 c_m 趋近于零时，达到极限电流密度：

$$i_{\lim}=\frac{ZD_{\mathrm{bl}}fc_{\mathrm{b}}}{\delta_{\mathrm{bl}}(t_{\mathrm{m}}-t_{\mathrm{bl}})} \tag{10.3.43}$$

此时,进一步增大电位差,不会使阴离子的通量继续增大。从式(10.3.43)可以看出,极限电流密度取决于主体溶液中阴离子的浓度 c_{b} 和边界层厚度 δ_{bl}。为了减少浓差极化效应,必须减小边界层的厚度。因此,电渗析器的设计和流体力学条件非常重要。

以上以阴离子为例说明了极化现象。对阳离子也有类似的情况。但阳离子在边界层中的迁移性要比同样价态的阴离子略低。因此,在流体力学条件相近时,阳离子交换膜比阴离子交换膜更容易达到极限电流密度。

六、其他膜分离

(一)气体膜分离

气体膜分离是一种很简单的气体混合物的分离技术。常用的气体分离膜有多孔膜和致密膜两种。一般认为气体通过多孔膜与致密膜的机理是不同的,分别可用多孔扩散机理和溶解-扩散机理解释。

1. 多孔扩散机理

气体在多孔膜中的传递机理包括分子扩散、黏性流动、克努森(Knudsen)扩散及表面扩散等。由于多孔介质孔径及内孔表面性质的差异使得气体分子与多孔介质之间的相互作用程度有所不同,从而表现出不同的传递特征。

假设在多孔膜中传递的气体为理想气体,如果膜两侧的气体总压力、温度相等,则可用气体的分压差作为推动力。若忽略主体流动,根据菲克定律,气体组分 i 的渗透通量可表示为

$$N_{ni}=\frac{D_{\mathrm{m}}}{RT\delta}(p_{i\mathrm{F}}-p_{i\mathrm{P}}) \tag{10.3.44}$$

式中:N_{ni}——气体组分 i 的渗透通量,$\mathrm{mol/(m^2\cdot s)}$;

$p_{i\mathrm{F}}$,$p_{i\mathrm{P}}$——气体组分 i 在膜上、下游的分压,Pa;

δ——多孔膜的厚度,m;

D_{m}——气体在膜中的扩散系数,$\mathrm{m^2/s}$。

D_{m} 的计算与气体在膜孔内的流动状态有关,一般根据克努森数(Kn)的大小来区分。

$$Kn=\frac{\lambda}{d_{\mathrm{m}}} \tag{10.3.45}$$

式中:λ——气体分子平均自由程,m;

d_{m}——膜的孔径,m。

根据 Kn 值,可以判别气体在膜孔内的流态。

当 $Kn\leqslant 0.01$ 时,膜孔径远大于气体分子平均自由程。气体在膜孔内呈黏性流流动,扩散过程以气体分子间的碰撞为主,气体分子与膜壁面的碰撞可忽略,此时属分子扩散,可采用 Hagen-Poiseuille 定律来描述。在这种黏性流动范围,气体混合物不能被膜分离。

当 $Kn\gg 1.0$,尤其是 $Kn\geqslant 10$ 时,气体分子平均自由程远大于膜孔径,气体在膜孔中靠气

体分子与膜孔壁的碰撞进行传递，分子间的碰撞可忽略不计，此类扩散现象称为克努森扩散，气体以克努森扩散机理通过膜。

当 Kn 数介于以上值之间，尤其是当 Kn 数在 1 附近时，扩散为过渡区扩散。此时，膜孔内分子间的碰撞和分子与膜孔壁之间的碰撞都起作用，气体分子在膜孔内的扩散与分子扩散和克努森扩散均有关。若已知分子扩散和克努森扩散系数，则过渡区的扩散系数的近似计算式为

$$D_{\mathrm{m}}=\frac{\varepsilon}{\tau}\left(\frac{1}{D_{\mathrm{AB}}}+\frac{1}{D_{\mathrm{KP}}}\right)^{-1} \tag{10.3.46}$$

式中：D_{AB}——双分子扩散系数，$\mathrm{m^2/s}$；

ε——孔隙率；

τ——膜孔曲折因子；

D_{KP}——克努森扩散系数，$\mathrm{m^2/s}$，计算式为

$$D_{\mathrm{KP}}=48.5d_{\mathrm{m}}\left(\frac{T}{M_i}\right)^{\frac{1}{2}} \tag{10.3.47}$$

式中：T——热力学温度，K；

M_i——组分 i 的摩尔质量，kg/kmol。

2. 溶解-扩散机理

气体在致密膜中的传递可以用溶解-扩散机理解释。其扩散过程由三步组成：① 气体在膜上游表面的吸附；② 吸附在膜上游表面的气体在浓度差的推动力下扩散透过膜；③ 气体在膜下游表面解吸。各种气体在致密膜中的渗透率不但取决于气体本身的扩散性质，而且取决于这些气体在膜内与膜的物理化学相互作用。

应用前述的溶解-扩散机理，得气体组分 i 在稳态条件下通过膜的扩散通量为

$$N_{ni}=\frac{HD_{\mathrm{m}}}{\delta}(p_{i\mathrm{F}}-p_{i\mathrm{P}})=K_{\mathrm{G}}(p_{i\mathrm{F}}-p_{i\mathrm{P}}) \tag{10.3.48}$$

式中：$p_{i\mathrm{F}}$，$p_{i\mathrm{P}}$——膜上游侧和下游侧气体组分 i 的分压，Pa；

D_{m}——气体组分在膜中的扩散系数，$\mathrm{m^2/s}$；

H——气体溶解度系数，$\mathrm{kmol/(Pa \cdot m^3)}$；

K_{G}——气体组分通过膜的渗透系数，是气体组分扩散系数与溶解度系数的函数，$\mathrm{mol/(m^2 \cdot s \cdot Pa)}$；

δ——膜的厚度，m。

对于两组分气体混合物透过膜的理想情况（即假设一种气体组分通过膜的渗透不受另一种同时透过膜的组分渗透的影响），根据式（10.3.48），组分 A 和 B 通过膜的渗透通量分别为

$$N_{n\mathrm{A}}=K_{\mathrm{GA}}(p_{\mathrm{AF}}-p_{\mathrm{AP}}) \tag{10.3.49}$$

$$N_{n\mathrm{B}}=K_{\mathrm{GB}}(p_{\mathrm{BF}}-p_{\mathrm{BP}}) \tag{10.3.50}$$

膜对两组分的分离效果可用分离因子来表示：

$$\alpha_{A/B}=\frac{y_A/y_B}{x_A/x_B}=\frac{p_{AP}/p_{BP}}{p_{AF}/p_{BF}} \tag{10.3.51}$$

因为膜的下游低压侧两组分物质的量之比(分压比)等于两组分渗透通量比,即

$$\frac{N_{nA}}{N_{nB}}=\frac{y_A}{y_B}$$

所以

$$\alpha_{A/B}=\frac{K_{GA}}{K_{GB}}\frac{1-\frac{\alpha_{A/B}p_{BP}}{p_{BF}}}{1-\frac{p_{BP}}{p_{BF}}} \tag{10.3.52}$$

当膜低压侧的压力比高压侧小得多时,$\frac{p_P}{p_F}=0$,则

$$\alpha_{A/B}=\frac{K_{GA}}{K_{GB}} \tag{10.3.53}$$

即两组分的分离因子等于两组分在膜中的渗透系数之比。

(二)渗透汽化

渗透汽化又称为渗透蒸发,是有相变的膜渗透过程。膜上游物料为液体混合物,下游透过侧为蒸气。膜上游物料的混合物在膜两侧压差的作用下,利用膜对被分离混合物中某组分有优先选择性透过的特点,使料液侧优先渗透组分渗透通过膜,在膜下游侧汽化去除,从而达到从混合物分离提纯的目的。渗透汽化主要用于有机物脱水、水中微量有机物的脱除,以及有机混合物分离等方面。

渗透汽化膜分离过程的基本原理如图 10.3.14所示。渗透汽化传递过程可用溶解-扩散机理解释,传递过程可分为三步:① 首先液体混合物中被分离的物质在膜上游表面有选择性地被吸附溶解;② 被分离的物质在膜内扩散渗透通过膜;③ 在膜下游侧,膜中的渗透组分蒸发汽化而脱离膜。

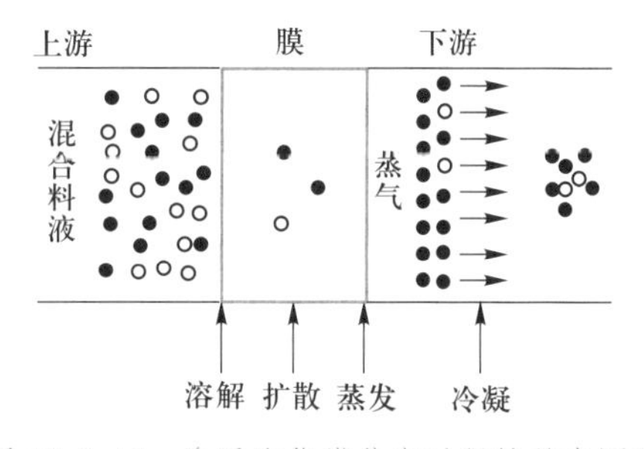

图 10.3.14 渗透汽化膜分离过程的基本原理

渗透汽化过程的传质推动力为膜两侧的浓度差或表现为膜两侧被渗透组分的分压差。任何能产生这种推动力的技术都可以实现渗透汽化过程。

在渗透汽化过程中,膜的上游侧一般维持常压,而膜的下游侧有三种方式来维持组分的分压差,如图 10.3.15 所示。

(1) 真空渗透蒸发:在膜透过侧用真空泵抽真空,以造成膜两侧组分的蒸气压差,如图 10.3.15(a)所示。

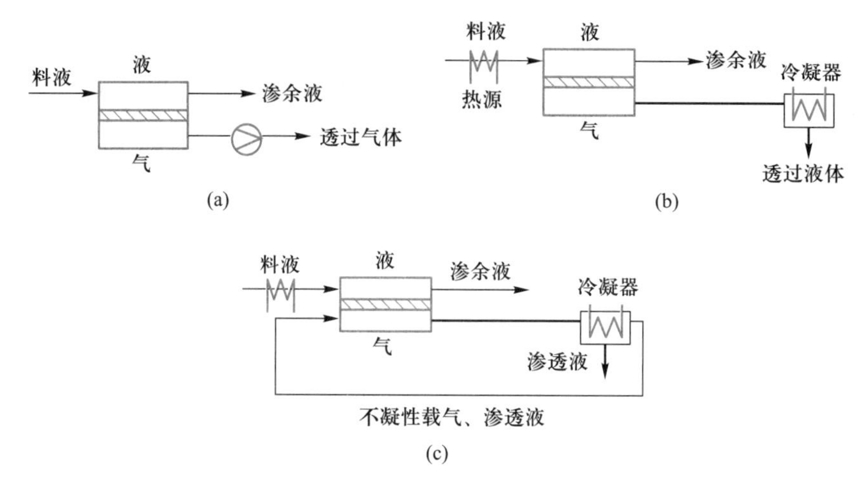

图 10.3.15 渗透汽化的操作过程

（a）真空渗透蒸发；（b）温度梯度渗透蒸发；（c）载气吹扫渗透蒸发

（2）温度梯度渗透蒸发：通过混合料液加热或膜透过侧冷凝的方法，形成膜两侧组分的蒸气压差，如图 10.3.15(b)所示。

（3）载气吹扫渗透蒸发：用惰性气体吹扫膜透过侧，以带走透过组分，从而维持渗透组分的分压差，如图 10.3.15(c)所示。

在渗透汽化中，只要膜选择得当，可使含量极少的溶质通过膜，与大量的溶剂通过过程相比较，少量溶剂透过的渗透汽化过程更节能。

术语中英文对照

- 萃取 extraction
- 染料废水 dyeing wastewater
- 三角形相图 triangular phase diagram
- 分配系数 partition coefficient
- 单级/多级错流萃取 single-/multi-stage cross-flow extraction
- 连续逆流萃取 continuous countercurrent extraction
- 膜分离 membrane separation
- 反渗透 reverse osmosis
- 纳滤 nanofiltration
- 超滤 ultrafiltration
- 微滤 microfiltration
- 中空纤维 hollow fiber membrane
- 平板膜 flat membrane
- 管式膜 tubular membrane
- 复合膜 composite membrane
- 截留率 retention rate, rejection rate
- 溶解-扩散模型 solution-diffusion model
- 渗透压 osmotic pressure
- 优先吸附-毛细孔流机理 preferentially adsorption-capillary flow mechanism
- 回收率 recovery rate
- 浓差极化 concentration polarization
- 凝胶层 gel layer
- 渗透性 permeability
- 选择性 selectivity

10.1 思考题

(1) 如何从三角形相图的溶解度曲线得到分配曲线？分配系数的物理意义是什么？

(2) 决定膜分离渗透性和选择性的主要因素有哪些？

(3) 渗透现象是如何发生的？实现反渗透的条件是什么？

(4) 浓差极化现象是如何发生的？对膜分离过程有何影响？

(5) 凝胶层是如何形成的？对膜分离有哪些影响？

10.2 用H型强酸性阳离子交换树脂去除质量分数为5%的KCl溶液，交换平衡时，从交换柱中交换出来的H^+的摩尔分数为0.2，试计算K^+的去除率。已知$K_{H^+}^{K^+}=2.5$，溶液密度为1 025 kg/m^3。

10.3 用H型强酸性阳离子树脂去除海水中的Na^+和K^+（假设海水中仅存在这两种阳离子），已知树脂中H^+的浓度为0.3 mol/L，海水中Na^+、K^+的浓度分别为0.1 mol/L和0.02 mol/L，求交换平衡时溶液中Na^+和K^+的浓度。已知$K_{H^+}^{K^+}=3.0$，$K_{H^+}^{Na^+}=2.0$。

10.4 某强碱性阴离子树脂床，床层空隙率为0.45，树脂颗粒粒度为0.25 mm，孔隙率为0.3，树脂交换容量为2.5 mol/m^3，水相原始浓度1.2 mol/m^3，液相与树脂相离子扩散系数分别为$D_l=3.4\times10^{-2}\ m^2/h$、$D_r=2.1\times10^{-3}\ m^2/h$，溶液通过树脂床的流速为4 m/h。试判断属哪种扩散控制。

10.5 已知某条件下，丙酮(A)-水(B)-氯苯(S)三元混合溶液的平衡数据如下：

水层(质量分数)/%			氯苯层(质量分数)/%		
丙酮(A)	水(B)	氯苯(S)	丙酮(A)	水(B)	氯苯(S)
0	99.89	0.11	0	0.18	99.82
10	89.79	0.21	10.79	0.49	88.72
20	79.69	0.31	22.23	0.79	76.98
30	69.42	0.58	37.48	1.72	60.80
40	58.64	1.36	49.44	3.05	47.51
50	46.28	3.72	59.19	7.24	33.57
60	27.41	12.59	61.07	22.85	15.08
60.58	25.66	13.76	60.58	25.66	13.76

根据以上数据：

(1) 在直角三角坐标图上绘出溶解度曲线、联结线和辅助曲线；

(2) 依质量比组成绘出分配曲线（近似认为前五组数据B、S不互溶）；

(3) 水层中丙酮质量分数为45%时，水和氯苯的组成；

(4) 与上述水层相平衡的氯苯层的组成；

(5) 如果丙酮水溶液质量比为0.4 kg(A)/kg(B)，且$B/S=2.0$，萃取剂为纯氯苯，在分配曲线上求出组分A在萃余相中的组成；

(6) 由0.12 kg氯苯和0.08 kg水构成的混合液中，加入多少丙酮可以使三元混合液成为均相溶液？

10.6 用三氯乙烷作萃取剂萃取污水中的某种有机物（质量分数为0.3），原料液的流量为1 000 kg/h，萃取剂的用量为 800 kg/h,分别采用单级萃取和二级错流萃取(每级萃取剂用量相同),求萃取后萃余相中该有机物的含量。分配曲线如附图所示。

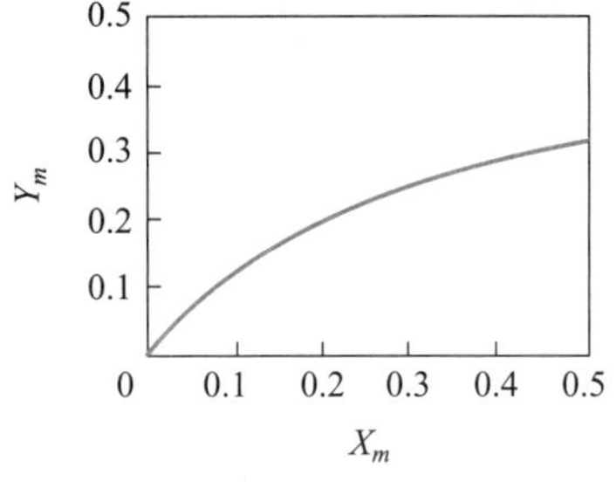

习题 10.6 附图

10.7 假设萃取剂 S(假设不含溶质 A)和稀释剂 B 完全不互溶,在多级错流萃取的情况下,如果平衡关系可以用 $Y_m = kX_m$ 表示,且各级萃取剂用量相等,证明所需的理论级数为

$$n=\frac{\ln\left(\frac{X_{mF}}{X_{mn}}\right)}{\ln\left(1+\frac{kS}{B}\right)}$$

式中:S——每级萃取剂用量;

X_{mn}——溶质 A 在萃余相中的终浓度。

10.8 用 45 kg 纯溶剂 S 萃取污水中的某溶质组分 A,料液处理量为39 kg,其中组分 A 的质量比为 $X_{mF}=0.3$,而且 S 与料液组分 B 完全不互溶,两相平衡方程 $Y_m = 1.5X_m$,分别计算单级萃取、两级错流萃取(每级萃取剂用量相同)和两级逆流萃取组分 A 的萃出率。

10.9 采用多级逆流萃取塔,以水为萃取剂,萃取甲苯溶液中的乙醛。原料液流量为1 000 kg/h,含有乙醛 0.15,甲苯 0.85(质量分数)。如果甲苯和水认为完全不互溶,乙醛在两相中的分配曲线可以表示为 $Y_m = 2.2X_m$。如果要求萃余相中乙醛的含量降至 0.01,试求:

(1) 最小萃取剂用量;

(2) 如果实际使用的萃取剂为最小萃取剂的 1.5 倍,求理论级数。

10.10 用反渗透过程处理溶质为 3%(质量分数)的溶液,渗透液含溶质为 150×10^{-6}。计算截留率 β 和选择性因子 α,并说明这种情况下哪一个参数更适用。

10.11 用膜分离空气(氧 20%,氮 80%),渗透物氧浓度为 75%。计算截留率 β 和选择性因子 α,并说明这种情况下哪一个参数更适用。

10.12 含盐量为 9 000 mg(NaCl)/L 的海水,在压力 5.6 MPa 下反渗透脱盐。在 25 ℃下,采用有效面积为 12 cm^2 的乙酸纤维素膜,测得水流量为0.012 cm^3/s,溶质浓度为 450 mg/L。求溶剂渗透系数、溶质渗透系数和脱盐率(已知该条件下,渗透压系数为 1.8)。

10.13 20 ℃,20 MPa 下,某反渗透膜对 5 000 mg/L 的 NaCl 溶液的截留率为 90%,已知膜的水渗透系数为 4.8×10^{-8} L/(cm^2·s·MPa),求 30 MPa 下的截留率。

10.14 用微滤膜处理某悬浮液,0.1 MPa 下,滤膜的清水通量为 150 L/(m^2·h),已知悬浮液所含颗粒为 0.1 μm 的球形微粒,当滤饼层的厚度为 6 μm,空隙率为 0.2 时,微滤膜的通量为 40 L/(m^2·h),求此时的过滤压差。

10.15 采用电渗析的方法除盐,已知料液的 NaCl 浓度为 0.3 mol/L,实验测得传质系数 $\frac{D_{bl}}{\delta_{bl}}$ 为 7.8×10^{-2} m/s,膜中 Cl^- 的迁移数为 0.52,边界层中 Cl^- 的迁移数为 0.31,求该电渗析过程的极限电流密度。

10.16 一定温度下测得 A、B、S 三组分混合体系的相图如右图所示。欲将 1 000 kg 含溶质 A 30%(质量分数,下同)的原料液萃取分离。试求:

(1) 最小与最大萃取剂 S 的用量;

(2) 经单级萃取后欲得到 36% A 的 E 相组成,求

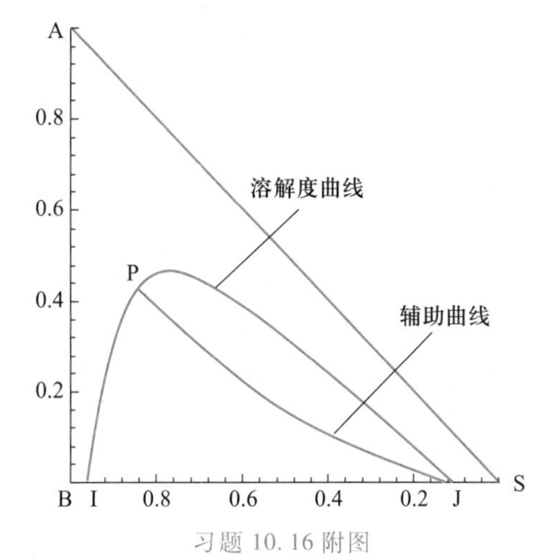

习题 10.16 附图

得到相应的 R 相的组成,并计算操作条件下的选择性系数 α。

10.17 采用萃取的方法处理含酚废水。已知待处理的含酚废水为 5 L,酚浓度为 100 mg/L,密度为 1 000 kg/m^3,要求萃取后废水中的酚浓度达到 10 mg/L 以下。假设酚的分配系数为 10,并不随溶液组成而变化。

(1) 采用单级萃取时,问需要加多少萃取剂?

(2) 如果将(1)计算的萃取剂分成两等份,进行二级错流萃取,问废水中的酚浓度可以降低到多少?

本章主要符号说明

拉丁字母

a——颗粒的比表面积,m^2/m^3;

a_b——单位萃取塔体积中两相界面积,m^2/m^3;

A——膜面积,m^2;

b_i——组分 i 的活度;

B——萃取操作中原料液中稀释剂量,kg 或 kg/s;

c——溶液物质的量浓度,kmol/m^3;

c_0——溶液总物质的量浓度,kmol/m^3;

C_w——溶剂在膜中的溶解度,m^3/m^3;

d_m——毛细管直径或膜孔径,m;

d_p——溶质颗粒粒径,m;

D——扩散系数,m^2/s;

D^0——总扩散系数,m^2/s;

D_{KP}——克努森扩散系数,m^2/s

E——萃取相的量,kg 或 kg/s;

f——法拉第常数;

F——萃取操作中原料液的量,kg 或 kg/s;

G——电化学位;

h——连续萃取塔高度,m;

H——溶解度系数,kmol/(Pa·m^3);

He——Helfferich 准数;

H_{OE}——稀溶液时萃取相总传质单元高度,m;

i——电流密度,A/m^2;

k——分配系数;

K——膜分离中的渗透系数;

K_1——Kozeny-Carman 常数;

K_A——膜分离中溶质 A 的渗透系数,m/s;

K_G——膜分离中气体组分的渗透系数,mol/(m^2·s·Pa);

K_w——膜分离中水的渗透系数,m^3/(m^2·s·Pa);

K_y——以萃取相质量分数差为推动力的总传质系数,kg/(m^2·s);

$K_{A^+}^{B^+}$——离子交换树脂的选择性系数;

L_c——滤饼层厚度,m;

m_s——滤饼质量,kg;

M——混合液(原料液+萃取剂)的量,kg 或 kg/s;

M_i——组分 i 的摩尔质量,kg/kmol;

n_m——膜孔数;

N_{Em}——膜内电驱动通量,mol/(m^2·s);

N_{Ebl}——膜边界层电驱动通量,mol/(m^2·s);

N_{Dbl}——边界层扩散通量,mol/(m^2·s);

N_m——膜渗透质量通量,kg/(m^2·s);

N_n——膜渗透物质的量通量,mol/(m^2·s);

N_{OE}——稀溶液时萃取相总传质单元数;

N_V——膜渗透体积通量,m^3/(m^2·s);

p——气体压力,Pa;

P_+——阳膜对阳离子的选择透过率,%;

q_0——树脂全交换容量,kmol/m^3;

q_B——树脂中 B 离子浓度,kmol/m^3;

r——扩散距离,m;

r_0——树脂颗粒半径,m;

r_c——滤饼层过滤比阻,m^{-2};

R——摩尔气体常数,J/(mol·K);

R_c——滤饼层阻力,m^{-1};

R_g——凝胶层阻力,m^{-1};

R_m——膜材料过滤阻力,m^{-1};

R_p——浓差极化层阻力,m^{-1};

S——萃取剂中纯萃取剂量,kg 或 kg/s;

t_+——阳离子在溶液中迁移数;

$\bar{t}_+$——阳离子在阳膜内迁移数;

T——热力学温度,K;

V_{mi}——组分 i 的摩尔体积,m^3/mol;

Ve——Vermeulen 准数；

V_F——膜分离原料液的体积，m^3；

V_P——膜分离透过液的体积，m^3；

V_{mw}——溶剂的摩尔体积，m^3/mol；

x——溶液中溶质的摩尔分数；

x_m——溶液或萃余相中溶质的质量分数；

X_m——溶液或萃余相中溶质的质量比；

y——树脂相或膜渗透液中溶质的摩尔分数；

y_m——萃取相溶质的质量分数；

Y_m——萃取相溶质的质量比；

Z——阴离子的价态。

希腊字母

α——分离因子或选择性系数；

β——膜截留率；

γ——活度系数；

η——反渗透过程的回收率；

λ——气体分子平均自由程，m；

ϕ_i——水溶液中溶质 i 组分的渗透压系数；

ε——孔隙率；

τ——弯曲因子；

δ——过滤膜或液膜厚度，m；

ρ_s——溶质密度，kg/m^3；

μ——液体黏度，Pa·s。

μ_i——混合物中组分 i 的化学位；

μ_i^0——纯组分 i 的化学位；

π——溶液渗透压，Pa；

Ω——连续萃取塔截面面积，m^2。

上标

*——平衡状态。

下标

b——树脂床层或溶液主体；

bl——液膜边界层；

A，B——溶质 A，B；

E——萃取相；

F——原料（液）；

g——超滤膜表面凝胶层；

i,n——第 i,n 级萃取；

l——液体；

m——膜相；

p——树脂颗粒；

P——膜渗透物（液）；

r——树脂；

R——萃余相；

w——水溶剂。

知识体系图

第三篇

化学与生物反应工程原理

利用化学与生物反应,使污染物转化成为有价值的物质、无毒无害或易于分离的物质或者能源,从而使污染介质得到净化的技术,即转化技术,是去除污染物和净化环境的重要手段。例如,沉淀反应常用于水中重金属的沉淀分离,氧化反应常用于还原性无机污染物和有机污染物氧化分解,生物降解反应常用于有机废水、挥发性有机废气、恶臭气体和有机固体废物的处理,生物硝化、反硝化反应常用于水中氮的处理等。

将化学与生物反应原理应用于污染控制工程,需要借助适宜的装置,即反应器。系统掌握反应器的基本类型及其操作原理和设计计算方法,对于优化反应器的结构形式、操作方式和工艺条件及提高污染物去除效率有重要的意义。本篇主要阐述化学与生物反应的计量学、动力学及其研究方法,环境工程中常用的各类化学和生物反应器及其基本设计计算方法等。

第十一章　反应动力学基础

第一节　反应器和反应操作

一、反应操作

利用化学或生物反应进行污染物处理或环境修复时，需要通过反应条件等的控制，使反应向有利的方向进行。为达到这种目的而采取的一系列工程措施通称为反应操作(operation of reaction)。

二、反应器

反应器(reactor)是进行化学或生物反应等的容器的总称，是反应工程的主要研究对象。小到实验室用于做实验的试管、烧杯，大到生产规模的工业设备、城市污水处理装置、垃圾焚烧炉等都是反应器。微生物的细胞也可以视为一个微型的复杂反应器。众所周知，河流、湖泊、海洋等自然水体中每时每刻都发生着极其复杂的化学与生物反应，从广义上讲它们也可以被视为一种天然反应器。

在工业生产中，反应器主要用于利用廉价的原料生产更高价值的产品，而在环境工程领域，反应器主要用于分解或转化城市污水、工业废水、生活垃圾、工业固体废物、废气中的有害物质，降低其毒性或浓度，以达到保护环境的目的。由于应用的目的不同，两者在反应操作上有较大的差异。

根据反应器内进行的主要反应的类型，反应器可分为化学反应器(chemical reactor)和生物反应器(bioreactor/biological reactor)两大类。生物反应器是利用生物的代谢活动来实现物质转化的一种反应器，它是在环境工程领域，特别是在水处理中应用最为广泛的反应器，一直是环境领域的研究热点。

生物反应是一系列酶促反应的集合，一般只能在常温常压条件下进行，与化学反应相比要慢得多，因此一般需要较长的反应时间。而化学反应可以通过控制温度、压力等提高反应速率，因此一般比生物反应快。

反应本身是反应操作过程的核心，而反应器是实现这种反应的外部条件。反应在具有不同特性的反应器内进行，即使反应式相同，也将产生不同的反应结果。反应器的特性主要是指反应器内物料的流动状态、混合状态及质量和能量传递性能等，它们取决于反应器的结构形式、操作方式等。

反应器的开发是反应工程的主要任务之一，它包括根据反应动力学特性和其他条件选择合适的反应器形式；根据动力学和反应器的特性确定操作方式和优化操作条件；根据要求对反应器进行设计计算，确定反应器的尺寸，并进行评价等。

三、反应器的操作方式

反应器一般主要有三种操作方式，即间歇操作（batch operation）、连续操作（continuous operation）和半间歇操作（semi-batch operation）或半连续操作（semi-continuous operation）。

（一）间歇操作

间歇操作是将反应物料一次加入反应器，反应一段时间或达到一定的反应程度后一次取出全部的物料，然后进入下一批物料的投入、反应和取出，因此有时也称为分批操作或序批操作。

在污水生物处理研究中常采用与间歇操作类似的操作方式，即充/排式（fill and draw）操作来培养或驯化微生物。培养开始时，将污水或培养液一次加入反应器（培养器），同时添加微生物菌种。培养一定时间后，取出部分培养液，并加入新鲜的污水或培养液，进入下一批培养，如此反复。

间歇操作的主要特点如下：

（1）操作特点：反应过程中既没有物料的输入，也没有物料的输出，不存在物料的进与出。

（2）基本特征：间歇反应过程是一个非稳态过程，反应器内的组分组成和浓度随时间变化而变化，如图 11.1.1(a)所示。

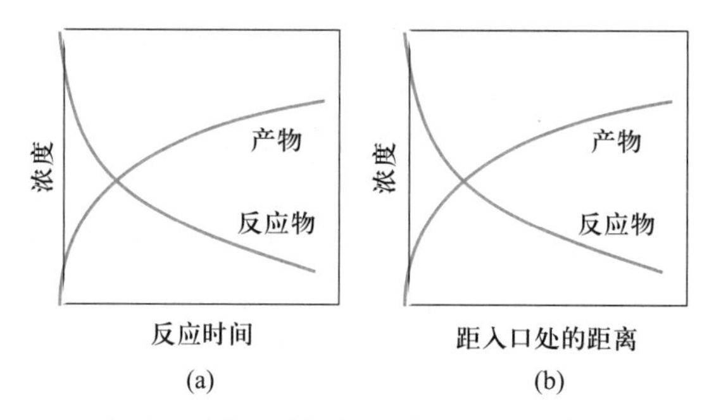

图 11.1.1 间歇与连续（平推流）反应过程中的浓度变化示意图

（a）间歇反应器；（b）平推流反应器

（3）主要优点：操作灵活，设备费低，适用于小批量或小规模的反应。

（4）主要缺点：设备利用率低，劳动强度大，每批的操作条件不易相同，不便自动控制。

（二）连续操作

连续地将物料输入反应器，反应后的物料也连续地流出反应器，这样的操作称连续操作。连续操作的主要特点如下：

（1）操作特点：物料连续输入，连续输出，时刻伴随着物料的流入和流出。

（2）基本特征：连续反应过程是一个稳态过程，反应器内各处的组分组成和浓度不随时间变化。但有些情况下，如平推流反应器内，反应组分浓度可能随位置变化而变化，如图 11.1.1(b)所示。

（3）主要优点：便于自动化，反应程度与产品质量较稳定。规模大或要求严格控制反应条件的场合，多采用连续操作。

(4) 主要缺点:灵活性小,设备投资高。

(三) 半间歇操作/半连续操作

反应前后物料中的一种或一种以上为连续输入或输出,而其他物料分批加入或取出的操作称为半间歇操作或半连续操作。在生物反应器中采用的分批补料操作(fed-batch operation,又称"补料分批操作"或"流加操作"),是半间歇操作的典型例子。采用半间歇操作/半连续操作的反应器叫作半间歇/半连续反应器。

半间歇操作具有间歇操作和连续操作的某些特点。反应器内的组分组成和浓度随时间变化而变化。

另外,根据反应器的温度控制方式,反应器的操作又可分为恒温操作(isothermal operation)、绝热操作(adiabatic operation)和热交换操作(heat exchanger operation)等。后两者为非恒温操作。

(四) 有关反应器操作的几个工程概念

(1) 反应持续时间(reaction time):简称反应时间,主要用于间歇反应器,指达到一定反应程度所需的时间。

(2) 停留时间/平均停留时间(retention time/average retention time):停留时间亦称接触时间,是指连续操作中一物料"微元"从反应器入口到出口经历的时间。在实际的反应器中,各物料"微元"的停留时间不尽相同,存在一个分布,即停留时间分布。各"微元"的停留时间的平均值称平均停留时间。

(3) 空间时间(space time):简称空时,亦称空塔接触时间(或停留时间),定义为反应器有效体积(V)与物料体积流量(q_V)之比值。它具有时间的单位,但它既不是反应时间也不是接触时间,可以视为处理与反应器体积相同的物料所需要的时间。例如,空间时间为 30 s 表示每 30 s 处理与反应器有效体积相等的流体。

$$\text{空间时间}(\tau)=\frac{V}{q_V} \tag{11.1.1}$$

(4) 空间速度(space velocity,SV):简称空速,是指单位反应器有效体积所能处理的物料的体积流量,单位为时间的倒数。空间速度表示单位时间内能处理几倍于反应器体积的物料,反映了一个反应器的运行强度。空速越大,反应器的负荷越大。例如,SV = 2 h^{-1} 表示 1 h 处理 2 倍于反应体积的流体。

$$\text{空间速度}(SV)=\frac{q_V}{V} \tag{11.1.2}$$

四、反应器内物料的流动与混合状态

反应过程和传递过程是反应工程的关键,而反应器内物料的流动状态直接影响反应过程和传递过程。在实际的反应器中,物料的流动和混合状态十分复杂,一般存在浓度、温度和流速的分布,从而可能造成不同的"流团"间有不同的停留时间、组分组成、浓度和反应速率。若处于不同停留时间的"流团"进行混合,由于它们的组分和浓度不同,混合后形成的新"流团"的组分组成和浓度与原来的"流团"也不同,反应速率亦可能随之发生变化,这种混合称为"返混(back mixing)"。返混将影响整个反应器的反应情况。

为了便于分析和计算，常设想存在两种极端的理想流动状态，即完全混合流（complete mixing，简称全混流，亦称理想混合）和（平）推流（plug/piston flow，又称活塞流和挤出流）。全混流是指反应物料进入反应器后，能瞬间达到完全混合，反应器内的浓度、温度等处处相同。全混流可以认为返混为无限大。推流是指物料以相同的流速和一致的方向移动，即物料在反应器内齐头并进，在径向充分混合，但不存在轴向混合，即返混为零。

介于全混流和推流之间的流态为非理想流态。

五、反应器的类型

反应器的类型繁多，根据不同的特性，有不同的分类方法。

（一）按反应器的结构分类

根据反应器的结构性状，可分为釜（槽）式反应器（tank reactor）、管式反应器（tubular reactor）、塔式反应器（column/tower reactor）、固定床反应器（fixed bed reactor）、膨胀床反应器（expanded bed reactor）、流化床反应器（fluidized bed reactor）等。

釜（槽）式反应器亦称反应釜、反应槽或搅拌反应器，其高度一般为直径的1～3倍。它既可用于间歇操作，也可用于连续操作，是污水处理中经常采用的反应器形式。

管式反应器的特征是长度远大于管径，内部中空，一般只用于连续操作。在污染控制工程中应用较少。

塔式反应器的高度一般为直径的数倍以上，内部常设有增加两相接触的构件，常用于连续操作。塔式反应器根据其内部结构及操作方式可分为鼓泡塔（bubble column）、填料塔（packed column）等。鼓泡塔内一般不设任何构件，用于气-液反应。填料塔内的填料一般不参与反应，只是为了促进传递过程。

固定床、膨胀床和流化床反应器的内部都含有固体颗粒，这些颗粒可以是催化剂，也可以是固体反应物。固定床反应器内填充有固定不动的固体颗粒，而流化床反应器内的颗粒处于多种多样的流动状态。膨胀床反应器内的固体颗粒的状态在两者之间，处于悬浮状态，但不随流体剧烈流动。

表 11.1.1 为环境工程领域常用的反应器及其主要特性。图 11.1.2 为常见的反应器示意图。

表 11.1.1 环境工程领域常用的反应器及其主要特性

形式	适用的主要反应类型	特点	应用举例
反应槽（单级或多级串联）	液相 液-液相 液-固相	适用性强，操作弹性大，容易控制；所需反应器容积大	水的中和处理、生物处理、氧化还原处理、活性炭吸附等
塔式反应器（空塔）	液相 液-液相	结构简单，无填料等；返混程度与高/径比、轴向温差、搅拌有关	水的臭氧处理、污水湿式氧化
鼓泡塔	气-液相	结构简单，气相返混小，气相压降较大，较填料塔的传质速率低	污水的活性污泥法处理、气体的吸收处理

续表

形式	适用的主要反应类型	特点	应用举例
填料塔	液相 气-液相 液-固相 气-固相	结构简单,返混小,压降小;填料装卸费工费时	有害气体的吸收及生物过滤、污水的生物膜法处理
喷雾塔	气-液相	结构简单,液体表面积大;气流速度有限制	有害气体的吸收处理
固定床反应器	气-固相 液-固相	返混小,催化剂用量少且不易磨损;传热、温度控制难,装卸困难	有害气体、污水的催化氧化及生物膜处理、离子交换、活性炭吸附
流化床反应器	气-固相 液-固相 气-液-固相	传热好,温度均匀,易控制;催化剂、填料的磨损大,动力消耗大	污水的生物处理、污水及废气的固相催化处理

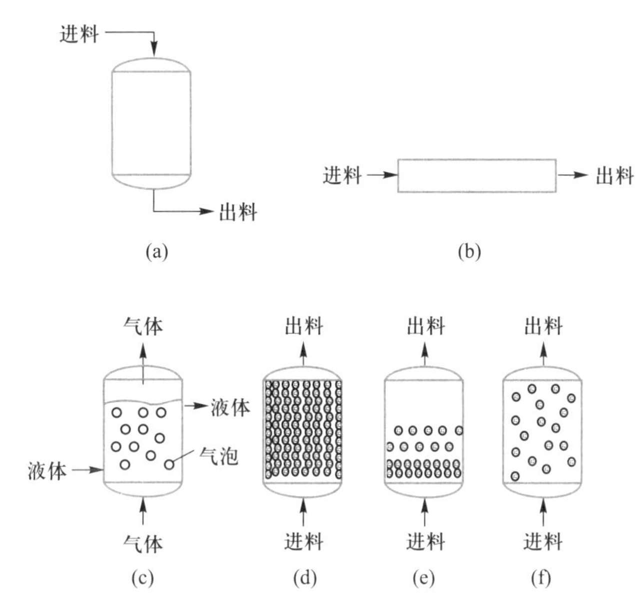

图 11.1.2　常见的反应器示意图

(a) 釜式反应器;(b) 管式反应器;(c) 鼓泡塔;(d) 固定床反应器;(e) 膨胀床反应器;(f) 流化床反应器

(二) 按反应物料的聚集状态分类

根据反应器内物料的聚集状态,即相态,可分为均相反应器和非均相反应器。前者又可分为液相反应器和气相反应器，后者有两相反应器（如气－液、液－固反应器等）和气－液－固三相反应器等。

（三）按反应操作分类

根据反应器的操作方式，反应器可分为间歇反应器（分批反应器）、连续反应器和半连续反应器及恒温反应器、非恒温反应器等。

（四）按流态分类

根据反应物料的流动与混合状态，可分为理想流反应器和非理想流反应器。前者又分完全混合流（全混流）反应器和（平）推流反应器。

充分搅拌的槽式反应器可以近似地认为是理想的全混流反应器。

六、反应器的设计

反应器设计的基本内容包括：选择合适的反应器类型；确定最佳的操作条件；针对所确定的反应器形式，根据操作条件计算达到规定的目标所需要的反应体积，并由此确定反应器的主要尺寸。其中反应体积的确定是反应器设计的核心内容。

反应器设计用到的基本方程有四类：① 反应动力学方程；② 描述浓度变化的物料衡算式，即操作方程；③ 描述温度变化的能量衡算式，即热量方程；④ 描述压力变化的动量衡算式，即动量方程。

上述三种衡算式分别基于质量恒定原理、能量守恒定律和动量守恒定律，它们都符合下列模式：

$$\text{输入}=\text{输出}+\text{消耗}+\text{累积} \tag{11.1.3}$$

七、反应器的放大

反应和反应器的研究，从实验室到实际应用，一般都要经历若干次不同规模的试验，随着规模的加大，反应器也要相应增大，但增加到多大才能达到预期的效果，是一个十分重要而又困难的问题。反应过程不同于物理加工过程，规模的变化同时会产生质的变化，所以在造船、水坝建筑等的放大中经常采用的相似理论和量纲分析法不太适用于反应器的放大，因为要保持扩散相似，流体力学特性相似、热相似和化学相似都很难实现。反应器的放大多年来主要采用逐级经验放大，但这种放大方法是经验性的，不能把握规律性的东西，难以做到高倍数放大，人力和财力消耗大。

用数学模型方法放大反应器，无须开展实验，可以分析多种因素对反应器性能的影响，但数学模型的部分参数难以准确估计，亦需要通过反复的中间试验才能获得。

第二节 反应的计量关系

一、反应式与计量方程

反应式是描述反应物（reactants）经过反应产生产物（products）过程的关系式。它表示反应历程。反应式的一般形式为

$$\alpha_A A+\alpha_B B \longrightarrow \alpha_P P+\alpha_Q Q \tag{11.2.1}$$

式中：　A,B——反应物；

P,Q——产物；

$\alpha_A,\alpha_B,\alpha_P,\alpha_Q$——各组分的分子数,称化学计量数。

在反应式中,反应物和产物总称为反应组分(reaction component)。

计量方程(stoichiometric equation)描述各反应物、产物在反应过程中的量的关系,其一般形式为

$$\alpha_A M_A+\alpha_B M_B=\alpha_P M_P+\alpha_Q M_Q \tag{11.2.2}$$

式中:M_A,M_B,M_P,M_Q——分别表示各物质的摩尔质量。该式主要是表示一个质量守恒关系,表明 α_A 个 A 分子和 α_B 个 B 分子的质量之和与 α_P 个 P 分子和 α_Q 个 Q 分子的质量之和相等。

式(11.2.2)也可以改写成

$$(-\alpha_A)M_A+(-\alpha_B)M_B+\alpha_P M_P+\alpha_Q M_Q=0 \tag{11.2.3}$$

式(11.2.3)是计量方程的普遍式。在该式中,反应物的化学计量数与该组分在反应式中的数值相同,但符号相反,产物的化学计量数与该组分在反应式中的数值相同,符号也相同。

计量方程是一个方程式,仅表示参与反应的各组分量的变化,其本身与反应的历程无关。将计量方程乘一个非零的系数后,可以得到一个化学计量数不同的方程,这样易造成计量方程的不确定性,为了避免这种现象,规定在化学计量数之间不含有公因子。

在计量方程式(11.2.3)中,化学计量数的代数和等于零时,这种反应称为“等分子反应”,否则称非等分子反应。非等分子反应在进行一定程度后反应系统内组分的总物质的量将发生变化。每消耗 1 mol 的某反应物所引起的反应系统总物质的量的变化量(δ)称为该反应物的膨胀因子。膨胀因子的值可正可负,正值表示反应后物质的量增加,负值表示减少。反应物 A 的膨胀因子可表示为

$$\delta_A=\frac{n-n_0}{n_{A0}-n_A} \tag{11.2.4}$$

式中:n_0,n——反应前后系统的总物质的量,kmol;

n_{A0},n_A——反应前后系统中反应物 A 的物质的量,kmol。

对于反应(11.2.1),反应物 A 的膨胀因子可表示为

$$\delta_A=\frac{\alpha_P+\alpha_Q-\alpha_A-\alpha_B}{\alpha_A} \tag{11.2.5}$$

【例题 11.2.1】　挥发性有机污染物丙烷在 870 K 附近时的热分解反应的计量方程为

$$M_{C_3H_8}=0.300M_{C_3H_6}+0.065M_{C_2H_6}+0.668M_{C_2H_4}+0.635M_{CH_4}+0.300M_{H_2}$$

试计算 1 mol 丙烷分解后反应体系的总物质的量将增加多少?

解:丙烷的膨胀因子 δ_A 为

$$\delta_A=\frac{(0.300+0.065+0.668+0.635+0.300)-1}{1}=\frac{1.968-1}{1}=0.968$$

故每分解 1 mol 丙烷,反应体系的总物质的量将增加 0.968 mol。

二、反应的分类

从反应机理和步骤分,可以把反应分为基元反应和非基元反应。基元反应是指没有中间产物、一步完成的反应。需要两步或两步以上完成的为非基元反应。

从反应器设计的角度可以把反应分为简单反应和复杂反应两大类。这种分类方法与反应机理无关,只是根据独立的计量方程的个数来分类。

简单反应(single reaction),又称单一反应,是指能用一个计量方程描述的反应。即:反应系统中的反应,可以用一个计量方程来表示,它可以是基元反应,也可以是非基元反应。在简单反应体系中,一组反应物只生成一组特定的产物。对于可逆反应(reversible reaction)(正方向和逆方向都以较显著速度进行的反应),可以写出正反应和负反应的两个计量方程,但两者并不独立,用其中一个计量方程即可表达反应组分间的定量关系,因此亦可视为一种简单反应。

$$A+B \rightleftharpoons P \tag{11.2.6}$$

复杂反应(multiple reaction)又称复合反应,是指需用多个计量方程描述的反应。反应系统中同时存在多个反应,由一组反应物可以生成若干组不同的产物,各产物间的比例随反应条件以及时间的变化而变化。主要的复杂反应有并列反应、平行反应(parallel reaction)、串联反应(consecutive reaction)和平行-串联反应(parallel-consecutive reaction)等。

并列反应是指由相互独立的若干个单一反应组成的反应(系统)。任意一个反应的反应速率不受其他反应的影响。

$$A+B \longrightarrow P \tag{11.2.7}$$

$$C+D \longrightarrow Q \tag{11.2.8}$$

平行反应是指一组反应物同时参与多个反应,生成多种产物的反应。即反应物相同而产物不同的一类反应。

$$A \longrightarrow Q, \quad A \longrightarrow P \tag{11.2.9}$$

$$A+B \longrightarrow Q, \quad A+2B \longrightarrow P \tag{11.2.10}$$

串联反应是指反应中间产物作为反应物再继续反应产生新的中间产物或最终产物的反应。即由最初反应物到最终产物是逐步完成的。有机污染物的生物降解一般可视为串联反应。

$$A \longrightarrow B \longrightarrow C \longrightarrow P \tag{11.2.11}$$

平行-串联反应是平行反应和串联反应的组合。

$$A \longrightarrow Q, \quad A+Q \longrightarrow P \tag{11.2.12}$$

$$A+B \longrightarrow Q, \quad A+2B \longrightarrow P, \quad P+B \longrightarrow R \tag{11.2.13}$$

另外,根据反应系统中反应组分的相态及其数量可分为均相反应和非均相反应。均相反应是指所有反应组分都处于同一相内的反应,如液相反应、气相反应等。非均相反应中参与反应的组分处于不同的相内,如液-固相反应、气-固相反应、气-液相反应等。

对于某些非均相反应,如气-液相反应,化学反应实质上是发生在均相内,此类反应与均相反应统称为均相内反应。

对于固相催化反应，只有被吸附在流体与固体界面上的成分才能发生反应，也就是说化学反应只发生在界面上，这类反应称界面反应。

三、反应进度与转化率

（一）反应进度

对于按式（11.2.14）进行的反应，设反应开始时系统内的各反应组分物质的量分别为 n_{A0}、n_{B0}、n_{P0} 和 n_{Q0}，反应开始后 t 时刻的各组分物质的量分别为 n_A、n_B、n_P 和 n_Q，因各组分的化学计量数不同，因此其反应量也不相同，所以用反应量本身不能较好地表示反应的进度。

$$\alpha_A A+\alpha_B B \rightleftharpoons \alpha_P P+\alpha_Q Q \tag{11.2.14}$$

$$(n_{A0}-n_A) \neq (n_{B0}-n_B) \neq (n_P-n_{P0}) \neq (n_Q-n_{Q0}) \tag{11.2.15}$$

各反应量之间存在以下关系：

$$(n_{A0}-n_A):(n_{B0}-n_B):(n_P-n_{P0}):(n_Q-n_{Q0})=\alpha_A:\alpha_B:\alpha_P:\alpha_Q \tag{11.2.16}$$

亦可写成

$$\frac{n_{A0}-n_A}{\alpha_A}=\frac{n_{B0}-n_B}{\alpha_B}=\frac{n_P-n_{P0}}{\alpha_P}=\frac{n_Q-n_{Q0}}{\alpha_Q} \tag{11.2.17}$$

即任一组分的反应量与其化学计量数之比为相同值，不随组分而变，故该比值可以用于描述反应的进行程度，即反应进度 ξ

$$\xi=\frac{|n_i-n_{i0}|}{\alpha_i} \tag{11.2.18}$$

式中：ξ——反应进度，kmol；

n_{i0}，n_i——反应前和反应后反应组分 i 的物质的量，kmol；

α_i——反应组分 i 的化学计量数，量纲为 1。

上式表示的反应进度与反应系统的大小有关，为了使其具有强度性质，亦可用单位反应体积的反应进度来表示。

$$\xi'=\frac{|n_i-n_{i0}|}{\alpha_i V} \tag{11.2.19}$$

式中：V——反应器的有效体积，m^3。

（二）转化率

1. 转化率的定义

工程中往往关心某一关键组分的反应进度，即该组分在反应器内的变化情况，所以经常用某关键反应物的转化率（conversion efficiency，fractional conversion）来表示反应进行的程度。在环境工程中，关键组分一般为待去除的污染物，如污水中的 BOD、COD、苯、甲苯，废气中的 NO_x 等，此时的转化率称为去除率（removal efficiency，fractional removal）。

（1）间歇反应器的转化率：对于间歇反应器，反应物 A 的转化率 x_A 定义为 A 的反应量与起始量之比，即

$$x_A=\frac{n_{A0}-n_A}{n_{A0}}=1-\frac{n_A}{n_{A0}} \tag{11.2.20}$$

式中：n_{A0}，n_A——反应起始和 t 时刻时 A 的物质的量，kmol。

转化率与反应进度的关系为

$$x_A = \xi \frac{\alpha_A}{n_{A0}} \tag{11.2.21}$$

由式(11.2.21)可以看出，由于各反应组分的初始量和化学计量数不尽相同，在达到同一反应进度时的转化率也会不同。

任一反应物 i 在 t 时刻的物质的量可以根据反应物 A 的转化率，通过下式计算

$$n_i = n_{i0} - \frac{\alpha_i}{\alpha_A} n_{A0} x_A \tag{11.2.22a}$$

任一产物 j 在 t 时刻的物质的量可以根据反应物 A 的转化率，通过下式计算

$$n_j = n_{j0} + \frac{\alpha_j}{\alpha_A} n_{A0} x_A \tag{11.2.22b}$$

(2) 连续反应器的转化率：对于连续操作的反应器，反应物 A 的转化率的定义式为

$$x_A = \frac{q_{nA0} - q_{nA}}{q_{nA0}} = 1 - \frac{q_{nA}}{q_{nA0}} \tag{11.2.23}$$

式中：q_{nA0}，q_{nA}——流入和排出反应器的 A 组分的摩尔流量，kmol/s。

在实际工程中，关键组分的转化率有时不能直接测得，而是通过测定反应器中该组分或其他组分的浓度或质量分数、摩尔分数的变化，然后进行计算求得，下面讨论一下它们之间的关系。

2. 转化率与质量分数的关系

由于反应过程中，物质的总质量不发生变化，t 时刻 A 组分的质量分数(x_{mA})可表示为

$$x_{mA} = x_{mA0}(1 - x_A) \tag{11.2.24a}$$

$$x_A = \frac{x_{mA0} - x_{mA}}{x_{mA0}} \tag{11.2.24b}$$

式中：x_{mA0}——A 组分的初始质量分数，量纲为 1。

3. 转化率与摩尔分数的关系

由于反应过程中系统的物质的量总数可能发生变化，t 时刻的总物质的量 n_t 为

$$n_t = n_0 + \delta_A n_{A0} x_A \tag{11.2.25}$$

式中：n_0，n_t——反应开始时和 t 时刻的系统内的总物质的量，kmol。

t 时刻 A 的物质的量为

$$n_A = n_{A0}(1 - x_A) \tag{11.2.26}$$

此时 A 的摩尔分数 z_A 为

$$z_A = \frac{n_A}{n_t} = \frac{n_{A0}(1 - x_A)}{n_0 + \delta_A n_{A0} x_A} = \frac{z_{A0}(1 - x_A)}{1 + \delta_A z_{A0} x_A} \tag{11.2.27}$$

式中：z_{A0}——反应开始时的摩尔分数，量纲为 1。

根据 A 的摩尔分数，由式(11.2.27)可计算出 A 的转化率为

$$x_A = \frac{z_{A0} - z_A}{z_{A0}(1+\delta_A z_A)} \tag{11.2.28}$$

其他各组分的摩尔分数与 A 的转化率的关系见表 11.2.1。由表 11.2.1 可知，如果知道反应开始时各组分的物质的量，根据反应后任一组分的摩尔分数就可以计算出反应物 A 的转化率。对于反应

$$\alpha_A A + \alpha_B B \longrightarrow \alpha_P P$$

有

$$x_A = \frac{z_{B0} - z_B}{z_{A0}(\alpha_B/\alpha_A + \delta_A z_B)} = \frac{z_{P0} - z_P}{z_{A0}(-\alpha_P/\alpha_A + \delta_A z_P)} \tag{11.2.29}$$

表 11.2.1 反应 $\alpha_A A+\alpha_B B \longrightarrow \alpha_P P$ 中各组分摩尔分数与 A 的转化率的关系

组分	初始值		转化率为 x_A 时的值	
	物质的量/mol	摩尔分数	物质的量/mol	摩尔分数
A	n_{A0}	z_{A0}	$n_A = n_{A0}(1-x_A)$	$z_A = \frac{z_{A0}(1-x_A)}{1+\delta_A z_{A0} x_A}$
B	n_{B0}	z_{B0}	$n_B = n_{B0} - \frac{\alpha_B}{\alpha_A} n_{A0} x_A$	$z_B = \frac{z_{B0} - \frac{\alpha_B}{\alpha_A} z_{A0} x_A}{1+\delta_A z_{A0} x_A}$
P	n_{P0}	z_{P0}	$n_P = n_{P0} + \frac{\alpha_P}{\alpha_A} n_{A0} x_A$	$z_P = \frac{z_{P0} + \frac{\alpha_P}{\alpha_A} z_{A0} x_A}{1+\delta_A z_{A0} x_A}$
M	n_{M0}	z_{M0}	$n_M = n_{M0}$	$z_M = \frac{z_{M0}}{1+\delta_A z_{A0} x_A}$
全体	n_0	1	$n_t = n_0 + \delta_A n_{A0} x_A$	

注：① M 为惰性物质，不参与反应；② $n_0 = n_{A0} + n_{B0} + n_{P0} + n_{M0}$；③ 对于理想气体的气相反应，摩尔分数与分压相等，所以把摩尔分数替换为分压时，表中的各关系式亦成立。

4. 转化率与浓度的关系

在反应器中，t 时刻组分 i 物质的浓度 c_i 与摩尔分数 z_i 之间存在以下关系

$$c_i = c_{total} z_i \tag{11.2.30}$$

式中：c_{total}——反应组分的总浓度，$kmol/m^3$。

根据式(11.2.30)，可以推导出转化率与浓度的关系。

(1) 恒容反应：设反应开始时的反应组分的总浓度为 $c_{total,0}$，恒容反应的反应体积不变，式(11.2.25)可改写为

$$c_{total} = c_{total,0}(1+\delta_i z_{i0} x_i) \tag{11.2.31}$$

$$c_i = c_{total,0}(1+\delta_i z_{i0} x_i) z_i \tag{11.2.32}$$

组分 A 的浓度可由下式求得

$$c_A = c_{total,0}(1+\delta_A z_{A0} x_A) z_A \tag{11.2.33}$$

将式(11.2.27)代入式(11.2.33),可得

$$c_A = c_{total,0} z_{A0}(1-x_A) \tag{11.2.34}$$

$$c_A = c_{A0}(1-x_A) \tag{11.2.35a}$$

$$x_A = \frac{c_{A0}-c_A}{c_{A0}} \tag{11.2.35b}$$

式中:c_{A0}——A 的初始浓度,kmol/m^3。

由于反应体积不变,由式(11.2.20)也可以直接推导出(11.2.35b)。

其他各成分的浓度与 A 的转化率的关系见表 11.2.2。

表 11.2.2 恒容反应系统($\alpha_A A+\alpha_B B \longrightarrow \alpha_P P$)中各组分浓度与 A 的转化率的关系

组分	初始浓度	转化率为 x_A 时的浓度
A	c_{A0}	$c_A = c_{A0}(1-x_A)$
B	c_{B0}	$c_B = c_{B0} - \frac{\alpha_B}{\alpha_A}(c_{A0}-c_A) = c_{B0} - \frac{\alpha_B}{\alpha_A} c_{A0} x_A$
P	c_{P0}	$c_P = c_{P0} + \frac{\alpha_P}{\alpha_A}(c_{A0}-c_A) = c_{P0} + \frac{\alpha_P}{\alpha_A} c_{A0} x_A$
M	c_{M0}	$c_M = c_{M0}$

注:M 为惰性物质。

另外,表 11.2.2 中的各关系式也可以由表 11.2.1 中的物质的量的关系式简单地推导出来。因为恒容系统的体积不发生变化,将物质的量除以体积即可得到浓度与 x_A 的关系式。

(2) 恒温恒压气相反应(非恒容反应):对于恒温恒压气相反应,反应体系中的总浓度(c_{total})可根据理想气体方程求得,计算式为

$$c_{total} = \frac{n_t}{V} = \frac{p}{RT} \tag{11.2.36}$$

式中:p——总压力,kPa;

V——体积,m^3;

R——摩尔气体常数,8.314 J/(mol·K)。

将表 11.2.1 中摩尔分数与 x_A 的关系式两边同乘以$\frac{p}{RT}$,即可得到恒温恒压气相反应系统中各组分浓度与反应物 A 的转化率 x_A 之间的关系式。例如,反应物 A 的浓度与 x_A 的关系为

$$z_A \frac{p}{RT} = \frac{\frac{p}{RT} z_{A0}(1-x_A)}{1+\delta_A z_{A0} x_A} \tag{11.2.37}$$

$$c_A = \frac{c_{A0}(1-x_A)}{1+\delta_A z_{A0} x_A} \tag{11.2.38}$$

【例题 11.2.2】　某间歇反应器中含有 10.0 mol 的污染物 A，加入药剂 B 进行处理，反应结束后，A 的剩余量为1.0 mol。若反应按 $2A+B \longrightarrow P$ 的反应式进行，且反应开始时 A 和 B 的物质的量之比为 5 : 3。试分别计算 A 和 B 的转化率。

解：

$$x_A = 1 - \frac{n_A}{n_{A0}} = 1 - \frac{1.0}{10.0} = 0.9$$

根据反应式，$\alpha_A = 2$，$\alpha_B = 1$，故

$$n_B = n_{B0} - \frac{\alpha_B}{\alpha_A} n_{A0} x_A = n_{B0} - \frac{1}{2} n_{A0} x_A$$

$$\frac{n_B}{n_{B0}} = 1 - \frac{1}{2} \frac{n_{A0}}{n_{B0}} x_A$$

$$x_B = 1 - \frac{n_B}{n_{B0}} = \frac{1}{2} \frac{n_{A0}}{n_{B0}} x_A = \frac{1}{2} \times \frac{5}{3} \times 0.9 = 0.75$$

故 A 和 B 的转化率分别为 90% 和 75%。

第三节　反应动力学

一、反应速率的定义及表示方法

（一）反应速率的一般定义

反应系统中某组分 i 的反应速率 r_i 一般定义为单位时间单位体积反应层中该组分的反应量或生成量，即

$$r_i = \frac{1}{V} \left| \frac{\mathrm{d}n_i}{\mathrm{d}t} \right| \tag{11.3.1}$$

式中：V——反应层的体积，m^3；

n_i——反应层中组分 i 的量，kmol。

所谓反应层，是指反应器内实际发生反应的部分。对于液相均相反应器，反应层为反应混合液；对于非均相反应器，如气固催化固定床反应器，反应层则为催化剂的填充层；对于气液相鼓泡式反应器或曝气式液相反应器，反应层则为包含气泡在内的混合液。

对于简单反应 $A \longrightarrow P$，反应物 A 和产物 P 的反应速率可分别表示为

$$-r_A = -\frac{1}{V} \frac{\mathrm{d}n_A}{\mathrm{d}t} \tag{11.3.2}$$

$$r_P = \frac{1}{V} \frac{\mathrm{d}n_P}{\mathrm{d}t} \tag{11.3.3}$$

在反应物的反应速率前冠以负号，一是为了避免反应速率出现负值，二是为了表明反应

物的量是随时间减少的。在本书中,将$-r_A$视为一个整体。

(二)反应速率的表示方法

1. 以反应进度表示

对于任一不可逆反应 $\alpha_A A+\alpha_B B \longrightarrow \alpha_P P+\alpha_Q Q$,各组分间的反应速率的关系为

$$-\frac{r_A}{\alpha_A}=-\frac{r_B}{\alpha_B}=\frac{r_P}{\alpha_P}=\frac{r_Q}{\alpha_Q}=r \tag{11.3.4}$$

r 称为该反应的反应速率,在均相反应中,r 与反应进度 ξ 之间的关系为

$$r=\frac{1}{V}\frac{d\xi}{dt} \tag{11.3.5}$$

即反应的反应速率可以理解为单位体积反应进度随时间的变化率。应特别注意,各组分的反应速率与计量式的书写方式无关,但反应的反应速率随计量式的书写方式不同而不同。

【例题 11.3.1】 在一定条件下,二氧化硫氧化反应在反应式为(1)时的反应速率 $r=6.36\ \text{kmol}/(\text{m}^3\cdot\text{h})$,试计算 SO_2、O_2 和 SO_3 的反应速率。若反应式改写成(2)的形式,试求出所对应的反应速率 r'。

$$2SO_2+O_2 \rightleftharpoons 2SO_3 \tag{1}$$

$$SO_2+\frac{1}{2}O_2 \rightleftharpoons SO_3 \tag{2}$$

解:对于(1),$-r_{SO_2}/2=-r_{O_2}/1=r_{SO_3}/2=r$,故

$$-r_{SO_2}=2r=12.72\ \text{kmol}/(\text{m}^3\cdot\text{h})$$

$$-r_{O_2}=r=6.36\ \text{kmol}/(\text{m}^3\cdot\text{h})$$

$$r_{SO_3}=2r=12.72\ \text{kmol}/(\text{m}^3\cdot\text{h})$$

对于(2),$r'=-r_{SO_2}/1=2(-r_{O_2})/1=r_{SO_3}/1=12.72\ \text{kmol}/(\text{m}^3\cdot\text{h})$

2. 以浓度表示

设反应物 A 在反应混合组分中的浓度为 c_A,则

$$c_A=\frac{n_A}{V},n_A=c_AV$$

$$-r_A=-\frac{dn_A}{Vdt}=-\frac{1}{V}\frac{d(c_AV)}{dt}=-\frac{dc_A}{dt}-\frac{c_A}{V}\frac{dV}{dt} \tag{11.3.6}$$

对于恒容反应,$\frac{dV}{dt}=0$,故

$$-r_A=-\frac{dc_A}{dt} \tag{11.3.7}$$

3. 以转化率表示

根据反应物 A 的转化率的定义,$x_A=\frac{n_{A0}-n_A}{n_{A0}}$,故 $dn_A=-n_{A0}dx_A$,则反应物 A 的反应速率

与转化率的关系为

$$-r_A=-\frac{1}{V}\frac{dn_A}{dt}=\frac{n_{A0}}{V}\frac{dx_A}{dt} \tag{11.3.8}$$

对于恒容反应，有

$$-r_A=\frac{c_{A0}dx_A}{dt} \tag{11.3.9}$$

4. 以半衰期表示

在实际应用中，有时用反应物浓度减少到初始浓度的1/2时所需要的时间，即半衰期($t_{1/2}$)来表达反应速率。半衰期越长，表明反应速率越慢。

二、反应速率方程

(一) 反应速率方程与反应级数

定量描述反应速率与其影响因素之间的关系式称为反应速率方程(reaction rate equation)。均相反应的反应速率是反应组分浓度(c)和温度(T)的函数，即

$$r=k(T)f(c_A,c_B,c_P,\cdots) \tag{11.3.10a}$$

在工程应用中，为了测定和使用上的方便，有时(特别是对于气相反应)把反应速率方程表示为转化率的函数，即

$$r=k(T)g(x_A,x_B,\cdots) \tag{11.3.10b}$$

对于均相不可逆反应 $\alpha_A A+\alpha_B B \longrightarrow \alpha_P P+\alpha_Q Q$，在一定温度下，反应速率与反应物浓度之间的关系为

$$-r_A=kc_A^a c_B^b \tag{11.3.11}$$

式中：a，b——反应物A和B的反应级数(order)，量纲为1。

反应级数a，b两者之和$n=a+b$为该反应的总反应级数。k称为反应速率常数(reaction rate constant)，k的量纲为(浓度)$^{1-n}$(时间)$^{-1}$，即取决于反应级数n。

对于气相反应，反应速率方程也可以表示为反应物分压的函数，即

$$-r_A=k_p p_A^a p_B^b \tag{11.3.12}$$

式中：k_p的量纲为(浓度)(时间)$^{-1}$(压力)$^{-n}$。

$n=1$时，称一级反应(first-order reaction)，其速率方程可表示为

$$-r_A=kc_A \tag{11.3.13}$$

$n=2$时，称二级反应(second-order reaction)，其速率方程可表示为

$$-r_A=kc_A^2 \tag{11.3.14}$$

或

$$-r_A=kc_A c_B \tag{11.3.15}$$

在一些条件下，反应速率与各组分的浓度无关，即

$$-r_A = k \tag{11.3.16}$$

这种情况称为零级反应(zero-order reaction)。

应特别注意以下几点：

(1) 反应级数不能独立地预示反应速率的大小,只表明反应速率对浓度变化的敏感程度,反应级数越大,浓度对反应速率的影响也越大。

(2) 反应级数是由实验获得的经验值,一般它与各组分的化学计量数没有直接的关系。只有当反应物按化学反应式一步直接转化为产物的反应,即基元反应时,才存在以下关系：

$$\alpha_A = a, \quad \alpha_B = b$$

(3) 理论上说,反应级数可以是整数,也可以是分数和负数。但在一般情况下,反应级数为正值且小于3。

(4) 反应级数会随实验条件的变化而变化,所以只能在获得其值的实验条件范围内应用。

(二) 反应速率常数

反应速率常数 k 的数值与反应物的浓度为 1 时的反应速率相等,因此 k 亦称比反应速率(specific reaction rate)。对于化学反应,k 的大小与温度和催化剂等有关,但一般与反应物浓度无关。对于一些生物化学和微生物反应,除温度和酶的种类外,有时反应物(即基质)浓度会影响 k 的大小。

当催化剂、溶剂等其他因素一定时,k 仅是反应温度 T 的函数。k 与 T 的关系可用阿伦尼乌斯(Arrhenius)方程来描述,即

$$k = k_0 \exp\left(\frac{-E_a}{RT}\right) \tag{11.3.17}$$

式中:k_0——频率因子,可以近似地看作与温度无关的常数;

E_a——反应活化能(activation energy),J/mol;

R——摩尔气体常数,$R = 8.314$ J/(mol·K)。

活化能的物理意义是把反应物的分子激发到可进行反应的“活化状态”时所需要的能量。E_a 的大小反映了温度对反应速率的影响程度,但 k 对温度的敏感程度与温度有关,温度越低,k 受温度的影响越大(参见下式)。

$$\ln k = \ln k_0 - \frac{E_a}{RT} \tag{11.3.18}$$

$$\frac{\mathrm{d}\ln k}{\mathrm{d}T} = \frac{E_a}{RT^2} \tag{11.3.19}$$

实验测得不同温度下的反应速率常数 k,利用式(11.3.18)就可以求得 E_a。以 $1/T$ 为横坐标、$\ln k$ 为纵坐标作图,可得一直线,该直线的斜率为 $-E_a/R$(图 11.3.1)。

值得注意的是,以上有关 k 与温度的关系的讨论仅适用于基元反应。对于非基元反应,理论上可以通过构成该反应的各基元反应的 E_a 求出,但这样非常烦琐,而且常常与表观 E_a 有一定的偏差,所以在实际应用中一般通过实验直接求出表观活化能。

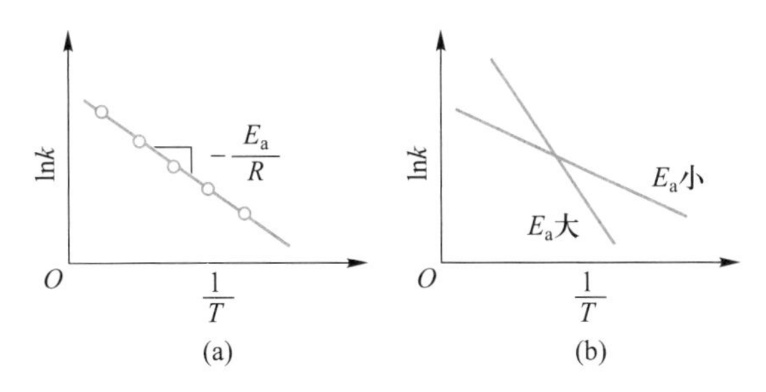

图 11.3.1 活化能的求法及反应速率常数随温度的变化示意图

【例题 11.3.2】 气－固相反应 A ⟶ P 的反应速率在常压条件下可表示为 A 的摩尔分数 z_A 的一次函数：$-r_{Am}=kz_A$ kmol/[h·g(催化剂)]，在不同温度下测得 k 的值如下表所示，试求该反应的活化能。

温度/K	610	620	630	640	650
k/{10^4 $k$mol·[h·g(催化剂)]$^{-1}$}	3.05	6.12	8.20	11.5	25.1

解：根据表中数据求出 $1/T$ 和 $\ln k$ 列表如下：

$\frac{1}{T}$/K^{-1}	0.001 639	0.001 613	0.001 587	0.001 563	0.001 538
$\ln k$	10.33	11.02	11.31	11.65	12.43

以 $1/T-\ln k$ 作图，可得一直线，如图 11.3.2 所示。

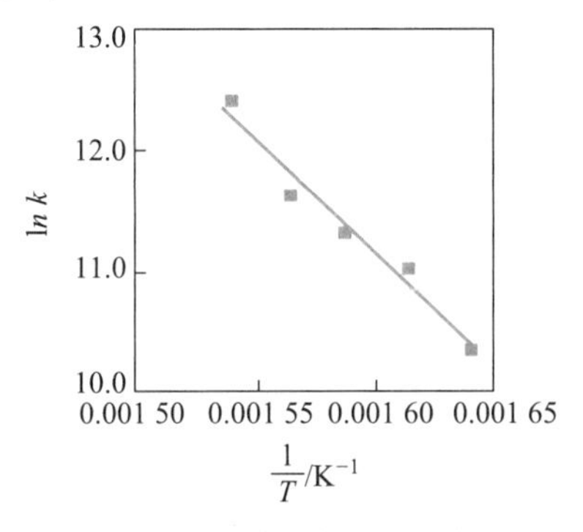

图 11.3.2 例题 11.3.2 附图

由直线斜率可得 $-\frac{E_a}{R}=-19\,199$ K。

由 $R=8.314$ J/(mol·K) 得 $E_a=160$ kJ/mol。

三、均相反应动力学

本部分主要讨论恒温恒容条件下的反应速率方程，即反应速率与反应组分浓度之间的关系，并在此基础上讨论反应组分浓度随反应时间的变化。

(一) 不可逆单一反应

对于简单的不可逆反应 A ⟶ P,其反应速率方程为

$$-r_A = kc_A^n \tag{11.3.20}$$

对于恒温恒容过程,可表示为

$$-\frac{dc_A}{dt} = kc_A^n = kc_{A0}^n(1-x_A)^n \tag{11.3.21}$$

将式(11.3.21)分离、积分,可得

$$kt = -\int_{c_{A0}}^{c_A} \frac{dc_A}{c_A^n} \tag{11.3.22}$$

由式(11.3.22)可知,只要知道反应级数 n 和初始浓度,就可以计算出达到某一给定浓度时的反应时间或某一反应时间时的各组分的浓度。

(1) 零级反应($n=0$):对于零级反应 A ⟶ P,在恒温恒容的条件下,反应速率方程可表示为

$$-\frac{dc_A}{dt} = kc_A^0 = k \tag{11.3.23}$$

对上式积分,可得反应物 A 的浓度和转化率与反应时间的关系式:

$$kt = c_{A0} - c_A = c_{A0}x_A \tag{11.3.24}$$

$$t = \frac{c_{A0} - c_A}{k} = \frac{c_{A0}x_A}{k} \tag{11.3.25}$$

$$c_A = c_{A0} - kt \tag{11.3.26}$$

零级反应的反应物浓度与反应时间的关系曲线,如图 11.3.3 所示。

零级反应的反应速率与反应物的浓度无关。在生物化学及微生物反应中,当基质浓度足够高时,反应往往属于零级反应。

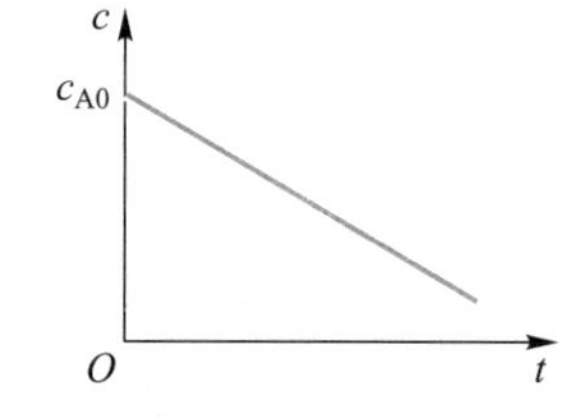

图 11.3.3 零级反应的反应物浓度与反应时间关系曲线

由式(11.3.25)可得,零级反应的半衰期为 $t_{1/2} = c_{A0}/(2k)$,即它与初始浓度成正比,初始浓度越高,反应物浓度减少到一半所需要的时间越长。

(2) 一级反应($n=1$):对于一级反应 A ⟶ P,在恒温恒容的条件下,反应速率方程可表示为

$$-\frac{dc_A}{dt} = kc_A \tag{11.3.27}$$

对上式积分,可得反应物 A 的浓度与反应时间的关系式为

$$kt = -\int_{c_{A0}}^{c_A} \frac{dc_A}{c_A} \tag{11.3.28}$$

$$kt=\ln\frac{c_{A0}}{c_A}=\ln c_{A0}-\ln c_A \tag{11.3.29}$$

$$t=\frac{1}{k}\ln\frac{c_{A0}}{c_A} \tag{11.3.30}$$

$$c_A=c_{A0}e^{-kt} \tag{11.3.31}$$

由式(11.3.30)可得一级反应的半衰期为

$$t_{1/2}=\frac{\ln 2}{k}=\frac{0.693}{k} \tag{11.3.32}$$

由上可知，一级反应有以下主要特点：① 反应物浓度与反应时间成指数关系，如图11.3.4(a)所示，只有在反应时间足够长，即 $t\to\infty$ 时，反应物浓度才趋近于零；② 反应物浓度的对数与反应时间成直线关系，以 $\ln c_A$ 对 t 作图可得一直线，其斜率为 $-k$，如图 11.3.4(b)所示；③ 半衰期与 k 成反比，与反应物的初始浓度无关。

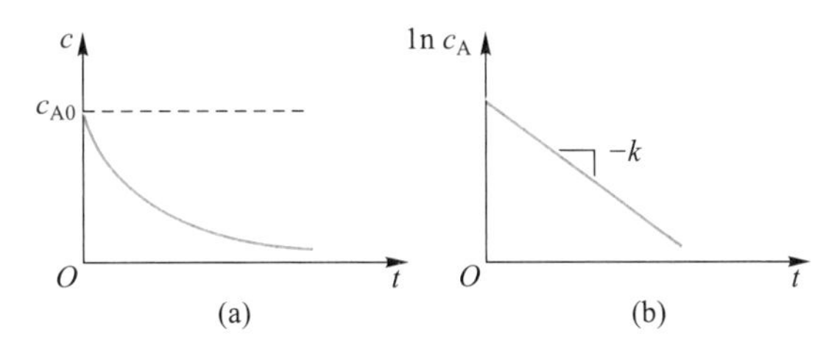

图 11.3.4　一级反应的反应物浓度与反应时间关系曲线

【例题 11.3.3】　在湿热灭菌过程中，细菌的死亡速率 $-r_A$ 和活菌数 c_A 之间的关系可近似为：$-r_A=kc_A$(式中 k 为死亡速率常数)。

(1) 某细菌在 392.4 K 时加热 1 min，活菌数减少到加热前的 1/10。试计算该细菌的死亡速率常数。

(2) 若保证杀菌率为 90%，加热时间浓缩到 1/10 时，灭菌温度不能低于多少度(设杀菌的活化能约为 200 kJ/mol)？

解：(1) 灭菌反应近似为一级反应，即

$$kt=\ln\frac{c_{A0}}{c_A}=-\ln\frac{c_A}{c_{A0}}$$

由题意，$t=1\ \text{min}$，$\dfrac{c_A}{c_{A0}}=0.1$

$$k=-\ln 0.1$$

所以

$$k=2.30\ \text{min}^{-1}$$

(2) 根据题意，$t=0.1\ \text{min}$，$\dfrac{c_A}{c_{A0}}=0.1$。同理可求得，$k'=23.0\ \text{min}^{-1}$，由 k、k' 和 E_a 求得 $T=407.7$ K。

(3) 二级反应($n=2$)：对于二级反应 2A ⟶ P，在恒温恒容的条件下，速率方程可表示为

$$-\frac{dc_A}{dt}=kc_A^2 \tag{11.3.33}$$

对上式积分,可得反应物 A 的浓度和转化率与反应时间的关系式为

$$kt=-\int_{c_{A0}}^{c_A}\frac{dc_A}{c_A^2} \tag{11.3.34}$$

$$kt=\frac{1}{c_A}-\frac{1}{c_{A0}} \tag{11.3.35}$$

或

$$kt=\frac{1}{c_{A0}}\frac{x_A}{1-x_A} \tag{11.3.36}$$

二级反应的半衰期为

$$t_{1/2}=\frac{1}{kc_{A0}} \tag{11.3.37}$$

由上可知,二级反应有以下主要特点:① 反应物浓度的倒数与反应时间成直线关系,直线的斜率为 k,如图 11.3.5 所示;② 达到一定的转化率所需的时间与反应物初始浓度有关,反应物的初始浓度越大,达到一定的转化率所需的时间越短;③ 半衰期与 k 和 c_{A0}的积成反比,k 和 c_{A0}的值越大,半衰期越短。

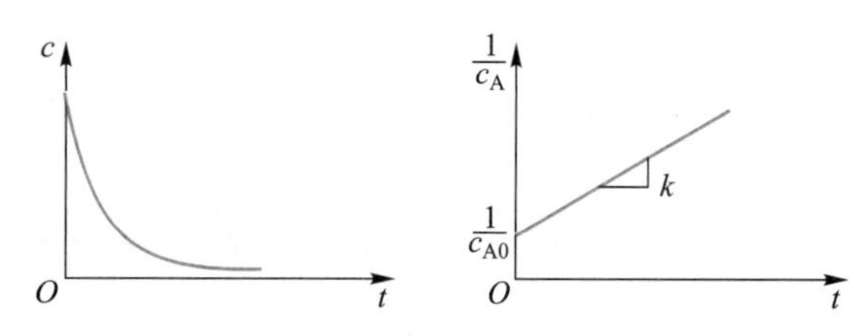

图 11.3.5 二级反应的反应物浓度与反应时间关系曲线

表 11.3.1 列出了几种单一反应的反应速率方程。

表 11.3.1 单一反应(恒温恒容)的反应速率方程

反应	反应速率方程	速率方程的积分形式	半衰期 $t_{1/2}$
$A \longrightarrow P$ (0级)	$-r_A=k$	$kt=c_{A0}-c_A$	$\frac{c_{A0}}{2k}$
$A \longrightarrow P$ (1级)	$-r_A=kc_A$	$kt=\ln\frac{c_{A0}}{c_A}$	$\frac{\ln 2}{k}$
$2A \longrightarrow P$ (2级)	$-r_A=kc_A^2$	$kt=\frac{1}{c_A}-\frac{1}{c_{A0}}$	$\frac{1}{kc_{A0}}$
$\alpha_A A+\alpha_B B \longrightarrow P$ (2级)	$-r_A=kc_Ac_B$	$kt=\frac{\alpha_A\ln[(c_{A0}/c_A)(c_B/c_{B0})]}{\alpha_Ac_{B0}-\alpha_Bc_{A0}}$	$\frac{\alpha_A}{k(\alpha_Ac_{B0}-\alpha_Bc_{A0})}\ln\left(2-\frac{\alpha_Bc_{A0}}{\alpha_Ac_{B0}}\right)$
$nA \longrightarrow P$ (n级,$n\neq1$)	$-r_A=kc_A^n$	$kt=\frac{1}{n-1}\left(\frac{1}{c_A^{n-1}}-\frac{1}{c_{A0}^{n-1}}\right)$	$\frac{2^{n-1}-1}{kc_{A0}^{n-1}(n-1)}$

注:α_A,α_B 为化学计量数。

（二）可逆单一反应

对于可逆反应 A $\rightleftharpoons$ P，设正反应 A $\longrightarrow$ P 和负反应 P $\longrightarrow$ A 的反应速率常数分别为 k_1 和 k_2（均为一级反应），则在恒温恒容条件下的反应速率方程可表示为

$$-\frac{dc_A}{dt}=k_1c_A-k_2c_P \tag{11.3.38}$$

设 A 和 P 的初始浓度分别为 c_{A0} 和 c_{P0}，则

$$c_A=c_{A0}(1-x_A) \tag{11.3.39}$$

$$c_P=c_{P0}+c_{A0}x_A \tag{11.3.40}$$

将式（11.3.39）和式（11.3.40）代入式（11.3.38），整理可得

$$\frac{dx_A}{dt}=\left(k_1-k_2\frac{c_{P0}}{c_{A0}}\right)-(k_1+k_2)x_A \tag{11.3.41}$$

反应达到平衡时，$\frac{dc_A}{dt}=0$，设此时的 A 和 P 的浓度分别为 c_{Ae} 和 c_{Pe}，转化率为 x_{Ae}，则反应速率常数与平衡浓度之间的关系为

$$\frac{k_1}{k_2}=\frac{c_{Pe}}{c_{Ae}}=K \tag{11.3.42}$$

式中：K——平衡常数。

将 $c_{Ae}=c_{A0}(1-x_{Ae})$ 和 $c_{Pe}=c_{P0}+c_{A0}x_{Ae}$ 分别代入式（11.3.42），并变形为

$$k_1c_{A0}(1-x_{Ae})=k_2(c_{P0}+c_{A0}x_{Ae}) \tag{11.3.43}$$

整理可得

$$k_2c_{P0}=k_1c_{A0}-c_{A0}x_{Ae}(k_1+k_2) \tag{11.3.44}$$

将式（11.3.44）代入式（11.3.41），整理可得

$$\frac{dx_A}{dt}=(k_1+k_2)(x_{Ae}-x_A) \tag{11.3.45}$$

将式（11.3.45）积分，转化率与反应时间的关系可表达为

$$t=\frac{1}{k_1+k_2}\ln\frac{x_{Ae}}{x_{Ae}-x_A} \tag{11.3.46}$$

将 $x_{Ae}=\frac{c_{A0}-c_{Ae}}{c_{A0}}$ 和 $x_A=\frac{c_{A0}-c_A}{c_{A0}}$ 代入式（11.3.46），可得反应物 A 的浓度与反应时间的关系为

$$t=\frac{1}{k_1+k_2}\ln\frac{c_{A0}-c_{Ae}}{c_A-c_{Ae}} \tag{11.3.47}$$

一级可逆反应中各组分的浓度-时间曲线如图 11.3.6 所示。

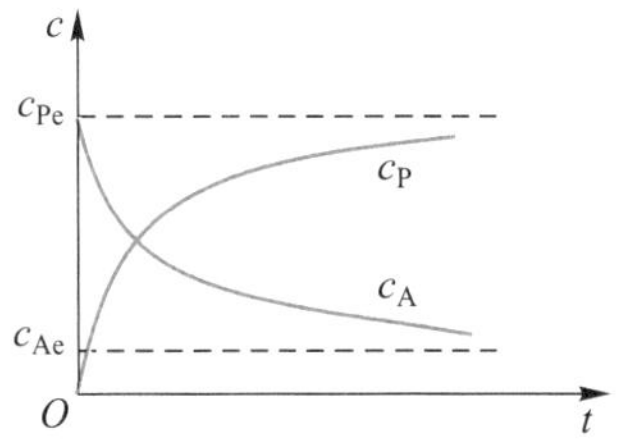

图 11.3.6　一级可逆反应的浓度-时间曲线

（三）平行反应

同时存在两个以上反应的复合反应，将同时产生多种产物，而通常情况下只有其中一个或某几个产物才是所需要的目标产物，其他产物均称为副产物。生成目标产物的反应称主反应，其他反应称为副反应。研究复合反应动力学的主要目的是提高主反应的反应速率，同时控制副反应的进行。

对于一级平行反应 $A \longrightarrow \alpha_P P$；$A \longrightarrow \alpha_Q Q$，其反应速率常数分别为 k_1 和 k_2，在恒温恒容条件下，反应速率方程可表示为

$$-\frac{dc_A}{dt}=(k_1+k_2)c_A \tag{11.3.48}$$

$$\frac{1}{\alpha_P}\frac{dc_P}{dt}=k_1c_A \tag{11.3.49}$$

$$\frac{1}{\alpha_Q}\frac{dc_Q}{dt}=k_2c_A \tag{11.3.50}$$

设 A、P 和 Q 的初始浓度分别为 c_{A0}、c_{P0} 和 c_{Q0}，对式（11.3.48）积分，可得反应物 A 的浓度与反应时间的关系为

$$c_A=c_{A0}e^{-(k_1+k_2)t} \tag{11.3.51}$$

将式（11.3.51）代入式（11.3.49）积分，可得产物 P 的浓度与反应时间的关系为

$$\frac{c_P-c_{P0}}{\alpha_P}=\frac{k_1}{k_1+k_2}(c_{A0}-c_A) \tag{11.3.52}$$

$$\frac{c_P-c_{P0}}{\alpha_P}=\frac{k_1c_{A0}}{k_1+k_2}[1-e^{-(k_1+k_2)t}] \tag{11.3.53}$$

对于产物 Q，同理可得

$$\frac{c_Q-c_{Q0}}{\alpha_Q}=\frac{k_2c_{A0}}{k_1+k_2}[1-e^{-(k_1+k_2)t}] \tag{11.3.54}$$

一级平行反应中各组分浓度-时间曲线如图 11.3.7 所示。

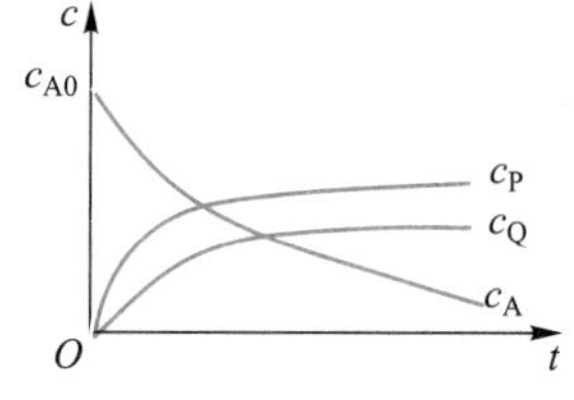

图 11.3.7 一级平行反应中各组分的浓度-时间曲线

（四）串联反应

对于一级串联反应 $A \longrightarrow P \longrightarrow Q$，设 k_1 和 k_2 分别为反应 $A \longrightarrow P$ 和 $P \longrightarrow Q$ 的反应速率常数，在恒温恒容的条件下，速率方程可表示为

$$-\frac{dc_A}{dt}=k_1c_A \tag{11.3.55}$$

$$\frac{dc_P}{dt}=k_1c_A-k_2c_P \tag{11.3.56}$$

$$\frac{dc_Q}{dt}=k_2c_P \tag{11.3.57}$$

设 A、P 和 Q 的初始浓度分别为 c_{A0}、c_{P0}和 c_{Q0}，对式(11.3.55)积分，可得反应物 A 的浓度与反应时间的关系式为

$$c_A = c_{A0} e^{-k_1 t} \tag{11.3.58}$$

将式(11.3.58)代入式(11.3.56)，整理得

$$\frac{dc_P}{dt} + k_2 c_P = k_1 c_{A0} e^{-k_1 t} \tag{11.3.59}$$

对式(11.3.59)积分，可得中间产物 P 的浓度与反应时间的关系式为

$$\frac{c_P}{c_{A0}} = \frac{k_1}{k_2 - k_1}(e^{-k_1 t} - e^{-k_2 t}) \tag{11.3.60}$$

因为

$$c_Q = c_{A0} - (c_P + c_A) \tag{11.3.61}$$

故产物 Q 的浓度与反应时间的关系为

$$\frac{c_Q}{c_{A0}} = 1 - \frac{k_2}{k_2 - k_1} e^{-k_1 t} + \frac{k_1}{k_2 - k_1} e^{-k_2 t} \tag{11.3.62}$$

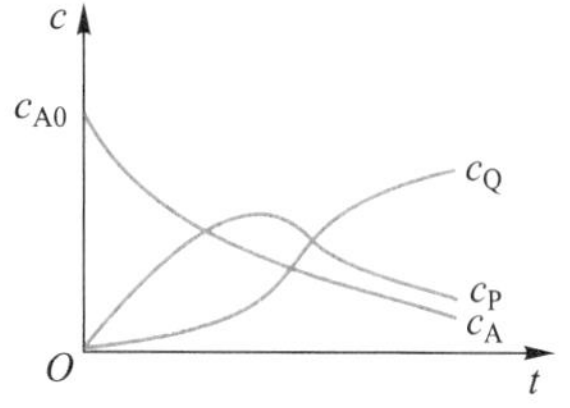

图 11.3.8 一级串联反应中各组分的浓度-时间曲线

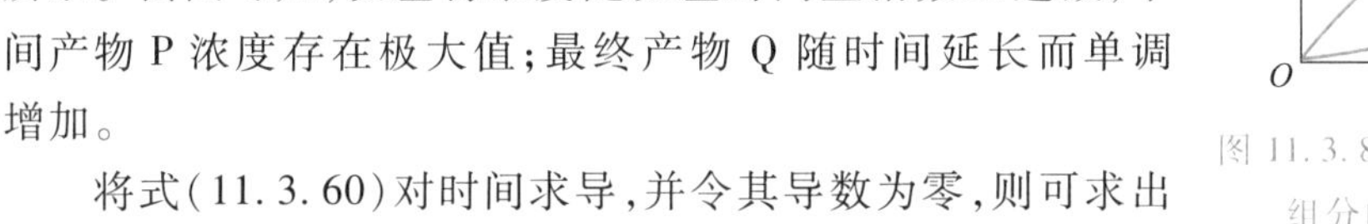

一级串联反应中各组分的浓度-时间曲线如图 11.3.8 所示。由图可知，反应物浓度随反应时间呈指数型递减，中间产物 P 浓度存在极大值；最终产物 Q 随时间延长而单调增加。

将式(11.3.60)对时间求导，并令其导数为零，则可求出 c_P 达到最大时的反应时间 t_{max}，即

$$t_{max} = \frac{1}{k_2 - k_1} \ln \frac{k_2}{k_1} \tag{11.3.63}$$

自然界(土壤、底泥和天然水体)和污水生物处理系统中的氨的生物硝化反应是一种典型的串联反应。氨首先在氨氧化菌(亚硝酸菌)的作用下生成亚硝酸根，亚硝酸根又在亚硝酸氧化菌(硝酸菌)的作用下氧化为硝酸根。

$$NH_3 \longrightarrow NO_2^- \longrightarrow NO_3^-$$

一般情况下氨氧化成亚硝酸根的反应速率较慢，而亚硝酸根氧化成硝酸根的反应速率较快，故亚硝酸根不易积累。但当亚硝酸氧化菌的数量较少或活性较低时，也会出现亚硝酸根积累的现象。

术语中英文对照

- 反应器 reactor
- 化学反应器 chemical reactor
- 生物反应器 bioreactor/biological reactor
- 间歇操作 batch operation
- 连续操作 continuous operation
- 半间歇操作 semi-batch operation
- 半连续操作 semi-continuous operation
- 分批补料操作 fed-batch operation
- 恒温操作 isothermal operation
- 绝热操作 adiabatic operation

- 反应时间 reaction time
- 停留时间 retention time
- 空间时间 space time
- 空间速度 space velocity
- 返混 back mixing
- 完全混合流 complete mixing flow
- 平推流 plug/piston flow
- 釜(槽)式反应器 tank reactor
- 管式反应器 tubular reactor
- 塔式反应器 column/tower reactor
- 固定床反应器 fixed bed reactor
- 膨胀床反应器 expanded bed reactor
- 流化床反应器 fluidized bed reactor
- 鼓泡塔 bubble column
- 反应物 reactants
- 反应产物 products
- 反应组分 reaction component
- 转化率 conversion efficiency
- 去除率 removal efficiency
- 活化能 activation energy

思考题与习题

11.1 思考题

(1) 什么是间歇操作、连续操作和半连续操作？它们一般各有哪些主要特点？

(2) 根据反应物料的流动与混合状态，反应器可分为哪些类型？

(3) 什么是膨胀因子？膨胀因子为 1 的反应体系，反应后系统的物质的量将如何变化？若是膨胀因子为 0.5 的反应体系，则如何变化？

(4) 什么是均相内反应和界面反应？

(5)对于某一化学反应，它的速率常数是否与反应物的浓度有关 ？催化剂能否改变反应速率常数的大小？

(6) 在平行反应中，什么是主反应？什么是副反应和副产物？

11.2 根据间歇操作、半间歇操作及连续操作的特点，画出在附图所示的反应器中或反应器出口处反应物 A 的浓度随时间(或位置)的变化曲线。

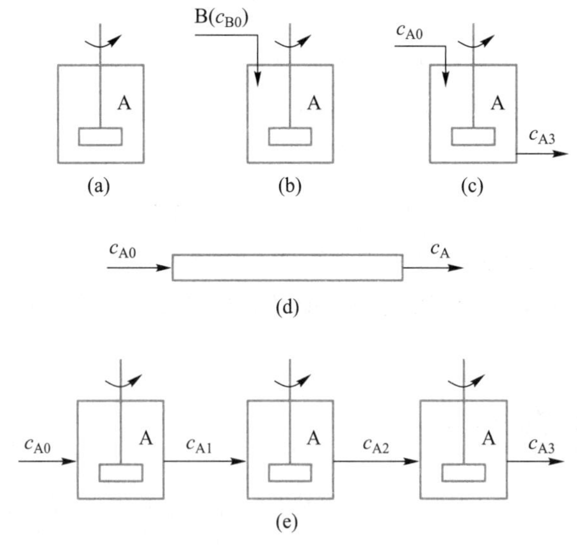

习题 11.2 附图

(a) 间歇反应器($t=0, c_A=c_{A0}$)；(b) 半间歇反应器($t=0, c_A=c_{A0}, c_B=0$)；(c) 槽式连续反应器；(d) 管式连续反应器(给出 c_A 随位置的变化)；(e) 三级串联槽式连续反应器(给出 c_{A1}, c_{A2}, c_{A3} 随时间的变化)

11.3 对于按反应式(1)和(2)进行的平行串联反应,设反应开始时系统中的总物质的量为 n_0,A、B、Q、P 的物质的量分别为 n_{A0}、n_{B0}、n_{Q0}、n_{P0},A 和 B 的摩尔分数分别为 z_{A0} 和 z_{B0}。试给出 t 时刻时 A 和 B 的摩尔分数 z_A 和 z_B。

$$A+B \rightleftharpoons Q \tag{1}$$

$$A+2Q \rightleftharpoons P \tag{2}$$

11.4 气态 NH_3 在常温高压条件下的催化分解反应 $2NH_3 \rightleftharpoons N_2+3H_2$ 可用于处理含 NH_3 废气。现有一 NH_3 和 CH_4 含量分别为 95% 和 5%的气体,通过 NH_3 催化分解反应器后气体中 NH_3 的含量减少为 3%,试计算 NH_3 的转化率和反应器出口处 N_2、H_2 和 CH_4 的摩尔分数(CH_4 为惰性组分,不参与反应)。

11.5 对于习题 11.4 的反应,设反应器出口处的压力为 0.101 3 MPa、温度为 723.15 K(450 ℃),试求出各组分在反应器出口处的浓度。

11.6 在连续反应器内进行的恒容平行反应(1)和(2),当反应器进口的 A 和 B 浓度均为 3000 mol/m^{3}时,出口反应液中的 A 与 R 的浓度分别为250 mol/m^{3}和 2 000 mol/m^3。试计算反应器出口处的 A 的转化率及 B 和 S 的浓度(进口反应液中不含 R 和 S)。

$$A+B \rightleftharpoons R \tag{1}$$

$$2A \rightleftharpoons R+S \tag{2}$$

11.7 对于等温恒压气相反应 $\alpha_A A+\alpha_B B \longrightarrow \alpha_P P$,已知该反应的膨胀因子为 δ_A,反应开始时各组分的分压分别为 p_{A0}、p_{B0}、p_{P0}和 p_{M0},A 的摩尔分数为 z_{A0}。反应系统中含有惰性组分 M。试求出反应体系中各组分的分压与 A 的转化率 x_A 的关系。

11.8 对于由反应(1)和(2)构成的复杂反应,试给出反应组分 A、B、Q、P 的反应速率 $-r_A$、$-r_B$、r_Q、r_P 与反应(1)和(2)的反应速率 r_1 和 r_2 的关系。

$$A+2B \rightleftharpoons Q \tag{1}$$

$$A+Q \rightleftharpoons P \tag{2}$$

11.9 微生物反应一般在常温附近进行时,其反应速率常数 k 与温度的关系可以用下式表示:

$$k=k_{20}\alpha^{t-20}$$

式中:k_{20}——20 ℃时的反应速率常数;

α——温度变化系数;

t——温度,℃。

试给出 α 与阿伦尼乌斯(Arrhenius)方程中活化能 E_a 的关系式。

11.10 在不同温度下测得的某污染物催化分解反应的反应速率常数 k 如下表所示,求出反应的活化能和频率因子。

温度/K	413.2	433.2	453.2	473.2	493.2
k/(mol·g^{-1}·h^{-1})	2.0	4.8	6.9	13.8	25.8

11.11 在一些反应中,反应产物能对反应起催化作用,加速反应进程,此类反应称为“自催化反应”。对于由反应式(1)和(2)表示的自催化反应,试给出反应物 A 的速率方程(恒容反应)及其积分式。

$$A \longrightarrow P \tag{1}$$

$$A+P \longrightarrow P+P \tag{2}$$

11.12 对于表 11.3.1 所示的恒温恒容反应,试推导出以转化率 x_A 为变量的反应速率方程及其积分形式。

本章主要符号说明

拉丁字母

a——比相界面积，m^2/m^3；

c——组分物质的量浓度，$kmol/m^3$；

E_a——反应活化能，kJ/kmol；

q_n——摩尔流量，kmol/s；

k——反应速率常数；

k_0——频率因子；

K——平衡常数；

n——反应级数，量纲为1；

——物质的量，kmol；

p——压力，Pa；

R——摩尔气体常数，8.314 J/(mol·K)；

SV——空间速度，1/s；

t——反应时间，s；

V——体积，m^3；

x_m——质量分数，量纲为1；

z——摩尔分数，量纲为1。

希腊字母

δ——膨胀因子，量纲为1；

ε——气含率，量纲为1；

——空隙率，量纲为1；

ξ——反应进度，kmol；

τ——空间时间，s。

知识体系图

第十二章　均相化学反应器

第一节　间歇与半间歇反应器

一、反应器的物料衡算

物料衡算(即质量衡算)是反应器解析的基本手段,也是反应器设计和解析的基础,通过物料衡算,可推导出反应器的基本方程。

在对反应器进行物料衡算时,应尽量选取反应组分浓度、温度等均一的单元,这样可以简化计算。例如,对于全混流槽(釜)式反应器,由于反应器内部各处处于均一状态,可以把反应器整体作为一个单元来考虑;对于平推流反应器,在流体流动方向(轴向)上存在浓度分布,但在垂直于流体流动方向上浓度各处相同,不存在浓度分布,所以一般选择垂直于轴向的一个微小体积单位作为物料衡算的基本单元。

对于如图 12.1.1 所示的反应器内一个微小单元,单位时间内反应物 A 的物料衡算式为

A 的流入量=A 的排出量+A 的反应量+A 的积累量　　(12.1.1)

$$q_{nA0}=q_{nA}+R_A+\frac{dn_A}{dt} \tag{12.1.2}$$

式中:q_{nA0},q_{nA}——单位时间内反应物 A 的流入量和排出量,kmol/s;

R_A——单位时间内反应物 A 的反应量,kmol/s;

n_A——微小单元内反应物 A 的存在量,kmol;

t——反应时间,s。

将 $R_A=(-r_A)\Delta V$ 代入式(12.1.2),可以得到反应器的基本方程

$$q_{nA0}=q_{nA}+(-r_A)\Delta V+\frac{dn_A}{dt} \tag{12.1.3}$$

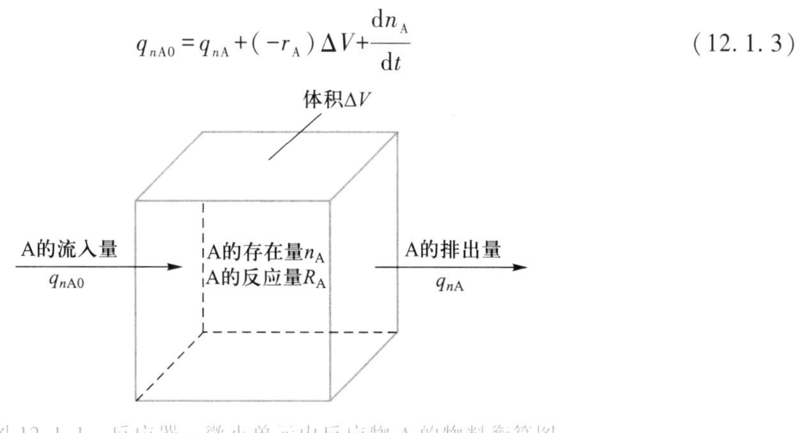

图 12.1.1　反应器一微小单元内反应物 A 的物料衡算图

式中：ΔV——微小单元体积，m^3；

$-r_A$——反应物 A 的反应速率，$kmol/(s\cdot m^3)$。

二、间歇反应器

（一）间歇反应器的操作方法

间歇反应器的操作方式是将反应物料按一定比例一次加到反应器内，然后开始搅拌，使反应器内物料的浓度和温度保持均匀。反应一定时间，转化率达到所定的目标之后，将混合物料排出反应器。之后再加入物料，进行下一轮操作，如此反复。

（二）间歇反应器的基本方程

1. 基本方程的一般形式

间歇反应操作是一个非稳态操作，反应器内各组分的浓度随反应时间变化而变化，但在任一瞬间，反应器内各处均一，不存在浓度和温度差异。

对于图 12.1.2 所示的间歇反应器，$q_{nA0}=0$，$q_{nA}=0$，根据式(12.1.2)，反应物 A 的物料衡算式可表示为

$$-\frac{dn_A}{dt}=-r_AV \qquad (12.1.4)$$

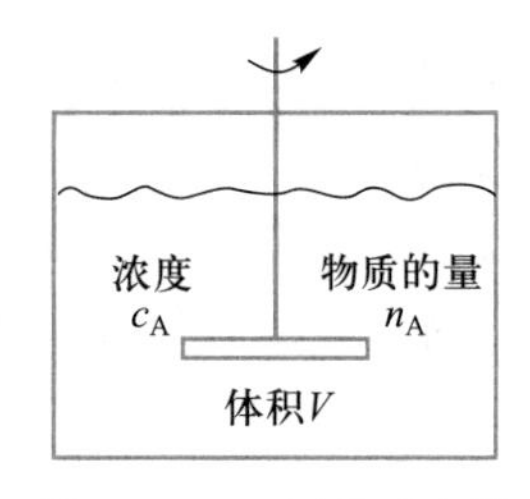

图 12.1.2 间歇反应器

式中：n_A——反应器内反应物 A 的量，kmol；

V——反应器内反应混合物的体积，通常称反应器的有效体积，m^3。

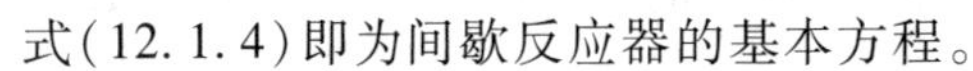
式(12.1.4)即为间歇反应器的基本方程。

将 $n_A=n_{A0}(1-x_A)$ 代入式(12.1.4)，可得到以转化率表示的基本方程为

$$n_{A0}\frac{dx_A}{dt}=-r_AV \qquad (12.1.5)$$

式中：n_{A0}——反应器内反应物 A 的初始量，kmol；

x_A——反应物 A 的转化率，量纲为 1。

将式(12.1.5)积分，可得到转化率与时间的关系式为

$$t=n_{A0}\int_0^{x_A}\frac{dx_A}{-r_AV} \qquad (12.1.6)$$

2. 恒容反应器的基本方程

对于恒容反应器，V 一定，则式(12.1.6)可写为

$$t=c_{A0}\int_0^{x_A}\frac{dx_A}{-r_A} \qquad (12.1.7)$$

对于恒容反应器，也可以将式(12.1.4)变形为

$$-\frac{dc_A}{dt}=-r_A \qquad (12.1.8)$$

式中：c_{A0}，c_A——初始时和任一反应时间反应物 A 的浓度，$kmol/m^3$。

对式(12.1.8)积分，可得

$$t=-\int_{c_{A0}}^{c_A}\frac{dc_A}{-r_A} \tag{12.1.9}$$

式(12.1.7)和式(12.1.8)为恒容反应器的基本方程。该方程与反应速率方程的积分式相同。几种简单的反应速率方程的积分式见表 11.3.1。

根据以上各式可以计算达到某一转化率(或浓度)时需要的反应时间，也可以计算任一反应时间时的转化率或反应物的浓度。

(三) 间歇反应器的设计计算

间歇反应器的设计主要是确定达到一定的转化率时需要的反应时间或根据反应时间确定转化率或反应后的组分浓度。

间歇反应器的设计主要根据反应器的基本方程，即式(12.1.4)或式(12.1.5)、式(12.1.6)、式(12.1.7)进行，也可用图解法。

对于恒容反应，根据式(12.1.7)，以 x_A 对 $1/(-r_A)$ 作图，如图 12.1.3(a)所示，则图中阴影部分与 t/c_{A0} 相等，由此可以求得达到一定反应时间时的 x_A 或达到一定 x_A 需要的时间。

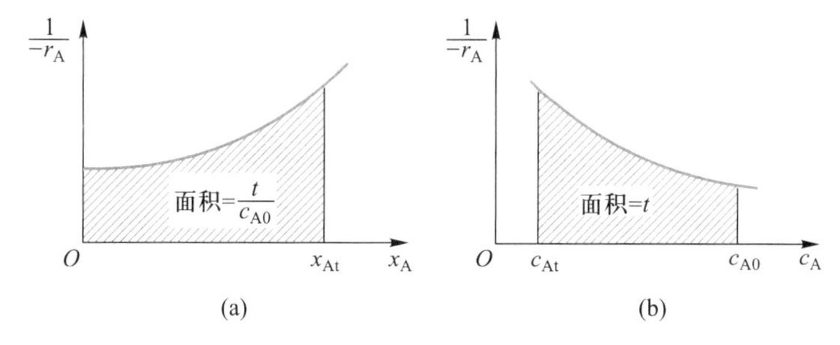

图 12.1.3　间歇反应器的图解计算法(恒容)

同理，根据式(12.1.9)，以 c_A 对 $1/(-r_A)$ 作图，如图 12.1.3(b)所示，图中阴影部分的面积与反应时间 t 相等。由该图可以求出反应物浓度减少到某一数值所需要的时间，或任一反应时间的反应物浓度。

作图法所需要的 $-r_A$ 可根据反应速率方程求得。

(1) 单一反应的设计计算：表 12.1.1 中列出恒容恒温间歇反应器与平推流反应器的设计方程(亦称操作方程)。

表 12.1.1　恒容恒温间歇反应器与平推流反应器的设计方程

反应	反应速率方程	设计方程
$A\longrightarrow P$	$-r_A=k$	$c_{A0}-c_A=c_{A0}x_A=kt\ (t<c_{A0}/k)$ $c_A=0\quad(t\geqslant c_{A0}/k)$
	$-r_A=kc_A$	$-\ln\dfrac{c_A}{c_{A0}}=-\ln(1-x_A)=kt$

续表

反应	反应速率方程	设计方程
$A \longrightarrow P$	$-r_A = kc_A^2$	$\frac{1}{c_A} - \frac{1}{c_{A0}} = kt$
	$-r_A = kc_A^n$	$c_A^{1-n} - c_{A0}^{1-n} = c_{A0}^{1-n}[(1-x_A)^{1-n} - 1] = (n-1)kt \quad (n \neq 1)$
	$-r_A = \frac{V_m c_A}{K_m + c_A}$	$t = \frac{1}{V_m}[c_{A0}x_A - K_m \ln(1-x_A)]$
$A+\alpha_B B \longrightarrow P$	$-r_A = kc_A c_B$	$\ln \frac{c_{A0}c_B}{c_{B0}c_A} = \ln \frac{c_{B0} - \alpha_B c_{A0} x_A}{c_{B0}(1-x_A)} = (c_{B0} - \alpha_B c_{A0})kt$

【例题 12.1.1】 间歇反应器中发生一级反应 $A \longrightarrow B$（恒容反应），反应速率常数 k 为0.35 h^{-1}，要使 A 的转化率达到 90%，则 A 在反应器中需反应多少小时？

解：设 x_A 为转化率，则 c_A 的值为

$$c_A = c_{A0}(1-x_A) = c_{A0}(1-0.90) = 0.10c_{A0}$$

根据设计方程

$$\frac{c_A}{c_{A0}} = e^{-kt}$$

有

$$\frac{0.10c_{A0}}{c_{A0}} = e^{-0.35t}$$

解得：$t = 6.58$ h。

（2）复杂反应的设计计算：对于复杂反应的操作设计，涉及两个或两个以上的反应速率方程，计算变得复杂，需要根据联立微分方程来求解（必要时可采取数值计算法求解）。

对于微生物的间歇培养，在培养过程中随着时间的推移，营养物质逐渐减少，微生物浓度也随之发生变化。在设计过程中要同时考虑营养物质和微生物浓度的变化。

三、半间歇反应器

（一）半间歇反应器的操作方法

半间歇操作（semi-batch operation）亦称半连续操作，有两种基本的操作方法：一种是将两种或两种以上的反应物其中的一些组分一次性放入反应器中，然后将某一种其他反应物连续加入反应器；另一种是把反应物料一次性加入反应器，在反应过程中将某个产物连续取出。前一种操作方式可以使连续加入成分在反应器中的浓度保持在较低的水平，便于控制反应速率。在微生物培养中利用该种形式的半间歇操作可以控制基质浓度，从而达到控制微生物生长速率的目的。后一种操作方式可以使反应产物维持在低浓度水平，利于可逆反应向生成产物的正方向进行。在微生物培养中，连续取出代谢产物，可以防止代谢产物对微

生物生长的抑制作用,有利于微生物的高浓度培养。

与间歇操作一样,反应过程中强力搅拌,使反应器内部达到均匀。与间歇操作不同的是,反应混合液的体积随时间而变化。

(二) 半间歇反应器的设计计算

1. 转化率的定义

对于二级不可逆反应 A+B ⟶ P,其反应速率方程可表示为$-r_A=kc_Ac_B$。设反应开始时反应器内 A 和 B 的量分别为n_{A0}和n_{B0},体积为V_0,连续加入浓度为c_{A0}、体积流量为q_V的物料。在操作开始后 t 时刻的体积为 V,反应器内的 A、B 的量和浓度分别为n_A、n_B、c_A和c_B,则 A 的转化率定义为

$$x_A=\frac{t\text{ 时间内反应消耗掉的 A 的量}}{\text{A 的起始量}+t\text{ 时间内加入的 A 的量}}$$

$$=\frac{(n_{A0}+q_{nA0}t)-n_A}{n_{A0}+q_{nA0}t}=1-\frac{n_A}{n_{A0}+q_{nA0}t} \tag{12.1.10}$$

即

$$n_A=(n_{A0}+q_{nA0}t)(1-x_A)$$

式中:q_{nA0}——流入反应器的 A 的摩尔流量,kmol/s。

2. 设计计算方程

对于图 12.1.4 所示的半间歇反应器,反应物 A 的物料衡算如下:

单位时间内 A 的加入量:$q_{nA0}=q_Vc_{A0}$

单位时间内 A 的排出量:0

反应量:$-r_AV$

积累量:$\frac{dn_A}{dt}=\frac{d(c_AV)}{dt}=c_A\frac{dV}{dt}+V\frac{dc_A}{dt}$

物料衡算式:

$$q_Vc_{A0}=(-r_A)V+c_A\frac{dV}{dt}+V\frac{dc_A}{dt} \tag{12.1.11}$$

$$q_Vc_{A0}=(-r_A)V+c_Aq_V+V\frac{dc_A}{dt} \tag{12.1.12}$$

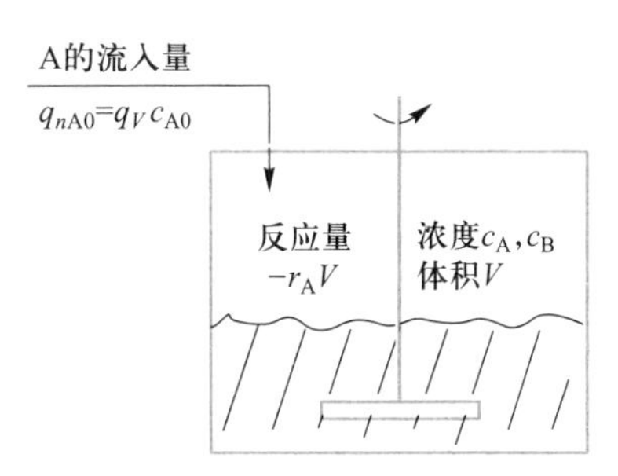

图 12.1.4　半间歇式反应器的物料衡算图

把 $V=V_0+q_Vt$,$-r_A=kc_Ac_B$ 代入式(12.1.12),然后根据数值解析法即可计算出任一反应时间的 c_A 和 x_A。

【例题 12.1.2】 对于由以下两个反应构成的反应系统,试定性说明在下述半间歇操作时的反应系统中各组分的浓度变化。

(1) 先向反应器中加入 A,之后连续加入 B;

(2) 先向反应器中加入 B,之后连续加入 A。

$$A+B \longrightarrow P,\quad r_1=k_1c_Ac_B$$

$$A+P \longrightarrow Q,\quad r_2=k_2c_Ac_P$$

解:两种不同操作方式下各组分的浓度变化曲线如图 12.1.5 所示。

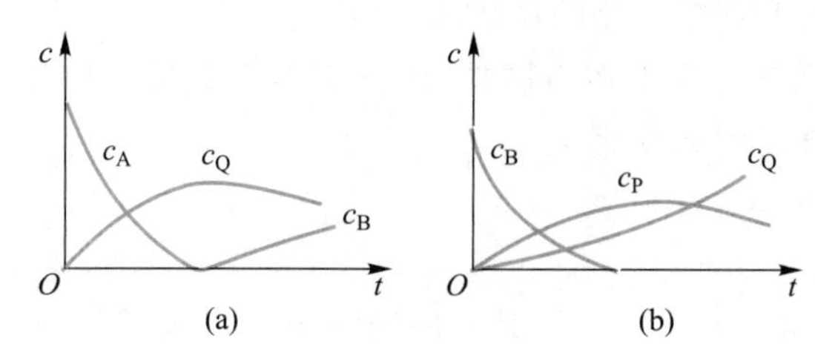

图 12.1.5 例题 12.1.5 附图

(a) 先加入 A,之后连续加入 B 时的变化;(b) 先加入 B,之后连续加入 A 时的变化

第二节 完全混合流连续反应器

一、单级反应器

(一) 操作方法及特点

完全混合流连续反应器(简称全混流反应器)的操作是连续恒定地向反应器内加入反应物,同时连续不断地把反应液排出反应器,并采取搅拌等手段使反应器内物料浓度和温度保持均匀。全混流反应器是一种理想化的反应器。在工程应用中,污水的 pH 中和槽、混凝沉淀槽及好氧活性污泥的生物反应器(常称曝气池)等,只要搅拌强度达到一定的程度,都可以认为接近于全混流反应器。

(二) 连续反应器的基本方程

1. 基本方程的一般形式

图 12.2.1 为全混流槽式连续反应器(continuous stirred tank reactor,CSTR)的物料衡算图,反应器内混合均匀,各处组成和温度均一而且与出口处一致。在稳态状态下,组成不变,转化率恒定,即 $\mathrm{d}n_A/\mathrm{d}t=0$。

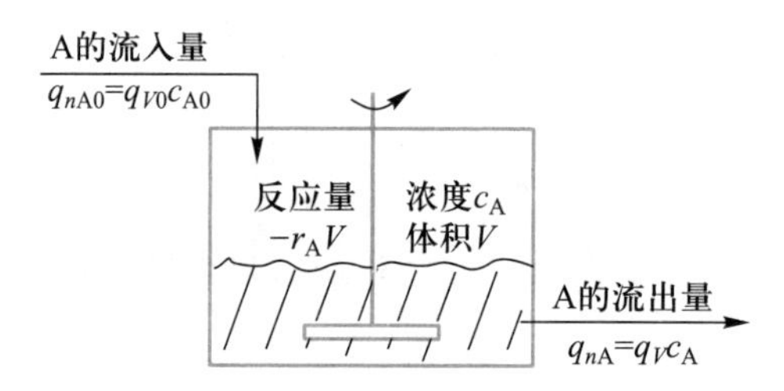

图 12.2.1 全混流槽式连续反应器的物料衡算图

根据式(12.1.2),反应物 A 的物料衡算方程可表示为

$$q_{nA0}=q_{nA}+(-r_A)V \tag{12.2.1}$$

$$-r_AV=q_{nA0}-q_{nA} \tag{12.2.2}$$

$$-r_AV=q_{nA0}x_A \tag{12.2.3}$$

$$-r_AV=q_{V0}c_{A0}x_A \tag{12.2.4}$$

式中：q_{V0}, q_V——反应器进出口处物料的体积流量，m^3/s；

q_{nA0}, q_{nA}——单位时间内反应物 A 的流入量和排出量，kmol/s；

c_{A0}, c_A——反应器进出口处反应物 A 浓度，$kmol/m^3$；

x_A——连续反应器中反应物 A 的转化率，量纲为 1。

令 $\tau = V/q_{V0}$，则由上式可得

$$\tau = \frac{c_{A0} x_A}{-r_A} \tag{12.2.5}$$

式(12.2.5)为全混流槽式连续反应器的基本方程。

τ 称为空间时间(space time)或平均空塔停留时间(mean residence time)。

2. 恒容反应的基本方程

对于恒容反应($q_{V0}=q_V$)，其物料衡算方程(12.2.2)可以改写为以反应物 A 浓度表示的形式

$$-r_A V = q_{V0} c_{A0} - q_{V0} c_A \tag{12.2.6}$$

$$\tau = \frac{c_{A0} - c_A}{-r_A} \tag{12.2.7}$$

因此，根据式(12.2.7)，利用 c_{A0}、c_A 和 τ 可以计算出反应速率。

（三）设计计算方法

全混流反应器设计的基本方程为式(12.2.5)或式(12.2.7)。利用这些方程式根据反应要求等可以计算空间时间、反应器体积、物质流量等。表 12.2.1 中列出了几种恒容全混流反应器的设计方程。

表 12.2.1　恒容全混流反应器的设计方程

反应	反应速率方程	设计方程
$A \longrightarrow P$	$-r_A = k$	$c_A = c_{A0} - k\tau$
	$-r_A = kc_A$	$c_A = \dfrac{c_{A0}}{1+k\tau}$
	$-r_A = kc_A^2$	$c_A = \dfrac{1}{2k\tau}[(1+4k\tau c_{A0})^{1/2} - 1]$
	$-r_A = kc_A^n$	$\tau = \dfrac{c_{A0} - c_A}{kc_A^n}$
$A+B \longrightarrow P$	$-r_A = kc_A c_B$	$c_{A0} k\tau = \dfrac{x_A}{(1-x_A)(c_{B0}/c_{A0} - x_A)}$

续表

反应	反应速率方程	设计方程
$\begin{cases} A \xrightarrow{k_1} P \\ A \xrightarrow{k_2} Q \end{cases}$	$-r_A=(k_1+k_2)c_A$ $r_P=k_1c_A$ $r_Q=k_2c_A$	$c_A=\dfrac{c_{A0}}{1+(k_1+k_2)\tau}$ $c_P=\dfrac{c_{A0}k_1\tau}{1+(k_1+k_2)\tau}$ $c_Q=\dfrac{c_{A0}k_2\tau}{1+(k_1+k_2)\tau}$
$A \xrightarrow{k_1} P \xrightarrow{k_2} Q$	$-r_A=k_1c_A$ $r_P=k_1c_A-k_2c_P$ $r_Q=k_2c_P$	$c_A=\dfrac{c_{A0}}{1+k_1\tau}$ $c_P=\dfrac{c_{A0}k_1\tau}{(1+k_1\tau)(1+k_2\tau)}$ $c_Q=\dfrac{c_{A0}k_1k_2\tau^2}{(1+k_1\tau)(1+k_2\tau)}$

对于复杂的反应速率方程，可采用图解法和数值解析法求解。图 12.2.2 为全混流反应器的图解计算法。根据式(12.2.5)，以 x_A 对 $1/(-r_A)$ 作图，如图 12.2.2(a)所示，则图中阴影部分与τ/c_{A0}相等，由此可以求得某空间时间时的 x_A 或达到一定的 x_A 需要的空间时间。

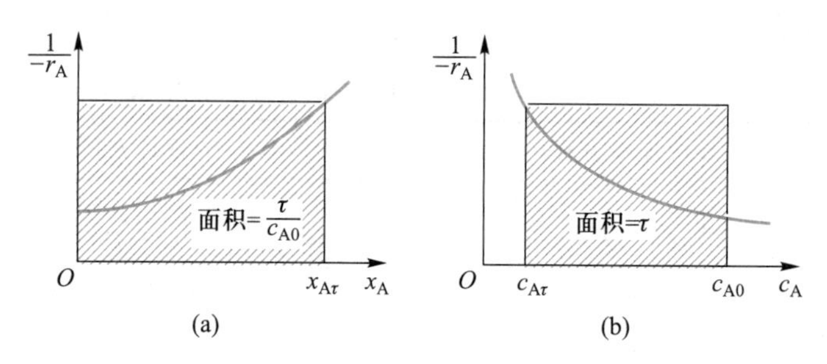

图 12.2.2 全混流反应器的图解计算法

同理，根据式(12.2.7)，对于恒容反应，以 c_A 对 $1/(-r_A)$ 作图，如图 12.2.2(b)所示，图中阴影部分的面积与空间时间 τ 相等。由该图可以求出某一空间时间时的出口浓度或出口浓度达到某一数值所需要的空间时间。

作图法所需要的$-r_A$ 值可根据反应速率方程求得。

比较图 12.2.2 和图 12.1.3 可以看出，对于同一反应，在同样的反应条件下达到同样的转化率所需要的空间时间(反应时间)全混流反应器大于间歇反应器，说明全混流反应器的反应效率低于间歇反应器，即达到同样的目标全混流反应器需要更大的有效体积。

【例题 12.2.1】 全混流反应器中发生一级反应 $A \longrightarrow B$(恒容反应)，反应速率常数 k 为 0.35 h^{-1}，要使 A 的去除率达到 90%，则 A 需在反应器中停留多少小时？

解：设 x_A 为转化率，则 c_A 的值为

$$c_A=c_{A0}(1-x_A)=c_{A0}(1-0.90)=0.10c_{A0}$$

根据连续反应器的基本方程

$$\tau=\frac{c_{A0}-c_A}{kc_A}$$

有

$$\tau=\frac{c_{A0}-0.10c_{A0}}{0.35\times0.10c_{A0}}=25.7\ \text{h}$$

根据[例题 12.1.1]的计算结果，对于同一反应器，利用间歇反应器达到同样的去除率所需要的时间为 6.8 h，远短于 25.7 h，从而证明了全混流反应器的反应效率低于间歇反应器。

二、多级串联反应器

在实际应用中，为提高全混流反应器的反应效率，有时常采用多个全混流反应器串联操作。图 12.2.3 为多级串联全混流反应器系统示意图。该反应器系统的特点是前一个反应器排出的反应混合液成为下一反应器的反应物料。

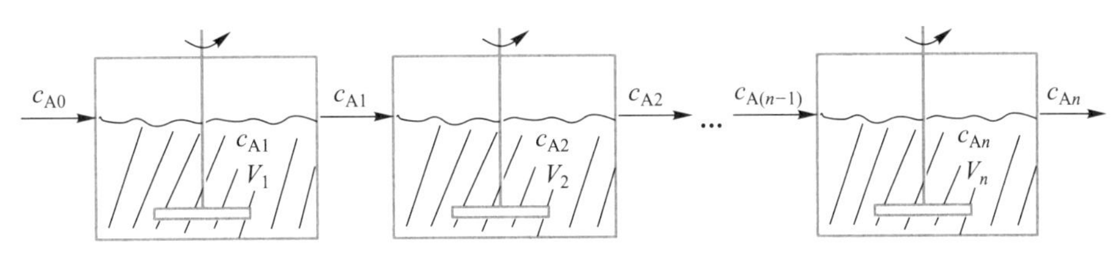

图 12.2.3　多级串联全混流反应器系统示意图

（一）多级串联全混流反应器的基本方程

对于多个全混流反应器串联系统，若反应器与反应器的连接部分符合平推流假设，且不发生反应，则第 i 个反应器的基本设计方程在恒容条件下为

$$\tau_i=\frac{V_i}{q_V}=\frac{c_{A(i-1)}-c_{Ai}}{-r_{Ai}}=\frac{c_{A0}\left[x_{Ai}-x_{A(i-1)}\right]}{-r_{Ai}} \tag{12.2.8}$$

式中：　τ_i——第 i 个反应器的空间时间，s；

V_i——第 i 个反应器的有效体积，m^3；

$c_{A(i-1)}$，c_{Ai}——第 $i-1$、i 个反应器出口处反应物 A 的浓度，$kmol/m^3$；

$-r_{Ai}$——第 i 个反应器的反应速率，$kmol/(m^3\cdot s)$。

式中的 x_{Ai} 为经过第 i 个反应器后的总转化率，定义为

$$x_{Ai}=\frac{q_{nA0}-q_{nAi}}{q_{nA0}} \tag{12.2.9}$$

式中：q_{nA0}——摩尔流量，即单位时间内流入第 1 个反应器的反应物 A 的量，kmol/s；

q_{nAi}——摩尔流量，单位时间内流出第 i 个反应器的反应物 A 的量，kmol/s。

串联系统的总空间时间 τ 是各个反应器的空间时间的总和，即

$$\tau=\tau_1+\tau_2+\cdots+\tau_n \tag{12.2.10}$$

多级串联全混流反应器系统的空间时间如图 12.2.4 所示。由图可以清楚地看出，达到同样的反应目标，即反应物 A 的浓度从 c_{A0} 降低到 c_A，利用多级串联全混流反应器系统所需要的总空间时间远少于单一全混流反应器，这说明多级串联系统的效率高于单一反应器。

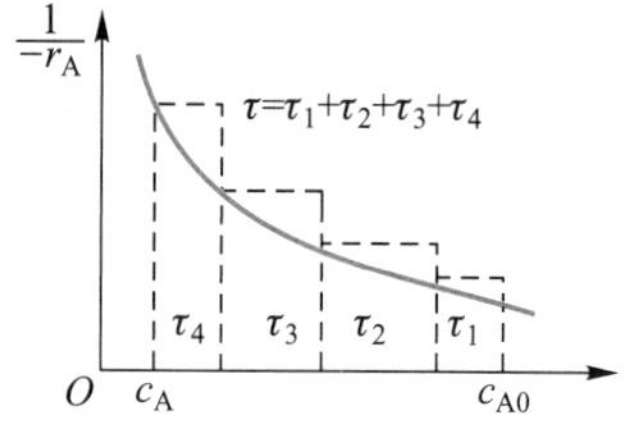

图 12.2.4 多级串联全混流反应器系统的空间时间

（二）多级串联反应器的解析计算法

根据多级串联全混流反应器的基本方程进行逐步计算，可以求出各个反应器的主要参数。

1. 一级反应

对于一级反应 A ⟶ P，$-r_A = kc_A$，在恒容条件下式（12.2.8）可变为

$$\tau_i = \frac{c_{A(i-1)} - c_{Ai}}{kc_{Ai}} \tag{12.2.11}$$

第 i 个反应器内反应物 A 的浓度为

$$c_{Ai} = \frac{c_{A(i-1)}}{1+k\tau_i} \tag{12.2.12}$$

根据式（12.2.11）和式（12.2.12），可计算出各反应器的空间时间和出口浓度

$$\tau_1 = \frac{c_{A0} - c_{A1}}{kc_{A1}} \tag{12.2.13}$$

$$c_{A1} = \frac{c_{A0}}{1+k\tau_1} \tag{12.2.14}$$

$$\tau_2 = \frac{c_{A1} - c_{A2}}{kc_{A2}} \tag{12.2.15}$$

$$c_{A2} = \frac{c_{A1}}{1+k\tau_2} = \frac{c_{A0}}{(1+k\tau_1)(1+k\tau_2)} \tag{12.2.16}$$

$$c_{An} = \frac{c_{A0}}{(1+k\tau_1)(1+k\tau_2)\cdots(1+k\tau_n)} \tag{12.2.17}$$

当各反应器有效体积大小相同时，$\tau_1 = \tau_2 = \cdots = \tau_n$，则

$$c_{An} = \frac{c_{A0}}{(1+k\tau_i)^n} \tag{12.2.18}$$

2. 二级反应

对于二级反应 2A ⟶ P，$-r_A = kc_A^2$，在恒容条件下式（12.2.8）可变为

$$\tau_i = \frac{c_{A(i-1)} - c_{Ai}}{kc_{Ai}^2} \tag{12.2.19}$$

第 i 个反应器内反应物 A 的浓度为

$$c_{Ai}=\frac{-1+\sqrt{1+4k\tau_i c_{A(i-1)}}}{2k\tau_i} \tag{12.2.20}$$

【例题 12.2.2】 某污染物的降解反应可以近似看作一级反应，该反应在 300 K(26.85 ℃)时的速率方程为：$-r_A(\text{mol}\cdot\text{m}^{-3}\cdot\text{s}^{-1})=2.77\times10^{-3}c_A$。将污染物浓度为 600 mol/m^3 的液体以 0.050 m^3/min 的速度送入一完全混合流反应器。试求以下几种情况下的该污染物的转化率：

(1) 反应器的体积为 0.80 m^3 时；

(2) 0.40 m^3 的反应器，2 个串联使用时；

(3) 0.20 m^3 的反应器，4 个串联使用时。

解：(1) 平均空间时间为

$$\tau=\frac{0.80\times60}{50\times10^{-3}}\ \text{s}=960\ \text{s}$$

$$c_{A1}=\frac{c_{A0}}{1+k\tau}=\frac{600}{1+2.77\times10^{-3}\times960}\ \text{mol/m}^3=164.0\ \text{mol/m}^3$$

$$x_{A1}=\frac{c_{A0}-c_{A1}}{c_{A0}}=\frac{600-164}{600}=72.7\%$$

(2) 每个槽的平均空间时间为

$$\tau=\frac{0.40\times60}{50\times10^{-3}}\ \text{s}=480\ \text{s}$$

$$c_{A2}=\frac{c_{A0}}{(1+k\tau)^2}=\frac{600}{(1+2.77\times10^{-3}\times480)^2}\ \text{mol/m}^3=110.6\ \text{mol/m}^3$$

$$x_{A2}=\frac{c_{A0}-c_{A2}}{c_{A0}}=\frac{600-110.6}{600}=81.6\%$$

(3) 每个槽的平均空间时间为

$$\tau=\frac{0.20\times60}{50\times10^{-3}}\ \text{s}=240\ \text{s}$$

$$c_{A4}=\frac{c_{A0}}{(1+k\tau)^4}=\frac{600}{(1+2.77\times10^{-3}\times240)^4}=78.1\ \text{mol/m}^3$$

$$x_{A4}=\frac{c_{A0}-c_{A4}}{c_{A0}}=\frac{600-78.1}{600}=87.0\%$$

以上结果表明，虽然反应系统的总有效体积相同，在同样的操作条件下，4 个反应器串联时的转化率最高，单一反应器的转化率最低，说明通过多级串联可以提高全混流反应器的效率。

(三) 图解计算法

当反应速率方程的形式较复杂时，利用解析法很难求解，这种情况下，可以用图解法进行计算。

多级串联全混流反应器的基本方程可变形为

$$-r_{Ai}=-\frac{c_{Ai}-c_{A(i-1)}}{\tau_i} \tag{12.2.21}$$

若根据反应速率方程 $-r_A=kf(c_A)$，以 $-r_A$ 为纵坐标、c_A 为横坐标作图，得反应曲线。在同一坐标图上以$-r_A$对c_{Ai}作图得一斜率为$-1/\tau_i$、截距为$c_{A(i-1)}$的直线，该直线称为操作曲线。操作曲线与反应曲线的交点为$(c_{Ai},-r_{Ai})$，因此通过作图可以求得i级反应器出口浓度$c_{A,i}$。图12.2.5所示为多级串联全混流反应器的图解计算法。

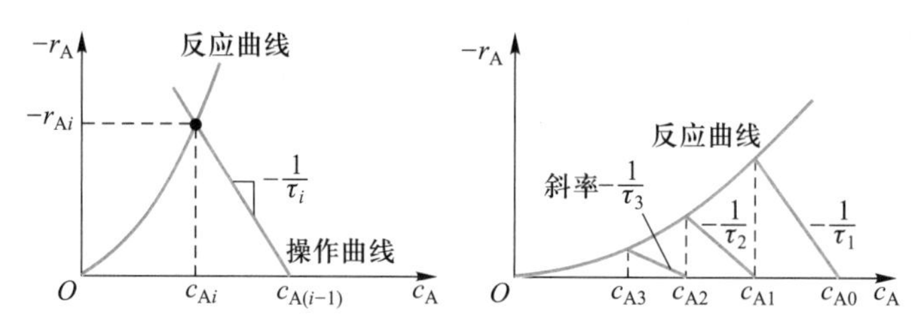

图12.2.5　多级串联全混流反应器的图解计算法

根据以上原理，多级串联全混流反应器的图解计算步骤如下：① 根据反应速率方程$-r_A=kf(c_A)$，绘出反应曲线；② 以横坐标上的点c_{A0}为起点作斜率为$-1/\tau_1$的直线，它与反应曲线相交，交点的横坐标即为c_{A1}，对应的纵坐标值即为第一个反应器的反应速率；③ 以横坐标上的点c_{A1}为起点作斜率为$-1/\tau_2$的直线，它与反应曲线相交，交点的横坐标即为c_{A2}，对应的纵坐标值即为第二个反应器的反应速率；④ 依此类推，可以求出各个反应器的反应率和浓度，直到获得给定的出口浓度为止，所画出的斜线的条数即是系统的反应器的个数。

【例题12.2.3】　已知一级反应A ⟶ B(恒容反应)在10个串联的完全混合流反应器(CSTR)中进行，假设反应速率常数k为0.35 h^{-1}，反应物A初始浓度为150 mg/L，10个CSTR完全相同，A在每个CSTR中的平均空间时间是2/3 h，分别采用解析计算法和图解法求A的转化率。

解：解析计算法：对于完全混合流反应器，基本方程为

$$c_{An}=\left(\frac{1}{1+k\tau}\right)^n c_{A0}$$

本例中，浓度为质量浓度，用符号ρ表示，故

$$\rho_{An}=\left(\frac{1}{1+0.35\times0.667}\right)^n\times150\ \text{mg/L}=0.8107^n\times150\ \text{mg/L}$$

当$n=10$时，有$\rho_{A10}=18.4$ mg/L。

所以10个串联的CSTR的转化率为

$$x_A=\frac{150-18.4}{150}\times100\%=87.7\%$$

图解法：一级反应速率方程为

$$-\frac{d\rho_A}{dt}=-r_A=k\rho_A$$

如图12.2.6所示，以$-r_A$对ρ_A作图得反应曲线，以$-1/\tau$的斜率构造三角曲线图得10个CSTR的反应曲线，从图中读出第10个CSTR的出口浓度ρ_A为18.4 mg/L。

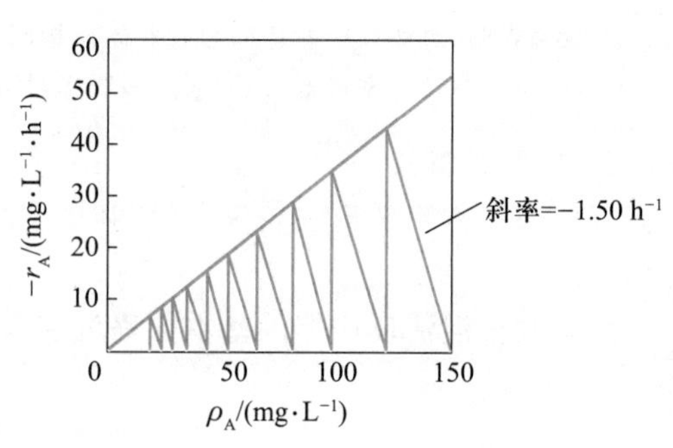

图12.2.6　例题12.2.3附图

所以 10 个串联的 CSTR 的转化率为

$$x_A=\frac{150-18.4}{150}\times 100\%=87.7\%$$

第三节　平推流反应器

一、简单的平推流反应器

（一）操作方法

使反应物料连续流入反应器并连续取出，物料沿同一方向以相同的速度流动，即物料像活塞一样在反应器内平移，称为平推流（活塞流）反应器（piston flow reactor，PFR）。

在实际应用中，管径较小、长度较长、流速较大的管式反应器和管式固定床反应器可视为平推流反应器。

（二）平推流反应器的基本方程

1. 基本方程的一般形式

平推流反应器中的流动是理想的推流，该反应器有以下特点：① 在连续稳态操作条件下，反应器各截面上的参数不随时间变化而变化；② 反应器内各组分浓度等参数随轴向位置变化而变化，故反应速率亦随之变化；③ 在反应器的径向截面上各处浓度均一，不存在浓度分布。

平推流反应器一般应满足以下条件：① 管式反应器的管长是管径的 10 倍以上，各截面上的参数不随时间变化而变化；② 固相催化反应器的填充层直径是催化剂粒径的 10 倍以上。

图 12.3.1 所示为平推流反应器的物料衡算图。图中体积为 dV 的微小单元内反应物 A 的物料衡算如下：

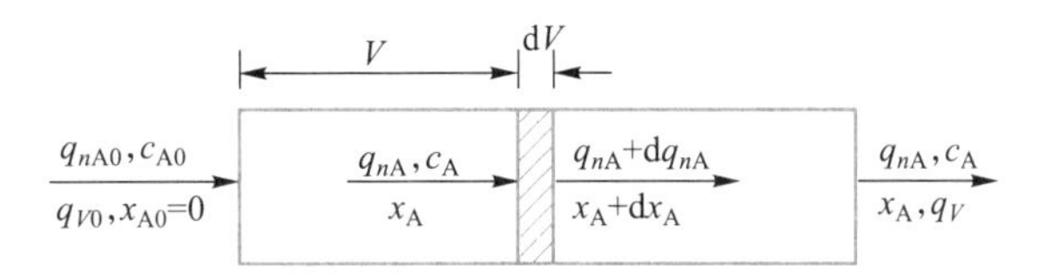

图 12.3.1　平推流反应器的物料衡算图

流入量为 q_{nA}，排出量为 $q_{nA}+dq_{nA}$，反应量为 $(-r_A)dV$，积累量为 0，故

$$q_{nA}=q_{nA}+dq_{nA}+(-r_A)dV \tag{12.3.1}$$

$$-dq_{nA}=(-r_A)dV \tag{12.3.2}$$

$$-\frac{dq_{nA}}{dV}=-r_A \tag{12.3.3}$$

把 $q_{nA}=q_{nA0}(1-x_A)$ 代入式（12.3.3），可得

$$q_{nA0}\frac{dx_A}{dV}=-r_A \tag{12.3.4a}$$

把 $q_{nA}=q_V c_A$ 代入式（12.3.3），可得

$$-\frac{d(q_V c_A)}{dV}=-r_A \tag{12.3.4b}$$

式(12.3.4)为常用的微分形式的基本方程。

为得到积分形式的基本方程(转化率与空间时间之间的关系式),将式(12.3.4a)积分,并逐步整理,可得

$$\int_0^V \frac{dV}{q_{nA0}}=\int_0^{x_A}\frac{dx_A}{-r_A} \tag{12.3.5}$$

$$\frac{V}{q_{nA0}}=\int_0^{x_A}\frac{dx_A}{-r_A} \tag{12.3.6}$$

$$\frac{V}{c_{A0}q_V}=\int_0^{x_A}\frac{dx_A}{-r_A} \tag{12.3.7}$$

$$\frac{\tau}{c_{A0}}=\int_0^{x_A}\frac{dx_A}{-r_A} \tag{12.3.8}$$

$$\tau=c_{A0}\int_0^{x_A}\frac{dx_A}{-r_A} \tag{12.3.9}$$

式(12.3.6)和式(12.3.9)为常用的积分形式的基本方程。

2. 恒容反应的基本方程

在恒容条件下,$c_A=c_{A0}(1-x_A)$,即$-c_{A0}dx_A=dc_A$。将此式代入式(12.3.9),可得恒容反应的基本方程

$$\tau=-\int_{c_{A0}}^{c_A}\frac{dc_A}{-r_A} \tag{12.3.10}$$

值得一提的是,式(12.3.9)和式(12.3.10)与间歇反应器的基本方程式(12.1.7)和式(12.1.9)的形式相同。

(三)设计计算方法

平推流反应器设计的基本方程为式(12.3.4)、式(12.3.6)、式(12.3.9)和式(12.3.10),通过这些方程可以计算得到反应速率、转化率(或浓度)、反应器有效体积和进料量。当反应速率方程较为简单时,可以根据以上的基本方程进行直接解析。

对于恒容恒温反应,其设计方程与间歇反应器的设计方程完全相同(参见表12.1.1)。一些气相反应在恒温恒压条件下平推流反应器的设计方程列于表12.3.1。

表12.3.1 恒温恒压条件下平推流反应器的设计方程(气相反应)

反应式	反应速率方程	设计方程
$A\longrightarrow \alpha_R R$	$-r_A=kp_A$	$\frac{V}{q_{n0}}=\frac{1}{kp}\left[(1+\delta_A z_{A0})\ln\frac{1}{1-x_A}-\delta_A z_{A0}x_A\right]$
$2A\longrightarrow \alpha_R R$	$-r_A=kp_A^2$	$\frac{V}{q_{n0}}=\frac{1}{kp^2}\left[\delta_A^2 z_{A0}x_A+(1+\delta_A z_{A0})^2\frac{x_A}{z_{A0}(1-x_A)}-2\delta_A(1+\delta_A z_{A0})\ln\frac{1}{1-x_A}\right]$

续表

反应式	反应速率方程	设计方程
$A+B \longrightarrow \alpha_R R$	$-r_A=kp_Ap_B$	$\frac{V}{q_{n0}}=\frac{1}{kp^2}\left[\delta_A^2 z_{A0}x_A-\frac{(1+\delta_A z_{A0})^2}{z_{A0}-z_{B0}}\ln\frac{1}{1-x_A}+\frac{(1+\delta_A z_{B0})^2}{z_{A0}-z_{B0}}\ln\frac{1}{1-(z_{A0}/z_{B0})x_A}\right]$
$A \rightleftharpoons R$	$-r_A=k\left(p_A-\frac{p_R}{K_p}\right)$	$\frac{V}{q_{n0}}=\frac{K_p}{(1+K_p)kp}\ln\frac{K_p z_{A0}-z_{R0}}{K_p z_{A0}(1-x_A)-z_{A0}x_A-z_{R0}}$

注:p 为总压;p_A,p_B,p_R 为各反应组分的分压;K_p 为可逆反应的平衡常数。

当反应速率方程较为复杂时,可以用图解法进行解析。根据式(12.3.9),以 x_A 对 $1/(-r_A)$ 作图,如图 12.3.2(a)所示,则图中阴影部分与 τ/c_{A0} 相等,由此可以求得某停留时间时的 x_A 或达到一定的 x_A 需要的停留时间。

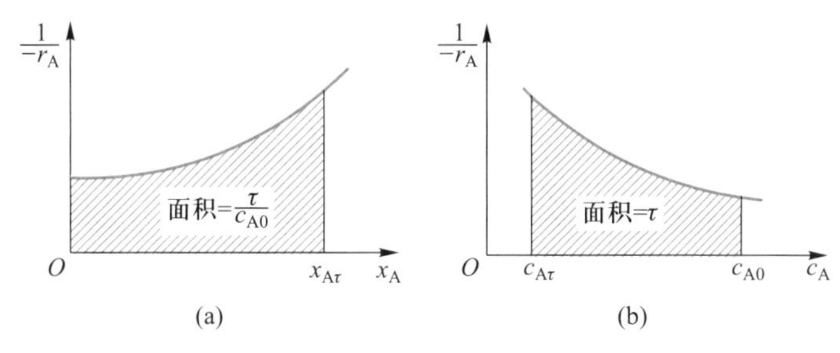

图 12.3.2 平推流反应器的图解计算法

同理,根据式(12.3.10),对于恒容反应,以 c_A 对 $1/(-r_A)$ 作图,如图 12.3.2(b)所示,图中阴影部分的面积即为停留时间 τ。由该图可以求出某一停留时间时的出口浓度或出口浓度达到某一数值所需要的停留时间。与图 12.1.3 和图 12.2.2 相比,可以清楚地看出平推流反应器的效率与间歇反应器相同,但高于全混流反应器。

【例题 12.3.1】 在例题 12.2.3 中,假如反应在 1 个平推流反应器中进行,且停留时间与 10 个串联 CSTR 的总空间时间相同,试计算 A 的转化率,并与例题 12.2.3 中的结果比较。

解:对于平推流反应器,基本方程为

$$\frac{c_A}{c_{A0}}=e^{-k\tau}$$

本例中,浓度为质量浓度,用符号 ρ 表示,故

$$\rho_A=150\times e^{-0.35\times 6.67}\ \text{mg/L}=14.5\ \text{mg/L}$$

所以 1 个平推流反应器中 A 的转化率为

$$x_A=\frac{150-14.5}{150}\times 100\%=90.3\%$$

计算得到的转化率高于 10 个串联 CSTR 的转化率(87.7%),这也证明了平推流反应器的效率高于全混流反应器。

【例题 12.3.2】 平推流反应器中发生一级反应 A ⟶ B(恒容反应),反应速率常数 k 为0.35 h^{-1},要使 A 的去除率达到 90%,则 A 需在反应器中停留多少小时?

解:设 x_A 为转化率,则

$$c_A = c_{A0}(1-x_A) = c_{A0}(1-0.90) = 0.10c_{A0}$$

根据反应平衡方程:

$$\frac{c_A}{c_{A0}} = e^{-k\tau}$$

有

$$\frac{0.10c_{A0}}{c_{A0}} = e^{-0.35\tau}$$

解得:$\tau = 6.58$ h。该计算结果与【例题 12.1.1】的结果相等,这也证明了平推流反应器的效率与间歇反应器相同。

【例题 12.3.3】 在例题 12.2.2 中,若采用有效体积为 0.80 m^3 的平推流反应器,其他条件保持不变,求反应器出口处的转化率。

解:对于一级反应,在恒容条件下,有

$$-r_A = kc_A = -\frac{dc_A}{dt}$$

$$-\ln\frac{c_A}{c_{A0}} = k\tau$$

$$\ln(1-x_A) = -k\tau$$

$$x_A = 1-e^{-k\tau}$$

根据题意,$k = 2.77\times10^{-3}\ s^{-1}$,$\tau = \frac{0.80\times60}{50\times10^{-3}}\ s = 960\ s$,所以

$$x_A = 1-e^{-2.77\times10^{-3}\times960} = 93.0\%$$

二、具有循环操作的平推流反应器

(一)循环反应器的操作方法

在工程应用中,有时把排出反应器的反应混合物的一部分返送到反应器的入口处,使之与新鲜的物料混合,这类反应器称循环反应器。如图 12.3.3 所示,循环反应器有三种主要形式:第一种形式是将排出反应器的混合物的一部分不经任何处理直接返送到入口处,如图 12.3.3(a)所示;第二种形式是在反应器出口设一分离装置,将反应产物分离取出,只把未反应的物料返送到反应器入口,如图 12.3.3(b)所示;第三种形式是微生物培养中常用的一种形式,在反应器出口设置菌体分离器,将反应产生的菌体浓缩,把浓缩后的菌体的一部分或全部返送到反应器,如图 12.3.3(c)所示,这种操作方式的反应器将在微生物反应器部分详细讨论。

通过循环,可以改变反应器内物料的流动与混合状态。对于自催化反应,如果反应物中不含产物,则反应速率很慢,利用循环操作可以提高反应速率。循环反应器适用于平推流反应器,也适用于全混流反应器,下面主要针对平推流循环反应器进行讨论。

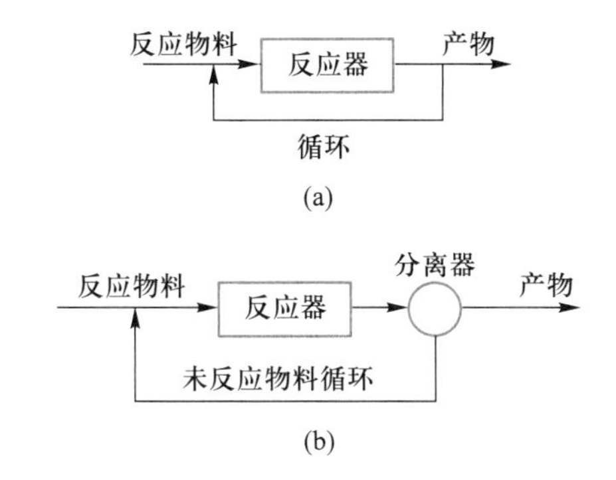

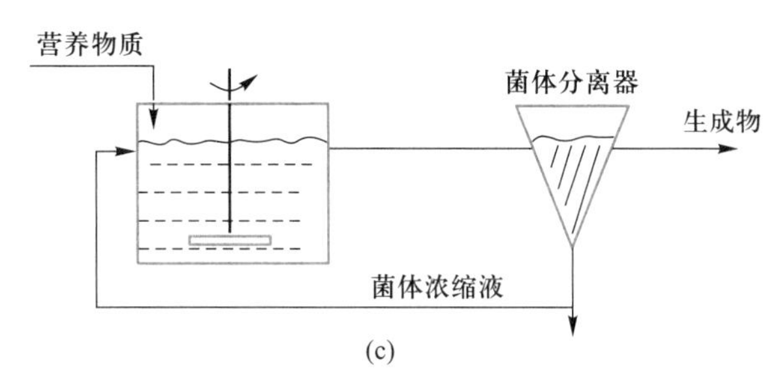

图 12.3.3 循环反应器的几种形式

（二）平推流循环反应器的设计计算

1. 循环反应器的物料衡算

对于图 12.3.4 所示的具有循环操作的平推流气相反应器（将反应物料的一部分返回反应器），循环比 γ 定义为

$$\gamma=\frac{\text{循环物料的体积流量}}{\text{排出反应器的体积流量}}=\frac{q_{V3}}{q_{Ve}} \tag{12.3.11}$$

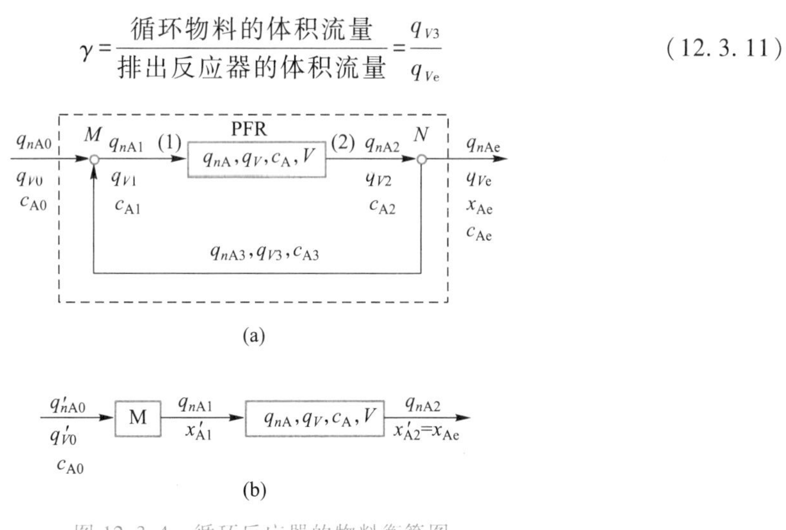

图 12.3.4 循环反应器的物料衡算图

（a）平推流循环反应器；（b）与（a）等价的反应器

（a）M 为新鲜物料和回流物料混合点；PFR 为平推流气相反应器，以下简称反应器；N 为回流物料分流点，在此不发生反应；（b）M 为反应器；PFR 与（a）中的 PFR 有相同的反应体积和转化率，以下简称主反应器

式中：q_{V3}——循环物料的体积流量，m^3/s；

q_{Ve}——排出循环反应器的体积流量，m^3/s。

对于该反应器系统（虚线所示部分），反应物料 A 的流入量为 q_{nA0}，设 x_A 为以 q_{nA0} 为基准的转化率，则排出系统时的转化率 x_A 可以表示为

$$x_{Ae}=\frac{q_{nA0}-q_{nAe}}{q_{nA0}} \tag{12.3.12}$$

即

$$q_{nAe}=q_{nA0}(1-x_{Ae}) \tag{12.3.13}$$

式中：q_{nA0}，q_{nAe}——流入、排出系统的 A 的摩尔流量，kmol/s。

所以反应器出口点（2）和 N 点的 A 的物质流量可由式（12.3.14）和式（12.3.15）表示，即

$$q_{nA2}=(1+\gamma)q_{nAe}=q_{nA0}(1+\gamma)(1-x_{Ae}) \tag{12.3.14}$$

$$q_{nA3}=\gamma q_{nAe}=q_{nA0}\gamma(1-x_{Ae}) \tag{12.3.15}$$

混合点 M 处的物料衡算式为

$$q_{nA1}=q_{nA0}+q_{nA3} \tag{12.3.16}$$

式中：q_{nA1}——混合点 M 出口（1）处 A 的摩尔流量，kmol/s。

把式（12.3.15）代入式（12.3.16），整理可得

$$q_{nA1}=q_{nA0}[1+\gamma(1-x_{Ae})] \tag{12.3.17}$$

由式（12.3.17）可以看出，反应器周围的 A 的物质流量可以用反应器外围（虚线以外的部分）参数 q_{nA0}、x_{Ae} 和 γ 来表达。但是，在进行反应器设计时，需要用反应器内部任意点的物质流量 q_{nA} 来表达。由于流入反应器内的物料是新鲜物料与反应后物料的混合物，所以对反应器本身进行物料衡算时，不能使用前面以 q_{nA0} 定义的转化率 x_A。

2. 循环反应器系统的等价反应器

根据连续反应器的转化率的定义

$$x_A=\frac{q_{nA0}-q_{nA}}{q_{nA0}} \tag{12.3.18}$$

$$q_{nA}=q_{nA0}-q_{nA0}x_A=q_{nA0}(1-x_A) \tag{12.3.19}$$

式中：q_{nA}——反应器内部任一点 A 的摩尔流量，kmol/s；

x_A——以 q_{nA0} 为基准的转化率，量纲为 1。

令 $q'_{nA0}=q_{nA0}(1+\gamma)$，并将其代入式（12.3.14），可得

$$q_{nA2}=q'_{nA0}(1-x_{Ae}) \tag{12.3.20}$$

式中：x_{Ae}——以 q_{nA0} 为基准的转化率，量纲为 1。

比较式（12.3.19）和式（12.3.20），不难理解 x_{Ae} 可以视为与 q'_{nA0}，即 $q_{nA0}(1+\gamma)$ 为基准的反应器出口（2）处的 x'_{A2} 相等。

以 q'_{nA0} 为基准的转化率 x'_A 定义为

$$x'_A=\frac{q'_{nA0}-q_{nA}}{q'_{nA0}} \tag{12.3.21}$$

式中：q'_{nA0}——流入等价系统的 A 的摩尔流量，kmol/s；

q_{nA}——反应器内任一点 A 的摩尔流量，kmol/s。

q'_{nA0}可以理解为一个假想物料流中所含物质 A 的摩尔流量，该物料流的组成与原物料流相同，但其体积流量是原物料流的$(1+\gamma)$倍。也就是说，图 12.3.4(a)所示的反应器系统可以转化为图 12.3.4(b)所示的反应器系统，即系统(b)是系统(a)的等价反应系统。系统(b)有以下主要特征：

(1) 物料流的体积流量 $q'_{V0}=q_{V0}(1+\gamma)$，组成与原物料流相同，所以 $q'_{nA0}=q_{nA0}(1+\gamma)$。

(2) 原物料流与循环流在 M 点处混合所产生的组成变化，被假设为是在反应器 M 内所发生的。进入反应器 M 的物料流为未反应物料 q'_{V0}，A 的进入量为 q'_{nA0}，假设由于在该反应器内产生反应，A 的排出量变为 q_{nA1}。

(3) 反应器 M 出口处的转化率 x'_{A1}为

$$x'_{A1}=\frac{q'_{nA0}-q_{nA1}}{q'_{nA0}}=\frac{q_{nA0}(1+\gamma)-q_{nA0}[1+\gamma(1-x_{Ae})]}{q_{nA0}(1+\gamma)} \tag{12.3.22}$$

式中：q_{nA1}——反应器 M 出口处 A 的摩尔流量，kmol/s。

即
$$x'_{A1}=\frac{\gamma x_{Ae}}{1+\gamma} \tag{12.3.23}$$

(4) 系统(b)的主反应器与原系统有相同的反应体积和转化率，因此可以利用该系统对原系统进行设计计算。以 q'_{nA0}为基准的反应器出口处的转化率x'_{A2}为

$$x'_{A2}=\frac{q'_{nA0}-q_{nA2}}{q'_{nA0}}=\frac{q_{nA0}(1+\gamma)-q_{nAe}(1+\gamma)}{q_{nA0}(1+\gamma)}=x_{Ae} \tag{12.3.24}$$

(5) 主反应器内的摩尔流量与体积流量分别为

$$q_{nA}=q_{nA0}(1+\gamma)(1-x'_A) \tag{12.3.25}$$

$$q_V=q_{V0}(1+\gamma)(1+\delta_A x'_A) \tag{12.3.26}$$

3. 循环反应器的设计计算方法

(1) 基本方程的一般形式：参照式(12.3.5)，可以得到等价反应器(图 12.3.4(b))中主反应器的设计方程

$$\frac{V}{q'_{nA0}}=\int_{x'_{A1}}^{x'_{A2}}\frac{dx'_A}{-r_A} \tag{12.3.27}$$

式中：V——主反应器的有效体积，m^3；

$-r_A$——反应器内某一点处反应速率，kmol/($m^3\cdot s$)。

即
$$\frac{V}{q_{nA0}(1+\gamma)}=\int_{\left(\frac{\gamma}{1+\gamma}\right)x_{Ae}}^{x_{Ae}}\frac{dx'_A}{-r_A} \tag{12.3.28}$$

$$\frac{V}{q_{nA0}}=(1+\gamma)\int_{\left(\frac{\gamma}{1+\gamma}\right)x_{Ae}}^{x_{Ae}}\frac{dx'_A}{-r_A} \tag{12.3.29}$$

式(12.3.29)为平推流循环反应器的基本方程，对该式进行积分，即可求出 x_{Ae} 或 V。但应注意 $-r_A$ 需改写成 x'_A 的函数。

对于一级反应，速率方程为 $-r_A=kc_A$，根据式(12.3.25)和式(12.3.26)，可得

$$c_A=\frac{q_{nA}}{q_V}=\frac{q_{nA0}(1+\gamma)(1-x'_A)}{q_{V0}(1+\gamma)(1+\delta_A x'_A)}=\frac{c_{A0}(1-x'_A)}{1+\delta_A x'_A} \tag{12.3.30}$$

式中：c_A——主反应器内某一点处 A 的物质的量浓度，$kmol/m^3$；

c_{A0}——主反应器入口处 A 的物质的量浓度，$kmol/m^3$。

故
$$-r_A=k\frac{c_{A0}(1-x'_A)}{1+\delta_A x'_A} \tag{12.3.31}$$

将式(12.3.31)代入式(12.3.29)进行积分，即可得到一级反应的基本设计方程。

对于复杂反应，很难求出式(12.3.29)的解析解，可以利用图解法进行解析。式(12.3.29)的图形解析法如图 12.3.5 所示。图中阴影部分(即 $ABCD$ 的面积)S_{ABCD} 即为 $\int_{\left(\frac{\gamma}{1+\gamma}\right)x_{Ae}}^{x_{Ae}}\frac{dx'_A}{-r_A}$ 的积分值。所以，V/q_{nA0} 的值为 $(1+\gamma)S_{ABCD}$($ABCD$ 的面积与 $FBCE$ 的面积相等)。

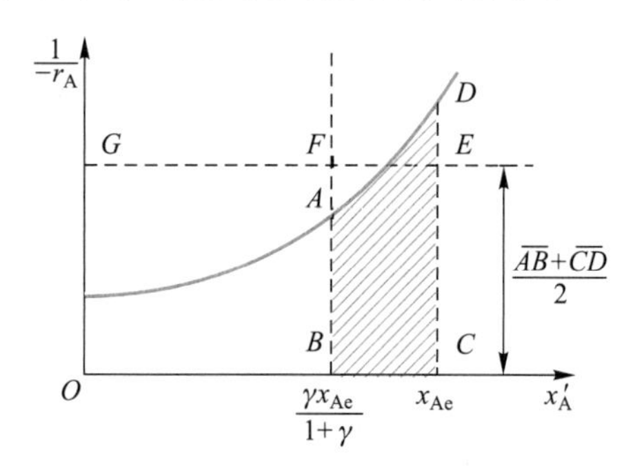

图 12.3.5 循环反应器的图形解析法

(2) 恒容反应的基本方程：对于恒容反应，式(12.3.29)可改写为式(12.3.32)的形式，具体推导方法详见例题 12.3.4。

$$\frac{V}{q_{V0}}=-(1+\gamma)\int_{\frac{c_{A0}+\gamma c_{Ae}}{1+\gamma}}^{c_{Ae}}\frac{dc_A}{-r_A} \tag{12.3.32}$$

【例题 12.3.4】 对于图 12.3.4 所示的气相平推流循环反应器，试推导出恒温、恒容条件下的设计方程。

解：对于恒容反应，反应过程中体积恒定，$q_{V0}=q_{Ve}$，反应器的设计方程可简单地表示为

$$\tau=\int_{c_{A2}}^{c_{A1}}\frac{dc_A}{-r_A} \tag{1}$$

混合点 M 处 A 的物料衡算式为($q_{V3}=\gamma q_{V0}$)

$$q_{V0}c_{A0}+\gamma q_{V0}c_{A3}=(q_{V0}+\gamma q_{V0})c_{A1} \tag{2}$$

所以
$$c_{A1}=\frac{c_{A0}+\gamma c_{A3}}{1+\gamma} \tag{3}$$

因为
$$c_{A2}=c_{A3}=c_{Ae}$$

故
$$c_{A1}=\frac{c_{A0}+\gamma c_{A2}}{1+\gamma} \tag{4}$$

主反应器的空间时间为

$$\tau=\frac{V}{q_{V0}(1+\gamma)} \tag{5}$$

将式(4)和式(5)代入式(1),整理可得

$$\frac{V}{q_{V0}}=-(1+\gamma)\int_{\frac{c_{A0}+\gamma c_{Ae}}{1+\gamma}}^{c_{Ae}}\frac{\mathrm{d}c_A}{-r_A} \tag{6}$$

式(6)即为平推流循环反应器在恒容条件下的基本设计方程。

【例题 12.3.5】　某液相平推流反应器中发生不可逆一级反应($c_{A0}=10\ \mathrm{mol/L}$),温度保持恒定,A 的转化率为 90%。如果保持反应器系统的处理量不变,将反应器流出液的 2/3 回流至反应器入口,那么 A 的转化率将有何变化?

解:各反应系统如图 12.3.6 所示。

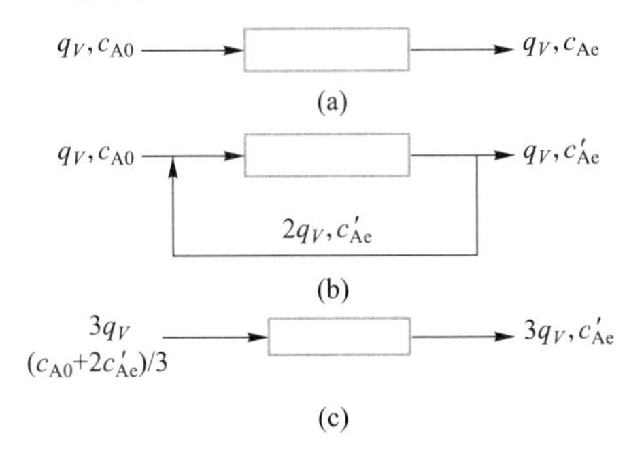

图 12.3.6　例题 12.3.5 附图

(a) 无循环的平推流反应器;(b) 平推流循环反应器;(c) 与(b)等价的反应器

根据一级恒温恒容反应的设计方程,可得

$$\frac{c_{Ae}}{c_{A0}}=e^{-k\tau}$$

对于反应器(a),有

$$\frac{0.1c_{A0}}{c_{A0}}=e^{-k\tau}=e^{-kV/q_V} \tag{1}$$

反应器(b)的等价反应器为(c),反应器(c)的体积流量为 $3q_V$,反应物料中 A 的浓度为($c_{A0}+2c'_{Ae}$)/3。对于反应器(c),有

$$\frac{3c'_{Ae}}{c_{A0}+2c'_{Ae}}=e^{-k\tau'}=e^{-kV/(3q_V)}=(e^{-kV/q_V})^{1/3} \tag{2}$$

比较(1)和(2)两个方程,得

$$c'_{Ae}=0.22c_{A0}$$

故,反应器流出液的 2/3 回流到反应器入口时,A 的转化率将降低到 78%。

术语中英文对照

· 均相反应 homogeneous reaction
· 平均空塔停留时间 mean retention time
· 恒容反应 constant-volume reaction
· 全混流槽式连续反应器 continuous stirred tank reactor(CSTR)
· 平推流(活塞流)反应器 piston flow reactor(PFR)
· 循环反应器 recirculation reactor
· 循环比 recirculating ratio
· 自催化反应 self-catalytic reaction
· 气相反应 gas phase reaction
· 液相反应 liquid phase reaction

思考题与习题

12.1 思考题

(1) 间歇反应器的一般操作方式是什么？你能举出哪些间歇反应器的例子？

(2) 半间歇反应器与间歇反应器相比有哪些异同点？

(3) 与间歇反应器相比,对于同一反应,在同样的反应条件下，达到同样的转化率,所需全混流连续反应器的接触时间有何不同？为什么？

(4) 对于一简单不可逆反应,在反应器总有效体积和反应条件不变的条件下,随着全混流反应器级数的增加,反应物的转化率如何变化？为什么？转化率的极限值是什么？

(5) 循环反应器有哪几种典型的操作方式？

12.2 在恒温恒容间歇式反应器中进行以下反应。反应开始时 A 和 B 的浓度均为2 $kmol/m^3$,目标产物为 P,试计算反应时间为 3 h 时 A 的转化率。

$$A+B \longrightarrow P, \quad r_P(kmol\cdot m^{-3}\cdot h^{-1}) = 2c_A$$
$$2A \longrightarrow Q, \quad r_Q(kmol\cdot m^{-3}\cdot h^{-1}) = 0.5c_A^2$$

12.3 在等温间歇反应器中发生二级液相反应 A ⟶ B,反应速率常数为 0.05 L/(mol·min),反应物初始浓度 c_{A0}为 2 mol/L。每批物料的操作时间除反应时间 t_R 外,还包括辅助时间 t_D,假定 $t_D = 20$ min。试求每次操作的 t_R,使得单位操作时间的 B 产量最大。

12.4 采用 CSTR 实现习题 12.2 的反应,若保持其空时为 3 h,则组分 A 的最终转化率为多少？P 的生成率又是多少？

12.5 在CSTR中,A 被转化成 C,反应速率方程为

$$-r_A(mol\cdot L^{-1}\cdot s^{-1}) = 0.15c_A$$

(1) 假定流量为 100 L/s,A 的初始浓度 c_{A0}为 0.10 mol/L,转化率 x_A 为 90%,试求所需反应器的体积；

(2) 设计完成时,工程师发现该反应级数应该是 0 级而不是 1 级,反应速率方程应该为

$$-r_A = 0.15\ mol/(L\cdot s)$$

试问这对反应的设计有何影响？

12.6 在两级串联 CSTR 中进行一级不可逆液相反应 A ⟶ B,反应速率$-r_A = kc_A$(k 为定值),且进料流量 q_V、浓度 c_A 一定,总转化率 x_A 为 84%,试证明当两反应器的有效体积相等时,总体积最小。

12.7 某反应器可将污染物 A 转化成无害的物质 C,该反应可视为一级反应,速率常数 k 为 1.0 h^{-1},设计转化率 x_A 为 99%。由于该反应器相对较细长,设计人员假定其为平推流反应,来计算反应器参数。但是,反应器的搅拌装置动力较强,实际的混合已满足完全混合反应器要求。已知物料流量为 304.8 m^3/h,密

度为 1.00 kg/L,反应条件稳定且所有的反应均发生在反应器中。

(1) 按照 PFR 来设计,反应器体积为多少,得到的实际转化率为多少?

(2) 按照 CSTR 来设计,反应器体积又为多少?

12.8 在同一温度下,两 CSTR 均稳定发生一级液相反应,其中一个反应器容积是另一个的 2 倍。进料按一定比例分配到两反应器中,使总转化率达到最大值 0.7。假定总进料流量保持不变而小反应器因维修停止进料,试求此时大反应器的转化率。

12.9 3 个等体积的 CSTR 串联,进行二级液相反应,反应速率常数为 0.0070 L/(mg·h)。进料浓度 ρ 为 150 mg/L,流量为 380 L/min。

(1) 试在坐标纸上以 $-r_A$ 对 ρ_A 作反应曲线图,其中 ρ_A 和 $-r_A$ 分别为横、纵坐标;

(2) 设总转化率 x_A 为 80%,试用(1)中曲线图求单个反应器容积、平均空间时间,并求出每个反应器混合液浓度 ρ_A 和转化率 x_A。

12.10 液相反应 A+2B ⟶ P 的反应速率方程为

$$-r_A(\text{mol}\cdot\text{m}^{-3}\cdot\text{h}^{-1}) = kc_Ac_B$$

在 50 ℃时的反应速率常数为 4.5 mol/(m^3·h),现将组成为 $c_{A0}=0.50$ mol/m^3、$c_{B0}=0.90$ mol/m^3、$c_{P0}=0$、温度为50 ℃的反应原料以 5.0 m^3/h 的流量送入一平推流反应器,使反应在 50 ℃恒温条件下进行。试计算 A 的转化率为 80%时所需的反应器有效体积。

12.11 研究表明,在 215 ℃下,均相气体反应 A ⟶ 3R 的反应速率方程为

$$-r_A(\text{mol}\cdot\text{L}^{-1}\cdot\text{s}^{-1}) = 10^{-2}c_A$$

在 215 ℃,5.065×10^5 Pa 条件下,等温平推流反应器进料气中反应物 A 和惰性气体各占 50%(c_{A0} = 0.0625 mol/L),要使转化率 x_A 达到 80%,试求所需的空间时间。

12.12 某等温平推流反应器中,发生二级液相反应 2A ⟶ 2R,回流比 $\gamma=1$,现有转化率 $x_A=2/3$。试求停止回流时反应物 A 转化率。

12.13 一气相热分解反应 A ⟶ P+Q 的反应速率方程为

$$r(\text{mol}\cdot\text{m}^{-3}\cdot\text{min}^{-1}) = kp_A$$

该反应在内径为 0.0127 m、长 3.0 m 的管式反应器内进行。反应物料流量(标准状态,273 K,101.325 kPa)为1.50×10^{-4} m^3/min。在反应过程中温度恒定,压力保持 0.1013 MPa,在反应温度下的反应速率常数为 465 mol/(MPa·m^3·min),反应物料只含有 A,不含其他组分,试求反应器出口处的 A 的转化率。

12.14 某液相反应在体积为 V 的 CSTR 中进行,反应为一级不可逆反应,反应速率常数为 k,进料流量为 q_V。

(1) 试求反应物转化率 x_A;

(2) 若将进料流量变为 $0.5q_V$,出口处物料回流,回流比为 0.5,试求转化率有何变化;

(3) 若进料流量不变仍为 q_V,出口处物料仍回流,回流比为 0.5,则对转化率有何影响?

本章主要符号说明

拉丁字母

c——物质的量浓度,kmol/m^3;

n——物质的量,kmol;

q_n——摩尔流量,kmol/s;

q_V——体积流量,m^3/s;

k——反应速率常数;

$-r_A$——反应速率,kmol/(s·m^3);

t——反应时间,s;

V——反应器有效体积,m^3;

x_A——转化率,量纲为 1;

希腊字母

δ——膨胀因子,量纲为 1;

τ——空间时间,s;

——停留时间,s;

γ——循环比,量纲为 1。

知识体系图

第十三章　非均相化学反应器

第一节　固相催化反应器

一、固相催化反应与固体催化剂

（一）催化反应的特征及其在环境工程中的应用

催化剂是能改变反应的速率，而本身在反应前后并不发生变化的物质。有催化剂参与的反应称为催化反应。例如在过氧化氢（H_2O_2）中加入 Fe、Mn 等金属离子，分解反应会剧烈地发生。在高浓度有机废水的空气氧化反应（通常称为湿式氧化）中加入贵金属催化剂，可大大提高反应速率。

催化反应可分为均相催化反应和非均相催化反应。前者是催化剂与反应物料在同一相的反应，后者则是催化剂与反应物料不在同一相的反应。如反应物料为气相，催化剂是固体时，该反应称为气固催化反应；同样，如反应物料为液相，催化剂是固体时，称为液固催化反应。

催化反应有以下基本特征：① 催化剂本身在反应前后不发生变化，能够反复利用，所以一般情况下催化剂的用量很少；② 催化剂只能改变反应的历程和反应速率，不能改变反应的产物；③ 对于可逆反应，催化剂不改变反应的平衡状态，即不改变化学平衡关系。

可逆反应的化学平衡常数（K）与反应的吉布斯自由能变化（$\Delta G^{\ominus}$）之间的关系为

$$\Delta G^{\ominus}=-RT\ln K \tag{13.1.1}$$

式中：R——气体常数，J/（mol · K）；

T——热力学温度，K。

即 K 取决于 $\Delta G^{\ominus}$，无论有没有催化剂的存在，$\Delta G^{\ominus}$不变，因此 K 也不变。

对于 $A \rightleftharpoons P$ 的可逆反应，K 与正、负反应的反应速率常数 k_1 和 k_2 之间的关系为

$$K=\frac{k_1}{k_2} \tag{13.1.2}$$

由于催化剂不改变 K 的值，所以催化剂能加快正反应，同样也能加快逆反应。

此外，催化剂对反应有较好的选择性，一种催化剂一般只能催化特定的一个或一类反应。催化反应在环境工程中主要应用在有机废气的催化氧化处理；低浓度有机废水、污染地下水的氧化处理；高浓度有机废水的催化湿式氧化处理；含硝酸根废水、硝酸盐污染地下水的催化还原处理等。

在工业上，要求催化剂具备以下条件：① 活性高；② 选择性好；③ 寿命长；④ 易于与反应组分分离；⑤ 廉价。其中，好的选择性在工业上往往比活性的高低更重要，而在污染物的

分解去除反应中,往往需要广谱性的催化剂,一般希望能催化更多种污染物的分解。在实际工程中,最为常用的是固体催化剂。

(二)固体催化剂

1. 固体催化剂的组成

固体催化剂一般由活性物质和载体组成,必要时加入促进剂或抑制剂。

(1) 活性物质:活性物质是催化剂中真正起催化作用的组分,它常被分散固定在多孔性物质的表面。常见的催化活性物质有:① 金属催化剂(又称导体催化剂),多为过渡金属:② 金属氧化物和硫化物催化剂(又称半导体催化剂);③ 绝缘体催化剂,主要是非金属氧化物和卤化物。

(2) 载体(担体):常用的固体催化剂载体如表 13.1.1 所示。载体常常是多孔性物质,它在固体催化剂中起以下作用:① 提供大的表面和微孔,使催化活性物质附着在外部及内部表面;② 提高催化剂的机械强度;③ 提高催化剂的热稳定性;④ 节省催化活性物质用量,降低成本,一般由于使用了载体,少量的催化剂即能获得极大的反应表面;⑤ 某些情况下与活性组分相互作用,从而改变活性组分的作用或改变其选择性。

表 13.1.1 常用的固体催化剂载体

类型	载体	比表面积/($m^2 \cdot g^{-1}$)	特点
无孔低比表面积载体	石英粉	1 左右	硬度高,导热性好,耐热
	碳化硅		
有孔低比表面积载体	浮石	<20	耐高温
	碳化硅烧结物		
	耐火砖		
	硅藻土		
有孔高比表面积载体	活性炭	500~1 500	孔结构多种多样,表面
	硅胶	200~600	积随制法而变化;载体
	活性氧化铝	160~350	自身亦能提供活性中心
	活性白土	150~230	
	硅酸铝		

(3) 促进剂:促进剂又称助催化剂,它本身催化活性很小,但添加到催化剂中,能显著提高催化剂的性能,促进剂的添加量一般很少。如在氨合成反应的铁催化剂中加入 Al_2O_3、CaO、K_2O 等可以使活性维持时间增加。

(4) 抑制剂:抑制剂是减小催化剂活性的物质。固体催化剂中加入少量的抑制剂可以减小催化活性,从而提高催化剂的稳定性。抑制剂有时用来降低催化剂对副反应的催化活性。如在银催化剂中加入卤化物可以抑制乙烯的完全氧化,使反应控制在氧化乙烯的步骤。

2. 固体催化剂的物理性状

(1) 比表面积(a_s):单位质量催化剂具有的表面积(包括外表面积和内表面积)称为比表面积(specific surface area)。

由于固相催化反应发生在催化剂的表面上,所以,固体催化剂的比表面积直接影响活性的高低。为了获得较高的活性,往往利用多孔载体。大多数固体催化剂的比表面积为 5~

1 000 m^2/g。

（2）颗粒孔体积（V_g）和颗粒孔隙率（ε_p）：单位质量催化剂内部微孔所占的体积称孔体积，亦称孔容积（简称孔容）。

颗粒孔隙率是固体催化剂颗粒孔体积与总体积的比值，用 ε_p 表示，即

$$\varepsilon_p=\frac{颗粒微孔体积}{颗粒总体积}=\frac{V_g}{V_p}$$

式中：ε_p——颗粒孔隙率，量纲为 1；

V_g——单位质量颗粒内微孔体积，m^3/kg；

V_p——颗粒总体积，m^3/kg。

（3）固体密度（ρ_s）和颗粒密度（ρ_p）：固体密度是指单位体积催化剂固体物质（不包括孔所占的体积）的质量，又称真密度，用 ρ_s 表示，单位为 kg/m^3；颗粒密度是指单位体积固体催化剂颗粒（包括孔体积）的质量，用 ρ_p 表示，单位为 kg/m^3。

颗粒孔隙率与固体密度和颗粒密度之间的关系为

$$\varepsilon_p=\frac{颗粒微孔体积}{颗粒微孔体积+固体体积}$$

$$\varepsilon_p=\frac{V_g m_p}{V_g m_p+m_p/\rho_s}=\frac{V_g\rho_s}{V_g\rho_s+1} \tag{13.1.3}$$

式中：m_p——固体催化剂的质量，kg。

同样，颗粒孔隙率与颗粒密度的关系式为

$$\varepsilon_p=\frac{m_p V_g}{m_p/\rho_p}=V_g\rho_p \tag{13.1.4}$$

（4）颗粒微孔的结构与孔体积分布：除孔容外，颗粒内微孔的性状和孔径对催化剂的性质也有很大的影响。用孔体积分布，即不同孔径的微孔所占总孔体积的比例，可以粗略地评价微孔的结构。

（5）颗粒堆积密度（ρ_b）：

$$\rho_b=\frac{颗粒质量}{填充层体积}=\frac{m_p}{V}$$

式中：ρ_b——颗粒堆积密度，kg/m^3；

V——填充层体积，m^3。

（6）填充层空隙率（ε_b）：

$$\varepsilon_b=\frac{填充层颗粒间空隙体积}{填充层体积}=\frac{填充层体积-颗粒体积}{填充层体积}$$

$$\varepsilon_b=1-\frac{V_p}{V}=1-\frac{\rho_b}{\rho_p} \tag{13.1.5}$$

式中：ε_b——填充层空隙率，量纲为 1。

二、 气-固相反应的反应速率表示方法

对于固定床催化反应器,如气-固相催化反应器,气相中反应物的反应速率与固体催化剂的量和表面积等有密切的关系,为了研究方便,经常采用以下不同基准的反应速率。

(1) 以催化剂质量为基准的反应速率:定义为单位时间内单位催化剂质量(m)所能转化的某组分的量。反应物 A 的以催化剂质量为基准的反应速率$-r_{Am}$表示为

$$-r_{Am}=-\frac{1}{m}\frac{dn_A}{dt} \tag{13.1.6}$$

(2) 以催化剂表面积为基准的反应速率:定义为单位时间内单位催化剂表面积(S)所能转化的某组分的量。反应物 A 的以催化剂表面积为基准的反应速率$-r_{AS}$表示为

$$-r_{AS}=-\frac{1}{S}\frac{dn_A}{dt} \tag{13.1.7}$$

(3) 以催化剂颗粒体积为基准的反应速率:定义为单位时间内单位催化剂颗粒体积(V_p)所能转化的某组分的量。反应物 A 的以催化剂颗粒体积为基准的反应速率$-r_{AV_p}$表示为

$$-r_{AV_p}=-\frac{1}{V_p}\frac{dn_A}{dt} \tag{13.1.8}$$

值得注意的是,催化剂颗粒体积 V_p 与填充层体积 V 不同,前者不包括催化剂颗粒间的空隙体积,后者则包括颗粒体积和颗粒间的空隙体积。

各反应速率间存在以下关系

$$(-r_A)V=(-r_{Am})m=(-r_{AS})S=(-r_{AV_p})V_p$$

【例题 13.1.1】 某气-固相催化反应在一定温度和浓度条件下反应物 A 的反应速率为$-r_{Am}=3.0\times10^{-3}$ mol/[s·g(催化剂)]。已知催化剂填充层填充密度为$\rho=1.20$ g/cm^3,填充层空隙率$\varepsilon=0.40$。试分别计算以反应层体积和催化剂颗粒体积为基准的 A 的反应速率$-r_A$ 和$-r_{AV_p}$。

解:

$$-r_A=(-r_{Am})\frac{m}{V}=-r_{Am}\rho=3.0\times10^{-3}\times1.2\ \text{mol/(s·cm}^3)$$

$$=3.6\times10^{-3}\ \text{mol/(s·cm}^3)$$

又

$$(-r_{AV_p})V_p=(-r_A)V$$

$$-r_{AV_p}=-r_A\frac{V}{V_p}=-r_A\frac{V}{V-V_{空隙}}$$

式中:$V_{空隙}$——填充层空隙的体积。

因为

$$\varepsilon=\frac{V_{空隙}}{V}$$

故

$$-r_{AV_p}=-r_A\frac{1}{1-\varepsilon}=\frac{3.6\times10^{-3}}{1-0.4}\ \text{mol/(s·cm}^3)=6.0\times10^{-3}\ \text{mol/(s·cm}^3)$$

三、固相催化反应过程

固相催化反应发生在催化剂的表面（主要是微孔表面，即内表面）。在反应过程中，流体（气相或液相）中的反应物须与表面接触才能进行反应。当流体与固体催化剂接触时，在颗粒的表面形成一层相对静止的层流边界层（气膜或液膜），流体中的反应物须穿过该边界层才能与催化剂接触，反应产物也须穿过该边界层才能到达流体主体。

固相催化反应过程可概括为七个步骤，如图 13.1.1 所示。

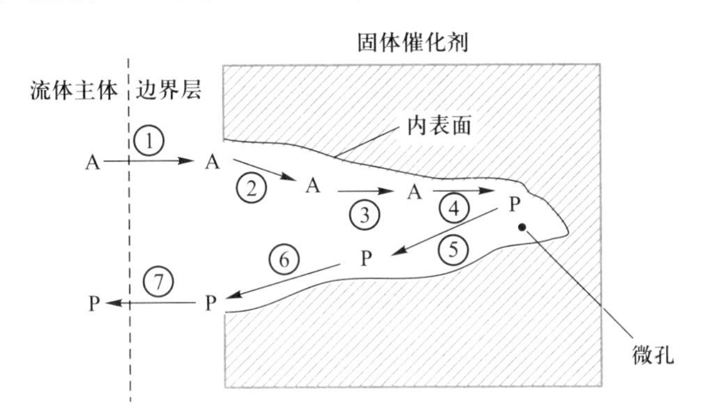

固相催化反应过程

图 13.1.1 固相催化反应过程（反应 A ⟶ P）

① 反应物的外扩散。反应物从流体主体穿过边界层向固体催化剂外表面传递。这种传递主要是分子扩散。这种扩散引起流体主体与催化剂表面的反应物的浓度不同。

② 反应物的内扩散。反应物从外表面向固体催化剂微孔内部传递。这种传递也主要靠分子扩散。这种扩散使颗粒内部不同深处反应物的浓度不同。另外，当微孔的直径小于气相分子平均自由程时，气体分子与孔壁碰撞比气体分子之间碰撞频繁得多，这样的扩散称克努森扩散。

③ 反应物的吸附。反应物在催化剂微孔表面活性中心上吸附，成为活化分子。

④ 表面反应。活化分子在微孔表面上发生反应，生成吸附态产物。反应必须借助于催化剂表面的活性中心才能发生。

⑤ 产物的脱附。反应产物从固体表面脱附，进入固体催化剂微孔。

⑥ 产物的内扩散。反应物沿固体催化剂内部微孔从内部传递到外表面。

⑦ 产物的外扩散。反应产物从固体催化剂外表面穿过流体边界层传递到流体主体。

以上七个过程中，①、②、⑥、⑦称为扩散过程，③、④、⑤称为反应动力学过程，由于这三个过程是在表面上发生的，所以亦称表面过程。

总之，固相催化反应是一个多步骤串联的过程，有以下几个特点：① 固相反应速率不仅与反应本身有关，而且与反应物及产物的扩散速率有关。② 若其中某一个步骤的速率比其他步骤慢，则整个反应速率取决于这一步骤，该步骤称为控制步骤（rate controlling step）；若控制步骤是一个扩散过程，则称扩散控制，又称传质控制；若控制步骤是一个动力学过程，则称动力学控制。③ 反应达到定常态时，各步骤的速率相等。

四、固相催化反应的本征动力学

固相催化反应的本质是反应物分子以吸附的方式与催化剂结合,形成吸附络合物,吸附络合物之间进一步反应,生成产物,即吸附→表面反应→脱附的过程,这三个过程是直接与化学反应相关的过程,称为本征动力学过程。下面以气-固相反应为例,分别介绍这些过程。

(一)反应物的化学吸附与脱附速率

化学吸附只能发生在活性中心(active site),即固体表面上能与反应物反应的原子。活性中心用符号"σ"表示,则化学吸附的过程可表示为:

$$A+\sigma \rightleftharpoons A\sigma \tag{13.1.9}$$

式中:$A\sigma$——A 与活性中心生成的络合物。

对于气-固相催化反应,吸附速率 v_a 和脱附速率 v'_a 可分别表示为

$$v_a = k_a p_A \theta_v \tag{13.1.10}$$

$$v'_a = k'_a \theta_A \tag{13.1.11}$$

式中:v_a,v'_a——吸附速率和脱附速率;

p_A——A 组分在气相中的分压;

θ_v——空位率,量纲为 1;

θ_A——吸附率,量纲为 1;

k_a,k'_a——吸附速率常数和脱附速率常数。

同反应速率常数一样,k_a 和 k'_a 与温度的关系亦可用阿伦尼乌斯(Arrhenius)方程表示,即

$$k_a = k_{a0}\exp\left(-\frac{E_a}{RT}\right) \tag{13.1.12}$$

$$k'_a = k'_{a0}\exp\left(-\frac{E'_a}{RT}\right) \tag{13.1.13}$$

式中:k_{a0},k'_{a0}——分别为吸附和脱附的增强因子;

E_a,E'_a——分别为吸附和脱附的活化能。

实际观察到的吸附速率,即净吸附速率是吸附速率 v_a 与脱附速率 v'_a 之差,该速率称为表观吸附速率 v_A,故

$$v_A = k_a p_A \theta_v - k'_a \theta_A \tag{13.1.14}$$

当吸附达到平衡时,$v_A = 0$,所以

$$k_a p_A \theta_v = k'_a \theta_A \tag{13.1.15}$$

设

$$K_A = \frac{k_a}{k'_a}$$

则

$$K_A = \frac{\theta_A}{p_A \theta_v} \tag{13.1.16}$$

式中：K_A——吸附平衡常数，量纲为 1。

该方程称吸附平衡方程。

根据朗缪尔(Langmuir)、弗罗因德利希(Freundlich)等吸附模型，利用吸附速率方程和平衡方程即可计算出所给条件下的吸附速率。

（二）表面化学反应

对于固相催化反应 A ⟶P，在固体催化剂表面上发生的反应通常可以表示为

$$A\sigma \rightleftharpoons P\sigma \tag{13.1.17}$$

式中：Aσ，Pσ——分别为反应组分 A 和 P 与活性中心形成的络合物。

该反应为基元反应，故反应级数与化学计量系数相等，正反应速率 r_s 和逆反应速率 r'_s 分别可表示为

$$r_s = k_s\theta_A \tag{13.1.18}$$

$$r'_s = k'_s\theta_P \tag{13.1.19}$$

式中：r_s，r'_s——以催化剂体积为基准的正反应、逆反应的反应速率；

k_s，k'_s——分别为正反应和逆反应的反应速率常数；

θ_A，θ_P——分别为 A 和 P 的吸附率，量纲为 1。

实际观察到的反应速率即净反应速率，是正反应速率 r_s 和逆反应速率 r'_s 之差。该反应速率称表观反应速率 r_S，故有

$$r_S = r_s - r'_s = k_s\theta_A - k'_s\theta_P \tag{13.1.20}$$

反应达到平衡时，有

$$K_S = \frac{k_s}{k'_s} = \frac{\theta_P}{\theta_A} \tag{13.1.21}$$

式中：K_S——表面反应平衡常数，量纲为 1。

（三）本征动力学

固体催化反应的本征动力学过程是由反应物的吸附、表面反应、产物的脱附三个过程串联而成的。下面以气-固相催化反应为例，分析讨论固相催化反应的本征动力学。以下的讨论基于三个假设：① 反应物的吸附、表面反应和产物的脱附三个步骤中必然存在一个控制步骤；② 除控制步骤外，其他步骤处于平衡状态；③ 吸附过程和脱附过程属理想过程，可用朗缪尔吸附模型来描述。

对于反应 A ⇌ P，设想其反应机理步骤如下：

A 的吸附：
$$A + \sigma \rightleftharpoons A\sigma \tag{13.1.22}$$

表面反应：
$$A\sigma \rightleftharpoons P\sigma \tag{13.1.23}$$

P 的脱附：
$$P\sigma \rightleftharpoons P + \sigma \tag{13.1.24}$$

各步骤的表观速率方程为

A 的吸附速率 v_A：
$$v_A = k_a p_A \theta_v - k'_a\theta_A \tag{13.1.25}$$

表观反应速率 r_S：
$$r_S = k_s\theta_A - k'_s\theta_P \tag{13.1.26}$$

P 的脱附速率 v_P：

$$v_P = k_p\theta_P - k'_p p_P \theta_v \tag{13.1.27}$$

式中：θ_A——A 的吸附率，量纲为 1；

θ_P——P 的吸附率，量纲为 1；

θ_v——空位率，量纲为 1。

$$\theta_A + \theta_P + \theta_v = 1 \tag{13.1.28}$$

1. 反应物吸附过程控制

若 A 的吸附过程为控制步骤，则本征反应速率可用 A 的吸附速率表示，即

$$-r_A = v_A = k_a p_A \theta_v - k'_a \theta_A \tag{13.1.29}$$

式中：$-r_A$——本征反应速率，$kmol/(m^3 \cdot s)$。

因表面反应和 P 的脱附均达到平衡，$r_S=0$，$v_P=0$，则

$$K_S = \frac{\theta_P}{\theta_A} \tag{13.1.30}$$

$$\theta_P = K_P p_P \theta_v \tag{13.1.31}$$

式中：K_P——脱附平衡常数，量纲为 1，$K_P = \dfrac{k'_p}{k_p}$。

由式(13.1.28)、式(13.1.30)和式(13.1.31)可得

$$\theta_v = \frac{1}{(1/K_S+1)K_P p_P + 1} \tag{13.1.32}$$

$$\theta_A = \frac{(K_P/K_S)p_P}{(1/K_S+1)K_P p_P + 1} \tag{13.1.33}$$

则本征反应速率方程为

$$-r_A = k_a \frac{p_A - \dfrac{K_P}{K_S K_A} p_P}{\dfrac{K_P p_P}{K_S} + K_P p_P + 1} \tag{13.1.34}$$

2. 表面反应过程控制

在表面反应过程为控制步骤时，本征反应速率可以用表面反应速率表示为

$$-r_A = r_S = k_s \theta_A - k'_s \theta_P \tag{13.1.35}$$

此时 A 的吸附和 P 的脱附均已达到平衡，则

$$K_A p_A \theta_v = \theta_A \tag{13.1.36}$$

$$K_P p_P \theta_v = \theta_P \tag{13.1.37}$$

由式(13.1.28)、式(13.1.36)和式(13.1.37)可得

$$\theta_v = \frac{1}{1 + K_A p_A + K_P p_P} \tag{13.1.38}$$

$$\theta_A = \frac{K_A p_A}{1 + K_A p_A + K_P p_P} \tag{13.1.39}$$

$$\theta_P = \frac{K_P p_P}{1 + K_A p_A + K_P p_P} \tag{13.1.40}$$

则本征反应速率方程为

$$-r_A = k_s \frac{K_A p_A - (K_P / K_S) p_P}{1 + K_A p_A + K_P p_P} \tag{13.1.41}$$

3. 产物脱附过程控制

当产物 P 的脱附过程为控制步骤时,本征反应速率可以用脱附速率表示为

$$-r_A = v_P = k_p \theta_P - k'_p p_P \theta_v \tag{13.1.42}$$

由于 A 的吸附和表面反应过程达到平衡,有

$$\theta_A = K_A p_A \theta_v \tag{13.1.43}$$

$$\theta_P = K_S \theta_A = K_A p_A K_S \theta_v \tag{13.1.44}$$

所以

$$\theta_v = \frac{1}{1 + K_A p_A + K_S K_A p_A} \tag{13.1.45}$$

$$\theta_A = \frac{K_A p_A}{1 + K_A p_A + K_S K_A p_A} \tag{13.1.46}$$

$$\theta_P = \frac{K_S K_A p_A}{1 + K_A p_A + K_S K_A p_A} \tag{13.1.47}$$

则本征反应速率方程为

$$-r_A = k_p \frac{K_S K_A p_A - p_P K_P}{1 + K_A p_A (1 + K_S)} \tag{13.1.48}$$

以上介绍的是以豪根-沃森(Hougen-Watson)模型推导出的双曲线型本征动力学方程,在实际应用中,有时利用幂函数型的方程。表面反应为控制步骤时的幂函数型速率方程可表示为

$$-r_A = k p_A^m - k' p_P^n$$

式中:m,n——实验获得的幂函数指数,量纲为 1。

幂函数型的速率方程形式简单,计算方便,特别是在反应控制方面比较适用,但不如双曲线型的速率方程那样能清楚地反映反应的机理过程。

(四) 本征动力学方程的实验测定

固相催化反应本征动力学方程的实验测定可以用第十五章所介绍的方法进行。最重要的是要测定真实的反应速率,必须排除外扩散和内扩散过程的影响。在消除内、外扩散影响的条件下,各组分在流体主体,固体催化剂表面、微孔内部的浓度相同,可以较简单地确定本征动力学方程。在实验过程中,需要做一些预实验以确定消除扩散影响的实验条件。

1. 外扩散影响的消除

根据传质理论,加大流体流动速度,提高流体湍流程度,可以减小边界层厚度,使边界层的扩散阻力小到足以忽略的程度,这样可以消除外扩散的影响。确定流体流速条件的方法如下:① 在一反应器内装入质量为 m_1 的催化剂,此时的填充层高度为 h_1,在保持相同温度、压力、进口物料组成的条件下,改变进料流速 q_{nA0},测定相应的转化率 x_A;② 在同一反应器内装入质量为 m_2 的催化剂,此时的填充层高度为 h_2,在同样的温度、压力、进口物料组成的条件下测定不同 q_{nA0}时的 x_A;③ 将实验数据按 x_A-m/q_{nA0}作图,得两条曲线,如图 13.1.2 所示。在两条曲线重合部分,尽管气体流动的线速度不同(即流体的流动状态不同),但反应速率相同,说明反应没有受到扩散的影响。在这种实验条件下,可认为消除了外扩散的影响。

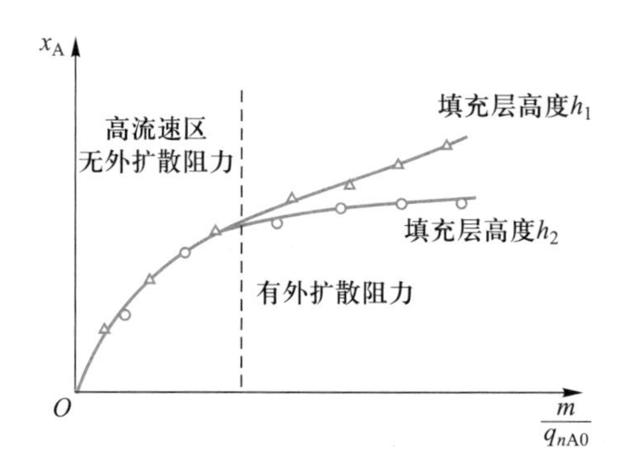

图 13.1.2 消除外扩散影响的实验条件的确定

2. 内扩散影响的消除

对于已制备好的固体催化剂,内扩散阻力的大小主要取决于粒径,改变催化剂的颗粒直径进行实验,可以确定无内扩散阻力的适宜于实验的催化剂粒径,具体做法如下:① 在一定温度、压力、进口物料组成、进料速率和催化剂填装量的条件下,测定粒径 d_{p1}时反应器出口的转化率 x_{A1};② 在同样的温度、压力、进口物料组成、进料速率和催化剂填装量的条件下,只改变粒径为 d_{p2},测定反应器出口的转化率 x_{A2};③ 依此类推,测定不同 d_p 时的 x_A,以 x_A-d_p作图,得一曲线,如图 13.1.3 所示。x_A 不随 d_p 变化而变化的区域,即为无内扩散阻力的粒径条件。

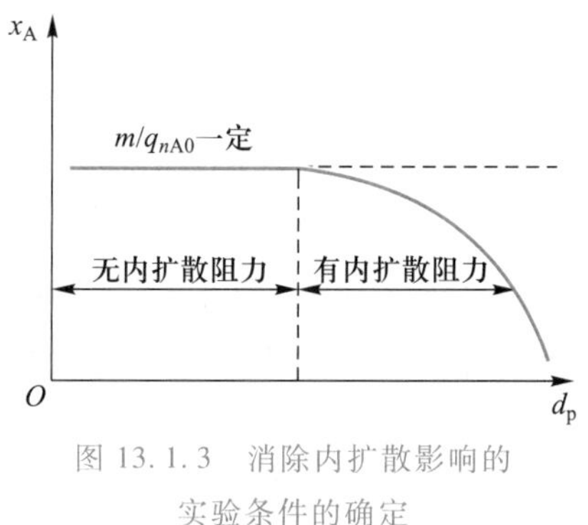

图 13.1.3 消除内扩散影响的实验条件的确定

五、固相催化反应的宏观动力学

(一) 宏观反应速率的定义

在固相催化反应器中,由于内、外扩散的影响,固体催化剂颗粒内部各处的浓度不同,温度也有可能不同,故反应速率也不同,因此本征动力学方程应用起来非常困难。在实际应用中,为了方便,常用以催化剂颗粒体积为基准的平均反应速率,即宏观反应速率(该速率为平均值,与第十一章所述的$-r_{AV_p}$不同)表示反应进行的快慢。宏观反应速率$(-R_A)$与本征反应速率$-r_A$ 之间的关系为

$$-R_{A}=\frac{\int_{0}^{V_{p}}(-r_{A})\mathrm{d}V_{p}}{\int_{0}^{V_{p}}\mathrm{d}V_{p}} \tag{13.1.49}$$

式中：$-R_A$——宏观反应速率，kmol/(m^3·s)；

V_p——催化剂颗粒体积，m^3。

宏观反应速率不仅与本征反应速率有关，还与催化剂颗粒大小、形状及扩散过程有关。

（二）催化剂的有效系数

如上所述，催化剂内部各处反应组分的浓度不同，温度也有可能不同，因此颗粒内部各处的反应速率也不同。固体催化剂的实际反应速率（即宏观反应速率）与固体颗粒内部各处的反应物浓度和温度均与固体表面相同时的理想反应速率（即催化剂内部与表面无浓度和温度差时的反应速率）之比定义为催化剂的有效系数（effective factor，η），也称效率因子。

$$\eta=\frac{\text{催化剂的实际反应速率}}{\text{催化剂表面与内部无浓度及温度差时的理想反应速率}}$$

在一级反应中，有

$$\eta=\frac{-R_{A}V_{p}}{k_{V}c_{As}V_{p}}=\frac{-R_{A}}{k_{V}c_{As}} \tag{13.1.50a}$$

则$-R_A$可以表示为

$$-R_{A}=\eta k_{V}c_{As} \tag{13.1.50b}$$

式中：k_V——以催化剂颗粒体积为基准的反应速率常数；

c_{As}——催化剂固体表面的反应物A的浓度，kmol/m^3。

由上式可以看出，只要知道了有效系数，就可以较为方便地计算出宏观反应速率。

影响有效系数的因素很多。有效系数可以通过实验测得，也可以通过计算求得。

（三）固相催化反应的宏观动力学

宏观动力学方程受颗粒形状、大小以及温度等的影响，下面以球形催化剂为例讨论等温固相催化反应的宏观动力学。

1. 球形催化剂的基本方程

设在半径为R的球形催化剂颗粒内进行等温催化反应。取任一半径为r处，厚度为$\mathrm{d}r$的壳层为体积单位，如图13.1.4所示。流体中A组分在单位体积内的物料衡算计算如下：

A的输入，即$(r+\mathrm{d}r)$面进入量为

$$4\pi D_{e}(r+\mathrm{d}r)^{2}\frac{\mathrm{d}}{\mathrm{d}r}\left(c_{A}+\frac{\mathrm{d}c_{A}}{\mathrm{d}r}\mathrm{d}r\right)$$

A的输出，即r面输出量为

$$4\pi r^{2}D_{e}\frac{\mathrm{d}c_{A}}{\mathrm{d}r}$$

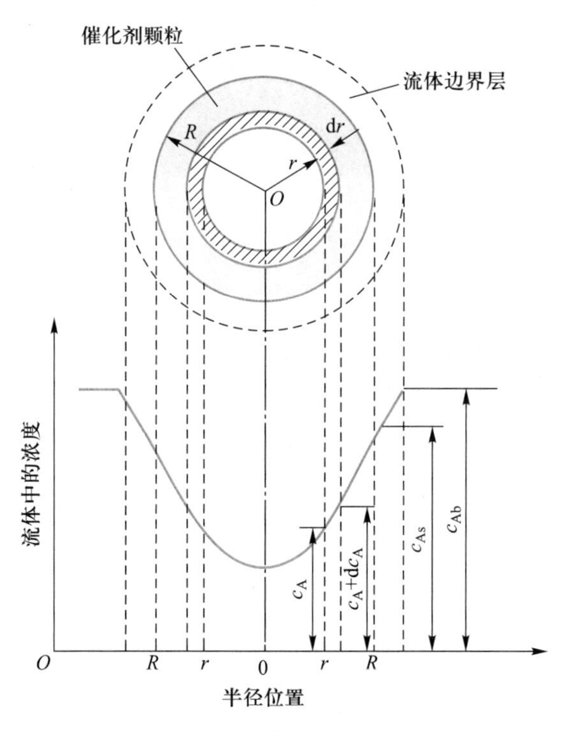

c_{Ab}—流体主体中 A 的浓度,kmol/m^3;c_{As}—颗粒表面处 A 的浓度,kmol/m^3

图 13.1.4 球形催化剂颗粒内反应物 A 的浓度分布

A 的反应消耗量为

$$(4\pi r^2 dr)(-r_A)$$

式中:D_e——颗粒外表面积为基准的有效扩散系数,m^2/s;

c_A——颗粒内部各处的浓度,kmol/m^3。

积累量:对于连续稳定状态,积累量为 0。

A 的物料衡算式为

输入量=A 的输出量+A 的反应消耗量+积累量

令 $z=r/R$,略去$(dr)^2$项,整理可得

$$\frac{d^2c_A}{dz^2}+\frac{2}{z}\frac{dc_A}{dz}=\frac{R^2}{D_e}(-r_A) \tag{13.1.51}$$

式中:R——催化剂颗粒半径,m。

式(13.1.51)为球形催化剂的基本方程,其边界条件为

$$r=0,\quad z=0,\quad \frac{dc_A}{dz}=0 \tag{13.1.52}$$

$$r=R,\quad z=1,\quad c_A=c_{As} \tag{13.1.53}$$

2. 球形催化剂内反应物的浓度分布

由于催化剂内部各处的反应物浓度均不相同,只有掌握了浓度在颗粒内部的分布规律,才能对式(13.1.49)进行解析,得到宏观速率。下面介绍浓度分布的解析方法。

对于 n 级不可逆反应,本征动力学方程为

$$-r_{\mathrm{A}}=k_V c_{\mathrm{A}}^n \tag{13.1.54}$$

则球形催化剂颗粒的最大反应速率,即反应物 A 在催化剂颗粒内部各处的浓度与催化剂表面的浓度 c_{As} 相等时的理想反应速率(即最大反应速率)为

$$\frac{4}{3}\pi R^3 k_V c_{\mathrm{As}}^n$$

最大内部扩散速率,即催化剂内部球心处反应物 A 的浓度为 0 时(不存在反应物,浓度梯度为 c_{As}/R)的扩散速率为 $4\pi R^2 D_{\mathrm{e}}(c_{\mathrm{As}}/R)$。

令
$$\phi_{\mathrm{s}}=\frac{R}{3}\sqrt{\frac{k_V c_{\mathrm{As}}^{n-1}}{D_{\mathrm{e}}}} \tag{13.1.55}$$

则
$$\frac{\text{最大反应速率}}{\text{内部最大扩散速率}}=\frac{\dfrac{4}{3}\pi R^3 k_V c_{\mathrm{As}}^n}{4\pi R^2 D_{\mathrm{e}}\left(\dfrac{c_{\mathrm{As}}}{R}\right)}=\frac{R^2}{3}\ \frac{k_V c_{\mathrm{As}}^{n-1}}{D_{\mathrm{e}}}=3\phi_{\mathrm{s}}^2 \tag{13.1.56}$$

式中:ϕ_{s}——蒂勒(Thiele)模数,量纲为 1。

对于一级反应,$n=1$,式(13.1.55)变为

$$\phi_{\mathrm{s}}=\frac{R}{3}\sqrt{\frac{k_V}{D_{\mathrm{e}}}} \tag{13.1.57}$$

于是
$$\frac{\mathrm{d}^2 c_{\mathrm{A}}}{\mathrm{d}z^2}+\frac{2}{z}\ \frac{\mathrm{d}c_{\mathrm{A}}}{\mathrm{d}z}=(3\phi_{\mathrm{s}})^2 c_{\mathrm{A}} \tag{13.1.58}$$

令 $\omega=c_{\mathrm{A}}z$,则上式可变为二阶齐次常微分方程

$$\frac{\mathrm{d}^2\omega}{\mathrm{d}z^2}=(3\phi_{\mathrm{s}})^2\omega \tag{13.1.59}$$

其通解为

$$\omega=c_{\mathrm{A}}z=A_1\exp(3\phi_{\mathrm{s}}z)+A_2\exp(-3\phi_{\mathrm{s}}z)$$

将边界条件式(13.1.52)和式(13.1.53)代入,可求出积分常数 A_1 和 A_2

$$A_1=\frac{c_{\mathrm{As}}}{2\sinh(3\phi_{\mathrm{s}})} \tag{13.1.60}$$

$$A_2=-A_1=-\frac{c_{\mathrm{As}}}{2\sinh(3\phi_{\mathrm{s}})} \tag{13.1.61}$$

将 A_1 和 A_2 代入通解方程,可得到球形催化剂内反应物 A 的浓度分布方程

$$c_A=\frac{c_{As}}{z}\cdot\frac{\sinh(3\phi_s z)}{\sinh(3\phi_s)} \tag{13.1.62}$$

3. 球形催化剂的宏观速率方程

由式(13.1.49)可知,球形催化剂的宏观反应速率可以表达为

$$-R_A=\frac{1}{V_p}\int_0^{V_p}(-r_A)\,dV_p \tag{13.1.63}$$

对于球形催化剂,颗粒体积为

$$V_p=\frac{4}{3}\pi r^3$$

则

$$dV_p=4\pi r^2 dr \tag{13.1.64}$$

对于一级反应$-r_A=k_V c_A$;将上式和式(13.1.62)代入式(13.1.63),积分可得

$$-R_A=\frac{1}{\phi_s}\left[\frac{1}{\tanh(3\phi_s)}-\frac{1}{3\phi_s}\right]k_V c_{As} \tag{13.1.65}$$

$$\frac{-R_A}{k_V c_{As}}=\frac{1}{\phi_s}\left[\frac{1}{\tanh(3\phi_s)}-\frac{1}{3\phi_s}\right] \tag{13.1.66}$$

比较式(13.1.66)的左边和催化剂的有效系数的定义,可得

$$\eta=\frac{1}{\phi_s}\left[\frac{1}{\tanh(3\phi_s)}-\frac{1}{3\phi_s}\right] \tag{13.1.67}$$

由式(13.1.50)可知,宏观动力学方程可表示为

$$-R_A=\eta k_V c_{As}$$

$$-R_A=\eta(-r_{AV_p}^*) \tag{13.1.68}$$

式中:$-r_{AV_p}^*$——催化剂内部浓度等于催化剂外表面浓度时的以颗粒体积为基准的本征反应速率,它是$-R_A$的最大反应速率,kmol/($m^3\cdot s$)。

由式(13.1.68)可知,只要知道η值,就可以很简单地计算出宏观反应速率。

4. 蒂勒模数对固相催化反应过程的影响

蒂勒模数(ϕ_s)的物理意义是以催化剂颗粒体积为基准的最大反应速率与最大内扩散速率的比值,反映了反应过程受本征反应及内扩散的影响程度。

ϕ_s值越小,说明扩散速率越大,反应速率受扩散的影响就越小。$\phi_s<0.3$时,$\eta\approx1$,此时扩散的影响可忽略不计。

反之,ϕ_s值越大,说明扩散速率越小,反应速率受扩散的影响就越大。$\phi_s>5$时,η小于0.1,且$\eta\approx1/\phi_s$。此时宏观反应速率主要受扩散的影响。

另外,由式(13.1.67)可知,蒂勒模数直接决定催化剂效率因子的大小。

【例题 13.1.2】　利用直径为 0.3 cm 的球形催化剂进行挥发性有机物 A 的催化分解反应，该反应可视为一级反应，且在 630 ℃时的本征动力学方程为 $-r_A(\text{mol}\cdot\text{s}^{-1}\cdot\text{cm}^{-3}) = 7.99\times10^{-7}\ p_A$。已知 A 的有效扩散系 $D_e = 7.82\times10^{-4}\ \text{cm}^2/\text{s}$，试计算该催化反应的催化剂的有效系数。

解：根据气体方程
$$p_A = \frac{n}{V}RT = c_A RT$$

根据题意，$-r_A = 7.99\times10^{-7}\ p_A$，且 c_A 单位为 mol/cm^3，故

$$-r_A = 7.99\times10^{-7}\times10^3\ RTc_A$$

所以本征动力学方程的反应常数为

$$k = 7.99\times10^{-7}\times10^3\times8.314\times(273+630)\ \text{s}^{-1} = 6.0\ \text{s}^{-1}$$

一级反应的蒂勒模数为

$$\phi_s = \frac{R}{3}\sqrt{\frac{k}{D_e}} = \frac{0.15}{3}\times\sqrt{\frac{6}{7.82\times10^{-4}}} = 4.38$$

$$\eta = \frac{1}{\phi_s}\left[\frac{1}{\tanh 3\phi_s} - \frac{1}{3\phi_s}\right] = \frac{1}{4.38}\times\left[\frac{1}{\tanh(3\times4.38)} - \frac{1}{3\times4.38}\right] = 0.21$$

六、固相催化反应器的设计与操作

（一）固定床催化反应器

固定床催化反应器多用于气-固催化反应，其一般操作方式是气体从上而下通过床层。该类反应器广泛应用于石油化工、有机化工及废气的催化分解处理等。

固定床催化剂的形式多种多样，按床层与外界的热交换方式，可分为绝热式反应器、换热式反应器、自热式反应器等。

催化反应大多数伴随着热效应，反应器的温度控制非常重要，但当催化反应的热效应很小，且单位床层体积具有较大传热表面时，可以近似作为等温反应计算，这样可以大大简化设计计算。

固定床反应器设计的主要任务是根据反应物料组成和要实现的转化率计算求出反应器的体积，催化剂的需要量，床层高度及有关的工艺参数等。

由于固定床内的流动、传热、传质和反应非常复杂，在设计中通常采用模型法，即对床层内的流体与催化剂颗粒的行为进行一定的简化。其中，一维拟均相理想模型是最简单的模型。

一维拟均相理想模型的基本假设如下：① 流体在反应器中的温度、浓度在径向上均一，仅沿轴向变化，流体流动相当于平推流反应器；② 流体与催化剂在同一截面处的温度、反应物浓度相同。

1. 等温反应器的设计

图 13.1.5 为等温固定床催化反应器的物料衡算图。如图 13.1.5 所示设床层温度为 T，入口处 A 组分摩尔流量为 q_{nA0}，反应率为 $x_{A0}=0$，反应速率用反应率的函数表示为

$$-r_{Am} = -\frac{1}{m}\frac{dn_A}{dt} = \frac{n_{A0}}{m}\frac{dx_A}{dt} \tag{13.1.69a}$$

$$-r_{Am}=-\frac{-R_A}{\rho_p} \tag{13.1.69b}$$

式中：$-r_{Am}$——以催化剂质量为基准的反应速率，kmol/(kg·s)；

ρ_p——催化剂颗粒的密度，kg/m^3。

对于厚度为 dl 的填充层微体积单元，单位时间内的反应物 A 的进入量、流出量及反应量如下：

A 的进入量 $=q_{nA}$

A 的流出量 $=q_{nA}+dq_{nA}$

A 的反应量 $=(-r_{Am})dm=(-r_{Am})S\rho_b dl$

式中：ρ_b——催化剂层的颗粒堆积密度，kg/m^3；

S——床层截面积，m^2；

m——催化剂质量，kg。

反应达到定常态时，积累量 = 0，故微体积单元的物料衡算式可表示为

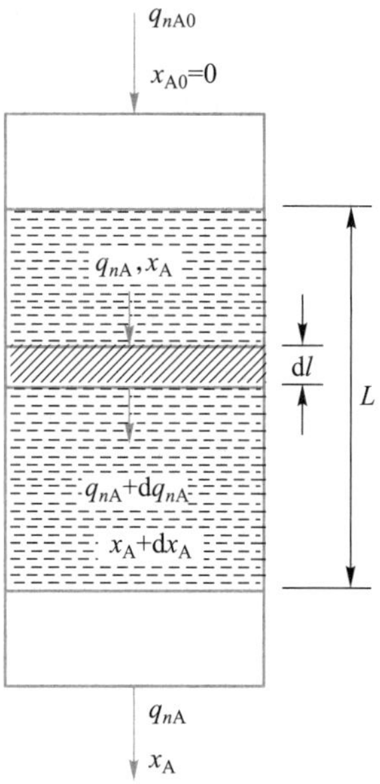

$$q_{nA}=(q_{nA}+dq_{nA})+(-r_{Am})dm \tag{13.1.70}$$

$$(-r_{Am})dm=-dq_{nA} \tag{13.1.71}$$

因为

$$q_{nA}=q_{nA0}(1-x_A) \tag{13.1.72}$$

故

$$dq_{nA}=-q_{nA0}dx_A \tag{13.1.73}$$

图 13.1.5 等温固定床催化反应器的物料衡算

将式(13.1.73)代入式(13.1.71)，可得

$$(-r_{Am})dm=q_{nA0}dx_A \tag{13.1.74}$$

对式(13.1.74)进行积分，可得

$$\frac{m}{q_{nA0}}=\int_0^m\frac{dm}{q_{nA0}}=\int_0^{x_A}\frac{dx_A}{-r_{Am}} \tag{13.1.75}$$

利用反应速率 $-r_{Am}$ 与 x_A 的函数关系 $-r_{Am}=f(x_A)$ 或不同 x_A 时 $-r_{Am}$ 的数值，由式(13.1.75)可求得催化剂的质量 m，再利用式(13.1.76)可求出床层高度 L

$$L=\frac{m}{S\rho_b} \tag{13.1.76}$$

2. 非等温固定床催化反应器的设计

对于反应热效应大的固相催化反应，进行等温操作是很难的，因此设计时应考虑温度的分布。非等温固定床反应器设计的基本方法是根据物料衡算、热量衡算和反应速率随温度与转化率的函数 $-r_{Am}=f(x_A,T)$ 解联立方程，或用图解法计算出所需催化剂的质量和体积以确定反应率与温度。

【例题 13.1.3】 三氯乙烯(C_2HCl_3，TCE)与 TiO_2 接触发生反应时，大部分转化成 CO_2 和 HCl(Cl^-)，还生成少量的 $COCl_2$ 和 $CHCl_3$。TCE 浓度为 $c_0=0.02$ mol/m^{3}的地下水用填充 TiO_2 的反应器分解，流量为 $q_V=0.05$ m^3/s，分解反应速率是 $-r_C=\frac{ac}{1+bc}$[式中常数 a，b 分别为 0.029 m^3/(s·kg) 和109 m^3/mol]。求

TCE 浓度减少 80%所需催化剂质量 m。

解：由式(13.1.75)

$$\frac{m}{q_{nC0}}=\int_0^{x_C}\frac{dx_C}{-r_C}$$

得
$$\frac{m}{q_V}=c_0\int_0^{x_C}\frac{dx_C}{-r_C}=\int_{c_0}^{c}\frac{dc}{r_C}=-\frac{1}{a}\ln\frac{c}{c_0}-\frac{b}{a}(c-c_0)$$

代入数据求得

$$m=q_V\int_{c_0}^{c}\frac{dc}{r_C}=q_V\left[-\frac{1}{a}\ln\frac{c}{c_0}-\frac{b}{a}(c-c_0)\right]$$

$$=0.05\times\left[-\frac{1}{0.029}\ln\frac{0.02\times(1-80\%)}{0.02}+\frac{109}{0.029}\times0.02\times0.8\right]\ \text{kg}=5.78\ \text{kg}$$

(二) 流化床反应器的设计与操作

1. 固体粒子的流化态与流化床反应器

当流体自下而上通过固体颗粒层时，若流速达到一定程度，床层中的固体颗粒会悬浮在流体介质中，进行不规则的激烈运动，这种现象称固体的流态化。催化剂颗粒处于流态化状态的反应器称流化床反应器。

流化床内固体颗粒的流化状态随流速的变化而变化，如图 13.1.6 所示。如流速较小，则固体颗粒不动，此时称为固定床；流速增大到一定程度时，颗粒间空隙开始增加，床层体积逐渐增大，床高增加，此时处于膨胀状态；流速继续增大，当流体颗粒间的摩擦力等于固体颗粒所受的重力时，固体颗粒开始悬浮在流体中，开始形成流态化，此时对应的空床线速率称为临界流化速率(u_{mf})。

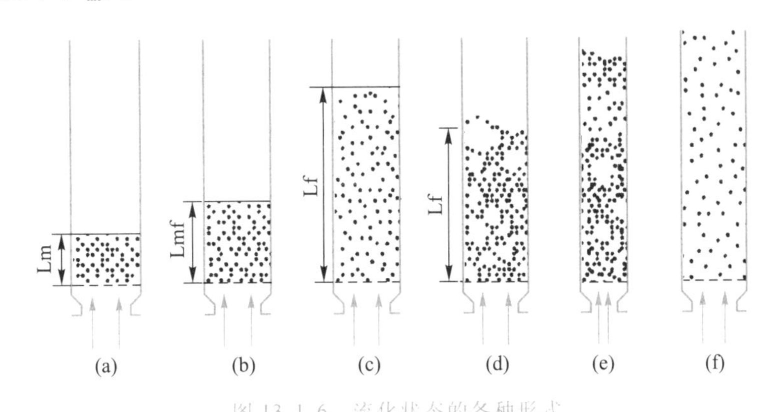

图 13.1.6　流化状态的各种形式

(a) 固定式；(b) 临界流态化；(c) 散式流态化；(d) 聚式流态化；(e) 节涌；(f) 气体输送

流体流速大于 u_{mf}时，床层继续升高，进入完全流态化状态。对于液-固系统，流体与粒子的密度相差不大，颗粒在床内的分布比较均匀，故称为散式流态化，对应的反应器称散式流化床。对于气-固系统，颗粒在完全流化时会出现不均匀分散，在床内存在两种聚集状态，一种是气-固均匀混合相(乳化相)，另一种是气泡相，即气体以气泡形式(气泡内不含颗粒)穿过床层，这种情况下称聚式流化床或鼓泡流化床。当气泡上升过程中聚集并增大至占据整个床层时，产生不正常的节涌现象。

流体流速继续增大至某一数值时，固体颗粒将被流体带出，这种现象称为流体输送，对应的流速称为颗粒带出速度(u_t)。

与固定床相比，流化床有许多优点，因此其应用范围从化学工业拓展到燃烧、环境工程等领域。

流化床的主要优点：① 热能效率高，而且床内温度易于维持均匀；② 传质效率高；③ 所用颗粒一般较小，可以减小内扩散的影响，能有效发挥催化剂的作用；④ 反应器的结构简单。

但流化床也存在以下不足：① 能量消耗大；② 颗粒间的磨损和带出造成催化剂的损耗；③ 气-固相反应的流动状态不均匀，有时会降低气-固相接触面积；④ 颗粒的流动基本上是全混流，同时造成流体的返混，影响反应速率。

2. 流化床的设计

流化床反应器的设计模型由一系列的物料平衡、热量平衡、流体力学方程、动力学方程组成。建立了流化床的数学模型，就可进行反应器参数和操作条件的设计。在气-固反应流化床中，由于颗粒分布不均匀及气泡的存在，数学模型较为复杂。

在环境工程中，流化床反应器常用于水质净化系统，流体为水溶液，床层处于散式流态化状态。因此，大多数情况下可以利用简单均相模型即全混流模型或活塞流模型进行计算。

【应用实例 4】

环境工程领域中典型的固相催化反应器

在环境工程领域，固相催化反应器被广泛采用。下面介绍两种常见的固相催化反应器。

1. 废气催化氧化(还原)反应器

含污染物(如 SO_2、NO_x 或 VOCs 等)的气体经过预热后，进入固相催化剂反应床层。当温度为 200~500 ℃时，气态污染物在催化剂表面发生氧化或还原反应，从而被转化和去除。常见的催化剂包括贵金属(铂、钯)、过渡元素氧化物及稀土元素氧化物等。图 13.1.7 为处理 VOCs 的催化氧化反应器示意图及陶瓷载体催化剂。

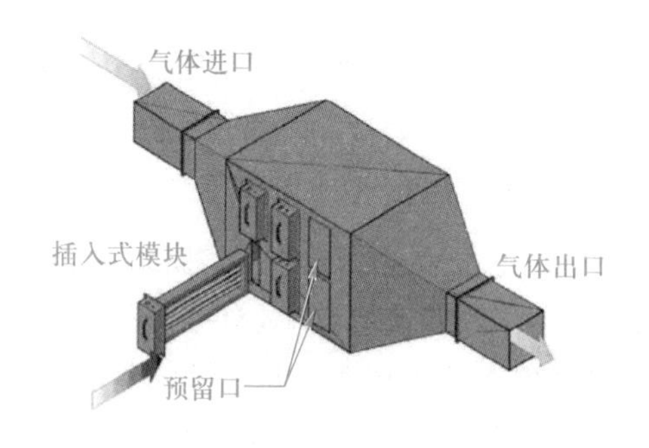

图 13.1.7 处理 VOCs 的催化氧化反应器示意图(左)及陶瓷载体催化剂(右)

2. 汽车尾气三元催化器

汽车尾气排出的 CO、HC 和 NO_x 等有害气体，通过三元催化器时发生氧化和还原反应转化为无害的 CO_2、H_2O 和 N_2。三元催化器的固相催化剂一般为覆盖在多孔陶瓷材料表面的铂、铑、钯等贵重金属。图 13.1.8 为三元催化器结构示意图及实物照片。

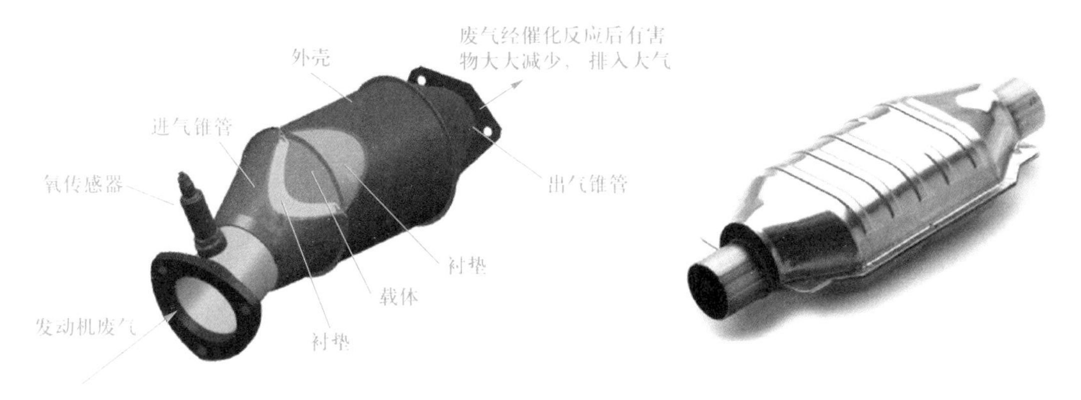

图 13.1.8　三元催化器结构示意图(左)及实物照片(右)

第二节　气-液相反应器

一、气-液相反应

(一) 气-液相反应及其应用

反应物中的一个和一个以上组分在气相中，其他组分均处于液相状态的反应称为气-液相反应。该反应发生在液相中，气相不发生反应。气-液相反应是一类重要的非均相反应，在环境工程中主要用于有害气体的化学吸收，饮用水、污水的臭氧氧化处理，印染废水的臭氧脱色，硝酸盐污染地下水的氢气还原处理等。

化学吸收过程是液相吸收剂中的活性组分与被吸收气体中某组分发生化学反应的过程，在环境工程中常用于气体中有害组分的去除或气相中有用组分的回收(表 13.2.1)。用于化学吸收剂的溶剂的基本要求是：无毒、不腐蚀、成本低、便于回收。

表 13.2.1　环境工程中常用的化学吸收反应

吸收剂	去除、回收对象
酸溶液	NH_3 等
碱溶液	SO_2, CO_2, H_2S 等

(二) 气-液相反应过程

在气-液相反应中，气相中的反应物必须进入液相，才能与液相中的反应物发生接触进行反应，因此反应涉及传质和反应两个过程。气相组分进入液相的过程可以用双膜模型来描述，如图 13.2.1 所示。

气-液相
反应过程

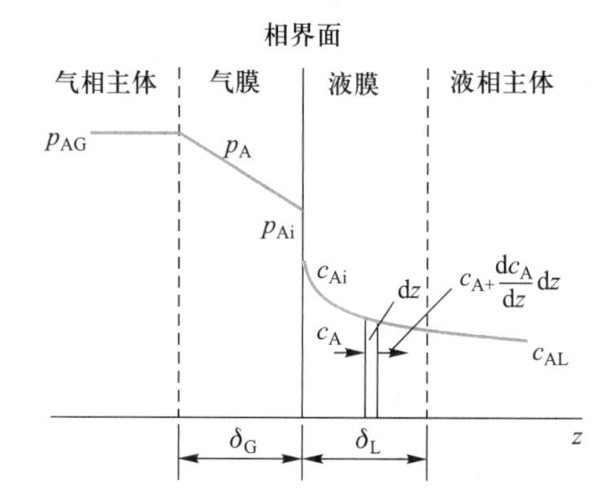

图 13.2.1 气-液相反应双膜模型中组分 A 的传质示意图

对于气-液相反应 A(g) + B(l) ⟶ P,气相组分 A 与液相组分 B 的反应过程经历以下步骤:① A 从气相主体通过气膜扩散到气液相界面;② A 从相界面进入液膜,同时 B 从液相主体扩散进入液膜,A 和 B 在液膜内发生反应;③ 液膜中未反应完的 A 扩散进入液相主体,在液相主体与 B 发生反应;④ 生成物 P 的扩散。

二、 气-液相反应的反应速率表示方法

气-液相反应的反应速率与气-液混合物中气-液相界面积(S)及液体的体积有密切的关系,所以根据不同的需要,常采用不同基准的反应速率。

(1) 以气-液相界面积为基准的反应速率:定义为单位时间内单位气-液相界面积(S)所能转化的某组分的量。S 可以视为所有气泡的表面积的总和。反应物 A 的以气-液相界面为基准的反应速率$-r_{AS}$表示为

$$-r_{AS}=-\frac{1}{S}\frac{dn_A}{dt} \tag{13.2.1}$$

(2) 以气-液混合物中液相体积为基准的反应速率:定义为单位时间内单位液相体积(V_L)所能转化的某组分的量。反应物 A 的以液相体积为基准的反应速率$-r_{AV_L}$表示为

$$-r_{AV_L}=-\frac{1}{V_L}\frac{dn_A}{dt} \tag{13.2.2}$$

对于如图 13.2.2 所示的气-液相反应器,设气-液混合物、液相及气相的体积分别为 V、V_L 和 V_G,气-液相界面积为 S,则以气-液混合物和液相体积为基准的比相界面积 a 和 a_L 分别定义为

$$a=\frac{S}{V} \tag{13.2.3}$$

$$a_L=\frac{S}{V_L} \tag{13.2.4}$$

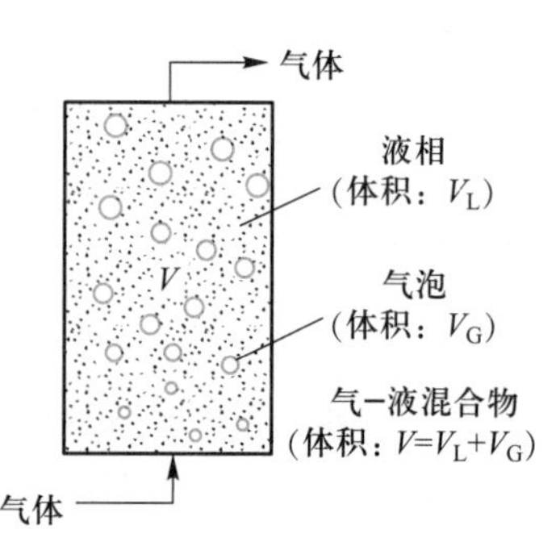

图 13.2.2 气-液相反应器内气-液混合物示意图

单位体积气-液混合物中气相所占的体积定义为气含率(ε),即

$$\varepsilon=\frac{V_G}{V} \tag{13.2.5}$$

根据以上定义,a、a_L 和 ε 之间的关系为

$$a_L V_L = aV \tag{13.2.6}$$

$$a=\frac{a_L V_L}{V}=(1-\varepsilon)a_L \tag{13.2.7}$$

所以,不同基准的反应速率之间的关系为

$$(-r_A)V=(-r_{AV_L})V_L=(-r_{AS})S \tag{13.2.8}$$

$$-r_A=a(-r_{AS}) \tag{13.2.9}$$

$$-r_{AV_L}=a_L(-r_{AS}) \tag{13.2.10}$$

三、气-液相反应动力学

气-液相反应过程是包括传质和反应的多个步骤的综合过程,其宏观反应速率取决于多个步骤中最慢的一步。若反应速率远小于传质速率,则宏观反应速率取决于本征反应速率,称为反应控制。相反,若反应速率远大于传质速率,则宏观反应速率取决于传质速率,称为传质控制。对于两者速率相差不大的情况,则应综合考虑两个步骤的影响。

(一)气-液相反应的基本方程

对于二级不可逆气-液相反应 $A(g)+\alpha_B B(l) \longrightarrow P$,其本征反应速率方程为

$$-r_A=kc_Ac_B$$

式中:c_A,c_B——A,B 在液相中的物质的量浓度,kmol/m^3。

反应物 A 在图 13.2.1 所示的液膜微单元内的物料衡算为(A 在液相中的扩散系数表示为 D_{LA})

单位时间内 A 的扩散进入量:$-D_{LA}\frac{dc_A}{dz}$;

A 的扩散出去量:$-D_{LA}\frac{d}{dz}\left(c_A+\frac{dc_A}{dz}dz\right)$;

反应量:$(-r_A)dz$;

积累量:反应达到定常态时为 0。

根据物料衡算的一般方程,整理可得

$$-D_{LA}\frac{dc_A}{dz}=(-r_A)dz-D_{LA}\frac{d}{dz}\left(c_A+\frac{dc_A}{dz}dz\right) \tag{13.2.11}$$

$$D_{LA}\frac{d^2c_A}{dz^2}=-r_A \tag{13.2.12}$$

式中:$-r_A$——以体积为基准的反应速率,kmol/(m^3·s);

D_{LA}——A 在液相中的扩散系数，m^2/s；

c_A——液相中 A 的物质的量浓度，$kmol/m^3$；

z——距相界面的距离，m。

式(13.2.12)为反应物 A 的物料衡算式的一般形式。

对于二级反应，则有

$$D_{LA}\frac{d^2c_A}{dz^2}=kc_Ac_B \tag{13.2.13}$$

对于组分 B，同理可得(B 在液相中的扩散系数表示为 D_{LB})

$$D_{LB}\frac{d^2c_B}{dz^2}=-r_B=\alpha_B(-r_A) \tag{13.2.14}$$

$$D_{LB}\frac{d^2c_B}{dz^2}=\alpha_B kc_Ac_B \tag{13.2.15}$$

式(13.2.13)和式(13.2.15)为二级不可逆气-液相反应的基本方程。

根据边界条件，可以对式(13.2.13)进行求解，得出 A 组分在液膜中的浓度分布方程

$$c_A=f(z) \tag{13.2.16}$$

在反应达到定常态时，A 的反应速率与通过气-液相界面的扩散速率相等，则以相界面积为基准的反应速率 $-r_{AS}$ 可表示为

$$-r_{AS}=-D_{LA}\left(\frac{dc_A}{dz}\right)_{z=0} \tag{13.2.17}$$

(二) 不同类型气-液相反应的宏观速率方程

对于气-液相二级不可逆反应 $A(g)+\alpha_B B(l) \longrightarrow P$，根据其本征反应的快慢，可分为瞬间反应、快速反应、中速反应和慢速反应等。不同类型气-液相反应的反应区域及浓度分布如图 13.2.3 所示，图中：p_A，p_{Ai}为 A 在气相主体、气-液相界面处的分压，Pa；c_{Ai}为 A 在气-液相界面处浓度，$kmol/m^3$；c_B 为 B 在液相主体浓度，$kmol/m^3$；δ 为反应界面距气-液相界面距离，m；δ_L 为液膜厚度，m。以下分别对不同类型的宏观速率方程进行讨论。

1. 瞬间反应

(1) 瞬间反应的特点及其反应区域与浓度分布：组分 A 和组分 B 之间的反应瞬间完成，A 与 B 不能共存。所以，如图 13.2.3(a)所示，在液膜内的某一个面上 A 和 B 的浓度均为 0，该面称反应面，此时的反应过程为传质控制。

反应面的位置随液相中 B 的浓度的升高向气膜方向移动，当升高到某一数值时，反应面与气液界面重合，这种情况称界面反应。此时，气膜传质过程是界面反应的控制步骤。

(2) 瞬间反应的宏观速率方程：由于反应为传质控制，A 的宏观速率取决于 A 的扩散速率。如图 13.2.3(a)所示，设液膜厚度为 δ_L，反应面距气液界面的距离为 δ，由于在 $0<z<\delta$ 的范围内只存在 A 不存在 B，在 $\delta<z<\delta_L$ 的范围内只存在 B 不存在 A，故瞬间反应的基本方程为

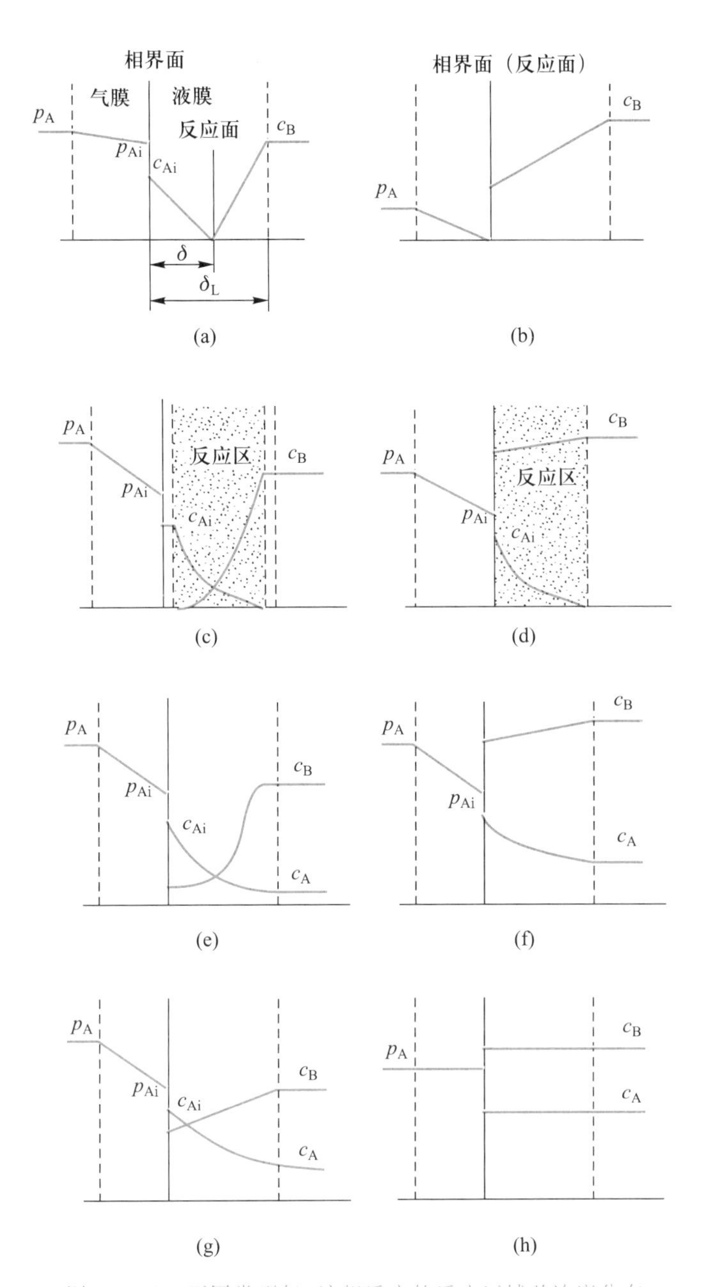

图 13.2.3　不同类型气-液相反应的反应区域及浓度分布

(a) 瞬间反应(反应面在液膜内);(b) 瞬间反应(反应面在相界面上);
(c) 二级快反应(反应发生在液膜内);(d) 拟一级快反应(c_B 高,反应区在液膜内);
(e) 二级中速反应(反应发生在液膜及液相主体);(f) 拟一级中速反应(c_B 高,反应发生在液膜及液相主体);
(g) 慢反应(反应主要在液相主体);(h) 极慢反应(在液相主体内的均相反应)

$$D_{LA}\frac{d^2c_A}{dz^2}=0,\quad 0<z<\delta \tag{13.2.18}$$

$$D_{LB}\frac{d^2c_B}{dz^2}=0,\quad \delta<z<\delta_L \tag{13.2.19}$$

由于瞬间反应过程为传质控制过程，以相界面积为基准的反应速率与扩散速率相等，因此如何计算出扩散系数是瞬间反应设计计算的关键。

根据 Fick 扩散定律，A 和 B 在液膜中的扩散速率为

$$-N_A=-D_{LA}\frac{dc_A}{dz}=-\frac{D_{LA}(0-c_{Ai})}{\delta}=\frac{D_{LA}c_{Ai}}{\delta} \tag{13.2.20}$$

$$N_B=D_{LB}\frac{dc_B}{dz}=\frac{D_{LB}(c_{BL}-0)}{\delta_L-\delta}=\frac{D_{LB}c_{BL}}{\delta_L-\delta} \tag{13.2.21}$$

式中：N_A，N_B——单位相界面积单位时间内的 A 和 B 的扩散速率，$kmol/(m^2\cdot s)$；

c_{BL}——液相主体中 B 的浓度，$kmol/m^3$。

因沿 z 的方向，c_A 逐渐减小，所以 N_A 为负值。

在反应边界，$z=\delta$，$c_A=c_B=0$。在实际应用中，δ_L 和 δ 很难测得，下面根据 N_A 和 N_B 的关系，将式(13.2.20)中的 δ_L 和 δ 消除。

$$-N_A=\frac{1}{\alpha_B}N_B \tag{13.2.22}$$

所以

$$\frac{\alpha_B D_{LA}c_{Ai}}{\delta}-\frac{D_{LB}c_{BL}}{\delta_L-\delta}=0 \tag{13.2.23}$$

整理得

$$\delta=\frac{\delta_L}{1+\frac{D_{LB}}{\alpha_B D_{LA}}\cdot\frac{c_{BL}}{c_{Ai}}} \tag{13.2.24}$$

故

$$N_A=\frac{D_{LA}}{\delta_L}c_{Ai}\left(1+\frac{D_{LB}}{\alpha_B D_{LA}}\cdot\frac{c_{BL}}{c_{Ai}}\right) \tag{13.2.25}$$

令

$$k_{LA}=\frac{D_{LA}}{\delta_L}$$

式中：k_{LA}为双膜理论中的 A 在液膜中的传质系数，单位为 m/s。

N_A 的计算式用 k_{LA}表示为

$$N_A=k_{LA}c_{Ai}\left(1+\frac{D_{LB}}{\alpha_B D_{LA}}\cdot\frac{c_{BL}}{c_{Ai}}\right) \tag{13.2.26}$$

式中：k_{LA}和 c_{Ai}的积是物理吸收时的最大传质速率。

令

$$\beta=1+\frac{D_{LB}}{\alpha_B D_{LA}}\cdot\frac{c_{BL}}{c_{Ai}} \tag{13.2.27}$$

则

$$N_A=\beta k_{LA}c_{Ai} \tag{13.2.28}$$

式中：β——增强系数，量纲为1。

从式(13.2.28)可以理解，由于反应的存在，传质速率比单纯的物理扩散大β倍。β称为瞬间反应的增强系数(enhancement factor)。

式(13.2.26)和式(13.2.28)为瞬间反应的扩散速率方程。该方程对于理解扩散过程有重要的意义。但由于式中含有难以测定的c_{Ai}，实际应用起来非常困难。下面介绍如何消除式中的c_{Ai}，以便得到适用性强的扩散速率方程。

对于气膜中A的扩散，由于气相中不发生反应，则

$$N_A = k_{GA}(p_A - p_{Ai}) \tag{13.2.29}$$

式中：k_{GA}——以分压差为推动力的物质A的气膜传质系数，kmol/(m^2·s·Pa)。

设在气-液界面上气液浓度达到平衡且符合亨利(Henry)定律

$$c_{Ai} = H_A p_{Ai} \tag{13.2.30}$$

式中：H_A——组分A的溶解度系数(亨利常数的一种表达方式)，kmol/(m^3·Pa)。

所以

$$N_A = k_{GA}\left(p_A - \frac{c_{Ai}}{H_A}\right) \tag{13.2.31}$$

在稳态状况下，液膜中的扩散速率与气膜中的扩散速率相等。由式(13.2.26)，得

$$N_A = k_{LA}c_{Ai}\left(1 + \frac{D_{LB}}{\alpha_B D_{LA}} \cdot \frac{c_{BL}}{c_{Ai}}\right) = k_{GA}\left(p_A - \frac{c_{Ai}}{H_A}\right) \tag{13.2.32}$$

上式右边分子、分母同乘以$1/(H_A k_{LA})$项，变形为

$$N_A = \frac{\dfrac{c_{Ai}}{H_A} + \dfrac{1}{H_A\alpha_B} \cdot \dfrac{D_{LB}}{D_{LA}} c_{BL}}{\dfrac{1}{H_A k_{LA}}} = \frac{p_A - \dfrac{c_{Ai}}{H_A}}{\dfrac{1}{k_{GA}}} \tag{13.2.33}$$

所以

$$N_A = \frac{p_A + \dfrac{1}{H_A\alpha_B} \cdot \dfrac{D_{LB}}{D_{LA}} \cdot c_{BL}}{\dfrac{1}{H_A k_{LA}} + \dfrac{1}{k_{GA}}} \tag{13.2.34}$$

式(13.2.34)消除了实验难以测得的c_{Ai}和p_{Ai}，便于实际应用。

令

$$\frac{1}{K_{GA}} = \frac{1}{H_A k_{LA}} + \frac{1}{k_{GA}}$$

式中：K_{GA}——气相总传质系数，kmol/(m^2·s·Pa)。

则式(13.2.34)可表示为

$$N_A = K_{GA}\left(p_A + \frac{1}{H_A\alpha_B} \cdot \frac{D_{LB}}{D_{LA}} \cdot c_{BL}\right) \tag{13.2.35}$$

在图13.2.3(a)所示的情况下，以相界面积为基准的A的反应速率$-r_{AS}$(kmol·m^{-2}·s^{-1})与A的扩散速率相等，故宏观反应速率方程为

$$-r_{AS}=K_{GA}\left(p_A+\frac{1}{H_A\alpha_B}\cdot\frac{D_{LB}}{D_{LA}}\cdot c_{BL}\right) \tag{13.2.36}$$

【例题 13.2.1】　瞬间反应 $A(g)+\alpha_B B(l)\longrightarrow P$ 的反应平面随液相中 B 的浓度的升高而向气液界面移动。当 B 的浓度高于某临界浓度 $c_{BL,c}$ 时，反应平面与气-液相界面重合，此时的反应称界面反应。试推导出 $c_{BL,c}$ 的表达式，并给出气-液相界面反应的宏观速率方程。

解：(1) 根据题意，在气-液相界面处 A、B 的浓度均为零，则 B 在液膜中的扩散速率为

$$N_B=\frac{D_{LB}}{\delta_L}(c_{BL,c}-0)$$

由

$$k_{LA}=\frac{D_{LA}}{\delta_L}$$

得

$$\delta_L=\frac{D_{LA}}{k_{LA}}$$

故

$$N_B=\frac{D_{LB}}{D_{LA}}k_{LA}c_{BL,c}$$

A 在气膜中的扩散速率为

$$N_A=k_{GA}(p_A-0)=k_{GA}p_A$$

根据 N_A 和 N_B 的关系式

$$N_A=\frac{1}{\alpha_B}N_B$$

有

$$k_{GA}p_A=\frac{1}{\alpha_B}\cdot\frac{D_{LB}}{D_{LA}}\cdot k_{LA}c_{BL,c}$$

故

$$c_{BL,c}=\frac{\alpha_B k_{GA}D_{LA}}{D_{LB}k_{LA}}p_A$$

另解(1)：由式(13.2.32)得

$$k_{LA}c_{Ai}\left(1+\frac{D_{LB}}{\alpha_B D_{LA}}\cdot\frac{c_{BL}}{c_{Ai}}\right)=k_{GA}\left(p_A-\frac{c_{Ai}}{H_A}\right)$$

定义

$$k_{LB}=\frac{k_{LA}D_{LB}}{D_{LA}}$$

整理可得

$$c_{Ai}=\frac{k_{GA}p_A-\dfrac{1}{\alpha_B}k_{LB}c_{BL}}{k_{LA}+\dfrac{k_{GA}}{H_A}}$$

对界面反应，$c_{Ai}\leqslant 0$，即

$$k_{GA}p_A-\frac{1}{\alpha_B}k_{LB}c_{BL}\leqslant 0$$

$$c_{BL}\geqslant\frac{\alpha_B k_{GA}}{k_{LB}}p_A$$

故

$$c_{BL,c}=\frac{\alpha_B k_{GA}}{k_{LB}}p_A$$

(2) 界面反应的宏观速率等于 A 在气膜中的扩散速率，故以气-液相界面面积为基准的宏观反应速率方程为

$$-r_{AS}=N_A=k_{GA}p_A$$

【例题 13.2.2】 废气中的 0.1%硫化氢用有机胺溶液（RNH_2，$c_{BL}=1.2\ mol/m^3$）吸收，吸收反应为瞬间反应：

$$H_2S(g)+RNH_2(l)\longrightarrow HS^-+RNH_3^+$$

求总反应吸收速率。气相扩散阻力很小（$p_{Ai}=p_A$）时，求化学吸收增强系数。

已知：液相传质系数 $k_{LA}=4.3\times10^{-5}\ m/s$，气相传质系数 $k_{GA}=5.9\times10^{-7}\ mol/(m^2\cdot s\cdot Pa)$，组分 A 的液相扩散系数 $D_{LA}=1.48\times10^{-9}\ m^2/s$，组分 B 的液相扩散系数 $D_{LB}=0.95\times10^{-9}\ m^2/s$，组分 A 的亨利常数 $H_A=0.082\ mol/(Pa\cdot m^3)$，压力为 101.3 kPa，温度为 293 K。

解：先确定反应界面在相界面还是在液膜内，由【例题 13.2.1】(1) 的结果得

$$c_{BL,c}=\frac{\alpha_B k_{GA}D_{LA}}{D_{LB}k_{LA}}p_A$$

$$=\frac{1\times5.9\times10^{-7}\times1.48\times10^{-9}}{0.95\times10^{-9}\times4.3\times10^{-5}}\times101.3\times10^3\times0.001\ mol/m^3=2.17\ mol/m^3$$

由于 $c_{BL}=1.2\ mol/m^3<c_{BL,c}$，因此反应在液膜内进行。

首先计算总传质系数 K_{GA}：

$$\frac{1}{K_{GA}}=\frac{1}{k_{LA}H_A}+\frac{1}{k_{GA}}=\frac{1}{4.3\times10^{-5}\times0.082}+\frac{1}{5.9\times10^{-7}}=\frac{1}{5.05\times10^{-7}}$$

由式（13.2.36），得

$$-r_{AS}=K_{GA}\left(p_A+\frac{1}{H_A\alpha_B}\cdot\frac{D_{LB}}{D_{LA}}\cdot c_{BL}\right)$$

$$=5.05\times10^{-7}\times\left(101.3\times10^3\times0.001+\frac{0.95\times10^{-9}}{0.082\times1\times1.48\times10^{-9}}\times1.2\right)\ mol/(m^2\cdot s)$$

$$=5.59\times10^{-5}\ mol/(m^2\cdot s)$$

由式（13.2.27），得

$$\beta=1+\frac{D_{LB}}{\alpha_B D_{LA}}\cdot\frac{c_{BL}}{c_{Ai}}=1+\frac{D_{LB}}{\alpha_B D_{LA}}\cdot\frac{c_{BL}}{p_A H_A}$$

$$=1+\frac{0.95\times10^{-9}}{1\times1.48\times10^{-9}}\times\frac{1.2}{101.3\times10^3\times0.001\times0.082}=1.09$$

由于反应，吸收速率增加了 9%。

2. 快速反应

(1) 快速反应的特点及其反应区域与浓度分布：A 与 B 之间的反应速率较快，反应发生在液膜内的某一区域中，在液相主体不存在 A 组分，也不发生 A 和 B 之间的反应，这种情况的浓度分布如图 13.2.3(c) 所示。

当B在液相中大量过剩时(浓度很高时),与A发生反应消耗的B的量可以忽略不计时,在液膜中B的浓度近似不变,反应速率只随液膜中A的浓度变化而变化,如图13.2.3(d)所示,这种情况称拟一级快速反应。

(2) 拟一级快速反应的宏观反应速率方程:因为二级气-液相不可逆反应可简化为拟一级反应,故在液相中的本征速率方程可表示为

$$-r_A = kc_A c_B = kc_{BL} c_A \tag{13.2.37}$$

式中:kc_{BL}——在一定温度范围内可作为常数处理;

$-r_A$——以体积为基准的反应速率,kmol/(m³·s);

k——反应速率常数。

根据反应过程的基本方程

$$D_{LA}\frac{d^2 c_A}{dz^2} = kc_{BL} c_A \tag{13.2.38}$$

假设反应区域充满整个液膜,则边界条件为

$$z=0,\quad c_A = c_{Ai} \tag{13.2.39}$$

$$z=\delta_L,\quad c_A = 0 \tag{13.2.40}$$

对式(13.2.38)求解,可得A在液膜中的浓度分布方程

$$c_A = \frac{\sinh\left[\sqrt{kc_{BL}/D_{LA}}\,(\delta_L - z)\right]}{\sinh\left(\delta_L\sqrt{kc_{BL}/D_{LA}}\right)}\cdot c_{Ai} \tag{13.2.41}$$

在稳定状态下,有

$$-r_{AS} = -D_{LA}\left(\frac{dc_A}{dz}\right)_{z=0} \tag{13.2.42}$$

对式(13.2.41)进行微分,可得

$$-r_{AS} = \frac{D_{LA}}{\delta_L} c_{Ai} \frac{\delta_L\sqrt{kc_{BL}/D_{LA}}}{\tanh\left(\delta_L\sqrt{kc_{BL}/D_{LA}}\right)} \tag{13.2.43}$$

令

$$k_{LA} = \frac{D_{LA}}{\delta_L} \tag{13.2.44}$$

$$\gamma = \delta_L\sqrt{kc_{BL}/D_{LA}} = \frac{\sqrt{kc_{BL}D_{LA}}}{k_{LA}} \tag{13.2.45}$$

则式(13.2.43)变形为

$$-r_{AS} = k_{LA} c_{Ai} \frac{\gamma}{\tanh\gamma} \tag{13.2.46}$$

式(13.2.46)为拟一级快速反应的宏观速率方程。式中γ为量纲为1的数,称为Hatta(八田)数,其物理意义是液膜内最大反应速率与最大扩散速率之比。

$$\gamma^2=\frac{\delta_L^2 k c_{BL}}{D_{LA}}=\frac{k c_{Ai} c_{BL} \delta_L}{(D_{LA}/\delta_L)(c_{Ai}-0)}=\frac{\text{最大反应速率}}{\text{最大扩散速率}} \tag{13.2.47}$$

令

$$\beta'=\frac{\gamma}{\tanh \gamma} \tag{13.2.48}$$

则 β' 称为气-液相拟一级快速反应的增强系数，其物理意义为

$$\beta'=\frac{-r_{AS}}{k_{LA} c_{Ai}}=\frac{\text{气-液相宏观反应速率}}{\text{最大物理吸收速率}} \tag{13.2.49}$$

利用 β' 表示宏观反应速率，则宏观速率方程式(13.2.46)变形为

$$-r_{AS}=\beta' k_{LA} c_{Ai} \tag{13.2.50}$$

不难看出，式(13.2.50)与式(13.2.28)的形式相同。

根据 β' 与 γ 的关系式，即式(13.2.48)，可知 $\gamma>5$ 时，$\tanh \gamma \to 1$，即

$$\beta'=\gamma \tag{13.2.51}$$

此时，式(13.2.46)可改写为

$$-r_{AS}=c_{Ai}\sqrt{k c_{BL} D_{LA}} \tag{13.2.52}$$

式(13.2.52)中不含 k_{LA} 项，说明反应速率与 δ_L($\delta_L=D_{LA}/k_{LA}$)无关，反应速率很快，反应主要发生在液膜靠近气-液界面的区域。

另一种情况，当 $\gamma<0.1$ 时，$\beta'\to 1$，此时式(13.2.46)可改写为

$$-r_{AS}=k_{LA} c_{Ai} \tag{13.2.53}$$

这说明反应速率与物理吸收速率相等，在液膜内的反应可以忽略不计，反应主要发生在液相主体。

为了消除反应速率方程中的 c_{Ai} 项，考虑气膜中的扩散，可得

$$-r_{AS}=N_A=k_{GA}(p_A-p_{Ai})=\beta' k_{LA} c_{Ai} \tag{13.2.54}$$

根据式(13.2.54)，利用亨利(Henry)公式消去 c_{Ai} 和 p_{Ai}，整理可得拟一级快速反应的宏观速率方程

$$-r_{AS}=\frac{p_A}{\dfrac{1}{k_{GA}}+\dfrac{1}{k_{LA}\beta' H_A}} \tag{13.2.55}$$

3. 中速反应

(1) 中速反应的特点及其反应区域与浓度分布：A 与 B 的反应速率较慢，A 与 B 在液膜中反应，但 A 不能在液膜中反应完毕，有一部分进入液相主体，并在液相中继续与 B 发生反应，这种情况下的浓度分布如图 13.2.3(e)所示。

若液相中的 B 大量过剩，B 在液膜中的浓度近似不变，则反应近似为拟一级反应，此时的浓度分布如图 13.2.3(f)所示。

(2) 拟一级中速反应的宏观反应速率方程：对于图 13.2.3(f)所示的情况，反应过程的

基本方程为

$$D_{LA}\frac{d^2c_A}{dz^2}=kc_{BL}c_A \tag{13.2.56}$$

边界条件为

$$z=0,\quad c_A=c_{Ai},\quad \frac{dc_B}{dt}=0 \tag{13.2.57}$$

$$z=\delta_L,\quad c_B=c_{BL},\quad -D_{LA}\alpha\frac{dc_A}{dz}=kc_Ac_B[(1-\varepsilon)-\alpha\delta_L] \tag{13.2.58}$$

式中：ε——单位气-液相混合物体积中气相所占的体积，称气含率（$\varepsilon=V_G/V$），量纲为1；

V_G——反应混合物中气相的体积，m^3；

V——反应混合物的总体积，$V=V_G+V_L$，m^3；

V_L——反应混合物中液体的体积，m^3；

α——常数，$\alpha=\sqrt{kc_{BL}/D_{LA}}$，$m^{-1}$。

最后一个边界条件的物理意义是：以单位气-液相混合物体积为基准，由液膜表面扩散进入液相主体的A的量等于在液相主体反应消耗的A量。

在以上边界条件下，对方程进行积分可得

$$\frac{c_A}{c_{Ai}}=\cosh(\alpha\cdot z)-\frac{\left(\frac{1-\varepsilon}{\alpha\delta_L}-1\right)\alpha\delta_L+\tanh(\alpha\delta_L)}{\left(\frac{1-\varepsilon}{\alpha\delta_L}-1\right)\alpha\delta_L\tanh(\alpha\delta_L)+1}\sinh(\alpha\cdot z) \tag{13.2.59}$$

根据c_A的表达式，利用式（13.2.42）同样的方法，即可得到宏观速率方程。

4. 慢速反应

（1）慢速反应的特点及其反应区域与浓度分布：A和B的反应很慢，在液膜中反应消耗的A的量较少，反应主要发生在液相主体，这种情况的浓度分布如图13.2.3（g）所示。

若A和B的反应极慢，则A与B在液膜中的浓度与它们在液相主体中的浓度相同，此时扩散速率远远大于反应速率，近似于物理吸收，因此有

$$c_{AV_L}=p_AH_A \tag{13.2.60}$$

（2）慢速反应的宏观速率方程：对于慢速反应，在液膜中的反应可以忽略不计，从气相中扩散进入的A全部在液相主体反应掉。以液相体积为基准的反应速率方程为

$$-r_{AV_L}=-\frac{1}{V_L}\frac{dn_A}{dt}=kc_{AL}c_{BL} \tag{13.2.61}$$

$-r_{AV_L}$与以相界面积为基准的反应速率$-r_{AS}$的关系为

$$-r_{AV_L}=(-r_{AS})a_i \tag{13.2.62}$$

式中：a_i——单位液相体积所具有的气-液相界面积，$a_i=S/V_L$（S为总的相界面积，m^2）。

所以

$$-r_{AV_L}=k_{GA}a_i(p_A-p_{Ai})=k_{LA}a_i(H_Ap_{Ai}-c_{AL})=kc_{AL}c_{BL} \tag{13.2.63}$$

$$-r_{AV_L}=\frac{p_A-p_{Ai}}{\dfrac{1}{k_{GA}a_i}}=\frac{p_{Ai}-p_A^*}{\dfrac{1}{H_Ak_{LA}a_i}}=\frac{p_A^*}{\dfrac{1}{H_Akc_{BL}}} \tag{13.2.64}$$

式中：p_A^*——与 c_{AL} 平衡的 A 的气相分压（$p_A^*=c_{AL}/H_A$），Pa。

$$-r_{AV_L}=\frac{p_A}{\dfrac{1}{k_{GA}a_i}+\dfrac{1}{H_Ak_{LA}a_i}+\dfrac{1}{H_Akc_{BL}}} \tag{13.2.65}$$

对于极慢反应，有

$$c_{Ai}\approx c_{AL}\approx H_Ap_A \tag{13.2.66}$$

$$-r_{AV_L}=kc_{AL}c_{BL}=kH_Ap_Ac_{BL} \tag{13.2.67}$$

四、气-液相反应器的设计

（一）气-液相反应器的类型

工程上常用的气-液相反应器有填料塔、喷淋塔、板式塔、鼓泡塔和搅拌反应器等。

在填料塔中，液体沿填料表面下流，在填料表面形成液膜，该反应器具有气体压降小、液体返混小的特点，但液相主体量少，适用于瞬时反应或快速反应。

喷淋塔是将液体以细小液滴的方式分散于气体中的一类反应器，气体为连续相，液相为分散相。喷淋塔的持液量小，基本没有返混，适用于快速反应或生成固体的反应。

板式塔是气相通过塔板分散成小气泡与板上液体进行接触的一类反应器，气体为分散相，液体为连续相，该反应器的特点是持液量较多，适用于中速及慢速反应。

鼓泡塔是反应器内充满液体，气体从底部进入，分散成气泡与液相接触进行反应的一类反应器，污水好氧生物处理可以认为是广义上的鼓泡塔。该类反应器的特点是结构简单、造价低，但返混严重，气泡易产生聚并，传质效率较低。由于反应器内存液较多，即液相主体量较多，因此适用于主体相内进行主要反应的中慢速反应。

搅拌反应器一般是在鼓泡塔的基础上进行机械搅拌，以增大传质效率的一类反应器。

图 13.2.4 为几种常用的气-液相反应器类型。

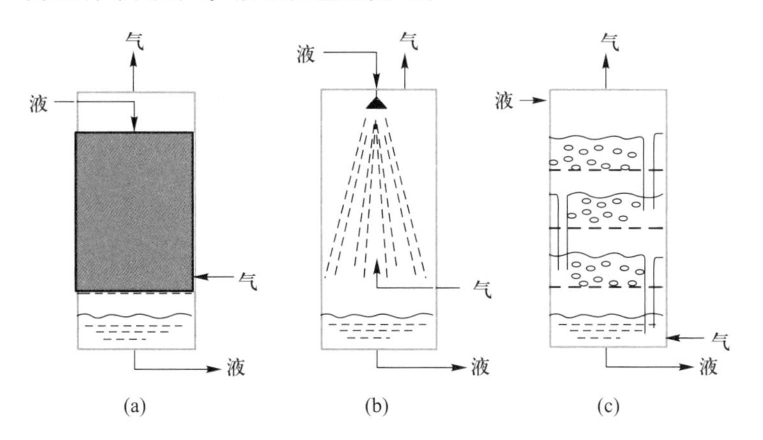

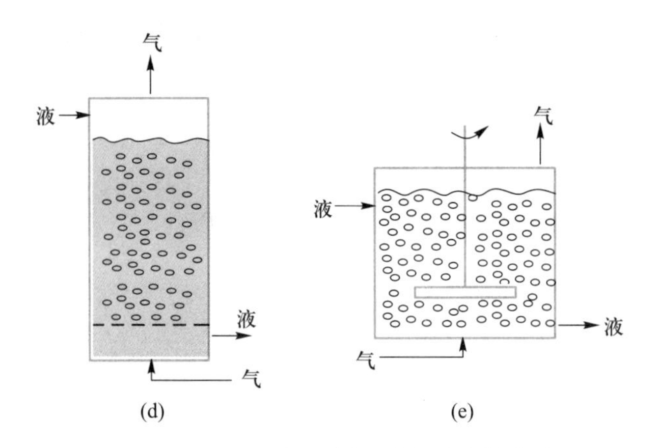

图 13.2.4 几种常用的气-液相反应器类型

(a) 填料塔;(b) 喷淋塔;(c) 板式塔;(d) 鼓泡塔;(e) 搅拌反应器

(二) 填料塔反应器的设计计算

填料塔反应器的设计主要是计算填料塔反应器的塔径和填料层高度。对于气-液相二级反应 $A(g)+\alpha_B B(l) \longrightarrow P$,若反应为瞬时反应或快速反应,则在液相主体中 A 的浓度为 0,即 $c_{AL}=0$。

图 13.2.5 为填料塔反应器的物料衡算图。假设填料塔内的气、液相均为平推流,则对于如图 13.2.5 所示的填料塔,稳态时微单元 dz 内的 A 组分的物料衡算式为

微单元内 A 的损失量=微单元内 A 的反应量

即
$$-q_{nGI}\mathrm{d}Y_A=(-r_{AS})a_i\mathrm{d}z \tag{13.2.68}$$

式中:q_{nGI}——单位塔截面积上气相中惰性组分 I 的摩尔流量,kmol/(m²·s);

a_i——比相界面积,m²/m³;

Y_A——气相中组分 A 与惰性组分的摩尔比,量纲为 1。

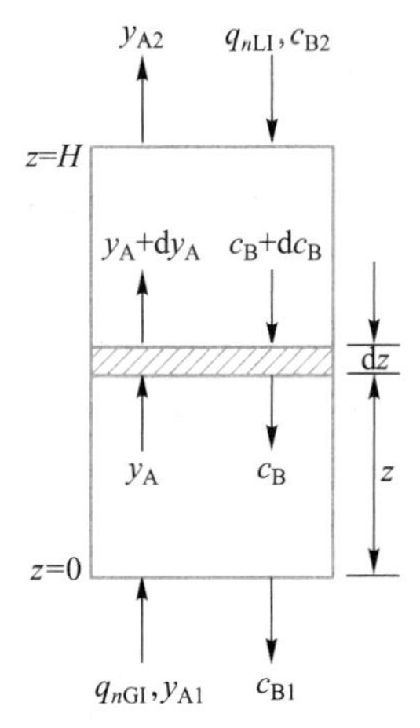

图 13.2.5 填料塔反应器的物料衡算图

由于在反应过程中气相的总物质的量发生变化,选择惰性组分为基准进行设计计算较为方便。

$$Y_A=\frac{\text{气相中 A 的物质的量}}{\text{气相中惰性组分 I 的物质的量}}=\frac{\text{A 的分压}}{\text{I 的分压}} \tag{13.2.69}$$

$$Y_A=\frac{p_A}{p_I}=\frac{p_A}{p_t-p_A} \tag{13.2.70}$$

式中:p_A,p_I——反应物 A,惰性组分 I 的分压,Pa;

p_t——进气的总压强,Pa。

对式(13.2.68)积分,可得

$$H=\int_0^H \mathrm{d}z=q_{nGI}\int_{Y_{A1}}^{Y_{A2}}\frac{-\mathrm{d}Y_A}{(-r_{AS})a_i} \tag{13.2.71}$$

同样，对液相组分 B 进行物料衡算，可得

$$-q_{nLI}\mathrm{d}X_B=\alpha_B(-r_{AS})a_i\mathrm{d}z \tag{13.2.72}$$

式中：q_{nLI}——单位塔截面积上液相惰性组分的物质的量流量，kmol/(m^2·s)；

X_B ——液相中组分 B 与惰性组分的摩尔比，量纲为 1。

$$X_B=\frac{c_B}{c_t-c_B} \tag{13.2.73}$$

式中：c_t——液相总浓度，kmol/m^3。

对式(13.2.72)积分，可得

$$H=\int_0^H \mathrm{d}z=-\frac{q_{nLI}}{\alpha_B}\int_{X_{B1}}^{X_{B2}}\frac{\mathrm{d}X_B}{(-r_{AS})a_i} \tag{13.2.74}$$

由式(13.2.70)和式(13.2.73)，可得

$$\mathrm{d}Y_A=\frac{p_t\mathrm{d}p_A}{(p_t-p_A)^2}$$

$$\mathrm{d}X_B=\frac{c_t\mathrm{d}c_B}{(c_t-c_B)^2}$$

分别代入式(13.2.71)及式(13.2.74)，整理可得

$$H=q_{nGI}p_t\int_{p_{A1}}^{p_{A2}}\frac{\mathrm{d}p_A}{(p_t-p_A)^2(-r_{AS})a_i} \tag{13.2.75}$$

$$H=\frac{q_{nLI}c_t}{\alpha_B}\int_{c_{B2}}^{c_{B1}}\frac{\mathrm{d}c_B}{(c_t-c_B)^2(-r_{AS})a_i} \tag{13.2.76}$$

对于稀薄气体和稀溶液，有

$$p_t-p_A=p_t \tag{13.2.77}$$

$$c_t-c_B=c_t \tag{13.2.78}$$

则式(13.2.75)和式(13.2.76)可分别简化为

$$H=\frac{q_{nGI}}{p_t}\int_{p_{A1}}^{p_{A2}}\frac{\mathrm{d}p_A}{(-r_{AS})a_i} \tag{13.2.79}$$

$$H=\frac{q_{nLI}}{\alpha_B c_t}\int_{c_{B2}}^{c_{B1}}\frac{\mathrm{d}c_B}{(-r_{AS})a_i} \tag{13.2.80}$$

根据式(13.2.79)和式(13.2.80)，即可计算出填料层高度。

【例题 13.2.3】 在逆流操作的填料塔中利用化学吸收把空气中的有害气体含量从 0.1%降低到 0.02%。已知 $k_{GA}a_i=32\times10^3$ mol/(h·m^3·atm)，$k_{LA}a_i=0.11\ h^{-1}$，$H_A=0.125\times10^{-3}$ atm·m^3/mol，气相流量为 1.0×10^5 mol/(m^3·h)，液相流量为 7.0×10^5 mol/(m^2·h)，气相总压 $p_t=1$ atm，液相总浓度 $c_t=5.6\times10^4$ mol/m^3，吸收液中吸收剂 B 的浓度为 800 mol/m^3，试求塔底处液相中 B 的浓度并计算所需塔高 H(反应为界面反应：A+B ⟶ P)。

解：(1) 参照图 13.2.5，根据条件求出塔底处吸收液中 B 的浓度：已知 $p_{A2}=1\times0.02\%\ \mathrm{atm}=2\times10^{-4}\ \mathrm{atm}$，$p_{A1}=1\times0.1\%=1\times10^{-3}\ \mathrm{atm}$，$c_{B2}=800\ \mathrm{mol/m^3}$，$q_{nG}=1.0\times10^5\ \mathrm{mol/(m^3\cdot h)}$，$q_{nL}=7.0\times10^5\ \mathrm{mol/(m^2\cdot h)}$，$c_t=5.6\times10^4\ \mathrm{mol/m^3}$。全塔物料平衡为

$$q_{nG}\left(\frac{p_{A1}}{p_t}-\frac{p_{A2}}{p_t}\right)=q_{nL}\cdot\frac{c_{B2}-c_{B1}}{c_t}$$

所以

$$\begin{aligned}c_{B1}&=c_{B2}-\frac{q_{nG}c_t}{q_{nL}}\left(\frac{p_{A1}}{p_t}-\frac{p_{A2}}{p_t}\right)\\&=\left[800-\frac{1\times10^5\times5.6\times10^4}{7.0\times10^5}\left(\frac{1\times10^{-3}}{1}-\frac{2\times10^{-4}}{1}\right)\right]\ \mathrm{mol/m^3}=793.6\ \mathrm{mol/m^3}\end{aligned}$$

(2) 求塔高：界面反应的宏观速率方程为

$$-r_{AS}=k_{GA}p_A$$

对于稀薄气体，$q_{nG}=q_{nGI}$，代入式(13.2.79)，可得

$$\begin{aligned}H&=\frac{q_{nG}}{p_t}\int_{p_{A2}}^{p_{A1}}\frac{\mathrm{d}p_A}{k_{GA}a_ip_A}=\frac{q_{nG}}{p_tk_{GA}a_i}\int_{p_{A2}}^{p_{A1}}\frac{\mathrm{d}p_A}{p_A}=\frac{q_{nG}}{p_tk_{GA}a_i}\ln\frac{p_{A1}}{p_{A2}}\\&=\left(\frac{1\times10^{-5}}{1\times32\times10^3}\ln\frac{1\times10^{-3}}{2\times10^{-4}}\right)\ \mathrm{m}=5.0\ \mathrm{m}\end{aligned}$$

（三）鼓泡塔的设计计算

1. 半连续操作的鼓泡塔

半连续操作的鼓泡塔反应器中，液体一次加入，气体连续通入反应器底部，以气泡形式通过液层。图 13.2.6 为半连续气-液反应器的物料衡算图。该反应器与均相间歇式反应器一样，操作状态为非稳态。对于二级不可逆气-液相反应 $A(g)+\alpha_BB(l)\longrightarrow P$，假定气相在反应器内的流动为平推流，液相为全混流，则图 13.2.6 所示的反应器的物料衡算式为

$$q_{nGI}\mathrm{d}Y_A=(-r_{AL})(1-\varepsilon)\mathrm{d}z \tag{13.2.81}$$

式中：q_{nGI}——单位截面积气相中惰性气体的流量，$\mathrm{kmol/(m^2\cdot s)}$；

Y_A——气相中组分 A 与惰性组分的摩尔比，量纲为 1；

ε——气含率，量纲为 1；

$-r_{AL}$——液相反应速率，即本征反应速率，$\mathrm{kmol/(m^3\cdot s)}$。

$$-r_{AL}=kc_{AL}^mc_{BL}^n \tag{13.2.82}$$

边界条件：

$$z=0,\quad Y_A=Y_{A1} \tag{13.2.83}$$

$$z=H,\quad Y_A=Y_{A2} \tag{13.2.84}$$

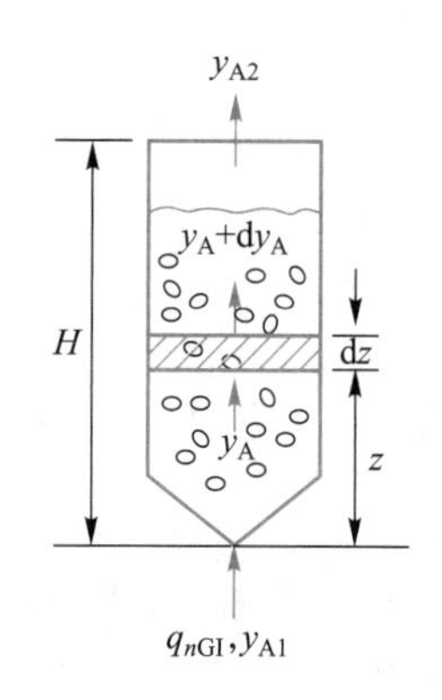

图 13.2.6　半连续气-液反应器的物料衡算图

根据边界条件对式(13.2.81)和式(13.2.82)解方程，即可求得 H 或出口处气体的浓度。

2. 连续操作鼓泡塔的设计计算

假定气相为平推流，液相为全混流，则与半连续操作过程类似，气相组分 A 的物料衡算式为

$$q_{nG1}\mathrm{d}Y_A=(-r_{AS})a_i\mathrm{d}z \tag{13.2.85}$$

$$H=\int_0^H\mathrm{d}z=q_{nG1}\int_{Y_{A1}}^{Y_{A2}}\frac{\mathrm{d}Y_A}{(-r_{AS})a_i} \tag{13.2.86}$$

式中：$-r_{AS}$——以相界面积为基准的反应速率；

a_i——以液相体积为基准的比相界面积。

术语中英文对照

· 非均相反应 heterogeneous reaction
· 催化剂 catalyst
· 控制步骤 rate controlling step
· 活性中心 active site
· 吸附 adsorption
· 脱附 desorption
· 扩散 diffusion
· 有效系数 effective factor
· 蒂勒模数 Thiele modulus
· 八田数 Hatta number
· 喷淋塔 spray tower
· 板式塔 plate tower

13.1 思考题

(1) 固相催化反应的本征动力学过程包括哪些步骤？

(2) 在进行本征动力学速率方程的实验测定中，如何消除外扩散和内扩散的影响？分别如何确定实验条件？

(3) 催化剂有效系数的基本定义是什么？它有哪些用途？

(4) 气-液相反应过程一般可概括为哪些步骤？

(5) 根据气-液相拟一级快速反应的宏观速率方程，简述提高反应速率的措施。

(6) 气-液相反应的宏观速率方程根据本征反应速率的快慢有不同的表达形式，为什么？

13.2 系统分析总结化学催化反应的特点，并说明为什么可逆反应的催化剂在加快正反应的同时也将同样加快逆反应。

13.3 根据催化剂有效系数 η 与蒂勒模数 ϕ_s 的关系式，在双对数坐标上画出 η-ϕ_s 曲线，并根据该曲线讨论 ϕ_s 对 η 以及反应速率的影响。

13.4 某气相反应 $2A \longrightarrow R+S$ 在固体催化剂存在下进行，该反应的速率方程为 $-r_A=kc_A^2$。已知纯 A 的体积流量为 2.5 m^3/h 时，在 350 ℃、2 MPa 下加入装有 3 L 催化剂的中试管式反应器中，反应物 A 的转化率为 70.0%。现要求设计一反应器，在 350 ℃、4 MPa 下处理体积流量为 150 m^3/h 的废气，进气中 A 和稀释剂的体积分数分别为 0.70 和 0.30，求 A 的转化率为 90.0%时，所需催化剂的床层体积。

13.5 某一级不可逆气固相催化反应，在 $c_A=10^{-2}$ mol/L、0.101 3 MPa 和 400 ℃条件下，其反应速率为 $-r_A=kc_A=10^{-6}$ mol/(s·cm^3)，如果要求催化剂内扩散对总速率基本上不发生影响，则如何确定催化剂粒径（已知 $D_e=10^{-3}$ cm^2/s）？

13.6 在一实验室规模的填充床反应器中，进料速率固定为 $q_{nA0}=10$ kmol/h，改变催化剂质量 m，获得反应 A ⟶R 的下列一些动力学数据：

m/kg	1	2	3	4	5	6	7
x_A	0.12	0.20	0.27	0.33	0.37	0.41	0.44

(1) 求转化率为40%时的反应速率；

(2) 在设计进料速率为 $q_{nA0}=400$ kmol/h 的大填充床反应器时，若转化率为40%，需要多少催化剂？

(3) 假如采用大量产物循环的反应器，$q_{nA0}=400$ kmol/h，$x_A=0.4$，$-r_{Am}$ 取(1)中的计算结果，则需要多少催化剂(大量产物循环的反应器可看作 CSTR)？

13.7 利用有机胺(RNH_2)水溶液吸收 H_2S 气体的反应属于瞬间反应：

$$H_2S(g) + RNH_2(l) \longrightarrow HS^- + RNH_3^+$$

在 20 ℃、10 atm 条件下，在气-液相反应器内用有机胺水溶液吸收一惰性气体中的 H_2S(摩尔分数为 0.2%)，试计算当有机胺的物质的量浓度大于多少时该反应可视为界面反应？

已知：$k_L=4.3\times10^{-5}$ m/s，$k_G=0.06$ mol/(m^2·s·atm)，$D_{H_2S}=1.48\times10^{-9}$ m^2/s，$D_{RNH_2}=0.95\times10^{-9}$ m^2/s。

13.8 对于习题 13.7 中的 H_2S 吸收反应，已知气-液相界面面积为 $a_i=1\ 200$ m^2/m^3(液体)，H_2S 的亨利常数为 $H_A=8.3\times10^3$ mol/(atm·m^3)。其他参数同习题 13.7，试分别计算 RNH_2 浓度为 30 mol/m^3 和 150 mol/m^{3}时的以液体体积为基准的 H_2S 吸收速率 $-r_{AL}$。

13.9 氨与 H_2SO_4 的反应为瞬时不可逆反应，若氨的分压为 0.006 MPa，硫酸浓度为0.4 kmol/m^3，试计算氨的吸收速率。

已知：$k_G=3.5$ kmol/(m^3·MPa·h)，$k_L=0.005$ m/h，氨在硫酸溶液中的溶解度系数 $H_A=750$ kmol/(m^3·MPa)，假定硫酸和氨的液相扩散系数相等，氨与硫酸的反应为

$$NH_3 + 0.5H_2SO_4 \longrightarrow 0.5(NH_4)_2SO_4$$

本章主要符号说明

拉丁字母

a——比表面积，m^2/kg；

——比相界面积，m^2/m^3；

c——物质的量浓度，kmol/m^3；

D——扩散系数，m^2/s；

E——活化能，kJ/mol；

q_n——单位截面积上组分的摩尔流量，kmol/(m^2·s)；

H——溶解度系数，kmol/(m^3·Pa)；

k——反应速率常数，m^3/(kmol·s)；

——传质系数，kmol/(m^2·s·Pa)；

K——平衡常数，量纲为1；

K_{GA}——气相总传质系数，kmol/(m^3·Pa)；

N——单位相界面积单位时间内的扩散速率，kmol/(m^2·s)；

p——气体压强，Pa；

$-r$——反应速率，kmol/(m^3·s)；

$-R$——宏观反应速率，kmol/(m^3·s)；

R——催化剂颗粒半径，m；

S——面积，m^2；

v——吸附、脱附速率，kmol/(m^3·s)；

V——体积，m^3；

m——催化剂质量，kg；

X_B——液相中组分 B 与惰性组分的摩尔比，量纲为1；

Y_A——气相中组分 A 与惰性组分的摩尔比，量纲为1；

z——距相界面的距离，m。

希腊字母

β——增强系数，量纲为1；

δ——液膜厚度,m;
——反应界面距气-液相界面距离,m;
γ——八田(Hatta)数,量纲为 1;
ε——空隙率或气含率,量纲为 1;
η——有效系数,也称效率因子,量纲为 1;
θ——吸附率,空位率,量纲为 1;
ρ——密度,kg/m^3;
ϕ_s——蒂勒(Thiele)模数,量纲为 1。

知识体系图

第十四章　微生物反应动力学

第一节　微生物与微生物反应

一、微生物及其特性

微生物是肉眼看不见或看不清楚的微小生物的总称。微生物可分为原核微生物(如细菌、放线菌)、真核微生物(如酵母和霉菌等真菌、藻类、原生动物、后生动物)、古细菌和非细胞微生物(如病毒等)。在环境领域应用最多的是细菌,但其他微生物也起着非常重要的作用。

单细胞微生物的悬浮液在微生物浓度较低的情况下可以视为流体,但当微生物大量分泌多糖等高分子化合物时,培养液的黏度增加,将具有非牛顿流体的性质;丝状微生物的培养液具有非牛顿流体的性质。

二、微生物反应及其在污染控制中的应用

(一)微生物反应的特点

微生物反应是由一系列的酶催化反应构成的复杂反应体系,参与反应的成分极多,反应途径错综复杂,与一般的化学反应和生化反应有显著的差异。微生物细胞可以看作一个超微型反应器,在该反应器内同时进行着多种多样的反应。因此,微生物反应很难用一个准确的反应式来表示。

参与微生物反应的主要组分包括基质、营养物、活细胞、非活性细胞、分泌产物等。活细胞可以看作由细胞壁和细胞膜包裹起来的有机催化剂。基质与活性细胞反应产生产物的同时形成更多的活细胞,在这一点上类似于化学反应中的自催化反应。

微生物反应一般可分为基质利用、细胞生长、细胞死亡/溶化和产物生成四类反应。其中基质利用是微生物反应的出发点和核心,它是细胞生长和产物生成等反应的前提,环境污染的微生物控制技术主要是基于微生物的基质(即污染物)利用反应。微生物利用基质主要有以下三个方面的作用:

(1) 合成新的细胞物质(表现为细胞的生长、繁殖):在工业上,微生物细胞常作为产品,如酵母粉等,但是在生态环境治理工程中,特别在污水的生物处理过程中,合成的细胞往往以剩余污泥(菌体)的形式排出系统,如果不妥善处理,将引起二次污染。

(2) 生成反应产物,合成细胞外产物:在工业上,微生物的分泌物,如维生素、抗生素等,往往是高价值的产品,而在污水生物处理系统中,微生物的分泌物会引起处理水质的恶化,有些分泌物还会成为污水消毒副产物的前驱物质。

(3) 提供必要的能量:主要用于合成反应和维持细胞的活性。

在工程应用中，为了方便计算，常把微生物反应看作一种基质和营养物质反应生成细胞代谢产物的单一自催化反应。微生物反应的总反应式可以概括地表示为

$$\text{碳源}+\text{氮源}+\text{其他营养物质}+\text{氧} \longrightarrow \text{细胞}+\text{代谢产物}+CO_2+H_2O \tag{14.1.1}$$

微生物反应的产物一般指反应过程中产生的分泌到细胞外的物质，根据产生的途径，微生物反应产物可分为以下三类。

第一类产物：由基质分解代谢，如好氧分解、发酵等过程产生的产物称第一类产物。它们是基质分解代谢过程中直接产生的中间产物，如乙醇、乳酸、柠檬酸等。

第二类产物：以简单的代谢中间产物为原料，通过合成代谢生成的较复杂的物质称第二类产物，如胞外酶、多糖、抗生素、激素、维生素、生物碱等。这类化合物大多为次级代谢产物。微生物从外界吸收各种营养物质，通过物质代谢生成维持生命活动的物质和能量的过程，一般称初级代谢。次级代谢是相对于初级代谢而提出的一个概念，它是指微生物以初级代谢产物为前体，合成一些对微生物的生命活动无明显功能的物质的过程。次级代谢产生的产物称次级代谢产物。次级代谢一般发生在对数增长期的后期或稳定期。

第三类产物：一般指在碳源过量、氮源等受到限制的条件下产生的一类物质，主要是蓄能化合物，如多糖、糖原、脂肪等。

微生物反应是物质代谢与能量代谢过程的统一，物质代谢伴随着能量代谢。微生物反应所需的能量是 ATP 或类似物质的化学能，主要来源于基质的分解反应（或光合作用），但在没有可氧化的基质存在时，能量则来自细胞物质的分解。

基于基质分解的能量有两种产生过程：一是基质本身的分解；二是电子传递（呼吸链）过程。分解代谢产生的能量主要用于：① 合成反应；② 维持细胞的活性（如重新合成被不断降解的细胞物质）；③ 保持细胞内外的浓度梯度；④ 用于细胞内各类转化反应。用于②、③和④的能量总称为维持能，这部分能量不用于第二类和第三类产物的生成。

（二）微生物反应的影响因素

微生物反应的影响因素包括微生物的种类、基质的种类和浓度、环境条件等。对某一微生物种类和基质确定的反应系统，环境因素，特别是 pH 和温度往往是重要的影响因素。在一些情况下，共存物质会对微生物产生抑制作用，从而降低微生物的活性和微生物反应速率。

（三）微生物反应在环境领域中的应用

微生物反应在自然界中的碳、氮、磷、硫等的元素循环中起着关键的作用，同时微生物反应是污染水体、土壤等的自净过程的主要机制。在污染防治工程中，微生物反应主要用于污染物的降解和转化，它广泛地应用于城市污水及工业废水的生物处理、有机废气、挥发性有机物（VOCs）及还原性无机气体的生物处理、有机废弃物的堆肥处理等。值得一提的是，几乎所有的城市污水处理厂都采用以生物处理为核心的处理工艺。

微生物反应在环境污染防治中的应用与工业应用相比，在目的、利用的微生物及规模等方面有明显的不同，因此微生物反应的操作也不相同。

第二节 微生物反应的计量关系

一、微生物反应综合方程

(一) 微生物浓度的表达方式

微生物细胞是一个由蛋白质、脂肪、多糖、DNA、RNA 等高分子化合物及多种多样的低分子有机和无机化合物构成的复合体,不能用单一化合物的分子式描述。

不同的微生物其细胞的元素组成有很大的差异,因此微生物浓度很难用物质的量浓度表示,一般用质量浓度,即单位体积培养液(反应介质)中所含细胞的干燥质量来表示,常用的单位有 kg(细胞)/m^3 等。

(二) 微生物细胞的组成式

微生物反应是一个极其复杂的反应体系,不能用简单的反应式来表达,但它们仍然符合质量守恒定律,因此了解微生物细胞的元素组成对微生物反应的物料衡算有重要的意义。

在一定条件下,同一类微生物的细胞元素组成可以视为相对稳定。在工程上,常用微生物的无灰干燥细胞(ash-free cell mass)即细胞烧失量的元素组成(如 $CH_xO_yN_z$)来表示细胞的组成。表 14.2.1 和表 14.2.2 分别列出了大肠杆菌和其他几种微生物干燥细胞的元素组成。

表 14.2.1 大肠杆菌干燥细胞的元素组成

元素	比例/%	来源
C	50	有机物,CO_2
O	20	O_2,H_2O,CO_2,有机物
N	14	含氮无机物,N_2,含氮有机物
H	8	H_2,H_2O,有机物
P	3	PO_4^{3-}
S	1	SO_4^{2-},HS^-,S,$S_2O_3^{2-}$,含硫有机物
K	1	K^+
Na	1	Na^+
Mg	0.5	Mg^{2+}
Ca	0.5	Ca^{2+}
Cl	0.5	Cl^-
Fe	0.2	Fe^{3+},Fe^{2+}
其他	0.3	

表 14.2.2　几种微生物干燥细胞的元素组成（$CH_xO_yN_z$）

微生物	x	y	z
产朊球拟酵母菌（*Torulopsis ulitis*）	1.62	0.48	0.16
肺炎克雷伯氏菌（*Klebsiella penumoniae*）	1.62	0.42	0.24
白菜假丝酵母菌（*Candida brassicae*）	1.78	0.51	0.15
一般微生物	1.65~1.74	0.52~0.53	0.17~0.20

在污水生物处理中，通常用 Goover 等人提出的 $C_5H_7O_2N$ 来表示活性污泥微生物的平均元素组成，如果考虑磷，则可表示为 $C_{60}H_{87}O_{23}N_{12}P$。另外，Helmer 等人根据多种工业废水处理系统中活性污泥的分析，得出活性污泥元素组成的实验式为 $C_{118}H_{170}O_{51}N_{17}P$，若省略磷的含量，可得 $C_7H_{10}O_3N$。另外，由表 14.2.1 得出的大肠杆菌的元素组成近似为 $C_{4.2}H_8O_{1.3}N$，该组成与上面的数据有较大的差别。

（三）微生物反应的综合计量式

把参与微生物反应的碳源、氮源及其他营养物质统一表示为基质 S、微生物细胞表示为 X，反应产物表示为 P，则微生物反应的综合方程可写为

$$S \longrightarrow Y_X X + Y_P P \tag{14.2.1}$$

式中：Y_X——生长系数（growth yield）或细胞产率系数（cell yield），kg/kg；

Y_P——产物产率系数（product yield），kg/kg。

对于好氧微生物反应，设碳源为 CH_mO_n，氮源为 NH_3，反应产物是细胞（$CH_xO_yN_z$）、代谢产物为（$CH_uO_vN_w$）、CO_2 和 H_2O，则反应计量方程可表示为

$$CH_mO_n + aNH_3 + bO_2 \longrightarrow Y_{X/C}CH_xO_yN_z + Y_{P/C}CH_uO_vN_w + (1-Y_{X/C}-Y_{P/C})CO_2 + cH_2O \tag{14.2.2}$$

式中：$Y_{X/C}$ 和 $Y_{P/C}$——以碳元素为基准的细胞产率系数和产物产率系数，kg/kg(C)。

根据 H、O 和 N 的质量守恒关系，可得以下三个方程：

$$a = zY_{X/C} + wY_{P/C} \tag{14.2.3}$$

$$b = \left(1 - Y_{X/C} - Y_{P/C} + \frac{m}{4} - \frac{n}{2}\right) + \frac{Y_{P/C}}{4}(-u+2v+3w) + \frac{Y_{X/C}}{4}(-x+2y+3z) \tag{14.2.4}$$

$$c = \frac{m}{2} + \frac{Y_{P/C}}{2}(-u+3w) + \frac{Y_{X/C}}{2}(-x+3z) \tag{14.2.5}$$

化学计量数 a、b 对于计算代谢产物生成量和需氧量有重要的意义。由于一般情况下水大量过剩，化学计量数 c 的重要性不大。

值得注意的是，在微生物反应系统中，营养物质的种类很多，在计算中不可能一一考虑，往往考虑某个或某些关键组分（限制性物质）。在计量学中通常把细胞生长过程中首先完全消耗掉的基质称为计量学限制性基质。同样，根据对细胞生长速率的影

响,通常定义:在一定的环境条件下,若向反应系统中加入某一基质,生长速率随之增加,则该基质被称为生长速率限制性基质。

二、细胞产率系数

细胞产率系数是指所消耗的基质转化为细胞的比例,该系数对计算反应器中的微生物浓度、细胞产生量(如污水生物处理系统的污泥产量)等有重要意义。

(一) 以基质质量为基准的细胞产率系数

以基质质量为基准的细胞产率系数 $Y_{X/S}$[单位:kg(细胞)/kg(基质)]定义为反应系统中细胞的生长量(细胞干燥质量)与反应消耗掉的某一基质的质量之比,可表示为

$$Y_{X/S}=\frac{\text{细胞的生长量}}{\text{反应消耗的某一基质量}}=\frac{\Delta X}{-\Delta S} \tag{14.2.6}$$

或

$$Y_{X/S}=\frac{\text{细胞生长速率}}{\text{基质消耗速率}}=\frac{r_X}{-r_S} \tag{14.2.7}$$

式中:ΔX——细胞的生长量,kg(细胞);

$-\Delta S$——反应消耗的基质量,kg;

r_X——质量基准的生长速率,kg(细胞)/(m^3·h);

$-r_S$——基质消耗速率,kg(基质)/(m^3·h)。

$Y_{X/S}$的值不一定小于1,有时也会大于1,其大小与所选择的基质有关。

在间歇培养过程中,基质浓度随时间变化而变化,因此细胞产率系数也会时刻变化。某一时刻 t 的瞬间细胞产率系数称微分产率系数(differential cell yield),它定义为

$$Y_{X/S}=-\frac{dX}{dS} \tag{14.2.8}$$

对于微生物的间歇培养,整个过程的产率系数称总产率系数(overall cell yield),可表示为

$$Y_{X/S}=\frac{X_t-X_0}{S_0-S_t} \tag{14.2.9}$$

式中:S_0,S_t——反应开始和结束时的基质浓度,kg(基质)/m^3;

X_0——接种微生物浓度,kg(细胞)/m^3;

X_t——反应结束时的微生物浓度,kg(细胞)/m^3。

表14.2.3中列出了一些细菌的细胞产率系数。从表可以看出,即使是同一菌株,基质不同,细胞产率系数也不同;在相同培养基时,好氧培养的产率系数远大于厌氧培养时的产率系数。

表14.2.3 细菌的细胞产率系数

微生物	基质	$Y_{X/S}$/(kg·kg^{-1})
酿酒酵母菌(*Saccharomyces cereviside*)	葡萄糖(好氧)	0.53
酿酒酵母菌(*Saccharomyces cereviside*)	葡萄糖(厌氧)	0.14

续表

微生物	基质	$Y_{X/S}$/(kg·kg^{-1})
产气杆菌(*Aerobacter aerogenes*)	葡萄糖(好氧)	0.40
产气杆菌(*Aerobacter aerogenes*)	乳酸	0.18
产气杆菌(*Aerobacter aerogenes*)	丙酮酸	0.20
大肠埃希氏杆菌(*Escherichia coli*)	NH_4^+	3.5
产朊假丝酵母菌(*Candida utilis*)	NH_4^+	10~22

表 14.2.4 列出了不同废水生物处理系统中的细胞产率,即在活性污泥法处理时的污泥转化率。

表 14.2.4　不同废水生物处理系统中的细胞产率

废水种类	污泥转化率
生活污水	0.73
石油精炼废水	0.49~0.62
化学、石油化学废水	0.31~0.72
酿造废水	0.56
制药废水	0.72~0.77

(二) 以碳元素为基准的细胞产率系数

对于作为碳源的基质,无论好氧培养还是厌氧培养,从宏观的角度可以看作碳源的一部分同化为微生物细胞,剩余部分转化为 CO_2 和其他代谢产物(异化)。以碳元素为基准的细胞产率系数($Y_{X/C}$)[单位:kg(细胞中的 C)/kg(C)]定义为

$$Y_{X/C}=\frac{\text{细胞生长量}\times\text{细胞的含碳率}}{\text{碳源消耗量}\times\text{碳源的含碳率}}=\frac{\Delta X\gamma_X}{-\Delta S\gamma_S}=Y_{X/S}\frac{\gamma_X}{\gamma_S} \tag{14.2.10}$$

式中:γ_X——细胞的含碳率,量纲为 1;

γ_S——碳源的含碳率,量纲为 1。

与 $Y_{X/S}$ 不同,$Y_{X/C}$ 的值只能小于 1,一般为 0.5~0.7。

(三) 以氧消耗量为基准的细胞产率系数

在工程上,利用好氧微生物时,需要向微生物供氧。对于这种情况,以氧消耗量为基准的细胞产率系数($Y_{X/O}$)[单位:kg(细胞)/kg(O_2)]定义为

$$Y_{X/O}=\frac{\Delta X}{-\Delta m_{O_2}} \tag{14.2.11}$$

式中:$-\Delta m_{O_2}$——反应消耗的 O_2 量,kg。

对于反应(14.2.2),$Y_{X/O}$ 与 $Y_{X/C}$ 的关系为

$$Y_{X/O}=\frac{Y_{X/C}(12+x+16y+14z)}{32b} \tag{14.2.12}$$

【例题 14.2.1】 以葡萄糖($C_6H_{12}O_6$)为碳源,NH_3 为氮源,在好氧条件下培养某细菌,得到的细胞的元素组成为 $CH_{1.66}O_{0.273}N_{0.195}$。设该细菌的 $Y_{X/C}=0.65$,反应产物只有 CO_2 和水。试计算 $Y_{X/S}$ 和 $Y_{X/O}$。

解:将葡萄糖的元素组成式写为 CH_2O,且根据题意 $Y_{P/C}=0$,则微生物反应计量方程为

$$CH_2O + aNH_3 + bO_2 \longrightarrow Y_{X/C}CH_{1.66}O_{0.273}N_{0.195} + (1-Y_{X/C})CO_2 + cH_2O$$

根据基质和细胞的元素组成,可得

$$\gamma_S = \frac{12}{12+1\times2+16\times1} = 0.4$$

$$\gamma_X = \frac{12}{12+1.66\times1+0.273\times16+0.195\times14} = 0.578$$

根据 $Y_{X/S}$ 与 $Y_{X/C}$ 的关系,有

$$Y_{X/S} = Y_{X/C}\frac{\gamma_S}{\gamma_X} = 0.65\times\frac{0.4}{0.578}\ \text{kg/kg} = 0.450\ \text{kg/kg}$$

由计量方程,求得各元素的物料衡算式如下:

O 的物料衡算:

$$1+2b = 0.273Y_{X/C} + 2(1-Y_{X/C}) + c$$

N 的物料衡算:

$$a = 0.195\ Y_{X/C}$$

H 的物料衡算:

$$2+3a = 1.66\ Y_{X/C} + 2c$$

解上述联立方程得:$a=0.127$,$b=0.264$,$c=0.651$,故

$$Y_{X/O} = Y_{X/C}\frac{12+x+16y+14z}{32b} = 1.60\ \text{kg/kg}$$

(四)以 ATP 为基准的细胞产率系数*

微生物生长所需要的能量主要来源于基质的氧化,但是,并不是基质氧化所产生的能量全部能被微生物所利用,只有转化为 ATP 的部分能量才能被利用,其他部分的能量以热能的形式释放到反应系统中。因此用生成的 ATP 量为基准表示细胞的产率更有利于理解微生物反应的定量关系。以生成的 ATP 量为基准的细胞产率系数 $Y_{X/ATP}$[单位:kg(细胞)/kmol(ATP)]定义为

$$Y_{X/ATP} = \frac{\Delta X}{\Delta n_{ATP}} = \frac{Y_{X/S}M_S}{Y_{ATP/S}Y_E} \tag{14.2.13}$$

式中:Δn_{ATP}——反应生成的 ATP 量,kmol;

$Y_{ATP/S}$——全部作为能源时消耗 1 kmol 的基质时所能产生的 ATP 的物质的量,kmol(ATP)/ kmol(基质);

Y_E——消耗的基质中用于能源的比例,量纲为 1;

M_S——基质的相对分子质量,量纲为 1。

无论是厌氧微生物还是好氧微生物,当基质同时作为碳源和能源利用时,反应消耗的基

质中，用于同化代谢的比例为 $Y_{X/C}$，用于能源的比例为 $(1-Y_{X/C})$，故

$$Y_E = 1-Y_{X/C} \tag{14.2.14}$$

将式(14.2.14)代入式(14.2.13)，可得

$$Y_{X/ATP} = \frac{Y_{X/S}M_S}{Y_{ATP/S}(1-Y_{X/C})} \tag{14.2.15}$$

$$Y_{X/ATP} = \frac{Y_{X/S}M_S}{Y_{ATP/S}\left(1-\dfrac{\gamma_X}{\gamma_S}Y_{X/S}\right)} \tag{14.2.16}$$

在多数情况下，$Y_{X/ATP}$ 的值受微生物的种类、基质及好氧和厌氧条件的影响不大，为 8~11，平均值为 10。

设 $Y_{X/ATP}=10$，式(14.2.16)可变形为

$$Y_{X/S} = \frac{10Y_{ATP/S}}{M_S+10Y_{ATP/S}\dfrac{\gamma_X}{\gamma_S}} \tag{14.2.17}$$

由式(14.2.17)可知，只要知道 $Y_{ATP/S}$ 的值，利用式(14.2.17)就可以计算出 $Y_{X/S}$。$Y_{ATP/S}$ 可以通过基质氧化途径进行计算。

【例题 14.2.2】 某假单胞菌在好氧条件下，以葡萄糖为基质时的细胞产率系数为：$Y_{X/S}=180$ g(细胞)/mol(葡萄糖)，$Y_{X/O}=30.4$ g(细胞)/mol(O_2)，若基质水平磷酸化的 ATP 生成量为 2 mol(ATP)/mol(葡萄糖)，呼吸链反应的 ATP 生成量 $Y_{ATP/O}$(每消耗 1 mol 氧原子生成的 ATP 的物质的量)为 1 mol。试求出 $Y_{X/ATP}$。

解：1 mol 葡萄糖生成的菌体量为

$$\Delta X = 1.0\times Y_{X/S} = 1.0\times 180\ \text{g(细胞)} = 180\ \text{g(细胞)}$$

1 mol 葡萄糖糖酵解产生的 ATP 量为 2 mol。

1 mol 葡萄糖经呼吸链产生的 ATP 量为

$$Y'_{ATP/S} = \frac{\Delta n_{ATP}}{-\Delta S} = \frac{\Delta n_{ATP}}{\Delta n_{O_2}}\cdot\frac{\Delta n_{O_2}}{-\Delta S} = 2Y'_{ATP/O}\cdot\frac{\Delta n_{O_2}}{-\Delta S} = 2Y_{ATP/O}\cdot\frac{\Delta X}{-\Delta S}\cdot\frac{\Delta n_{O_2}}{\Delta X}$$

$$= 2Y_{ATP/O}\cdot\frac{Y_{X/S}}{Y_{X/O}} = 2\times 1\times\frac{180}{30.4} = 11.8\ \text{mol(ATP)/mol(葡萄糖)}$$

1 mol 葡萄糖分解所产生的总 ATP 量为

$$2+11.8 = 13.8\ \text{mol(ATP)}$$

故

$$Y_{X/ATP} = \frac{180\ \text{g(细胞)}}{13.8\ \text{mol(ATP)}} = 13.0\ \text{g(细胞)/mol(ATP)}$$

(五) 以有效电子数为基准的细胞产率系数

为了对不同的基质有一个可比的基准，有时采用有效电子(available electron)为基准的细胞产率系数[$Y_{X/av.e^-}$，单位：kg(细胞)/kmol(av. e^-)]：

$$Y_{X/av.e^-}=\frac{细胞生长量}{消耗基质的有效电子数}=\frac{\Delta X}{\Delta n_{av.e^-}} \tag{14.2.18}$$

式中：$\Delta n_{av.e^-}$——消耗基质的有效电子数，kmol(av. e$^-$)。

基质的有效电子数可由每千摩尔的基质完全燃烧时需要的氧的千摩尔数 Δn_{O_2}(kmol)计算

$$\Delta n_{av.e^-}=\frac{\Delta S}{M_S}4\Delta n_{O_2} \tag{14.2.19}$$

$$Y_{X/av.e^-}=\frac{Y_{X/S}M_S}{4\Delta n_{O_2}} \tag{14.2.20}$$

【例题 14.2.3】 已知某细菌在以葡萄糖为基质时的 $Y_{X/S}=0.404$ g(细胞)/g(葡萄糖)，试求 $Y_{X/av.e^-}$。

解：葡萄糖的相对分子质量

$$M_S=12\times16+1\times12+16\times6=180$$

葡萄糖完全燃烧时的需要量 $\Delta n_{O_2}=6$ mol(O_2)/mol(葡萄糖)，故

$$Y_{X/av.e^-}=\frac{Y_{X/S}M_S}{4\Delta n_{O_2}}=\frac{0.404\times180}{4\times6}=3.03\ \text{g(细胞)/mol(av. e}^-\text{)}$$

三、代谢产物的产率系数

代谢产物的产率系数($Y_{P/S}$)定义为单位质量的基质消耗量所生成的代谢产物的量，可表示为

$$Y_{P/S}=\frac{代谢产物生成量}{基质消耗量}=\frac{\Delta P}{-\Delta S}=\frac{r_P}{-r_S} \tag{14.2.21}$$

式中：ΔP——代谢产物生成量，kg。

以碳元素为基准的代谢产物的产率系数 $Y_{P/C}$ 定义为

$$Y_{P/C}=\frac{代谢产物生成量\times产物含碳率}{基质消耗量\times基质含碳率}=Y_{P/S}\frac{\gamma_P}{\gamma_S} \tag{14.2.22}$$

式中：γ_P——代谢产物的含碳率，量纲为 1。

第三节 微生物反应动力学

一、微生物生长速率

（一）微生物生长速率的定义

微生物生长速率 r_X 定义为

$$r_X=\frac{dX}{dt}=\mu X \tag{14.3.1}$$

式中：X——活细胞浓度，kg(细胞)/m^3；

μ——比生长速率(specific growth rate)，h^{-1}。

μ 的单位为时间的倒数，μ 值越大，说明微生物生长越快。

$$\mu=\frac{dX}{dt}\frac{1}{X} \tag{14.3.2}$$

在间歇培养条件下，μ 与倍增时间 t_d(doubling time)的关系为

$$\mu=\frac{\ln 2}{t_d}=\frac{0.693}{t_d} \tag{14.3.3}$$

式中：t_d——倍增时间，h。

【例题 14.3.1】 用 50 mL 的培养液培养大肠杆菌，大肠杆菌细胞的初期总数为 8×10^5 个，培养开始后即进入对数生长期(无诱导期)。在 284 min 后达到稳定期(细胞浓度 3×10^9 个/mL)，试求大肠杆菌的 μ 和 t_d(设在培养过程中 μ 保持不变)。

解：开始时的细胞浓度为

$$X_0=\frac{8\times10^5}{50}\text{个/mL}=1.6\times10^4\text{个/mL}$$

根据细胞增长方程

$$\mu=\frac{dX}{dt}\frac{1}{X}$$

$$\mu dt=\frac{dX}{X}$$

设培养过程中 μ 保持不变，则

$$\mu t=\ln\frac{X}{X_0}$$

$$\mu=\frac{\ln\frac{X}{X_0}}{t}=\frac{\ln\frac{3\times10^9}{1.6\times10^4}}{\frac{284}{60}}\ h^{-1}=2.6\ h^{-1}$$

$$t_d=\frac{0.693}{\mu}=\frac{0.693\times60}{2.6}\ \text{min}=16.0\ \text{min}$$

(二) 微生物生长速率与基质浓度的关系

不同的微生物有不同的 μ 值。对于同一种微生物(群)，当温度、pH 等条件一定，且无基质抑制和代谢产物抑制的情况下，μ 是基质浓度的函数。设生长限制性基质(growth-limiting substrate)的浓度为 S，则

$$\mu=f(S)$$

最常用的 $f(S)$ 的函数关系式为莫诺(Monod)方程，其形式为

$$\mu=\frac{\mu_{max}S}{K_s+S} \tag{14.3.4}$$

式中:μ_{max}——最大比生长速率,h^{-1};

S——基质浓度,kg/m^3;

K_s——饱和系数,kg/m^3,K_s 与 $\mu=\mu_{max}/2$ 时的 S 值相等(图 14.3.1)。

莫诺方程成立的假设条件如下:① 随着细胞重量的增加,细胞内所有物质如蛋白质、RNA、DNA、水分等以同样的比例增加,即细胞内各组分含量保持不变,这种生长称为协调型生长(balanced growth);② 系统中各细胞具有相同的生理生化特性,或不考虑细胞间的差异,即用平均性质和量来描述;③ 培养系统中只存在一种生长限制性基质,其他成分过量存在且不影响微生物的生长;④ 在培养过程中,细胞产率系数不变,为一常数。

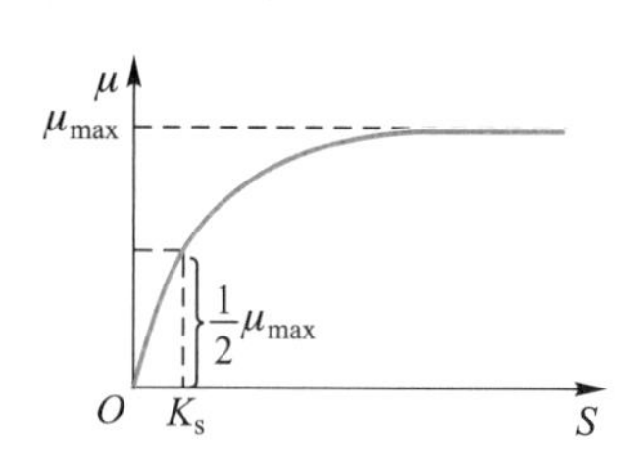

图 14.3.1 微生物的比生长速率与基质浓度的关系曲线

莫诺方程中的最大比生长速率 μ_{max} 表示细胞的最大生长能力,而饱和系数 K_s 则表达了生长速率随基质浓度变化的快慢程度。K_s 越大表明生长速率随基质浓度变化的程度越小。一般情况下,富营养细胞(eutrophic cell)的 K_s 较大,在低基质浓度条件下生长速率低。相反贫营养细胞(oligotrophic cell)的 K_s 较小,在低基质浓度条件下亦能快速地生长。也就是说,贫营养细胞能使基质消耗到很低的浓度水平,这在环境治理中非常有利。大肠杆菌利用葡萄糖时的 K_s 为 2~4 mg/L。

莫诺方程与酶反应的米氏(Michaelis-Menten)方程在形式上相同,但必须注意以下几点:① 米氏方程中的饱和系数 K_m 有明确的物理意义,即基质和酶的亲和力的倒数,而莫诺方程中的饱和系数 K_s 仅是一个实验常数;② 米氏方程有理论推导基础,而莫诺方程是纯实验公式,没有明确的理论依据。

当两种基质 S_1 和 S_2 均为生长限制性基质时,微生物的比增长速率可表示为

$$\mu=\mu_{max}\frac{S_1}{K_{s1}+S_1}\ \frac{S_2}{K_{s2}+S_2} \tag{14.3.5}$$

式中:K_{s1},K_{s2}——基质 S_1 和 S_2 的饱和系数,kg/m^3;

S_1,S_2——基质 S_1 和 S_2 的浓度,kg/m^3。

从莫诺方程可以看出,只要 $S>0$,则 $\mu>0$,即微生物就可以生长。但事实上,当基质浓度低于某一浓度 S_{min} 时,观察不到微生物的生长。这种现象是由于维持代谢(maintenance metabolism)引起的。也就是说,要维持细胞活性,需要消耗一定的基质。另一方面,在细胞生长的同时,也有一部分活细胞死亡或进行自我分解,从而减少反应系统的微生物宏观生长率。这种现象称自呼吸(亦称内源呼吸,endogenous respiration)。考虑以上减少细胞宏观生长速率的各种因素,微生物生长速率方程可表示为

$$\mu=\frac{\mu_{max}S}{K_s+S}-b \tag{14.3.6}$$

式中:b——自衰减系数,h^{-1}。

(三)抑制性因子共存时的生长速率方程

1. 基质抑制

对于苯酚、氨、醇类等对微生物生长有毒害作用的基质,在低浓度范围内,生长速率随基质

浓度的增加而增加，但当其浓度增加到某一数值 S_i 时，生长速率反而随基质浓度的增加而降低，这种现象称基质抑制作用（图 14.3.2）。基质抑制情况下的 μ 与 S 的关系有多种形式，其中较为常用的关系式为 Haldane 方程：

$$\mu=\frac{\mu_{max}S}{K_s+S+S^2/K_i} \tag{14.3.7}$$

式中：K_i——基质抑制系数，kg/m^3。

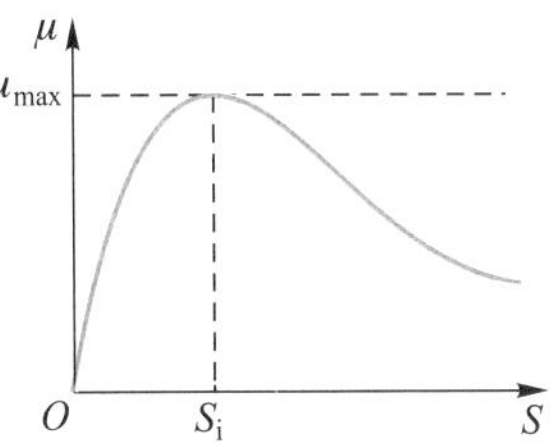

图 14.3.2　存在基质抑制作用时的生长曲线

2. 代谢产物抑制

在某些情况下，代谢产物 P 会影响微生物的生长，这种现象称代谢产物抑制现象。表达代谢产物抑制作用的 μ 与 S 的关系式较多，其中简单的关系式为

$$\mu=\frac{\mu_{max}S}{(K_s+S)(1+P/K_p)} \tag{14.3.8}$$

式中：P——代谢产物浓度，kg/m^3；

K_p——代谢产物抑制系数，kg/m^3。

二、基质消耗速率

（一）基质消耗反应的微观步骤

微生物反应中的基质消耗是一个非常复杂的过程，是一系列生化反应的集合，要考察每一步反应，事实上是不可能的，通常采用简化模型描述基质的消耗过程。

对于一个特定的细菌细胞，其结构可以简化为一个由黏液层、细胞壁和细胞膜包裹的固体催化剂（图 14.3.3）。根据此简化模型，基质的消耗过程可以认为包括以下几个步骤：

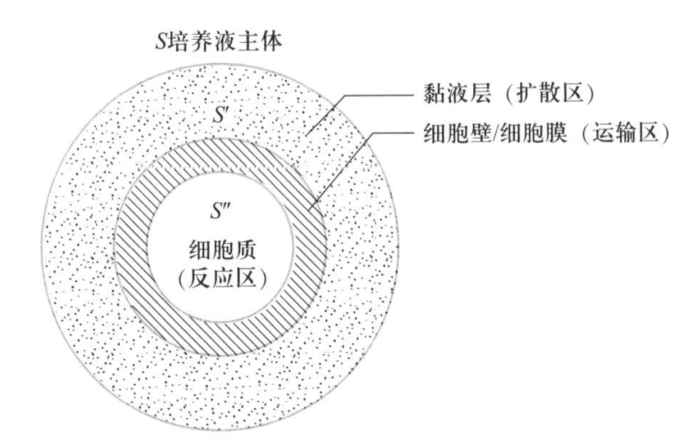

图 14.3.3　细菌细胞的反应过程结构模型

基质消耗反应的微观步骤

① 从培养液主体通过扩散穿过黏液层，到达细胞壁表面。此过程的基质移动服从菲克定律，因此黏液层可视为扩散区。在一些情况下，大分子的基质在扩散过程中在胞外酶的作用下分解成小分子。对不能直接进入细胞内的大分子基质来说，胞外分解过程是基质被消耗的前提。

② 细胞壁表层的基质分子或基质的分解产物通过被动扩散、主动扩散、主动运输等机

制穿过细胞壁和细胞膜，进入细胞质。因此，细胞壁和细胞膜可以视为运输区。当被动扩散的贡献率很小，可以忽略不计时，基质通过运输区的通量 N 可概括地表示为

$$N=\frac{\nu' S'}{K'+S'} \tag{14.3.9}$$

式中：ν'，K'——常数；

S'——运输区外层的基质浓度，kg/m^3。

由式(14.3.9)可以看出，在不考虑被动扩散的情况下，N 只与运输区外表层的基质浓度有关，与细胞质内的基质浓度无关。

③ 进入细胞质(反应区)的基质，在细胞内被分解。基质的分解速率可以概括地用米氏(Michaelis－Menten)方程来表示，即

$$-\frac{dS''}{dt}=\frac{\nu'' S''}{K''_s+S''} \tag{14.3.10}$$

式中：ν''，K''_s——常数；

S''——反应区内的基质浓度，kg/m^3。

当反应处于稳定态时，通过扩散区和运输区的基质通量与反应区内基质的消耗速率相等，即

$$N=-\frac{dS''}{dt} \tag{14.3.11}$$

(二) 分散体系的基质消耗速率

1. 基质消耗速率的表达式

由于微生物反应系统中存在着大量的细胞，而且各个细胞之间都存在着一定的差异，关注系统中单个细胞的基质消耗过程，对深入理解基质消耗机制有重要的意义，但是在实际应用中，不可能掌握每个细胞的基质消耗速率。故常不考虑细胞内的差异，而把细胞看作一个组分稳定的化学物质，对该系统的宏观消耗速率进行分析、讨论。

微生物反应系统中单位混合物体积的基质消耗速率[volumetric substrate consumption rate，$-r_S$，$kg/(m^3 \cdot h)$]与细胞表观产率系数和生长速率的关系为

$$-r_S=\frac{1}{Y_{X/S}}r_X=\frac{1}{Y_{X/S}}\mu X \tag{14.3.12}$$

在实际应用和科研工作中，经常使用单位细胞质量的基质消耗速率，即比基质消耗速率(specific substrate consumption rate，$-\nu_S$，单位：h^{-1})来表示

$$-\nu_S=-\frac{r_S}{X} \tag{14.3.13}$$

$$-\nu_S=\frac{\mu}{Y_{X/S}} \tag{14.3.14}$$

在污水生物处理中，常采用 BOD 表示基质群，此时 $-r_S$ 称为 BOD 去除速率，$-\nu_S$ 称为 BOD 比去除速率。

当 μ 可以用莫诺(Monod)方程表达时,式(14.3.14)可改写为

$$-\nu_S=\frac{\mu_{max}}{Y_{X/S}}\frac{S}{K_s+S}=\nu_{max}\frac{S}{K_s+S} \tag{14.3.15}$$

式中:ν_{max}——最大比基质消耗速率,kg/[kg(细胞)·h]。

2. 考虑维持代谢的基质消耗速率表达式

在微生物反应中,被消耗的基质的一部分用于微生物的生长,另一部分用于维持细胞的活性,即作为碳源和能源的基质的消耗速率有以下关系:

基质消耗速率=用于微生物生长的消耗速率+用于维持细胞活性的消耗速率

即

$$-r_S=\frac{1}{Y_{X/S}^*}r_X+m_X X \tag{14.3.16}$$

式中:$Y_{X/S}^*$——细胞真实产率系数(true growth yield),kg(细胞)/kg;

m_X——维持系数(maintenance coefficient),kg(基质)/[kg(细胞)·h]。

$Y_{X/S}^*$是从能源物质所能获取的最大细胞产率系数。m_X 一般为 0.1~4,与环境条件有很大的关系。维持能的大部分用于渗透功,增加培养液的盐浓度会大大增加 m_X。

式(14.3.16)两边同除以 X,得

$$-\nu_S=\frac{1}{Y_{X/S}^*}\mu+m_X \tag{14.3.17}$$

将式(14.3.14)代入式(14.3.17),可得

$$\frac{\mu}{Y_{X/S}}=\frac{1}{Y_{X/S}^*}\mu+m_X \tag{14.3.18}$$

$$\frac{1}{Y_{X/S}}=\frac{1}{Y_{X/S}^*}+\frac{1}{\mu}m_X \tag{14.3.19}$$

由式(14.3.19)可知,$1/Y_{X/S}$与 $1/\mu$ 成直线关系,直线的斜率为 m_X,截距为 $1/Y_{X/S}^*$。因此可以根据实验求得的 $Y_{X/S}$与 μ 值,用作图法得到 m_X 和 $Y_{X/S}^*$(图 14.3.4)。

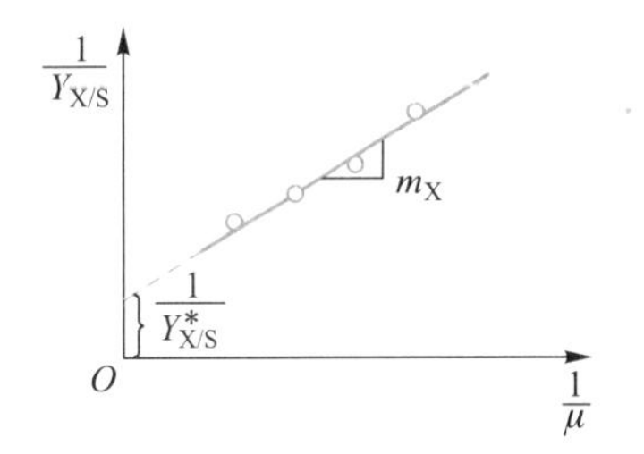

图 14.3.4　维持系数 m_X 与细胞真实产率系数 $Y_{X/S}^*$ 的求法

3. 氧摄取速率

在好氧生物反应中,碳源、能源等营养物质的消耗都伴随着氧的消耗。氧摄取速率(oxygen uptake rate, OUR)或氧消耗速率(oxygen consumption rate, OCR)r_{O_2} 与以氧消耗量为基准的细胞产率系数 $Y_{X/O}^*$之间存在以下关系。

$$-r_{O_2}=\frac{1}{Y_{X/O}^*}r_X+m_{X,O_2}X \tag{14.3.20}$$

$$-\nu_{O_2}=\frac{1}{Y_{X/O}^*}\mu+m_{X,O_2} \tag{14.3.21}$$

式中：m_{X,O_2}——以氧消耗量为基准的维持系数，kg(O_2)/[kg(细胞)·h]；

$-\nu_{O_2}$——比氧消耗速率，kg(O_2)/[kg(细胞)·h]。

【例题 14.3.2】 以葡萄糖为唯一碳源，在好氧条件下（30 ℃，pH = 7.0）用连续培养槽培养固氮菌 *Azotobacter vinelandii*，通过改变稀释率，测定不同 μ 时的 $Y_{X/S}$ 的数据如下：

μ/h^{-1}	0.303	0.270	0.250	0.167	0.137	0.11
$Y_{X/S}$/[g(细胞)·g(葡萄糖)$^{-1}$]	0.053	0.049	0.047	0.034	0.029	0.024

试求出该固氮菌的细胞真实产率系数 $Y^*_{X/S}$ 和维持系数 m_X。

解：根据 $\dfrac{1}{Y_{X/S}}=\dfrac{1}{Y^*_{X/S}}+\dfrac{1}{\mu}m_X$，作 $1/Y_{X/S}-1/\mu$ 图，得一直线，如图 14.3.5 所示。

该直线在 y 轴上的截距为 5.5，故 $Y^*_{X/S}=1/5.5=0.18$ g(细胞)/g(葡萄糖)；直线的斜率为 4，故 $m_X=4$ g(葡萄糖)/[g(细胞)·h]。

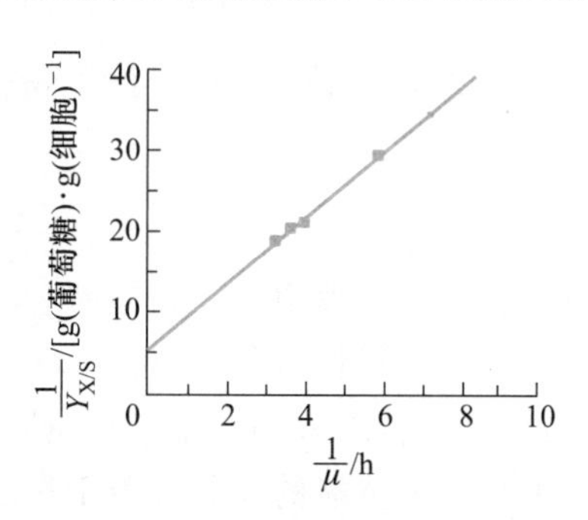

图 14.3.5 例题 14.3.2 附图

（三）生物膜的基质消耗速率

1. 微生物膜的物料衡算与基本方程

微生物膜是附着生长在固体表面上的微生物的聚集体。在微生物膜内微生物细胞间充满了凝胶状物质（intercellular jel），有时也会有空洞。假设微生物细胞在膜内分布均匀，则可以把微生物膜看作固定床催化反应器的填充层，也可以看作固体催化剂。

图 14.3.6 为微生物膜内的基质浓度分布与物料平衡。对于图 14.3.6 所示的表面光滑、内部均匀的微生物膜，设 S^* 为微生物膜表面的基质浓度，S 为膜内部的基质浓度，且基质的移动只发生在 z 方向上。S 在厚度为 dz，面积为 dxdy 的微小单元内的物料衡算为

扩散进入量：

$$-D_{sf}\frac{dS}{dz}dxdy \tag{14.3.22}$$

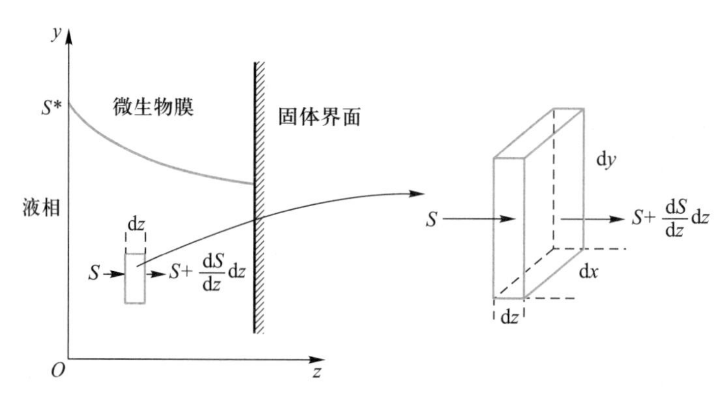

图 14.3.6 微生物膜内的基质浓度分布与物料平衡

扩散出的量：

$$-D_{sf}\frac{d}{dz}\left(S+\frac{dS}{dz}dz\right)dxdy \tag{14.3.23}$$

反应消耗量：

$$-r_S dxdydz \tag{14.3.24}$$

式中：D_{sf}——基质在微生物膜内的有效扩散系数，m^2/s；

$-r_S$——以微生物膜体积为基准的基质消耗速率，$kg/(m^3 \cdot s)$。

在稳态状态下，有

$$扩散进入量=扩散出的量+反应消耗量 \tag{14.3.25}$$

则

$$-D_{sf}\frac{dS}{dz}=-D_{sf}\frac{d}{dz}\left(S+\frac{dS}{dz}dz\right)+(-r_S)dz \tag{14.3.26}$$

式(14.3.26)整理可得

$$D_{sf}\frac{d^2S}{dz^2}=-r_S \tag{14.3.27}$$

式(14.3.27)为微生物膜的基本方程。

2. 微生物膜内的基质浓度分布

微生物膜内的基质浓度各处不尽相同，若能预测、计算膜内各处的基质浓度，对于计算生物膜的反应速率、评价微生物膜的特性及指导实际应用都有重要的意义。

在微生物膜内的基质消耗反应可视为一级反应时，$-r_S$ 可表示为

$$-r_S=kX_fS \tag{14.3.28}$$

式中：k——基质反应速率常数；

X_f——微生物膜的密度，即膜内的微生物浓度，kg/m^3(生物膜)。

将式(14.3.28)代入式(14.3.27)，可得

$$D_{sf}\frac{d^2S}{dz^2}-kX_fS=0 \tag{14.3.29}$$

$$\frac{d^2S}{dz^2}-\frac{kX_f}{D_{sf}}S=0 \tag{14.3.30}$$

令 $\alpha=\frac{kX_f}{D_{sf}}$，$D=\frac{d}{dz}$，则式(14.3.30)可改写为

$$(D^2-\alpha)S=0 \tag{14.3.31}$$

$$(D-\sqrt{\alpha})(D+\sqrt{\alpha})S=0 \tag{14.3.32}$$

由式(14.3.32)可求得膜内基质浓度的分布函数

$$S=C_1e^{-\sqrt{\alpha}z}+C_2e^{\sqrt{\alpha}z} \tag{14.3.33}$$

式中：C_1，C_2——常数。

在边界条件为 $z=0$，$S=S^*$ 时，可得

$$S^*=C_1+C_2 \tag{14.3.34}$$

式中：S^*——微生物膜表面的基质浓度，kg/m^3。

在微生物膜的厚度 δ 较小的情况下，微生物膜与固体界面处仍有 S 存在，即 $z=\delta$，$dS/dz=0$。将此边界条件代入式（14.3.33），可得

$$0=-C_1\sqrt{\alpha}\,e^{-\sqrt{\alpha}\,\delta}+C_2\sqrt{\alpha}\;e^{\sqrt{\alpha}\,\delta} \tag{14.3.35}$$

式中：δ——微生物膜的厚度，m。

由式（14.3.34）和式（14.3.35）可得

$$C_1=\frac{S^*e^{\phi_m}}{2\cosh\,\phi_m} \tag{14.3.36}$$

$$C_2=\frac{S^*e^{-\phi_m}}{2\cosh\,\phi_m} \tag{14.3.37}$$

式中：ϕ_m——修正蒂勒模数，量纲为1，定义为

$$\phi_m=\delta\sqrt{\frac{kX_f}{D_{sf}}} \tag{14.3.38}$$

将式（14.3.36）和式（14.3.37）代入式（14.3.33），整理可得

$$S=\frac{S^*\cosh\,\phi_m(1-z/\delta)}{\cosh\,\phi_m} \tag{14.3.39}$$

式（14.3.39）则为基质在微生物膜内的浓度分布函数。若知道 k、X_f 和 D_{sf}，利用该式可计算出不同深度处的基质浓度。

3. 以微生物膜表面积为基准的反应速率

由于微生物膜内基质浓度处处不同，以微生物膜体积为基准的反应速率 $-r_S$ 难以计算。以微生物膜表面积为基准的基质消耗速率[$-r_{SS}$，单位：$kg/(m^2\cdot h)$]可以很好地克服这个问题。$-r_{SS}$定义为单位时间内单位面积微生物膜所消耗的基质的量，可表示为

$$-r_{SS}=k_SS^* \tag{14.3.40}$$

式中：k_S——以面积为基准的反应速率常数，m/h。

（1）基质消耗速率的计算：从式（14.3.40）可以看出，只要知道反应液中的基质浓度 S_b（近似认为 $S^*=S_b$）就可以简单地计算出 $-r_{SS}$。

对于表面积为 A_f，厚度为 δ 的微生物膜，$-r_{SS}$ 与 $-r_S$ 的关系式为

$$(-r_{SS})A_f=\int_0^{\delta}(-r_S)A_f\,dz \tag{14.3.41}$$

$$-r_{SS}=\int_0^{\delta}(-r_S)\,dz \tag{14.3.42}$$

对于一级反应，$-r_S=kX_fS$，代入式(14.3.42)，得

$$-r_{SS}=\int_0^\delta kX_fS\mathrm{d}z \tag{14.3.43}$$

由式(14.3.43)可以看出，$-r_{SS}$与微生物膜厚度有关，δ越大，单位面积上的微生物量越大，反应速率也大。$-r_{SS}$与微生物膜厚度为δ时的最大基质扩散速率N相等。即

$$-r_{SS}=N=-D_{sf}\left(\frac{\mathrm{d}S}{\mathrm{d}z}\right)_{z=0(\delta固定)} \tag{14.3.44}$$

对式(14.3.39)进行微分，可得

$$-r_{SS}=N=(D_{sf}kX_f)^{1/2}S^*\tanh\phi_m \tag{14.3.45}$$

比较式(14.3.40)和式(14.3.45)，可得

$$-r_{SS}=k_SS^*=(D_{sf}kX_f)^{1/2}S^*\tanh\phi_m \tag{14.3.46}$$

由(14.3.46)即可以计算出面积基准的速率常数(m/h)。

(2) 最大基质消耗速率：但当δ足够大时，基质在微生物膜内完全被消耗，膜的深处将不存在基质，基质浓度为零，此时扩散的推动力和扩散速率达到最大，$-r_{SS}$也达到最大值(图14.3.7)。

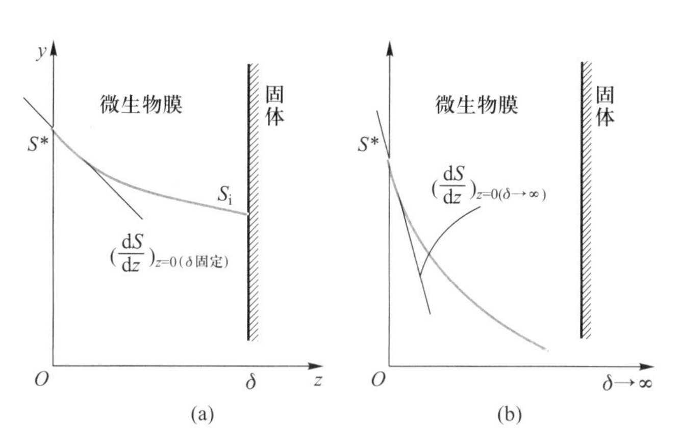

图14.3.7 微生物膜面积基准的基质消耗速率及其最大值

(a) $-r_{SS}=N=-D_{sf}\left(\frac{\mathrm{d}S}{\mathrm{d}z}\right)_{z=0(\delta固定)}$；(b) $N_{max}=-D_{sf}\left(\frac{\mathrm{d}S}{\mathrm{d}z}\right)_{z=0(\delta\to\infty)}$

$$(-r_{SS})_{max}=\int_0^\infty(-r_S)\mathrm{d}z \tag{14.3.47}$$

对于一级反应，有

$$(-r_{SS})_{max}=\int_0^\infty kX_fS\mathrm{d}z \tag{14.3.48}$$

$(-r_{SS})_{max}$与微生物膜厚度足够大时，即$\delta\to\infty$时，最大基质扩散速率(在微生物膜表面处，即$z=0$处的扩散速率)N_{max}相等，即

$$(-r_{SS})_{max} = N_{max} = -D_{sf}\left(\frac{dS}{dz}\right)_{z=0(\delta\to\infty)} \tag{14.3.49}$$

$\delta\to\infty$ 时的边界条件为

$$z=0, \quad S=S^* \tag{14.3.50}$$

$$S=0, \quad \frac{dS}{dz}=0 \tag{14.3.51}$$

在以上边界条件下对基本微分方程式(14.3.27)求解,可得

$$\left(\frac{dS}{dz}\right)_{z=0(\delta\to\infty)} = \left[\frac{2\int_{S^*}^{0}(-r_S)dS}{D_{sf}}\right]^{1/2} \tag{14.3.52}$$

将式(14.3.52)代入式(14.3.49),得

$$N_{max} = \left[-2D_{sf}\int_{S^*}^{0}(-r_S)dS\right]^{1/2} \tag{14.3.53}$$

对于一级反应,$-r_S = kX_fS$,代入式(14.3.53),可得

$$N_{max} = \left[-2D_{sf}\int_{S^*}^{0}kX_fSdS\right]^{1/2} \tag{14.3.54}$$

$$N_{max} = (D_{sf}kX_f)^{1/2}S^* \tag{14.3.55}$$

故最大基质消耗速率可由下式计算:

$$(-r_{SS})_{max} = (D_{sf}kX_f)^{1/2}S^* \tag{14.3.56}$$

利用式(14.3.56)可以预测生物膜反应器的最大基质消耗能力或污染物去除能力。

4. 微生物膜的有效系数

将微生物膜的以面积为基准的有效系数定义为

$$\eta_S = \frac{-r_{SS}}{(-r_{SS})_{max}} = \frac{\int_0^{\delta}(-r_S)dz}{\int_0^{\infty}(-r_S)dz} \tag{14.3.57}$$

将式(14.3.56)和式(14.3.45)代入式(14.3.57),可以得到有效系数的计算式为

$$\eta_S = \tanh\phi_m \tag{14.3.58}$$

利用有效系数,可以定量评价微生物膜的利用效率等特性,对优化生物膜反应器有重要的理论指导意义。

【例题 14.3.3】 已知葡萄糖在一微生物膜中的降解反应可视为一级反应,在 20 ℃时的速率常数为 $1.2\times10^{-2}\ m^3/(g\cdot h)$。已知葡萄糖在微生物膜中的扩散系数为 $1.06\times10^{-6}\ m^2/h$,微生物膜的干燥密度为 $2.0\times10^4\ g/m^3$。试分别计算微生物膜厚度为 10 μm 和 100 μm 时的以微生物膜表面积为基准的反应速率常数。

解:已知 $D_{sf}=1.06\times10^{-6}\ m^2/h$,$X_f=2.0\times10^4\ g/m^3$,$k=1.2\times10^{-2}\ m^3/(g\cdot h)$。故

$$\phi_m = \delta\left(\frac{kX_f}{D_{sf}}\right)^{1/2}$$

$$= \delta\left(\frac{1.2\times10^{-2}\times2.0\times10^{4}}{1.06\times10^{-6}}\right)^{1/2} = 1.50\times10^{4}\delta$$

所以 δ= 10 μm 时，有

$$\phi_m = 1.50\times10^{4}\times10\times10^{-6} = 0.15$$

$$K_s = (D_{sf}kX_f)^{1/2}\cdot\tanh\phi_m = 2.4\times10^{-3}\ \text{m/h}$$

同理，δ= 100 μm 时，有

$$\phi_m = 1.50\times10^{4}\times10\times10^{-5} = 1.5$$

$$K_s = (D_{sf}kX_f)^{1/2}\cdot\tanh\phi_m = 14.5\times10^{-3}\ \text{m/h}$$

三、微生物生长速率与基质消耗速率的关系

将式(14.3.16)变形可得

$$r_X = Y_{X/S}^{*}(-r_S) - m_X Y_{X/S}^{*} X \tag{14.3.59}$$

即

$$\frac{dX}{dt} = Y_{X/S}^{*}\left(-\frac{dS}{dt}\right) - m_X Y_{X/S}^{*} X \tag{14.3.60}$$

对于同一个系统，$Y_{X/S}^{*}$和 m_X 均为常数，令 $Y_{X/S}^{*}m_X = b$，则式(14.3.59)变形为

$$\frac{dX}{dt} = -Y_{X/S}^{*}\frac{dS}{dt} - bX \tag{14.3.61}$$

式(14.3.61)是在污水生物处理领域中常用的污泥增长速率方程，在污水生物处理中 $Y_{X/S}^{*}$ 称为污泥真实转化率或污泥真实产率，b 称为活性污泥微生物的自身氧化率，也称衰减系数。污水的活性污泥法处理系统的 b 值为 0.003~0.008 h^{-1}。

四、代谢产物的生成速率

微生物反应的产物种类繁多，生成途径和合成机制也各不相同，很难用一个统一的方程式表示代谢产物的生成速率，但从宏观上可以把代谢产物的生成途径概括为两大类：一类是与细胞生长有关的产物，称细胞生长偶联产物(growth associated products)，该类产物主要是第一类产物，如乙醇、乙酸等；另一类是与细胞生长无关的产物，称非生长偶联产物(non-growth associated products)。前者的生成速率正比于细胞生长速率，而后者正比于细胞浓度，故代谢产物的生成速率可表示为这两种生成速率之和，即

$$r_P = \alpha r_X + \beta X \tag{14.3.62}$$

式中：r_P——产物的生成速率，kg/(m^3·h)；

α,β——常数。

术语中英文对照

- 原核生物 prokaryote
- 真核生物 eukaryote
- 细菌 bacterium
- 放线菌 actinomycete
- 真菌 fungus
- 酵母 yeast
- 霉菌 mold/mildew
- 藻类 algae
- 原生动物 protozoa
- 后生动物 metazoa
- 生长系数 growth yield
- 细胞产率系数 cell yield
- 产物产率系数 product yield
- 真实产率系数 true growth yield
- 基质 substrate
- 协调型生长 balanced growth
- 维持代谢 maintenance metabolism
- 内源呼吸 endogenous respiration
- 氧摄取速率 oxygen uptake rate(OUR)
- 氧消耗速率 oxygen consumption rate(OCR)
- 生长偶联产物 growth associated products
- 非生长偶联产物 non-growth associated products

思考题与习题

14.1 思考题

(1) 细胞产率系数有哪几种不同的表达方式？它们的取值范围各是什么？

(2) 什么是有效电子？如何理解有效电子？

(3) 与富营养细胞相比，贫营养细胞的饱和系数(K_s)有何特点？

(4) 试比较固体催化剂的有效系数与微生物膜的有效系数的定义有何不同？

14.2 试推导出以 NO_3^- 为氮源时的与式(14.2.2)相对应的 a,b 和 c 的表达式。

14.3 以葡萄糖为碳源，NH_3 为氮源在好氧条件下培养某细菌时，葡萄糖中的碳的 2/3 转化为细菌细胞中的碳元素。已知细胞组成为 $C_{4.4}H_{7.3}N_{0.86}O_{1.2}$，设反应产物只有 CO_2 和 H_2O。试求出 $Y_{X/S}$ 和 $Y_{X/O}$。

14.4 某细菌的 $Y_{X/C}$ 与基质的种类无关，在好氧条件下为 0.6，已知以葡萄糖为基质时的 $Y_{X/S}$ = 0.5 kg/kg，试计算以乙醇为基质时的 $Y_{X/S}$。

14.5 试证明微生物的倍增时间 t_d 与比生长速率 μ 之间的关系为

$$\mu=\frac{\ln 2}{t_d}=\frac{0.693}{t_d}$$

14.6 已知葡萄糖在微生物膜中的扩散系数为 1.06×10^{-6} m^2/h，且受温度的影响可以忽略不计。利用在5 ℃和 20 ℃条件下长期运行的微生物膜反应器测得 5 ℃和 20 ℃时的微生物密度分别为 5.0×10^4 g/m^3 和 2.0×10^4 g/m^3，葡萄糖的一级降解反应速率常数分别为 3.76×10^{-3} $m^3/(g\cdot h)$ 和 1.2×10^{-2} $m^3/(g\cdot h)$。试画出 5 ℃和 20 ℃条件下，微生物膜有效系数与微生物膜厚度的关系。

本章主要符号说明

拉丁字母

D_{sf}——基质在微生物膜内的有效扩散系数，m^2/s；

k——反应速率常数；

K_p——代谢产物抑制系数，kg/m^3；

K_s——饱和系数，kg/m^3；

m_X——维持系数，kg/[kg(细胞)·h]；

M_S——基质的相对分子质量，量纲为 1；

$-r_S$——基质消耗速率，kg(基质)/(m^3·h)；

r_X——质量基准的生长速率，kg(细胞)/(m^3·h)；

P——代谢产物浓度，kg/m^3；

S——基质浓度，kg/m^3；

t_d——倍增时间，h；

X——微生物浓度，kg(细胞)/m^3；

Y——产率系数。

希腊字母

γ——碳源的含碳率，量纲为1；

δ——微生物膜的厚度，m；

μ——比生长速率，h^{-1}；

$-\nu$——比基质消耗速率，kg/(kg·h)；

η_s——微生物膜有效系数，量纲为1；

ϕ_m——修正蒂勒模数，量纲为1。

知识体系图

第十五章　微生物反应器

微生物反应器是利用微生物的生命活动来实现物质转化的一种反应器,关于反应器分类和操作的一般理论都适用于微生物反应器。与化学反应器相比,微生物反应器的特点在于活性微生物既是生物反应的产物,同时又参与反应从而影响反应速率(类似于化学反应中的自催化反应)。

根据微生物存在状态不同,可以将微生物反应器分为三类:悬浮微生物反应器、附着微生物反应器和附着-悬浮混合微生物反应器。悬浮微生物反应器中的微生物主要以游离细胞或微小絮体(flocs)形式存在,如污水处理中的活性污泥反应器。附着微生物反应器又称生物膜反应器,其中微生物主要以生物膜(biofilm)的形式存在,如处理污水或废气的生物过滤池(塔)。附着-悬浮混合微生物反应器中游离细胞、絮体和生物膜共存且都对生物反应有贡献,如处理废水的生物接触氧化池。

在工业生产中,微生物反应器主要用于生产菌体或获取代谢产物,因此反应器的操作和设计优化的目标是最大限度地提高细胞产率和代谢产物产率。与工业生产不同,微生物反应器在环境领域主要用于污染物的转化和分解,反应器操作和设计优化的目标是尽可能提高基质,即污染物的利用速率和去除率。由于环境微生物反应器和工业微生物反应器的目的不同,所以操作和设计有明显的不同之处,但两者的核心均是微生物的培养,本章将阐述微生物反应器的操作与设计。

第一节　悬浮微生物反应器

一、间歇悬浮微生物反应器

间歇操作是微生物培养的最基本的操作方式,它广泛应用于实验室内的微生物生长特性、生理生化特性、污染物的生物降解研究及污水的间歇生物处理、有机废弃物的堆肥(固相培养)等。污水中 BOD 的测定过程也可以视为微生物的间歇培养过程。

(一)微生物的生长曲线

在微生物的间歇培养中,微生物浓度 X 随时间的变化曲线称为生长曲线(growth curve)。典型的微生物生长曲线可以分为六个阶段(图 15.1.1),达到稳定期时微生物量达到最大值,此值称为最大收获量(maximum crop)。

(二)间歇操作的设计方程

间歇培养操作设计的关键是利用细胞生长速率方程、基质消耗速率方程、细胞及基质的物料平衡式,确定细胞浓度和基质浓度随时间的变化方程。由于间歇培养过程是一个非稳态过程,细胞浓度和基质浓度随时间变化而变化,给设计计算带来了困难。

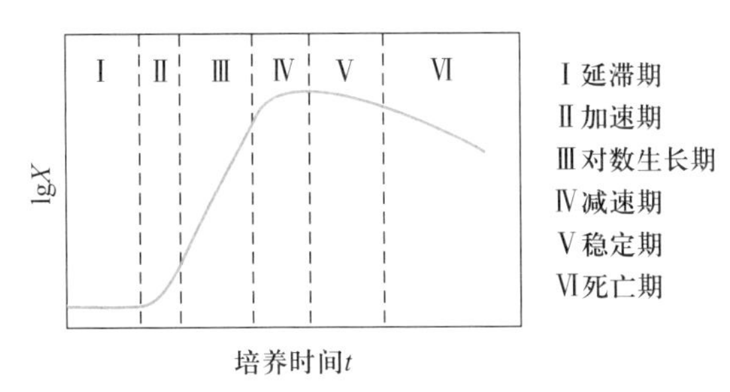

图 15.1.1 间歇培养时典型的微生物生长曲线

间歇培养的微生物生长过程复杂,很难用一个简单的模型描述整个生长过程。在只有一种限制性基质的条件下,利用莫诺(Monod)方程可以较好地描述对数生长期、减速期和稳定期三个生长阶段。

假设微生物的生长符合莫诺方程,且细胞产率系数 $Y_{X/S}$ 为一常数,则微生物细胞生长和基质的物料衡算式为

$$\frac{dX}{dt}=r_X=\mu X=\frac{\mu_{max}S}{K_s+S}X-bX \tag{15.1.1}$$

$$-\frac{dS}{dt}=-r_S=\frac{r_X}{Y^*_{X/S}}+m_XX \tag{15.1.2}$$

在 $t=0, X=X_0, S=S_0$ 的条件下,解式(15.1.1)和式(15.1.2)的联立方程,即可求出 X 和 S 随时间的变化。由于上述微分方程难以求解,一般需要用数值解析的方法求解。为了便于解析,在实际应用中常作一定的简化。

一般在对数生长期,维持系数 m_X 的值很小,m_XX 项可以忽略不计,以 $Y_{X/S}$ 代替 $Y^*_{X/S}$,则式(15.1.2)可以简化为

$$-\frac{dS}{dt}=\frac{r_X}{Y_{X/S}} \tag{15.1.3}$$

由式(15.1.1)和式(15.1.3)可得

$$-\frac{dS}{dt}=\frac{1}{Y_{X/S}}\frac{dX}{dt} \tag{15.1.4}$$

$$-dS=\frac{1}{Y_{X/S}}dX \tag{15.1.5}$$

假设在培养过程中 $Y_{X/S}$ 不随时间变化而变化,则对式(15.1.5)积分,可得

$$S_0-S=\frac{1}{Y_{X/S}}(X-X_0) \tag{15.1.6}$$

$$S=\frac{S_0Y_{X/S}-X+X_0}{Y_{X/S}} \tag{15.1.7}$$

令 $X'=X_0+S_0Y_{X/S}$，则式(15.1.7)可改写为

$$S=\frac{X'-X}{Y_{X/S}} \tag{15.1.8}$$

将式(15.1.8)代入式(15.1.1)并忽略 bX，在 $t=0, X=X_0$ 的条件下积分，可得

$$\left(1+\frac{K_sY_{X/S}}{X'}\right)\ln\frac{X}{X_0}-\frac{K_sY_{X/S}}{X'}\ln\frac{X'-X}{X'-X_0}=\mu_{max}t \tag{15.1.9a}$$

当 $K_s \ll S_0$，且 $X'\approx X_0$ 时，式(15.1.9a)可简化为

$$\ln\frac{X}{X_0}=\mu_{max}t \tag{15.1.9b}$$

由式(15.1.9)，可以计算出不同时间 t 的 X 值，将 X 代入式(15.1.7)或式(15.1.8)，即可求出对应的 S 值。

【例题 15.1.1】 某细菌利用基质S时的生长规律符合 Monod 方程，已知其最大比生长速率为 0.84 h^{-1}，K_s 值为 0.074 kg/m^3，$Y_{X/S}$ 为 0.5，试求出当基质初期浓度为 10 kg/m^3，细菌初期浓度为 0.110 kg/m^3 时的间歇培养过程中 S 和 X 的时间变化曲线。

解：根据已知的数据，利用式(15.1.9)和式(15.1.8)计算出不同时间的 S 和 X，并绘于图 15.1.2 中。由于忽略了 m_X 项，故 X 的时间变化曲线的末端达到一定值而没有衰减，但在实际中是应该衰减的。

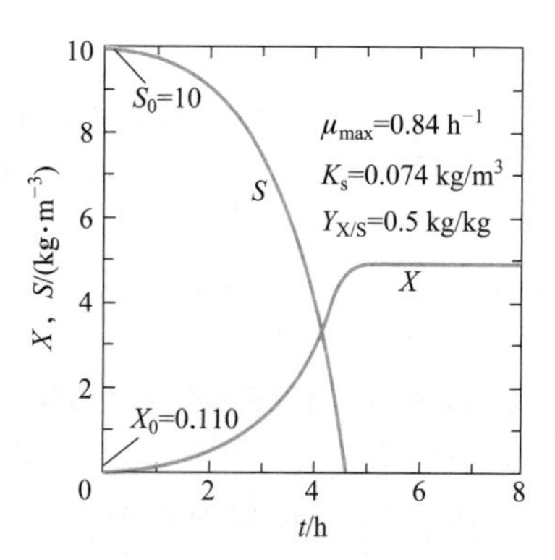

图 15.1.2　例题 15.1.1 附图

二、半连续悬浮微生物反应器

微生物的半连续培养操作(semi-batch culture)又称流加操作或分批补料操作(fed-batch culture)。在培养过程中，基质连续加入反应器，微生物和产物等均不取出。半连续培养主要用于以下几种情况：① 研究微生物生长动力学、生理特性等；② 微生物的高浓度培养；③ 高浓度基质对微生物有毒害作用时，可通过流加培养，控制反应器中基质的浓度始终处于低浓度水平；④ 反应系统需要较长的反应时间时的微生物培养。

基质的加入方式有定量添加法、指数添加法、间歇添加法等。无论哪种添加方式，在操作过程中反应混合物的体积随时间变化而变化。图 15.1.3 所示为微生物半连续培养反应器的物料平衡，假设反应器内流体完全混合，只有一种生长限制性基质，微生物均衡生长，细胞产率系数恒定，则微生物和基质的物料衡算式可分别表示为

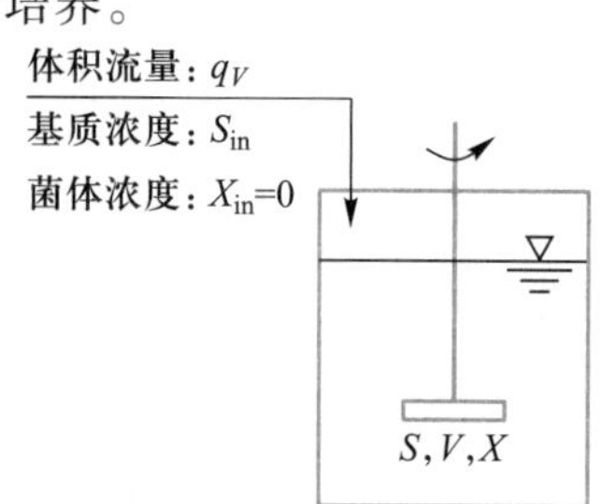

图 15.1.3　微生物半连续培养反应器的物料平衡

$$\frac{d(VX)}{dt}=\mu XV \tag{15.1.10}$$

$$\frac{\mathrm{d}(VS)}{\mathrm{d}t}=q_V S_{\mathrm{in}}-(-r_{\mathrm{S}})V=q_V S_{\mathrm{in}}-\frac{1}{Y_{\mathrm{X/S}}}\mu XV \tag{15.1.11}$$

将式(15.1.10)代入式(15.1.11),等式两边同乘以 $Y_{\mathrm{X/S}}$,可得

$$Y_{\mathrm{X/S}}\frac{\mathrm{d}(VS)}{\mathrm{d}t}=q_V S_{\mathrm{in}}Y_{\mathrm{X/S}}-\frac{\mathrm{d}(VX)}{\mathrm{d}t} \tag{15.1.12}$$

将式(15.1.12)积分,整理可得

$$VX=V_0(X_0+Y_{\mathrm{X/S}}S_0)+Y_{\mathrm{X/S}}q_V S_{\mathrm{in}}t-Y_{\mathrm{X/S}}VS \tag{15.1.13}$$

式中:V_0,V——初始时和 t 时刻反应器有效体积,m^3;

S_0,S——初始时和 t 时刻基质浓度,kg(基质)/m^3;

X_0,X——初始时和 t 时刻微生物浓度,kg(细胞)/m^3。

在微生物的生长符合莫诺方程的情况下,若 K_{s} 值很小,在培养初期,微生物浓度非常低,基质易于积累,故基质的浓度远大于 K_{s},即 $K_{\mathrm{s}} \ll S_0$。此时,μ 可以近似地视为与 $\mu_{\max}$ 相等,即

$$\mu \approx \mu_{\max} \tag{15.1.14}$$

将式(15.1.14)代入式(15.1.10),积分可得

$$VX=V_0X_0\mathrm{e}^{\mu_{\max}t} \tag{15.1.15}$$

从式(15.1.15)可以看出,在基质大量存在的情况下,培养器内的微生物量将随时间呈指数形式单调增长(对数增长)。但是,随着微生物浓度的增加,基质消耗速率增大,因此不难理解当微生物量增加到一定程度后,其生长速率将受到基质供应速率的限制。

将式(15.1.15)代入式(15.1.13),整理得

$$VS=V_0\left(S_0+\frac{X_0}{Y_{\mathrm{X/S}}}\right)+q_V S_{\mathrm{in}}t-\frac{V_0X_0\mathrm{e}^{\mu_{\max}t}}{Y_{\mathrm{X/S}}} \tag{15.1.16}$$

由式(15.1.16)可以看出,反应器内基质总量 VS 在培养开始后一段时间内随时间增加而增大,达到最大值后随时间增加而逐渐减少最终趋近于零,此时式(15.1.13)可变为

$$VX=V_0(X_0+Y_{\mathrm{X/S}}S_0)+Y_{\mathrm{X/S}}q_V S_{\mathrm{in}}t \tag{15.1.17}$$

式(15.1.17)说明,当反应器内基质浓度趋于零后,微生物总量随时间呈直线增加。也就是说,在半连续培养操作中,反应器内的细胞总量 VX 在反应初期可用式(15.1.15)表示,在培养一段时间后可以用式(15.1.17)来表示。

图 15.1.4 为半连续培养反应器中微生物和基质浓度随时间变化的曲线。

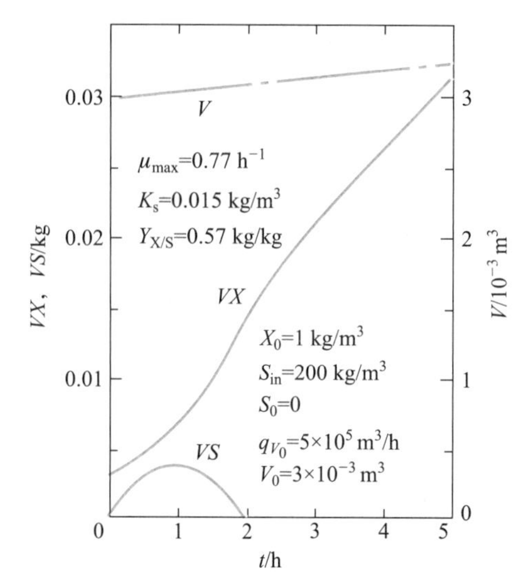

图 15.1.4 半连续培养反应器中微生物和基质浓度随时间变化的曲线

三、连续悬浮微生物反应器

在微生物的连续培养操作中,通常将不含有菌体和产物的物料(培养液、污水等)连续加入反应器,同时连续将含有微生物细胞和产物的反应混合液取出。该操作方式具有转化率易于控制,反应稳定,劳动强度低等优点,目前已经广泛应用于污水处理等领域。在实验室的研究工作中,如活性污泥的培养、污水生物处理试验等经常采用连续培养方式。

微生物的连续培养有以下特点:① 可以对微生物施加一定的环境条件,进行长期稳定的培养。② 可以对微生物进行筛选培养。如选择一个比生长速率,使得只有最大比生长速率大于稀释率的微生物才能生长;通过缓慢增加稀释率,改变温度、pH 或培养基的组成等条件,为微生物提供一个特殊的生长条件,从而筛选出特定条件下能生长的微生物。③ 连续培养中可以独立改变的参数多,适用于微生物生理生化特性的研究。④ 微生物连续培养中最大的困难是染菌,因此连续操作适用于对纯培养要求不高的情况。

微生物反应的连续操作通常以间歇操作开始,即开始时先将培养液加入反应器,将微生物接种后进行间歇培养,当限制性基质被基本耗尽或微生物生长达到预期浓度时开始连续加入培养液,同时排出反应后的培养液。

在实际应用中,微生物的连续培养通常采用全混流槽式连续反应器(continuous stirred tank reactor,CSTR 或 completely mixed reactor,CMR)。由于微生物的培养是在恒温、恒化学组成的环境条件下进行的,在生物工程上,连续操作的微生物反应器也称为"恒化器(chemostat)"。

(一)不带循环的完全混合微生物反应器

1. 基本方程

图 15.1.5 为微生物连续培养反应器的物料平衡图。假设反应器内流体完全混合,只有一种生长限制性基质,微生物均衡生长,细胞产率系数恒定,则微生物细胞的物料衡算式可分别表示为

$$q_V X_0 - q_V X + r_X V = 0 \tag{15.1.18}$$

当 $X_0=0$ 时，式(15.1.18)可改写为

$$r_X V=q_V X \tag{15.1.19}$$

将 $r_X=\mu X$ 代入式(15.1.19)，可得

$$\mu XV=q_V X \tag{15.1.20}$$

$$\mu=\frac{q_V}{V} \tag{15.1.21}$$

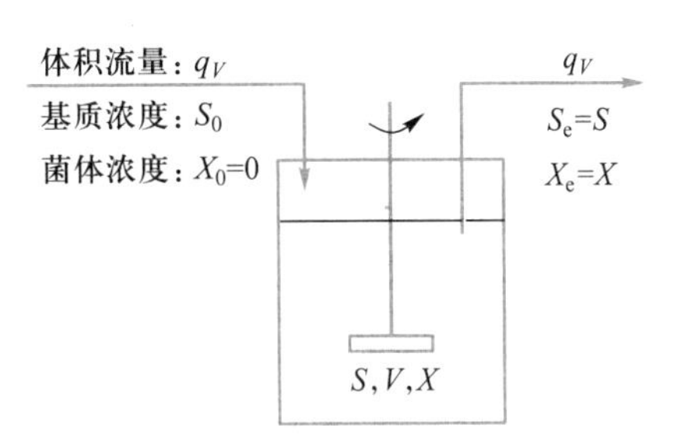

图 15.1.5 微生物连续培养反应器的物料平衡

q_V/V 为反应器的空塔速率，在微生物反应器中亦称稀释率(dilution rate)，通常用 D 来表示，单位为 h^{-1}。即

$$D=\frac{q_V}{V} \tag{15.1.22}$$

故

$$\mu=D \tag{15.1.23}$$

式(15.1.23)成立的条件是 $X_0=0$。从式(15.1.23)可以看出，在微生物的连续培养中，微生物的比生长速率与稀释率相等，因此可以通过改变稀释率调节反应器内的微生物的生长速率。

2. 反应器内基质浓度的计算方程

当微生物的生长符合莫诺方程时，稀释率和基质浓度之间的关系为

$$D=\mu=\frac{\mu_{max}S}{K_s+S} \tag{15.1.24}$$

对上式进行整理，可得反应器内基质浓度的计算式

$$S=\frac{K_s D}{\mu_{max}-D} \tag{15.1.25}$$

由式(15.1.25)可以计算出不同 D 时的反应器中的基质浓度。

3. 反应器内细胞浓度的计算方程

生长限制性基质的物料衡算式可表示为

$$q_V S_0=q_V S+(-r_S)V \tag{15.1.26}$$

故

$$-r_S=\frac{q_V(S_0-S)}{V} \tag{15.1.27}$$

将 $-r_S=-\nu_S X$ 代入式(15.1.27)，可得

$$-\nu_S X=\frac{q_V(S_0-S)}{V} \tag{15.1.28}$$

$$X=\frac{q_V(S_0-S)}{-\nu_S V} \tag{15.1.29}$$

$$X=\frac{D(S_0-S)}{-\nu_S} \tag{15.1.30}$$

根据 μ 与 $-\nu_S$ 之间的关系($\mu=-\nu_S Y_{X/S}$),可得

$$D=-\nu_S Y_{X/S} \tag{15.1.31}$$

$$-\frac{D}{\nu_S}=Y_{X/S} \tag{15.1.32}$$

将式(15.1.32)代入式(15.1.30),可得反应器内细胞浓度的计算式:

$$X=Y_{X/S}(S_0-S) \tag{15.1.33}$$

式(15.1.33)成立的条件是 $X_0=0$。将式(15.1.25)代入式(15.1.33),得

$$X=Y_{X/S}\left(S_0-\frac{K_s D}{\mu_{max}-D}\right) \tag{15.1.34}$$

根据式(15.1.34)可以计算反应器内的微生物浓度。另外若已知 X,即可由式(15.1.33)求得 $Y_{X/S}$。

4. 反应器稳定运行的必要条件

要保证反应器的稳定运行,反应器内的细胞浓度必须保持在一定数值以上,即 $X>0$。从式(15.1.34)可以看出,要保证反应器的稳定运行,必须满足的条件为

$$S_0-\frac{K_s D}{\mu_{max}-D}>0 \tag{15.1.35}$$

即

$$D<\frac{\mu_{max}S_0}{K_s+S_0} \tag{15.1.36}$$

令

$$\frac{\mu_{max}S_0}{K_s+S_0}=D_c \tag{15.1.37}$$

D_c 称为临界稀释率(critical dilution rate)。所以反应器稳定运行的条件为

$$D<D_c \tag{15.1.38}$$

一般情况下,$S_0 \gg K_s$,故 $K_s+S_0\approx S_0$,则式(15.1.37)可简化为

$$D_c\approx\mu_{max} \tag{15.1.39}$$

所以,在一般情况下反应器稳定运行的条件为 $D<\mu_{max}$。如果 $D>\mu_{max}$,则 X 变为负值,显然反应器不能稳定运行。在这种条件下,反应器操作从启动初期等情况下的间歇操作切换到连续操作时,反应器内微生物浓度将逐渐减少,这种现象称“洗脱现象(wash out)”。利用这种现象,可以对微生物进行筛选培养。

反应器单位体积单位时间内的微生物生长量可表示为

$$\frac{q_V X}{V}=DX \tag{15.1.40}$$

由式(15.1.40)可知,稀释率与反应器内微生物浓度的积 DX 表示了微生物的收获量,称之为“细胞生产速率”。

连续培养反应器中微生物浓度、基质浓度及微生物生产速率与稀释率的关系如图 15.1.6 所示。

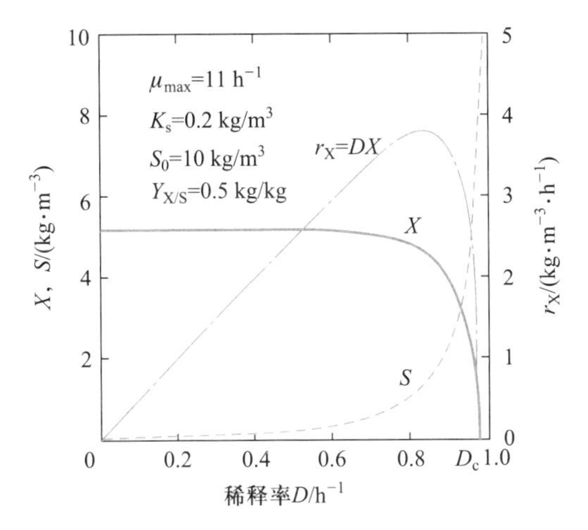

图 15.1.6　连续培养反应器中微生物浓度、基质浓度及微生物生产速率与稀释率的关系

【例题 15.1.2】　某细菌连续培养的生长速率 r_X 与基质浓度 S 和细胞浓度 X 的关系符合 Monod 方程，已知 $\mu_{max}=0.5\ h^{-1}$，$K_s=2$ g/L，$Y_{X/S}=0.45$ g(细胞)/g(基质)，$S_0=48$ g/L。试计算在一连续培养器中培养时的最大细胞生产速率和此时的基质分解率。

解：细胞生产速率 = DX，由式(15.1.34)可得

$$DX=DY_{X/S}\left(S_0-\frac{K_sD}{\mu_{max}-D}\right)$$

设细胞生产速率达到最大时的稀释率和细胞浓度分别为 D_{max} 和 X_{max}，对上式求导 d(DX)/dD，并令其为 0，可得

$$D_{max}=\mu_{max}\left(1-\sqrt{\frac{K_s}{S_0+K_s}}\right)$$

将 μ_{max}，K_s 和 S_0 代入可求得：$D_{max}=0.4\ h^{-1}$。

由式(15.1.34)可求得：$X_{max}=18$ g(cell)/L。

所以细胞最大生产速率为

$$D_{max}X_{max}=0.4\times18\ g/(L\cdot h)=7.2\ g/(L\cdot h)$$

由式(15.1.25)可知

$$S=\frac{K_sD_{max}}{\mu_{max}-D_{max}}=\frac{2\times0.4}{0.5-0.4}\ g/L=8\ g/L$$

所以

$$基质分解率=\frac{S_0-S}{S_0}\times100\%=\frac{48-8}{48}\times100\%=83.3\%$$

【例题 15.1.3】 细菌 A 和 B 利用同一基质 S 时的生长速率均符合莫诺方程。A 和 B 的生长曲线如图 15.1.7 所示。当以 S 为唯一基质用连续培养器对 A 和 B 进行混合培养时，试讨论不同稀释率时培养器内 A 和 B 的分布情况。假设细胞之间相互独立，不相互黏附形成絮体(实际上在一定条件下会产生絮体)。

解：设 μ_A 和 μ_B 的交点为 μ_X，则 $D<\mu_X$ 时，$\mu_A>\mu_B$，培养器内只存在 A，B 将被洗脱；$D=\mu_X$ 时，$\mu_A=\mu_B=\mu_X$，培养器内 A、B 可以共存；$\mu_{mB}>D>\mu_X$ 时，$\mu_B>\mu_A$，培养器内只存在 B，A 将被洗脱；$D>\mu_{mB}$时，A、B 均被洗脱。

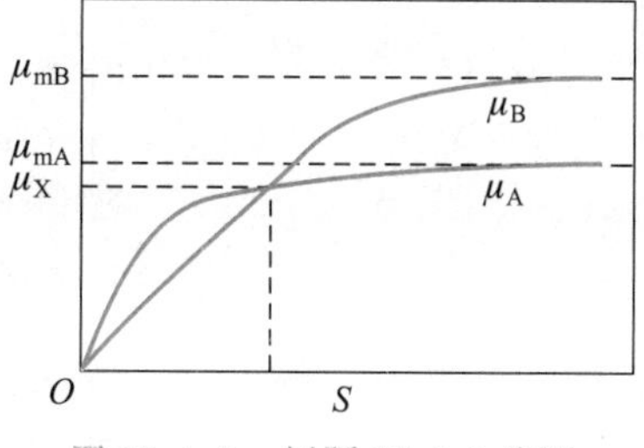

图 15.1.7 例题 15.1.3 附图

5. 稀释率对 $Y_{X/S}$ 的影响

根据式(14.3.19)，$Y_{X/S}$与 D 的关系为

$$\frac{1}{Y_{X/S}}=\frac{1}{Y_{X/S}^*}+\frac{1}{D}m_X \tag{15.1.41}$$

由式(15.1.41)可知，利用微生物的连续培养反应器测得的 $Y_{X/S}$将随 D 的变化而变化。D 越大，m_X/D 项越小，测得的 $Y_{X/S}$值越接近 $Y_{X/S}^*$，表明细胞在反应器内的停留时间越短，维持能越小，甚至可以小到忽略不计的程度。反之，D 越小，m_X/D 项越大，测得的 $Y_{X/S}$越小，表明细胞在反应器内的停留时间越长，微生物的自我衰减越多。

(二) 带细胞浓缩分离和循环的完全混合微生物反应器

在不带细胞循环的反应器的操作中，为了防止微生物的洗脱，必须在 $D<\mu_{max}$的条件下运行，这样很难实现微生物的高浓度培养，因此在一些情况下，特别是在不以生产微生物细胞为目的的工程中，常把从反应器排出的反应液中的微生物浓缩，将浓缩液返回反应器，这种操作称为带细胞循环的连续反应器。这种操作方式被广泛地应用于污水的生物处理中。微生物的浓缩方法有重力沉降法、离心分离法、膜分离法等。

1. 基本方程

对于图 15.1.8 所示的带细胞循环的微生物反应器系统，假设在细胞分离器的前后基质浓度和代谢产物浓度不发生变化，从反应器排出的反应液经分离器浓缩后得到细胞浓缩相和上清液。浓缩相中的微生物浓度是反应器内的 β 倍($\beta>1$)，将细胞浓缩相分为两部分：一部分循环到反应器入口，其体积流量为 q_V 的 γ 倍(γ 称循环比)，即体积流量为 γq_V；另一部分排出。上清液中的微生物浓度为 X_e，流量为 q_{Ve}，基质浓度为 S_e。

完全混合微生物反应器

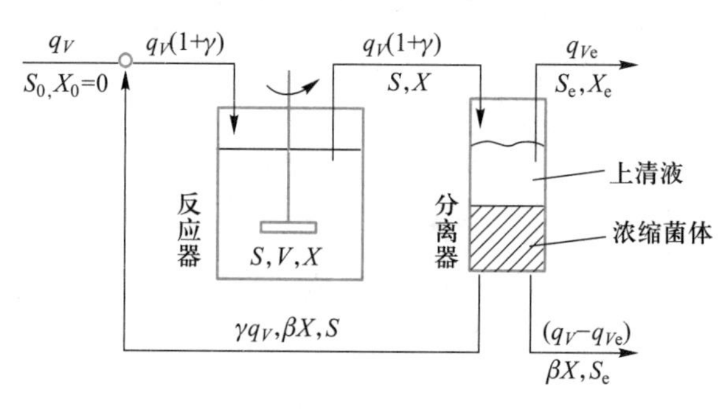

图 15.1.8 带细胞循环的微生物反应器系统

以反应器为对象，对微生物细胞进行物料衡算，可得

$$V\frac{\mathrm{d}X}{\mathrm{d}t}=\beta X\ \gamma\ q_V-(1+\gamma)q_VX+Vr_X \tag{15.1.42}$$

在稳态条件下，$\mathrm{d}X/\mathrm{d}t=0$，故

$$Vr_X=(1+\gamma)q_VX-\beta X\gamma q_V \tag{15.1.43}$$

$$\frac{r_X}{X}=\frac{(1+\gamma)q_V}{V}-\frac{\beta\gamma q_V}{V} \tag{15.1.44}$$

$$\mu=(1+\gamma)D-\beta\gamma D \tag{15.1.45}$$

$$\mu=D[1-\gamma(\beta-1)] \tag{15.1.46}$$

令

$$\omega=1-\gamma(\beta-1)\qquad(0<\omega<1) \tag{15.1.47}$$

则

$$\mu=\omega D \tag{15.1.48}$$

式(15.1.48)为细胞循环反应器的基本方程。

2. 反应器内基质和细胞浓度的计算

若微生物的生长符合莫诺方程，参照不带细胞循环的连续反应器的解析方法，可得到反应器内 X 和 S 的计算式为

$$S=\frac{K_s\omega D}{\mu_{\max}-\omega D} \tag{15.1.49}$$

$$X=\frac{Y_{X/S}}{\omega}\left(S_0-\frac{K_s\omega D}{\mu_{\max}-\omega D}\right) \tag{15.1.50}$$

保持稳定运行的临界稀释率 D_c 为

$$D_c=\frac{1}{\omega}\ \frac{\mu_{\max}S_0}{K_s+S_0} \tag{15.1.51}$$

在 $S_0\gg K_s$ 的情况下，上式可简化为

$$D_c=\frac{\mu_{\max}}{\omega} \tag{15.1.52}$$

因 $0<\omega<1$，由式(15.1.52)可知，反应器可以在大于 $\mu_{\max}$ 的条件下稳定运行。

3. 微生物比增长速率的计算

以分离器为对象，对微生物进行物料衡算，可得

$$(1+\gamma)q_VX=q_{Ve}X_e+\beta X\gamma q_V+\beta X(q_V-q_{Ve}) \tag{15.1.53}$$

$$\beta=\frac{1+\gamma-(q_{Ve}/q_V)(X_e/X)}{1+\gamma-q_{Ve}/q_V} \tag{15.1.54}$$

将式(15.1.54)代入式(15.1.46)，可得

$$\mu=D\left[1-\gamma\left(\frac{1+\gamma-(q_{Ve}/q_V)(X_e/X)}{1+\gamma-q_{Ve}/q_V}-1\right)\right] \tag{15.1.55}$$

在不同的条件下,式(15.1.55)可以简化:

(1) 当 $X_e=0$,即上清液不含微生物细胞时:式(15.1.55)可简化为

$$\mu=\frac{D(1+\gamma)(1-q_{Ve}/q_V)}{1+\gamma-q_{Ve}/q_V} \tag{15.1.56}$$

(2) 当 $X_e/X=1$,即分离器对细胞没有浓缩作用时:式(15.1.55)可简化为式(15.1.57),这种情况与不带细胞循环的连续培养反应器相同,即不改变反应器的操作特性。

$$\mu=D \tag{15.1.57}$$

(3) 当 $q_{Ve}=q_V$ 时,即不排出微生物细胞浓缩液时:式(15.1.55)可简化为

$$\mu=D\frac{X_e}{X} \tag{15.1.58}$$

第二节 生物膜反应器

一、完全混合生物膜反应器

完全混合生物膜反应器(completely mixed biofilm reactor, CMBR),也称完全混合附着微生物反应器,如图 15.2.1 所示。

在运行时,向反应器中加入密度接近于水的微小固体颗粒(粒径通常为 1~5 mm)作为固体填料,比如颗粒活性炭、陶粒、塑料微球等。微生物在固体表面上生长,形成微生物膜。附着有微生物膜的固体填料均匀地悬浮在培养液中,从微观上看微生物细胞集中在固体表面,细胞分布不均匀。但是,从宏观上看,单位体积培养液中的微生物平均浓度处处相等,可以视为完全混合反应器。

当生物膜脱附形成的悬浮微生物浓度(X_e)一般较小,这部分微生物对生物反应的贡献可以忽略时,生物膜反应器内活性微生物主要以生物膜的形式附着在固体填料表面,生物反应主要发生在生物膜内。另外,由于微生物膜厚度 δ 通常很薄(200~500 μm),反应器中微生物膜的面积可视为和固体填料的表面积相等。

当培养液体积占生物反应区总体积 V(包括培养液、生物膜和固体填料)的比例(又称填料层空隙率)为 ε,生物膜比表面积为 a(单位反应器有效体积的比表面积),生物膜密度(即膜中的微生物浓度)为 X_f,生物膜厚度为 δ 时,CMBR 中基质的物料平衡式为

$$\varepsilon V\frac{\mathrm{d}S}{\mathrm{d}t}=q_VS_0-q_vS_e-(-r_{SS})aV \tag{15.2.1}$$

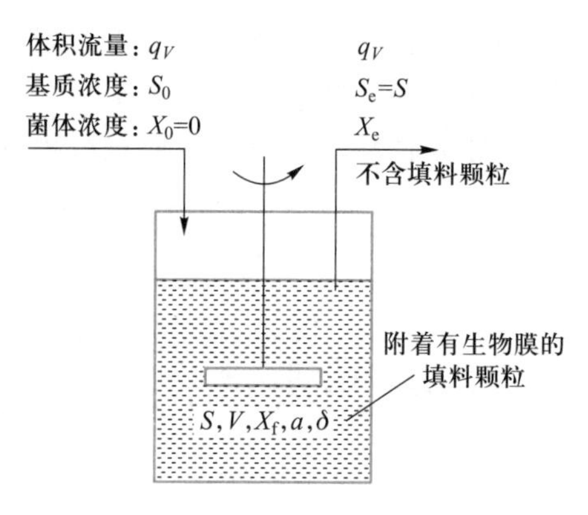

图 15.2.1 完全混合生物膜反应器

式中:$-r_{SS}$——微生物膜表面积为基准的基质消耗速率,kg/(m^2·h);

S——基质浓度，kg/m³。

基质转化达到稳态时，$dS/dt=0$，代入式(15.2.1)并整理，得到

$$(-r_{SS})aV=q_V(S_0-S_e) \tag{15.2.2}$$

代入式(14.3.46)，整理可得到(S_e与生物膜表面基质浓度 S^* 相等)：

$$S_e=\frac{S_0}{1+(D_{sf}kX_f)^{1/2}a\cdot\tanh\phi_m V/q_V} \tag{15.2.3}$$

式中：D_{sf}——基质在微生物膜内的有效扩散系数，m^2/s；

k——基质反应速率常数；

ϕ_m——修正蒂勒模数，量纲为 1。

根据式(14.3.38)，当微生物膜厚度 $\delta \gg (D_{sf}/kX_f)^{1/2}$时，$\tanh\phi_m$趋近于 1，式(15.2.3)可简化为

$$S_e=\frac{S_0}{1+(D_{sf}kX_f)^{1/2}aV/q_V} \tag{15.2.4}$$

式(15.2.4)表明，以下措施均可以降低 CMBR 出口的基质浓度(即提高反应器对基质的去除率)：增大基质在生物膜中的反应速率常数和扩散速度、提高培养液中生物膜的比表面积及物料(培养液)在反应器中的停留时间。

当 CMBR 内微生物生长达到稳态，且忽略自身衰减时，微生物细胞的物料衡算式可表示为

$$(-r_{SS})aV\cdot Y^*_{X/S}-q_VX_e=0 \tag{15.2.5}$$

式中：$Y^*_{X/S}$——细胞真实产率系数(true growth yield)，kg(细胞)/kg。

代入式(14.3.46)，整理可得到

$$X_e=\frac{(D_{sf}kX_f)^{1/2}S_eaVY^*_{X/S}\tanh\phi_m}{q_V} \tag{15.2.6}$$

当微生物膜厚度 $\delta \gg (D_{sf}/kX_f)^{1/2}$时，$\tanh\phi_m$趋近于 1，式(15.2.6)简化为

$$X_e=\frac{(D_{sf}kX_f)^{1/2}S_eaVY^*_{X/S}}{q_V} \tag{15.2.7}$$

【例题 15.2.1】 某处理污水的完全混合生物膜反应器，污水中基质(BOD_5)的降解符合一级反应，且 BOD_5降解和生物膜生长达到稳态。已知进水中 BOD_5 浓度 $S_0=800$ mg/L，$D_{sf}=0.75$ cm²/d，$X_f=25$ mgVSS/cm³，$k=4\times10^{-2}$ m³/(g·h)，生物膜比表面积 $a=350$ m²/m³，厚度 $\delta=300$ μm，$Y^*_{X/S}=0.7$，试求不同空塔停留时间下的出口 BOD_5浓度及微生物浓度。

解：根据已知条件，可得

$$(D_{sf}/kX_f)^{1/2}=\left(\frac{\frac{0.75}{24}}{4\times10^{-2}\times25\times10^3}\right)^{1/2}\text{cm}\approx0.005\ 59\ \text{cm}=55.9\ \mu\text{m}$$

$\delta=300\ \mu\text{m}$,符合 $\delta \gg (D_{sf}/kX_f)^{1/2}$ 的条件,因此 $\tanh \phi_m$ 近似为 1。根据式(15.2.4)和(15.2.7),可得

$$S_e=\frac{S_0}{1+(D_{sf}kX_f)^{1/2}aV/q_V}=\frac{800}{1+\left(\frac{0.75}{24}\times4\times10^{-2}\times25\times10^3\right)^{1/2}\times10^{-2}\times350\times\tau}\text{mg/L}$$

$$=\frac{800}{1+19.57\tau}\ \text{mg/L}$$

$$X_e=\frac{(D_{sf}kX_f)^{1/2}S_e aVY^*_{X/S}}{q_V}=\left(\frac{0.75}{24}\times4\times10^{-2}\times25\times10^3\right)^{1/2}\times10^{-2}\times\frac{800\times10^{-3}}{1+19.57\tau}\times350\times0.7\tau\ \text{g/L}$$

$$=\frac{10.96\tau}{1+19.57\tau}\text{g/L}$$

式中 τ 为停留时间($\tau=V/q_V$),是稀释率 D 的倒数。

根据以上两式做 $S_e-\tau$ 和 $X_e-\tau$ 的曲线,结果如图 15.2.2 所示。

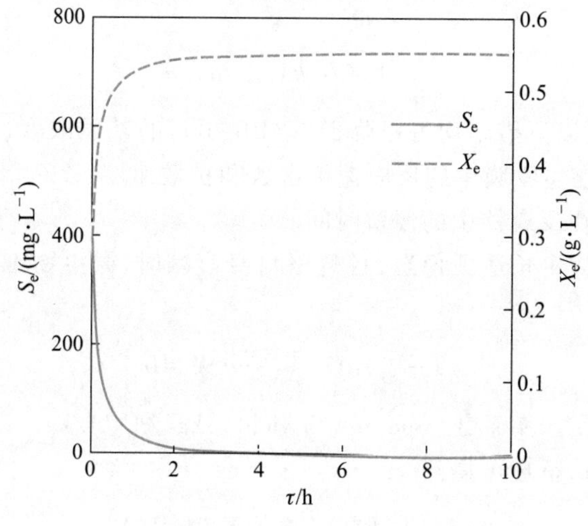

图 15.2.2 例题 15.2.1 附图

从图中可以看出,在空塔停留时间 τ 小于 2 h 时,出水 BOD_5 浓度随 τ 增加(稀释率减小)快速降低,而当 τ 超过 2 h 后,出水 BOD_5 浓度降低的幅度越来越小。

【例题 15.2.2】 已知某处理污水的好氧生物流化床可近似看作 CMBR,污水原水中可降解基质 BOD_5 浓度 $S_0=500$ mg/L,$D_{sf}=0.75\ \text{cm}^2/\text{d}$,$X_f=25\ \text{mgVSS/cm}^3$,$k=2\times10^{-2}\ \text{m}^3/(\text{g}\cdot\text{h})$,反应器单位体积微生物膜比表面积 $a=200\ \text{m}^2/\text{m}^3$,生物膜厚度 $\delta=100\ \mu\text{m}$。为了使处理后出水中基质浓度低于 60 mg/L,流化床的停留时间最小需要多少(稀释率最大是多少)?

解:根据已知条件,可得

$$(D_{sf}/kX_f)^{1/2}=\left(\frac{\frac{0.75}{24}}{2\times10^{-2}\times25\times10^3}\right)^{1/2}\text{cm}\approx0.0112\ \text{cm}=112\ \mu\text{m}$$

$\delta=100\ \mu m$,不符合 $\delta>>(D_{sf}/kX_f)^{1/2}$ 的条件,因此需要考虑生物膜厚度的影响。根据式(14.3.38)可得

$$\tanh\phi_m=\tanh\left(\delta\sqrt{\frac{kX_f}{D_{sf}}}\right)=\tanh\left(100\times10^{-4}\times\sqrt{\frac{2\times10^{-2}\times25\times10^3}{\frac{0.75}{24}}}\right)=0.85$$

根据式(15.2.3),整理可得

$$\tau=\frac{V}{q_V}=\frac{\frac{S_0}{S_e}-1}{(D_{sf}kX_f)^{1/2}a\cdot\tanh\phi_m}=\frac{\frac{500}{60}-1}{\left(\frac{0.75}{24}\times2\times10^{-2}\times25\times10^3\right)^{1/2}\times10^{-2}\times200\times0.85}\ h=1.1\ h$$

$$D=1/\tau=0.9\ h^{-1}$$

因此,为了使出水 BOD_5 浓度低于 60 mg/L,流化床的空塔停留时间不能低于 1.1 h,即稀释率 D 不能大于 0.9 h^{-1}。

二、平推流生物膜反应器

在固体填料固定填充在反应器中,物料(培养液)在附着有生物膜的固体填料层中流动,且符合平推流特征(轴向不存在返混)时,可以将这类反应器视为平推流生物膜反应器,如图 15.2.3 所示。对于平推流生物膜反应器,轴向不同位置物料中基质浓度(S_x)存在显著差异。

假设平推流生物膜反应器内生物膜生长达到稳态,且生物膜密度 X_f、比表面积 a 和生物膜厚度 δ 均为常数。在平推流生物膜反应器填料层(截面积为 A,总长为 H,体积为 V)轴向距进口 x 处取一高度为 dx 的"微元",其基质的物料平衡方程可表示为

$$q_V\mathrm{d}S_x+(-r_{SS})aA\mathrm{d}x=0 \qquad (15.2.8)$$

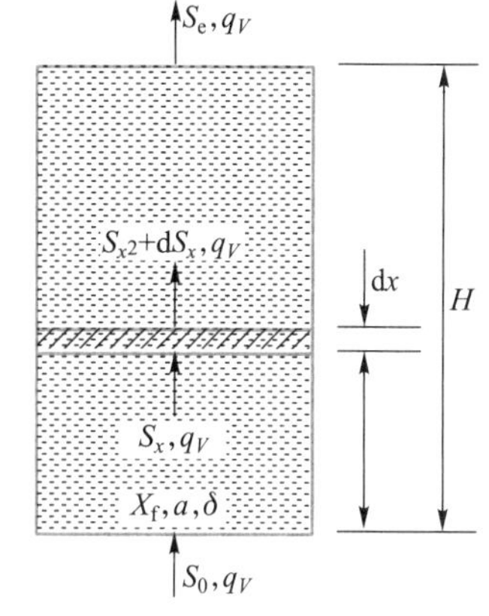

图 15.2.3　平推流生物膜反应器

代入式(14.3.46),整理可得

$$\frac{\mathrm{d}S_x}{S_x}=-\frac{\tanh\phi_m(D_{sf}kX_f)^{1/2}aA}{q_V}\mathrm{d}x \qquad (15.2.9)$$

边界条件为:$x=0$ 时,$S_x=S_0$; $x=H$ 时,$S_x=S_e$。积分上式,可得

$$S_e=S_0e^{-\tanh\phi_m(D_{sf}kX_f)^{1/2}aAH/q_V}=S_0e^{-\tanh\phi_m(D_{sf}kX_f)^{1/2}aV/q_V} \qquad (15.2.10)$$

式中:V/q_V——物料(培养液)在生物膜反应器的空塔停留时间,可以用 τ 表示。

三、生物膜反应器设计计算方程的简化

如果根据式(15.2.3)和式(15.2.10)对生物膜反应器进行设计计算,需要考虑 D_{sf}、k、X_f、a 和 δ 等诸多参数的影响,在实际工程中获取这些参数比较困难。与第十三章中固相催

化宏观反应动力学类似，如果考虑单位体积填料层中生物膜的宏观基质反应速率，可以将生物膜反应器的设计公式简化。

令

$$k_V=(D_{sf}kX_f)^{1/2}a\cdot\tanh\phi_m \tag{15.2.11}$$

代入式(14.3.46)，可得

$$(-r_{SS})\cdot a=k_VS^* \tag{15.2.12}$$

式中：S^*——微生物膜表面的基质浓度，kg/m^3。

上式表明 k_V是反应器体积为基准的速率常数。将式(15.2.11)代入式(15.2.3)和式(15.2.10)，可得

$$S_e=\frac{S_0}{1+k_VV/q_V}=\frac{S_0}{1+k_V\tau} \tag{15.2.13}$$

$$S_e=S_0e^{-k_VV/q_V}=S_0e^{-k_V\tau} \tag{15.2.14}$$

以上两个公式与悬浮微生物反应器的设计公式(15.1.25)和(15.1.49)很类似，都将出口基质浓度 S_e表示为 V 和 q_V的函数。根据式(15.2.13)和式(15.2.14)，不必再考虑生物膜内传质和反应的微观过程和诸多参数，只要根据经验确定在相应条件下的 k_V的数值即可进行生物膜反应器的设计和计算。

四、生物膜厚度对生物膜反应器性能的影响

在完全混合与平推流生物膜反应器分析计算中，假设生物膜均达到稳态且在反应器内分布均匀。这对于实际反应器来说，往往是难以实现的。在实际生物膜反应器中，由于微生物的增殖，生物膜会不断变厚(δ 变大)。在长期运行过程中，需要考虑 δ 变化对生物膜反应器性能的影响。

根据式(14.3.46)分析可知，在 δ 较小时，δ 的增加有利于单位面积生物膜基质消耗速率($-r_{SS}$)的增加；当($-r_{SS}$)接近最大值时，进一步增大 δ 并不会使($-r_{SS}$)显著增加，将趋近于最大值。

但是，对于固定床生物膜反应器，微生物膜过度增长会导致填料层的空隙率降低，同时生物膜相互挤压形成一体，大大降低微生物膜活性表面(图15.2.4)。

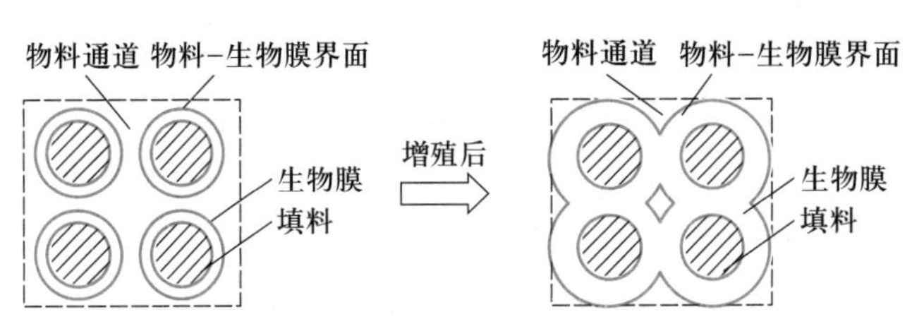

图 15.2.4 生物膜厚度 δ 对填料层几何特性的影响

活性微生物膜比表面积的下降会导致生物膜反应器整体基质利用速率的下降，填料层空隙率的降低则会提高物料通过填料层的压降，增加能耗。因此，对于固定床生物膜反应器，微生物生长并不总是对微生物反应器有利，维持适宜的微生物量对于优化生物膜反应器运行性能至关重要。

术语中英文对照

· 絮体 floc
· 生物膜 biofilm
· 生长曲线 growth curve
· 最大收获量 maximum crop
· 微生物培养 microbial culture
· 恒化器 chemostat
· 稀释率 dilution rate
· 临界稀释率 critical dilution rate
· 洗脱现象 wash out
· 完全混合生物膜反应器 completely mixed biofilm reactor(CMBR)

思考题与习题

15.1 思考题

(1) 微生物的间歇培养生长曲线可分为哪几个阶段？什么是最大收获量？

(2) 什么是稀释率？在微生物的连续培养系统(没有细胞循环系统)中,稀释率的最大值是什么？

(3) 在微生物的连续培养系统中,能否控制微生物的比生长速率？如何实现？

(4) 在完全混合生物膜反应器中,除附着在填料表面的微生物膜外,往往还存在一定浓度的悬浮微生物。试分析影响悬浮微生物浓度的主要因素有哪些？

(5) 生物膜的厚度对生物膜反应器运行效果有什么影响？

15.2 在一培养器内利用间歇操作将某细菌培养到对数增长期,细胞浓度达到 1.0 g/L 时改为连续操作,将培养液连续供入培养器(稀释率 $D=1.0\ h^{-1}$),测得不同时间时的细胞浓度如下表所示。试用作图法求出该细菌的 μ_{max}(假设在该实验条件下细菌的生长符合莫诺(Monod)方程,且 $S \gg K_s$)。

t/h	0	0.5	1.0	1.5	2.0	2.5	3.0	3.5
$X/(g\cdot L^{-1})$	1.00	0.96	0.67	0.50	0.43	0.33	0.26	0.20

15.3 某细菌利用苯酚为基质时的生长速率 r_X 与苯酚浓度 S 和细胞浓度 X 的关系为

$$r_X=\frac{\mu_m SX}{K_s+S+S^2/K_i}$$

式中:μ_m——最大比生长速率;

K_s——基质饱和常数,g/L;

K_i——基质抑制系数。

在一连续培养器内利用苯酚浓度为 20.0 g/L 的培养液对该细菌进行培养,已知 $\mu_m=0.5\ h^{-1}$,$K_s=1.0$ g/L,$K_i=4.0$ g/L。

(1) 画出培养器内的基质浓度 S 与 D 的关系曲线,即 $D-S$ 曲线(以 D 为横坐标);

(2) 试求出临界稀释率 D_c 及其相对应的 S 值。

15.4 在 CSTR 中,用葡萄糖为限制性基质,在一定条件下培养某种微生物,实验测得不同基质浓度下,微生物的比生长速率如下表所示:

$S/(mg\cdot L^{-1})$	500	250	125	62.5	31.2	15.6	7.8
$\mu/10^{-2}h^{-1}$	9.54	7.72	5.58	3.59	2.09	1.14	0.6

若该条件下微生物的生长符合莫诺方程,试求该条件下的 μ_{max} 和 K_s。

15.5 用间歇培养器将某细菌从 0.2 g/L 培养到 14 g/L 需要 24 h,设培养过程为对数增长期,已知 $Y_{X/S}=0.5$,$m_X=0$,$S_0=10$ g/L。试计算培养开始 10 h 的基质浓度。

15.6 以葡萄糖为基质在一连续培养器中培养大肠杆菌,培养液的基质浓度为 5 g/L,当 $D=0.15\ h^{-1}$ 时,出口处的基质浓度为 0.1 g/L,细胞浓度为2.5 g/L。若大肠杆菌的生长符合莫诺方程,且 $K_s=0.2$ g/L,试求出 μ_{max} 和 $Y_{X/S}$。

15.7 在 10 L 的全混流式反应器中,于 30 ℃下培养大肠杆菌。其动力学方程符合莫诺方程,其中 μ_{max} 为 1.0 h^{-1},K_s 为 0.2 g/L。葡萄糖的进料浓度为 10 g/L,进料流量为4 L/h,$Y_{X/S}=0.50$。

(1) 试计算在反应器中的细胞浓度及细胞生产速率;

(2) 为使反应器中细胞生产速率最大,试计算最佳进料速率和细胞的最大生产速率。

15.8 如附图所示,全混流式反应器与高速离心机相连,所进行的微生物发酵反应为

$$S \xrightarrow{X} X + R$$

在循环物料中和反应器出口处微生物浓度分别为 X_3 和 X,且 $X_3/X=\beta$,循环比 $q_{V3}/q_V=\gamma$,试求:X_e/X,X_3/X_e。

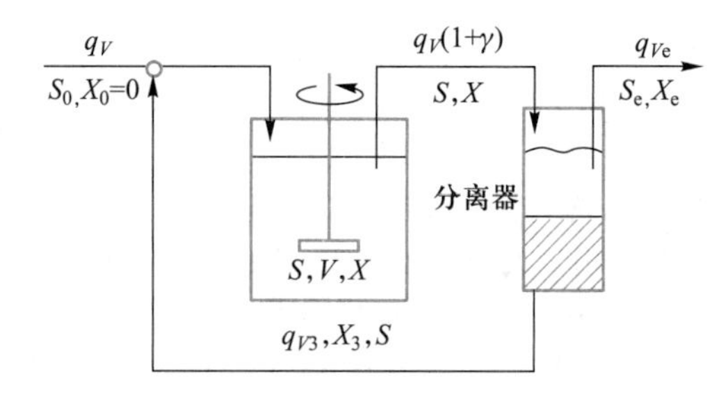

习题 15.8 附图

15.9 在习题 15.8 中,已知所进行的微生物发酵反应符合莫诺动力学方程,即

$$r_X=\frac{\mu_m SX}{K_s+S}$$

已知 $K_s=1\ g/m^3$,$\mu_m=2\ h^{-1}$,每生成 1 g 微生物菌体需要消耗 2 g 基质 S,试求 S_e 和 X_e。其他已知数据有:$q_{V0}=1\ m^3/h$,$S_0=3\ g/m^3$,$X_0=0$,$V=1\ m^3$,$\gamma=0.5$,$X_e/X_3=0.25$。

15.10 某好氧生物流化床可近似为 CMBR,污水原水 BOD_5 浓度 $S_0=400$ mg/L,$D_{sf}=0.7\ cm^2/d$,$X_f=30$ mgVSS/cm^3,$k=2\times10^{-2}\ m^3/(g\cdot h)$,污水在流化床中的停留时间为 2 h,反应达到稳态后生物膜厚度对反应速率没有影响。为了使流化床对污水 BOD_5 去除率分别达到 90% 和 95%,求流化床中填料的最小比表面积。

15.11 某处理污水的曝气生物滤池近似为平推流生物膜反应器。污水原水 BOD_5 浓度 $S_0=200$ mg/L,污水流量为 50 m^3/h,污水中 BOD_5 宏观反应速率常数 $k_V=3.5\ h^{-1}$。设计出水 BOD_5 低于 10 mg/L,求曝气生物滤池中污水的停留时间。如果将生物滤池设计为圆柱形,滤池滤速 u(污水流量与反应器横截面积的比值)为 2 m/h,求生物滤池填料层的有效高度 H 与占地面积 A。

本章主要符号说明

拉丁字母

D——稀释率，h^{-1}；

D_{sf}——基质在微生物膜内的有效扩散系数，m^2/s；

k——反应速率常数；

$-r_{SS}$——微生物膜表面积为基准的基质消耗速率，$kg/(m^2 \cdot h)$；

S——基质浓度，kg/m^3；

S^*——微生物膜表面的基质浓度，kg/m^3；

V——反应器有效体积，m^3；

$Y_{X/S}^*$——细胞真实产率系数（true growth yield），kg（细胞）/kg。

希腊字母

γ——循环比，量纲为 1；

δ——微生物膜的厚度，m；

μ——比生长速率，1/h；

ϕ_m——修正蒂勒模数，量纲为 1。

知识体系图

第十六章 反应动力学的解析方法*

第一节 动力学实验及其数据的解析方法

一、动力学实验的一般步骤

（一）动力学实验的目的

反应速率方程是反应动力学研究中最基本的方程，也是反应器设计和优化反应操作的基础。反应速率方程很难用理论推导的方法求出，一般只能通过动力学实验确定反应速率方程的形式及方程中的各个参数（动力学常数），在此基础上建立反应速率方程。

动力学实验的主要目的有：① 确定反应速率与反应物浓度之间的关系；② 确定反应速率与 pH、共存物质、溶剂等反应条件的关系；③ 确定反应速率常数及其与温度、pH 等反应条件的关系。

（二）动力学实验的一般方法

动力学实验一般可分为以下几个步骤：① 保持温度和 pH 等反应条件不变，找出反应速率与反应物浓度的关系；② 保持温度不变，研究 pH 等其他反应条件对反应速率的影响，确定反应速率常数与温度以外的反应条件的关系；③ 保持温度以外的反应条件不变，测定不同温度下的反应速率常数，确定反应速率常数与温度的关系，在此基础上求出（表观）活化能。

在动力学实验中，取得的第一手数据一般是不同反应时间的关键组分的浓度。实验时可以直接测量关键组分（反应物或反应产物）的浓度变化，也可以测定反应混合物或反应系统的物理化学性质，如压力、密度、电导率等的变化，然后再根据物理性质与反应组分浓度之间的关系，换算成浓度的变化。某反应组分的浓度与反应时间的关系一般可以表示为以下几种形式：① 浓度随时间变化的函数，即 $c=\lambda f(t)$，该形式是最基本的函数形式；② 浓度变化速率与时间的函数关系，即 $\mathrm{d}c/\mathrm{d}t=\lambda_1 f_1(t)$；③ 浓度变化速率与浓度的函数关系，即 $\mathrm{d}c/\mathrm{d}t=\lambda_2 f_2(c)$。

进行动力学实验时采用的反应操作可以是间歇操作，也可以是连续操作，常用的反应器类型主要有间歇反应器、管式反应器和釜（槽）式连续反应器等。

二、动力学实验数据的一般解析方法

（一）间歇反应动力学实验及其数据的解析方法

利用间歇反应器进行动力学实验时，获得的动力学实验数据可以利用积分法或微分法进行解析。

积分法是首先假设一个反应速率方程，求出浓度随时间变化的积分形式，然后把实验得

到的不同时间的浓度数据与之相比较，若两者相符，则认为假设的方程式是正确的。若不相符，可再假设另外一个反应速率方程进行比较，直到找到合适的方程为止。一般先把假设的反应速率方程线性化，利用作图法进行比较，也可以进行非线性拟合。

微分法是根据浓度随时间的变化数据，用图解微分法或数值微分法计算出不同浓度时的反应速率，然后以反应速率对浓度作图，根据反应速率与反应物浓度的关系确定反应速率方程。

（二）连续反应动力学实验及其数据的解析方法

1. 槽式连续反应器

槽式连续反应器内各处的组分组成与浓度均一，动力学数据的解析比较容易。与微分反应器相比，转化率的大小没有限制，因此对分析的要求也不太苛刻。因此，利用槽式连续反应器进行动力学研究比较方便，特别是在污水处理领域，经常采用该方式进行污水处理特性及污水处理新技术、新工艺的研究。

2. 管式反应器

利用管式反应器进行动力学实验时（一般是气-固相或液-固相反应），若反应器出口处的转化率相当大（一般大于 5%），则称该反应器为“积分反应器（integral reactor）”；如果出口处的转化率很小（一般小于 5%），则称之为“微分反应器（differential reactor）”（图 16.1.1）。在积分反应器内反应组分的浓度变化显著；而在微分反应器内，反应组分的浓度变化微小，因此可以利用反应器进出口浓度的平均值近似表示反应器内的组分浓度。

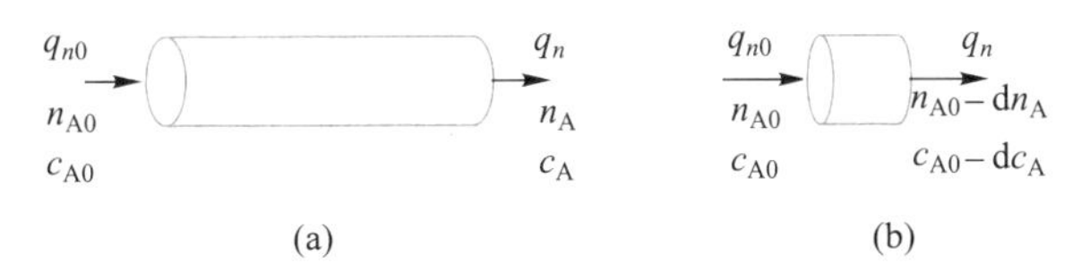

图 16.1.1　积分反应器与微分反应器示意图

（a）积分反应器；（b）微分反应器

积分反应器的空间时间与间歇反应器中的反应时间相对应。如不改变反应器入口处的条件，通过改变空间时间得到不同空间时间时的出口处的转化率，然后可以利用间歇实验同样的积分法或微分法来解析。

对于微分反应器，可以通过反应器进出口的浓度差直接计算出反应速率，此反应速率所对应的浓度可以近似地认为是反应器进出口的平均浓度。因此，通过实验可以直接测得不同浓度时的反应速率。微分反应器可以认为是积分反应器内的一个微小单元。

第二节　间歇反应器实验及其数据的解析方法

间歇反应器多用于液相反应的动力学研究。通过测定关键组分的浓度在实验过程中随时间的变化，可以利用积分法或微分法进行数据解析。

一、间歇反应器的动力学实验方法

利用间歇反应器进行动力学实验时的一般方法如下：

在保持温度和其他条件恒定的条件下，向反应器中加入一定体积的各组分浓度已知的反应物料。在反应开始后的某一时刻开始测定不同反应时间时的关键组分的浓度。

根据需要改变反应物料中关键组分的浓度，在不同初始浓度下测定不同反应时间时的关键组分浓度。

通过以上实验可得到不同反应时间的关键组分的浓度，进而进行实验数据的解析。

二、实验数据的积分解析法

积分解析法是基于积分形式的反应速率方程进行数据解析的一种方法。反应速率方程的一般形式（微分形式）为

$$-r_A = kf(c_A) \tag{16.2.1}$$

$$-r_A = kg(x_A) \tag{16.2.2}$$

由表 11.3.1 可以看出，对于恒容间歇反应器，其反应速率方程的积分式可表达为

$$F(c_A) = \lambda(k)t \tag{16.2.3}$$

$$G(x_A) = \lambda(k)t \tag{16.2.4}$$

上面两式的左边为 c_A 或 x_A 的函数，其形式随反应速率方程变化而变化，右边的 $\lambda(k)$ 为包含 k 的常数。

在积分法中，首先假设一个反应速率方程，求出它的积分式，然后利用间歇反应器测得不同时间的关键组分的浓度（或转化率），继而通过积分式计算出不同反应时间时的 $F(c_A)$ 或 $G(x_A)$。以 $F(c_A)$ 或 $G(x_A)$ 对时间作图，如果得到一条通过原点的直线，说明假设是正确的，则可以从该直线的斜率求出反应速率常数 k（图 16.2.1）。

对于复杂的反应速率方程，有时不能得到其积分形式，在这种情况下，可采用试算的方法进行。

利用反应的半衰期也可以确定反应级数并求出相应的动力学常数（图 16.2.2）。根据表 11.3.1，n 级反应（$n \neq 1$）的半衰期可表示为

$$t_{1/2} = \frac{2^{n-1}-1}{kc_{A0}^{n-1}(n-1)} \tag{16.2.5}$$

将上式两边取对数，整理可得

$$\lg t_{1/2} = b + (1-n)\lg c_{A0} \tag{16.2.6}$$

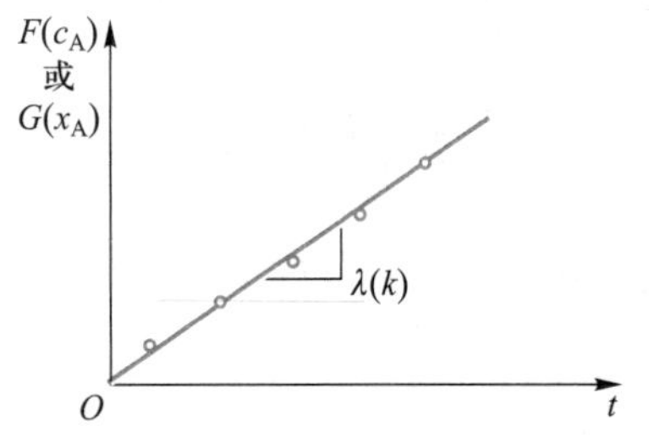

图 16.2.1 利用间歇反应器和积分解析法确定反应速率方程

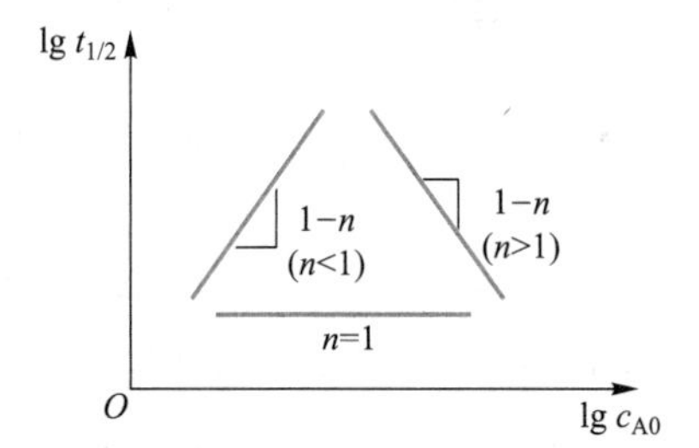

图 16.2.2 半衰期法确定速率方程式

式中：b——常数，量纲为 1，$b=\lg\dfrac{2^{n-1}-1}{k(n-1)}$。

由式(16.2.6)可以看出，半衰期与反应物浓度之间存在对数直线关系，直线斜率为$(1-n)$。

在进行动力学实验时，改变反应物的初始浓度，测得不同初始浓度时的半衰期，以图 16.2.2 的形式对实验数据进行作图，即可求得反应级数 n。然后根据 n 和任一 c_{A0}时的 $t_{1/2}$，可求得反应速率常数 k。

对于一级反应，$t_{1/2}=\dfrac{\ln 2}{k}$，$t_{1/2}$与初始浓度无关。以 $\lg c_{A0}$对 $\lg t_{1/2}$作图，若得一水平直线，则可判断该反应为一级反应。

三、实验数据的微分解析法

微分解析法是利用反应速率方程的微分形式进行数据解析的一种方法。对于恒容反应，具体步骤如下：① 恒容条件下利用间歇反应器测定关键组分，如反应物 A 的浓度 c_A 随反应时间的变化；② 把 c_A 对时间作图，并描出圆滑的曲线（图 16.2.3）；③ 利用图解法（切线法）或计算法，求得不同 c_A 时的反应速率$-r_A$，即$-dc_A/dt$；④ 把得到的反应速率值对浓度 $f(c_A)$作图；⑤ 根据反应速率与浓度的关系曲线，假设一个速率方程，若与实验数据相符，则假设成立，之后可以求出动力学参数。

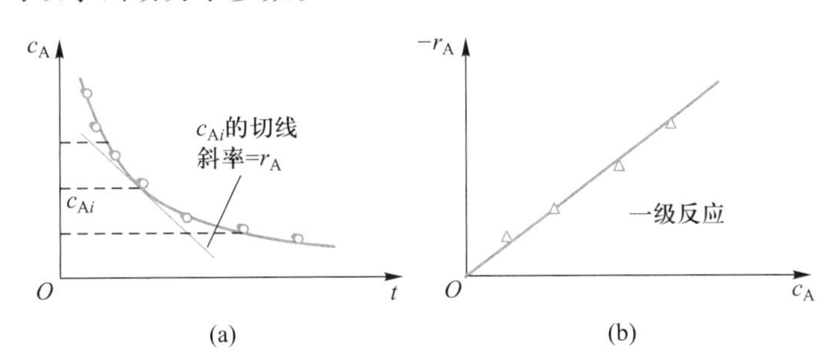

图 16.2.3　利用微分法确定反应速率方程的方法

对于简单的不可逆反应，若其反应速率只是某一个反应物的浓度的函数，可将反应速率方程线性化。对反应速率方程$-r_A=kc_A^n$，两边取对数可得

$$\ln(-r_A)=\ln k+n\ln c_A \tag{16.2.7}$$

以 $\ln c_A$ 为横坐标、$\ln(-r_A)$为纵坐标将实验数据作图，可得一直线，该直线的斜率为反应级数 n，截距为 $\ln k$（图 16.2.4）。

对于不可逆反应 A+B ⟶ P，若其反应速率是 A 和 B 两个反应物的浓度的函数时，即$-r_A=kc_A^a c_B^b$ 时，可以利用过量法确定$-r_A$与各反应物浓度的关系，步骤如下：

让反应在 B 大量过剩的情况下进行，在反应过程中 B 的浓度变化微小，可以忽略不计，则反应速率方程可改写为

$$-r_A=k'c_A^a \tag{16.2.8}$$

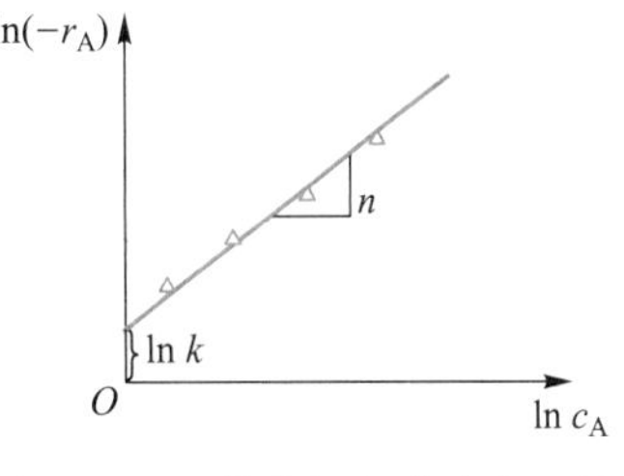

图 16.2.4　微分解析法确定 n 级反应速率方程

式中：$k'=kc_B^b \approx kc_{B0}^b$，可视为常数。

根据式(16.2.8)可以确定 a。

让反应在 A 大量过剩的情况下进行，在反应过程中 A 的浓度变化微小，可以忽略不计，则反应速率方程可改写为

$$-r_A = k''c_B^b \tag{16.2.9}$$

式中：$k''=kc_A^a \approx kc_{A0}^a$，可视为常数。

根据式(16.2.9)可以确定 b。

当反应速率方程的形式较复杂时，可以采用回归的方法求出动力学参数。如对于反应速率方程 $-r_A=kc_A^a c_B^b$，两边取对数，得

$$\ln(-r_A)=\ln k+a\ln c_A+b\ln c_B \tag{16.2.10}$$

令 $y=\ln(-r_A)$，$\alpha=\ln k$，$x_1=\ln c_A$，$x_2=\ln c_B$，则

$$y=\alpha+ax_1+bx_2 \tag{16.2.11}$$

令

$$\Delta=\sum(\alpha+ax_1+bx_2-y_{实测})^2 \tag{16.2.12}$$

式中的 x_1，x_2，$y_{实测}$ 为实验获得的 $\ln c_A$，$\ln c_B$，$\ln(-r_A)$。α，a 和 b 的最佳值为使 Δ 最小，即

$$\frac{\partial\Delta}{\partial\alpha}=0,\quad \frac{\partial\Delta}{\partial a}=0,\quad \frac{\partial\Delta}{\partial b}=0 \tag{16.2.13}$$

【例题 16.2.1】 污染物 A 在某间歇反应器中发生分解反应，于不同时间测得反应器中 A 的浓度如下表所示。试分别利用积分解析法和微分解析法求出 A 的反应速率方程表达式。

t/min	0	7.5	15	22.5	30
ρ_A/(mg·L^{-1})	50.8	32.0	19.7	12.3	7.6

解：(1) 积分解析法：假设该反应为零级反应 $-r_A=k$，即 $d\rho_A/dt=-k$，$\rho_A=-kt+\rho_{A0}$。根据已知数据绘制 ρ_A-t 曲线，如图 16.2.5 所示，发现没有线性关系，假设错误！

假设该反应为一级反应 $-r_A=k\rho_A$，即 $d\rho_A/dt=-k\rho_A$，$\ln\rho_A=-kt+\ln\rho_{A0}$。根据已知数据绘制 $\ln\rho_A-t$ 曲线，如图 16.2.6 所示，发现有线性关系 $\ln\rho_A=3.934-0.063\,41t$，假设正确！且 $k=0.063\,41$，即 $-r_A=0.063\,41\rho_A$。

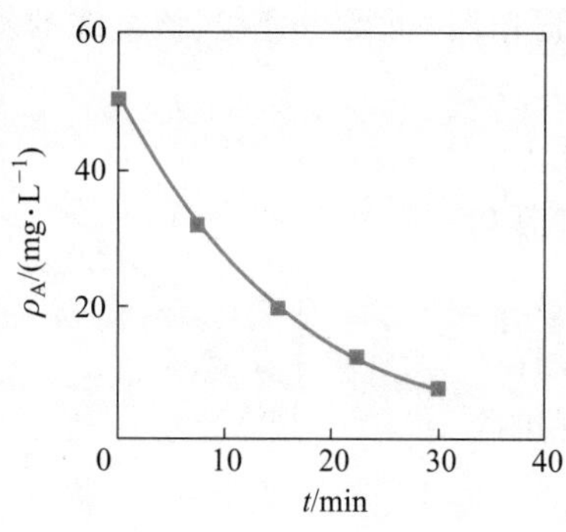

图 16.2.5 例题 16.2.1 附图 1

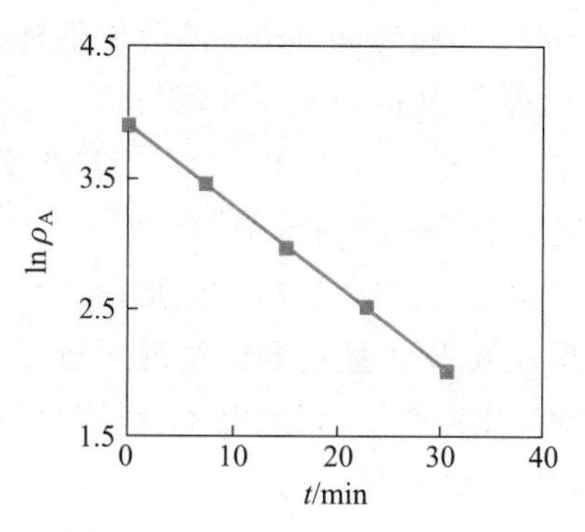

图 16.2.6 例题 16.2.1 附图 2

(2) 微分解析法：根据已知数据绘制 ρ_A-t 曲线，如图 16.2.7 所示，利用切线法求出不同 ρ_A 对应的反应速率 $-r_A$。

以 $-r_A$ 对 ρ_A 作图，如图 16.2.8 所示，得到线性关系 $-r_A=0.063\ 41\rho_A$。所以该反应为一级反应，反应速率常数为 0.063 4 min^{-1}。

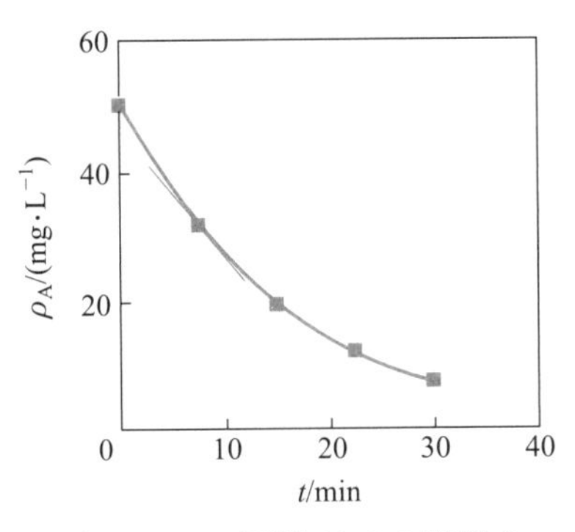

图 16.2.7 例题 16.2.1 附图 3

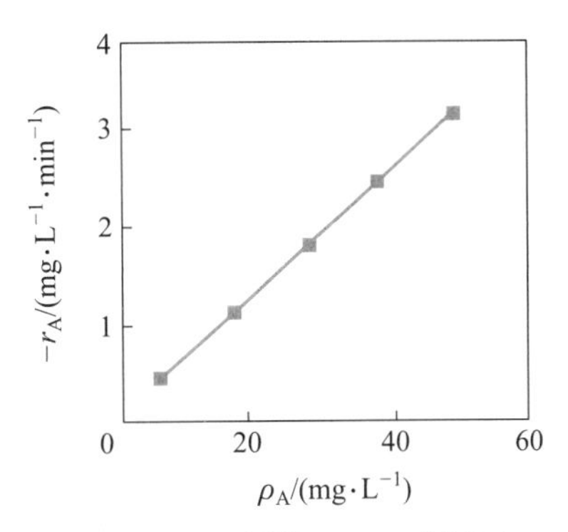

图 16.2.8 例题 16.2.1 附图 4

第三节 连续反应器实验及其数据的解析方法

一、全混流槽式连续反应器动力学实验方法

根据全混流反应器的基本方程，可得反应速率与转化率和浓度的关系式为

$$-r_A=\frac{c_{A0}x_A}{\tau} \tag{16.3.1}$$

$$-r_A=\frac{c_{A0}-c_A}{\tau} \quad \text{(恒容反应)} \tag{16.3.2}$$

从以上方程不难看出，槽式连续反应器的动力学实验方法有以下两种：

方法 1：固定 c_{A0}，测定不同 τ 时的 c_A，计算出对应的 A 的反应速率 $-r_A$。然后根据 $-r_A$ 和 c_A 的数据求出反应级数和反应常数。

方法 2：固定 τ，测定不同 c_{A0} 时的 c_A，计算出对应的 A 的反应速率 $-r_A$。然后根据 $-r_A$ 和 c_A 的数据求出反应级数和反应常数。

与微分反应器不同，由于 CSTR 的转化率可以很大，有利于数据的解析。

【例题 16.3.1】 使用一槽式连续反应器测定液相反应 A ⟶ R 的反应速率方程，保持进料中 A 的浓度为 100 mmol /L 不变，改变进口体积流量 q_V，测得不同 q_V 时，反应器出口处 A 的浓度如下表所示，试求出 A 的反应速率方程。

q_V/(L·min^{-1})	1	6	24
c_A/(mmol·L^{-1})	4	20	50

解：根据槽式连续反应器的基本方程

$$\frac{V}{q_V}=\frac{c_{A0}-c_A}{-r_A}$$

得到不同 c_A 对应的 $-r_A$ 值如下表所示：

$c_A/(\mathrm{mmol \cdot L^{-1}})$	4	20	50
$-r_A/(\mathrm{mmol \cdot L^{-1} \cdot min^{-1}})$	96	480	1 200

从表中数据可以看出，存在线性关系 $-r_A=24c_A$。所以该反应为一级反应，反应速率常数为 24 L/min。

二、平推流反应器动力学实验方法

（一）积分反应器实验法

利用积分反应器进行动力学实验时，一般是固定进入反应器的各组分的浓度，改变体积流量 q_V，即改变 τ，测定反应器出口处的转化率或关键组分（如反应物 A）的浓度。

实验数据的解析方法与间歇反应器相同，可以用积分解析法，也可以用微分解析法。

1. 实验数据的积分解析法

积分解析法是利用平推流反应器的积分形式基本方程进行数据解析的一种方法。该方法的关键是根据反应速率方程，得到具体的积分形式基本方程，即反应速率常数与反应器出口处的转化率或浓度的关系。

将 $-r_A=kf(x_A)$ 代入式（12.3.6），得

$$\frac{V}{q_{nA0}}=\frac{1}{k}\int_0^{x_A}\frac{\mathrm{d}x_A}{f(x_A)} \tag{16.3.3}$$

$$k\frac{V}{q_{nA0}}=\int_0^{x_A}\frac{\mathrm{d}x_A}{f(x_A)} \tag{16.3.4}$$

如果知道 $f(x_A)$ 的具体函数，将式（16.3.4）积分即可求得反应速率常数与 x_A 的关系式，根据此关系式和实验数据即可求得反应速率常数。

例如，对于一级恒温恒容反应，速率方程为

$$-r_A=kc_A=kc_{A0}(1-x_A) \tag{16.3.5}$$

即 $f(x_A)$ 的具体函数形式为

$$f(x_A)=c_{A0}(1-x_A)$$

将 $f(x_A)=c_{A0}(1-x_A)$ 代入式（16.3.4），可得

$$k\frac{V}{q_{nA0}}=\int_0^{x_A}\frac{\mathrm{d}x_A}{c_{A0}(1-x_A)} \tag{16.3.6}$$

将式（16.3.6）积分，整理可得

$$k\frac{V}{q_{nA0}}=-\frac{1}{c_{A0}}\ln(1-x_A) \tag{16.3.7}$$

$$k=-\frac{q_{nA0}}{Vc_{A0}}\ln(1-x_A)=-\frac{q_{V0}}{V}\ln(1-x_A) \tag{16.3.8}$$

根据实验求得 x_A 和 q_{nA0}，利用式(16.3.8)就可计算出 k 值。

2. 实验数据的微分解析法

微分解析法的关键是依据平推流反应器的微分形式基本方程，利用图解微分法或数值微分法，根据实验数据求出不同转化率时的反应速率。

根据式(12.3.4a)，可得

$$-r_A=\frac{dx_A}{d(V/q_{nA0})} \tag{16.3.9}$$

把 $q_{nA0}=c_{A0}q_{V0}$ 代入上式，得

$$-r_A=c_{A0}\frac{dx_A}{d(V/q_{V0})} \tag{16.3.10}$$

依据式(16.3.10)，微分解析法的一般步骤是：先根据实验数据，以 x_A 对 V/q_{V0} 作图，利用图解微分法求得切线斜率 $-r_A/c_{A0}$ 的值(图 16.3.1)，继而求得不同 x_A 时的 $-r_A$(也可利用数值计算法求出 $-r_A$)；之后，假设一个反应速率方程，判断该方程是否与实验得到的 $-r_A$ 及 x_A 相符，据此求出动力学参数。

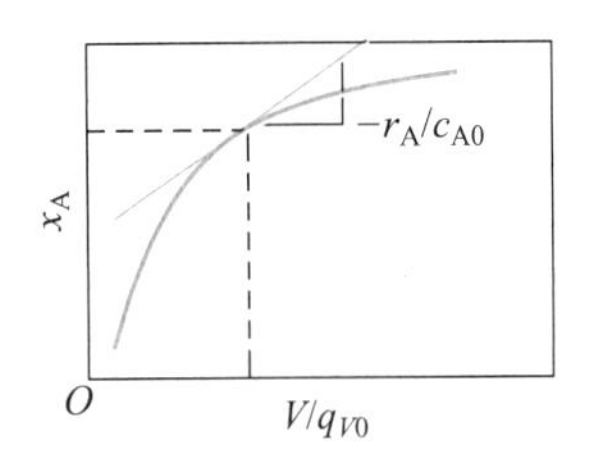

图 16.3.1　积分反应器实验数据的微分解析法

【例题 16.3.2】　在直径为 1 cm、长为 3 m 的管式反应器内进行某污染物 A 的降解反应，在温度为 298.15 K 时，测得不同体积流量时的出口处的转化率如下表所示。已知反应进料中的 A 浓度为 2.0×10^{-4} mol/cm³，反应液的密度为 1.0 g/cm³，并保持不变。

(1) 试证明该反应为一级反应；

(2) 求出该反应在 298.15 K 时的反应速率常数。

体积流量 q_{V0}/(cm³·min⁻¹)	20	40	70	100	160
出口处的 x_A	0.853	0.600	0.433	0.325	0.200

解：由于反应器的长径比很大，可以视为平推流反应器，又因为反应混合液的密度保持不变，可以认为是恒容反应。

根据已知条件，求得反应器的有效体积为

$$V=\frac{1}{4}\pi\times1.0^2\times300\ \text{cm}^3=235.6\ \text{cm}^3$$

以 x_A 对 V/q_{V0} 作图，如图 16.3.2 所示。

根据图上的实验点，画一光滑曲线，由该曲线求出 $x_A=0.20, 0.40, 0.60, 0.80$ 时的 $dx_A/d(V/q_{V0})$，即 $(-r_A)/c_{A0}$ 值，并继而求得 $-r_A$，结果列于下表：

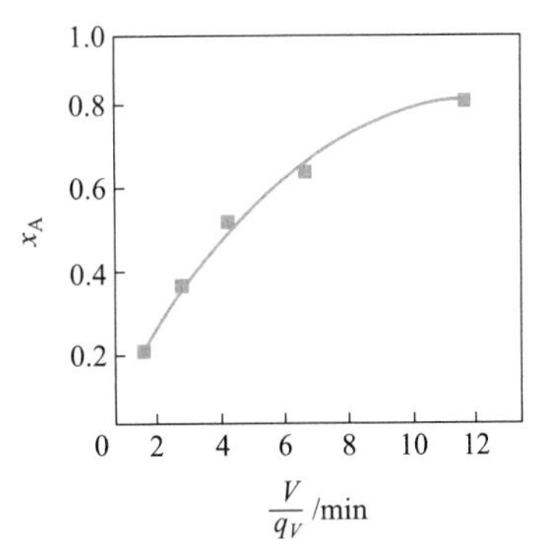

图 16.3.2　例题 16.3.2 附图 1

x_A	0.20	0.40	0.60	0.80
$1-x_A$	0.80	0.60	0.40	0.20
$-r_A/(\mathrm{mol\cdot cm^{-3}\cdot min^{-1}})$	2.85×10^{-5}	2.00×10^{-5}	1.45×10^{-5}	0.60×10^{-5}

假设为一级反应(恒温恒容)

$$-r_A=kc_A=kc_{A0}(1-x_A)$$

即$-r_A$与$(1-x_A)$成直线关系。将实验所得的$(1-x_A)$对$-r_A$作图,得一直线(图16.3.3),故假设成立,该反应为一级反应。

图16.3.3中的连线斜率即为kc_{A0},由此求得$k=0.168\ \mathrm{min^{-1}}$。

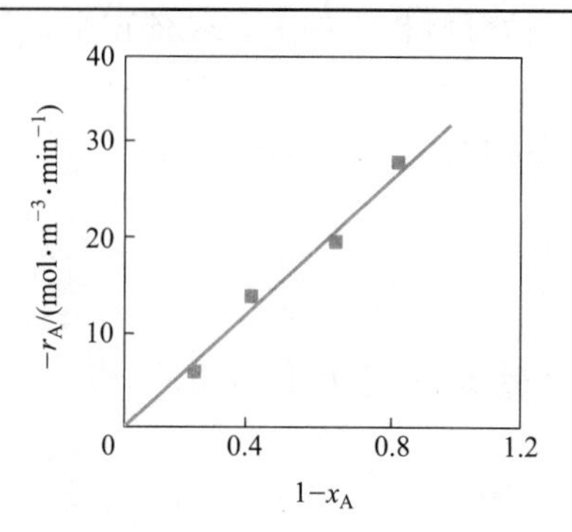

图16.3.3 例题16.3.2附图2

(二)微分反应器实验法

对于微分反应器,转化率x_A的数值很小,式(12.3.4a)可以改写为

$$(-r_A)_{平均}=q_{nA0}\frac{\Delta x_A}{\Delta V} \tag{16.3.11}$$

$$(-r_A)_{平均}=c_{A0}q_{V0}\frac{\Delta x_A}{\Delta V} \tag{16.3.12}$$

$$(-r_A)_{平均}=c_{A0}\frac{\Delta x_A}{\tau} \tag{16.3.13}$$

式(16.3.11)、式(16.3.12)和式(16.3.13)为微分反应器的基本方程。式中Δx_A为反应器出口和入口处A的转化率之差。当入口处的转化率$x_{A0}=0$时,有$\Delta x_A=x_A$。利用以上各式,可以计算得到不同浓度条件下的反应速率。该速率对应的浓度应为反应器进出口浓度的算术平均值。

如果Δx_A的数值很大,则不能满足微分反应器的要求;而Δx_A越小,对分析测试方法的精度要求越高。在实际应用中,一般把Δx_A的值控制在5%以内。由于微分反应器的体积很小,容易控制反应器内的温度分布均一。

利用微分反应器进行动力学实验时,一般是固定进料的体积流量,改变进料浓度,或固定进料反应物A浓度,改变体积流量,测定不同条件下的出口浓度,继而求出相对于进出口平均浓度的平均反应速率。

【例题16.3.3】 利用微分反应器对化合物A的气相聚合反应进行动力学研究。反应器的压力维持在101.3 kPa,温度保持在592 ℃。在进料中加入N_2,以改变进料中A的分压p_{A0}。改变进料气体体积流量q_{V0}和反应器体积V,以获得不同的空间时间τ。在不同反应条件下测得的反应器出口处A的转化率x_A列于下表:

条件	τ/s	p_{A0}/kPa	$x_A(-)$
1	0.276	14.5	0.0128
2	0.633	25.3	0.0492

该反应为二级反应,反应式为 2A ⟶ P。已知恒温恒压反应系统中反应物浓度 c_A 与转化率 x_A 之间存在以下关系:

$$c_A=\frac{c_{A0}(1-x_A)}{1+\delta_A z_{A0}x_A}$$

求该反应在 592 ℃时的反应速率常数。

解:根据题意:$\delta_A=(1-2)/2=-0.5$,$p=101.3$ kPa。

二级反应速率方程为

$$-r_A=kc_A^2=kc_{A0}^2\left(\frac{1-x_A}{1+\delta_A z_{A0}x_A}\right)^2 \tag{1}$$

对于微分反应器,上式可写为

$$(-r_A)_{平均}=kc_{A平均}^2=kc_{A0}^2\left(\frac{1-x_{A平均}}{1+\delta_A z_{A0}x_{A平均}}\right)^2 \tag{2}$$

微分反应器的基本方程为

$$(-r_A)_{平均}=\frac{c_{A0}\Delta x_A}{\tau} \tag{3}$$

由式(2)和式(3)可得

$$c_{A0}\frac{\Delta x_A}{\tau}=kc_{A0}^2\left(\frac{1-x_{A平均}}{1+\delta_A z_{A0}x_{A平均}}\right)^2 \tag{4}$$

故

$$k=\frac{\dfrac{\Delta x_A}{\tau}}{c_{A0}}\left(\frac{1+\delta_A\dfrac{p_{A0}}{p}x_{A平均}}{1-x_{A平均}}\right)^2 \tag{5}$$

对于条件 1,有

$$c_{A0}=\frac{p_{A0}}{RT}=\frac{14.5\times10^3}{8.314\times865}\ \text{mol/m}^3=2.016\ \text{mol/m}^3$$

$$x_{A平均}=\frac{1}{2}x_A=0.0064$$

$$\Delta x_A=x_A=0.0128$$

将已知条件代入式(5),得 $k=2.323\times10^{-2}$ m³/(mol·s)。

同样对于条件 2,求得 $k=2.308\times10^{-2}$ m³/(mol·s)。

两种不同反应条件下测得的反应速率常数基本相同,k 的平均值为 2.316×10^{-2} m³/(mol·s)。

术语中英文对照

· 动力学 kinetics
· 密度 density
· 电导率 conductivity
· 积分反应器 integral reactor
· 微分反应器 differential reactor
· 半衰期 half-life

思考题与习题

16.1 液相反应 A ⟶ B 在一间歇反应器内进行，于不同时间测得反应器内 A 的浓度如下表所示，试求该反应的反应级数和反应速率常数。

t/min	0	20	40	80	120
$\rho_A/(\mathrm{mg \cdot L^{-1}})$	90	72	57	36	32

16.2 污染物 A 在一平推流反应器内发生液相分解反应，不同停留时间时反应器出口处 A 的浓度如下表所示，试分别采用积分法和微分法求该反应的反应级数和反应速率常数。

τ/min	0	5	10	15	20
$\rho_A/(\mathrm{mg \cdot L^{-1}})$	125	38.5	23.3	16.1	12.5

16.3 设将 100 个细菌放入 1 L 的培养液中，温度为 30 ℃，得到以下结果

t/min	0	30	60	90	120
$\rho_A/(个 \cdot \mathrm{L^{-1}})$	100	200	400	800	1 600

求：(1) 预计 3 h 后细菌的数量；

(2) 此动力学过程的级数；

(3) 经过多少时间可以得到 10^6 个细菌；

(4) 细菌繁殖的速率常数。

16.4 气相反应 $2NO+2H_2 \longrightarrow N_2+2H_2O$ 在某个温度下以等摩尔比的 NO 和 H_2 混合气体在不同初压力下的半衰期如下表，试求反应总级数。

p_0/kPa	50.0	45.4	38.4	32.4	26.9
$t_{1/2}$/min	95	102	140	176	224

16.5 氰酸铵在水中发生反应 $NH_4OCN \longrightarrow CO(NH_2)_2$，实验测得氰酸铵的初始浓度 c_{A0} 与半衰期 $t_{1/2}$ 有以下关系：

$c_{A0}/(\mathrm{mol \cdot L^{-1}})$	0.05	0.1	0.2
$t_{1/2}$/min	37.0	19.2	9.5

试根据上述数据确定该反应的反应级数。

16.6 某气态高分子碳氢化合物 A 被不断输入到高温 CSTR 进行热裂解反应(恒压反应)为 A ⟶ 5R,改变物料流入量,测得裂解结果如下表所示:

$q_{nA0}/(\text{kmol}\cdot\text{h}^{-1})$	300	1 000	3 000	5 000
$c_A/(\text{kmol}\cdot\text{L}^{-1})$	16	30	50	60

已知 $V=0.1$ L,$c_{A0}=100$ kmol/L。

(1) 求该裂解反应的反应速率方程;

(2) 若忽略反应过程中的气体混合物体积变化,求反应速率方程。

16.7 在 350 ℃恒温恒容下,某气态污染物 A 发生二聚反应生成 R,即2A ⟶ R,测得反应体系总压 p 与反应时间 t 的关系如下表所示:

t/min	0	6	12	26	38	60
p/kPa	66.7	62.3	58.9	53.5	50.4	46.7

试求时间为 26 min 时的反应速率。

16.8 反应 A ⟶ B 为 n 级不可逆反应。已知在 300 K 时使 A 转化率达到 20%需 12.6 min,而在 340 K 时达到同样的转化率需要 3.20 min,求该反应的活化能。

16.9 等温条件下进行乙酸和丁醇的酯化反应为

$$CH_3COOH+C_4H_9OH \longrightarrow CH_3COOC_4H_9+H_2O$$

乙酸和丁醇的初始浓度分别为 0.2332 和 1.16 mol/L。测得不同时间下乙酸转化量如下表所示:

t/h	0	1	2	3	4	5	6	7	8
$\frac{乙酸转化量}{\text{mol}\cdot\text{L}^{-1}}$	0	0.0163	0.0273	0.0366	0.0452	0.0540	0.060 9	0.068 3	0.074 0

试求反应对乙酸的级数。

本章主要符号说明

拉丁字母

c——物质的量浓度,kmol/m^3;

q_n——摩尔流量,kmol/s;

k——反应速率常数;

n——反应级数,量纲为 1;

——物质的量,kmol;

q_V——体积流量,m^3/s;

$-r_A$——反应物 A 的反应速率,kmol/(s·m^3);

R——单位时间内反应物的反应量,kmol/s;

t——反应时间,s;

V——反应器有效体积,m^3;

x_A——转化率,量纲为 1。

希腊字母

τ——空间时间,s;

——停留时间,s。

参考文献

1. 纳扎洛夫 W W,阿尔瓦雷斯-科恩 L.环境工程原理[M]. 漆新华,刘春光,译.北京:化学工业出版社,2006.
2. 郭仁惠.环境工程原理[M].北京:化学工业出版社, 2008.
3. 何强,井文涌,王翊亭. 环境学导论[M]. 3 版. 北京: 清华大学出版社,2004.
4. 蒋展鹏,杨宏伟. 环境工程学[M]. 3 版. 北京:高等教育出版社,2013.
5. 郝吉明, 马广大,王书肖. 大气污染控制工程[M]. 4 版. 北京:高等教育出版社,2021.
6. Logan B E. Environmental transport processes[M]. 2nd ed. New Jersey: John Wiley & Sons, Inc., 2012.
7. Rittmann B E,McCarty P L. Environmental biotechnology: principles and applications[M]. 2nd ed. New York:McGraw Hill Education, 2020.
8. Mihelcic J R, Zimmerman J B. Environmental engineering: fundamentals, sustainability, design[M]. 3rd ed. New Jersey:John Wiley & Sons,Inc., 2021.
9. Weber Jr. W J,Di Giano F A. Process dynamics in environmental systems[M]. New York: John Wiley & Sons,Inc., 1996.
10. Masters G M. Introduction to environmental engineering and science[M]. 2nd ed. New Jersey:Prentice Hall, 1997.
11. Fogler H S. Elements of chemical reaction engineering[M]. 6th ed. New Jersey:Prentice Hall PTR, 2020.
12. Bailey J E,Ollis D F. Biochemical engineering fundamentals[M]. 2nd ed. New York:McGraw Hill Book Company, 1986.
13. Lens P,Kennes C,Le Cloirec P, et al. Waste gas treatment for resource recovery[M]. London:IWA publishing, 2006.
14. Lens P, Grotenhuis T, Malina G, et al. Soil and sediment remediation: mechanisms, technologies and applications[M]. London:IWA publishing, 2005.
15. Lens P,Hamelers B, Hoitink H, et al.Resource recovery and reuse in organic solid waste management[M]. London: IWA publishing, 2004.
16. Stuetz R. Principles of water and wastewater treatment processes[M]. London:IWA publishing, 2009.
17. Judd S. Process science and engineering for water and wastewater treatment[M]. London: IWA publishing, 2008.
18. Shannon M A, Bohn P W, Elimelech M, et al. Science and technology for water purification in the coming decades[J]. Nature, 2008,452, 301-310.
19. 周本省. 工业水处理技术[M]. 北京:化学工业出版社,1997.

20. 戴干策，任德呈，范自晖.传递现象导论[M]. 2版.北京：化学工业出版社，2014.
21. 王定锦.化学工程基础[M].北京:高等教育出版社,1992.
22. 姚玉英.化工原理(上、下)[M].天津：天津科学技术出版社,1996.
23. 北京大学化学系.化学工程基础[M]. 北京:高等教育出版社,1984.
24. 黄恩才.化学反应工程[M]. 北京:化学工业出版社,1996.
25. 蒋维钧,戴猷元,顾惠君,等.化工原理(上、下)[M]. 2版. 北京:清华大学出版社,2003.
26. 姚玉英.化工原理(上、下)[M].天津:天津大学出版社,1999.
27. 姚玉英.化工原理例题与习题[M]. 3版. 北京:化学工业出版社,1998.
28. 何潮洪,窦梅,朱明乔,等.化工原理习题精解(上、下)[M]. 北京:科学出版社,2003.
29. 吴岱明.《化工原理》及《化学反应工程》公式·例解·测验[M]. 北京:轻工业出版社,1987.
30. 林爱光.《化学工程基础》学习指引和习题解答[M]. 北京:清华大学出版社,2003.
31. 陈甘棠.化学反应工程[M]. 北京:化学工业出版社,2001.
32. 许保玖,龙腾锐.当代给水与废水处理原理[M]. 2版. 北京:高等教育出版社,2000.
33. 郭锴,唐小恒,周绪美.化学反应工程[M]. 北京:化学工业出版社,2000.
34. 尹芳华,李为民.化学反应工程基础[M]. 北京:中国石化出版社,2000.
35. 张濂,许志美,袁向前.化学反应工程原理[M]. 上海:华东理工大学出版社,2000.
36. 李绍芬.反应工程[M]. 2版.北京:化学工业出版社,2000.
37. 顾其丰.生物化工原理[M]. 上海:上海科学技术出版社,1997.
38. Schugerl K . 生物反应工程[M].王建华,译. 成都：成都科技大学出版社,1995.
39. 严希康.生化分离工程[M]. 北京:化学工业出版社,2001.
40. 久保田宏,等.反应工学概论[M].东京:日本日刊工业新闻社,1947.
41. Rittmann B E , McCarty P L. 环境生物技术：原理与应用[M]. 文湘华,王建龙,等,译. 北京：清华大学出版社，2004.
42. 化学工学教育研究会.新しい化学工学[M].东京:日本产业图书社,1991.
43. 亀井三郎.化学機械の理論と計算[M]. 2版. 东京:日本产业图书社,1988.
44. 叶振华.化工吸附分离过程[M].北京:中国石油化工出版社,1992.
45. 何潮洪,冯霄.化工原理[M]. 北京:科学出版社,2001.
46. 刘家祺.分离过程[M].北京:化学工业出版社,2002.
47. 刘家祺,姜忠义,王春艳.分离过程与技术[M]. 天津:天津大学出版社,2001.
48. 刘凡清,范德顺,黄钟.固液分离与工业水处理[M]. 北京:中国石化出版社,2001.
49. 大连理工大学.化工原理[M]. 北京:高等教育出版社，2002.
50. 华南理工大学,黄少烈,邹华生.化工原理[M]. 北京:高等教育出版社，2002.
51. 谭天恩,麦本熙,丁惠华.化工原理(下)[M]. 2版. 北京:化学工业出版社，1998.
52. 邓麦村,金万勤.膜技术手册(上、下)[M]. 2版. 北京:化学工业出版社,2020.
53. 邵刚.膜法水处理技术及工程实例[M]. 北京:化学工业出版社,2003.
54. 陆九芳,李总成,包铁竹.分离过程化学[M]. 北京:清华大学出版社,1993.
55. 杨世铭,陶文铨.传热学[M]. 3版.北京:高等教育出版社,1998.
56. 陈懋章.粘性流体动力学基础[M].北京 ：高等教育出版社，2002.

57. 孙世刚.物理化学(上、下)[M].厦门：厦门大学出版社, 2008.
58. 史里希廷 H.边界层理论(上册)[M].徐燕侯,译.北京：科学出版社, 1988.
59. 伯德 R B,斯图瓦特 W E,莱特塞特 E N.传递现象[M].袁一,戎顺熙,石炎福,译.北京:化学工业出版社, 1990.
60. 王凯.非牛顿流体的流动、混合和传热[M].杭州：浙江大学出版社, 1988.
61. 吉科普利斯 C J.传递过程与分离过程原理:包括单元操作(上)[M].李伟,刘霞,译.上海:华东理工大学出版社, 2007.
62. Davis M L, Masten S J. 环境科学与工程原理[M]. 王建龙,译. 北京:清华大学出版社,2007.
63. 朱蓓丽,程秀莲,黄修长. 环境工程概论[M]. 4 版. 北京:科学出版社,2016.
64. 盛连喜. 环境生态学导论[M]. 3 版. 北京:高等教育出版社,2020.
65. 金岚. 环境生态学[M]. 北京:高等教育出版社,1992.
66. 钦佩,安树青,颜京松. 生态工程学[M]. 南京:南京大学出版社,1998.

附　　录

附录 1　常用单位的换算

1. 长度

m(米)	in(英寸)	ft(英尺)	yd(码)
1	39. 370 1	3. 280 8	1. 093 61
0. 025 400	1	0. 073 333	0. 027 78
0. 304 80	12	1	0. 333 33
0. 914 4	36	3	1

2. 质量

kg(千克)	t(吨)	lb(磅)
1	0. 001	2. 204 62
1 000	1	2 204. 62
0. 453 6	4.536×10^{-4}	1

3. 力

N(牛[顿])	kgf(千克(力))	lbf(磅(力))	dyn(达因)
1	0. 102	0. 224 8	1×10^{5}
9. 806 65	1	2. 204 6	9.80665×10^{5}
4. 448	0. 453 6	1	4.448×10^{5}
1×10^{-5}	1.02×10^{-6}	2.243×10^{-6}	1

4. 压力

Pa(帕[斯卡])	bar(巴)	kgf/cm^2 (工程大气压)	atm (物理大气压)	mmHg	lbf/in^2
1	1×10^{-5}	1.02×10^{-5}	0.99×10^{-5}	0. 007 5	14.5×10^{-5}
1×10^{5}	1	1. 02	0. 986 9	750. 1	14. 5
98.07×10^{3}	0. 980 7	1	0. 967 8	735. 56	14. 2
1.01325×10^{5}	1. 013	1. 033 2	1	760	14. 697
133. 32	1.333×10^{-3}	0.136×10^{-4}	0. 001 32	1	0. 019 31
6 894. 8	0. 068 95	0. 070 3	0. 068	51. 71	1

5. 动力黏度(简称黏度)

Pa·s	P(泊)	cP(厘泊)	kgf·s/m^2	lb/(ft·s)
1	10	1×10^3	0.102	0.672
1×10^{-1}	1	1×10^2	0.010 2	0.067 20
1×10^{-3}	0.01	1	0.102×10^{-3}	6.720×10^{-4}
1.488 1	14.881	148 8.1	0.151 9	1
9.81	98.1	981 0	1	6.59

6. 运动黏度、扩散系数

m^2/s	cm^2/s	ft^2/s
1	1×10^4	10.76
10^{-4}	1	1.076×10^{-3}
92.9×10^{-5}	929	1

注:运动黏度的单位名称为斯[托克斯],符号为 St;1 St = 1 cm^2/s。

7. 能量、功、热量

J	kgf·m	kW·h	马力·时	kcal	Btu
1	0.102	2.778×10^{-7}	3.725×10^{-7}	2.39×10^{-4}	9.485×10^{-4}
9.806 7	1	2.724×10^{-6}	3.653×10^{-6}	2.342×10^{-3}	9.296×10^{-3}
3.6×10^6	3.671×10^5	1	1.341 0	860.0	3 413
2.685×10^6	273.8×10^3	0.745 7	1	641.33	2 544
$4.186\ 8\times10^3$	426.9	$1.162\ 2\times10^{-3}$	$1.557\ 6\times10^{-3}$	1	3.963
1.055×10^3	107.58	2.930×10^{-4}	2.926×10^{-4}	0.252 0	11

注:1 erg = 1 dyn·cm = 10^{-7} J = 10^{-7} N·m。

8. 功率、传热速率

W	kgf·m/s	马　力	kcal/s	Btu/s
1	0.101 97	1.341×10^{-3}	$0.238\ 9\times10^{-3}$	$0.948\ 6\times10^{-3}$
9.806 7	1	0.013 15	$0.234\ 2\times10^{-2}$	$0.929\ 3\times10^{-2}$
745.69	76.037 5	1	0.178 03	0.706 75
4 186.8	426.35	5.613 5	1	3.968 3
1 055	107.58	1.414 8	0.251 996	1

9. 比热容

kJ/(kg·K)	kcal/(kg·℃)	Btu/(lb·℉)
1	0.238 9	0.238 9
4.186 8	1	1

10. 导热系数

W/(m·℃)	kcal/(m·h·℃)	cal/(cm·s·℃)	Btu/(ft^2·h·°F)
1	0.86	2.389×10^{-3}	0.579
1.163	1	2.778×10^{-3}	0.672 0
418.7	360	1	241.9
1.73	1.488	4.134×10^{-3}	1

11. 传热系数

W/(m^2·℃)	kcal/(m^2·h·℃)	cal/(cm^2·s·℃)	Btu/(ft^2·h·°F)
1	0.86	2.389×10^{-5}	0.176
1.163	1	2.778×10^{-5}	0.204 8
4.186×10^4	3.6×10^4	1	737 4
5.678	4.882	1.356×10^{-4}	1

12. 温度

K = 273.2+℃

$$℃ = (°F-32)\times\frac{5}{9}$$

$$°F = ℃\times\frac{9}{5}+32°$$

°R = 460°+°F

$$K = °R\times\frac{5}{9}$$

13. 摩尔气体常数

R = 8.314 kJ/(kmol·K)
= 1.987 kcal/(kmol·K)
= 848 kgf·m/(kmol·K)
= 82.06 atm·cm^3/(mol·℃)
= 1.978 Btu/(lbmol·°R)
= 154 4 lbf·ft/(lbmol·°R)

14. 斯特藩－玻尔兹曼常数

$\sigma_0 = 5.67\times10^{-8}$ W/(m^2·K^4)
= 4.88×10^{-8} kcal/(m^2·h·K^4)
= 0.173×10^{-8} Btu/(ft^2·h·°R^4)

附录 2　某些气体的重要物理性质

附录 3　某些液体的重要物理性质

附录 4　干空气的物理性质

附录 5　水的物理性质

附录 6　饱和水蒸气的物理性质

附录 7　常用固体材料的密度和比定压热容

附录 8　某些气体和蒸气的导热系数

附录 9　某些液体的导热系数

附录 10　某些固体材料的导热系数

附录 11　壁面污垢热阻

附录 12　不同材料的辐射黑度

附录 13　列管式换热器的传热系数

附录 14　管内流体常用流速范围

附录 15　扩 散 系 数

附录 16　若干气体水溶液的亨利常数

中国古医籍整理丛书（续编）

王九峰先生医案

清·王九峰　著

崔　为　袁　倩　张承坤　马　跃　陈　曦　校注

全国百佳图书出版单位
中国中医药出版社
·北　京·